我们的一小步

高宗英内燃机科研团队学术文献选编

高宗英 主编

江苏大学出版社
镇江

高宗英 教授
Prof. Dr. Gao Zongying

　　高宗英，男，汉族，中共党员，祖籍山东惠民，1936年8月出生于南京。1957年9月毕业于南京工学院机械工程系，1981年12月在奥地利格拉兹工业大学获得博士学位，是新中国成立后出国留学人员中第一位内燃机博士，1984年8月经国家教委与国务院学位委员会特批为教授、博士生导师。历任江苏工学院内燃机教研室主任，动力机械工程系主任，副院长，院长，江苏理工大学校长。曾任全国内燃机专业指导委员会副主任委员，中国汽车工程学会理事，中国内燃机学会常务理事，江苏省内燃机学会副理事长，中国内燃机学会专家咨询委员副主任委员。先后担任浙江大学、南京理工大学、东南大学客座教授，天津大学国家内燃机燃烧学重点实验室学术委员，一汽无锡柴油机厂技术顾问。曾获"江苏省优秀教师"，"优秀研究生导师"，"优秀学科带头人"和"镇江市知名专家终生荣誉"等称号，也是享受首批国务院政府特殊津贴者。

为国争光

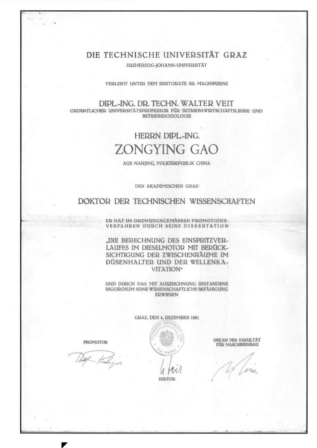

奥地利格拉茨工业大学颁发给高宗英的博士学位证书（1981.12）

新华日报对高宗英在国外获得博士学位的报道

1981年12月高宗英获得博士学位后与国际著名学者H. List（李斯特）教授（左二）、G. Waller（瓦勒）教授（右二）等合影

高宗英获博士学位后与导师R. Pischinger（毕辛格）教授夫妇合影，右一为我国驻奥地利大使馆文教处赵一兵参赞

名师合影

高宗英与前来我校访问的我国内燃机前辈清华大学程宏教授合影，右为我校朱埏章教授

高宗英访问天津大学时与我国著名内燃机专家史绍熙教授（院士）合影，左为我校王忠教授，右为孙平教授

高宗英夫妇与西安交通大学蒋德明教授（曾任西安交通大学校长）夫妇应无锡油泵油嘴研究所邀请在宜兴（蒋家乡）合影

高宗英与我校汽车学科前辈林世裕教授（首任汽车教研室主任）合影

高宗英回母校东南大学参加90周年校庆时与校友前辈著名物理学家吴健雄教授合影

高宗英在回母校东南大学参加90周年校庆会上与时任东南大学校长韦钰教授（我国第一位电子学博士）合影

名师合影

高宗英在奥地利留学期间与国际内燃机权威、AVL创始人H. List（李斯特）教授合影

高宗英与德国内燃机著名专家Deutz（道依茨）公司总设计师H. Maass（玛斯）教授合影

高宗英夫妇在德国汉诺威大学K. Groth（格罗特）教授陪同下参观德国MAN公司陈列的第一台Diesel（狄塞尔）发动机

高宗英与德国柏林工业大学K. Mollenhauer（莫伦豪尔）教授合影

高宗英与德国著名内燃机专家、我校客座教授G. Elsbett（埃斯贝特）先生合影

高宗英在日本参加国际环保材料会议时与东京大学山本良一教授合影

国际交往

1985年奥地利格拉茨工业大学R. Pischinger（毕辛格）和G. Roth（罗特）博士访问我校

1991年10月国际著名内燃机专家H. List（李斯特）受聘为我校名誉教授

1992年在我校举行欢迎日本三重大学代表团的仪式

1993年在美国访问威斯康辛州-密尔瓦基（Wisconsin-Milwaukee）大学，左一为美籍华人曹克诚教授，左二为工学院长Landis（兰迪斯）教授

1993年在美国新泽西州访问纽海文（New Haven）大学

1994年欢迎俄罗斯顿河工业大学代表团访问我校

国际交往

1994年高宗英夫妇访问日本时与我校国际友人村田喜久吉先生合影

1994年在亚太农机研讨班开学仪式上发言

1995年10月参加江苏高校代表团访问德国巴登–符腾堡州和当地州教育部门领导合影

奥地利政府经济代表团访问我校

接受奥地利Steyr（斯泰尔）公司赠送的M-1型柴油机，左三为该公司驻华总代表、我校客座教授K. A. Skrivanek（司利华）先生，左二为袁银男教授，左四为罗福强教授，右三为高翔教授

1992年率团访问日本三重大学时在工学部演讲

国际交往

1993年在美国底特律参加SAE（汽车工程学会）会议

1994年3月在参加日本津市三重大学召开的环境与能源国际会议时与校长武村泰男（中）以及与会代表合影

1996年高宗英父女于奥地利格拉茨参加H. List（李斯特）教授100岁寿辰纪念时和李斯特父子在AVL合影

2004年参加在日本京都举办的第24届CIMAC（国际内燃机学会）会议

2007年参加在奥地利维也纳举办的第25届CIMAC会议

2013年参加在上海举办的第27届CIMAC会议

国内活动

高宗英担任江苏理工大学校长期间与当时机械工业部何光远部长(兼任中国内燃机学会理事长)交谈

包旭定部长(何光远部长后任)来校视察时与高宗英校长交谈

原机械工业部1983年在安徽合肥召开的首届留学归国人员座谈会合影

1996年高宗英在母校东南大学受聘为客座教授

2001年在天津大学参加国家重点实验室和工程中心专家论证会合影

2004年中国内燃机学会五届五次常务理事会会议合影

教书育人

首届江苏省学位委员会成立大会合影（1991年）

高宗英1982年回国后与第一批硕士生合影

高宗英在江苏理工大学博士生答辩会后与答辩委员会成员和博士生们合影

高宗英与博士生们同游金山寺

高宗英与博士生们讨论课题

桃李芬芳

高宗英70岁生日时与其内燃机团队合影

高宗英70岁生日聚会与学生们合影

高宗英70岁生日聚会与学生们合影

序

在母校镇江农业机械学院求学伊始，余学习内燃机专业知识屈指已逾三十载。《论语》开篇有言"子曰：'学而时习之，不亦说乎？'"。"习"之常谓"复习"，亦解作实践。乙未年初，王蒙先生所著《天下归仁》则别有一番富含深意的解读："孔子说，学了什么，而后常常温习与实践之，这不是很令人喜悦的吗？"此真乃中国汉字一字多义之妙处所在。细细咀嚼，感同身受，值此知识爆炸的时代，"学而时习之"固然重要，但尤须"习而时学之"。这也是高宗英教授率先垂范，悉心教诲吾辈之要义。

三十多年来，内燃机科技发展至今已步入加速时期。尽管技术高峰层峦叠嶂，终未阻挡攀登者勇于探索的步履。高宗英老师就是一位令人崇敬的探索者。高老师潜心研习最新科技，熟稔国内外相关领域的科技动态，其治学精神与敬业精神令我辈折服，也令我辈汗颜。高老师谙熟德语，年届六旬始攻其他外语语种，年届八旬翻译内燃机界的德国经典论著《内燃机原理》，真的令人肃然起敬，也令我辈受教终身。学习乃开启创新之门的密钥，标注着创新时代的高度，弘扬学习精神须臾不可或缺，此乃后学感悟之一。

国学大师王国维曾借用三位词人的佳句，描述学术研究和治学过程的三重境界。第一重境界"昨夜西风凋碧树，独上高楼，望尽天涯路"，意在经得住凄苦，耐得住寂寞，怀有宽广的视野、远大的志向，站得高、看得远；第二重境界"衣带渐宽终不悔，为伊消得人憔悴"，旨在锲而不舍，孜孜以求，不屈不挠，咬定青山不放松；第三重境界"众里寻他千百度，蓦然回首，那人却在灯火阑珊处"，贵在果敢坚忍，努力耕耘，不问收获，逾越自我的极限。高宗英教授的科研实践泽惠后昆，其对晚辈的言传身教，对学子的鼎力扶植，不知不觉中暗含了这三种境界。此乃后学感悟之二。

北宋词人苏轼留存《题西林壁》有云："横看成岭侧成峰，远近高低各不同。不识庐山真面目，只缘身在此山中。"内燃机科技博大精深，从原理到结构，从理论到设计，从工艺到测试，从各个系统再到内在的机理、匹配等，包罗万象，宏微兼具。问题导向广泛涉猎不同层面、不同方位、不同角度、不同背景，研究者的感受与体验亦因之迥异，切忌主观、片面和成见，更多的未知领域有待去探索和解决。科技进步永无止境，学习、研究、创新永无止境。此乃后学感悟之三。

当今世界，科学技术迅猛发展，工程建设日新月异。高宗英老师教导我们要学好用好哲学，善于掌握并运用认识论、方法论、实践论。问题无时不有，难题无处不在，要在认识论指导下看到别人看不到的问题、看到不一样的问题或与别人不一样地认识问题。科技工作讲究方法，与别人不一样地做事，用更好的方法解决问题，是为方法论。"心动莫如行动"，对内燃机科技而言，无论是研究节能还是环保，无论是研究安全还是可靠，无疑都需要付诸行动，要经过实践之检验。我国当代学术研究似在误入歧途，无论是研究科学、技术问题，还是从事工程实践，似乎陷入了盲人摸象的窘境，纷纷以 SCI 和 EI 检索为导向。须知对科学、技术、工程问题的探索,应有不同的思维视角、不同的方式方法、不同的评价和考核标准,一切应从实际出发、实事求是、分类指导,切忌一刀切。此乃后学感悟之四。

我作为改革开放之初入学的大学生,对当年大学校园师生的理想、激情及治学精神,至今难以忘怀、记忆犹新。我一直相信大学应该做得更好,大学可以做得更好。无须讳言,当下高校学风局部存在功利抬头、浮躁成风的迹象,亦不同程度上存在信仰缺失、充满怀疑的乱象,我们固然可以把问题的存在归结到制度、政策、环境、风气等客观因素,但大学本质的问题仍然是大学自身的问题;学术界本质的问题还是我们自身的问题,是我们每个人的问题。

登月第一人阿姆斯特朗说:"这是我个人的一小步,却是人类的一大步。"本论文选集收录了高宗英老师研究团队50多年的部分研究成果,从中可窥其对我国内燃机领域学术贡献之一斑,并力图藉此选集的出版,继承与弘扬我国长期以来高校学术研究之正能量。学术不等于权术,风骨远胜于媚骨,只因为学场永远不会成为官场,规则最终会彻底战胜潜规则。先生的精气神,会永远激励吾辈前行。值此高宗英教授八十大寿之际,谨祝老师健康、长寿!

冀与学界同仁共勉。

是为序。

江苏内燃机学会理事长　袁银男

2015年5月于苏州

前　言

　　时间这个与人类生活乃至整个宇宙关系十分密切的物理概念真是奇妙的东西。犹太裔物理学家伟大的爱因斯坦把我们周围的三维空间和它联系在一起组成四维时空，而法国十八世纪思想家伏尔泰则在他之前就给人们出了一道耐人寻味的谜语："世界上最快又最慢、最长又最短、最平凡又最珍贵、最易被忽视而事后又最令人后悔的东西是什么？"当然这还是时间。且不说个人，就拿我们民族和国家来说，像我这样年龄的人都会有这样的体会：当国家经历困难日子时，如在八年抗战或是十年动乱时期，大家都会感到日子难熬，时间过得太慢；而在改革开放、国家发展势头较好的时期，又会有"光阴似箭、日月如梭"的感觉，老是感叹时间过得太快。至于人类的生命，在浩瀚的宇宙和时间的长河中，显得是何等的渺小和短暂，真的就像流星一样在天空一闪而过。然而对于我们每个具体的人来说，自从来到这个奇妙的世界上后，不论长短，不论苦乐，不论轰轰烈烈或平平淡淡，都会有自己实实在在的一生。我们这一代人也大多会把苏联著名作家奥斯特洛夫斯基的名言当作自己的座右铭："人最宝贵的东西是生命，生命属于我们只有一次，一个人的生命应当是这样度过的，当他回首往事时，不会因虚度年华而悔恨，也不会因碌碌无为而羞愧……"

　　编者1936年8月出生，按我们中国的计量标准已是耄耋之年。当回顾自己走过的道路时确实感触良多。虽然没有达到"轰轰烈烈"的程度，但也不敢"虚度年华"，自己走过的是一条平凡但不平坦的路。在总结自己的工作与事业时，有三件事特别令我感到欣慰。首先是1957年大学（南京工学院，现东南大学）毕业后自愿服从组织分配留校任助教，从此在教育岗位上工作了一辈子，虽不能说"桃李遍天下"，也履行了"放飞一代，守巢归己"的神圣职责。令我十分高兴的是他们中的许多人取得了远比我们前辈更大的成就，为师长和母校增了光。其次，当年以南京工学院机械工程二系农业机械和汽车拖拉机两个专业为基础，在镇江成立农业机械学院（江苏大学前身）时，作为年轻教师，我也有机会参与汽车和内燃机专业和学科的筹建工作，并且从汽拖教研室秘书和内燃机教学小组长做起，见证了学校和学科的成长，直到今天江苏大学相关学科在省内和全国达到一定的地位。当然，我之所以热爱内燃机这个专业并不只是因为我为此付出了毕生精力，更重要的是内燃机本身在国民经济中的重要地位。作为各类运输和工作机械的心脏，内燃机是人类历史上迄今为止热效率最高的热力机械，也是集机、热、电于一体的高科技产品，有着广阔的发展前途。最后，也是最主要的就是我们这一代人也赶上了改革开放的好时代。现在国家富强、人民安康，各项事业蒸蒸日上，对我个人来说，如果没有改革开放，也不可能迎来中年以后人生轨迹和事业的重大转变。因此，当我们每个人在回顾往事，展望未来，总结自己的一生时，都不应计较受过的误解和委屈，更应感谢得到的支持、帮助与鼓励，对于同事、单位乃至整个社会和时代始终怀着一份感恩的心。

　　"人生七十古来稀"，如今迈进八十门槛的我，也时常考虑，在对自己的一生事业做初步总结时,是否还能为自己,也为和我一起奋斗过的科研团队留点什么作为纪念,于是产生了将我早期著作和团队后期的成果合编一本纪念文集的想法。此事得到了我校(江苏大学)汽车学院和出版社的大力支持,特别是得到了我们内燃机科研团队的积极响应与鼎力协助,这的确使我万分感动。

有关本书的书名,我原本打算采用"内燃机的昨天、今天与明天",理由是人与事物都有"过去、现在和未来",想以此把我个人、我们科研团队及我校内燃机学科发展紧密地联系起来。但这个标题在文法和逻辑上不够严谨,也不太像一本科技论文集的名称。经征求各方意见,集思广益后才确定了现在的书名"我们的一小步——高宗英内燃机科研团队学术文献选编"。此书名源自美国宇航员阿姆斯特朗1969年踏上月球第一步时的名言,言简意赅、寓意深刻,也是我在担任学校行政工作期间经常喜欢引用的一句话。的确,借用这个名句的书名能够更好地反映个人与集体、局部与全局、前人与后人之间的辩证关系,具有时空两方面的大气魄,比原来设想的标题更为切题、有力。由此,我真心地希望,我的一小步,能换来团队的一大步,团队的一小步又能换来学院、学校乃至整个国家内燃机事业的一大步……

本书除序言和附录外,共分四个部分:

第一部分为历史回顾篇,主要收录编者早期发表的论文和译著,当时的试验条件不够,学术水平虽还不是很高,但却反映了一位青年教师除了担任教学任务以外,在科研上开始起步向上攀登的意志和决心。其中有些文献专门介绍了整个内燃机的发展历史和我校内燃机学科的成长过程。应当说明的是,这部分不少文章由于年代已久,为保持历史原貌,出版社在编辑加工时仍保留原来的工程单位和表述习惯。

第二部分为科研攻关篇,收录的材料反映了改革开放以后编者出国刻苦学习和工作并获得博士学位的情况,加上回国后与校内科研团队联合攻关的成果,这些努力使我校柴油机燃油喷射系统的研究在国内和国际上均达到比较先进的水平,也使我校内燃机学科的地位在国内得到明显的提高。

第三部分为国际交流篇,收录了编者的科研团队在国际交流活动中于国外著名刊物或国际学术会议上发表的部分文章,其中在2013年上海举行的27届国际内燃机会议(CIMAC)上发表的论文数量和质量均列国内高校前茅。

第四部分为继往开来篇,收集了编者退休后,团队成员在国内公开刊物上发表的部分文献。它们反映了老一辈退出后,新的领军人物继续奋发图强,勇于攀登的精神面貌。这正是应了"长江后浪推前浪"和"青出于蓝胜于蓝"的古训。

为了不给校内的各级领导添麻烦,编者只邀请我过去的博士生之一且已离开学校的杰出校友、现任江苏内燃机学会理事长袁银男教授为本书写序。尽管他目前工作很忙,仍十分愉快地接受了这项十分耗时的任务,对此编者在此深表感谢。

对于本书的出版,除了感谢上述校内外的弟子们和出版社方面的大力支持和配合外,也特别要感谢我的夫人,原我校热能工程教研室主任恽璋安副教授,她曾是我校汽车拖拉机专业首届毕业生,也为本校包括内燃机在内的许多专业开过工程热力学和传热学方面的课程。我清楚地记得,当我们都还年轻时,她不辞辛劳帮我熬夜誊写稿件的情景;我也不会忘记,当我长期在国外学习时,她任劳任怨地独立承担了家庭所有的重担,而当我回国后担任系和学校领导时,她又为我工作的方便主动辞去教研室的领导职务并放弃了进一步晋升职称的机会;直到今天已近八十高龄的她,仍以带病之身默默支持我的工作。能和这样的老伴相扶到老、相濡以沫,厮守终身,使我始终能保持着"虽然近黄昏,夕阳无限好"的快乐心情去面对生活和工作中的各项挑战,这也是我人生道路上的缘分和深感欣慰的头等大事。

最后应当说明,由于时间仓促和篇幅有限,编者不可能将团队成员所有成果(甚至编者自己早期的作品)均收录在内,挂一漏万,在所难免,为此编者深表歉意,好在正如书名所表达的那样,这只是我们的一小步,相信也预祝各位校友和下一代的精英们,在各自工作岗位上做出更大成绩,在攀登科学的高峰上,迈出更大的步伐。也祝愿我校出版社事业发达,更上一层楼。

江苏大学　高宗英
2015年5月于镇江

目 录

一、历史回顾篇

1. 内燃机发展史及其对人们的启示 ……………………………………………………… 3
2. 江苏大学内燃机学科的发展 …………………………………………………………… 11
3. 多种燃料发动机 ………………………………………………………………………… 15
4. 高速内燃机配气机构凸轮设计 ………………………………………………………… 30
5. 论二冲程发动机的扫气作用 …………………………………………………………… 43
6. 汽车燃气轮机 …………………………………………………………………………… 71
7. 柴油机喷油泵标定油量的简易估算方法 ……………………………………………… 90
8. 柴油机供油系统的强化指标 …………………………………………………………… 104
9. 奥地利高等教育情况简介 ……………………………………………………………… 112
10. 国外内燃机测试技术发展动态——赴德奥考察内燃机测试技术情况汇报 ………… 116
11. 我省小功率柴油机的现状及对今后发展的一些建议 ………………………………… 120
12. 小功率柴油机机械损失压力的测定 …………………………………………………… 132
13. 柴油机部分负荷经济性的研究 ………………………………………………………… 140
14. 缸内直接喷射——未来车用汽油机的发展方向 ……………………………………… 146
15. 抓住加入 WTO 的机遇　加速内燃机工业的技术进步　迎接经济全球化的严峻挑战 …… 164

二、科研攻关篇

1. 柴油机及其燃料供给与调节系统的发展简史 ………………………………………… 171
2. Die Berechnung des Einspritzlaufes im Dieselmotor mit Berücksistigung der Zwischenraum im Düsenhalter und der Wellenkavitation（高宗英博士论文摘要）… 179
3. 根据高压油管实测压力计算柴油机喷油过程的一种新方法 ………………………… 188
4. 气、液两相介质中压力波传播速度的研究 …………………………………………… 208
5. 柴油机喷油系统内实际压力波传播速度的测定 ……………………………………… 215
6. 柴油机喷油系统变声速变密度模拟计算的研究 ……………………………………… 224
7. 柴油机扭矩特性与喷油系统油量校正机构的合理匹配 ……………………………… 236
8. 柴油机喷油系统空泡现象的试验研究 ………………………………………………… 243
9. 柴油机瞬变工况下某些喷油及性能参数变化的研究 ………………………………… 249

10. 二冲程汽油机电控喷射的研究 ……………………………………………… 255
11. 植物油燃料及其在发动机上的应用 ……………………………………… 260
12. 小缸径直喷式柴油机燃烧系统的研究 …………………………………… 265
13. 对柴油机用轴针式喷油器实现直喷燃烧的分析 ………………………… 274
14. 多缸柴油机喷油及燃烧均匀性研究 ……………………………………… 281
15. Spray Penetration and Distribution in Direct Injection Diesel Engine …… 286
16. 汽车传动系最优匹配评价指标的探讨 …………………………………… 294
17. 柴油机瞬变工况瞬时转速及工作过程测量分析系统 …………………… 300
18. 低散热柴油机燃烧室零件的优化设计 …………………………………… 305
19. 多缸汽油机缸盖热负荷研究 ……………………………………………… 312
20. 用节流轴针式喷油嘴的隔热直喷燃烧系统的研究 ……………………… 319
21. 抗性消声器的插入损失模型及其应用 …………………………………… 328
22. 节流轴针式喷油嘴的喷雾特性研究 ……………………………………… 334
23. 小型直喷柴油机传热过程的研究 ………………………………………… 340
24. 二冲程汽油机燃油预混合和喷射过程数值模拟 ………………………… 347
25. 4气门直喷式柴油机进气系统研究及设计 ……………………………… 354

三、国际交流篇

1. Berechnung des Einspritzverlaufes von Dieselanlagen bei Kavitation ……… 361
2. Alternative Fuel and Their Application in Engines ………………………… 365
3. Fuzzy Optimum of the Automobile Transmission Parameters ……………… 375
4. Aspect of Chinese Engine Industry ………………………………………… 382
5. An Investigation on Transient Characteristics of Fuel Injection Process of Diesel Engine under Transient Conditions …………………………………… 390
6. 植物性油をデイーゼル油の代替として用いる内燃機関の開発研究 ……… 396
7. Development of New Environment-friendly Technologies Related to Automobile Engines ………………………………………………………… 403
8. Two Dimensional Calculation of the Gas Exchange Processes in Direct Injection Two-Stroke Engines ……………………………………………… 408
9. Fuel Injection System to Meet Future Requirements for Diesel Engines …… 416
10. The Application of Vegetable oil and Biodiesel in I. C. E ………………… 423
11. Development Trend and Optimized Matching of Fuel Injection System of Diesel Engine ……………………………………………………………… 430
12. Fuel Injection System to Meet Future Requirements for Large Diesel Engines …… 444
13. Feasibility Research of Biomass Energy Adopted in Internal Combustion Engine …… 454
14. 4-Stroke Opposed-Piston-Diesel-Engine with Controlled Shift-Liners for Optimized Scavenging, Low Heat Losses and Improved Thermal Efficiency ……… 466

四、继往开来篇

1. 船用柴油机使用乳化燃油的 NO_x 和微粒排放研究 …………………………… 481
2. 生物柴油燃烧过程内窥镜高速摄影试验研究 …………………………………… 489
3. 基于转矩的柴油机高压共轨系统控制算法开发 ………………………………… 495
4. 通用小型汽油机油气混合两相流动分析与低排放研究 ………………………… 504
5. 生物柴油冷滤点与其化学组成的定量关系 ……………………………………… 512
6. Mechanism and Method of DPF Regeneration by Oxygen Radical Generated by NTP Technology ……………………………………………………………… 525
7. Transient Measuring Method for Injection Rate of Each Nozzle Hole Based on Spray Momentum Flux …………………………………………………………… 535
8. 高压条件下甘油二酯油理化特性超声波测量 …………………………………… 554

附　录

附录 A　高宗英学习、工作经历 …………………………………………………… 567
附录 B　高宗英在内燃机教材和图书建设方面的贡献 …………………………… 569
附录 C　高宗英教授指导的研究生名单 …………………………………………… 570

编辑后记 ……………………………………………………………………………… 572

我们的一小步
ONE SMALL STEP FOR US

历史回顾篇

HISTORICAL REVIEW

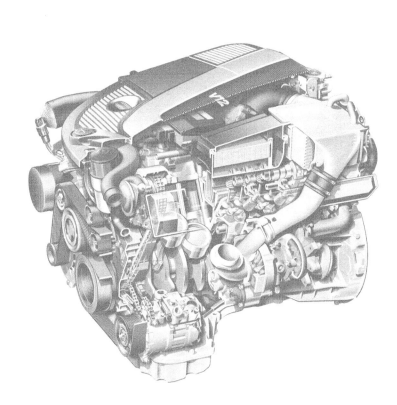

内燃机发展史及其对人们的启示*

自古以来人们就力图通过各种工具来摆脱日常繁重而又艰辛的体力劳动。这种合理的愿望正是人类发明创造精神的有力源泉。滚子和车轮的发明就是人类创造力雄辩的见证。几千年前，人们若不是自己直接架轭，便是利用一群雇工和奴隶，让他们和人类最古老的仆役——牲口一起从事低级的繁重体力劳动。手工业全靠人力劳动，陆地交通和农活都由牛、马和其他牲畜承担。继中古时代的大摇橹船之后，帆船占据了整个航海业，马和男女劳动力（这里也包括女劳动力，因为那时妇女也和男劳力一样必须承担繁重的体力劳动）在江河之边为货船拉纤。随后在河流沿岸，手工业开始利用水力资源（驱动锻锤），陆地上则喜欢借用风力（风车磨）。在活字印刷术和火药传入欧洲以后，达·芬奇（Nardo Da Vinci）曾画过许多为以后一系列发明提供思路的天才草图，巴宾（Papin）在1695年发明大气压力式发动机（由其继承者发展的一个具体实例见图1），瓦特（James Watt）在1800年左右发明了过压式蒸汽机，其随后的发展见图2，所有这一切导致了以后在原来一切都由人力或畜力推动的世界上发生的第一次的巨大变化。

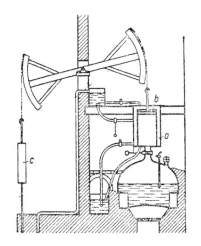

图1 纽柯门（Newcomen）的大气压力式发动机（1711年）

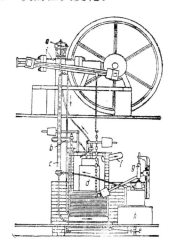

图2 泼金斯（Perkins）按照詹姆斯·瓦特（James Watt）专利制造的过压式蒸汽机（1827年）

随后工业时代的所有进步都与19世纪伟大发明家的名字瓦特、莱诺依尔（Lenoir）、奥托（Otto）、西门子（Siemens）、狄塞尔（Diesel）、拉瓦尔（De Laval）、奔驰（Benz）和斯托尔塞

---

* 本文原为高宗英译自李斯特《内燃集全集（新版）》第一卷的导论，该书由国际著名内燃机权威汉斯·李斯特（Hans List）教授和安东·毕辛格（Anton Pischinger）教授联合主编，第一卷特请德国道依茨（Deutz, KHD）公司原技术部主任，总设计师玛斯（H. Maass）教授编写，原书于1979年由Springer出版社在维也纳和纽约两地同时发行。原镇江农业机械学院（现江苏大学）高宗英在奥地利留学期间获赠由李斯特教授亲笔签名的原书，经编者和出版社同意，高宗英获博士学位回国后即组织此书的翻译，将此书译成中文，李斯特教授还亲自为中译本写了序言。中译本《内燃机设计总论》由机械工业出版社于1986年出版。

(Stolze)密切相连。蒸汽机出现后不久就迅速被用作船舶、工业固定设备和铁路运输的动力,当时使用的蒸汽机和铁路实物现在还有一些陈列在世界最著名的博物馆中,例如底特律(Detroit)的福特(Ford)博物馆或慕尼黑(München)的德国自然科学博物馆。尽管对蒸汽汽车及类似的小型蒸汽动力装置做了一些试验,但因为它的蒸汽锅炉和蒸汽机的结构庞大且费用较高,故始终未能在无轨交通方面推广。

奥托根据在莱诺依尔的煤气机(见图3)及他本人研制的大气压力式发动机(见图4,曾在1864年的巴黎世界博览会上获得金质奖章,并导致世界上最老的发动机厂,即道依茨煤气机厂的建立)上的大量试验研究终于研制成功了一种四冲程内燃机

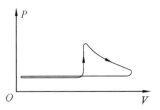

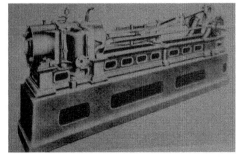

图3　莱诺依尔(Lenoir)的煤气机(1860年)

(见图5),奠定了现今奥托循环内燃机的基础。这种内燃机迄今在小功率范围内仍能经济有效地运转,1976年人们还为此举行了庆祝这种内燃机诞生100周年纪念活动。上一世纪后半叶的快速发展表明人类急需从繁重的体力劳动中解放出来。陆地交通和航空业迅速发展到今天的地步(见图6)充分证明,内燃机的发展已对人类的生活产生何等巨大的影响,虽然对于这种影响的正反两个方面的估计至今尚有疑问,但至少表明,人们对人类本身真正的需要或许还不完全清楚。这个例子也清楚地表明人类和技术革新之间的相互作用,说明人们在技术发展过程中,不仅要像征服地图上的空白点那样来填补现状的真空,而且还应在不断的变化过程中判断技术发展对人类和社会的共同生活可能产生的影响,以便正确划清正常发展和滥用之间的合理界线。此后,于1893年出现了狄塞尔关于压燃式内燃机的设想,1897年第一台柴油机

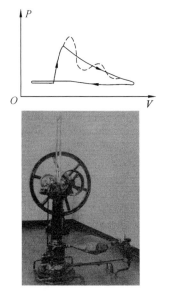

图4　奥托(Otto)的大气压力式内燃机(1867年)及其示功图

图5　奥托(Otto)和他的四冲程内燃机(1876年)及其示功图(当转速为180 r/min时功率为2.2 kW)

问世(见图 7)。这种工作循环因其热效率较高而首先应用在功率较大的内燃机上,但到了今天也已开始应用于排量小至 1 L 左右的内燃机上。

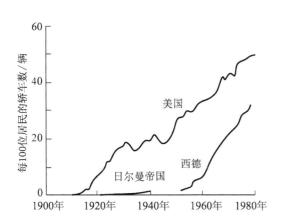

图 6　美国和联邦德国(西德)的汽车发展情况

图 7　1897 年的第一台柴油机($D \times S = 150$ mm $\times$ 400 mm,当转速为 172 r/min 时功率为 14.7 kW)

正如除活塞式蒸汽机外蒸汽轮机也在工程上占据一定位置那样,在 20 世纪初除了活塞式内燃机外也出现了内燃式的叶片机,即斯托尔塞的燃气轮机(见图 8)。就广义而言,燃气轮机也属于内燃机,但是在我们这部《内燃机全集》中将对它作单独的论述,因而在本卷中不打算涉及。

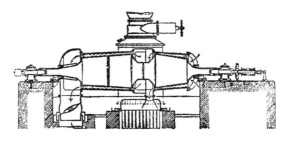

图 8　斯托尔塞(Stolze)的燃气轮机(1904 年)

内燃机是指燃料在发动机内部燃烧的热力发动机,这也就是说所供给的燃料在其内部进行准备、燃烧并直接转换成机械能。与此相反的是那些从外部锅炉中吸收燃料能量(例如作为压能和热量形式输入)的动力机械,以及从电网得到能量的电动机。内燃机在广阔的技术领域内占据突出的地位是由于它具有一些特点,这些特点使它在一定的范围内至今仍立于不败之地。陆、海、空交通运输业除少数例外(铁路交通和大型船舶)情况,已越来越多地采用内燃机,农业和建筑业离开了内燃机已是不可想象的事。用于许多场合(例如用于反应堆等)的应急发电机组、高峰发电机组及在燃料很便宜的区域(石油输出国、政府资助或无税地区)的持续发电机组则是内燃机的另一个用武之地。然而,内燃机到底有什么特征而能使其在此日新月异的世界上占据如此牢固的位置呢?首先,它通常使用的液体燃料的使用与运输都十分方便。众所周知,液态碳氢化合物的热值很高,是一种有效的贮能体,所以内燃机只需带有相对较小的贮存容器就能在较长时间内发出很大的功率,这个优点在交通运输业中尤为显著。迄今人们还不能密集和有效地储存电能(参见蓄电池汽车),这就使交通运输业目前还无法广泛采用这种既简单又无污染的能源来产生动力。其次,内燃机对维护保养的要求也是不高的。例如在汽车上,目前除了更换机油和一些电器触点与火花塞之外,对于内燃机来说几乎没有什么其他特别的地方需要维护保养了。内燃机的启动十分方便,这不仅使汽车司机高兴,而且也使医院的外科医生满意。当局部地区因线路故障而停电时,装在汽车上的移动式燃气轮机或内燃机发电机组即可迅速将新的电能输入电网(见图9)。此外,很重要的一点就是内燃机的结构和外形有很大的灵活性,因为气缸几乎可按任意位置布置,航空用的星形内燃机就是一个最典型的例子。

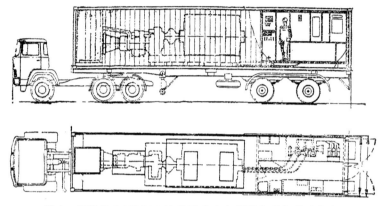

图9 容量为3 000 kW的移动式应急用燃气轮机发电机组

特别重要的是,内燃机具有很高的热效率,任何其他的热机都无与伦比,毋庸赘述,在将来燃料短缺的情况下,这一点的意义将更为深远。这就是为什么一般预言效率较高(达40%以上)的柴油机在小型动力装置(例如轿车内燃机)中也大有发展前途,而且其所占比重将会越来越高的理由。根据近25年来客货运输不断增长的比例(见图10和图11)和目前汽车业的一派繁荣景象,还不能做出汽车运输发展的趋势已经告终的推测。燃用人造燃料或代用燃料的可能性也在一定程度上使内燃机的前景更有希望,虽然烧木炭、煤气的发动机或煤粉发动机带给人们的往往是灾难性的回忆,但它们似乎并不代表将来发展的方向。

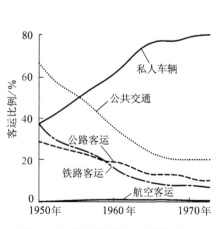

图10 各类交通运输业的客运比例
(基数:人-公里)

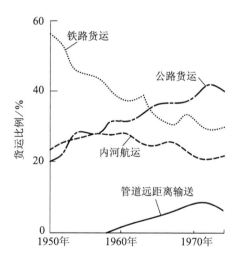

图11 各类交通运输业的货运比例
(基数:吨-公里)

只要我们不能制造出性能和价格都能与天然石油相匹敌的"人工合成燃料",那么内燃机未来的命运总是与石油蕴藏量密切相关的。

如果只考虑自由市场经济,也就是说不受垄断集团的约束和不受国家的干预,则燃料价格实质上只取决于供求关系。但是,人们若滥用石油易于开采的优点,亦可能导致历史性的错误,因为若能用较少的资金满足任何一批需求,则价格规律就不再起调节作用了。因此也听到一些呼声,这些呼声无论如何也能有利于促进石油输出国组织进行价格调整。1973年至1974年的石油危机至少是发人深思的,这个教训人们不应当忘记。

现在我们来看看当前已知的一些因素。图12中表示每年年终公布的石油储藏量。1970年以前石油储藏量急剧增加,其后储藏量保持大约900亿吨不变,或甚至还有所下降,若不发现新的矿藏而继续开采下去,这就是一个必然的趋势。图13表明了每年的石油开采量急剧增加的趋势,由此图也可以看到因1973至1974年度的石油危机而引起的曲线上的凹陷,这也许反映了价格调整和节约用油而造成的结果。此外,这幅图上的炼油能力曲线也是很有意思的,1970年以前此曲线稍高于不断增长的需要,但是由于这种生产投资的周期很长,且因没有先见之明,所以未能及早地通过压缩炼油能力的增长来使此曲线及时与石油开采量的减少相适应。这样所形成的石油开采量和炼油能力之间在1970年之后的巨大差距,不仅是目前石油公司抱怨的主要原因,而且是招致油船运输业走向崩溃边缘的因素。由此也可看出,欲使价格正确,必须多么细致地协调供求问题。油船运输量的锐减使那些绝大多数是小本经营的船主慌忙更改和退掉订货(倘若尚有可能的话),这就是造船厂和相应附件厂目前订货不足的主要原因。这里还想提及一下图13中的可采年限x的问题,也就是已探明的石油储藏量对当年石油开采量的比值。经过20年后,这个在近30年来几乎保持不变的比值可能要下降,但由于近几年对地球上石油可能贮存量众说纷纭,因此尚难对其具体变化趋势做出准确预测,不过在四五年之后我们一定能做出明

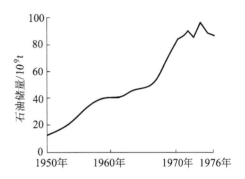

图12 已探明的世界石油储藏量

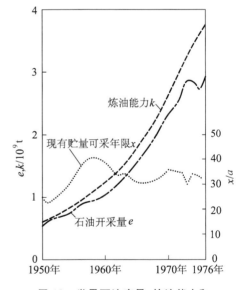

图13 世界石油产量、炼油能力和
现有贮量可采年限的图线

确的论断。但是现在人类已开始对石油资源将会枯竭的问题做精神上的准备了。

再来看看我们自己的对策吧,因为只有在思想上有所准备,我们今后才不会盲目地行事。例如图14中绘出1950年至1976年期间德意志联邦共和国(西德)消耗矿物油的情况(许多其他欧洲国家的情况与此相似)。由这幅图线可以看出,石油消耗量起初增加得较为缓慢国,到20世纪60年代(请注意1966至1967年度经济危机的影响)则迅猛增加,这个增长的势头实际上一直持续到1973年,总数约达13 500万吨。由于石油输出国提高油价,以及随之而来的

世界经济危机的影响,使人们头脑有所清醒,从而在消费量曲线上出现了令人惊异的转折,但是1975 至 1976 年度的回升又使人们认为下降的趋势可能稍有缓和。此外,在图 14 中还绘入了德意志联邦共和国的石油消费量占世界消费量的百分比,其值在 1950 年仅为 0.75%,而 1970 年竟高达 5%。若要知道这个百分比的含义,还必须了解人口的比例关系(曲线 b),发展中国家人口迅猛增加,而德意志联邦共和国的人口数几乎保持不变,因此其人口所占的比例数就越来越小。按照当前世界现实情况,作者认为,对于人口只占世界总数 1.5% 的高度工业化的国家来说,将石油消费量控制在 4.5% 以下还是可以接受的,更高的比例应当认为是有害的。在这方面

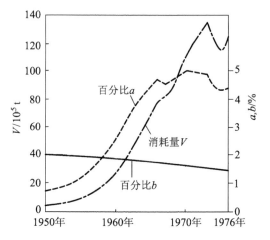

图 14　德意志联邦共和国的矿物油消费量 V 及其占世界矿物油消费量的百分比(曲线 a), 其人口占世界人口的百分比(曲线 b)

欧洲不应毫无顾忌地沿着老路继续前进。明知在某些方面犯罪的我们,就应该从维护世界和我们自己经济秩序的角度出发,尽可能地节约我们的石油资源。但是美国目前正在出现的经济危机表明,要有意地减慢几十年来一直在能源过剩情况下转动的车轮(也包括改变居民习惯和信念)是多么困难。

在对问题发生激烈争论时,经常把一切都搞乱了,尤其从政治观点来看,要求什么东西都应有充分证据时,情况更是如此。因此搞清楚石油的情况乃是一件好事。这里的德意志联邦共和国统计资料也许能有一定的代表性(至少可代表北欧的情况)。图 15 中示出按重量计的各主要油类消耗的百分比。在交通运输业中汽油消费量约占 16.4%,煤油(用于航空发动机)占 1.7%,柴油占 8.7%,故陆地和航空交通运输所占的总比例约为 27%,但主要的馏出物是取暖用的轻柴油,这种油几乎百分之百地用于家庭和工业的取暖,这一点不仅从非洲(例如刚果人)的观点来看,而且世界上许多其他人也会认为,这无疑是无节制地浪费非常宝贵的燃料和化工原料。但现在取暖的劲头越来越足,坦率地说,为了在看电视时不使脚受冻而在离发电厂 3 km 的地方,用类似高炉那样的热交换器来烧掉大量液体燃料确实是非常荒谬的事情。看来用热电站来实现集中供热倒也是一种合理的解决方法,但由于热能难以储存,故要求热电站除了家庭供热的分配网以外(遗憾的是这种取暖方式目前成本高昂,尤其在距离很远时)尚需装上附加的热交换器,以便在用户不需要热量时继续利用余热来发电。这里绝无万全之策,但我相信人们必定会有所作为。如果能使取暖用的轻柴油的消费量降低 25% 左右(不足部分可用目前都是被去掉的低品位能源来补充)的话,那么人们就可以在保持目前的石油消费量水平的情况下,把行驶的汽车数量再增加 1/3,而对其他经济部门毫无影响。从这些比例关系可知,节省取暖用油的研究工作对人们来说是很有诱惑力的(若不供应代用燃料而一味提高用油的税率的话,也许是一次有效,但肯定也是最愚蠢的,而且是难以实现的办法,因为这时人们只有在用油或者是用煤取暖两者之中进行选择,但在家庭内烧掉这两种燃料都是很可惜的)。

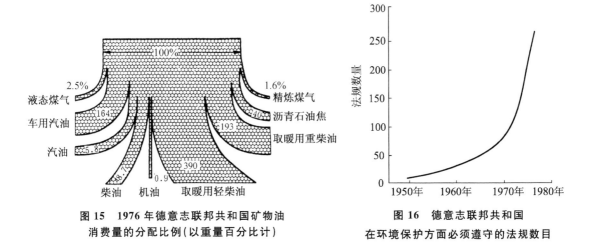

图 15　1976 年德意志联邦共和国矿物油消费量的分配比例（以重量百分比计）

图 16　德意志联邦共和国在环境保护方面必须遵守的法规数目

如果我们预言内燃机从目前看来仍具有无可替代的前途的话，那么只谈它的积极方面仍然是不够的。即使不考虑对技术的滥用（这当然不是机器本身的责任），内燃机也有它消极有害的一面。这主要是指内燃机的噪声和排气污染问题。近 10 年来已有越来越全面和严格的环境保护法规（参见图 16）用来限制内燃机的噪声和污染物排放的水平。尽可能节约地使用能源，这是一个今后任何时候都必须十分注意的问题，因为这不仅关系到环境保护与人类的健康，而且也关系到我们地球上日趋枯竭的资源。不言而喻，我们应当欢迎那种使技术发展能为人类造福而尽量少带来副作用的努力。但是人们也不应过分迷信工程师，认为他们能同样周到地考虑到对内燃机的所有要求，例如限制噪声、减少臭气、消除有害物质、降低价格、提高功率和减轻重量等。

几乎没有任何一种职业像工程师那样，必须在他们与课题打交道并做出最后决定时习惯于权衡比较和采取折中办法。这时在从不同角度对国民经济发展所提出的任务方面，公众的意见可能对各种环境保护的问题产生很大的影响，但是，提意见的部门（从通过舆论界进行呼吁的积极分子直到具体立法者）亦应考虑要对与此有关的一切负责。否则人们除非用普遍的觉悟来代替幼稚的笃信，就不得不对技术的发展加以过分的约束，以使它们顺从于某些怪异的愿望。虽然对整个课题的每一步更深一层的考虑都会改善总的情况（就像工程实践中阿波罗登月规划这个例子所表明的一样），也尽管只要人们为既定目标坚持不渝地奋斗，在技术上许多事情就可以实现，但是我们每一个工程师都应在自己参与的工程实践中念念不忘以下几点：

——实行任何一项措施都要花费相应的代价；
——决不能徒劳无益；
——只做那些确实对我们生活有益的事情。

但是，哪些事才是对人们的生活有益，以及我们的技术应为谁服务的问题乃属哲学的范畴，当然不再属于我们这部只打算深入探讨内燃机物理本质的著作之内容。

在几十年内无须深思即可预言，内燃机的应用仍然有其广阔的前途。因此对于准备从事内燃机方面工作的青年大学生及正在从事此项工作的工程师来说，深入学习和研究有关内燃机的物理本质仍然是十分必要的。毋庸置疑，内燃机的理论是由若干基础科学，诸如理论力学、材料力学、工程热力学和传热学、化学反应动力学等各个学科的综合（另外和数学及基础物理学当然也有一定关系），但是在基础科学发展到相当高水平的今天，也完全可能出现这样一个情况：一个商品推销员，他虽不是内燃机方面的行家，但由于他具有热忱、顽强性和坚定不移的信念，并从事某一牵涉基础领域的研究，他就有可能使内燃机取得某些突破性的进展。但人们不应由此而得出结论，似乎只有依靠部分片面的知识就会获得成功。问题是应用技术（这里并不只限于内燃机）对基础科学提出很高的要求，即在可能涉及的各个范围内都要求从事具体工作的工程师们在有关基础科学知识方面达到必要的深度。因此，目前在大学内除讲授工程热力学和一般专业课程外，还常对内燃机进行专门研究的做法是完全正确的。这样做的原因并不只是为了个人寻找职业和公司的赢利需要，而且也受到一些从事共同研究工作的专业组织（如设在法兰克福（Frankfurt）的内燃机研究协会）的支持与鼓励。今天，我们将内燃机作为工程热力学范畴的典型实例，而不是把它当作孤立的机器和自成系统的科学来认识仍然是妥当的。实际上内燃机的发展是与许多基础知识的发展相联系的，它的发展水平也反映了当代技术进展的一个重要方面。鉴于上述原因，在高等院校内加强基础知识理论的教学也是很重要的。只有纵览各种学科才能认识和鉴别当代的技术，也只有这样才能预感或找到有益于使技术有效地为人类服务的途径。如果人们在教育方面能使明智、理性和谦虚的精神相对于目前依然存在的追名逐誉和骄傲自大的习性占上风的话，那么这对人类也许是一个不小的收获。因此，我们的工程师们除了研制机器以外也必须深入地探讨机器的伙伴，即人类的心理，以鉴别合理要求与错误渴望之间的界限，从而使技术真正为人类的进步而服务。技术没有其本身的目的，它不应当被用来生产凡是能制造的一切东西。从人类的历史得知，从好的方面来说，技术能减轻人的体力劳动，使人延年益寿。一切技术活动都是为人而服务的，但是这也对工程师们提出了更高的要求，并使他们负有更大的责任，因为没有或不应有任何其他的要求更重于为人类服务这个崇高的使命。

但是纵观工程师对产品所负的责任就要求我们掌握更多的知识，特别是要有多方面的修养，以处理好各方面的关系，并更多地考虑人们今天和今后的需要。近年来知识不断向深度发展，给教育带来的副作用则是知识面太窄，这个苗头在中小学里就已开始出现，也就是人们通常称之为向"专业上的白痴"方面发展的道路，长此以往势必会把我们变成机器人，变成只能沿一个方向前进的机器。为了丰富自己的想象力和创造力，人类应当培养自己具有适应多方面工作的能力，这一点对于专业技术人员来说当然尤为重要。

就这个意义来说，本卷和整个《内燃机全集》的任务，就是与那些有真知灼见的科技著作一道，来共同抵制我们某些同时代的人物对人类未来所散布的一些恐惧的幻觉。

江苏大学内燃机学科的发展*

高宗英

（江苏大学）

1 历史沿革

江苏大学是2001年由地处江苏省镇江市的几所高等院校合并组建而成的。其中，主体部分江苏理工大学原为直属国家机械工业部领导的全国重点大学，是国家首批具有学士、硕士、博士授予权的高校之一，由原镇江农业机械学院、江苏工学院逐渐发展更名而成。

1958年，党中央制定了以农业为基础、以工业为主导的国民发展经济方针，毛泽东主席也提出了"农业的根本出路在于机械化"的口号。在这一背景下，根据国务院的指示，第八机械工业部（即农业机械工业部）于1958年初决定以南京工学院（现东南大学）的机械二系（即农业机械、汽车拖拉机两个专业）的全部师资设备为基础，在南京建立一个为农机工业服务的部直属高等院校，并立即成立了南京农业机械学院筹备处。后因设计规模过大，在南京地区选址困难，于1960年决定改在镇江新址建校，并定名为镇江农业机械学院（以下简称"镇江农机学院"）。此后不久，根据农业机械部的决定，吉林工业大学排灌机械专业和研究室于1963年迁来镇江。"十年动乱"开始后，南京农学院农机化分院的部分师生又于1970年并入镇江农机学院。此后，第八机械工业部与第一机械工业部合并，学校遂归属合并后的机械工业部领导。随着规模与事业的发展，学校于1982年8月更名为江苏工学院，1994年1月又更名为江苏理工大学。机械工业部撤销后，学校成为中央与地方共建而以江苏省管理为主的高校，并于2001年8月与另几所高校一起组建江苏大学，成为一所以理工科为特色的教学研究型综合大学。

江苏大学内燃机（动力机械及工程）学科的历史可以追溯到镇江农机学院成立前的1958年，当时的南京工学院为了适应国家汽车工业的发展设立了汽车专业，旋即又因其行将归并至镇江农机学院而改为汽车拖拉机专业，学习内容与培养方向为汽车、拖拉机底盘与发动机三者并重。为了加快人才培养，南京工学院将部分农机专业三年级和机械设计专业二年级学生转入汽车拖拉机专业学习。新成立的汽车拖拉机教研室分三个教学小组，教研室主任林世裕教授（已故）兼任汽车教学小组长，副主任翁家昌教授（已故）兼任拖拉机教学小组长，教研室秘书高宗英兼任内燃机教学小组长。这个只有三人（还有谭正三、郁一言）的内燃机教学小组不仅为前两届汽车拖拉机专业学生开设了内燃机原理、设计和燃料供给等主要课程，还积极参与了镇江农机学院内燃机专业的筹建工作，从而构成了之后的内燃机教研室的雏形。

镇江农机学院成立后，考虑到全国内燃机大行业归口于农业机械部，便立即着手独立成立

---

* 本文系作者为《中国内燃机工业一百周年纪念文集》所作，该书由中国内燃机工业协会组编，机械工业出版社2008年出版，高宗英系该书编委并负责撰写江苏大学内燃机学科发展的相关内容。

内燃机专业并加以重点建设。为了解决师资力量不足的问题,其分别由南京航空航天大学(当时南京航专)、天津大学、清华大学和中国科学院动力研究室引进一批专业教师和应届毕业生。特别是吉林工业大学以戴桂蕊教授(已故)为首的排灌机械专业与研究室迁来镇江后,又为内燃机学科增加一股教学和科研力量。

戴桂蕊教授1910年出生,1931年毕业于湖南大学,1936年白英国留学回国,曾任湖南大学教授、工学院院长、华中工学院(现华中科技大学)内燃机教研室主任,吉林工业大学教授。迁来镇江后任镇江农机学院副院长和排灌机械研究室主任,并兼任动力机械工程系主任(郭骅任副主任),因而使当时镇江农机学院内燃机学科出现了两个专业,即内燃机专业和排灌机械专业并存的局面。

高宗英调任排灌机械教研室主任后,内燃机教研室主任由唐兰亭和谭正三担任,两个教研室均开设内燃机课程。"十年动乱"中,戴桂蕊教授受到迫害含冤去世,使江苏大学失去了一位内燃机界可敬的前辈。拨乱反正后,为避免专业人才培养的重复并减轻学生负担,排灌机械专业改为流体机械专业,其中的内燃机师资划归内燃机教研室,流体机械专业则不再开设内燃机课程。两个专业同属动力机械工程系领导,系主任为郭骅,副主任为唐兰亭,内燃机教研室主任由高宗英、李树德担任。1979年下半年高宗英、李德桃相继出国进修后,内燃机教研室主任先后由李树德、金治钧(已故)、谭正三、崔淮柱等担任。高宗英、李德桃分别在奥地利和罗马尼亚获得博士学位。学成回国后,高宗英先后担任动力系主任、江苏工学院院长、江苏理工大学校长,李德桃长期担任工程热物理研究室主任,两人均成为江苏大学内燃机学科当时的主要学科带头人。

随着老一代教师的相继退休或调出,"十年动乱"后入学的一批青年教师崭露头角,他们中的袁银男、罗福强、刘胜吉等人均先后担任过内燃机教研室主任,目前动力机械工程系的主任为王忠和赵晓丹。

从1995年起,为了适应国家汽车工业发展需要,学校将动力系和内燃机实验室归入新成立的汽车与交通工程学院(现任院长为蔡忆昔),而工程热物理研究室则仍留在能源与动力工程学院,现任主任为王谦。

经过近50年的发展,目前内燃机(动力机械及工程)学科现有在职教职工30余人,其中教授10人(8人为博士生导师),副教授和高级工程师12人,有2人为江苏省青蓝工程学术带头人,3人为机械工业青年专家,教师中获得博士学位的人数占85%。现任动力机械及工程学科带头人为江苏大学副校长袁银男。

2 学科发展、实验室与教材建设

国家学位制建立后,江苏大学内燃机学科于1981年获国家首批硕士学位授予权。1984年经国家教委和国务院学位委员会评议组会议通过,特批高宗英为教授、博士生导师,学校的内燃机学科也同时获得博士授予权,1986年后,李德桃等多人也相继升任教授、博士生导师。1998年江苏大学设立了博士后流动站,2003年经批准评为一级学科博士学位授权单位。目前其内燃机学科为江苏省重点学科,内燃机专业为江苏省品牌专业,内燃机实验室、汽车发动机排放实验室与车辆实验室一道构成了江苏省汽车工程重点实验室,并于2003年通过中国实验室国家认可委员会的认可和CQC认证,成为中国质量论证中心委托的检测实验室。另外,江苏省中小功率内燃机工程中心、江苏省生物柴油工程研究中心、江苏省清洁能源动力机械应用重点实验室也设在本学科,江苏省内燃机学会、江苏省汽车动力产学研联合培养研究生示范基地也挂靠在本学科。

目前,内燃机实验室总面积 3 100 m²,设有半消声内燃机专用噪声台架实验室、内燃机冷启动实验室、内燃机排放实验室(图1)、标准大气状态实验室,有内燃机试验台架10余套,以及内燃机电器、喷油系统、气道性能等专项试验台、能满足 1～500 kW 内燃机及零部件性能试验和工作过程分析试验。实验室拥有奥地利 AVL 公司交流测功器及颗粒排放测量分析系统、日本 HORI-BA 废气排放分析设备及美国 BURKE 公司底盘测功机、燃油喷射与调节、气体流动分析、振动与噪声测量等专用试验设备,可以满足教学与科研工作的需要。

图 1 排放实验室内部照片

在教材建设方面,学科建设初期多采用从苏联翻译过来的教材,如奥尔林或李宁的《内燃机原理》,斯捷潘诺夫的《内燃机设计》等,也采用部分自编讲义,如《内燃机燃料供给与调节》和《内燃机动力学》等,以后逐步采用统编教材。1978年,一机部在天津召开高等学校对口专业座谈会以后,江苏大学内燃机学科即成为全国内燃机教材编审委员会(后改称专业教学指导委员会)副主任委员单位(主任委员最初为天津大学史绍熙教授,后为西安交通大学蒋德明教授,高宗英教授长期担任副主任委员)。按照专业指导委员会统一部署,江苏大学承担了《内燃机构造》(主编谭正三)的编写任务,其他主要专业课程则采用全国统编教材,如《内燃机原理》(主编蒋德明),《内燃机设计》(主编杨连生)等。随着专业改革的深入,从1999年起,《内燃机原理》与《内燃机设计》精简合并为《内燃机学》,由西安交通大学周龙保教授主编,蒋德明教授主审,高宗英教授与吉林工业大学刘巽俊教授一道参加了该书的编写并担任副主编。该书于2002年获全国普通高等学校优秀教材二等奖,此外高宗英还担任了《热能与动力机械工程(机械)测试技术》一书的主审,并积极协助蒋德明教授做好内燃机教材编写任务的组织协调工作。

3　人才培养

除了原南京工学院汽车拖拉机专业1956—1960级(指入学年限),排灌机械1960—1965级以外,内燃机专业于1961年正式招生。扣除"十年动乱"的中断,目前江苏大学已培养了40多届本科生,本科毕业生人数超过 2000 余人。另外,它还培养了工程硕士80余人,工学硕士230余人,博士30余人,为国家输送了大批高级专门科技人才。他们中的许多人已经成为国内著名的内燃机企业的技术骨干。例如原一拖集团总经理尹家喜、副总经理朱士芩("全国五一劳动奖章"获得者)、原一汽无锡柴油机厂总经理蒋彬洪("全国五一劳动奖章"获得者),现任总经理钱恒荣,一汽无锡油泵油嘴研究所所长朱剑明等。现在江苏大学动力机械及工程学科的带头人袁银男教授也是1982年毕业于江苏大学的。

4　科研与对外交流

由于江苏大学历史和行业归口的特点,校内内燃机学科的科研主要集中在中小功率车用和农用柴油机方面。例如,面广量大的 195 柴油机及玉林柴油机厂和柳州水轮机厂的 6105 车用柴油机均由江苏大学参与研发(分别与上海内燃机研究所和长春汽车研究所合作),而且早期的多项得奖项目与发表的论文也大多围绕中小功率柴油机领域进行。除了进行燃烧室、燃料供给系统与整机匹配等项研究外,江苏大学还参加了由上海内燃机研究所牵头的"中小功率内燃机产品 CAD"研究,该项课题获机械工业部科技进步一等奖和国家科技进步三等奖。在内燃机节能、排放要求不断严格,内燃机用途日益广泛的今天,江苏大学内燃机学科的研究领域也不断扩展,如在已完成和正在进行的多项国家自然科学基金资助、省重大项目的资助项目中就包括生物质能源、汽车混合动力和内燃机环保性能(排放和噪声振动)等多方面内容。

江苏大学内燃机学科重视国际合作。除了老一代高宗英、李德桃等教授出国进修并参加各种国际学术会议外,年青一代的教授和教师也相继出国留学。例如,罗福强教授在奥地利进修,王忠教授、李捷辉副教授、汤东副教授在德国进修,孙平教授、赵晓丹副教授在日本进修等。

1991 年该校授予了国际著名内燃机学者汉斯·李斯特(Hans List)教授名誉教授称号,此外还授予了德国埃斯贝特公司技术总裁 G. Elsbett 先生和奥地利斯太尔(Steyr)公司驻华总代表 K. A. Skrivanek 先生客座教授称号并接受过他们赠送的内燃机样机,双方在此基础上开展了合作研究。改革开放以来,先后有美国威斯康星-密尔瓦基大学的曹克诚教授、德国汉诺威大学格罗特教授(K. Groth)、柏林工业大学的莫伦豪尔教授(K. Mollenhaner)和 KHD 公司的玛斯教授(H. Maass)等国际著名专家相继访问过江苏大学,并建立了良好的合作关系。

在技术引进方面,除了实验室引进了奥地利 AVL 公司和日本 HORIBA 公司的先进测试仪器外,江苏大学于 1986 年在机械工业部高校系统首先完成了"六五"技术引进项目,并与奥地利 COM 公司合作开发了国内第一台 Pi 指示仪等。

综上所述,经过近 50 年的努力,江苏大学内燃机学科的规模与水平已在全国内燃机行业和学术界取得了一定的地位,也为我国内燃机事业的发展做出了一定贡献。目前已顺利完成了新老交替。随着老一代同志唐兰亭、谭正三、朱蜓章、高宝三、王德海、申屠淼、李德桃、高宗英等教授相继退休,新一代袁银男、蔡忆昔、姜哲、姜树理、罗福强、王忠、刘胜吉、孙平等教授和广大青年教师必能使江苏大学内燃机学科的发展得到进一步提高。

多种燃料发动机[*]

1 发展多种燃料发动机的意义

近年来,在内燃机制造业中,对在同一发动机上应用多种燃料的可能性,给予了很大的注意,进行了大量的试验研究,并已开始大批生产适合于多种燃料运转的发动机——多种燃料发动机。

在研究多种燃料发动机的具体发展情况以前,首先应当了解需要发展这种发动机的意义。

首先,多种燃料发动机的发展是出于军事方面的需要。因为在紧急情况下,装置着这种发动机的军用车辆可以不一定非用某种特定的燃料工作不可,这样便大大减少了燃料供应、运输和贮存方面的困难。

其次,燃料生产和消费之间平衡关系的不断变化,也是促使多种燃料发动机发展的另一个重要原因。我们知道,在原油中,各种馏分燃料的含量具有一个大致一定的比例,以柴油为例,其馏程为 180~360 ℃,在原油中含量约为 1/5~1/4;而汽油的馏程为 30~200 ℃,含量则将近 1/3。由于柴油机在经济性方面所具有的优点,因此在各个经济部门中的比重正不断增加。随着喷气技术的发展,增加了航空煤油的消耗量,而这种煤油的馏分有一部分却是和柴油相重合的。作为例子,图 1 表示了西欧各国历年来石油产品消费量的变动情况(其中 1975 年的数据是预测的)。由图可见,汽油、柴油及其他燃料需要量之间的关系正在不断地变化。从这点来看,发展多种燃料发动机是一种根本的解决办法。

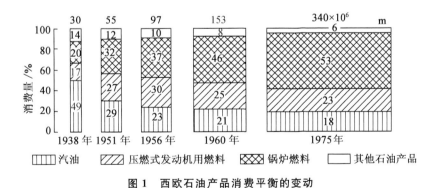

图 1 西欧石油产品消费平衡的变动

---

[*] 本文由高宗英编译,原载于《国外机械》1962 年第 5 期(北京)和农业机械部内燃机研究所编辑出版的《多种燃料发动机》文集(1964 年上海版)。

实际上,由于多种燃料发动机不仅能够采用通常的柴油和汽油,而且还能应用馏分较重的燃料(重柴油、润滑油甚至原油)来工作,因此它所能利用的燃料范围便大大增加了(见图2)。

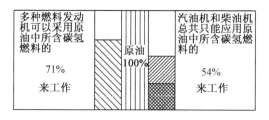

图2 从原油中提炼出的可用于汽油机和柴油机及多种燃料发动机的燃料部分的比较

从目前正常的民用情况来看,多种燃料发动机的应用并不是那样必需。但如考虑到正在发展中的农业机械化的问题,那么它仍是具有相当价值的。因为在比较偏僻的农业地区,不可能像城市中那样具有完善的燃料供应网,因而往往不能及时供应合适的燃料,这时,采用多种燃料发动机将会比较方便,同时也能给时间上和经济上带来很大的节约。

多种燃料发动机的进一步发展,有可能导致"通用"或是"统一"(Einheitsmotor)式发动机的出现。这不仅能使现有发动机的品种大大减少(图3),而且也简化了石油产品加工、贮存、运输和分配等问题。

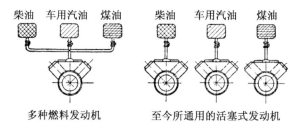

图3 多种燃料发动机或"通用发动机"能够代替三种不同的发动机

2 燃料及其性质对于多种燃料应用的影响

大家知道,石油中的液体燃料具有共同的化学元素。当用分馏法来精炼石油产品时,单一的燃料品种便会分离出来,通过附加的特种处理(如加入添加剂和使它们互相混合),可对其本身所具备的各种性质产生所希望的影响。根据分馏温度的不同,燃料通常可分为以下几种:

(1) 汽化器式发动机燃料:例如标准汽油、高级汽油、超级汽油、汽油-苯混合剂和超级优质汽油;

(2) 喷气动力燃料:重汽油、煤油(例如JP3,JP4);

(3) 轻柴油:动力机和拖拉机用的轻柴油;

(4) 柴油:标准柴油、岩炼柴油;

(5) 润滑油;

(6) 粗石油。

图4表示了各种燃料馏程曲线的变化情况。由曲线的高低位置可以清楚地看到,各种燃料的挥发性能有很大的差别,汽油的挥发性较高,而煤油、柴油则较低。

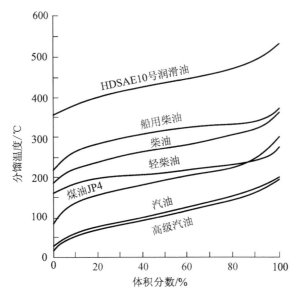

图 4　各种燃料的馏程曲线

各种燃料的比重和黏度差别很大,如汽油的比重比柴油低 10%～15%,而柴油的黏度又几乎为汽油的 9 倍(表 1)。

表 1　液体燃料的特性数据

燃　料	密　度/(g/cm³)	馏程/℃	热值 H_u (kcal[①]/kg)	铅的体积分数/%	十六烷值(CaZ)	辛烷值(OZ)	自燃温度/℃	运动黏度(20 ℃)/cSt[②]
汽油	0.72～0.74	30～180	10 000～10 500	0.04	≈15	88	550	0.6
高级汽油 80/86	0.735	30～200	10 350	0.08	≈15	86		
煤油 JP4	0.73	80～280	10 300		≈45			
轻柴油	0.73～0.82	160～280	10 000～10 300		40～50	35～40	270	2.2
柴油	0.84～0.86	200～360	10 000～10 200		40～60		350	5.4
船用柴油	0.86～0.90	220～380	≈10.000		47			
润滑油 SAE10	0.88～0.89	360～520	≈10.000		50～53		380～420	

燃料的饱和蒸气压及产生蒸气泡的倾向也是应当加以注意的,它们的性质可以定性地由分馏曲线来判定。

柴油的自燃温度在 300～350 ℃ 之间,而挥发性较好的汽油则为 450～550 ℃,也就是说,柴油反而比汽油容易着火。这方面的性质也可以用十六烷值或辛烷值的概念来加以说明,十六烷值的大小可作为着火性能的标志,而另一方面则可作为汽化器式发动机燃料抗爆性和着火安定性的度量标准。一般说来,燃料的辛烷值愈高(如高级汽油),抗爆性能便愈好,但也就更难着火。利用下列公式,可以进行两种度量标准之间的换算:

辛烷值＝120－2(十六烷值)　或　十六烷值＝60－0.5(辛烷值)

必须注意到,将高辛烷值燃料应用于柴油机时,如果单单只用辛烷值还不能完全说明问

---

① kcal 为热量单位大卡的符号表示,现已废弃,1 kcal＝4.186 8 kJ。
② cSt 为黏度单位厘斯的符号表示,现已废弃,1 cSt＝10^{-6} m²/s。

题。使用经验指出，如果增大芳香烃（首先是热稳定性较高的苯）的含量，尽管抗爆性能不变，但其着火性能将会恶化。所以，考虑到燃料的化学反应方面，一般可采用"着火延迟"的概念来作为主要的判别标准。

由上所述，正因为燃料在比重、黏度、挥发性能、形成气泡倾向特别是着火性能方面的差别很大，才形成了各种发动机（主要指汽化器式发动机和柴油机）在点火方式、燃料供给与混合气形成方面的很大不同，也造成了应用多种燃料的一定困难。因此，研究多种燃料发动机就应当首先从研究两种基本的内燃机，即奥托循环发动机和狄塞尔循环发动机对于多种燃料适应性的问题开始。

3 多种燃料对于各种发动机的适应性

奥托循环发动机按其工作原理应当采用轻质燃料。如果应用比汽油馏分更重的燃料，首先碰到的困难就是燃料的蒸发和混合气的形成与分配的问题。曾出现的所谓"重油汽化器"和专门的促使重质燃料蒸发的加热器，皆未能获得满意的结果。特别是汽化器式发动机，目前为了满足功率和经济性方面的要求，在压缩比不断提高的情况下，已对燃料抗爆性能提出很高的要求，这便几乎完全排斥了在汽化器式发动机上应用柴油运转的可能。因此，目前奥托循环的高速发动机是不适合于应用多种燃料的。

所谓"中压发动机"，如"享色尔曼"（Hesselmann）型发动机、烧球式发动机及按"德士古"（Texaco）工作方式的奥托型燃料喷射发动机，则构成了奥托循环发动机和狄塞尔发动机的中间等级。由于采用了燃料喷射与外源点火相结合的方式，它们也多少能适合于多种燃料的应用。但这种发动机由于工作过程不够完善，功率和经济性指标较差，同时所能使用的燃料范围也是有限的，故对多种燃料发动机而言，并未能得到最后的解决。

狄塞尔循环发动机在采用正常的柴油工作时，其噪音和冒烟现象已较严重，故很少会再想到在它上面还有应用十六烷值较低的轻质燃料工作的可能。然而，在改进其工作过程以消除各级负荷范围内的噪音及冒烟现象的同时，出乎意料地发现这种发动机对于各种燃料皆显示出相同的适应性。于是人们对于将柴油机发展成为多种燃料发动机产生了很大的兴趣。

从原则上来看，在柴油机基础上发展多种燃料发动机将是有利的。因为柴油机压缩比较高，可以达到比汽化器式发动机高的经济指标（由于工作原理的不同、燃料生产水平和成本的限制，后者的压缩比不可能提得像柴油机一样高），长远来看，这将意味着经济上很大的节约。

当然，在柴油机中，视工作原理和结构型式而异，对于多种燃料适应性的程度也就有所不同。

首先，二冲程发动机由于热负荷较高，因此对于多种燃料的适应性要比四冲程发动机好些。其次，风冷式发动机由于燃烧室壁面的温度不像水冷式发动机那样受到冷却水最高温度的限制，故易于保证有利于燃烧过程进行所必需的温度工况，因此更适于作为多种燃料发动机运转。当发动机采用增压后，由于预先提高了进气温度和压力，故压缩终了时的温度和压力也较高，对于应用多种燃料的适应性也就更好。

然而，总的来说，在柴油机中应用多种燃料运转也还存在着不少的问题。当应用汽油运转时，最主要的问题是汽油的着火性能较差，故工作过程较为粗暴，特别是在低负荷和启动时，问题就更为严重。当应用重质燃料运转时，最严重的问题是其中含有的有害物质（硫分、水分和各种酸类）对发动机零件的腐蚀作用。

在克服了上述种种困难以后，国外在 1957 年至 1958 年制出了新型的多种燃料发动机。

按照生产公司的资料,这些发动机可以应用各种类型的燃料工作,而在压缩比、功率、经济性及其他指标方面皆能达到现代柴油机的水平。

4 在柴油机上考虑应用多种燃料的一般措施

十分明显,当应用形式和性质相差如此悬殊的燃料来工作时,当然就不得不采取一些折中的措施,其中最主要的便是使汽化器式发动机的燃料去适应于柴油机运转。

首先考虑到汽油及柴油在挥发性能、比重、黏度方面的差别,必须对现有的柴油机燃料供给系做某些修改。这方面的困难一般比较容易克服,各种多种燃料发动机所采取的措施也大致相似(图5)。

由于汽油饱和蒸气压力较高,因而易于形成气泡而在燃料供给系中产生"气障"的现象;这种现象可以通过在喷油泵进油边的预加压力来消除(约3个大气压①)。同时在正常运转时,还应设法经常以较大的循环油量通过喷油泵。为了便于启动,装有在燃料输油泵尚未开始作用前完成供油任务的独立的燃油箱电动输油泵。

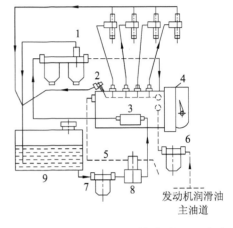

1—安全阀;2—限压阀;3—输油泵;4—喷油泵;5—电路;6—通向机油油封的精滤器;7—网状滤清器;8—燃油箱电动输油泵;9—燃油箱

图5 多种燃料发动机喷射装置简图

由于汽油黏度比较小,工作时在喷油泵和输油泵中皆会产生较大的泄漏损失,因此对其柱塞元件应采用一种"机油油封"装置(图6)以防止油泵柱塞上部空间的燃料泄漏,并起润滑的作用。这个油封将从发动机主润滑油道经精滤器及单独的油道供油。

输油泵在供油量及供油压力方面都应当有所增加。一般汽化器式发动机所用的膜式汽油泵供油压力较低,不能满足防止气泡产生的要求;而柴油机用的柱塞式输油泵,虽然可产生较高的压力,但又易于产生汽油的泄漏,解决办法除了可采用和喷油泵相似的机油油封外,还可设法将两种结构结合起来。图7表示的就是英国C.A.V.公司所发展的用于汽油喷射和多种燃料发动机的薄膜-柱塞式输油泵结构。

由于汽化器式发动机燃料的比重较小,因此当喷油泵按柴油机燃料调整而又使用汽油运转时,喷油量将会减小,结果将使燃烧时所放出的热量减小,因而使功率降低。为了解决这个问题,应该对调速器或喷油泵齿条拉杆的定位

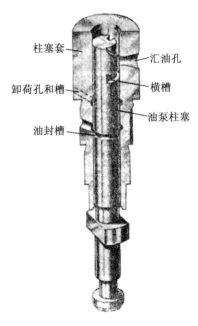

图6 机油油封结构

---

① 这里的3个大气压是指3个标准大气压,即 3 atm,1 atm=0.101 325 MPa≈1 bar。

做相应的改变。

在燃料系统中,为了防止油泵元件的磨损,还应对燃料的滤清加以特别的注意。为此,可将滤清器加以串联并选择适当的滤清元件。

但是,应用多种燃料的主要困难还是在其工作过程方面。大家知道,柴油机按其工作原理必须是通过自燃来导致燃烧,但汽油却正是比较难于着火的。此外,燃料的化学反应关系也将是十分重要的。

为了保证高辛烷值燃料的着火,可以通过增加压缩比来提高压缩终了的温度,同时这对着火性能较低的燃料也产生有利的影响。按照一般经验,将压缩比由 19∶1 增加到 21∶1 已经是足够了。图 8 即表示了压缩比增加对压缩终了温度的明显影响。但压缩比亦不宜过于提高,因为活塞的摩擦功率、曲柄连杆机构的应力及压缩时的热损失都将会增加。

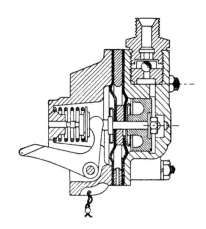 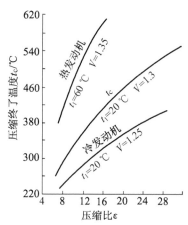

图 7　多种燃料发动机所用的薄膜-柱塞式输油泵　　图 8　压缩比 ε 对压缩终了温度 t_c 的影响

发动机的进气温度对提高压缩终了温度有很大的关系,因而对于燃料的着火性能也有很大的影响。为了在较低的外界气温下,在冷发动机和低负荷运转时保持相对高的进气温度,可以通过废气燃烧的热量去预热进气。所必需的热交换装置和排气总管相连。为了更好地满足工作过程要求,这种装置最好能够自动接合和断开。

另外,很高的燃气温度、高辛烷值汽油内所含的铅及重质燃料内所含的有害杂质,对发动机的某些零件如气缸垫、气阀和燃烧室镶块产生很大的危害性。有些发动机制造厂通过应用纯金属缸垫或干脆不采用缸垫的方法来防止高温的损害影响;另一些制造厂以一种特制的耐火环来保护燃烧室附近的缸垫部分。为了延长气阀的寿命,推荐对气阀头部镀铬,并对气阀座施以涂层保护。

实践表明,前述关于增大压缩比和进气温度的方法,有时并不一定能达到预期的效果,因为实际的柴油机工作过程是十分复杂的问题,而多种燃料发动机的发展也正是以妥善地组织它的工作过程作为先决条件的。以下将结合其工作过程对各种在使用中比较成功的多种燃料发动机做一些简单的介绍。

5　国外典型多种燃料发动机结构及工作过程

联邦德国戴姆勒-奔驰(Daimler-Benz)公司在发展多种燃料发动机时,保持了它原有的预燃室结构(图 9)。

为了达到较高的压缩终了温度,根据发动机型式的不同,可以分别将压缩比提高2~6个单位(表2)。对于燃料供给系及承受高温燃气作用的零件(气阀、气阀导管、燃烧室镶块、气缸垫、电热塞等),其结构与材料也做了相应改变。例如,在选择预燃室镶块材料时,不仅要考虑到承受高温的能力,还要考虑到使用乙基液汽油时铅的腐蚀作用。

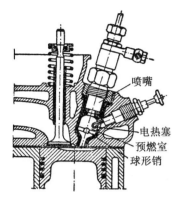

图9 戴姆勒-奔驰公司多种燃料发动机的预燃室

表2 戴姆勒-奔驰公司多种燃料发动机的技术参数

参　数 \ 型　号	OM321	OM315	OM326
气缸数	6	6	6
压缩比	26/1	22/1	22/1
总气缸工作容积/L	5.1	8.28	10.8
缸径×行程/(mm×mm)	95×126	112×140	128×140
额定功率/马力①	100	145	150
额定转速/(r/min)	3 000	2 100	2 000

工作时,燃料喷注喷向燃烧室靠近排气孔的一面,在这里由于高温空气的作用,不论各种碳氢燃料的化学结构和分子结合键是否相同,皆分解为氢、过氧化物、碳、缓慢氧化物等成分。在预燃室内开始的部分燃烧,以很大的流动动能将其余未燃烧的燃料送入主燃烧室。由于主燃烧室已得到很大的加热,因此实际上不存在着火延迟,燃料和空气以很好的混合形式进行燃烧。作为进一步防止其"爆震"现象的措施,可将预燃室的比例增大到40%。为了防止怠速时的"爆震",在燃烧室中装有一个球头销钉来作为热点。

试验证明,这种多种燃料发动机能够应用各种燃料(包括辛烷值高达100的汽油在内)满意地工作,对燃料的辛烷值要求几乎不限制在一定界限(汽油中乙基液的最大允许含量按体积计为0.08%),在发动机暖车后甚至可应用含芳香烃类达45%~55%的燃料工作。

戴姆勒-奔驰OM326型多种燃料发动机使用各种燃料时的特性曲线如图10所示。由图可见,当将循环供油量调整到相同的功率输出时,使用不同燃料(普通柴油和高级汽油)时的燃料经济性的差别是很小的。

意大利菲亚特(Fiat)公司出产的多种燃料发动机,原先也是作为普通标准柴油机而进行制造的,以后才在其上进行了使用各种燃料的研究工作。菲亚特-203R型发动机的"尤尼克"(Unic)型燃烧室是一种宽喉管的预燃室(图11),燃烧室上壁构成了排气阀座,这样便允许大大地增加气阀尺寸。

这种发动机的另一特点是燃料供给系没有改变。为此,当使用轻质燃料时,要求在燃料中加入5%的润滑油,以保证喷油泵柱塞副的正常工作。很明显,上述的添加剂对轻质燃料的着火性能也将会产生有利的影响。

联邦德国的道依茨(Deutz)公司的另一种多种燃料发动机是由普通风冷涡流室式柴油机

---

① 马力为功率的单位,有米制和英制两种,现已废弃。1[米制]马力=735.498 75 W,1[英制]马力=745.699 9 W。

改装的(图 12)。目前所生产的多种燃料发动机是包括 3 缸、4 缸、6 缸、8 缸直到 12 缸(功率由 10~265 马力)的一整套系列。这一系列是在 AFL/714 型标准发动机($D \times S = 120$ mm × 140 mm)系列的基础上建立的。

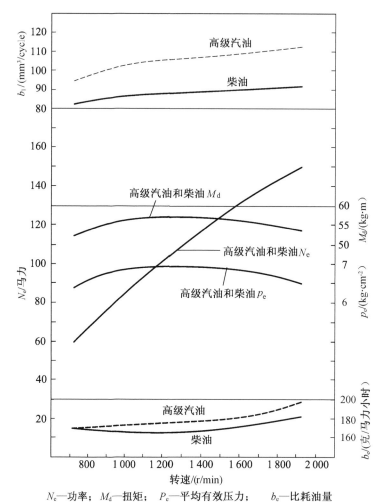

N_e—功率; M_d—扭矩; P_e—平均有效压力; b_e—比耗油量

图 10 戴姆勒-奔驰 OM326 型多种燃料发动机的功率和燃料经济性曲线

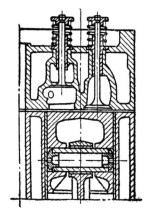

图 11 菲亚特-203R 型多种燃料发动机的预燃室

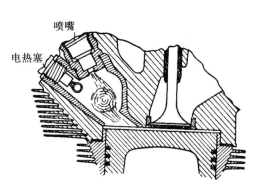

图 12 道依茨公司多种燃料发动机的涡流室

和原来发动机的燃烧室相比,多种燃料发动机的涡流室做了若干改变,但工作过程的基本原则仍保持原来的特点,即燃料是迎着空气涡流运动方向喷向主燃烧室的。由于空气涡流和炽热的燃烧室内壁的作用,使喷入的燃料受到剧烈的加热,这便保证可将燃料的着火延迟期缩至最短。燃烧室由特种铸铁制成,并浇铸在轻金属的缸盖中,由于金属间并未用紧固件连接,再加上采用空气冷却的缘故,因此具有很高的温度。和水冷方式不同,这儿燃烧室温度不受低于 100 ℃ 的冷却水温的限制,故在部分负荷下亦能保持燃料着火所必需的工作温度,但在全负荷下也不会造成局部过热。

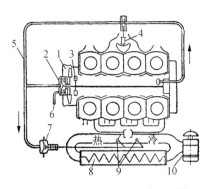

1—冷却空气;2—液力耦合器;3—辅助风扇;4—恒温器;5—液力控制管道;6—回油管;7—膜式调节器;8—热交换器;9—节流阀;10—空气滤清器

图 13　道依茨公司的多种燃料发动机自动调节冷却空气和进气温度的综合系统

为了使发动机具有足够的热稳定性,以利于燃烧过程的进行,在这种发动机上的冷却风扇采用了转速可以调节的液力传动装置和自动调节进气温度的机构(图 13)。

实验结果表明,道依茨多种燃料发动机可以采用馏程范围 30~450 ℃ 的所有燃料(汽油、柴油、润滑油甚至原油)来进行工作。使用各种燃料时的发动机特性曲线如图 14 所示。为了在实际应用中方便起见,往往不去改变喷油泵的调整,故在使用比重较轻的汽油工作时,功率将稍为下降一些(在最高转速时下降 17%,但随转速的降低,这个差别便显著缩小),实际上这并不会对它的使用性能有很大的影响。

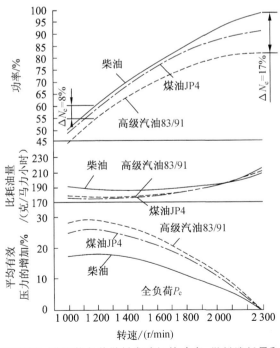

图 14　当喷油泵供油量不变时,道依茨多种燃料发动机的功率、燃料消耗量和平均有效压力特性曲线

以上所研究的各种燃烧室通称为分隔式燃烧室。在这种燃烧室中，除了使部分燃料与空气混合以机械方式形成混合气以外，尚有通过预先燃烧、与部分热空气混合以及通过燃烧室壁的热力形成混合气，故一般具有较短的着火延迟期，因而具有较低的压力升高率和较为柔和的燃烧过程。因此，在这类发动机中，多种燃料的应用是比较易于实现的。

过去，因为对于柴油机工作过程的研究尚不够深入，所制造的各种统一式燃烧室发动机大都遵循着机械方式形成混合气的原则①（力图将燃料喷得很细，使其尽可能快地和空气混合），这时，由于混合气形成条件较差，燃料着火所需的准备时期（着火延迟期）较长，因此燃烧时的最高压力和压力升高率的数值都很高，工作中的噪音和"敲缸"现象一般也比较严重，因而实现多种燃料的应用也显得更为困难。

目前，由于对柴油机工作过程的研究进一步深入，已能找到适当的方法来组织其混合气形成和燃烧过程，以顺利地实现多种燃料的运转。和以前旧的单纯只着眼于混合气形成的观点不同，目前对于解决柴油机工作粗暴问题的较新看法是：由喷油器喷出的燃料油应尽可能密集地喷入燃烧室中，通过和热空气及燃烧室壁的强烈接触作用，很快地加热并在尚未着火以前完成着火准备，由此着火延迟期便可以大大缩短。另一方面，准备好自燃的燃料部分则应限制为最小，其作用只是为了引起燃烧的下一阶段，此时，其余已准备好燃烧的燃料在热空气涡流的剧烈作用下开始燃烧。混合气形成应当有组织地进行，燃料只应以蒸气形式来和热空气混合。

在所有的发展工作中，以德国 MAN 厂的研究成果最为著名。图 15 表示的便是该公司发展的著名的 M 型（中央球形）燃烧室结构。其工作原理如下所述：

进气时，由于进气阀导气屏或螺旋进气道的作用，在活塞顶内（活塞中的燃烧室）产生螺旋状的热空气流，其速度约为 100 m/s。通过布置在气缸头侧面的喷油器喷入两股方向和油量不同的油柱，即约有 5% 的燃料立即和空气形成可燃混合气，在通过着火延迟期以后，立即开始燃烧，但主要部分的燃料并不首先和空气混合，而是喷在燃烧室壁上，形成一层薄的燃料膜（在全负荷时厚度为 10～20 μm）。燃烧室的温度通过从下方喷上的冷却机油控制在 200～400 ℃ 的范围之内，这个温度对于燃料蒸发已是足够，但却不至造成燃料的热分解（因而可以减少炭烟的析出）。当点火部分燃烧以后，油膜随气流流动的蒸发部分逐层地被热空气剥下、带起并进一步被点燃而进入燃烧过程。

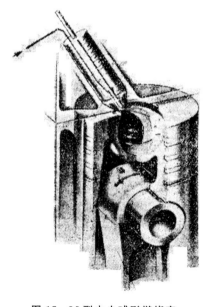

图 15　M 型中央球形燃烧室

从以上过程可知，这种发动机和一般"统一"式燃烧室的主要不同点是混合气形成过程为"面式"的，其速度可以用燃烧室壁的温度来控制，同时燃烧过程则带有点燃的特点。这样便决定了这种发动机工作柔和无烟（故有时亦叫作轻声柴油机），同时亦能满意地适应多种燃料工作。

---

① 这种混合气形成一般称为"点式"的混合形成。

图 16 表示了 M 型燃烧室发动机在使用多种区别很大的燃料(甚至包括 SAE10 号机油)时在冒烟界限情况下的功率和经济性特性曲线。为了消除燃料比重差异的影响,比较时,已将燃料喷射量调整到相同的功率输出。由图可见,在使用各种燃料时,其性能差别不大。特别值得注意的是在低速范围内,高辛烷值汽油的经济性反而比柴油好。

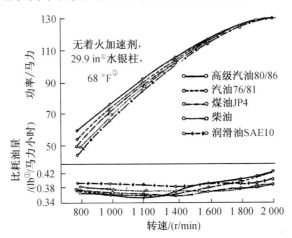

图 16　适应多种燃料的自然进气 6 缸 112×180 MAN 型发动机在使用不同燃料时的输出功率和燃油消耗率的比较

在此基础上,MAN 厂于 1957 年进一步发展了专门适用于多种燃料的发动机,这种发动机的技术参数和使用各种燃料时的特性数据分别表示在表 3 和图 17 上。

表 3　M 型 6 缸多种燃料发动机的主要技术参数

型　号	总气缸工作容积/L	缸径×行程/(mm×mm)	额定功率/马力	额定转速/(r/min)	最大平均有效压力/(kg/cm^2)
D1246MVA	8.28	112×140	130	2 000	7.6
D1546MIV	8.73	115×140	160	2 200	8.3

在使"统一"式燃烧室柴油机适合于多种燃料应用方面,英国"桑纳克洛夫特"(Thornyeroft)运输装备公司也获得了一定成功。在表 4 中表示了该公司发展的适用于多种燃料的发动机系列的主要技术参数,而图 18 则表示了其中 JRN6 型多种燃料发动机的燃烧室结构。这种燃烧室可以保证在压缩冲程中产生足够的挤气涡流,以利于应用多种燃料时的混合气形成和燃烧过程的进行。

---

① lb 是磅的符号表示,1 lb=0.453 592 37 kg。
② in 是英寸(吋)的符号表示,1 in=2.54 cm。
③ °F 是华氏度,若记华氏度为 t_F,摄氏度为 t_c,则有 $t_F=1.8t_c+32$。

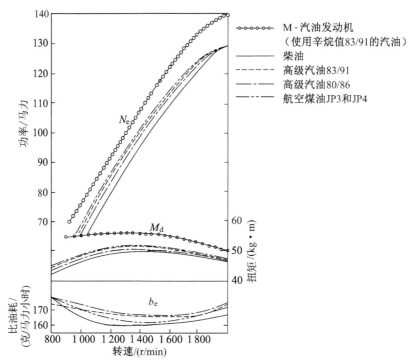

图 17　MAN 多种燃料发动机（D1246MVA 型）的速度特性

表 4　英国"桑纳克洛夫特"运输装备公司所生产的多种燃料发动机的主要技术参数

参　数	型　号	HRN6（非增压）	KRN6-S（增压）	QR6	JR6
缸数		6	6	6	6
缸径/mm		121	121	120.6	92.1
行程/mm		165	165	143.5	104.8
总气缸工作容积/L		11.3	11.3	9.85	4.18
冲程缸径比		1.37/1	1.37/1	1.19/1	1.14/1
压缩比		16/1	16/1	16/1	16/1
最大扭矩/(kg·m)		70.5	86.6	59.5	26
最大扭矩时转速/(r/min)		1 000	1 000	1 200	1 400
最大平均有效压力/(kg/cm^2)		7.8	7.7	7.6	9.6
最大功率/马力		155	200	130	80
最大功率时的转速/(r/min)		1 900	1 900	2 000	2 600

除了燃烧室结构外，这种发动机的另一重要特点是它的冷却系统：所有的冷却液，首先由水泵送至气缸盖，通过相应的孔道达到排气阀和喷油器附近；另一部分冷却液则由 12 根导水管向下引至缸体部分，再加上特殊恒温器的调节作用，使其在所有负荷范围内皆能保持足够高

的缸体温度。因此,这种发动机在压缩比较低的条件(16∶1)下,也能满意地应用各种燃料来工作(图19)。

MWM风冷式发动机(联邦德国)是专门为了使用各种燃料而设计的,应用了新的原理:对不受涡流作用的密集的燃料喷柱加热,可以使其着火延迟期缩至最短。

图20表示了这种发动机的燃烧室。由图可见,预燃室装在气缸盖上,但只以一个导热性较小的燃烧室座与其相连,因此受热程度可以减小到最低限度,且在所有负荷情况下都能保持所必需的一定温度。在预燃室和气缸间装有一个燃烧器镶块,由于它的通道面积较大,故在预燃室和主燃烧室之间没有显著的压力降低(故这种燃烧室叫作均压式预燃室或称为GV过程)。这个通道按一定比例分为内外两部分,里面的通道做成扩散器形式,而外面的通道则由扩散器外壁和燃烧器内壁之间的环形空间构成。

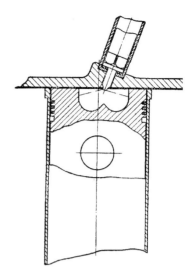

图18 JR6型多种燃料发动机的燃烧室

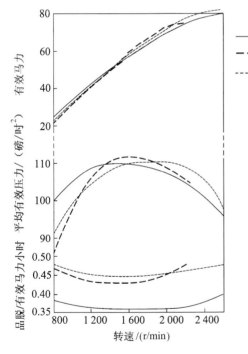

图19 JR6型多种燃料发动机使用多种
燃料时的功率和经济性曲线

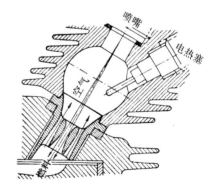

图20 MWM均压式预燃室

当压缩时,热空气以适当的速度通过外通道进入预燃室并对由喷油器经中心孔道喷向主燃烧室的燃料柱剧烈加热,使燃料蒸发并做好着火准备。经过很短的感应期后,在燃烧器内开始的部分反应,将使具有适中的压力升高率的主燃烧室工作过程开始。

该发动机的特点是燃烧柔和,冷车启动性能好,且可满意地应用多种燃料工作(图21),其最大压力和压力升高率很少受燃料品种的影响(图22)。当应用辛烷值为86的汽油工作时,压力升高率也不超过 2.0 kg/cm² 每度曲轴转角。

AKD412AV 型八缸 MWM 发动机的技术参数为:气缸直径 150 mm,活塞行程 120 mm,转速为 2 500 r/min 时的最大功率为 140 马力,而压缩比则为 21:1。

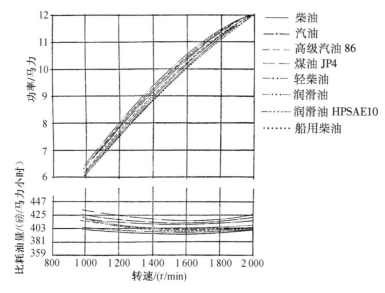

图 21 MWM 均压预燃室发动机使用各种燃料时的功率和燃油消耗率曲线

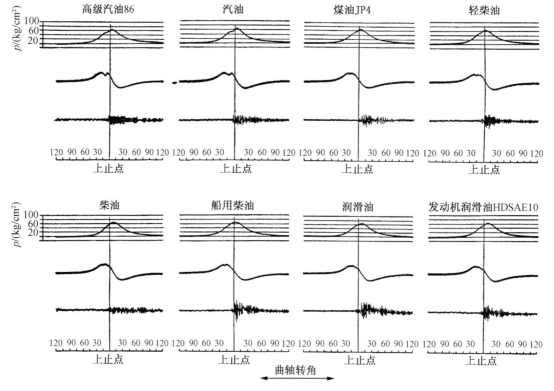

图 22 当应用各种燃料时 MWM 发动机的最高压力、压力升高率和噪声情况

(转速为 2 000 r/min;平均有效压力为 85 lb/in²)

6　结束语

多种燃料发动机的试验研究,现在多半还只是从军用方面的考虑出发,但长远来看,多种燃料发动机在民用方面也能有很大意义。

在这方面,目前的主要问题是使一些难以着火的轻质燃料去适应柴油机运转。经过不断的努力,许多发动机制造厂已经找到各种措施,使多种燃料的应用不仅能在分隔式燃烧室发动机中实现,而且也能在统一式燃烧室发动机中实现。其中最为著名的 MAN 公司的"M"过程,通过"面式"的混合气形式及"点燃"的燃烧过程的特性,将奥托和狄塞尔两种差别很大的工作过程逐渐接近和统一起来。

今后,多种燃料发动机的试验研究工作,有可能进一步促使燃料工业产生相应的变化。可以设想,将来除了在一些必须应用轻质燃料的特殊领域之外,有可能在其余广大经济部门,通过采用一种馏程较宽的因而价格比较便宜的通用燃料来使燃料的生产和利用获得最经济的解决方案。为使此燃料而制造专门的通用发动机,将是多种燃料发动机发展的合理前景。

(参考文献从略)

高速内燃机配气机构凸轮设计[*]

高宗英

(镇江农业机械学院)

1 配气机构凸轮的功用及设计要求

在一般气阀配气式内燃机(见图1)中,凸轮是配气机构最重要的元件之一。它的功用是直接或通过各种中间元件使进排气门按照一定的规律运动。由图1可见,打开气阀的作用是由凸轮外形升起部分的轮廓来实现的,这时气阀弹簧受到压缩;关闭气阀的作用虽然是由气阀弹簧来实现,但却是由凸轮外形降落部分的轮廓来控制的。

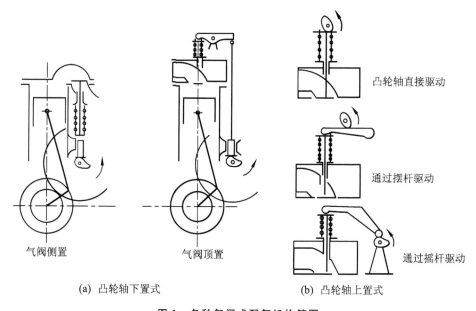

图 1 各种气阀式配气机构简图

在现代高速内燃机中,由上述凸轮所产生的气阀及其传动机构的运动,应当满足以下两个基本要求:

(1) 保证良好的气流通过能力,从而使得进气较多,排气彻底。

气阀开启时某一时刻下的气流通过能力,决定于该时刻下的气流通过断面 f[1]:

$$f = \pi h(d_2 \cos \gamma + h \sin \gamma \cos^2 \gamma) \approx \pi h d_2 \cos \gamma \tag{1}$$

---

[*] 本文系编者同名专著的摘要,原载于《江苏省农业机械学会1963年年会论文选编》。

式中：d_2——气管喉部的直径；
　　　γ——气阀斜面锥角；
　　　h——气阀升程。

由式(1)中气阀升程 h 的大小随时间 t 而变，故气流通过断面 f 也是随时间变化的。因此，为了表示整个气阀开启时间内的气流总通过能力，通常是采用时间断面 A 这样一个参数：

$$A = \int f \mathrm{d}t \tag{2}$$

由式(2)可见，当气阀结构参数 d_2，γ 选定以后，时间断面 A 只与气阀升程 h 的变化有关，且近似地与 $\int h \mathrm{d}\alpha$ 成比例（α 为凸轮轴转角）。这样，在采用了一定的比例尺以后，就可以用气阀升程随凸轮转角 α 变化的规律 $h=f(\alpha)$ 来代表气流通过断面随时间 t 变化的规律，如图2所示，曲线与坐标轴组成的封闭区域的面积就代表时间断面 A。

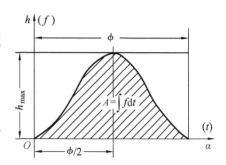

图 2　气阀升程曲线和时间断面

由于气阀升程的变化规律决定于凸轮外形。因此，设计凸轮的第一个基本要求就是要实现足够的时间断面，以保证良好的气流通过能力。为了评价所设计凸轮对于气流通过能力方面的性能，可以采用气阀升程图的丰满系数 b 来作为评价指标：

$$b = \frac{\int_0^\phi h \mathrm{d}\alpha}{h_{\max} \cdot \phi} = \frac{\int_0^{\phi/2} h \mathrm{d}\alpha}{h_{\max} \cdot \phi/2} \tag{3}$$

式中，分子 $\int_0^\phi h \mathrm{d}\alpha$ 表示气阀升程曲线下的面积，相当于实际的时间断面；分母 $h_{\max} \cdot \phi$ 表示底边为 ϕ（凸轮作用角），高度为 $h_{\max}$（气阀最大升程）的矩形面积，相当于气阀瞬时全开和瞬时全闭情况下的时间断面，当然，这个时间断面实际上是不可能达到的。

（2）保证配气机构工作的平顺性，即工作时的振动、冲击和噪音都尽可能小。

由凸轮所产生的配气机构各零件的运动，主要是往复直线运动或是往复摆动。在进行这种性质运动时，零件运动的速度和加速度必定会产生很大的变化。由于加速度是产生惯性力的原因，因此它的大小和变化规律对于配气机构工作的平顺性具有很大的影响。

为了求得气阀运动时速度 v 和加速度 j 的变化规律，只需将其升程 h（即位移）对时间 t 分别取一次和二次导数即可（见图3）：

$$v = \frac{\mathrm{d}h}{\mathrm{d}t} = \frac{\mathrm{d}h}{\mathrm{d}\alpha} \cdot \frac{\mathrm{d}\alpha}{\mathrm{d}t} = \omega \frac{\mathrm{d}h}{\mathrm{d}\alpha} \tag{4}$$

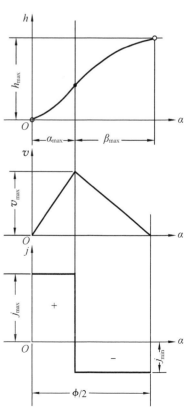

图 3　气阀升程、速度和加速度图形（等加速度曲线）

$$j = \frac{\mathrm{d}v}{\mathrm{d}t} = \frac{\mathrm{d}^2 h}{\mathrm{d}t^2} = \frac{\mathrm{d}^2 h}{\mathrm{d}\alpha^2}\left(\frac{\mathrm{d}\alpha}{\mathrm{d}t}\right)^2 = \omega^2 \frac{\mathrm{d}^2 h}{\mathrm{d}\alpha^2} \tag{5}$$

由于当气阀开启角 ϕ 一定时,可以被用来达到同样的气阀最大升程 $h_{\max}$ 的气阀升程曲线的形式可以有很多,因此,相应的加速度变化规律也是很多的。例如,图 3 所示的气阀运动规律(等加速度曲线)不能保证气阀传动机构的平顺工作,因为这时其加速度曲线在气阀开启、关闭和加速度变向时,都要产生突然的变化(即加速度不连续),这种变化会在传动机构中引起突加的惯性冲击载荷。因此,为了保证配气机构平顺地工作,应当使加速度的变化尽可能连续和圆滑(见图 4)。

由以上叙述可知,设计凸轮的第二个基本要求就是,选择适当的气阀升程和加速度变化规律,来保证配气机构尽可能平顺地工作。为了评价所设计凸轮对于配气机构工作平顺性方面的性能,除了可以采用最大速度 $v_{\max}$,最大加速度 $j_{\max}$,最大正加速度与最大负加速度比值 $x = j_{\max}/j_{\min}$ 等直观参数以外(见图 3 和图 4),还可以采用以下的评价参数[2,3]:

$$J = \begin{cases} J_1 = \int_0^{\phi/2}\left(\frac{\mathrm{d}^2 h}{\mathrm{d}\alpha^2}\right)^2 \mathrm{d}\alpha = \int_0^{\phi/2}(h'')^2 \mathrm{d}\alpha \\ J_2 = \int_0^{\phi/2}\left(\frac{\mathrm{d}^3 h}{\mathrm{d}\alpha^3}\right)^2 \mathrm{d}\alpha = \int_0^{\phi/2}(h''')^2 \mathrm{d}\alpha \end{cases} \tag{6}$$

这里,将 h'' 或 h''' 加以平方的目的,一方面是为了只考虑加速度绝对值的影响,防止正负加速度互相抵消,另一方面是为了使较大的加速度的影响反映得更加明显一些。

最后应当指出,在以上所提的两个方面的基本要求之间,存在着一定的矛盾。例如,为了使气流通过能力,即 A 或 b 增加,要求气阀开启与关闭得比较急速。但是这样就往往有可能使传动机构的工作平顺性变坏,即使得 $j_{\max}$(或 x)和 J 值增加(见图 5)。随着现代内燃机转速的提高,上述矛盾将会更加明显。因此,设计高速内燃机凸轮的基本任务,就是通过适当的折中方法来更好地解决上述矛盾。

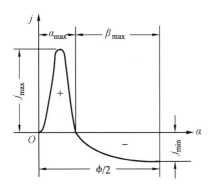

图 4 连续圆滑变化的加速度曲线

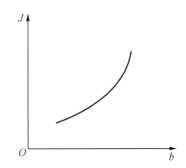

图 5 配气机构充气能力和工作平顺性之间的关系

2 预先选定凸轮外形的设计方法

目前常用的一种较为简单的凸轮设计的方法是,首先为凸轮选定一定的几何外形,然后再根据这种凸轮形状和采用的从动杆(挺杆)形式,求出挺杆和气阀的运动规律——升程(位移)、速度和加速度。

这种设计方法虽然具有凸轮外形比较简单的优点,但是也具有严重的缺点,即挺杆和气阀的运动规律比较复杂,并且难以预先控制,特别是加速度曲线变化往往是不连续的(参见以后的图8),故工作时的冲击载荷较大,因而不能适应高速运转的要求。

按这种方法来设计凸轮时,往往采用圆弧的组合或圆弧和直线的组合来作为凸轮外形,因为这些几何形状比较简单且便于绘制。因此,本文的这一部分首先分析了各种圆弧凸轮(凸腹圆弧、凹腹圆弧和切线凸轮)的几何关系,主要是凸轮腹部半径 r_1 和顶圆半径 r_2 的关系,除了给出它们之间的数学表达式以外,还利用图线的形式来加以表示(见图6)。

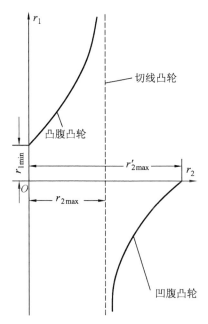

图6 当其他参数选定时圆弧凸轮
的 r_1 和 r_2 之间的变化关系

在凸轮几何外形选定以后,就应当对其从动杆(挺杆)的运动规律进行分析。考虑到在国内一般文献上所用的方法比较繁琐而抽象,故本文这一部分建议用各种相当的曲柄连杆机构和曲柄滑动副代替各种圆弧凸轮挺杆机构(见图7),来进行运动学的分析。所建议的分析方法可以得到和用一般文献方法分析时的相同结果,但概念则可以更为具体和明确一些。

分析结果表明,各种圆弧凸轮所产生的从动杆运动的加速度都是不连续的(见图8),因此,它们都不适合作为高速内燃机配气机构的凸轮。

在本文这一部分之后,探讨了圆弧凸轮型过渡曲线的设计方法。

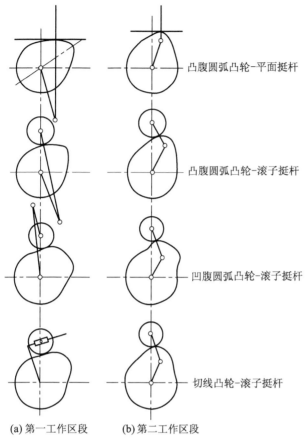
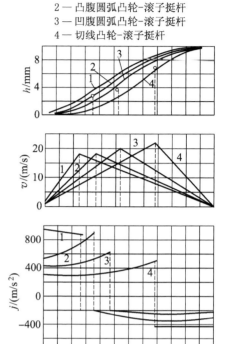

图7 将各种圆弧凸轮-挺杆机构简化为各种曲柄连杆机构或曲柄滑动副

图8 各种圆弧凸轮-挺杆机构的升程、速度和加速度变化规律

3 由预先选定的气阀运动规律来确定凸轮外形的设计方法

和前述预先选定凸轮外形的设计方法相反,这种设计方法的步骤是首先根据改善气流通过能力和配气机构工作平顺性的要求,选择适当的运动规律。可以是先选气阀升程变化的规律,再应用微分的方法检查和控制其加速度变化规律;也可以先选气阀加速度的变化规律,再用积分方法求得气阀升程变化的规律。然后,再根据选定的气阀运动规律,求出挺杆的运动规律。最后,再求出凸轮的外形。

这种设计方法的优点是,气阀运动规律合乎预定的理想,因而能够满足发动机高速运转的要求;缺点是所得到的凸轮外形往往比较复杂,一般不是简单的几何形状,也不能用数学解析式表达,而且当运动规律的某些参数选择不当时,凸轮外形可能无法实现,这时必须重新进行计算,因而计算过程也比较麻烦。

3.1 气阀运动规律的选择

所希望的气阀运动的变化规律,一般是以各种数学函数曲线的形式来表示的。凸轮设计中常用的曲线有三角函数曲线、幂函数曲线和分段组合曲线几种。

(1) 三角函数曲线

可以应用各种三角函数曲线来作为气阀升程和加速度的变化曲线。这种曲线的优点是它们的微分或积分曲线仍然是三角函数,因此便于用较简单的函数形式来满足加速度连续变化的要求。缺点是计算较复杂费时,这是因为计算三角函数时必须查表,而不能应用一般的计算机①。

本文这一部分,比较详细地介绍了两种典型的三角函数曲线,即余弦升程曲线和正弦加速度曲线(或称摆线升程曲线),给出了它们的数学表达式并比较了它们的各项评价参数。分析表明,这两种曲线皆不能满足加速度连续圆滑变化的要求(见图9),而为了满足这个要求,必须采用多项复合的三角函数曲线来作为气阀升程曲线,这种曲线的数学表达式为:

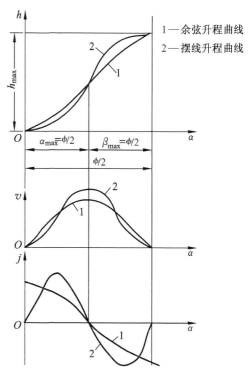

图 9 两种基本三角函数曲线的比较

$$\left. \begin{array}{l} y = a_1 \sin x + a_2 \sin 2x + \cdots + a_n \sin nx + b_1 \cos x + b_2 \cos 2x + \cdots + b_m \cos mx \\ \text{或 } h = a_1 \sin\left(\dfrac{\pi\alpha}{\phi/2}\right) + a_2 \sin\left(\dfrac{2\pi\alpha}{\phi/2}\right) + \cdots + a_n \sin\left(\dfrac{n\pi\alpha}{\phi/2}\right) + \cdots + \\ \quad b_1 \cos\left(\dfrac{\pi\alpha}{\phi/2}\right) + b_2 \cos\left(\dfrac{2\pi\alpha}{\phi/2}\right) + \cdots + b_m \cos\left(\dfrac{m\pi\alpha}{\phi/2}\right) \end{array} \right\} \quad (7)$$

所需的项数和各项的系数 $a_1, a_2, \cdots, a_n$ 和 $b_1, b_2, \cdots, b_m$ 可以由所希望的气阀运动规律来确定,即根据前述的加速度连续圆滑变化和时间断面足够的条件来选定。

(2) 幂函数曲线

除了三角函数曲线以外,还可以采用一般的幂函数曲线来作为气阀的升程或加速度变化曲线,幂函数曲线的通式为

$$y = ax^n \quad (8)$$

式中:a——变数项的系数,常数;

n——变数项的乘幂。

当 n 的数目不同时,函数的变化规律也就不同。例如:

$n = 0, y = a$(水平直线);

$n = 1, y = ax$(直线);

$n = 2, y = ax^2$(抛物线);

---

① 这是受当时的计算机发展水平所限。

$n=3$,$y=ax^3$（立方抛物线）;

本文这一部分首先比较详细地介绍与分析了等加速度曲线（见图 3），虽然在本文第一部分中已经指出，这种曲线的凸轮不能满足配气机构平顺工作的要求，但是，对于它的全面分析比较容易进行，而所得出的各项参数的变化规律（见图 10）仍能大致说明其他形式曲线的变化趋势。

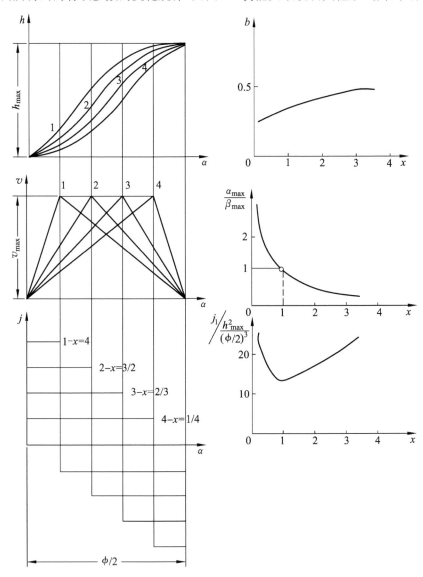

图 10　等加速度曲线及其各项参数随 x 的变化情况

本文继而指出，为了得到加速度连续圆滑变化的规律，必要采用多项复合高次方曲线来作为气阀升程曲线：
$$y=c_0+c_1x+c_2x^2+c_3x^3+\cdots+c_nx^n$$
在采用了图 11 所示的坐标系以后，则可改写为：
$$h=c_0+c_1\beta+c_2\beta^2+c_3\beta^3+\cdots+c_n\beta^n \tag{9}$$

式中,$c_0,c_1,\cdots,c_n$ 分别表示各项的系数。与多项复合简谐曲线的情况相似,方程式(9)所需的项数和各项的系数也取决于所希望气阀运动规律的边界条件。

本文首先利用变分法的方法,来测定高次方曲线的项数和各项系数。这时的要求是,找一个函数 $h=f(\beta)$,使其能满足以下两个基本条件:

$$\left.\begin{array}{l} J = J_2 = \int_0^{\phi/2}(h''')^2 d\beta = \int_0^{\phi/2} F(h) d\beta = \min \\ A = bh_{\max}\dfrac{\phi}{2}\int_0^{\phi/2} h d\beta = \int_0^{\phi/2} \phi(h) d\beta = 常数 \end{array}\right\} \quad (10)$$

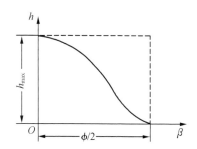

图 11 多项高次方曲线的坐标系

式中,$F(h)$ 和 $\phi(h)$ 分别是 h 的另一种函数或是它们的微分式,在我们这种具体情况下,$F(h)=(h''')^2$,$\phi(h)=h$。

利用变分法的原则,可以确定这个所求函数的通解应当是一个 6 次(7 项)方程式:

$$h=f(\beta)=c_0+c_1\beta+c_2\beta^2+c_3\beta^3+c_4\beta^4+c_5\beta^5+c_6\beta^6 \quad (11)$$

该方程式包含 7 个任意常数,故可以满足 7 个边界条件:

$$\left.\begin{array}{l} \beta=0: \quad h=h_{\max},\ h'=0,\ h'''=0 \\ \beta=\phi/2: h=0,\ h'=0,\ h''=0 \\ A=bh_{\max}\cdot\dfrac{\phi}{2}\int_0^{\phi/2} h d\beta = 常数 \end{array}\right\} \quad (12)$$

将上述边界条件代入式(11)以后,可以求出各项的系数 $c_0,c_1,\cdots,c_6$,于是式(11)将变为

$$h=\dfrac{h_{\max}}{4}\bigg[4+15(7b-4)\Big(\dfrac{\beta}{\phi/2}\Big)^2-30(21b-10)\Big(\dfrac{\beta}{\phi/2}\Big)^4+ \\ 24(35b-16)\Big(\dfrac{\beta}{\phi/2}\Big)^5-35(9b-4)\Big(\dfrac{\beta}{\phi/2}\Big)^6\bigg] \quad (13)$$

当 b 等于某一数值时,式(13)所代表的多项高次方曲线及其前 4 阶微分曲线绘于图 12a 中,由图可见,这种曲线虽具有 J_2 值较小的优点,但是也存在着两个严重的缺点:一个缺点是当气阀开始升起或关闭时,$h'''=0$,也就是说在这两点的加速度变化仍不圆滑;另一个缺点是负加速度变化特性不符合气阀弹簧的变化特性,最大负加速度不发生在 $\beta=0$ 处的地方,因此数值也较大。由于上述缺点,这种曲线目前并未得到推广。

为了克服用上述方法求出的高次方曲线的缺点,本文接着介绍另一种偶次方高次曲线的分析方法,因为这种高次方曲线,只需 6 项就可以满足以下 8 个边界条件:

$$\left.\begin{array}{l} \beta=0: \quad h=h_{\max},\ h'=0,\ h'''=0 \\ \beta=\phi/2: h=0,\ h'=0,\ h''=0,\ h'''=0,\ h^{(4)}=0 \end{array}\right\} \quad (14)$$

其中 $h'(0)=0$ 和 $h'''(0)=0$ 两个条件是由偶次方程的特性所自行满足的。

所求的偶次方程的通式为

$$h=c_0\bigg[1+c_n\Big(\dfrac{\beta}{\phi/2}\Big)^n+c_p\Big(\dfrac{\beta}{\phi/2}\Big)^p+c_q\Big(\dfrac{\beta}{\phi/2}\Big)^q \\ +c_r\Big(\dfrac{\beta}{\phi/2}\Big)^r+c_s\Big(\dfrac{\beta}{\phi/2}\Big)^s\bigg] \quad (15)$$

式中,n,p,q,r,s 为整偶数,$0<n<p<q<r<s$;c_0,c_n,c_p,c_q,c_r,c_s 为相应项的系数。

将式(14)中所剩的 6 个条件代入式(15)后可以求出各项的系数为:

$$\left.\begin{array}{l}c_0=h_{\max}\\c_n=\dfrac{-pqrs}{(p-n)(q-n)(r-n)(s-n)}\\c_p=\dfrac{nqrs}{(p-n)(q-p)(r-p)(s-p)}\\c_q=\dfrac{-nprs}{(q-n)(q-p)(r-q)(s-q)}\\c_r=\dfrac{npqs}{(r-n)(r-p)(r-q)(s-r)}\\c_s=\dfrac{-npqr}{(s-n)(s-p)(s-q)(s-r)}\end{array}\right\} \qquad (16)$$

由式(16)可见,各项的系数完全取决于相应项的乘幂。适当选择各项的乘幂,就可以获得合乎理想要求的气阀运动规律(见图12b)。

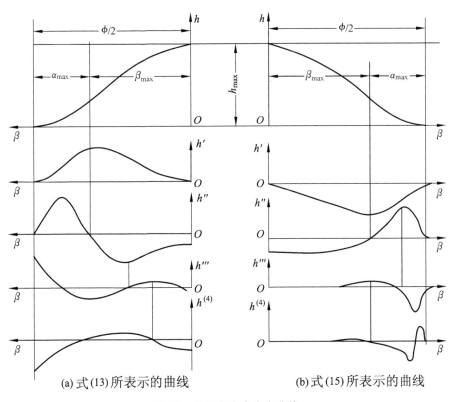

(a) 式(13)所表示的曲线　　　　(b) 式(15)所表示的曲线

图 12　多项复合高次方曲线

为了使所选择的乘幂能够使负加速度的变化规律合乎理想,应当补充两个条件:

$$\left.\begin{array}{l}\beta=0,\ h''=\dfrac{j_{\min}}{\omega^2}\\h^{(4)}=0\end{array}\right\} \qquad (17)$$

为了满足这两个条件,必须有

$$n=0,\ p>4$$

因为,不然的话,当 $n>2$ 时,由式(15)微分两次后将会得出 $h''(0)=0$ 的结果,而同时,只有当

$p>4$ 时,才会出现 $h^{(4)}(0)=0$ 的情况。

其余乘幂 q,r,s 则没有什么特性限制,例如,可以根据以下的公式来选择[3]:

$$\left.\begin{array}{r} n=2 \\ p=2(1+m) \\ q=2(1+3m) \\ r=2(1+6m) \\ s=2(1+10m) \end{array}\right\} \tag{18}$$

式中,$m=2,3,4\cdots$。

改变 m,即改变各项的乘幂 p,q,r,s,就可以使运动规律产生一定的变化,并相应得到不同的 J_2 和 b 值。作为具体实例,我们在表 1 和图 13 中表示了当 $m=2\sim6$ 时,按式(15)计算的高次方曲线的各项乘幂,系数和曲线形状的变化情况。

表 1 当多项高次方曲线乘幂改变时,各项系数和 b 值的变化情况

m	$n-p-q-r-s$	c_n	c_p	c_q	c_r	c_s	b
2	2-6-14-26-42	-1.990 6	1.307 1	-0.406 3	0.076 6	-0.006 8	0.501 6
3	2-8-20-38-62	-1.615 9	0.808 0	0.230 9	0.042 5	-0.003 7	0.541 2
4	2-10-26-50-82	-1.445 9	0.578 4	-0.158 9	0.028 9	-0.002 5	0.560 3
5	2-12-32-62-102	-1.345 1	0.449 7	-0.120 4	0.021 7	-0.001 9	0.581 6
6	2-14-38-74-122	-1.286 8	0.367 7	-0.096 7	0.017 3	-0.001 5	0.593 3

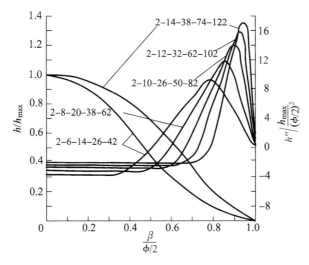

图 13 当多项高次方曲线乘幂改变时,曲线形状的变化情况

(3) 分段组合曲线

以上对于三角函数曲线和幂函数的曲线分析可知,为了在整个气阀运动周期内用一种连续的函数方程来满足所要求的运动变化规律,往往需要采用比较复杂的多项复合简谐曲线或高次方曲线。实际上,为了简化凸轮设计起见,我们有时也可以将整个运动周期分为若干段,每段由性质不同的曲线来组成,只要各段曲线选择得当,也可以达到满意的工作要求,这样一种曲线便叫作分段组合曲线。

本文在这一部分介绍了六种较为著名的分段组合曲线。它们是梯形加速度曲线[4,5]，组合抛物线型加速度曲线[4]，抛物线-正弦组合加速度曲线[4]，组合正弦加速度曲线[4,6]，组合摆线升程曲线[5,7]和组合高次方升程曲线[8]。

3.2 由气阀运动规律求挺杆运动规律和凸轮外形

当气阀运动规律确定以后，为了求得凸轮外形，首先应将气阀运动规律转换为挺杆的运动规律，再根据挺杆的运动规律用作图法（一般熟知的包络线法）或计算法[8]求出凸轮的外形。

本文在这一部分介绍了检查所求得的挺杆运动规律是否能够实现的方法；还建议在求凸轮外形时一次求出加工凸轮用的磨轮靠模的外形来。

4 气阀传动机构弹性变形和间隙对于凸轮设计的影响

以上研究中，只考虑了气阀传动机构刚性较大时的情况，即假定工作时，气阀传动机构的弹性变形很小，因而可以忽略不计。对于气阀传动机构存在间隙的影响，也没有考虑到。

但是在实际高速运转的情况下（这一点正是目前内燃机发展的方向），气阀传动机构的弹性变形和间隙总是存在着的，它们会对气阀和挺杆的运动规律产生一定的影响。特别是在气阀传动机构刚性较差的情况下（如常用的凸轮轴下置的顶置气阀式发动机），其影响将会更加严重。因此，我们在设计凸轮时，应当予以考虑。

为了便于研究，我们首先用简化的质量系统（见图14）来代替实际的顶置气阀机构，利用这个简化系统，再根据系统作用力的平衡关系，可以写出气阀机构运动的基本微分方程式为

$$-F_0 - K_1 h - m\frac{d^2 h}{dt^2} + K_0(\bar{h}_T - \Delta - h) = 0$$

式中：F_0——气阀弹簧的预紧力；
　　　K_1——气阀弹簧的刚度；
　　　K_0——气阀传动机构传动件的总刚度；
　　　m——整个气阀传动机构转换至气阀处的集中质量；
　　　Δ——气阀间隙；
　　　h——气阀升程；
　　　$\bar{h}_T$——转换挺杆升程，$\bar{h}_T = L h_T$；
　　　L——摇臂杠杆比；
　　　h_T——实际挺杆升程。

移项后可得

$$m\frac{d^2 h}{dt^2} = -F_0 - h(K_1 + K_0) + K_0(\bar{h}_T - \Delta)$$

(19)

或

$$\bar{h}_T = \left(\Delta + \frac{F_0}{K_0}\right) + \frac{K_0 + K_1}{K_0}h + \frac{m}{K_0}\left(\frac{d^2 h}{dt^2}\right)$$

(20)

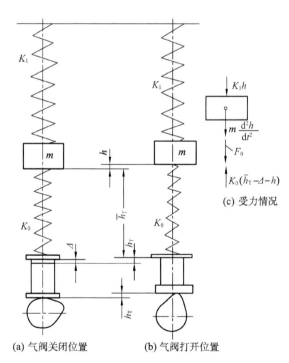

图 14　气阀机构转换系统的运动与受力情况
(a) 气阀关闭位置　(b) 气阀打开位置　(c) 受力情况

式(19)可以用来说明当凸轮外形给定时,系统弹性变形对于气阀运动规律的影响,并用来说明配气机构中产生"冲击"和气阀落座后发生"反跳"现象的机理。分析表明,这时实际的气阀运动应由两部分组成,如图15所示,一部分 $h_②$ 表示由凸轮挺杆副直接传来的运动;另一部分 $h_①$ 表示为迭加在 $h_②$ 上的一个振动。当振动的振幅大到使最大的负惯性力大于气阀弹簧的控制力以后,就会破坏系统的接触而产生冲击现象(见图16)。

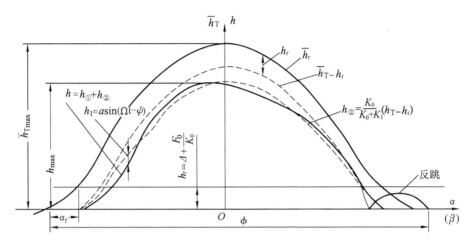

图 15 当凸轮外形给定时,气阀升程的变化情况

式(20)及其各阶微分式,可以用来从选定的气阀运动规律转而求出挺杆运动规律和凸轮外形。

最后为了克服配气机构中的间隙 Δ 和初始变形 F_0/K_0,在挺杆升程开始时,应当有一段从 $\bar{h}_T=0$ 到 $\bar{h}_T=h_r=\Delta+F_0/K_0$ 的缓慢升起曲线,这段曲线就叫过渡曲线。为了实现这段过渡曲线,在凸轮外形上也就应当有一段相应的过渡轮廓。由于过渡曲线形式的选择对于凸轮机构的工作性能有很大的影响,因此在本文这一部分的最后,简要介绍几种常用的过渡曲线并进行比较。

5 结 论

(1) 随着现代内燃机转速的提高,对于配气机构凸轮的设计提出了更高的要求,即要求在保证一定的气流通过能力的基础上,尽可能改善气阀传动机构的工作平顺性。由于现有各种圆弧和圆弧-直线凸轮的挺杆-气阀的加速度变化特性不符合工作平顺性的要求,因而它们正在被加速度连续圆滑变化的凸轮所代替。

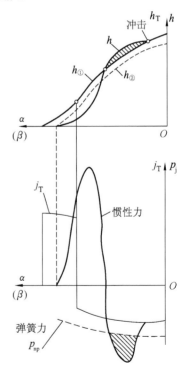

图 16 气阀传动机构中冲击现象的产生

(2) 为了达到改善配气机构工作平顺性的目的,合理的凸轮设计方法是:首先选择能够保证加速度,或者更高阶的微分曲线连续圆弧变化的气阀运动规律,在考虑了气阀传动机构弹性变形和间隙的影响以后,将其转换为挺杆的运动规律,最后再根据挺杆的运动规律来绘制凸轮的外形。

参 考 文 献

[1] A. 斯捷潘诺夫. 汽车拖拉机发动机结构与计算（下册）[M]. 北京：中国工业出版社，1961.

[2] Ludley W M. New methods in Vaive Cam Design[J]. SAE, 1948, 2(1).

[3] Вениович В С. О Профилировании Клапанного Привода [D]. Автотрахторные Двигатели Внутреннего Сгорания, МАШГИЗ, 1960.

[4] Beard C A. Some Aspectos of Valve Gear Design[J]. The Institution of Mechanical Engineers-Proceedings of Automobile Division, 1958—1959(1).

[5] Rothbart H A. Cam Design, Dynamics and Accuracy[M], 1956.

[6] 汽车研究所. 汽车研究（第一期）[M]. 吉林：吉林人民出版社，1958.

[7] 廖晓山，陈永昌. 凸轮设计研究—复合摆线的运用[R]. 汽车研究所，1961.

[8] Jante A. Über Nocken an Verbrennungsmotoren[J]. Maschinenbau technik, Jahrg. 10 (1961), Heft 3.

[9] Thoren T R, Engemann H H, Stoddart D A. Cam Design as related to Valve Train Dynamics[J]. SAE, 1952, Paper No. 520208.

[10] Stoddart D A. Polydyne Cam Design[J]. Machine Design, 1953, 25(1-3).

[11] Jante A. Einheitsnocken mit Sprung-und Knickfreiem Beschleunigungsverlauf [J]. Kraftfahrzeug-Technick, Jahrg. 8(1958), Heft 1.

[12] Vogel A. Steurungsprobleme an Kraftfahrzeugmotoren VEB Verlag Technik, 1960.

[13] A. 毕辛格. 内燃机的气体配换机构[M]. 上海：上海科学技术出版社，1959.

论二冲程发动机的扫气作用[*]

1　扫气的任务与基本型式

二冲程发动机气体充量的更换应当通过扫气作用来实现,即废气应当以新鲜空气或是燃料-新鲜空气混合气来代替。首先,为了简单起见,我们只考虑以纯空气来实现扫气,同时还假定,清扫空气是被一层不能渗透但又可任意变形的边界表面层所包围。这部分空气由扫气孔进入气缸,而且它们总是沿着理想的扫气路线,紧贴着气缸与气缸盖壁面向前伸展,到最后,全部废气都从气缸内被驱赶出去,于是,我们就可以得到理想的**全驱式扫气**(Verdrängungsspülung)。图 1a 简明地表示了符合于上述假定的扫气情况,这时,清扫空气只是排挤出全部废气,但并不与废气相混合。图 1b 则更为简明地表示了上述过程。在这种情况下,当清扫空气的相对消耗量等于 1(即清扫空气量＝气缸容积)时,就能够以新鲜空气充满整个气缸,也就是说,这时的**清扫度**(Spülwirkungsgrad)等于 1 或是气缸内的相对空气量达到 100%。本文后面部分的图 3 表示了气缸内的相对空

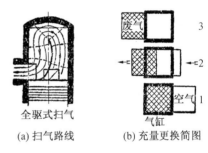

图 1　全驱式扫气

气量与清扫空气的相对消耗量之间的关系,最上面的线段表示了这种理想的全驱式扫气过程,该线段起初沿对角线方向增加,而在达到 100% 以后,即保持为常数。因为在相对空气消耗量等于 1 时,整个气缸被空气所充满,所以再继续增加清扫空气就不再有什么意义了。

图 2a 表示了气缸中的**混合式扫气**(Mischungsspülung)。这时假定每一定量的空气进入气缸时就从气缸中排挤出同样数量的废气-空气混合气。换句话说,每一定量的空气进入气缸后即同气缸内的全部气体完全混合。图 2b 更为简明地表示了这种混合的情况。这时,为了表示混合气的成分和便于理解向左方排挤出去的空气与废气的相应比例,应将最后进入气缸的空气部分的长方图形相继转至水平位置。用这个方法,就可以用一个几何级数来描述扫气过程。然而,直接推导的方法却更为简单。

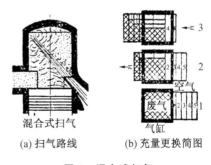

图 2　混合式扫气

假定有一个容积等于 V 的气缸,其内部充满着体积为 $\eta_s \cdot V$ 的空气和体积为 $(1-\eta_s) \cdot V$ 的废气,如果再引入体积为 dL 的空气,那么,必将有同样体积的混合气通过排气孔从气缸内被

---

[*] 本文作者系民主德国(原东德)著名教授 A. Jante 院士,原文发表于德国柏林科学院《数学、物理和技术》学报 1960 年第 5 期,后由高宗英翻译并发表于《内燃机译丛》1964 年第 2 期和第 3 期。

排出。随着排出混合气,与当时的混合气比例相应的体积为 $\eta_s \cdot dL$ 的空气量又离开了气缸,故在进入气缸的空气量 dL 中,总有 $\eta_s \cdot dL$ 这样一部分空气被排出。也就是说,这时气缸中的空气量从 $\eta_s \cdot V$ 增加到 $\eta_s V + dL - \eta_s \cdot dL$,或者说气缸里的相对空气量从 η_s 增加到

$$\eta_s + \frac{dL}{V} - \frac{\eta_s \cdot dL}{V} = \eta_s + (1 - \eta_s) \cdot \frac{dL}{V}$$

于是,气缸内相对空气量的增加为

$$d\eta_s = (1 - \eta_s) \cdot \frac{dL}{V}$$

由此可得

$$\frac{dL}{V} = \frac{d\eta_s}{1 - \eta_s}$$

和

$$\frac{L}{V} = \int_0^{\eta_s} \frac{d\eta_s}{1 - \eta_s} = -\ln(1 - \eta_s)$$

这样,对于混合式扫气而言,当清扫空气的相对消耗量为

$$\psi = \frac{L}{V}$$

时,可以进一步得到

$$\ln(1 - \eta_s) = -\psi$$

则有

$$1 - \eta_s = e^{-\psi}$$

最后可得

$$\eta_s = 1 - e^{-\psi}$$

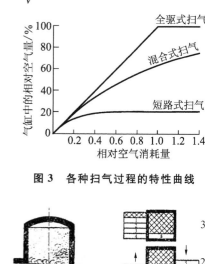

图 3　各种扫气过程的特性曲线

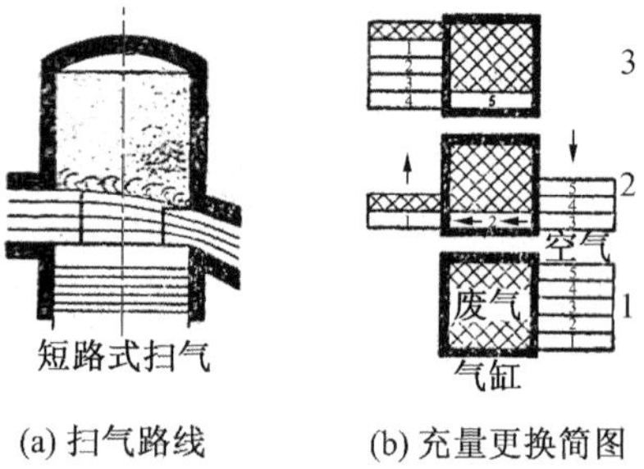

图 4　短路式扫气
(a) 扫气路线　(b) 充量更换简图

表示上述关系的曲线也绘于图 3 中。这时,只有当清扫空气的相对消耗量等于无穷大时,才能实现 100% 的清扫作用。更重要的是,清扫空气相对消耗量超过 1 并继续增加时,起初仍能使气缸中的相对空气量或是清扫度得到有益的提高。

遗憾的是,混合式扫气还不是可能产生的最坏扫气状况,通常清扫空气会沿一道短路的圆弧流过气缸,其情况如图 4 所示。这时,清扫空气所流过的区域不会超过气缸容积的 10%,因此,即使在清扫空气相对消耗量最大的情况下,也未必能使气缸内的相对空气量有所提高。图 3 中最下面的曲线便表示了这种所谓**短路式扫气**(Kurzschluβ-Spülung)的特性。总之,在这方面还可能存在很多其他的情况,于是,这就向我们提出了这样的任务,即要尽可能地实现比混合式扫气更为优异的扫气过程。

2　实现理想扫气路线的一些问题

在一般的气孔式换气二冲程柴油机中,当空气通过扫气孔进入气缸以后,必须先向上流至气缸盖,然后再沿具有排气孔这边的缸壁向下流至排气孔。图 5a 表示使气流如何在气缸外面转向气缸轴线的方向。其结果是空气沿着向上倾斜的方向流入气缸,因此,如果要获得足够的时间断面值,气缸上的扫气孔的高度就应相应地加大。由图 5b 可见,清扫空气只是在进入气缸遇到活塞的折流顶以后,气流方向才发生改变。这时,气流沿着与气缸轴线垂直的方向经扫

气孔流入,因此,气孔的断面积利用得最好。由于采用斜的折流顶,会使活塞顶的表面积增大并使其热负荷增加,此外还对燃烧室的形状不利,所以,一般总是力图采用平顶活塞。例如,这种要求可以借采用图 5c 所示的结构方案来实现,在扫气孔的上方向外吸出进气流边界层的空气,这样清扫气流就可以贴近气缸壁。这时,扫气孔道只需稍为向上弯曲,而扫气孔的断面仍可利用得相当好,因为清扫气流主要是进入气缸以后才转向气缸轴线方向的。

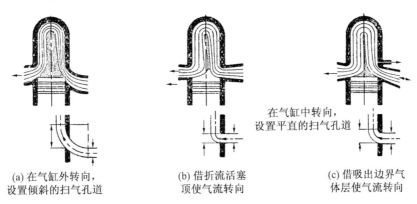

(a) 在气缸外转向,设置倾斜的扫气孔道 (b) 借折流活塞顶使气流转向 (c) 借吸出边界气体层使气流转向

图 5　在横流扫气的方式中,使清扫气流转向气缸轴线的方法

比较图 5a,图 5b 和图 5c 可知,我们总希望得到尽可能大的进气断面积,在理想情况下,其数值应等于气缸断面积的一半,因为向上的清扫气流应当先从气缸的前半部(具有进气孔这边的缸壁)驱赶废气,然后,转向后下降的清扫气流应当从气缸的后一半(具有排气孔这边的缸壁)将废气排出。由图 5a 可知,采用倾斜的孔道不可能使清扫气流充满全部气缸断面,而即使采用了图 5b 和图 5c 所示的导向活塞顶或吸出边界气体层的方法,也仍然不能达到所要求的气流断面。在气体流量一定的情况下,气缸中的气流断面较小,即意味着清扫气流速度较高,于是就可能产生这样的危险:在扫气过程中,清扫气流前沿已经伸展到排气孔,然后随排气一道消失。由图 6a 可知,也可将扫气和排气孔重新设置在气缸的同一边。从平面图看,清扫气流的方向在气缸内将产生回转,因而得到回流扫气的名称。MAN 公司首先根据这种方案实现了回流扫气。以后的发展情况是,扫气孔与排气孔之间的分界平面由水平位置逐渐向上升起,先是稍许倾斜,然后逐渐变陡,最后在 Sehnürle 公司的结构方案中达到几乎垂直的位置(图 6b 到图 6d)。 由此可以得到这种优点:气孔在气缸周边上的布置可以彼此得到利用,这样,

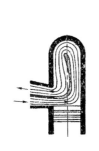 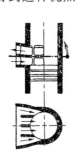 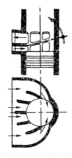 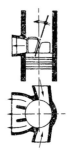

(a) MAN公司的回流扫气方案　(b) MAN公司的回流扫气方案　(c) 排气与进气孔之间的分界平面向气缸背壁方向平缓升高　(d) 分界平面急剧升高(Schnürle公司的回流扫气方式)

图 6　各种回流扫气形式——从 MAN 到 Schnürle

就可以大大减少由于存在气孔而导致有效冲程的损失。

此外，Schnürle 型的回流扫气方式还有一个重大优点：由于清扫气流对称于气缸的纵向对称平面，并对着气缸背壁（即排气孔对面的气缸壁——Zylinderüekwand）相对地吹扫，所以气缸内气流的相交处会产生气流阻塞，因而相应地降低了清扫气流前沿的速度。这时为了减少有效冲程的损失，可以将扫气孔的高度做得低一些，使清扫空气以较高的速度流过扫气孔，由于气缸内的动压效应，使上升的清扫气流达到足够大的气流断面并保持适当小的气流速度。此后，如果扫气前沿在扫气过程刚刚结束以前达到排气孔，那么就能产生良好的清扫作用度。图 7a 表示了 Schnürle 型回流扫气方式的动压效应区和流动过程。图 7b 表明，在采用倾斜扫气孔道的情况下，也会产生动压效应的现象，当然，其发生的部位应当在气缸盖之下。当回流扫气的专利出现以后，现在这种扫气方式的意义已经不太大了。

图 8 是三种气孔布置方案的平面图，它们简要地表明，如果由于结构上的原因要使气缸周边的一部分不布置气孔，或者要利用气缸周边的大部分来布置气孔时，回流扫气方式的适应能力将会怎样。在所有情况下，清扫空气在进入气缸以后都保持了产生动压效应的可能性。

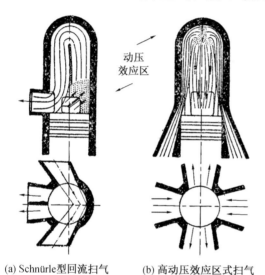

(a) Schnürle 型回流扫气　　(b) 高动压效应区式扫气

图 7　两种扫气方式的比较

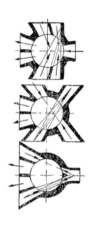

图 8　在回流扫气方式中可能有的
若干扫气孔布置方案

3　对扫气状况的评价

前面已经叙述了气缸内清扫气流的流动路线与通过断面应该满足的要求。但是，人们怎样评价这些要求是否得到满足，或满足到何种程度呢？一般地说，怎样尽可能简单地评价一种扫气方式的实际适应性呢？当然，从运转的发动机上将能得到最好的解答，因为如果废气清除得越彻底，则气缸中保留的新鲜空气就会越多，而气缸中的空气所能燃烧的燃料也将愈多，并且发动机所能发出的最大功率也会增加。但是，为了试验各种扫气方式，不可能每一次都制造一台新的发动机，而试验必须用最简单的方式去评价各种扫气方式的效能。为此，显然可以利用实验模型的静态扫气方式来代替实际发动机的扫气过程。如果通过加入适当的混合物来显示出清扫空气所经过的路线，那么这种扫气过程就能够通过玻璃气缸来加以观察，而且观察还可以局限在一个横穿气缸移动的光照截面上。也可以用逐点测量气流速度和方向的方法来记录空气在气缸内的运动情况。在文献中,可以找到许多有关这方面的实例。当作者大约在 25 年以前第一次研究扫气问题时,也是这样开始着手的,但不久作者就坚信,这种静态扫气方式并不能充分地反映实际运转中发动机的扫气情况。尽管如此,为了找到一个扫气方式适用性能的简单参数,必须探索新的途径。其目的仅是检查扫气功能本身,为的是一方面在新发动机制成以前,尽可能在一种便宜的木制模型上最终确定好扫气道的相互方向及尺寸大小,另一方面,在已制成的发动机上,随时都能以简单的方法单独地检查扫气的质量。第一方面的任务对于设计新发动机是很重要的,因为这样就不再需要改变与气缸铸成一体的扫气道形式;第二方面则对于试验工程师十分重要的,否则在二冲程发动机上将难以判断性能不良的原因究竟是在扫气方面还是在燃料喷射方面。

为了提出一个新的评价参数,首先注意了影响清扫气流形成的一些因素。图 9 示出了几种气缸模型,这些模型首先可以在扫气孔上方的部位分开。测量了静态清扫气流在对称平面内的气流速度向量,并将其结果表示在图 9 中各图的下方。将气缸部分装上以后,再在开口的气缸上方测量气流速度向量并画在图的上部。由图可知,在图 9a 的气缸扫气孔的上方,产生了一个对着排气孔壁面向上倾斜的合成气流方向。从气缸上方流出的气流也证明了这一点。在图 9b 中,在扫气孔的上方首先产生了一个很强烈的动压效应区,但是气流方向是对着气缸的背壁而向上的。在装上气缸以后,气缸中的气流被引导向上,而且这时在气缸壁处出现了最高的气流速度。在图 9c 中,除了两个向背壁方向倾斜的扫气孔以外,在对称平面内还有一个扫气入口,其方向是对着排气孔壁面向上倾斜的。因此产生了一个向背壁方向稍微倾斜的合成气流,但是,这已足以使整个气缸边的扫气气流以缸壁附近最高速度向上运动。用这种方法研究了许多气缸之后,最后提出了如下的要求:由于进入气缸的清扫气流和气缸背壁的共同作用,必须产生这样一种清扫气流,其最高速度将与气缸的背壁相接近,并且为了使得在气缸轴线附近的速度达到零,其速度还应随着离开缸壁距离的增加而逐渐降低。在工作的发动机中,这股清扫气流应当自气缸盖处发生转折,然后沿气缸的排气孔壁面流向排气孔。由于扫气路线外缘的气流速度最高,清扫气流首先在靠近缸壁处形成,然后似乎是从这条空气带出发,清扫气流逐渐扩展至气缸中心。检查上述要求的最好方法是在进行以上试验时,测取在开口

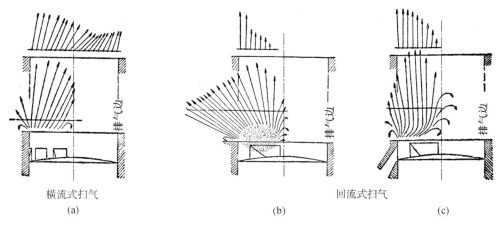

图 9 气缸对称平面中的清扫气流向量图

(每图的下面部分为气孔以上的区域;每图的上面部分为开口气缸以上的区域)

气缸稍微上面一些的清扫空气速度的分布情况,并在气缸投影圆的范围内绘出等气流速度曲线来表示。我们就把这种图线叫作**扫气图**(为了在扫气图中不表示边界层或是靠近气缸壁处的速度降落,故将测量平面移至开口气缸端面以上。又因为这时不必绘出自由气流边缘处的速度降落,故将这种图形局限在气缸投影圆以内,即直径等于缸径的圆周范围内)。

4 测取扫气图

图 10 表示了一台缸径为 320 mm 的木制气缸模型,这时,通过一组皮托管和一组倾斜的管状液柱压力计(图中右方)来测取扫气图。在这排多管压力计上,可以看到动压分布的情况。安置在气缸外部边缘上方的皮托管用来在工作时检查多管压力计的调整情况,或是用来调节整排压力计的 U 形框架。因为多管压力计管排上的读数是按平方数值来分度的,读出的不是以毫米水柱表示的动压头,而是立刻读出气流的速度(m/s),因此,读数时需要确定零点。皮托管组可以在其齿形导轨上一格一格平行地在气缸上方横向移动。然后,根据多管压力计的读数,在一张相应的方格图纸上标注出速度差为 5 m/s 的各点来。上述步骤要对所有的平行移动位置重复进行。将气流速度相同的各点连接起来,就可以得到扫气图,这样一来,此项工作在助手的帮助下半小时内就可完成。

图 11 表示了用于一台缸径较小的气缸(40 mm)的齿形导轨和相应较窄的皮托管组,与图 10 相同,这组皮托管也与一组同样的倾斜式多管液柱压力计相连。

图 10　在一台缸径为 **320 mm** 的二冲程柴油机木制气缸模型上测取扫气图的情况　　图 11　在一台缸径为 **40 mm** 的二冲程汽油机上测取扫气图的情况

5 静态和动态扫气图

图 12 表示了各种发动机的扫气图实例。图 12a 和图 12b 两幅扫气图表明其扫气情况是不良的。在图 12a 中,向上的气流沿横向穿过气缸中心,即使其最高速度是在扫气孔缸壁的上部靠近左边的地方,那么在装上气缸盖以后,部分沿对角线方向流过气缸的空气将意味着形成弧形的短路气流,即类似于短路式扫气的情况。此外,在上升的扫气带两旁,还存在着混合式扫气区域,这也会降低扫气的性能。在图 12b 中,清扫气流虽然紧靠气缸的背壁,但是其沿着缸壁的两个扫气带却一直伸展至排气孔壁面并在那里汇合。因此,这也破坏了理想扫气路线的形成,并产生了一个很强烈的混合式扫气区域,这种扫气过程实际上也不适用。图 12c 和图

12d 则表示了良好的扫气情况。由此,根据在现有发动机上的大量检查试验,可以总结出以下实现良好扫气过程的扫气图条件。

清扫气流必须与活塞壳体及气缸壁起配合作用,使其在排气孔对面的气缸壁处产生一个稳定的紧贴气缸壁的密集上升气流,其最高速度在靠近缸壁处,而其速度零线则位于和对称轴线垂直的气缸直径的周围。

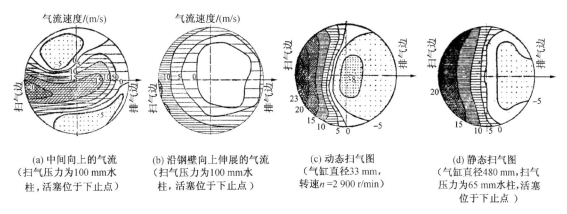

(a) 中间向上的气流
(扫气压力为100 mm水柱,活塞位于下止点)

(b) 沿钢壁向上伸展的气流
(扫气压力为100 mm水柱,活塞位于下止点)

(c) 动态扫气图
(气缸直径33 mm,转速$n=2\,900$ r/min)

(d) 静态扫气图
(气缸直径480 mm,扫气压力为65 mm水柱,活塞位于下止点)

图 12　各种形式的扫气图

扫气图的结构形式与空气的清扫压力无关。不论扫气孔以前空气的表压力是 40 mm 水柱还是 2 000 mm 水柱,都不会对扫气图的结构产生重大的影响。为了在量的方面也能直接比较各种扫气图,规定采用 100 mm 水柱的表压力,因为这种压力用一般的鼓风机还是很容易达到的,而且在倾斜的多管液压计上也已能引起足够的变化。但是,如果在大的模型上面不可能用现有的鼓风机达到 100 mm 水柱的压头的话,也没有多大关系。这时只需放弃对其最高速度的直接比较,用 $W/\sqrt{h}$ 值来进行相互比较。例如,在图 12d 所示的扫气图中,鼓风机对于大型的扫气模型只能达到 $h=65$ mm 水柱的压头。尽管如此,根据扫气图仍然可以断言,其扫气性能是良好的。

这种静态扫气图除了用模型试验方法测取以外,当然也可以在实际制成的发动机上测取,这时,只需卸除气缸盖并使活塞处在下止点位置即可。但更重要的是,在已制成的发动机上,也有可能在其他条件相同的情况下测取动态扫气图,这时,也应将气缸盖卸除,而发动机则用外源驱动。在现有的发动机上,采用这种方法可以使试验过程简化,因为当发动机以外源驱动时,同时也就带动了发动机上供给清扫空气的装置,这样就可以省去专门的清扫气源。另外的优点是可以利用发动机上现有的通往气缸扫气孔的扫气管道,这一点在扫气试验模型上有时很难模拟的。这种试验方法对于曲轴箱扫气的二冲程发动机特别适宜,发动机越小越有利。因此,图 12c 所示的扫气图就是在一台小型的自行车用辅助发动机上测得的,该发动机的缸径为 33 mm,试验时的转速为 2 900 r/min。气流速度和在静态扫气图中一样随扫气压力增加而增加,当以外源来驱动发动机时,气流速度随转速的增加而增加,但是,在所有情况下,扫气图的特性皆保持不变。因为动态扫气图更接近于实际运转时的情况,所以在极限情况下,由动态扫气图所得出的结论也就更加可靠一些。例如,如果发动机的转速较高的话,那么,考虑到发动机的扫气压力较小,就应将扫气孔的尺寸做得较大。于是,就很可能出现这样的情况,即在静态扫气图中已经显出了一种不再稳定的扫气过程,但其动态扫气图仍然是正常的。其原因是，在扫气孔开启一部分时就已形成了稳定的清扫气流，而此后当扫气孔的开度逐渐加大直到下止点时，由于清扫气流的惯性，其稳定性就不再受到破坏。而在静态扫气图中则与此相反，这时如将活塞保持在下止点，则最终将显示出不利的情况。但是，如果除了活塞在下止点的位置以外，也对其处于以上的几个位置进行测量的话，那么也可以利用静态扫气图来正确评价高速发动机扫气模型的优劣，因为这时人们可以用静态试验的方法来确定当扫气孔逐渐开启时扫气图的变化情况。如果扫气图直到接近下止点仍然是稳定的话，那么发动机运转时的扫气情况也可认为是稳定的，因为当活塞在其回行过程中再回到使扫气孔开度仍能达到稳定的扫气流的位置的时间，不足以使清扫气流产生突然的变化。如果说，动态扫气图直接反映了气流的惯性作用，或者是说它不能反映出过分短的不稳定性的作用，那么在静态扫气图中，则有可能在下止点处出现最坏的情况。可是，根据一系列活塞处于下止点和依次逐渐升高位置时的静态扫气图，仍然可以正确地洞察实际扫气过程的进行情况。因此，也可以通过静态扫气图来评价高速发动机的扫气过程。

在本文第三部分开始时已经提到，在完善的气缸模型内的静态扫气过程与运转发动机的实际扫气过程之间并不总是一致的。因而这里还应当简短地列举一下产生这种情况的可能原因。在前面比较静态和动态扫气图时已经提及了时间的影响，由于这种影响，对于一台运转着的发动机而言，虽然其静态扫气在下止点时可能是不稳定的，但仍不能得出其动态扫气性能也是不稳定的结论。另一方面，在试验模型上的静态扫气情况有可能是稳定的，但在运转发动机中却会出现不稳定的扫气情况。这时，必须考虑到，气缸中不仅在排气孔处会产生**低气压区**（Senke），而且当活塞由上向下运动时，移动着的活塞也同样会产生低气压区。这就说明了回流扫气还具有以下的优点：在这种结构方案中，在活塞上方会产生由于相互对流的清扫气流所形成的动压效应区，因此可以立即充满由于活塞移动所产生的低气压区，因而就不会再出现破坏扫气稳定性的危险。在试验模型中的静态扫气过程与运转发动机的实际扫气过程之间的其他区别还决定于其中的压力波动情况。除了在排气和扫气系统中的波动以外，不仅扫气泵在开始扫气时会产生最大的扫气压力，而且在带有扫气泵的发动机中，当气缸数目较少和扫气蓄压器较小时也会产生压力波动。

6　清扫气流中心线交点对于扫气图的影响

图 12 中表示的不良扫气过程的扫气图系选自两种经常出现的典型情况。在图 12a 中，向上的清扫气流沿横向伸展，超过了气缸中点，而在图 12b 中，向上的清扫气流则沿缸壁流动。图 13 则表明了这两种扫气图形成过程的简图。图 13a 中，两股清扫气流首先分别达到气缸壁上，在那儿改变流向并继续沿气缸壁流动，随后，它们在气缸壁面的对称轴上相遇，并相应地转向气缸对称平面方向，这样，就形成了一股横穿气缸中心而且对着排气孔壁面倾斜向上的清扫气流。在扫气图上，这股气流就成为一个中间的扫气区。

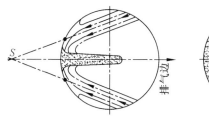
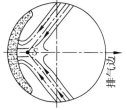

(a) 中心部分向上流动的气流　　(b) 沿缸壁流动向上伸展的气流

图 13　典型的不良扫气图的简图

在图 13b 中，两股清扫气流首先在气缸对称平面内相遇，相应地在这个平面内转向，然后再一同沿向上倾斜方向流向气缸背壁并继续反方向互相偏离，结果就产生了两股由气缸背壁开始并沿着气缸壁向上伸展的清扫气流，即产生了两个沿气缸壁向上的扫气区。两股气流也可能在气缸排气孔壁面相遇并汇合，这时就会产生一个如图 12b 所示的完全呈环形的向上气流。

如果在一张扫气图上出现了上述中心部分向上流动或是沿缸壁向上流动的扫气区的倾向时，那么则可以通过以下的方法来进行校正：对于第一种情况，可以使清扫气流中心线的交点 S 在图 13 的对称线上向气缸轴线方向移动，即再向内移动；而对于第二种情况，则应使其交点 S 向缸壁方向移动，也就是再向外移动。因此，有可能通过适当选择交点 S 的位置或是将其加以适当移动的方法来对扫气过程及其扫气图产生有利的影响。

7　时间断面及其他特性参数

虽然通过扫气图已能检查扫气过程的稳定性，但是我们还不能消除如何才能正确选择扫气管道截面积方面存在的顾虑。

如果空气以等速度通过截面积始终不变的孔道，则通过该孔道的空气体积 V 将等于速度 w 与孔道截面积 f 和时间 z 的乘积，其情况如图 14 上方所示。其中的一部分乘积 fz 为时间断面值，在图 14 中以矩形面积表示。现在，如果孔道的通过截面积是随时间而改变的，即如实际二冲程发动机的排气孔与扫气孔的情况一样（如图 14 下方所示），则时间断面值 F_z 将以积分 $\int f\mathrm{d}z$ 来表示，也就是用每一瞬间所打开的通过

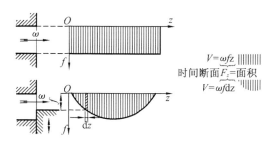

图 14　时间断面值的确定

截面积与相应的微小开启瞬间的乘积的总和来表示，在图 14 下方则以阴影线的面积来表示。当曲轴均匀旋转时，时间 $\mathrm{d}z$ 也可以用曲轴转角 $\mathrm{d}\alpha$ 和转速 n 来表示，即

$$\mathrm{d}z = \frac{\mathrm{d}\alpha}{6n}$$

式中：z——时间，s；
　　　α——曲轴转角，(°)；
　　　n——转速，r/min。

如果我们能够认为气孔断面的宽度不变(等于 b),那么根据图 15 将有 $f=bh$。于是可根据图 14 由下式求出：

$$V = \frac{wb}{6\,000n}\int h\mathrm{d}\alpha$$

式中：V——空气体积,L;
w——速度,m/s;
h——气孔断面的高度,mm;
b——气孔断面的宽度,mm。

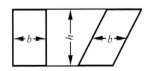

图 15　宽度不变的气孔

上式中,积分 $\int h\mathrm{d}\alpha$ 称为角度高度积。如果将气孔高度 h 表示为整个活塞行程 H 的相对值,则由以上积分可得出一个无因次的参数(对于有尺寸而言)。因此,可以得到相对角度高度积 $W = \int \frac{h}{H}\mathrm{d}\alpha$,这个参数与发动机的大小无关,而只与曲柄连杆机构的形式及连杆长度-曲柄半径比 (l/r) 有关。为此,在图 16 上表示了在各种 l/r 值的情况下,相对活塞冲程 Z 与曲轴转角 α 之间的关系。因为扫气孔或是排气孔的高度约占整个活塞冲程的 20%~30%,故曲线下面的一部分即可作为时间断面值的标准。由图中曲线簇可见,当 h/H 相同时,气孔开启的时刻将随着 l/r 的变小而增大。

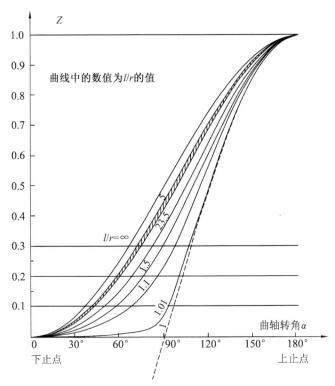

图 16　在各种 l/r 比值的情况下,活塞相对位移随曲轴转角的变化曲线图

为此,在图 17 中引出了时间断面即相对角度高度积。由图可见,当气孔相对高度为 30% 和 $l/r=1.5$ 时,用于气体充量的更换时间已经相当于曲轴转半圈,即相当于四冲程发动机中

整个工作冲程时间的一半。可惜这个优点并不能被利用,因为随着连杆长度的减小,活塞的侧向力将会显著增加,并因此使机械效率减小,这是由于当连杆长度不同时,由相同的活塞力分解而得到的侧向力也不同而引起的(图18)。此外,结构方面的困难也会增加。由于这些原因,现有发动机 l/r 的比值在 3.5~5 的范围内。

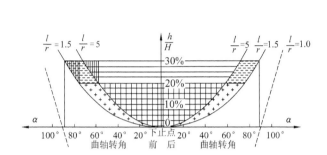

图 17　连杆长度-曲柄半径比 l/r 对比相对角度高度积(时间断面值)的影响

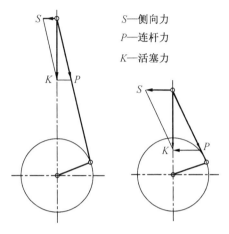

图 18　连杆长度-曲柄半径比 l/r 对活塞侧向力 S 的影响

此外,还必须考虑到气缸中扫气孔通过截面(bh)一般并不与气流中心线垂直。例如,图19中就表示了气孔宽度 b 与高度 h 均不能完全利用,这时,当气孔全开时,实际的气流断面以 xy 来表示则更恰当些。因而,气孔几何形状利用系数 η_f 可解释为垂直于气流方向的气道截面积与气缸中气孔弦线方向的截面积之比。也就是说,在图19中为 $\eta_f = \dfrac{xy}{bh}$。因为 η_f 一般对于所有的气孔都是不同的,而且通常是气孔宽度 b 不同,气孔高度 h 则大多选取为相同的,所以,高度相等的所有气孔的有效截面为

$$hb_1\eta_{f_1} + hb_2\eta_{f_2} + hb_3\eta_{f_3} + hb_4\eta_{f_4} + \cdots = h\sum(b\eta_f)$$

由此可得:

$$V = w \cdot \frac{\sum(b\eta_f)H}{6\,000n}\int \frac{h}{H}\mathrm{d}\alpha$$

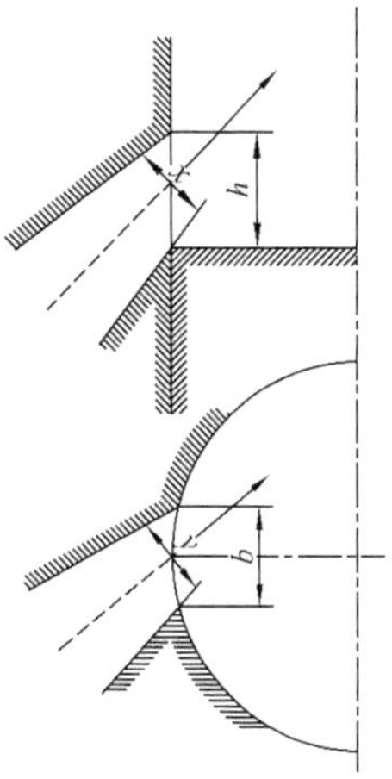

其中,时间断面值 F_z(厘米^2·秒)则为

$$F_z = \frac{\sum(b\eta_f)H}{600n}\int \frac{h}{H}\mathrm{d}\alpha$$

图 19　气孔的有效截面 xy 和沿气缸弦线方向的截面 bh

在上式中仍然保留的积分就是相对角度高度积,它由气孔开启时的曲轴转角($-\alpha_x$)开始计算,经由下止点($\alpha=0$)直到气孔关闭时的曲轴转角($+\alpha_x$)为止,其值可从图20中的函数线(诺模图)查得,同时亦可查得气孔的相对高度值 h/H。

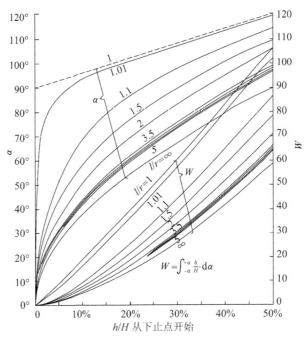

图 20　当连杆长度-曲柄半径 l/r 不同时,表示曲轴转角、相对角度高度积和相对气孔高度之间关系的诺模图

在图 21 中分别表示了相对角度高度积和时间断面的图形面积与形状。当计算提前排气部分 V_A 的 W_{V_A} 值时,建议不要采用由 W_A 和 W_S 的差值来计算的方法一,因为这个差值要比上述由图 20 求得的两个参数小得多,故计算结果的误差较大,因此建议近似地将图 21 在上部以细阴影线面积表示的相对角度高度积 W_{VA} 值当作三角形来计算,其关系式如相应的计算公式中的方法二所示。

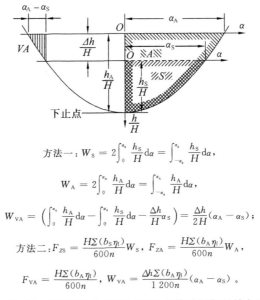

方法一:$W_S = 2\int_0^{a_s} \dfrac{h_S}{H} d\alpha = \int_{-a_s}^{a_s} \dfrac{h_S}{H} d\alpha$,

$W_A = 2\int_0^{a_A} \dfrac{h_A}{H} d\alpha = \int_{-a_A}^{a_A} \dfrac{h_A}{H} d\alpha$,

$W_{VA} = \left(\int_0^{a_A} \dfrac{h_A}{H} d\alpha - \int_0^{a_s} \dfrac{h_S}{H} d\alpha - \dfrac{\Delta h}{H}\alpha_S\right) = \dfrac{\Delta h}{2H}(\alpha_A - \alpha_S)$;

方法二:$F_{ZS} = \dfrac{H\Sigma(b_S\eta_t)}{600n}W_S$, $F_{ZA} = \dfrac{H\Sigma(b_A\eta_t)}{600n}W_A$,

$F_{VA} = \dfrac{H\Sigma(b_A\eta_t)}{600n}$, $W_{VA} = \dfrac{\Delta h\Sigma(b_A\eta_t)}{1\,200n}(\alpha_A - \alpha_S)$。

图 21　相对角度高度积的图形面积和有关时间断面的各项公式

如果我们假定，清扫空气量 ψV_H 以等速度 w 通过时间断面，故有

$$\psi V_H = \frac{w}{10} F_{ZS}$$

或由此可得

$$w = \frac{10\psi V_H}{F_{ZS}} = \frac{10\psi V_H \cdot 600n}{H\Sigma(b_S\eta_f)W_S} = k_1 n$$

由图 21 可见，在一个工作循环内的时间断面与转速成反比，而工作循环数则随转速的增加而增加，所以，单位时间内的时间断面数值仍然不变，故运转着的发动机可以用截面积不变的喷口（转换喷口）来代替，那么时间断面就会与发动机的转速无关。因为随着转速的增加，单位时间内的工作循环次数也增加，而对于每一个工作循环而言，应当通过相同的清扫空气量 ψV_H，故清扫气流的平均速度 w 必定是随转速的增加而增加的，这一点可由上面的公式看到。随着清扫气流速度的增加，产生这个速度所必需的扫气压力 p_S 也应按下式增加：

$$p_S = \left(\frac{w}{403}\right)^2$$

式中：p_S——扫气压力，kg/cm^2；

w——清扫气流平均速度，m/s。

其关系则如图 22 所示。

转换喷口的截面积 f_e 的关系式为

$$f_e \frac{360}{6n} = F_{ZS}$$

或

$$f_e = F_{ZS} \cdot \frac{n}{60}$$

将时间断面的公式代入后可得：

$$f_e = \frac{H\Sigma(b_S\eta_f)}{600n} \cdot \frac{n}{60} \cdot W_S = \frac{H\Sigma(b_S\eta_f)}{36\,000} \cdot W_S = k_2 W_S$$

也就是说，转换喷口的截面积与角度高度积是成比例的，而且与转速无关。

由于

$$f_e = \frac{F_{ZS} \cdot n}{60}$$

和

$$w = \frac{10\psi V_H}{F_{ZS}}$$

故可得

$$f_e w = \frac{n\psi V_H}{6}$$

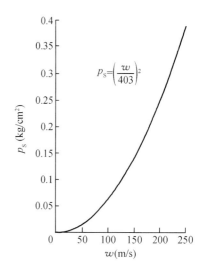

图 22 扫气压力与清扫气流速度之间的关系

采用活塞排量 $V_H = \frac{xB^2 H}{4\times10^6}$，活塞平均速度 $C_m = \frac{nH}{30\,000}$ 和活塞面积 $f_k = \frac{xB^2}{400}$ 等关系式以后，可得：

$$f_e w = \frac{\psi}{2} f_k C_m$$

或

$$2f_e w = \psi f_k C_m$$

式中：H——活塞冲程，mm；

V_H——活塞排量，L；

f_k——活塞截面面积，cm²；

C_m——活塞平均速度，m/s；

ψ——清扫空气的相对消耗量 $\psi = \dfrac{V_E}{V_H}$；

V_E——每工作循环吸入的大气状态的空气量。

在图 23 中，中间部分是表示清扫时间断面值，同时也表示了相当于曲轴整转时期内的转换喷口面积 f_e（高度为 f_e 的矩形面积与表示时间断面的面积相等）。此外，以上方程式表示了高度为 $2f_e$、底边为 180°的矩形面积，上式还可以改写为：

$$\frac{f_e}{f_k} = \frac{\psi}{2} \cdot \frac{C_m}{w}$$

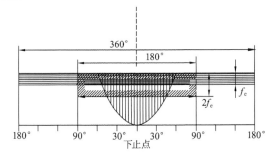

图 23 角度高度积（时间断面值）和转换喷口的截面积

当选择时间断面时，应注意在全部扫气过程中的清扫气流速度假定都是不变的，那么在不考虑流量系数和温度变化的情况下，此速度不应超过 220 m/s。

8 气缸空间内的清扫气流轴线

即使通过扫气图已有可能简便地检查扫气过程，但是在设计时，仍必须先大体上确定清扫气流的方位。这样当用扫气图来检查时，才能使所需的修改降低到最低的限度。为此，首先必须确定清扫气流轴线在空间的方向（图 24）。在图中所示的 6 个角度中，通常只需确定或是已知两个即可求出其余的角度。实际应用时，常采用 δ, ε 和 β, γ 两组角度。图中附表表示了这些角度之间的关系。图 25 表示了在 $\beta - \gamma$ 坐标系中角度 δ 和 ε 的变化关系，因此，该图也就表示上述两组常用角度之间的图形关系。此外，图中还绘有一根由上方通往右下方的点画线，其

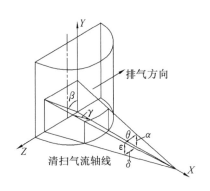
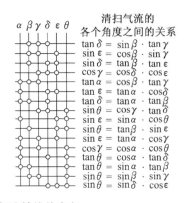

图 24 气缸中清扫气流轴线的方向

数学方程式为 $\tan\beta \cdot \tan^2\gamma = 1$,这条曲线叫作稳定性曲线。此曲线虽可用理论上的公式来表示,但却不能准确地加以证明。因此,我们可以将其看成由大量试验结果总结出来的经验公式。它的中间范围一段($\beta = 20° \sim 70°$)也可以其转折点之间切线的方程式表示,即 $(\beta + 2) \cdot \gamma = 130°$。图 26 表示了直接以 δ, ε 角为坐标的稳定性曲线。

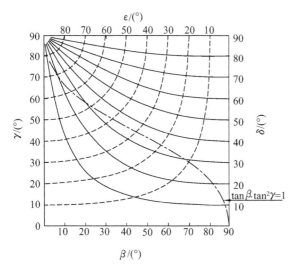

图 25　表示清扫气流轴线角度之间关系与稳定性曲线的诺模图

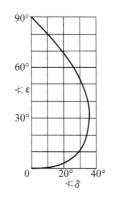

图 26　$\varepsilon - \delta$ 坐标系中的稳定性曲线

如果同时对于第六节中所述的气流中心线交点 S 进行正确的选择或是相应地加以移动的话,那么通过稳定性曲线上每一点所确定的每一对清扫气流都能形成稳定的扫气图。当清扫气流的对数更多时,并不需要使所有的扫气轴线都位于稳定性曲线上,这时,如果每一股流入气缸的气流虽有偏差,但其重心位置仍然落在稳定性曲线上的话,那么也仍然认为是满意的。例如,在图 27 中如以清扫气流轴线 1 和 2 来表示在一个气缸中共同作用的两对气孔的话,气缸的有效截面积分别为 $f_{e1} = h \cdot b_1 \cdot \eta_{f1}$ 和 $f_{e2} = h \cdot b_2 \cdot \eta_{f2}$,那么我们如将 1,2 之间的连线作如此划分,即使得 $f_{e1} \cdot a_1 = f_{e2} \cdot a_2$ 或 $\dfrac{a_1}{a_2} = \dfrac{f_{e2}}{f_{e1}}$,则由此所得的分点 A 就能够落在 $\gamma - \beta$ 坐标系的稳定性曲线上。

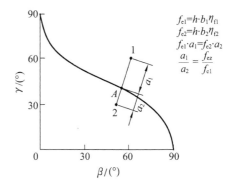

图 27　一个气缸中,两对偏离稳定性曲线气孔的重心位置

在图 28 中,表示了三股清扫气流 V, M 和 H 在半个气缸中的作用情况。这些气流是成对对称地分布的。此外,在对称平面的背壁处还有一个进气孔 R。这时,合理的布置方案是使清扫气流轴线对于气缸中间对称平面的投射角度,由清扫气流 V 开始逐渐倾斜,而每一对对称清扫气流中心线的交点应向后上方依次升高并落在一根固定的曲线上。这根曲线在图 28 中以粗虚线表示。同样的检查方法也表示,在气缸中间对称平面上清扫气道壁面的线一直延长到该平面上。这时,各个气道的投影面积应当按其原有次序向上逐渐增加,而不应产生过分重叠的现象(图 29)。

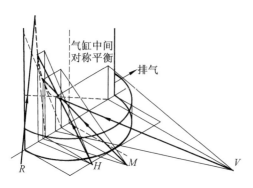 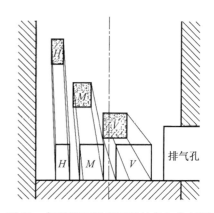

图 28　多对清扫气流 V,M,H 及一股中间倾斜气流 R 在半个气缸中的作用情况简图

图 29　气道壁面投影面积的气缸纵剖面

9　清扫空气在交界平面内的引导

在设计气道时，必须考虑布置气道的空间是有限的，而且在直列式发动机中，气道应当通过两个气缸之间的对称平面，即所谓交界平面（Grenzebne）。在图 30 中表示了每缸一对清扫气流的简图，在交界平面上打有阴影线。图 31 是再次用清扫气流轴线来表示上述情况。因此，清扫气流最高可以由边界平面沿清扫气流轴线方向被引入气缸，而清扫空气必须沿着交界平面从任一方向引向清扫气流轴线。清扫空气可能自几乎平行于气缸轴线的方向由下方 C 点被引入，而后必须在由流动方向和清扫气流轴线方向所形成的 δ 平面内转过 $90°-\varepsilon$ 的角度。但是，空气也可能由点 A 引入，这时，气流是沿清扫气流轴线在交界平面上的投影方向引入的。这时则是在 β 平面内转过 $90°-\gamma$ 的角度。由图 32 可见，对于某一任意流动方向（与投影 A 的夹角为 ρ）而言，转向角度 φ 可由下式求得：

$$\cos\varphi=\cos\rho\cdot\cos(90-\gamma)$$

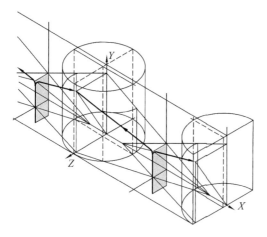 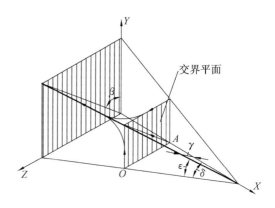

图 30　每缸一对清扫气流的两个气缸及两缸间的交界平面简图

图 31　清扫气流轴线和交界平面

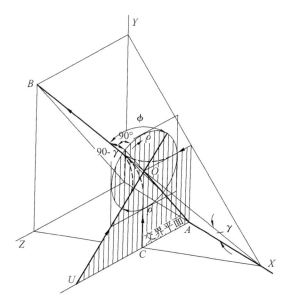

图 32　清扫空气由交界平面转向清扫气流轴线（$X-B$ 为清扫气流轴线）

在图 33 中表示了上述关系。由图可见，转向角 φ 可能在 $90°-\gamma$ 到 $90°+\gamma$ 的范围内波动，而当沿清扫气流轴线投影（A）的方向流动时（在 β 平面内），转向角度的数值最小。如果这种引导方向在结构上不易实现，而同时又不想直接过渡到 δ 平面的话，那么也可以采用任何的中间数值，这个数值在图 34 中以角度 δ 和 τ 来表示。由此所得的角度关系为：

$$\sin\gamma \cdot \cos\beta = \sin\psi \cdot \cos\tau = \sin\varepsilon$$

和

$$\tan\beta = \tan\tau + \cos\alpha \cdot \tan\tau$$

在图 35 中，表示了由下方引导（δ,ε）、由扫气轴线投影方向引导（β,γ）和由中间角度值方向（τ,δ,ψ）来引导时清扫空气管道的简图。

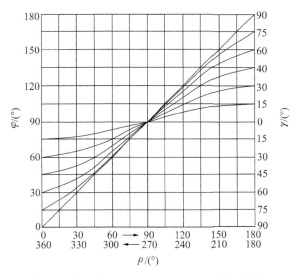

图 33　清扫空气从交界平面转向角度的诺模图

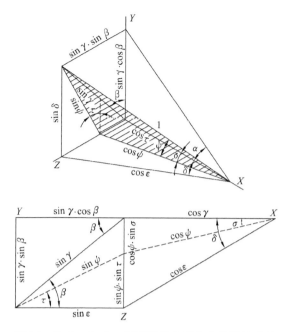

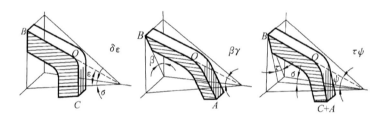

图 34 在 β, γ 和 δ, ε 平面间的中间角度位置的确定

图 35 清扫空气管道在各个平面内的结构简图

10 清扫空气管道的设计

图 36 完善地表示了一种 β, γ-型的典型扫气管道图,这种管道可以保证气流自交界平面 GE 的转向角度最小。因为气缸中扫气管道出口处的孔道截面积应当最小,故管道壁面应做成相对于角度 γ 和 β 沿气流方向缩小 10°~20°的形式。例如,在正视图中,在倾斜角度为 β 的管道中心线两边,分别画 $\beta-10°$ 和 $\beta+10°$ 两条线表示管道的壁面。在图中这两个平面的交线形成了交点 Z。这时,为了在扫气模型上进行检查,这根交线建议用一个暂时安置在那儿的配合件的棱边表示。在 $Z-P、Z-Q$ 剖面及其间所有通过 Z 点的剖面中,气道中心线的倾斜角度皆为 γ(相对于平活塞顶面或是在 $Z-P$ 和 $Z-Q$ 之间的 $Z-x$ 平面与气缸横断面的交线而言),同时这儿的气道壁面,例如,则由 $\gamma+5°$ 和 $\gamma-5°$ 两条角度线来表示。因此,为了检查扫气管道,可以将角度为 $\gamma+5°$ 和 $\gamma-5°$ 的样板一边紧靠在平活塞顶面上,样板顶面向上对着棱边 Z,那么样板的另一边必须紧贴在气道壁上。当气缸中气孔的高度为常数时,气道的上下壁面不是平面,于是以 γ 样板来检查时,应在 $Z-P$ 和 $Z-Q$ 之间整个过程中一步一步地进行,同样亦应按这种形成规律将气道镶入试验扫气模型,并且必须以这种方法进行修正,这样才有可能按照图 36 来进行单值的

测量。为使截面积在由清扫气流轴线转向交界平面时不断增加,可以利用内切圆来检查其截面积变化的连续性(与一般流体力学中的情况相同)。通过在交界平面和气缸壁之间清扫空气的引导,使气道沿气流方向产生了进一步的收缩,这个收缩一直延伸到发动机的纵向中心平面。因此,在较远的背部,即在正对排气孔的扫气道上,必须注意到的是不会由于气道在平面图上的扩大而产生气道的显著增大,这一点毫无疑问在剖面 $Z-P$ 和 $Z-Q$ 上很明显可以看到的。

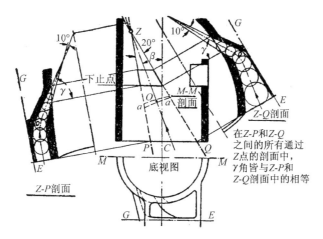

图 36　β,γ-型清扫空气管道结构简图

图 37 表示了由下方引导清扫空气的 δ,ε 型的典型扫气管道图。这时,气道也应在气缸中向其出口方向不断地减小,即气道壁也应在两个剖面的方向内收缩 $10°\sim20°$。为了检查角度 $\varepsilon+5°$ 和 $\varepsilon-5°$,样板也应如此安置,即使其顶端紧贴棱边 Z。这时气道的上下壁面也不是平面,故必须根据气孔高度在 $Z-P$ 和 $Z-Q$ 平面之间一步一步地进行检查。也必须用类似的方法检查由交界平面转向的连续性。采用矩形孔道后,由于可以布置多对气孔,故可使气缸周边得到很好的利用。这种结构的缺点是清扫气流轴线与交界平面内的转向角度较大。在所有情况下,由扫气蓄压器和曲轴箱通往气道的入口处应当倒成圆角。

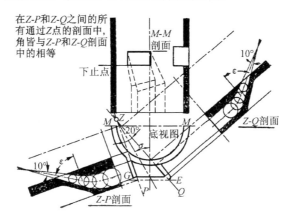

图 37　δ,ε-型清扫空气管道结构简图

与四冲程发动机相比,在发动机长度相同的的情况下,二冲程发动机仍然是有优点的。如果在二冲程发动机中,为了考虑到扫气管道的布置,而选用较大的气缸中心距,那么在气缸中心距相同的情况下,四冲程发动机就可以采用较大的缸径,这样其功率将能接近甚至超过二冲程发动机。因此,为了保持二冲程发动机在经济性方面的优点,实现较小的气缸中心距是具有重大意义的。这时,引导清扫空气的总管置于相邻气缸的交界平面内,将有助于上述目的的实现。当多缸发动机按一般点火次序工作时,两个相邻气缸不会出现扫气周期互相重叠的情况。这也就是说,只需使总的空气管道足以保证对于一个气缸的适度进气量即可。图 38 表示了两对 β,γ-型扫气孔的总管,而图 39 则表示了 δ,ε-型扫气管道的类似结构。由图 40 可见,将引导气道的位置自气缸间最窄的区域移出一些,就可以使气缸中心距进一步减少。由图 38 到图 40 的具体实例可见,空气管道是怎样首先从发动机机罩下引入,而最后又怎样引至气缸套中去。当机体和气缸两个零件均以铸铁制造时,可以将空气管道预先铸入,这样就不需要再进行机械加工。但由于不可避免的铸造误差存在,必然会使气道由机体过渡到气缸时产生一定的困难。这时,应当绝对防止气流在气缸套内向单边偏离,

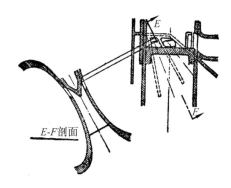

图 38 交界平面内的扫气总管,适用于 β,γ-型气道

因为这样会使扫气轴线偏离应有的方向。图 41 表示了一种克服上述困难的可能方案,这时允许存在一定的铸造误差。此外,这种结构也有一定的缺点,即气缸套只是在气孔部分间接受到冷却,而在此以下的大部分则不再受到冷却。因此,很快就采用了其他方法,即将空气管道仅仅布置在气缸套内,而这时将气缸的气孔部分做成双层结构,这就使得有可能以冷却水来直接冷却全部气缸,特别是冷却其排气管道部分。因此,提出了这样的任务,即仅仅用气缸套的管道,通过一个较短的且在进出口处具有斜切口的管道来引导空气。如果已经得到满意的扫气图的话,那么,为了能够正确地设计管道,还必须注意将单个气道的清扫空气引向气道轴线的方向。

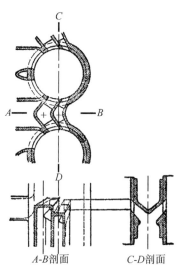

图 39 交界平面内的扫气总管,适用于 δ,ε-型气道

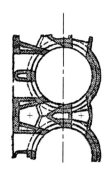

图 40 交界平面内的扫气总管,适用于 δ,ε-型扫气道,而且其位置已自气缸间最窄的区域向外移出

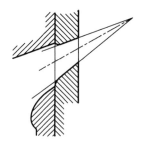

图 41 清扫空气管道在机体和气缸套之间的过渡情况

11 关于短扫气道的作用方向

为了试验短斜切口气道的方向,曾进行了一些基本试验。空气从风扇经由一个很大的蓄压式管道引向流出喷口。喷口的出口是方形的,其方向在两个横剖面上皆在水平方向倾斜 45°,因而清扫气流轴线的方向应当与空气流动方向之间呈大约 35°的夹角,于是,当气流由扫气管道模型流出时,气流方向必须转过 145°。在长度为 400 mm 模型的两个架子上装有一排皮托管,皮托管排在工作时可围绕排气喷口的一根对角线旋动,其测量宽度则为 24 cm。图 42 表示了动压测量面的位置。管道的几何轴线通

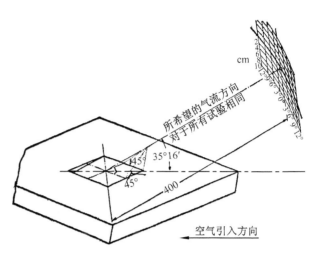

图 42　试验短斜切口气道作用方向的装置

过测量范围的中心零点。首先减小气缸壁的厚度,即此处的管道长度,其方法是一片一片地减小模型板的厚度。图 43 所表示的是绘有等气流速度曲线的气流特性图。这时,曲线旁标注的数字就是所测得的气流最高速度,单位是米/秒。图 43a 表示的是空气管道进口处没有倒角时的情况;而图 43b 表示的则是其进口处倒成圆角时的情况。当孔道的出口尺寸为 50 mm×50 mm 时,模型板厚度在 40 mm 以上的管道工作性能仍然是满意的;当厚度减至 30 mm 时,就产生了一

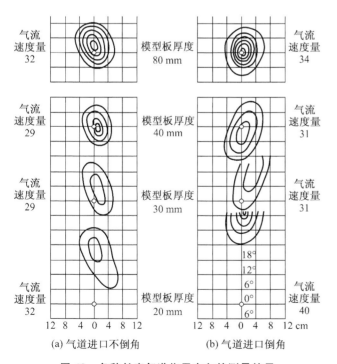

图 43　各种长度气道作用方向的测量结果

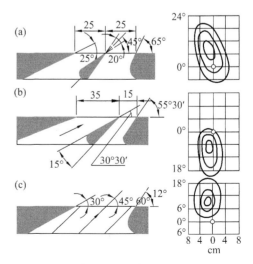

图 44　管道剖面和气流特性图(一)

定的误差;而当厚度继续减至 20 mm 时,误差就会超出允许的范围。这时,当气道进口不倒角时的误差为 20°,而当气道进口倒角时的误差则几乎达到 40°,因为倒角本身也意味着导管长度的缩短。因此,当扫气压力相同时,由于气道锐角倒圆可以使空气流量增加大约 25%,于是,提出了这样的任务:在通常导管长度不再达到 20 mm 壁厚的情况下,寻找改善气流引导的方法并设法去检查它们的性能。

图 44a 表示了一种用中间肋条来分隔气道的方法。这时与所示剖面相垂直的剖面图形仍与图中所示的情况相同,于是整个气道分隔为 4 个部分。在每个分隔气道中,相对的引导平面相互的倾斜角度约为 10°,各分隔气道轴线之间的倾斜角度则为 30°。在这种情况下,气流最高速度点的位置误差仍然向上偏移 6°以上。如果现在将导向肋再向其转向边内侧移动的话(图 44b 所示),当然这时各分隔气道内的相对壁面和各分隔气道轴线之间的倾斜角度还要减小一些,则这时的位置误差将向相反的方向偏移 6°。但是,因为导向肋的铸造较为困难,故可以按图 44c 的方式以钢板圈来分隔气道,它嵌入气道中心并与气道铸成一体。这时,在气道中央形成了一个尺寸为 40 mm 的方形通道,在这个通道四周是 4 个长方形的通道和 4 个角上的小方形通道。采用这种结构时的气流位置偏差约为 9°。

在图 45a 中,仅仅在转向内壁处安装了一个短的弯曲导向板,它也使气流靠近气道壁的这一边,并因此使图形的准确性提高,其误差仅为 3°。在图 45b 中,在气道入口处装有一个蜂窝式导向板,这时的误差约为 7°。为了能够单独评价蜂窝式导向板的性能,也试验了按图 45c 所示的布置方案,这时产生了相反方向的误差,其值约为 17°。为了使全部气流得到很好的方向稳定性,或者说为了使位于壁面之间的被分隔气流的边界层再加速至与整个气流的速度相同从而使气流再合并为一个整体,必须尽可能使各气流部分仍集中在一个方向上。

这些有关试验结果的简单描述已足以说明,即使在短的扫气道中,仍然存在实现对气体完善引导的有效方法。常常也有可能在气缸中直的扫气道以前,在自扫气蓄压器接入一段加长和弯曲的管道。这段管道可以采用单体精密铸造的方法制造,以降低其生产的废品率。同时,这种方法也适用于单层壁式气缸的结构。

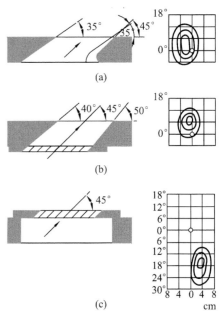

图 45 管道剖面和气流特性图(二)

12 现有发动机结构实例

根据以上说明的设计原则,可能达到良好结果的事实可从 Klökner-Humbolt-Deutz 公司的二冲程发动机得到证明。作者曾于 1933 至 1945 年致力于这种发动机在扫气、燃料喷射和燃烧室方面的发展工作。它们的型号是 TM325 型、TM330 型、TM436 型、TM448 型和 TM233 型。作者也曾为罗斯托克(Rostock)柴油机工厂的新产品 NZD48 型和 NZD72 型发动机进行了扫气管道的设计工作,然后在木制模型上利用扫气图来进行检查和修正,因此,最后在试运转中就不需再在扫气系统方面进行什么修改了。图 46 表示了上述发动机在最终确定了气孔管道以后的扫气图,而图 47 则表示了这两台八缸发动机的万有特性曲线图,其最低比燃烧消耗量分别为 149 克/马力小时和 156 克/马力小时,这个数值是可以同任何同类型发动机竞争的。当然,在燃料喷射规律与燃烧室设计方面的努力也有助于达到上述结果。在这种情况下,必须再一次强调,扫气图虽然是扫气情况好坏的一个判别参数,但并不是保证发动机性能良好的绝对充分条件。因为在燃料喷射、燃烧和气缸润滑等方面,还存在许多可能影响因素,故有时虽然扫气情况是良好的,但却可能得不到满意的工作性能。但是,在一台扫气图不好的发动机上,就再也不可能在扭矩和比燃料消耗量方面发挥出优良的性能来了。

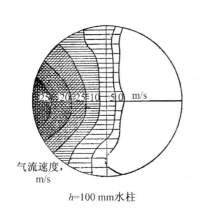
(a) NZD48型(缸径×冲程=320 mm×480 mm)

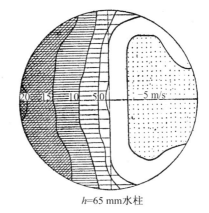
(b) NZD72型(缸径×冲程=480 mm×720 mm)

图 46　罗斯托克柴油机工厂新的二冲程发动机的扫气图

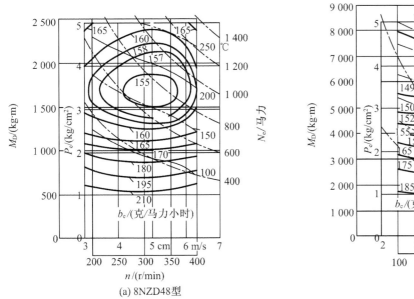

(a) 8NZD48型　　　　(b) 8NZD72型

图 47　罗斯托克柴油机工厂新的二冲程发动机的万有特性曲线图

上述原则不仅能应用于大型船用柴油机,而且也适用于小型曲轴箱扫气式汽油机。作为具体实例,图 48 表示了一台排量为 45 cm³ 的小型发动机在两种转速工况下的动态扫气图,而图 49 则表示了这台发动机的万有特性图。其平均有效压力几乎达到 5 kg/cm³,这在小型发动机上已是颇为引人注目的了,同时,该发动机也能在很宽的转速和负荷范围内保持连续平静的运转。有关德累斯顿(Dresden)高等工业学校内燃机和汽车运用研究所(IVK)发展的试验发动机(NZD 12.5 和 KZD 12.4)的情况,可见相关文献。

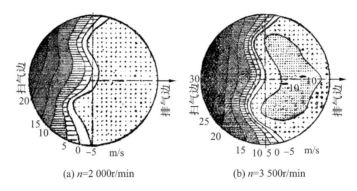

(a) n=2 000r/min   (b) n=3 500r/min

图 48　一台缸径为 38 mm,冲程为 40 mm 的小型汽油机的动力式扫气图

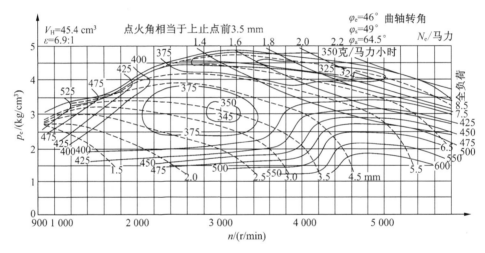

图 49　缸径为 38 mm,冲程为 40 mm 的小型汽油机的万有特性图

13　增　压

四冲程发动机通过采用增压或是提高增压压力的方法来与二冲程发动机的进展相抗衡。可是,二冲程发动机的发展也是沿着同样的道路进行的,这时,在中型和大型发动机上也以各种连接方式应用着废气涡轮增压。但是,因为有关这方面的文献已经很多了,故本文不需再作进一步的说明,宁可主要介绍一下有关应用排气压力波的可能性。

当排气孔一打开以后,在气缸内高压燃烧气体的作用下,引起了一个压力波。该压力波以音速自排气孔传入排气管。当管端封闭时,压力波以全波正反射,而当管端开启时,则几乎是完全的负反射。如果现在管端的情况为从全闭到全开之间的某一中间数值,那么,反射也就是一种中间情况——全波正反射不断减少,先达到零值,随后再进入负波反射的区域。因为反射情况不仅与管道截面积的变化有关,而且也与压力波的幅度有关,故也就不可能有这样一种使所有幅度波动都没有反射的管端结构。对于有限的管道截面变化而言,即除了将废气直接排至大气中或是说管道截面积为无穷大的情况以外,都会产生以下的现象,即管道截面的每一次减小都将会引起一个正的反射,而每一次扩大则会引起一个负的反射。如果现在考虑一下,在排气孔以后必须出现怎样的理想压力变化,那么,首先在压力波的前沿后方需要有一个排气中的压力降存在,这个压力降可以降低所需要的扫气压力。此后,如果扫气孔关闭的话,就希望避免新鲜充量在过后排气期间内的排出,这时,就要求在排气孔前面重新产生高的压力。必须使排气管(单缸发动机)的断面的变化与上述要求相适应。也就是说,其断面必须首先不断扩大,以保证向气孔连续送回一个负的反射波;最后当管道扩大到一定程度以后,再几乎突然收缩,这时,排气阻力仍然必须保持在允许的数值范围以内,而管道的长度则应根据保证压力波及时反射的要求来决定。

在图 50a 中表示了一台单缸试验发动机,其排气管的第一段为 1 m 长的弯管,接着是一段 7 m 多的渐扩管,渐扩管的端部直径为 700 mm,其后接了一个孔径为 150 mm 的喷口,在喷口

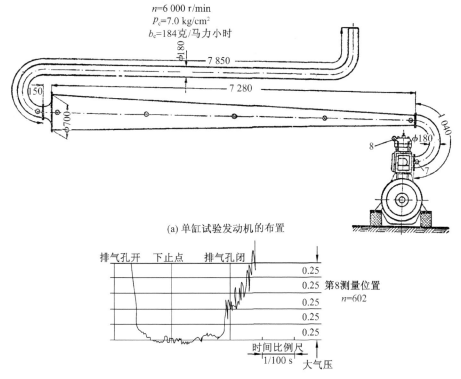

(a) 单缸试验发动机的布置

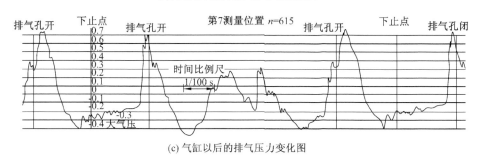

(b) 用弱弹簧测取的气缸压力变化图

(c) 气缸以后的排气压力变化图

图 50 利用排气能量来进行扫气和增压

以后还接了一段长约 8 m 的排气管,用来将废气自试验室中引出。在下方的图 50c 中,表示了气缸以后排气管中的压力波动情况。由于这时所产生的低达 0.4 kg/cm² 的真空度的作用,可以使发动机不带扫气泵运转。这时,只需将机体三面的扫气盖打开,空气就可以自外界自由地吸入。排气压力的变化图还表明:正压力反射波几乎以全波再返回气缸,于是就将这时已从排气孔流出的一部分清扫空气再推回去,因此,就使气缸受到有效的增压,这一点可从图 50h 所示以弱弹簧示功仪测取的压力变化图上看到,亦可由所达到的平均有效压力 p_e=7 kg/cm² 得到证明。如果说,在这台单缸发动机上,排气能量不仅可以产生过后充气,而且还可以保证供给清扫空气,从而可以省去专门的扫气泵的话,那么,在多缸发动机中,也可能用排气来实现过后充气,并因此避免对称配气相图的缺点。

图 51a 表示了一台四缸发动机的排气装置,其中每两个气缸共用一个排气歧管。这时,应如此选择长度 L,即使得从第一缸或第二缸送出的压力波在排气孔关闭以前到达第三缸或第四缸,反之亦然。同时,为了防止多次反射的干扰,再将废气从两个排气歧管经过长度为 L 的总管送往一个排气罐。这样,从排气罐来的负反射波和从气缸来的正反射波将再在管子分叉部分相遇并相互抵消。在图 51b 中表示了用弱弹簧测取的气缸压力变化图,由图可见,增压压力 p 约达到 0.4 atm。图 51c 表示了发动机在普通排气和惯性增压排气情况下比燃料消耗量随负荷变化的关系。在图 51d 中则表示了发动机采用增压后的特性曲线图。为了进行比较,图中同时还绘入了对于普通发动机的比燃料消耗量为 200 克/马力小时的曲线,这样,就可以使我们更加明确发动机使用范围的扩大情况。

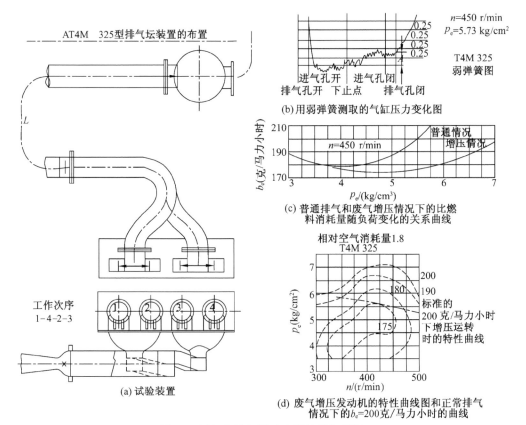

图 51 四缸柴油机的动力惯性排气增压

前已说明,在对称的配气相图中,提前排气压力波的正波反射可以怎样抵消过后排气的有害作用,不过,这只是在有限的转速范围内才是有效的。此外,在整个转速范围内,也可以避免过后排气,这时只需使配气相图成为非对称的。实现这个要求的简便方法是:在活塞控制的排气孔以后,再装上一个转阀。图52左方表示了气孔的对称配气相图①,其右方则表示了转阀的简图②。在图①中,排气孔于C点开启,此后不久就打开扫气孔。这时直到下止点A为止,图②中排气孔的截面积a应当不受转阀的影响。当达到下止点时,排气转阀开始关闭,当曲轴转角转至下止点后δ时,排气道截面a应当完全关闭。此后,至少要一直继续关闭到图①中的B点为止。因为最有利的关闭角δ不能用计算方法确定,故必须考虑一个适当的调整范围,即大约从E点到F点的范围,其间距离大约与从F点到B点的距离相等。转阀和曲轴之间的传动比i可以选择为等于1。因此,转阀角度($\gamma+\beta$)应等于排气孔开启角α_A的一半。众所周知,在 MAN 公司的大型发动机上,这种转阀机构已得到成功的应用。

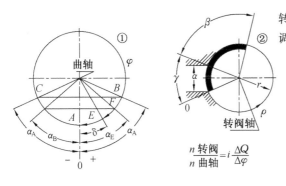

转阀长度:$\gamma + \beta = i \cdot \alpha_A$

调节范围:$\delta_1 = \alpha_E$

$\delta_2 = \alpha_E - (\alpha_A - \alpha_E)$

$\beta_1 = i \cdot (\alpha_A - \alpha_E)$

$\gamma_1 = i \cdot \alpha_E$

$\beta_2 = 2 \cdot i(\alpha_A - \alpha_E)$

$\gamma_2 = i \cdot (2\alpha_E - \alpha_A)$

$\beta_1 + \gamma_1 = \beta_2 + \gamma_2 = i \cdot \alpha_A$

$\gamma = \dfrac{\alpha}{2\sin(\gamma/2)}$

条件1:当曲柄位置在B点时,转阀必须处于A以前
$\beta = i \cdot (\alpha_A - \delta)$的位置。

条件2:当曲柄位置在A点时,允许转阀开始关闭

图52 用曲轴转角表示的配气相角①和排气转阀控制的配气相图②(图中列有设计转阀的各项公式)

在德累斯顿高等工业学校内燃机和汽车使用研究所中所进行的研究证明了以下事实:在缸径×冲程为 100 mm×125 mm 的小型柴油机中,也能成功地应用这种换气转阀机构来实现增压。这时,转阀的驱动是以普通自行车链条来实现的,它经历整个试验过程之后仍未损坏。转阀与阀座镜面之间的间隙为 0.5 mm,在使用过程中,间隙为炭烟所堵塞,这样,一方面可以实现很好的密封,另一方面也可以减小产生腐蚀的倾向。上述作用也可以通过以下的方法来实现:缩短转阀支承镜面的长度并将其正对转阀的棱边保持为锐边。图53表示了该发动机的特性曲线图,其平均有效压力超过 7.5 kg/cm²。但这时也还必须注意到图中绘入的摩擦压力p_r的数值仍然较高,其数值为 2~3 kg/cm²。产生这种情况的原因是由于采用了冲程可以调节的曲轴与相应的过大的主轴承。这种情况当然也会对所能达到的比燃料消耗量产生不利的影响。

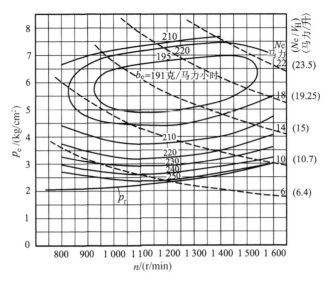

图 53 具有排气增压转阀的小型柴油机万有特性曲线图

14 结 论

从所提出的扫气的任务出发,引出了气缸中清扫气流的理想路线和时间断面变化情况,讨论了检查的可能性并提出了一个简单的判别扫气过程性能好坏的参数,即所谓扫气图。描述了测取静态和动态扫气图的方法,阐明了产生不良情况的主要原因并因此指出了其改善途径。借助于专门的图线可以方便地求出时间断面。确定了清扫气流轴线在气缸空间内的相对方向,并说明了两种常用的角度系统和一条稳定性曲线。讨论了在两缸之间交界平面处的空气引导问题,介绍了对于两种角度系统的空气管道结构,还探讨了短扫气道的作用。分别以现有大型柴油机与小型汽油机结构实例,证实了本文所提出原则的正确性。最后还论述了应用排气压力波来实现扫气和增压以及在排气孔后应用转阀的可能性,此项叙述也得到实验结果的证实。

本文并不想用来代替现有的关于二冲程发动机充量更换的文献,而只是打算作为现有文献的有效补充。

(参考文献从略)

汽车燃气轮机*

1 引 言

1950年，英国的Rover公司首先将燃气轮机应用在民用汽车上，该公司将110马力的燃气轮机安装在Jet-I型竞赛汽车上，并进行了道路试验。紧接着，美国的Boeing公司也在同一年将175马力的燃气轮机安装在Kenworth重型牵引汽车上进行了全面的试验。以后欧美各国的许多其他汽车公司也开始了这方面的发展工作，这些公司是：美国的General Motors，Chrysler，Ford，Al Research，英国的Austin，Blackburn，Centrax，法国的Laffly，Soléma，Turboméca和意大利的Fiat等。

刺激上述发展工作大规模开展的主要原因是，汽车燃气轮机与通常的活塞式内燃机相比，具有一些突出的优点。这些优点是：

（1）比功率指标、比重量指标和比容积指标好，即当重量与容积尺寸相同时，燃气轮机的功率为一般活塞式内燃机的2～3倍；当功率相同时，燃气轮机的重量与容积尺寸则相应地要小些（见图1）。

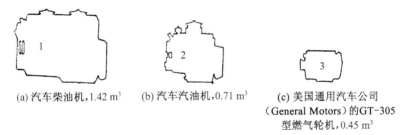

(a) 汽车柴油机，1.42 m³　　(b) 汽车汽油机，0.71 m³　　(c) 美国通用汽车公司（General Motors）的GT-305型燃气轮机，0.45 m³

图1 当功率相同时，汽车燃气轮机与活塞式内燃机容积尺寸的比较[4]

（2）运转平稳，振动小。
（3）扭矩输出特性较好（见图2），故可简化变速箱的结构。
（4）对燃料的燃烧品质要求低，便于实现多种燃料运转。
（5）结构简单，便于维护保养。
（6）润滑油的消耗量少。
（7）不需要冷却系统。

---

* 本文由高宗英和高慧敏共同编译，原载于《机械译丛》1964年12期。高慧敏（1930—1977）系编者大姐，曾就读于上海同济大学电机系，德语水平较高，1951年因病休学在家，病中坚持翻译了许多德语文献，为社会作出了很大贡献，1977年不幸因病英年早逝，本文系她生前与编者的联合工作成果。为了表达对逝去亲人的怀念之情，特将此文收入文集，以资纪念。

(8) 低温下的启动性较好。

可是汽车燃气轮机在目前阶段还有以下缺点：

(1) 燃料经济性差；

(2) 对材料的耐热性能要求较高；

(3) 加速和制动性能差；

(4) 工作时噪音较大。

在上述缺点中，燃料经济性的问题具有特别重要的意义，因此它已成为发展汽车燃气轮机工作中的关注中心。经过近 15 年的研究与改进工作，已经取得了很大的成就。最近的报道表明[2]，美国与英国一些汽车公司所制造的新型燃气轮机，在燃料经济性方面已经达到或是接近于现代活塞式内燃机的水平（见图 3），但其结构较为复杂且重量也较大（因为要装换热器）。

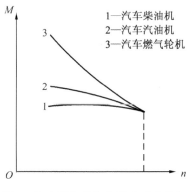

图 2　汽车燃气轮机与活塞式内燃机扭矩特性的比较

1—汽车柴油机
2—汽车汽油机
3—汽车燃气轮机

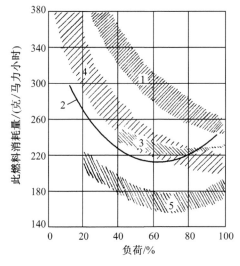

1—GT-305 型汽车燃气轮机的范围（当换热器效率不同时）
2—Frod 704 型汽车燃气轮机
3—Chrysler CR2A 型汽车燃气轮机的设计数据范围
4—现代汽油机的范围
5—现代柴油机的范围

图 3　现代汽车燃气轮机与活塞式内燃机燃料经济性的比较

2　对于汽车燃气轮机基本方案的理论分析

现有燃气轮机的可能方案很多，其中汽车燃气轮机目前只采用按等压加热循环工作的开式燃气轮机装置，此外，根据它工作特点的不同（如是否回收废气热量、是否具有中间冷却和中间加热等），又可能有许多具体的不同方案。

2.1　不带换热器工作的简单燃气轮机装置

现代汽车燃气轮机大多采用双轴式结构方案，即将压气机涡轮与功率输出涡轮布置在两根分开的轴上（见图 4a），因为这种燃气轮机的输出扭矩随工作涡轮转速的降低而急剧增高，故符合作为汽车动力的要求。如果只采用一个涡轮来同时驱动压气机与输出有效功率（即单轴式结构方案，见图 4b），则由于压气机转速有可能同时降低，燃气轮机的输出扭矩将随转速的减小而降低，因而不能满足汽车的要求。

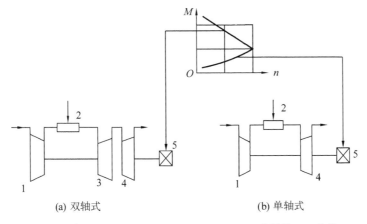

(a) 双轴式　　　　　　　**(b) 单轴式**

1—压气机；2—燃烧室；3—压气机涡轮；4—工作涡轮；5—负载

图 4　简单燃气轮机的结构方案及其扭矩变化特性

双轴式燃气轮机的整个工作循环可以用图 5 所示的温熵图（T-S 图）来表示。图中，1—2′ 表示在理想压气机中的绝热压缩过程；1—2 表示实际压缩过程；2′(2)—3 表示在燃烧室中的等压加热过程；3—4′ 表示在理想燃气涡轮中的绝热膨胀过程；3—4 表示在两个燃气涡轮中的实际膨胀过程；4(4′)—1 表示为了使循环封闭所需的等压放热过程。

现对双轴式燃气轮机在额定工况下、转速变化时及部分负荷下的经济性与动力性能指标分析如下：

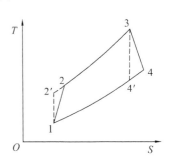

图 5　燃气轮机装置理想循环与实际循环的温熵图

（1）额定工况下的经济性与功率性能指标

在一般工程热力学中推导热效率公式时，认为压缩与膨胀过程都是理想的可逆绝热过程（等熵过程），即整个循环过程为图 5 中的 1—2′—3—4′ 所示，这时得到的热效率公式为

$$\eta_{th}=1-\frac{1}{\lambda^{\frac{K-1}{K}}}=1-\frac{1}{\varepsilon^{K-1}} \tag{1}$$

式中：λ——压气机的升压比，$\lambda=p_2/p_1$；

ε——压气机的压缩比，$\varepsilon=v_1/v_2$；

K——绝热过程指数，取 $K=1.4$。

单从上式来看，热效率 η_{th} 只同压气机的升压比（或压缩比）有关，而与其他因素无关。但实际上应当考虑到，在压气机和燃气涡轮中，有热量交换与其他各类能量损失存在，熵总是增加的，故实际过程的温熵图应当如图 5 中的 1—2—3—4 所示，而燃气轮机装置实际循环的热效率公式则为

$$\eta_{th}=\frac{H}{(1+q_T)Q_1\dfrac{1}{\eta_{KC}}}=\frac{(1+q_T)\eta_T H_T-\dfrac{1}{\eta_K}H_K}{(1+q_T)Q_1\dfrac{1}{\eta_{KC}}} \tag{2}$$

式中：H——实际循环中，相当于每公斤工质所作功的热量（千卡/公斤）；

q_T——每公斤空气所消耗的燃料量（公斤/公斤）；

Q_1——实际循环中，加入每公斤工质的热量（千卡/公斤）；

η_{KC}——燃烧室的效率；

η_T 和 η_K——分别为涡轮与压气机的效率；

H_T 和 H_K——分别为理想循环中一公斤工质在涡轮与压气机中的焓降(千卡/公斤)。

在上式中，假定 $q_T=0$，并代入 $Q_1=C_p(T_3-T_2)$，$H_T=C_p(T_3-T'_4)$ 和 $H_K=C_p(T'_2-T_1)$，再进行若干推导以后，可得

$$\eta_{th}=\frac{(\eta_T\eta_K\zeta-\lambda^m)\eta_{KC}}{\lambda^m\left[\frac{\eta_K(\zeta-1)}{\lambda^m-1}-1\right]} \tag{3}$$

式中：ζ——循环最高温度(即燃气进入涡轮以前的温度)与最低温度(即外界气温)的比值，$\zeta=T_3/T_1$；

m——指数，$m=\frac{K-1}{K}\approx 0.286$。

由上式可知，燃气轮机装置实际循环的热效率 η_{th} 决定于以下因素：涡轮的热效率 η_T[①]，压气机的效率 η_K，燃烧室的效率 η_{KC}，压气机的升压比 λ，进入涡轮前的燃气温度 T_3 及外界气温 T_1 等。其中最主要的两个参数 λ 和 T_3 对 η_{th} 的影响示于图6左图。增加 η_T，η_K 和 η_{KC} 都可以使 η_{th} 增加，但是它们的数值是有一定限度的，对于现代汽车燃气轮机而言，$\eta_T=0.75\sim0.85$，$\eta_K=0.76\sim0.82$，$\eta_{KC}=0.95\sim0.99$。增加 T_3 和降低 T_1 也能使 η_{th} 增加，其中 T_3 的增加主要受材料耐热性能的限制，T_1 则决定于外界气温条件。η_{th} 随参数 λ 的变化关系比较复杂，起初 η_{th} 随 λ 的增加而增加，但当 λ 达到一定数值以后，η_{th} 反而随 λ 的增加而减小。对于一定的 T_3 值而言，存在着一个对 η_{th} 最为有利的 λ 值，T_3 值愈高，这个最有利的 λ 值便愈大。

由 η_{th} 再求比燃料消耗量时，可以应用以下公式：

$$b_e=\frac{632\times1\,000}{\eta_{th}H_u}(克/马力小时) \tag{4}$$

式中：H_u——燃料的低热值(千卡/公斤)。

评价燃气轮机功率与重量尺寸的综合指标为比功率 $\overline{N}$，即当气体的流量为每秒1公斤时所产生的功率：

$$\overline{N}=\frac{N}{G}=\frac{H}{75A}[马力/(公斤\cdot 秒^{-1})]$$

式中：N——燃气轮机装置的总功率；

G——每秒钟通过燃气轮机装置的气体流量；

A——功的热当量，$A=1/427$ 千卡/(公斤·米)。

将 $H=H_T\eta_T-\frac{1}{\eta_K}H_K$ 代入上式并经过一定的转换以后可得

$$\overline{N}=\frac{N}{G}=\frac{1}{75}C_pT_1(\lambda^m-1)\left(\eta_T\frac{\zeta}{\lambda^m}-\frac{1}{\eta_K}\right) \tag{5}$$

由上式可见比功率 $\overline{N}$ 也受 η_T，η_K，λ，T_3 和 T_1 等因素的影响。当 η_T，η_K 和 T_3 增加或是 T_1 减小时，$\overline{N}$ 增加。当 λ 值变化时，$\overline{N}$ 的变化规律与 η_{th} 的变化规律大体上相似，即也存在着一个使 $\overline{N}$ 达

[①] 计算时可近似认为 $\eta_T=\frac{2\eta'_T+\eta''_T}{3}$，式中 η'_T 为压气机涡轮的效率，η''_T 为工作涡轮的效率，因为压气机所消耗的功率约为有效输出功率的两倍。

到最大的 λ 值，只不过在同样的 T_3 下，这个 λ 值要比使 η_{th} 达到最大的 λ 值小一些（见图 6 右图）。

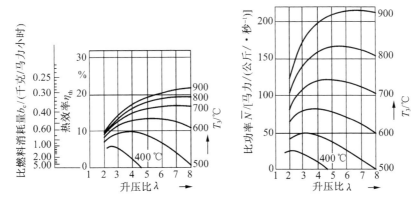

图 6　简单燃气轮机装置的经济性和功率性能指标
（计算绘图时的依据为：$\eta_K=0.82$；$\eta_T=0.83$；$\eta_{KC}=0.98$，$t_1=20\,℃$，$H_u=10\,200$ 千卡/公斤）

（2）转速变化时的扭矩变化特性

双轴式燃气轮机由于工作涡轮与压气机涡轮互相分开，因此当工作涡轮转速变化时，压气机涡轮的转速仍可大致维持不变。这时输出扭矩的变化特性只取决于工作涡轮的工作特性。

通常可以将涡轮的效率表示为 U/C_0 的函数。U 是涡轮叶片外缘的圆周速度；$C_0=\sqrt{2gH_T/A}$，它表示当气体流过涡轮时的焓降 H_T/A 全部变成速度能时的气流速度。由图 7b 可见，虽然 η_T 随 U/C_0 变化的关系还受反作用度 π 的影响（反作用度表示在涡轮叶片间实际上转变为速度能的焓降与总焓降之比），但大体上保持一个抛物线的关系（见图 7a）。这样就可以近似地写出 η_T 的数学表达式为

$$\eta_T = C\left(\frac{U}{U_0}-C'\right)\left(\frac{U}{C_0}-C''\right)$$

式中，C,C',C'' 是三个常数，它们可以按照以下的边界条件求出：

① $\dfrac{U}{C_0}=0$，$\eta_T=0$，即有 $C'=0$；

② $2\left(\dfrac{U}{C_0}\right)_{opt}=0$，$\eta_T=0$，即有 $\eta_T=2\left(\dfrac{U}{C_0}\right)_{opt}-C''=0$，$C''=2\left(\dfrac{U}{C_0}\right)_{opt}$；

③ $\dfrac{U}{C_0}=\left(\dfrac{U}{C_0}\right)_{opt}$，$\eta_T=\eta_{Topt}$，即有 $\eta_T=C\left(\dfrac{U}{C_0}\right)_{opt}\left[\left(\dfrac{U}{C_0}\right)_{opt}-2\left(\dfrac{U}{C_0}\right)_{opt}\right]$，$C=\dfrac{-\eta_{Topt}}{(U/C_0)^2_{opt}}$。

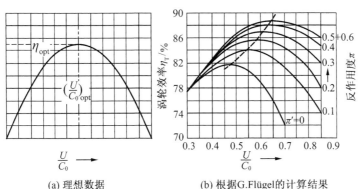

(a) 理想数据　　(b) 根据G.Flügel的计算结果

图 7　涡轮效率与比值 U/C_0 之间的关系

将求出的 C, C' 和 C'' 代入上式并整理后可得

$$\eta_T = \frac{\dfrac{U}{C_0}\left[2\left(\dfrac{U}{C_0}\right)_{opt} - \dfrac{U}{C_0}\right]}{\left(\dfrac{U}{C_0}\right)^2_{opt}} \eta_{Topt} \tag{6}$$

式中的下标 opt 表示最有利情况。

假定涡轮的焓降为常数,即 C_0 为常数,则 U/C_0 正比于涡轮的转速 n,于是上式可写成

$$\eta_T = \eta_{Topt} \frac{n}{n_{opt}} \left(2 - \frac{n}{n_{opt}}\right) \tag{7}$$

此外,已知涡轮的功率 N、扭矩 M_d 和转速 n 之间具有以下的关系:

$$N = N_{max} \frac{\eta_T}{\eta_{Topt}} \propto M_d n$$

即

$$M_d \propto N_{max} \frac{\eta_T}{\eta_{Topt}} \times \frac{1}{n}$$

将式(7)代入上式后可得:

$$M_d \propto \frac{N_{max}}{n_{opt}} \left(2 - \frac{n}{n_{opt}}\right) \tag{8}$$

由上式可见,扭矩 M_d 与转速 n 之间应保持一条直线关系,且 M_d 值随 n 的减小而增加,当 $n=0$ 时的 M_d 值应为 $n=n_{opt}$ 时的两倍;当 $n=2n_{opt}$ 时,$M_d=0$(图 8 中的虚线 1′)。但实际上由于 η_T 与 U/C_0 之间并不保持真正的抛物线关系,故实际的扭矩特性也并不是一条准确的直线,而是一条略微弯曲的曲线(图 8 中的实线 1)。

(3) 部分负荷下的经济性与加速性

由于汽车经常在部分负荷下工作,故整个燃气轮机的实际使用经济性不仅取决于额定工况下的 η_{th} 和 b_e 值,而且取决于它们在部分负荷下的变化规律。

双轴式燃气轮机的部分负荷下的经济性与涡轮部分的排列方案有关。目前常用的一种方案是将压气机涡轮布置在高压部分,工作涡轮布置在低压部分(图 9a);另一种方案则是将工作涡轮布置在高压部分,而将压气机涡轮布置在低压部分(图 9b)。

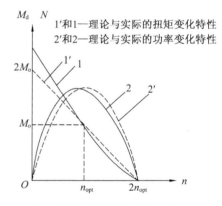

图 8 双轴式燃气轮机的输出功率及扭矩随转速变化的特性

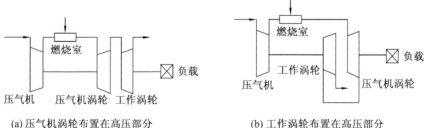

(a) 压气机涡轮布置在高压部分　　(b) 工作涡轮布置在高压部分

图 9 双轴式燃气轮机的排列方案

如果单从部分负荷下的经济性能来看,第一种方案不如第二种方案。因为理论分析指出[1,15],双轴式燃气轮机的气体供给部分(指压气机和压气机涡轮)的转速是随负荷的减小而降低的,亦即压气机的升压比 λ 是降低的,但其效果只是引起低压涡轮的焓降减小,而同时高压涡轮的焓降则大致维持不变。这样,对于第一种方案而言,当负荷减小,即压气机的升压比与所消耗的功减小时,由于在压气机涡轮中的焓降不变,为了达到功率平衡,涡轮前的气体温度 T_3 就会降低,从而降低了燃气轮机的热效率。反之当用低压涡轮来驱动压气机时,由于在部分负荷下压气机涡轮的焓降也显著减小,为了达到功率平衡,T_3 就不一定降低,有时甚至可能增加,因而热效率也就可能得到改善。

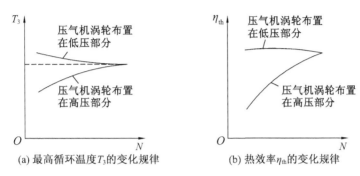

(a) 最高循环温度 T_3 的变化规律　　(b) 热效率 η_{th} 的变化规律

图 10　双轴式燃气轮机在部分负荷下的最高循环温度与热效率的变化规律

另一方面也正因为第二种方案在部分负荷时的燃气温度较高,因而限制了它的加速性能。因为在加速时,由于燃料喷射量的增加,T_3 值要在短时间从正常状态接近最大允许的数值。这种设计由于部分负荷下 T_3 值已较高,故限制了功率增加的速度。此外当将压气机涡轮放在低压部分时,还可能造成部分负荷下工作不稳定现象的出现。因此汽车燃气轮机一般不采用这一方案。

2.2 有换热器的燃气轮机装置

现代汽车燃气轮机一般都装有回收一部分废气排出热量以加热进入燃烧室空气的换热器,其连接方案如图11所示。兹将这种燃气轮机装置的经济性与功率指标及所用换热器的基本类型分述如下。

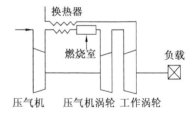

图 11　有换热器的双轴式燃气轮机装置

(1) 经济性与功率指标

有换热器的燃气轮机装置的循环过程,可用图12的温熵图表示。从外界吸入的空气(p_1, T_1)被压气机压缩至状态 2(p_2, T_2)后,在进入燃烧室以前,首先要在换热器内受到废气(p_4, T_4)的加热(图12)。只有在无限大的理想换热器中,空气的温度才可以由 T_2 被加热到 T_4,而废气同时由 T_4 冷却到 T_2。但是实际上由于换热器的尺寸有限,空气只可能从 T_2 被加热到 T_A(图12中 A 点),废气也只可能从 T_4 冷却到 T_B(图12中 B 点)。T_A 越接近 T_4(相应地 T_B 愈接近 T_2),则换热器的工作能力越强。为了表示换热器的工作能力,引入换热器效率(或称回热度)η_{WA} 的概念:

$$\eta_{WA} = \frac{T_A - T_2}{T_4 - T_2} \tag{9}$$

它的物理意义是空气在实际换热器中的温升与理论上最大可能温升的比值。图 12 还同时考虑了气体在燃气轮机装置内的流动损失，这些损失是：空气流过换热器时的压力损失 Δp_{WA_1}；流过燃烧室时的压力损失 Δp_B；废气流过换热器时的压力损失 Δp_{WA_2} 和排气时的压力损失 Δp_K。其中 Δp_B 和 Δp_K 在不带换热器工作的燃气轮机装置中也是存在的，但是由于数值不大，故在以前推导有关热效率与比功率的公式时，未予考虑。

在考虑了换热器的效率 η_{WA} 和各项流动损失以后，则有关热效率和比功率的计算公式将为（具体推导从略，参见文献[15]）：

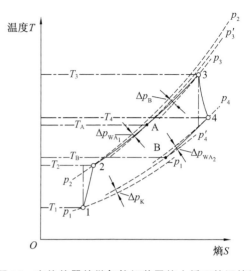

图 12　有换热器的燃气轮机装置热力循环的温熵图

$$\eta_{th} = \frac{\left\{\dfrac{\eta_T \eta_K \zeta - \lambda^m}{\lambda^m \left[\dfrac{\eta_K(\zeta-1)}{\lambda^m - 1} - 1\right]} - A\right\} \eta_{KC}}{1 - A - \eta_{WA}\left[1 - \dfrac{\eta_T \zeta\left(1 - \dfrac{1}{\lambda^m}\right) + \dfrac{m}{\eta_K}\lambda^m(\varepsilon_1 + \varepsilon_2)}{\zeta - 1 - \dfrac{1}{\eta_K}(\lambda^m - 1)}\right]} \quad (10)$$

$$\overline{N} = \frac{N}{G} = \frac{1}{75A} C_p T_1 \left[\zeta\left(1 - \frac{1}{\lambda^m}\right)\eta_T - \frac{1}{\eta_K}(\lambda^m - 1) - \frac{m}{\eta_K}\lambda^m(\varepsilon_1 + \varepsilon_2)\right] \quad (11)$$

式中，$A = \dfrac{\dfrac{m}{\eta_K}\lambda^m(\varepsilon_1 + \varepsilon_2)}{\zeta - 1 - \dfrac{1}{\eta_K}(\lambda^m - 1)}$;

$\varepsilon_1 = \dfrac{\Delta p_{WA_1} + \Delta p_B}{p_3}$;

$\varepsilon_2 = \dfrac{\Delta p_{WA_2} + \Delta p_K}{p_4}$。

此外，上述公式还未考虑换热器中存在着气体的泄漏损失 $\Delta G/G$。为了考虑这项影响，当有 $\Delta G/G$ 存在时，应将以上公式中的 ε_1 和整个计算结果再乘以 $(1 - \Delta G/G)$。

根据以上计算方法所计算的带有换热器燃气轮机装置的热效率 η_{th} 和比功率 N/G 示于图 13 和图 14。计算时采用 $\varepsilon_1 + \varepsilon_2 = 0.04$；$\Delta G/G$ 分别为 0，0.05 和 0.1；η_{WA} 分别为 0.4，0.6，0.8，0.9 和 1.0；其余参数则同图 6。

由图 13 可见，当换热器的效率 η_{WA} 和进入涡轮前的燃气温度 T_3 增加时，η_{th} 增加；而当换热器的泄漏损失 $\Delta G/G$ 增加时，η_{th} 减小。此外 η_{th} 随压气机的升压比 λ 的变化规律与不带换热器的情况大体相同，即存在一个使 η_{th} 达到最大的 λ 值，只不过这个 λ 值受 η_{WA} 的影响很大，当 η_{WA} 增加时，相当于最有利 η_{th} 的 λ 值减小。

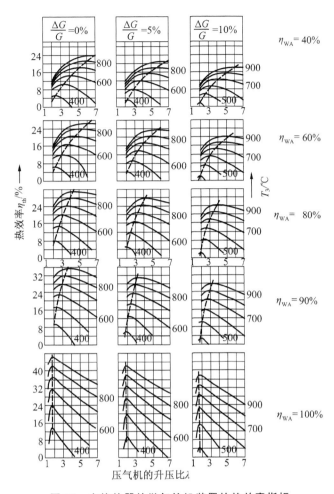

图 13 有换热器的燃气轮机装置的热效率指标

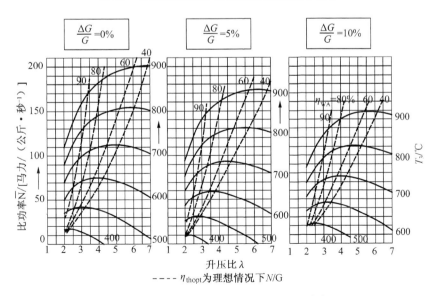

---- η_{thopt} 为理想情况下 N/G

图 14 有换热器的燃气轮机装置的比功率

由图 14 及式(11)可见,比功率 N/G 不受 η_{WA} 的影响,但受其他一些因素,如 T_3、T_1、λ 和 $\Delta G/G$ 等的影响。这时,使 N/G 最为有利的 λ 值也并不与使 η_{th} 最为有利的 λ 值重合(当 η_{WA} 较低时,使 η_{th} 最为有利的 λ 值高于使 N/G 最为有利的 λ 值;而当 η_{WA} 较高时,情况正好相反),因此在设计燃气轮机选择压气机的升压比时,要尽可能同时照顾到两方面的要求。

(2)换热器的基本类型和评价

在汽车燃气轮机中,目前应用的换热器分为间壁式换热器(Rekuperator)和回热式换热器(Regenerator)两种。

在间壁式换热器(见图 15)中,空气与高温废气在相互隔开的通道内作相对或交叉的流动,这些通道可以由一系列小管子或是成型薄钢板构成。这种换热器的优点是没有漏气损失($\Delta G/G=0$);缺点是制造工艺比较复杂,成本较高且效率较低,工作表面和体积也较大,例如,根据文献[1]的资料,当 η_{WA} 由 0.4 增加到 0.6 和 0.8 时,其体积增长的比例为 1∶3∶12。

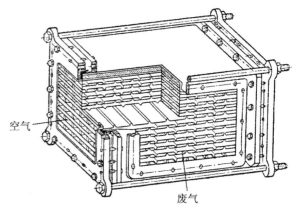

图 15 间壁式换热器

在回热式换热器(见图 16)中,空气与高温废气交替流过换热器的蓄热表面,这个蓄热表面可做成转盘式(图 16a)或是转鼓式(图 16b)的,其材料则可应用成型金属丝、金属网、石英丝、玻璃丝或其他多孔性物质。这种换热器的主要缺点是高压空气与高温废气之间的密封比较困难(由于压差大、蓄热器表面是转动的,并且在高温下还会产生变形),故存在着一定的泄漏损失 $\Delta G/G$(一般 $\Delta G/G=3\%\sim4\%$);优点是结构紧凑、体积重量较小。例如根据文献[1],在同样的换热器效率 η_{WA} 和空气流量 G 的条件下($\eta_{WA}=0.8$,$G=2$ kg/s),间壁式换热器的体积尺寸约为 0.15 m³;而回热式换热器只有 0.025 m³,即大约为前者的 1/6,因此,在现代汽车燃气轮机中,回热式换热器应用得比较广泛。

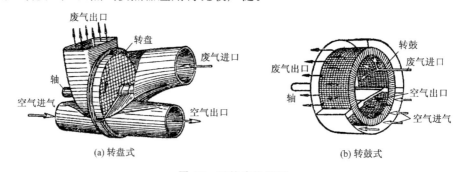

(a) 转盘式　　(b) 转鼓式

图 16 回热式换热器

2.3 有换热器、中间冷却和中间加热的复式燃气轮机装置

在汽车燃气轮机上,除了采用换热器以外,还可以采用多级压缩及中间冷却,并采用多级膨胀和中间加热。有换热器、中间冷却和中间加热的燃气轮机装置示于图 17。为了实现中间冷却,在低压压气机 1 和高压压气机 3 之间装有中间冷却器 2;在高压涡轮 5 以后还有一个第二燃烧室 6。由于在这种燃气轮机装置中,必须有三根独立的转轴,故又称为三轴式燃气轮机装置。

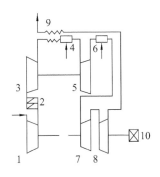 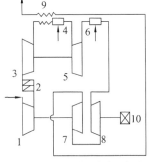

(a) 工作涡轮布置在低压部分　　　　(b) 工作涡轮布置在中压部分

1—低压压气机；2—中间冷却器；3—高压压气机；4—第一燃烧室；5—高压压气机涡轮；
6—第二燃烧室；7—低压压气机涡轮；8—工作涡轮；9—换热器；10—负载

图 17　有换热器、中间冷却和中间加热的三轴式燃气轮机装置

根据这种燃气轮机装置热力循环的温熵图（见图 18）可知，采用中间冷却和中间加热以后，循环中的压缩与膨胀过程将接近于等温过程，于是整个循环也就更加接近卡诺循环。由于中间冷却可以减少所消耗的压缩功，而中间加热又增加了膨胀功，故在循环最高温度 T_3 与最低温度 T_1 相同的情况下，这种燃气轮机装置的经济性与功率指标将优于简单的燃气轮机装置。特别是在同时装有换热器的情况下，由于增加了温度 T_4 和减小了温度 T_2，还能使经济性得到进一步的改善。图 19 示出这种复式三轴燃气轮机装置的经济性与功率指标。在图中也绘出了带有换热器和不带换热器的简单双轴式燃气轮机的相应指标。计算时所采用的各项参数与以后将要介绍的 Ford 704 型燃气轮机的参数基本上相同；计算时所依据的公式可参见文献[15]。

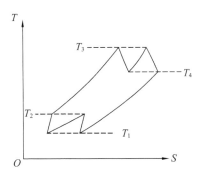

图 18　有中间冷却与中间加热的燃气轮机装置的温熵图

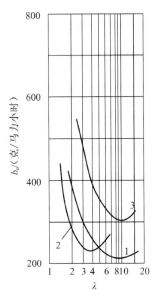 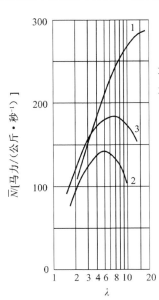

1—复式三轴燃气轮机装置
2—带有换热器的双轴式燃气轮机装置
3—不带换热器的双轴式燃气轮机装置

图 19　各种燃气轮机装置经济性与功率指标的比较

三轴式燃气轮机在部分负荷下的性能如图 20 所示。当将工作涡轮布置在低压部分时（图 17a），燃气轮机装置在部分负荷下的燃料经济性是比较差的（图 20 中的曲线 1），其理由与以前分析双轴式燃气轮机的情况相似。当将工作涡轮布置在中压部分时（图 17b），则其部分负荷的经济性将会得到很大的改善（图 20 中的曲线 2），因为在高压压气机涡轮与工作涡轮前都有燃烧室，故在部分负荷下（这时总的升压比或焓降较低），它们的焓降变化不大，而焓降主要的减少是发生在最后的低压压气机涡轮中，为了保持功率平衡，必须使进入中压与低压涡轮以前的气体温度大

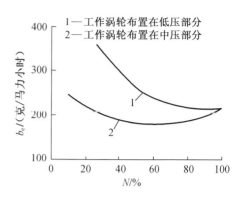

图 20　三轴式燃气轮机装置在部分负荷下的经济性

致保持不变，因而就能使部分负荷下的燃料经济性得到改善。但是又由于进入高压压气机涡轮以前的气体温度在部分负荷下是降低的（因为它的焓降几乎不变），故又为改善机组的加速性能提供了基础。因此这种将工作涡轮布置在中压部分的方案，无论从部分负荷的经济性，还是从加速性能方面来看，都是比较理想的。

三轴式燃气轮机方案虽然具有上述种种优点，但由于结构比较复杂，因此应用得还不广，目前只有美国 Ford 公司采用这种方案。

3　国外典型汽车燃气轮机的结构实例

3.1　Ford 公司的汽车燃气轮机[2,5,8]

美国 Ford 汽车公司的 704 型 300 马力燃气轮机的工作循环简图如图 21 所示。工作时空气经由进气消声器 a 被吸入低压压气机 b（升压比为 4∶1），并被压向中间冷却器 c，通过中间冷却器后，空气再流向高压压气机 d，由于这个压气机的升压比也是 4∶1，故总的升压比为 16∶1。然后，高压空气再经过间壁式换热器 e 流入第一燃烧室 f。燃烧以后的炽热气体（约 925 ℃）首先通过驱动高压压气机的高压涡轮 g，再进入第二燃烧室 h 重新加热至 925 ℃，并流过用来作为功率输出的中压涡轮 i。随后，由工作涡轮流出的气体再在驱动低压压气机和中间冷却器风扇的低压涡轮 k 中膨胀。最后废气再通过换热器排到大气中去。在图 21 上注明了整个过程中各级的压力损失（估计值）及各点的压力与温度（计算值）。

该项燃气轮机的设计参数为：两个压气机的总升压比为 16∶1；压气机效率 $\eta_K=0.8$；轴流式涡轮（中压和低压涡轮）的效率 $\eta_T=0.86$；径流式涡轮（高压涡轮）的效率 $\eta_T=0.83$；燃烧室效率 $\eta_{KC}=0.96$；中间冷却器的效率① $\eta_{KÜ}=0.65$；换热器的效率 $\eta_{WA}=0.9$；流动时的总压力损失 $\varepsilon_1+\varepsilon_2=0.22$；传动机构的机械效率 $\eta_M=0.95$；附件消耗功率为 16.8 马力；高压与中压涡轮进气温度为 925 ℃；低压压气机进气温度为 37.7 ℃。根据以上数据计算所得的功率与经济性指标为：额定比功率 $N/G=245$ 马力/(公斤·秒$^{-1}$)（$N_e=300$ 马力，$G=1.235$ 公斤/秒）；比燃料消耗量 $b_e=257$ 克/(马力小时)（参见图 19 曲线 1，但该图在计算时未考虑机械效率与附件

---

①　中间冷却器的效率表示空气在冷却器中的实际冷却程度与在无限大的冷却器中理论上可能冷却程度之间的比值（又叫冷却度）。——编译者注

消耗功率,且 $\varepsilon_1+\varepsilon_2$ 采用 0.18);部分负荷下的经济性如图 3 曲线 2 和图 20 中的相应曲线所示,其中图 20 的曲线也没有考虑机械损失与附件的功率消耗。

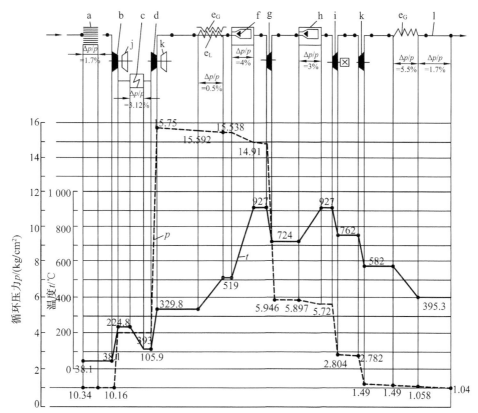

a—进气消声器;b—低压压气机;c—中间冷却器;d—高压压气机;
e—换热器(注脚 L 表示空气流过部分,G 表示废气流过部分);f—第一燃烧室;
g—高压涡轮;h—第二燃烧室;i—中压(工作)涡轮;k—低压涡轮;l—排气管。

图 21　Ford 704 型汽车燃气轮机的循环简图

图 22 是 Ford 704 型燃气轮机的剖面图,由图可以看到该燃气轮机的各个主要部分,即低压部分、高压部分、中间冷却器、换热器与两个燃烧室等。

低压部分在一定程度上可以看成是整个装置的增压总成,它是由一个单级离心式压气机(升压比为 4∶1,叶轮直径 $D_2=190$ mm,叶轮圆周速度 $U_2=460$ m/s)和一个二级轴流式涡轮组成。低压涡轮的转速为 46 500 r/min,出口处的排气扩散器是用钢板制成的,涡轮壳则由不锈钢环形成。压气机叶轮由铝合金浇铸而成并用三角形花键和轴相连。涡轮的两个叶轮皆是由 Inconel 合金 713G 材料制成的精密铸件。

中间冷却器装在低压压气机的蜗形管和高压压气机的进气管之间。冷却器的主体部分是由波纹状的镀锌铝片相互重叠并焊接而成的。在两个冷却器之间装有冷却风扇,其运动是由低压轴经减速机构传来的,转速为 18 200 r/min。

高压部分实际上可以看成是一个独立的发动机。全部辅助装置(机油泵、调节器和起动机等)都是经过一个减速机构与高压轴相连接的,因此整个装置是通过高压部分来启动的。高压压气机与高压涡轮都采用径流式结构,其外径为 105 mm 而且并排安置,在其间的导向装置采用迷宫式密封。由于热量可以从涡轮通过压气机部分散走,因此就能减小涡轮部分的热应力与机械应力,从而使得涡轮即使在进口气体温度为 925 ℃ 的高温条件下,也能以足够高的转速运转(91 500 r/min),以实现对于热效率最为有利的 U/C_G 值。高压压气机和涡轮的叶轮也是由 Inconel 713G 合金制成的精密铸件,并在压气机叶轮前端与高压轴对焊成一个整体。

单级轴流式工作涡轮的叶轮也由 Inconel 713G 合金铸成,其转速为 37 500 r/min。经过行星式齿轮减速器后,功率输出轴的转速减为 4 600 r/min。

在整个燃气轮机的后上方还有两个单管式 Inconel X 合金制造的燃烧室;两侧还有两个间壁式换热器,换热器的主体部分是由波纹状不锈钢板与中间隔板相互重叠并焊接而成的。

目前这种燃气轮机已装在载重汽车上并正在进行道路试验。

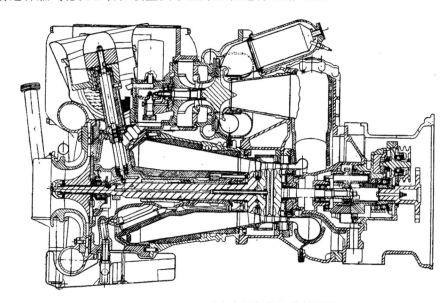

图 22 Ford 704 型汽车燃气轮机的剖面图

3.2 Chrysler 公司的汽车燃气轮机[2,9]

图 23 为美国 Chrysler 公司制造的 CR 2A 型汽车燃气轮机。这种燃气轮机采用了双轴式设计,并装有盘形回热式换热器。与该公司过去的几种方案相比,由于提高了进入涡轮前的燃气温度(达 925 ℃)和换热器的效率(0.9),故其比燃料消耗量只有 230 克/马力小时(见图 3),比功率则达 140 马力/(公斤·秒$^{-1}$)。

该型燃气轮机的另一重要特点是,在它的工作涡轮的进气导向装置上装有可调节的导向板(见图 24),其目的是改善燃气轮机在部分负荷下的经济性能以及加速和制动性能。首先,在部分负荷下,利用关闭导向板的方法来对气流进行节流,就能使进入涡轮前的燃气温度大致保持不变,因而也就能在部分负荷下得到和全负荷时几乎相同或是更低一些的比燃料消耗量(参见图 3 中的曲线 3)。在加速过程中,当将导向板急开时,由于通过导向装置的气体流量很快增加,故能够改善整个装置的加速性能。而为了弥补工作涡轮制动性能差的缺点,可以利用倒转导向板的方法来实现非常有力的制动。

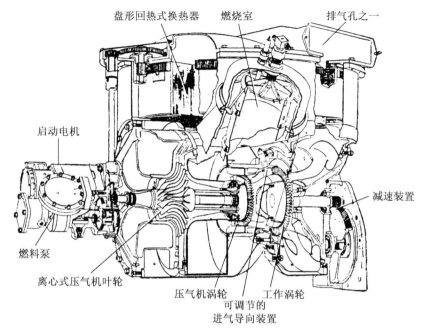

图 23　CR 2A 型汽车燃气轮机的剖面图

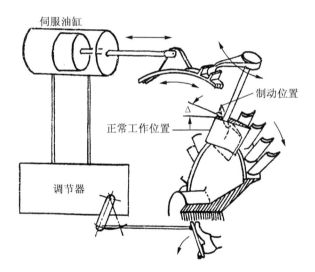

图 24　CR 2A 型汽车燃气轮机工作涡轮进气导向装置的调节机构

由图 24 可见工作时空气沿径向进入单级离心式压气机的叶轮,压气机的升压比为 4∶1,转速为 44 610 r/min,效率为 0.8。在经过压气叶轮以后,空气通过一个导向装置和一个螺旋形连接通道流向盘形回热式换热器的顶部空间,然后气流由此经换热器折向下方。由换热器流出的热空气旋即流入布置在侧面的单体式燃烧室,燃烧室的效率为 0.95,从燃烧室流出的高温燃气(925 ℃)首先在压气机涡轮中膨胀,压气机涡轮是单级轴流式的,效率为 0.87。燃气在经过压气机涡轮以后,便经过可调节的导向装置进入工作涡轮。工作涡轮与气体供给部分布置在同一轴线上,但在机构上互相分开,其额定转速为 39 000 r/min;最高转速为 45 730 r/min,效率为 0.84。通过工作涡轮以后,气流再流向上方,在换热器后部放出所含的一部分热量以后,便作为废气经两个排气孔道排至大气中去,当全负荷时,排气温度为200 ℃。

工作涡轮的转速经过单级斜齿轮传动来减速,减速比为8.35∶1。因此,燃气轮机功率输出轴的转速在额定功率时为4 570 r/min,最高转速则为5 360 r/min。

换热器布置在整个装置的上方,内部装有密封装置,使换热器分隔为气流方向相反的两个部分。在换热器前半部(在高压下加热空气),气流由上向下;后半部(高温废气放热,压力很低),气流由下向上。换热器的效率为0.9,泄漏损失为0.04。整个换热器由气体供给部分的轴经过多级齿轮传动来驱动,总的传动比为2 800∶1,故换热器的转速可减为16 r/min。

所有的附件,如燃料泵、调速器、燃料调节器(以上几部分装在一个壳体内),润滑油泵和帮助燃料喷雾的空气压缩机等,都布置在燃气轮机的前端,并由气体供给部分的轴经过齿轮减速装置来驱动。启动电机同样也布置在整个装置的前端。

CR 2A型燃气轮机包括附件和减速装置在内的体积尺寸为914 mm×890 mm×636 mm,重量为200 kg,单位马力的重量为1.46公斤/马力。

目前这种燃气轮机正装在Dodge型小客车上进行道路试验。

3.3　通用汽车公司(General Motors)的汽车燃气轮机[2,4]

美国通用汽车公司的GT 305型汽车燃气轮机简图如图25所示,具体结构图则如图26所示,其最主要特点是采用了布置在压气机壳体后方轴线两侧的鼓形换热器。在壳体内自上向下延伸着一层将壳体内腔分为两部分的耐热隔壁,前部为高压室;后部为低压室或叫排气室。换热器转鼓穿过这个隔壁而转动,转速为30 r/min,转鼓约有1/3处在高压部分,2/3处在低压部分。两部分之间的密封装置装在隔壁上,并用两个滚轮来压紧,这样就可以适应转鼓受热不均时的变形,以保证尽可能小的气体泄漏损失($\Delta G/G \approx 5\%$)。

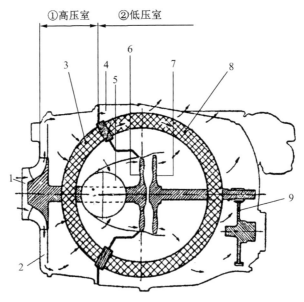

1—空气进口;2—压缩后的空气出口;3—鼓形换热器(空气部分);
4—隔壁;5—燃料室;6—压气机涡轮;7—工作涡轮;
8—换热器(废气部分);9—减速装置

图25　GT 305型汽车燃气轮机的结构简图

工作时,空气由单级离心式压气机(转速为 33 000 r/min)压入高压室并向内沿径向穿过换热器鼓 3 而受到加热,加热后的空气流入两个对置的燃烧室 5(图 26 上的 4)。燃烧后的高温气体(约 900 ℃)首先在驱动压气机的高压轴流式涡轮 6 中膨胀,继而在工作涡轮 7 中再进行一次膨胀,工作涡轮的转速为 27 000 r/min。废气再沿径向向外流动并在穿过换热器时放出大部分热量。冷却后的废气继续向上流动并经排气管排至大气中去。由于主要部件都布置在换热器转鼓的内部,因此结构异常紧凑。此外,换热器本身也同时起着一个隔音与隔热外壳的作用,故有利于消除噪音和提高热效率。

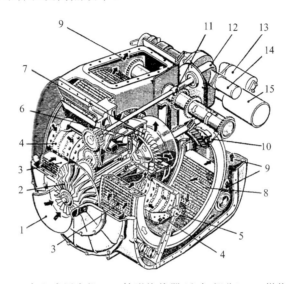

1—空气进口;2—离心式压力机;3—鼓形换热器(空气部分);4—燃烧室;5—燃料喷嘴;
6—压气机涡轮;7—工作涡轮;8—鼓形换热器(废气部分);9—废气出口;
10—工作涡轮的功率输出轴;11—驱动换热气转鼓和辅助装置的动力轴;
12—燃料泵;13—启动机;14—机油泵;15—调速器

图 26 GT 305 型汽车燃气轮机的立体结构图

GT 305 型燃气轮机的功率为 225 马力,整个装置的重量为 268 kg,体积尺寸为 940 mm×610 mm×660 mm(图 1),比重量指标为 1.2 公斤/马力,比容积指标为 2 升/马力,其余各项参数可以参见本文附表。

现有各种主要类型汽车燃气轮机的工作性能指标与结构参数列于本文附表。

4 结 论

(1) 由于汽车燃气轮机与活塞式内燃机相比,既有一系列重大的优点(主要在功率、重量指标方面);又具有一些严重的缺点(主要在燃料经济性和材料成本方面)。因此,有关汽车燃气轮机今后发展前途问题,一直是存在争论的。

(2) 经过十多年的努力,目前汽车燃气轮机的水平已有很大提高。理论分析与具体实践表明,在解决最关键性的燃料经济性(包括部分负荷下的经济性)和其他问题方面,应当遵循以下的途径:

① 采用高效率的换热器(主要为回热式换热器),以提高整个机组的热效率。

② 采用三轴式结构方案并将工作涡轮布置在中压部分。这样,不仅可以改善额定工况下的燃料经济性与功率指标,而且也可以改善在部分负荷下的燃料经济性和加速性能。

③ 采用可调节的导向装置(在工作涡轮前比较容易实现,因为这里温度较低),来改善部分负荷下的燃料经济性、加速性与制动性能。

(3) 尽管在汽车燃气轮机的性能改善方面已经取得很大的进展,但目前还很难对它今后的前途做出肯定的结论。因为活塞式内燃机本身的性能指标与结构也在不断地改进中。因此,对于燃气轮机的研究改进工作,今后还应继续加强。

(4) 一般看来,燃气轮机今后在重型车辆和军用越野车辆方面的发展前途可能更大一些,因为在这方面,它的优点将更为突出。

参 考 文 献

[1] Eckert B. Die Automobil-Gasturbine und ihre Entwicklungsmöglichkeiten. ATZ 61 Jahrg. ,Heft 1,2.

[2] Eckert B. Heutiger Entwicklungsstand der Automobil-Gasturbine. ATZ 64 Jahrg. ,Heft 8,2.

[3] Eckert B. Gasturbine der Kleinen und mittleren Leistungsklasse. MTZ 21 Jahrg. ,Heft 2,3,5.

[4] Eckert B. General-Motors-Allison-Automobil Gasturbine GJ-305. MTZ 21 Jahrg. ,Heft 1.

[5] Eckert B. 300 PS-Automobil-Gasturbine der Ford Motor Company. MTZ 21 Jahrg. ,Heft 2.

[6] Kruschik J. Die Fahrzeug-Gasturbine. ATZ 58 Jahrg. ,Heft 1.

[7] Kruschik J. Die Gasturbine als Fahrzeug-Antriebsqulle. MTZ 16 Jahrg. ,Heft 9.

[8] Swatman I M , Malohn D A. An Advanced Automotive Gasturbine Engine Concept[J]. SAE,1961,Paper No. 610021.

[9] James Dume, Campbell C B. Turbine Car Tested. Automotive Industries,126(2).

[10] Review of Automotive and Industrial Turbines. The Oil Engine and Gas Turbine, 29 (340).

[11] Шумский Е Г ,Спунде Я А. Автомобилъный газотурбинные двигатели. Автомобилъная промышленность,1958(11).

[12] Бюссиен Р. Авотомобипъный справочник (перевод с немецкого),Машгиз,1959.

[13] Газотурбинный установки (перевод с английского),Судопромгиз,1959.

[14] Анри Лануа. Газовые турбины малой мощности (перевод с французского). Машгиз,1958.

[15] Шнез Я И. Газовые турбины. Машгиз,1960.

历史回顾篇

附表1 各种汽车燃气轮机的性能指标与结构参数

国别	公司名称	型号	有效功率/马力	比燃料消耗量(克/马力小时)	空气流量/(kg/s)	压气机 升压比	压气机 结构型式	压气机 级数	压气机 效率/%	最高燃气温度/℃	压气涡轮 结构型式	压气涡轮 级数	压气涡轮 效率/%	气体供给部分的转速/(r/min)	工作涡轮 结构型式	工作涡轮 级数	工作涡轮 效率/%	工作涡轮 转速/(r/min)	燃烧室 数目	燃烧室 结构型式	燃烧室 效率/%	换热器 结构型式	换热器 效率/%	重量/kg	比重量(公斤/马力)
美国	AI Research	331	300~400	209		8	R	2	76	900	A	2	82	37 500	A	1		29 400	1	U		有	Rek	74~84	152	0.5
	Boeing	502-10MA	300	418		4.5	R	1		882	A	1		44 500	A	1		27 000	2	F		无			163	0.326
	Boeing	520-3	500	295	1	6.6	R	1	80	925	R	1	87	44 610	A	1	84	45 730	2	U	95	无			200	1.46
	Chrysler	CR2A*	140	230		4	R	1	80	925	R+A	1+2	83;85	91 500ND	A	1	85	37 500	1+1	F	96	有	Reg	90	295	1
	Ford	704**	300	257	1.23	16	R	2	78	900	A	1	84	46 000ND	A	1	81	27 000	2	U	99	有	Rek	74.5	268	1.2
	General Motors	GT305	225	260		3.5	R	1						33 000	A	1	85	22 000	1	F		有	Reg	80~90		
英国	Austin	120	120	360	1.36	4	R	2	76	800	A	3	83	23 000	A	2	75	24 000	3	F	98	有	Rek	65		
	Austin	30	30	358	0.386	3	R	1	74	800	R	1	80	56 000	A	1		35 000	1	F		有	Rek	65~70		
	Blackburn	Turmo 603	425	500		4	R	1	79	876	A	1	84	34 000	A	1	78	35 000	1	RB		无			113	0.71
	Centrax	CR2A*	160	317	0.97	5.93	R+A	1+8		827	A	2		43 000	A	1		50 000	1	F		无				
	Rover	2S/140	140	268		4	R	1	80	925	R	1		65 000	A	1			1	U		有	Rek	78		
法国	Laffly		180~200	400				2		800	A	1		30 000	A	1		24 000	2	F		无			104	0.61
	Soléma		100	450		3.5	R	1			A	1		45 000	A	2		25 000	3	F		无			120	1.2
	Turboméca	Turmol	270	455	2.1	3.6	R	1		820	A	1		35 000	A	1		27 000	1	RB		无			127	0.47
	Turboméca	TurmoII	320	490	3.2	3.9	R	1		775	A	1		34 000	A	1			1	RB		无			145	0.46
德国	Daimler-Benz		300				R+A	1+1		800	A	2		28 000	A	1		21 000	1	U		无				
意大利	Fiat		200	425		7	R	2		800	A	2		29 000	A	1		22 000	3	F		无			260	1.3
	Fiat	8001	290			7	R	2		800	A	2		30 500	A	1		29 000	2	F		无				

注：A—轴流式压气机或涡轮　　Reg—回热式换热器　　HD—高压级　　*—工作涡轮前具有可调节的导向装置
　　R—径流式压气机或涡轮　　Rek—间壁式换热器　　ND—低压级　　**—三轴燃气涡轮，工作涡轮置于中压部分
　　U—角型燃烧室　　F—管式燃烧室　　RB—环型燃烧室

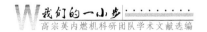

柴油机喷油泵标定油量的简易估算方法[*]

高宗英

（镇江农业机械学院）

1 问题的提出

喷油泵是柴油机最重要的部件之一，其性能的好坏对于柴油机工作过程有明显的影响。为了比喻喷油泵的重要性，我们有时把它比作柴油机的"心脏"。

在柴油机的修理过程中，喷油泵的调试也是一个十分重要的环节。此项工作通常须在油泵试验台上由专门的工作人员进行。

当我们着手调整一台油泵时，必须首先知道这台油泵用于何种型号的柴油机，再根据柴油机使用说明书或制造厂提供的其他技术资料，查出喷油泵的各项调整数据，如标定油量、怠速油量、启动油量、校正油量，以及与上述油量相对应的转速和停油转速，等等。这些数据不仅对于不同型号的喷油泵各不相同，即使对于同样型式的喷油泵，亦视配套机型的不同而异，即使有经验的修理师傅，也很难全部记住这些烦琐的数字。为了解决这个问题，不少油泵修理调试单位都积累了一些常用的调试数据，列成表格挂在墙上，也有的专业书籍汇集了比较丰富的资料，例如不久前（1974年11月份）由机械工业出版社出版的《柴油机喷油泵修理》一书，总结了陕西公路局机修厂喷油泵组工人同志丰富的修理调试经验，书后附有各式喷油泵的大量的调试数据，这对其他修理油泵的单位是很有参考价值的。但是，由于现在使用的柴油机和喷油泵型号已很多，而且今后还不断有碰到新生产或新进口的柴油机或油泵的机会，因此，资料积累得再多，也很难做到万无一失，有时仍难免碰到这样的情况：来了一台油泵，由于调整数据一时查不到而无法着手工作。此外，已经收集汇编的资料，也因机型和油泵型号过于庞杂而显得十分烦琐，再加上各厂提供的数据又不完全一致，有的甚至还有明显的矛盾，所有这一切，都会给从事油泵修理和调试的同志带来工作上的困难。人们不禁要问，在这些烦琐庞杂的数据之间能否找出一定的规律，在万一碰到调整数据一时查不到的油泵时，能否利用一个简便的公式来大致估算一下呢？我们根据工作中极不成熟的经验和到生产实践中向工人阶级学习过程中的一些初步体会，总结了一个很粗糙的简易估算方法，供从事油泵修理和调试的同志作为工作中之参考。

2 简易估算公式及计算实例

我们知道，在各项调整数据中，标定油量是最重要的一项数据。标定油量又称额定油量，系指喷油泵在标定转速（或称额定转速）下，一定循环次数（一般是100次或200次）下的供油

---

[*] 本文原载于《江苏柴油机》1976年第2期。

量,单位一般是用 mL。由于柴油机在标定转速或接近标定转速下运转机会较多(这主要指拖拉机发动机和固定式动力而言。汽车柴油机运转工况变化较大,其供油量调整,常以常用转速,即接近最大扭矩的转速为准。但标定功率仍用来表示发动机工作能力的大小),因此,对标定的油量及与此相对应的各缸供油不均匀度要求均较其他指标更为严格(例如,标定油量的各缸不均匀度要求一般为 3% 左右,而怠速油量的各缸不均匀度允差则达 30% 左右)。同时,标定油量还可以用来作为大致估算其他各项指标的依据,例如,我们只要对已有调整数据表格作一粗略的统计和分析,即不难看出:

① 怠速油量大为标定油量的 15%~25%,相应的油泵转速一般为 200~300 r/min[①],即相当于发动机怠速转速为 400~600 r/min。实际上,怠速油量有时允许驾驶员或机手在发动机上进行调整,对其数据和各缸不均匀度的要求不像标定油量那样严格(另一方面也必须看到,由于怠速油量较小,油泵柱塞磨损后在低速时泄漏较大等原因其各缸不均匀度也不可能十分严格)。

② 在有启动加浓作用的喷油泵中,启动油量比标定油量大 30%~50%,检查启动油量时油泵转速一般为 100~150 r/min,即相当于发动机启动转速为 200~300 r/min,对启动油量的要求,同样不像标定油量那样严格,有些泵并无启动加浓作用(这时为了便于发动机的启动,可能装其他辅助装置,如启动手热装置等),如国产分配泵只规定启动油量不低于标定油量,而实际上由于柱塞磨损等原因,启动油量反而比标定油量低一些(生产实践中控制在不低于标定油量的 90%)。

③ 校正加浓油量比标定油量大 10%~20%,校正器起作用的转速相差范围也很大,为标定转速的 40%~80%。实际上,除拖拉机和工程机械发动机的喷油泵需要装置校正器以外,不少喷油泵(如汽车柴油机的喷油泵)常常并无校正加浓作用。

④ 停油转速比标定转速高 100 r/min 左右(就油泵转速而言),即保证发动机最高空转转速不超过标定转速(200 r/min 左右)。

各项调整指标与标定油量的相互关系,可以从油泵供油特性图上清楚地看到。图 1 所示为东方红-75 拖拉机发动机配用 2 号泵的供油特性图。图中 C—B—A—D 线为油门最大位置,H—E—K 线为油门最小位置。A 为标定工况,B 为校正工况,C 为启动工况,E 为怠速工况,D 为高速停供点,K 为低速停供点。当然,各种油泵的供油特性并不完全相同,引用此图只不过是为了通过具体实例使我们对各项调整数据和相应转速之间的相互关系具有一个比较清晰的概念。

现在再进一步讨论如何估算标定油量的问题。我们知道,各种柴油机所用喷油泵的标定油量,是由生产厂在综合考虑动力性、经济性等各方

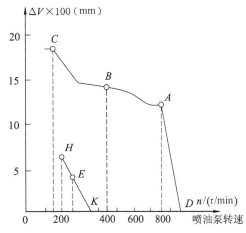

图 1　喷油泵供油特性示例
(东方红-75 发动机用 2 号泵)

---

① 考虑目前国内柴油机绝大部分均为四冲程发动机,故本文以下所述各项数据和关系式,如不特殊说明,均对四冲程发动机而言。

面的要求,通过仔细的配套试验后确定的。如果我们手头掌握的是工厂提供的可靠数据,就应当以工厂提供的数据为准,当然也就不必进行任何计算。反之,如果实在查不到数据或发现手头资料明显不合理时,我们建议采用以下简易公式进行近似估算或校核:

$$\text{喷油泵每缸供油量(以 100 次喷油的毫升数计)} = A \frac{\text{柴油机单缸马力数}}{\text{柴油机转速}}$$

如果用符号来表示的话,则有

$$\Delta V \times 100 = A \frac{N_e}{in} \tag{1}$$

式中:ΔV——每缸每循环供油量(mL/cycle);

　　　N_e——发动机标定功率(马力);

　　　i——发动机缸数;

　　　n——发动机转速(r/min);

　　　A——考虑柴油机油耗水平和用途的一个系数,对一般拖拉机柴油机和固定式动力建议取 $A=900\sim1\,000$,对一般汽车柴油机建议取 $A=800\sim900$。

如果我们虽不知道其准确的耗油率,但根据一些显见的理由能判断其油耗水平较低的话(这些理由如柴油机单缸排量或缸径较大,采用统一式燃烧室,采用废气涡轮增压,机子结构较新质量较好等),则应选取较小的 A 值,否则应选平均值或上限值。

以下,我们举几个具体计算实例:

(1) 对于目前常见的国产拖拉机用的柴油机,我们知道大多为分隔式燃烧室,经济性不算太好,故取 $A=950$。

① 东方红-54 拖拉机发动机配用 2 号泵或老式仿苏泵,

$$\Delta V \times 100 = 950 \times \frac{54}{4 \times 1300} = 9.85 \text{ mL}$$

工厂规定调整值为 9.4~9.7 mL①。

② 东方红-75 拖拉机发动机配用 2 号泵,

$$\Delta V \times 100 = 950 \times \frac{75}{4 \times 1500} = 11.8 \text{ mL}$$

工厂规定调整值对 2 号泵为 11.3~11.6 mL,对老式泵为 11.6~12 mL

③ 铁牛-45 拖拉机发动机配老式泵,

$$\Delta V \times 100 = 950 \times \frac{45}{4 \times 1500} = 7.1 \text{ mL}$$

工厂规定调整值为 7.2~7.5 mL。

④ 铁牛-55 拖拉机发动机配老式泵,

$$\Delta V \times 100 = 950 \times \frac{55}{4 \times 1500} = 8.7 \text{ mL}$$

工厂规定调整值为 8.9~9.4 mL。

⑤ 东风 50 拖拉机发动机(495 柴油机)配 1 号泵,

$$\Delta V \times 100 = 950 \times \frac{50}{4 \times 2000} = 5.9 \text{ mL}$$

---

① 工厂规定调整值均查自《柴油机喷油泵的修理》一书附表,以下同。

工厂规定调整值为 6 mL。

（2）对于国产汽车柴油机，我们知道目前比较成熟的只有黄河牌汽车所用的柴油机，具体型号有 6135,6130,6120 几种，但均为统一式燃烧室，经济性较好，油耗较低，故取 $A=850$。

① 黄河 JN-151(6120 柴油机)，

$$\Delta V \times 100 = 850 \times \frac{160}{6 \times 2000} = 11.3 \text{ mL}$$

工厂规定调整值为 11 mL。

② 黄河(6130 柴油机)，

$$\Delta V \times 100 = 850 \times \frac{210}{6 \times 2000} = 14.8 \text{ mL}$$

工厂规定调整值为 14.2 mL。

③ 黄河 JN-150(6135 柴油机)，

$$\Delta V \times 100 = 850 \times \frac{160}{6 \times 1800} = 12.6 \text{ mL}$$

工厂规定调整值为 13 mL。

从以上几个计算实例来看，按简易公式求得的供油量与工厂规定的调整值还是比较接近的。计算公式中的几个指标的参数，如柴油机的标定功率、标定转速和气缸数目，一般是不难查到的。

3 公式推导和系数的确定

关于上述公式(1)的来源，可作如下分析：

若柴油机标定功率为 N_e（马力），标定工况下的耗油率为 g_e（克/马力小时），则每小时耗油量为 $N_e g_e$(g/h)，折算为容积油耗量（因为一般喷油泵试验台均按容积计），则为 $N_e g_e/\gamma$(mL/h)，这儿 γ 为柴油的重度，可取 $\gamma=0.845$ g/mL。对多缸柴油机而言，若缸数为 i，则每缸耗油量为 $\frac{N_e g_e}{\gamma i}$(mL/h)，折算至每缸每分钟的耗油量为 $\frac{N_e g_e}{60\gamma i}$(mL/min)，在四冲程柴油机中，每缸每分钟爆发 $\frac{n}{2}$ 次（n 是发动机转速，单位 r/min），因此每缸每循环的耗油量应为 $\frac{N_e g_e}{60\gamma i} \times \frac{2}{n}$(mL/cycle)，每 100 次循环的耗油量为 $\frac{N_e g_e}{60\gamma i} \times \frac{2}{n} \times 100$(mL)。

理论上说，发动机的耗油量就等于油泵的供油量，如果这样考虑，则可将油泵每缸供油量（按 100 次计）写为

$$\Delta V \times 100 = \frac{N_e g_e}{60\gamma i} \times \frac{2}{n} \times 100$$

在上式中，若将 $\gamma=0.845$ 代入，则可得

$$\Delta V \times 100 = 3.943 g_e \frac{N_e}{in} \approx 4 g_e \frac{N_e}{in} \text{(mL)} \tag{2}$$

应当注意，这儿式中的 g_e 不是最低耗油率而是标定工况时的耗油率，为了区别起见，我们将最低耗油率另用符号 g_{emin} 来表示。我们知道，不少柴油机，特别是汽车柴油机一般均给出外特性上的最低耗油率 g_{emin}，若以此为计算依据时，式中的 N_e 和 n 也就不再是标定功率和标定

转速,而是与 g_{emin} 相对应的数值了,考虑一般柴油机的最低油耗点常与最大扭矩点非常近,故也可近似将最大扭矩点所对应的功率和转速代入并加以括弧标以 $n=n_M$ 的注脚,这样式(2)便可以改写为:

$$\Delta V \times 100 = 4g_{emin}\left(\frac{N_e}{n}\right)_{n=n_M} \times \frac{1}{i}$$

$$= 4g_{emin} \times \frac{M_e}{716.2} \times \frac{1}{i}$$

$$\approx 5.5 g_{emin} \frac{M_e}{i} \times \frac{1}{1000} (\text{mL}) \tag{3}$$

式中:M_e——发动机的最大扭矩。

粗看起来,我们在知道了发动机的基本动力和经济性能指标 N_e、n、M_e、g_e 或 g_{emin} 等数值以后,似乎就可以"准确"地计算出油泵的标定油量。但事实上并不这样简单,在实践中我们发现,当我们根据柴油机的油耗反算油泵供油量时,计算所得的数值往往比工厂规定的油量小很多。这是因为 g_e 值是在柴油机运转情况下测得的,而喷油泵的供油量是在油泵试验台上调整得到的,两者的工作条件有很大差异。例如,柴油机运转工作时柴油温度要比油泵试验台上的油温高,故黏度小,泄漏大,喷油嘴的回油也较大。又如,柴油机工作时,喷油嘴是向高温高压气缸喷油,喷射时受到的反压力远较油泵试验台上的情况为大。此外,两种情况下喷油压力和供油压力的调整情况、油箱位置、油管长度也都可能不同。因此,在油泵试验台上调油泵时,必须比理论计算值"多供给"一些油,否则在实际运转时,由于上述种种因素的影响,油量就感不足。当然,由于影响因素比较多而且复杂,要确切知道它们的影响,必须进行深入细致的试验。根据目前生产实践中已经积累的初步经验,实调喷油量应比按耗油率反算的数值高20%左右(见文献[3]),这也就是说,发动机的 g_e 值若为200克/马力小时,则我们计算时可取 $g_e'=1.2g_e\approx240$ 克/马力小时,这样,油量计算分式可进一步改写为:

$$\Delta V \times 100 = 4g_e' \frac{N_e}{in} = 4.8 g_e \frac{N_e}{in} (\text{mL}) \tag{4}$$

或

$$\Delta V \times 100 = 5.5 g_{emin}' \frac{M_e}{i} \times \frac{1}{1000} = 6.6 g_{emin} \frac{M_e}{i} \times \frac{1}{1000} (\text{mL}) \tag{5}$$

在以上计算公式(2)～(5)中,均包括 g_e(或 g_{emin}),我们知道耗油率是表征内燃机经济性的重要指标,它综合反映了热效率和机械效率的影响并与内燃机的有效效率成反比,其具体数值的大小不仅与柴油机的很多因素有关(如燃烧室型式,气缸的工作容积或缸径大小,混合气形成和燃烧过程的完善程度,供油系统的特点和参数,机械摩擦损失和附件功率消耗等等),而且也视对排气性质的要求与功率标定点的位置不同而异。从发动机试验研究的观点出发,标定油量公式中理应包括 g_e(或 g_{emin}),特别是如果我们能通过大量试验或统计分析工作,找出各种条件下 g_e' 和 g_e 之间准确关系(以上所述 $g_e'=1.2g_e$ 只是一个粗略的数字,可能随柴油机供油系统型式和参数的不同而异),那么我们就完全有可能在柴油机和油泵的配试工作中,预先比较准确地计算出油泵的供油量,从而大大缩小配试工作的选择范围,从而加快配试工作。但是,在修理油泵的部门,当技术资料不全时,g_e 值就不像 N_e、n、i 那样容易查到。为了计算时的方便,也考虑到同类柴油机的 g_e 值大体处于同一水平,因此我们可以在公式中省去 g_e 值,而用一个与油耗水平有关的系数来代替,这样公式(2)或(4)将简化为一开始所介绍的形式：

$$\triangle V \times 100 = A \frac{N_e}{in}$$

这儿 $A = 4g_e' \approx 4.8g_e$ 就是一个反映发动机油耗水平的系数。

系数 A 怎样确定呢？我们知道，目前国产柴油机的油耗水平 g_e 大致在 165～210 克/马力小时范围内，这样在增加 20% 以后，g_e 大约为 200～250 克/马力小时，即 $A = 800～1000$ 的范围内。为了更仔细地分析 A 的大小，我们根据《柴油机喷油泵的修理》一书所提供的资料，进行了计算和统计分析，计算系数 A 的方法是根据书中的附表所提供的 N_e，n，i 和标定油量的数值，按式(1)反算出 A，计算结果列于附表 1 和附表 2，并绘制成图 2 所示的图线。

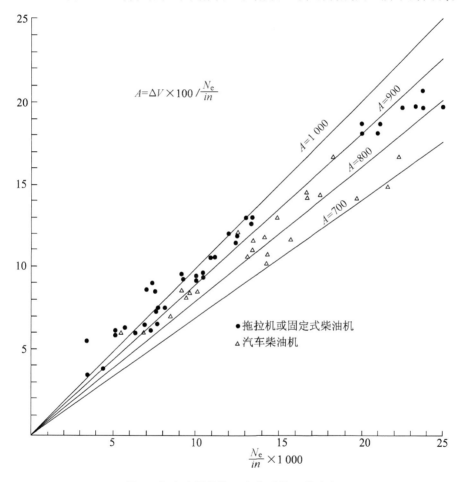

图 2 标定油量估算公式中系数 A 的确定

结果表明，大部分拖拉机和固定式柴油机的 A 值处于 900～1 000 之间，近似计算时取 $A = 950$，相当于耗油率 g_e 为 195～200 克/马力小时的水平，而大部分汽车柴油机的 g_e 处于 800～900 之间，近似计算时取 $A = 850$，相当于 g_e 为 175～180 克/马力小时的水平。通过分析对比可知，无论国产或是进口的柴油机，均是汽车柴油机的 A 值较低，这除了由于许多汽车柴油机采用油耗较低的统一式燃烧室以外，也反映了汽车柴油机发展水平较高，对排气污染的要求较严格等原因。

由于近似估算油量的公式的系数 A 是根据现有大量通过生产实践考验的油量数据统计分析而得,因而当我们反过来用它估算某些数据不明的油泵时,一般不至于产生很大偏差。如果我们在选择系数大小时,能够根据柴油机的结构特点和质量水平及新旧程度,适当考虑油耗水平的影响,则计算就可能进行得更合理准确些(对油耗较低的柴油机 A 值取下限值,对柱塞磨损较大的油泵,A 值则应取上限值)。

4 结 论

(1) 本文所述为一种确定喷油泵油量的简易公式,其目的是为油泵修理工作提供一个近似的估算方法,这个公式的用途是:

① 在修理工作中,当缺乏必要的调试数据时,可用来估算标定油量,作为调整油泵的依据;

② 当工厂提供数据存在着明显不合理情况或各厂数据有矛盾时,用来进行校核,作为判断正确或错误的参考;

③ 便于使油泵修理调试人员理解喷油泵供油量与发动机基本动力和经济性能指标之间的关系。

(2) 公式中的系数 A 是根据大量已有的调整数据统计分析而得,它可以作为近似估算手段,但因并未考虑各种柴油机的具体特点,故而还是有一定误差的。如果手头已有工厂提供的可靠数据,则不应再依赖公式的计算。

(3) 由于同样的原因,简易估算公式不适于发动机和喷油泵试验研究中的计算,至多只能提供一个大概的范围,起加快配套、调试的作用,但是,若能进一步做些试验研究和统计分析工作,找出各种条件下发动机实际耗油量与油泵试验台上调整时的供油量之间的准确关系,则计算公式尚能进一步完善。

参 考 文 献

［1］陕西省公路局机修厂喷油泵组.柴油机喷油泵的修理[M].北京:机械工业出版社,1974.

［2］吉林工业大学拖拉机教研室.拖拉机构造[M].北京:机械工业出版社,1973.

［3］河北省农业机械管理局.拖拉机修理(交流讲义),1974年3月.

［4］镇江农业机械学院农机修理教研组.拖拉机修理与构造(交流讲义),1974年7月.

［5］燃化工业部第二石油化工建设公司机运大队.菲亚特650E型载重汽车简明修理手册[M].北京:人民交通出版社,1973.

［6］依士兹TD50A-D型倾卸汽车的修理[M].北京:人民交通出版社,1972.

附表1 拖拉机和固定式柴油机用喷油泵标定油量系数计算表

序号	1	2	3	4	5	6	7	8	9	10	11	12
拖拉机或柴油机型号	285 485	290 490	295	495	2100 4100	2105 4105	4105（拖拉机用）	4110	4120F 6120F（工程机械）	4120F 6120F（农用）	4120F 6120F（发电）	2100 2100D
喷油泵型号	无锡1号泵	无锡1号泵	无锡1号泵	无锡1号泵	无锡1号泵	无锡1号泵	无锡1号泵	无锡1号泵	无锡1号泵	无锡1号泵	无锡1号泵	大连1号泵
缸数 i	2,4	2,4	2	4	2,4	2,4	4	4	4,6	4,6	4,6	2
标定功率 N_e/马力	20,40	20,40	24	50	22,44	24,48	60	60	80,120	80,120	66,100	22
标定转速 n/(r/min)	3 000	2 000	2 000	2 000	1 500	1 500	2 000	2 000	1 800	1 800	1 500	1 500
单缸马力 N_e/i	10	10	12	12.5	11	12	15	15	20	20	16.5	11
$\dfrac{N_e}{in} \times 1000$	3.33	5	6	6.25	7.3	8	7.5	7.5	11.1	11.1	11.1	7.3
标定油量 $\Delta V \times 100$ /mL	5.5	6	6	6	7.5	7.5	7.5	7.5	10	10.5	10.5	6.1~6.25
系数 A	1 650	1 200	1 000	960	1 025	936	1 000	1 000	900	945	955	850
备注	?	?			?							?

续表

序号	13	14	15	16	17	18	19	20	21	22	23	24
拖拉机或柴油机型号	4110 6110	490F	2125（东方红-28拖拉机）	2125A（东方红-30拖拉机）	295 495 695	东方红-75（4125）	东方红-60	东方红-50KW（发电用）	东方红-40（490）	6135G 6135T（T-1） 6135D-3	6135K-3（推土机）	6135K-4（铲定机）
喷油泵型号	大连1号泵	大连1号泵	大连1号泵	大连1号泵	巢湖黄县1号泵	洛拖2号泵	洛拖2号泵	洛拖2号泵	洛拖2号泵	上柴2号泵	上柴2号泵	上柴2号泵
缸数 i	4,6	4	2	2	2,4,6	4	4	4	4	6	6	6
标定功率 N_e/马力	60,90	40	28	30	25,50,75	75	60	80~88	40	120	140	135
标定转速 n(r/min)	2 000	2 000	1 400	1 500	2 000	1 500	1 500	1 500	2 000	1 500	1 830	1 900
单缸马力 N_e/i	15	10	14	15	12.5	18.8	15	20~22	10	20	23.3	22.5
$\dfrac{N_e}{in} \times 1000$	7.5	5	10	10	6.25	12.5	10	14	5	13.3	12.9	11.8
标定油量 $\Delta V \times 100$ /mL	6.6~6.8	4.86~5	9.06~9.3	9.16~9.33	6	11.3~11.6	9.3~9.6	13.3~13.6	5	13	13	12
系数 A	894	985	918	924	960	915	945	960	1 000	975	775	1 015
备注										?	?	?

续表

序号	25	26	27	28	29	30	31	32	33	34	35	36
拖拉机或柴油机型号	4135K-1 4136C-1（压路机）	4135K（空压机）	4135G ca-1,D-1, 4135T T-1,caB	6135K-2（推土机）	4135ZG（增压）	6135ZG（增压）	4146A（拖拉机）	4146FD（发电）	4146B（红旗120）	老4105	4115D	4120
喷油泵型号	上柴 2号泵	上柴 2号泵	上柴 2号泵	上柴 2号泵	上柴 2号泵	上柴 2号泵	天动 3号泵	天动 3号泵	天动 3号泵	无夕 A型泵	无夕 A型泵	无夕 A型泵
缸数 i	4	4	4	6	4	6	4	4	4	4	4	4
标定功率 N_e/马力	80	65	80	127	120	190	100	90	120	40	55	80
标定转速 n(r/min)	1 500	1 250	1 500	1 500	1 500	1 500	1 500	1 000	1 100	1 500	1 500	1 800
单缸马力 N_e/i	20	16	20	21.2	30	32	25	22.5	30	10	13.75	20
$\dfrac{N_e}{in}\times 1\,000$	13.3	13	13.3	14.1	20	21	23.8	22.5	27.3	6.66	9.15	11.1
标定油量 $\Delta V\times 100$ /mL	13	13	13	11.5	18	18	19.5	19.5	22.5	6.5	9.5	10
系数 A	975	1 000	975	815	900	858	820	865	825	975	1 040	900
备注				?			?	?	?			

续表

序号	37	38	39	40	41	42	43	44	45	46	47	43	49
拖拉机或柴油机型号	东方红-28（2125）	东方红-54（4125）	东方红-75（4125）	铁牛-55（4115T）	铁牛-45（4105）	2135G	4135G 6135G	12V135	6135ZG 12V135Z（增压）	红旗100 4146	移山80 4146	120马力挖土机 4116	160A（发电） 潍坊1212A
喷油泵型号	洛拖仿苏老式泵	洛拖仿苏老式泵	洛拖仿苏老式泵	仿苏老式泵	仿苏老式泵	上柴B型泵	上柴B型泵	上柴B型泵	上柴B型泵	天动老式泵	天动老式泵	天动老式泵	
缸数 i	2	4	4	4	4	2	4.6	12	6.12	4	4	6	6
标定功率 N_e/马力	28	54	75	55	45	40	80,120	240	190 380	100	100	140	135
标定转速 n(r/min)	1 400	1 300	1 500	1 500	1 500	1 500	1 500	1 500	1 500	1 050	1 000	1 000	750
单缸马力 N_e/i	14	13.5	18.8	13.75	11.25	20	20	20	31.7	25	25	23.3	22.5
$\dfrac{N_e}{n} \times 1\,000$	10	10.4	12.5	9.15	7.5	13.3	13.3	13.3	21.1	23.8	25	23.3	30
标定油量 $\Delta V \times 100$ /mL	9.3~9.6	9.4~9.7	11.6~12	8.9~9.4	7.2~7.5	13	12.5	12.5	18.5	19.5	19.5	19.5	28
系数 A	945	920	944	1 000	980	975	940	940	875	820	780	835	934
备注										?	?	?	

续表

序号	50	51	52	53	54	55	56	57	58	59	60	61
拖拉机或柴油机型号	丰收27 481	丰收35 485	上海45 495	MT3-5（苏）	ДТ-28（苏）	ДТ-54（苏）	C-80（苏）	C-100（苏）	Z-25 Z-25A（捷）	Z-35K（捷）	UTOS-45（罗）	FE-35（英）
喷油泵型号	国产分配泵	国产分配泵	国产分配泵	KДЧTH-8.5×10	2TH-8.5×10	4TH-8.5×10	半组合式	半组合式	半组合式	PAL-PV 4B7P115e	KD-4TN 8.5×10	C.A.V 分配泵
缸数 i	4	4	4	4	2	4	4	4	2	4	4	4
标定功率 N_e/马力	27	35	45	40—45	28	54	80	100	26	42	45	37.25
标定转速 n(r/min)	2 000	2 000	2 000	1 500	1 400	1 300	1 000	1 050	1 800	1 500	1 500	2 000
单缸马力 N_e/i	6.75	8.75	11.25	10~11.25	14	12.5	20	25	13	10.5	11.25	9.5
$\dfrac{N_e}{in}\times 1\,000$	3.37	4.37	5.62	6.7~7.5	10	10.4	20	23.8	7.22	7	7.5	4.63
标定油量 $\Delta V\times 100$ /mL	3.4	3.7	6.4	9	9.3~9.6	9.3~9.6	19.5	20.5	7.4	8.5~8.9	8~9	3.7
系数 A	1 010	845	1 140	1 200~1 350	945	910	975	862	1 020	1 242	1 132	800
备注	?	?	?	?						?	?	?

注："?"表示作者认为工厂提供的数据可能有问题（A值偏大或偏小）。

附表 2 汽车柴油机用喷油泵标定油量系数计算表

序号	1	2	3	4	5	6	7	8	9	10	11	12
汽车或柴油机型号	黄河 JN-151 (6120)	黄河车 (6130)	黄河车 JN-150 (6135)	6135Q 车用	斯可达 706,706R (捷)	斯可达 706RT (捷)	太脱拉 T111 T111R(捷)	太脱拉 138A (捷)	贝利 GLR160 (法)	贝利 TB015M 6×4 (法)	GCH M640 (法)	依发 H6(德)
喷油泵型号	峻源泵 2号泵	峻源泵	B型泵 2号泵	2号泵	PV-6B-80 P115Z	PV6B8P 115C 451或493	PV6B-8P 210E PV6B-8P 242E	PV8R910e 1512		PE6B90N 420D012 F175	PE6BM 100 N423D000 F181	EP453/45 (6BS253)
缸数 i	6	6	6	6	6	6	12	8	5	6	5	6
标定功率 N_e/马力	160	210	160	220	145	135	180	180	150	240	200	120
标定转速 n(r/min)	2 000	2 000	1 800	2 200	1 800	1 800	1 800	2 000	2 100	1 800	2 000	2 000
单缸马力 N_e/i	26.66	35	26.66	36.66	24.2	22.5	15	22.5	30	40	33.3	20
$\dfrac{N_e}{in} \times 1\,000$	13.33	17.5	14.8	16.65	13.4	12.5	8.34	11.25	14.25	22.2	15.7	10
标定油量 $\Delta V \times 100$ /mL	11	14.2	13	14.5	11~12	12	7	10	10	16.5~17	14~14.5	8.5
系数 A	823	810	875	870	856	958	840	890	702	755	855	850
备注						?			?			

续表

序号	13	14	15	16	17	18	19	20	21	22	23	24
汽车或柴油机型号	却贝尔 D-35D 尹卡路斯-30(匈)	菲亚特 650E(意)	菲亚特 682N3(意)	菲亚特 683N1(意)	日野 TE-21(日)	尼桑 PTL-81SD(日)	依土兹 TD50A-D(日)	伏尔伏 GB-88(瑞典)	斯康尼亚 L1105(瑞典)	ЯМЗ-236 ЯМЗ-238(苏)	ЯА3-204(苏,二冲程)	尼桑拖车 6TWC13T(日,二冲程)
喷油泵型号	PE48D410 S375 PV4B8L 525C408		PE6B85E 421:L4 1215	PE6B95 E412 L4/238	ND-DE 6A70B421 RND88	ND-PE6P 100×321 RSIN97	NP-PE6A 90B312	PE6P100 ×320RS52	PE6P 100/820 RS95		AD-20 泵-喷嘴	NP-PE613 80P4ZIN35
缸数 i	4	6	6	6	6	6	6	6	6	6.8	4	6
标定功率 N_e/马力	85	100	179	208	140	180	195	260	285	180,240	110	240
标定转速 n(r/min)	2 200	3 000	1 900	1 900	2 500	2 300	2 300	2 200	2 200	2 100	2 000	2 200
单缸马力 N_e/i	21.25	16.66	29.8	34.7	23.3	30	35	43.3	47.5	30	25.25	40
$\dfrac{N_e}{in}\times 1\,000$	9.65	5.55	15.7	18.2	9.32	13.05	14.1	19.7	21.6	14.25	$\dfrac{N_e}{in}\times 500$ $=6.86$	$\dfrac{N_e}{in}\times 500$ $=9.1$
标定油量 $\triangle V\times 100$ /mL	8.5		11.6	15~17	8	10.5	11.75	13.5~14.5	14.3~15.3	10.5~10.7	6	8.5~8.75
系数 A	880	1 080	740	905	860	805	832	710	685	744	875	950
备注		?						?	?			

注："?"表示作者认为工厂提供的数据可能有问题（A值偏大或偏小）。

柴油机供油系统的强化指标*

高宗英[1]　曹金声[2]

（1. 江苏工学院；2. 上海柴油机厂）

[摘要]　本文提出了一个用于比较直接喷射式柴油机喷油系统强化程度的评价指标，它的定义是一次喷油过程中折算至单位喷孔面积的平均喷射功率。理论分析与实践表明，这个指标不仅可以用来评价柴油机喷油系统的强化程度，而且在改善柴油机的工作性能以及实现柴油机与喷油系统之间的合理匹配方面也具有一定的指导意义。

1　前　言

众所周知，在中小功率直接喷射式柴油机中燃油与空气的混合质量对柴油机性能有着直接的影响。大量试验研究工作已经证实，提高供油系统的强化程度，再伴之柴油机其他一些参数的变动，包括适当降低空气涡流速度、改变燃烧室结构尺寸和改变喷油嘴孔数×孔径×角度等等就可以在提高燃烧效率、降低比油耗、减少排气污染等方面收到明显的综合效果。然而，我们却经常碰到一个如何评价柴油机供油系统强化程度的问题。尽管在评价柴油机的强化程度方面，人们已有诸如平均有效压力 p_e、升功率 N_l 及平均有效压力与活塞平均速度的乘积 $p_e \times C_m$ 等一系列行之有效的比较参数可以遵循。可是在如何评价对柴油机性能影响十分重大的供油系统强化程度方面，迄今为止，尚没有一个概念清楚、影响明确、并为人们公认的参数可以用来作为评价的基础。为此，笔者认为有必要定义一个比较能反映实际情况并且计算、使用又比较方便的供油系统的强化指标。这个指标应当不仅能够用来比较结构相近的柴油机供油系统的强化程度，而且也可在同一台柴油机上评价供油系统各种参数变化时对其工作能力的影响。

2　对现有几种评价供油系统强化程度提法的评述

美国 Cummins 公司的 N、K 系列及新产品 LT-10 高速柴油机均采用该公司独特的 PT 泵，喷油压力达到 1 200～1 400 kg/cm² 的水平（不同型号发动机此数值稍有不同）。从而使这种高喷油压力、无空气涡流（或者说具有很小的空气涡流速度）的燃烧系统的柴油机获得了十分满意的综合性能。图 1 和图 2 所示为 LT-10 柴油机所用 PT 泵的结构示意图和发动机的性能曲线。

---

* 本文系中国内燃机学会首届油泵油嘴年会论文（1983 年 8 月），后发表于《油泵油嘴技术》1985 年第 2 期。

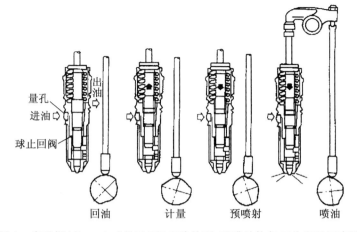

图1 康明斯(Cummins)公司 PT 系统的泵-喷嘴结构与工作原理示意图

联邦德国 K. Prescher 和 E. Elsele 在 14 届 CIMAC 上发表的论文也指出,提高车用直喷式柴油机的喷油压力可以改进混合气形成的燃烧。在整个负荷范围内有望降低比油耗和烟度[1]。

然而,喷油压力是随不同工况而变化的,且受到诸如喷孔总截面积之类结构参数的明显影响,因此,单用喷油压力一个参数并不能确切地反映供油系统的强化程度。

英国 Ricardo 公司和奥地利 AVL 公司是擅长于研制和设计"欧洲型"中小功率高速柴油机的专业公司。这种柴油机的供油系统基本上均采用传统的 Bosch 式方案,即"柱塞式或转子式喷油泵-高压油管"形式。对于这种供油系统,他们总是强调喷油延续角必须小于 25°(最好 20°左右)曲轴转角,有时也提到油管峰值压力须大于 500 kgf①/cm²[2]。

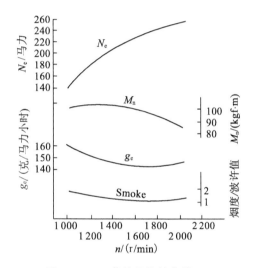

图2 LT-10 柴油机特性曲线

毋庸置疑,喷油延续角和油管峰值压力是供油系统工作时的重要参数,但是其重要性却是有条件的。譬如说:如果只强调喷油延续角为 20°曲轴转角,甚至更小一些。那么任意放大喷孔直径,增加喷孔流通面积,就可以轻而易举地达到目的,但是,这种以牺牲雾化质量为代价换来的喷油延续角的减少却并不是人们所希望的,因此,可以认为单独的喷油延续角大小或油管峰值压力并不能全面地反映供油系统的特性及其强化程度,也不能概括柴油机与供油系统匹配问题的关键,即使两者都具备,也还是没有一个明确的能说明内在关系的物理概念。

Ricardo 公司又曾经提出用喷油嘴内外"计算喷油压力降"来表示供油系统的特征。并从实验中求得"计算喷油压力降"与柴油机比油耗、烟度等之间的关系,在实测喷油嘴 μ_f 值后,根据流量方程式求得"计算喷油压力降"的表达式如下[3]:

---

① kgf 表示千克力,现已废弃,1 kgf=9.8 N。

$$\Delta p = 0.4355\left(\frac{qn\times 10^{-3}}{\theta i d_c^2}\right)^{2①} \tag{1}$$

式中：Δp——喷油压力降，kgf/cm^2；
　　　q——每循环供油量，$mm^3/cycle$；
　　　n——发动机转速，r/min；
　　　θ——喷油延续角，$°CA$；
　　　i——喷油嘴的喷孔数；
　　　d_c——喷孔直径，mm。

应当指出，用 Δp 值来表示供油系统的强化程度比起用油管峰值压力更能说明问题。因为 Δp 值是一个直接与喷油率 dQ/dt 和平均油滴直径 SMD 有关的参数。

另外，Ricardo 公司还提供了气缸工作容积与喷油率之间关系的特性曲线（见图 3），这无疑反映了他们在选配供油系统方面的一些经验。

苏联 Ω. Γ. 加尔派罗维奇（ГАЛЬПЕРОВИЧ）在《船用柴油机燃油喷射系统》一书中曾提到用喷孔处燃油的平均速度 v_m 来反映混合气形成的质量。并建议最好取 220～250 m/s。v_m 的表达式如下所示[4]：

$$v_m = \frac{Q_z}{\gamma \tau f_c} = \frac{6Q_z n}{\gamma \theta f_c} \tag{2}$$

式中：Q_z——每循环供油量，$g/cycle$；
　　　τ——喷射时间，s；
　　　γ——燃油重度，g/cm^3；
　　　f_c——喷孔总截面积，mm^2。

英国 Lucas CAV 公司的 G. Greeves 在"柴油机燃烧系统对提高喷油率的反应"一文中提到直接用供油系统平均喷油率 Q/θ 来研究喷油率变化对柴油机性能的影响[5]，由于平均喷油率等于喷孔处燃油平均流速与喷孔总面积的乘积（$Q/\theta = f_c \cdot v_m$），因而这种评价参数与前述的 v_m 一样只是间接反映了喷油压力的影响，在应用上也还是有一定的局限性。

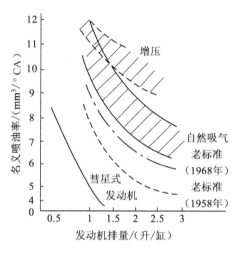

图 3　直喷式柴油机名义喷油率趋向
（1958—1982）（推荐范围为缸内有
涡流的直接喷射式发动机）

3　供油系统的强化指标 T 值

综上所述，以往人们曾经从不同角度来反映供油系统的特征和表示其强化的程度。尽管这些提法能反映供油系统的一些特点，也能找出与柴油机性能的某些关联。但是通过进一步的分析研究不难看出，这些评价指标中有些带有片面性，有些似乎物理概念不够明确。

为此，笔者认为有必要提出一个概念明确，又较能反映供油系统实际强化程度的指标。在现有资料基础上，并对大量的实验数据进行分析研究后，笔者提出这个指标的基本观点是，为了获得满意的柴油喷射雾化质量，必须对燃油提供足够的能量。为此，我们所定义的供油系统

---

① 原资料上的公式为 $\Delta p = \left(\frac{0.0427qn}{\theta i d_c^2}\right)^2$（bar）未说明式中各项的计算单位，其中系数可能有误。

强化指标 T(马力/mm²)的物理概念就是指一次喷射过程中单位喷孔面积的平均喷射功率,也就是单位喷孔面积在单位时间内所得到的平均能量。其表达式为:

$$T=\frac{N_m}{f_c}=\frac{p_m v_m}{7\,500}=k\,p_m\,\frac{Q_{200}n}{\theta f_c} \tag{3}$$

式中:N_m——每个喷油嘴在一次喷射过程中的平均喷射功率,马力;

f_c——喷孔总截面积,mm²;

p_m——喷油嘴压力室中的平均喷油压力,kg/cm²;

v_m——平均喷油速度,m/s;

Q_{200}——200 次循环供油量,cm³/200 cycle;

n——发动机转速,r/min;

θ——喷油延续角,°CA;

k——常数。

最理想的情况当然是在获得实测喷油嘴压力室压力波形和喷油嘴的喷油规律之后,通过换算求得满意的供油系统强化指标 T。但是目前一般的测试水平仅能解决问题的一半。这也就是说人们虽然可以通过长管法或其他方法测出喷油规律,进而求得平均喷油速度。但是,压力室内的压力波形的测量则由于空间位置太小或微型传感器制作困难而难以实现。这就迫使人们不得不根据喷油器进口端峰值压力来估算喷油嘴压力室里的压力。

若以流量方程式为基础,变换 T 值的表达式,使之不出现压力值 p_m,则粗看起来似乎可以使问题简化,这也就是 Ricardo 公司的做法。因为根据流量方程式

$$\frac{dQ}{dt}=q\left(\frac{n}{60}\times\frac{360}{\theta}\right)=\mu f_c\sqrt{\frac{2g\Delta p}{\gamma}}\;(\mathrm{mm^3/s}) \tag{4}$$

再假定燃油重度 $\gamma=0.83\,\mathrm{g/cm^3}$ 和喷油嘴流量系数 $\mu=0.7$ 即可立刻导出式(1)即

$$\Delta p=0.435\,5\left(\frac{qn\times10^{-3}}{\theta i d_c^2}\right)\propto\left(\frac{Q_{200}n}{\theta f_c}\right)^2 \tag{5}$$

又因为在粗略估算中,计算背压取为大气压,所以有 $\Delta p=p_m$,将式(5)代入式(3)后可得

$$T=K'\left(\frac{Q_{200}n}{\theta f_c}\right)^3 \tag{6}$$

由式(6)可见,T 值的这个表达式中,除了 Q_{200}、n 和 f_c 之外,仅受 θ 的影响,实践表明,喷油延续角 θ 对于供油系统中某些因素变化的反应很不敏感,例如,更换不同直径的柱塞、不同型线的凸轮或不同长度的高压油管,其喷油延续角 θ 往往只在 0.5~1°CA 范围内变化,按照目前一般工厂测试水平,有时几乎难以区分。然而经验告诉我们,这些参数的变化对于发动机的性能具有明显的影响,所以,强化指标 T 的表达式中仍应以直接出现对供油系统诸因素变化反应较灵敏的实测燃油压力值比较合适。前面已经提及,限于当前测试水平和条件,我们比较容易获得喷油器端油管压力波形。若以此处峰值压力乘以一个系数作为喷油嘴压力室内的平均喷油压力,则既不影响强化指标 T 值的定义,又能更好地反映出供油系统诸因素对强化程度的影响。有关喷油器端油管峰值压力与喷油嘴压力室里平均压力之间的关系和统计数据特性曲线,参见文献[2]。

根据我们的经验,此系数取 0.5 为宜。这样,式(3)就变为:

$$T=0.5k\cdot p_{\varphi\max}\frac{Q_{200}n}{\theta f_c}$$

式中:$p_{\varphi\max}$——喷油端油管峰值压力,kgf/cm²。

Q_{200}、n、θ、f_c 的单位已在介绍式(3)时注明,常数 k 则决定于各参数量纲之间的关系。经过转换最后可得供油系统强化指标 T 的表达式为:

$$T = 2 \times 10^{-6} \frac{p_{\varphi max} \cdot Q_{200} n}{\theta f_c} \tag{7}$$

4 供油系统诸因素与强化指标 T 值的关系

下面我们将以试验数据为基础,阐明供油系统诸因素与强化指标 T 之间的关系。T 值用式(7)计算,研究对象为上海柴油机厂 B 6135 柴油机的供油系统。该发动机额定功率为 240 马力,额定转速为 2 200 r/min,经过反复配试,供油系统有关参数确定如下:采用 P 型喷油泵,柱塞直径×凸轮升程为 $\phi 11$ mm×11 mm;切线凸轮,三角形速度特性曲线(见图 11);等容式出油阀,出油阀直径 $\phi 7$ mm;高压油管 $\phi 2$ mm×$\phi 7$ mm× 750 mm;低惯量喷油器,喷油嘴 5×0.32 mm× 150°,喷油器开启压力 200 kgf/cm²;额定工况供油量

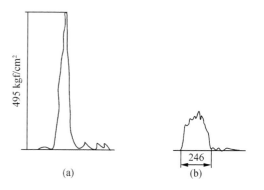

图 4 B 6135 柴油机额定工况时喷油器端压力波形和喷油规律图

28 cm³/200 cycle,在喷油泵试验台上测得喷油器端压力波和用长管法测得喷油规律如图 4 所示。根据上述数据,按式(7)计算,该发动机额定工况的供油系统强化指标 T 值为 6.116 马力/mm²。

下面将分别阐述供油系统诸因素与强度指标 T 值之间的关系:

(1)当循环供油量增加时,喷油压力相应有较明显的增加,喷油延续角也略有增加。结果表明,强化指标 T 值随循环供油量增加,几乎成线性增加,如图 5 所示。

(2)发动机转速增加时,喷油延续角也相应增加(因为每度曲轴转角所占时间与转速成反比)。但是喷油压力明显增加,所以强化指标 T 仍然随转速增加而有所增加,如图 6 所示。

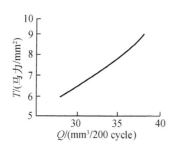

图 5 循环供油量 Q 与强化指标 T 的关系(此试验喷油嘴 4×0.37)

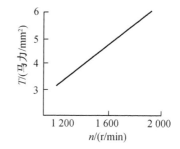

图 6 发动机转速 n 与强化指标 T 的关系

(3)当喷油嘴喷孔截面积增加时,喷油压力和喷油延续角都相应减少,而且效果比较明显。结果表明,强化指标 T 随喷孔截面积增加而有较明显的下降趋势,如图 7 所示。很显然,这是一个十分重要的现象,说明喷油嘴喷孔参数的确定与柴油机性能关系十分密切。

(4)当柱塞直径增加时,喷油泵供油率成二次方关系增加。因此喷油压力也相应增加,而喷油延续角变化并不明显。结果表明,强化指标 T 值随柱塞直径增大仍然有所增加,且柱塞

直径越大，T 值增加趋势越明显，如图 8 所示。

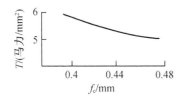
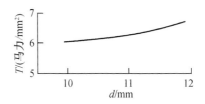

图 7　喷油嘴喷孔总截面积 f_c 与强化指标 T 的关系　　图 8　柱塞直径 d 与强化指标 T 的关系

(5) 当喷油器开启压力增大时，喷油压力有所增加，喷油延续角略有减少。结果表明，强化指标 T 随喷油开启压力增加也有所增加，如图 9 所示。

(6) 采用不同凸轮型线改变柱塞运动速度时，喷油压力随柱塞运动速度增加而增加。但喷油延续角变化却不十分明显。结果表明，强化指标 T 随柱塞运动速度增加而有所增加，如图 10 所示。此处所用凸轮型线及其速度曲线见图 11。

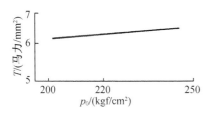

图 9　喷油嘴开启压力 p_0 与强化指标 T 的关系　　图 10　柱塞运动速度 v 与强化指标 T 的关系(图中 v_1 为 G 型凸轮最高速度，v_2 为 T 型凸轮的最高速度

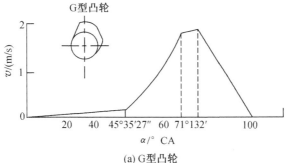

(a) G 型凸轮

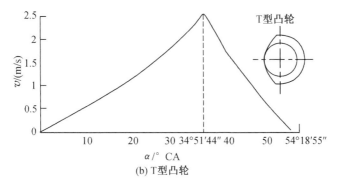

(b) T 型凸轮

图 11　G 型和 T 型凸轮的速度曲线

（7）改变高压油管的长度，由于复杂的液力过程，使喷油压力和喷油延续角变化没有明显的规律性。从减少有害容积角度来看，高压油管缩短有利于强化指标 T 值的提高，但是，另一方面出油阀卸载容积与高压油管总容积之比过大时也会产生相反的影响，图 12 所示为不同长度的高压油管与强化指标 T 之间的关系。

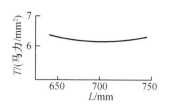

图 12 高压油管长度 L 与强化指标 T 的关系

（8）为了继续提高 B 6135 柴油机供油系统的强化指标，我们将有利于提高 T 值的现有措施尽可能用上，结果使 T 值从现有的 6.116 提高到 7.071，即增长了 15.6%。具体数据见表 1。

表 1 提高 T 值前后的数据对比

柴油机转速 n /(r/min)	200次循环供油量 $Q200$ /(cm³/200 cycle)	油泵凸轮型式	柱塞直径×升程 $d×h$ /(mm×mm)	出油阀直径 d /mm	高压油管长度 L /mm	喷油嘴孔数×直径 $i×d_c$ /mm	喷油器开启压力 p_0 /(kgf/cm²)	油管峰值压力 p_{max} /(kgf/cm²)	喷油延续角 θ /(°CA)	强化指标 T /(马力/mm²)
2 200	28	T	$\phi 11×10$	$\phi 7$	750	$5×\phi 0.32$	200	495	24.8	6.116
2 200	28	T	$\phi 12×10$	$\phi 8$	750	$5×\phi 0.32$	250	540	23.4	7.071

5 柴油机性能与供油系统强化指标 T 的关系

上面已经阐述了供油系统诸因素与强化指标 T 之间的关系。T 值越大，说明单位喷油嘴喷孔截面积在单位时间内所得到的能量越多，也即表明了供油系统强化程度越高。反之亦然。一般情况下，T 值越大，说明柴油机具备了提高性能指标的重要条件。如果与燃烧系统其他参数匹配恰当则一定会有所收益。

事实上，正如文章开头所提到的那样，近代高速柴油机发展表明，以美国 Cummins 公司为代表的高喷油压力、无空气涡流燃烧系统的柴油机获得了十分满意的综合性能指标。就以该公司最新产品 LT-10 柴油机为例，估算其供油系统的强化指标 T 值约为 25 左右。而传统的欧洲型柴油机由于几乎全采用 Bosch 式供油系统，尽管近年来也在努力设法提高喷油速率，但是由于结构上的原因，不可能达到泵-喷嘴，特别是 PT 泵供油系统所能达到的强化程度。在这类柴油机燃烧系统中，为了获得满意的燃油与空气的混合质量，只得借助于空气的涡流运动。这样做自然意味着有额外的能量损失，所以性能指标略为逊色。一般情况下，柴油机平均有效压力 p_e 与供油系统强化指标 T 成正比关系。而空气涡流比 Ω 与 T 值成反比关系。图 13 和图 14 示出了这两种关系。尽管统计的柴油机台数还不多，数据还不足，测试条件也并非完全一致，但是曲线趋向已十分明显。此外，由图还可以看到增压机型供油系统的强化指标 T 要比非增压机型的高得多。

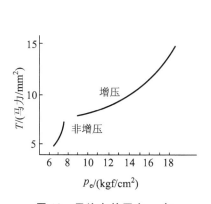
图 13 平均有效压力 p_e 与
供油系统强化指标 T 的关系

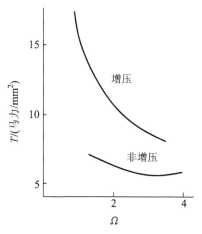
图 14 进气涡流比 Ω 与
供油系统强化指标 T 的关系

6 结 束 语

为了评价柴油机供油系统的强化程度,需要有一个物理概念明确的评价指标作为比较的依据。本文提出的供油系统强化程度指标 T,概念明确、含义清楚,能够比较科学地反映供油系统的强化程度,并有助于揭示供油系统内部诸参数之间的相互关系,从而对于改善柴油机的工作性能以及实现柴油机和供油系统之间的合理匹配,具有一定指导意义。

由于资料来源和条件的限制,文章的论述只涉及直喷射式高速柴油机,所举的实例也主要是上海柴油机厂 B 6135 型柴油机在标定工况下的实测数据。然而,根据文章中的理论分析不难看出,这个概念同样可以推广于对车用柴油机低速工况的性能研究,原则上也可以推广于非直接喷射式柴油机供油系统。当然,对于不同的机型应视具体情况不同而加以适当的修正。

参 考 文 献

[1] Proscher K,Elsele E. 直喷式柴油机通过高压燃油喷射改善混合气的形成与燃烧[C]. 第 14 届 CIMAC 论文集,1981.
[2] 里卡多公司柴油机的设计和研制[J]. 国外内燃机(专辑),1978(3).
[3] 周耀华. 赴里卡多公司参加技术咨询对有关燃烧问题的讨论[J]. 柴油机设计与制造,1981(1).
[4] Л. Г. 加尔派言罗维奇. 船用柴油机燃油喷射系统[M]. 郭耀泉,季漠译. 北京:国防工业出版社,1964.
[5] Greeves G. Response of Diesel Combustion System to Increase of Fuel Injection Rate [J]. SAE,1979,Paper No. 790031.

奥地利高等教育情况简介*

高宗英

（江苏工学院）

奥地利是地处欧洲中部的一个资本主义小国，面积仅 8 万多平方公里，人口 800 多万，是一个风景秀丽的中立国家，科学研究与文化教育事业比较发达。

我从 1979 年 9 月至 1981 年 12 月在奥地利格拉兹工业大学（Technische Universität Graz）进修，在此期间有机会接触与了解一些奥地利高等教育的情况，觉得其中有些做法与经验值得我们借鉴（当然也有不少情况并不符合我们国情）。现将自己不成熟的体会初步整理一下，供同志们和领导参考。

1 奥地利高等学校概况

奥地利高等学校名称分为"大学"（Universität）和"学院"（Hochschnle）两种，前者一般指学科比较齐全的综合性大学，后者系指专业性比较强的学院。过去，工业院校一般叫"学院"，但随着专业范围的扩展和理科部分的加强，现在一般均称为"工业大学"。奥地利现有高等院校 18 所，它们是：

① 维也纳大学（1365 年建立，是欧洲德语地区最古老的大学）；
② 格拉兹大学（1585 年建立）；
③ 因斯布鲁克大学（1669 年建立）；
④ 萨尔茨堡大学（1619 年建立）；
⑤ 维也纳工业大学（1815 年建立）；
⑥ 格拉兹工业大学（1811 年建立）；
⑦ 利奥本矿业学院（1840 年建立）；
⑧ 维也纳民族文化学院（1872 年建立）；
⑨ 维也纳兽医大学（1767 年建立）；
⑩ 维也纳经济大学（1898 年建立）；
⑪ 林茨大学（1962 年建立）；
⑫ 克拉根福尔特建筑工程学院（1970 年建立）；
⑬ 维也纳绘画艺术学院（1692 年建立）；
⑭ 维也纳音乐和表演艺术学院（1817 年建立）；
⑮ 萨尔茨堡莫扎特音乐和表演艺术学院（1870 年建立）；

---

* 本文系作者根据 1982 年从国外留学归来后向学校领导和同志们汇报工作时的部分内容整理的文章，原载于《江苏工学院教学研究》1983 年第 2 期。

⑯ 格拉兹音乐和表演艺术学院(1815年建立);
⑰ 维也纳文化艺术学院(1863年建立);
⑱ 林茨工业艺术造型学院(1973年建立)。

奥地利全国大学生人数,按1980年的统计近10万人(其中30%为女性,10%为外国留学生),大学生数目占全国人口比例的1.25%。大学阶段学习没有固定期限,学生以通过规定门数的考试和拿到足够学分后即作为毕业。大学入学也没有统一的入学考试,通过中学毕业考试后即可申请在大学注册就读。学生毕业后,国家不包分配,由学生自谋职业(学校和教授的推荐当然也起作用)。

2 格拉兹工业大学简介

2.1 发展简史

格拉兹工业大学由著名学者埃尔曹格·约翰于1811年11月26日建立,当时只是一个主要讲授一般自然科学的学术中心。随着资本主义的兴起与工业发展,逐渐增加了有关工程技术方面的课程和专业,因而改名为格拉兹工业学院。此后,学校规模逐渐扩大并分出一部分系科在利奥本成立了矿业学院。二次世界大战后,修复了被破坏的校舍并扩大了招生规模,随着专业的增多和理科部分比例的扩大,1975年又重新改名为工业大学。根据1980—1981年度的资料统计,全校在校学生人数约为6000人(其中10%是外国留学生),教授65人,副教授与退休名誉教授各30多人,教职工总数近1000人,学生和教职工的人数比例为6∶1。

2.2 系科与专业情况

格拉兹工业大学共设建筑、土木、机械制造、电机与应用理科五个系。每个系下设若干教研室(或称研究所)并包括好几个专业方向(教研室数目多于专业方向,说明专业方向比较宽),现列举如下。

(1) 建筑系

专业方向:工业与民用建筑,建筑设计,城市规划与建设,室内装饰设计。

教研室名称:钢架结构教研室,建筑艺术教研室,文艺历史教研室,城市建筑、环境规划与纪念碑设计教研室,工业与民用建筑教研室,高层建筑教研室,室内装饰教研室,城市建筑教研室。

(2) 土木系

专业方向:工程结构,交通(铁路与公路)建设,水工建筑,土建工程管理与经济。

教研室名称:结构力学教研室,钢筋混凝土教研室,钢木结构教研室,公路建筑教研室,铁路建筑教研室,水工建筑教研室,民用建筑教研室,水力学教研室,土壤力学教研室,土建工程经济与管理教研室,工业与高层建筑教研室,工程力学教研室,大地测量与航空摄影教研室。

(3) 机械系

专业方向:工具机与传送机构,蒸汽与热力技术,内燃机和汽车,流体机械,工业企业经济管理,化工、造纸和纤维机械。

教研室名称:机械制造工艺教研室,材料、强度及材料检验教研室,热能技术教研室,机械原理零件和起重运输机械教研室,内燃机和热力学教研室,化工机械教研室,造纸、纸浆和纤维机械教研室,流体机械教研室,叶轮机与机器动力学教研室,流体和气体力学教研室,企业经济与管理教研室。

(4) 电机系

专业方向：电机与电器，电子学与信息技术，电子医学，电工基础研究。

教研室名称：电磁能量转换教研室，电机电器教研室，高压技术教研室，电工基础教研室，电子测量与调节技术教研室，电子学技术教研室，信息技术和波导技术教研室，电子和生物医学教研室。

(5) 应用理科系

专业方向：工程物理，工程化学，工程数学。

教研室名称：数学教研室，信息处理与数据准备教研室，应用力学教研室，实验物理教研室，固体物理教研室，理论物理教研室，核物理教研室，地质、石油和矿物资源教研室，微生物和废物处理教研室，无机化学教研室，理论化学教研室，无机材料化学工艺教研室，有机材料化学工艺教研室，有机化学教研室，分析化学和放射化学教研室，生物化学和生活资料化学教研室，几何教研室。

2.3 课程设置情况

以下以机械系为例，说明有关基础课、技术基础课与专业课的设置情况。

(1) 基础课：机械制造概论，机械制图，材料学概论，高等数学Ⅰ和Ⅱ，画法几何，应用力学，强度理论(材料力学)，水力学，实验物理学，理论物理学，化学等。基础课学时数约占总学时数的47%。

(2) 技术基础课：算法语言，电子技术，企业经济与管理，热力学，流体力学，传热学，机械动力学，调节与控制技术，机械原理与零件。技术基础课时数(包括一个机械类课程设计)约占总学时数的37%。

(3) 专业课(以内燃机和汽车专业方向为例)：内燃机Ⅰ和Ⅱ，空气动力学，汽车制造*，车辆制造*，涡轮机*，信息处理技术*，材料学*，内燃机的污染与环境保护*（*号为加选课程）。专业课学时数约占总学时数的16%。

(4) 毕业设计：由教授推荐至有关工厂或留在教研室进行，时间约一个学期。

3 奥地利高等教育情况的若干特点

3.1 社会办大学，减轻了学校在管理工作上的负担

奥地利的高等工业学校与许多其他资本主义国家学校一样，只负责安排各种教学环节，学生的生活则完全由社会解决，如格拉兹工业大学两幢主要教学大楼均在市区，教师与学生则分散住在全市各地，这样就减轻了学校在管理工作上的负担，并有利于扩大招生规模。记得有一次与奥地利同事闲谈时，他们对于我国的北京大学这样全国性大学的学生人数比这些国家有些一般规模的大学学生人数还少的事实不能理解，我当时虽然也作了解释，但事后总感到我们这种大学办社会的办法也还值得改进。当然，事物也总有两面性，他们的这种完全不管学生生活的办法也会带来学生纪律松懈的后果。

奥地利高等学校是校长负责制，设正、副校长各一人，实行校、系、教研室三级领导。1975年起奥地利国民会议通过决议，要求在大学教育中实施改革与民主管理，因此，现在各大学均设有由校长、副校长、各系主任、财务和总务部门负责人、图书馆长、讲师代表、助教代表和大学

生代表组成的校务委员会。当然,这只是一种形式,在大学中真正起决定作用的还是负责各教研室的教授。

3.2 专业面较宽,学生毕业后适应性较好

资本主义国家院校为了适应学生毕业后自找工作的需要,专业面一般比较宽,但欧洲与美国相比,专业性与重视实践环节的程度又要强一些,这种情况大体上处于美国和苏联之间。例如,格拉兹工业大学的机械系一共有五个主要专业方向,几乎概括机械行业的主要范围。专业教研室的数目则远远超过专业的数目,而在我国则一般是一个专业教研室负责一个专业。教学内容安排上,基础课与技术基础课的比重较大(共占84%),专业课比较简练,而且选修课的范围比较广。对于工程技术类的专业而言,则安排了课程设计与毕业设计的实践性环节。这些情况,对于改革我国专业面比较窄的局面可能有一定的参考价值。

3.3 实现理工合校,重视科学研究

奥地利的工业大学或是工业学院均属于国家科学技术部。大部分是理工合校,例如,格拉兹工业大学就有一个规模很大的应用理科。工业大学的各教研室均挂研究所(Institut)的名称。每个教研室一般只有一个教授,负责组织由该教研室担负的专业课的教学并领导全教研室的科研工作。因而科研力量比较集中并容易形成特色。学校科研任务一部分由国家下达,另一部分则来自生产单位。内容涉及新产品的开发,新技术的应用和基础理论等多方面,科研工作十分活跃。由于实现理工合校,也给学校科研工作带来一些有利条件。

综上所述,奥地利的高等教育情况,有些是值得我们在教育改革工作中借鉴的。但是由于双方国情不同,因此不能生搬硬套,更何况资本主义教育制度也有一些难以克服的弊病(如学生纪律松懈,学习期限拖得过长,教学质量受教授个人素质影响较大等等),因此所介绍情况仅供参考,不当之处欢迎批评指正。

国外内燃机测试技术发展动态
——赴德奥考察内燃机测试技术情况汇报

高宗英

（江苏工学院）

众所周知，内燃机是国民经济各个部门中用途最为广泛的一种动力机械，也是石油产品的一大用户。新中国成立以来，我国内燃机工业从无到有，从小到大，发展到今天年生产能力已超过 4 500 万马力，全国内燃机保有量已超过 4 亿马力，每年消耗的油料 3 000 多万吨，占全国石油总产量的 1/3 以上。内燃机除了消耗大量宝贵石油资源来为人类做功以外，它的噪声与排放也是环境保护方面面临的一个十分困难的问题。

目前，我国内燃机在生产数量上虽然不能算少，但产品的质量与技术指标与国外相比尚有很大差距，特别是节能与噪声、排放指标的水平相差更远，究其原因，内燃机测试技术落后乃是重要因素之一。

内燃机工作过程的特点是内部过程在高温、高压、高速工况下，以非定常状态进行。在这种情况下，气体流动与混合气形成、燃料喷雾与燃烧、传热传质、热功转换以及伴随而来的噪声、振动与有害排放物的生成等，均为极其复杂的过程，为了掌握与改善内燃机的工作过程，只有依靠内燃机测试技术的不断进步。因此国外十分重视这方面的开发研究工作。

为了考察国外在内燃机测试技术方面的水平，探讨中外双方在这个领域内合作的可能性，作者于 1982 年 10 月 29 日至 11 月 21 日参加了机械工业部仪表局的代表团重访了奥地利、联邦德国，考察了奥地利李斯特内燃机和测试公司（AVL）、格拉兹（Graz）工业大学内燃机研究所、维也纳（Wien）工业大学内燃机研究所、斯太尔（Styer）汽车厂、FM 油泵公司、米巴（Miba）轴承厂和联邦德国亚琛（Achen）工业大学内燃机研究所等单位，连同 1979 年 9 月至 1981 年 12 月进修期间对联邦德国奔驰（Benz）、博世（Bosch）、波尔舍（Porsche）公司实验室参观的印象，深感国外对内燃机测试技术开发的重视程度与所花费的精力远非国内所能相比，为了使我国内燃机产品方面赶上国外的水平，必须首先弥补在内燃机测试技术水平方面的差距。就作者所了解，国外在内燃机测试技术发展方面有以下特点是值得我们认真研究和学习的。

（1）投资与花费大，工作细致

奔驰公司的看法是，发展一台内燃机新产品需要 5～7 年的时间，为此需要做大量深入细致的综合性能与单项试验工作，因此该公司建立了拥有几百名技术人员和大量自动化试验台的内燃机实验中心，每年拨出大量科研经费，从事各种当前急需与长远科研项目的试验研究工作，远至斯特林发动机与绝热发动机，细至常规发动机活塞上止点位置的动态标定和运转发动机表面各点与风扇皮带温度的测量，均做得十分认真与细致，对于发动机的节能、排放与噪声

---

* 本文原载于《江苏内燃机》1984 年第 1 期，系作者在江苏内燃机学会第一届代表大会上所作的专题报告，汇报作为顾问陪同我国机械工业部首次组团考察国外内燃机测试技术的情况。

污染方面的研究也特别重视，因此，该公司的产品才能以其质量信誉在资本主义残酷的竞争过程中始终立于不败之地。其他如联邦德国博世公司，奥地利斯太尔汽车公司，FM油泵公司也都有大量的整机与零部件试验台，进行大量深入细致的研究工作。

当然，在发展内燃机测试技术方面最突出的当推奥地利AVL公司，这是一家第二次世界大战后由世界著名内燃机权威汉斯·李斯特（Hans List）教授建立的内燃机专业公司，在该公司的700多名职工中，从事测试技术方面的约400人，比从事内燃机本身开发的人员还多，该公司根据自己发展内燃机工作的需要，试制了各种测试仪器投放国际市场，我国也引进了不少AVL公司的仪器。这次我们代表团的主要目的之一，也就是应李斯特父子的邀请，考察该公司生产的测试仪器的技术水平与探讨中奥双方在测试仪器生产方面合作的可能性。

（2）测试仪器的研制紧密配合产品发展的需要，品种比较齐全

在我们访问的奥地利和联邦德国有关工厂与大学研究所的内燃机测试中心内，针对不同测试目的使用着各种用途的测试仪器，有的测试系统是他们自己购买各个组成部分（传感器、各种二次仪表与微机系统）后组装的，也有不少系统由各个生产测试仪器的专业公司提供整套测试设备，如丹麦迪莎（DISA）公司的热线风速仪，B&K公司的噪声测试设备，美国贝克曼（Beckmann）公司的废气分析系统等。但是，在这两个国家看得较多的还是AVL公司产的测试仪器，如前所述，这个公司是在战后发展内燃机技术过程中，逐步认识到测试技术的重要性的，因此，目前已形成了比较完整的生产纲领，生产着包括性能研究、故障诊断、运行状态的监测在内的各种整套的测试系统，有关这个公司生产的测试仪器概况将在本文最后加以介绍。

（3）逐步从测量稳态平均值向测量动态瞬时值方向发展

随着内燃机性能指标不断强化与提高，更要求人们深入了解其内部压力、温度与流动情况，因此已不满足于测取稳定运转工况下的平均值，而要求能测定各种非定常状态下的瞬时值，例如缸内的实际流动与火焰传播情况，燃气的压力与温度的瞬时变化情况，等等。一个比较突出的例子是奥地利AVL公司与COM公司（这是一家只有十几个人的小公司）的平均指示压力测量仪，它可以根据实测的气缸压力与上止点位置，确定相邻各次循环的平均指示压力（当然也可以测定多次循环的平均值），以判别内燃机（特别是汽油机）各个工作循环的波动情况。

（4）科研测试仪器向不断提高测量精度方向发展，而一般故障诊断仪器侧重使用方便性

为了提高测量的精确度，国外有关测试仪器的生产公司对提高传感器、二次仪表以及整个测量精度均很重视。AVL公司在发展其用于测量各种压力的传感器时，除了对于灵敏度、线性度有严格的要求以外，还特别致力于热稳定性的研究，为此，与格拉兹工业大学合作，建立了专用的热冲击试验装置，再以AVL-656数字分析仪为例，为适应对于内燃机高速运转下的动态参数的测量，其采样频率高达500 kHz，测量曲轴转角信号的最大分辨率为0.1°CA，被测参数的分辨率为1.2 bit。

另一方面，为了适应用户的使用要求，也发展了不少精度虽然不太高，但使用十分方便的比较简便的诊断仪器。例如，有一种喷油系统诊断仪，可以利用两个夹在高压油管上相应部位的压力传感器夹与上止点信号，很快读出柴油机的动态喷油始点，以便对柴油机运转状态作出正确的判断与调整。

（5）重视计算机技术的应用与软件的开发

目前，国外各类测试仪器与电子计算机的联系已愈来愈密切，许多测量仪器均备有单独的

微机系统,有的自动化试验台还能进一步由中心计算机来控制,所有测量所得的模拟量经 A/D 转换变成数字量以后,可以利用计算机求值、运算、画图、打印十分方便。为了发动机测试与计算需要的各种软件也日新月异,不断丰富与发展。例如,AVL 的第三代自动测试台,选用 64 K(可扩大至 128 K)的微机控制系统,它还配有一个磁盘存储器和一个软磁盘(供个别程序用)作为大容量存储器。存储器可存储 999 个测试程序,又充当测定数值和程序的长期存储库。

(6) 不断采用新的测试技术,产品型号翻新比较快

随着内燃机研究工作的深入,测试技术也应不断进步,国外在这方面的反应是很快的:为了研究气缸内的换气过程,很快出现了高低压指示仪;为了适应大量数据采集与求值,很快出现了数据分析仪;为了适应各种性能以及排放与耐久试验规范不断提高的要求,很快出现了计算机控制的自动化试验台。今天,所有产品均在不断的改进提高与翻新过程中。一些难度很大的专项试验装置,如测定缸内流动的激光测速仪,在实际发动机上研究燃烧过程的高速摄影装置等也均配置了微机系统。为了适应生产发展与市场竞争的需要,产品目录不断扩充,产品型号不断翻新,如我国前几年进口的 AVL-646 数字分析仪,在测量精度、计算机容量与软件功能方面作了适当改进以后,很快又变成 AVL-656 型投入市场。

综上所述,国外内燃机测试技术的发展水平与速度是相当高的,有些特点与经验也很值得我们借鉴。我国内燃机测试技术近几年发展也很快,除了有关专业研究所以外,也增加了诸如湖南洪江湘西仪表厂和江苏无锡电子器材厂等一批生产内燃机测试仪器的专业厂,形势总的是好的,但与国外相比还有很大差距,这就要求我国的内燃机与仪表方面的技术人员加强协作,认真对待包括研制、开发、引进、生产和使用在内的各个环节,力争使内燃机测试技术更上一层楼,以期接近与最终有可能赶超世界水平。

以下,为了使同志们进一步了解国外内燃机测试仪器的生产情况,举出 AVL 生产的各种常用内燃机测试仪器的名称、功能、主要特点,供国内内燃机与仪表行业同志工作时参考:

① AVL 高低压指示仪(Indicator System,AVL Type 404)可以用来测量气缸与进排气管内低压,研究换气过程,亦可测量气缸中的高压过程与针阀、气门等运动规律。主要用于内燃机,亦可用于其他活塞机与透平机械动态参数和振动的研究。

② AVL6602 和 6603 型平均指标压力测量仪(IMEP-Meter,AVL Type 6602),内装有微处理机,可以根据测量的气缸压力,确定平均指示压力 p_i,可以测定各单次循环的 p_i 值,亦可以确定 2,4,6,8,…,256 次相邻循环的平均 p_i 值,以研究内燃机的工作过程,测量时曲轴转角分辨率 $0.1°$ CA。

③ AVL656 型数字分析仪(Digital Analyzer Systen,AVL Type 656),这是 AVL 发展的用于内燃机和各种透平机械高速动态参数,如压力、温度、振动、变形和加速度测量与求值的由微机控制的数据处理系统,可以有 8 个(或 16 个)通道,采样频率对 8 通道为 500 kHz,对 16 通道为 $2×500$ kHz,曲轴转角测量的分辨率为 $0.1°$ CA,备有丰富软件可以绘制 p-v 图,计算 p_i 值和放热规律,确定最大爆发压力升高率等,还具有进行各种微分、积分运算,曲线的光顺处理与线性标定等功能。

④ AVL730 型燃油消耗仪(Gravimeration Fuel Consumption Measuring Eguipment,AVL Type 730)按重量法原理测量,量程 $0.5 \sim 100$ kg/h,测量精度 $0.3\% \sim 0.5\%$,可用微机控制。

⑤ AVL4001 型机油消耗仪（Oil Consumption Meassuring Equipment，AVL Type 4001），这是一种按 AVL 专利发展的可以测量并记录运转中发动机机油消耗量的仪器，量程 0.25～4 kg，控制油面精度±0.1 mm，按重量法进行自动测量，结果由数字显示，亦可用 XY 绘图仪自动绘出。

⑥ AVL409 型自动烟度计（Smoke Meter，AVL Type 409）可以在柴油机运转过程中自动测量烟度，整个过程包括自动清洁气路、校准零点、取样、测量求值与显示。

⑦ AVL440 型排气分析车（Exhaust Gas Analyzer Car，AVL Type 440），可以在发动机运转过程中自动测量内燃机排气中的碳氢化物（HC）、一氧化碳（CO）、氮氧化物（NO_x）、二氧化碳（CO_2）以及氧气（O_2）与二氧化硫（SO_2）的含量，通过采用完善的数据分析系统，使该仪器适用于美国、日本及欧洲共同体的各种规范。

⑧ AVL403 型漏气仪（Blow by Meter，AVL Type 403）可以在发动机运转过程中测量气缸漏气量，量程为 50～2 500 L/min，可用于发动机的试验研究，亦可用于发动机的监测。

⑨ AVL 810B 型内燃机运行监控器（Engine Monitor，AVL Type 810B）可以在发动机运转过程中对其水温、油温、油压、漏气量和转速等参数进行监测，在情况不正常时即能发出警报或实现紧急停车。

⑩ AVL879 型喷油始点测定仪（Injection Tester，AVL 879）系利用油管受压后产生的胀大变形的原理，可以在不拆卸柴油机高压油泵的情况下，测量喷油提前角并检查提前器的功能。

⑪ AVL850 型柴油机喷油系统故障诊断仪（Diesel Diagnostion System，AVL Type 850），可以同时比较多达 8 个缸的油管压力信息，从而判断各缸喷射油路的工作情况并迅速查清故障。

⑫ AVL855B 型气缸压缩压力诊断仪（Electronic Compression Tester，Type AVL855B），利用启动时蓄电池端电压下降的原理，可以在不拆卸火花塞喷油器的情况下，检查汽油机或柴油机的气缸压缩压力。

由于篇幅的关系，还有一些专用试验台与设备，如用程序控制的自动化试验台和各种单缸试验机等，就不可能一一再介绍了，整个考察情况也只能大体汇报到这儿。由于考察任务较重，时间又很紧迫，许多地方还不可能看得很仔细，文中介绍难免有不正确之处，欢迎内燃机与测试行业的专家和同志们批评指正。

我省小功率柴油机的现状及对今后发展的一些建议[*]

高宗英　朱埏章　沈廷荣

（江苏工学院）

1　我省小功率柴油机的现状

据1982年统计,我省小功率单缸柴油机在全国所占比例为:工厂数占11.3%,生产的马力数占16%,生产的台数占14.8%[1],在1982年国家优质产品评选的七项获奖小功率单缸柴油机中,我省荣获两块金牌和一块银牌。这说明,我省小功率柴油机无论是在生产能力方面还是在产品的数量和质量方面,均在全国占有相当的地位。近几年来,随着农村经济政策的落实和国民经济的发展,对小功率柴油机的需求量上升很快,各厂家生产任务饱满,产量逐年上升,出现了蓬勃发展的喜人局面。但是,应该看到,我省小功率柴油机还存在着以下几方面的主要问题。

第一,型号单一、品种单调、功率等级稀疏,与我省柴油机厂的生产能力极不相称。

我省生产的小功率柴油机以S195和170F两种型号的单缸机为主,尤其是S195型,按生产的马力数计,占全省生产的小功率柴油机的总马力数90%以上,而且这种状况自从1969年S195定型投产以来持续了十几年时间,致使一些设备和技术力量很有潜力的工厂多年来都生产同一型号的单一产品。从表1可知,这与日本小功率柴油机几个主要生产厂家的产品型号和功率等级数发展情况形成鲜明的对比。

表1　日本主要厂家20马力以下小功率柴油机型号数和功率等级数发展情况（1977—1982年）

厂家名称	型号总数			功率等级数		
	1977年	1982年	增长/%	1977年	1982年	增长/%
洋马柴油机	37	50	35.1	19	22	15.8
久保田铁工	24	42	75	20	22	10
三菱自动车	17	28	64.7	14	17	21.4
石川岛芝浦	14	17	21.4	12	15	25

小功率柴油机用途十分广泛,由于型号单一、品种单调,就难以适应日益增长的各种不同机具的配套要求,常常出现"小马拉大车"或"大马拉小车"的情况。在国际市场上,也无法同日本的小功率柴油机竞争,不能打破日本的垄断地位,影响了国家外汇收入。为此,迫切需要尽

---

[*] 本文原载于《江苏柴油机》1984年第2期。

快改变这种不正常的状况。当前,我省除了继续生产现有机型并积极发展变形产品外,应该主动、积极地根据我省的具体情况和今后小功率柴油机市场的预测,有计划地发展先进的并具有我省特色的小功率柴油机系族产品。

第二,单缸机型之间"三化"程度低,工艺通用性差。

我省单缸机均属以气缸直径毫米数值命名的柴油机系列产品,如S195型即为95系列中的一个机型,它们的易损件、部分零件与同系列中的多缸机基本通用。但是各种不同的单缸机型之间,如S195型和外省的190型之间,却缺乏纵向联系,各家自成体系,"三化"程度很差。许多零件本应互相通用,实际上却差别很大。相近缸径的单缸机在设计时本应考虑工艺通用性,以便做到在同一条流水线上生产几种产品,而现在大多数工厂在一条流水线上只能生产一种产品,没有实现多品种生产。造成这种情况的原因是现有的产品大多是在60年代后期或70年代前期设计的,设计时各个机型各自为政,没有对各机型之间的"三化"予以足够的重视。"前车之鉴,后事之师",这一点是在我们发展下一代小功率柴油机产品时应充分注意的。但是当前在研制新一代小功率柴油机时,提倡竞争也带来了一些副作用,普遍存在着各厂之间互不通气甚至相互封锁的现象。所研制的单缸机,有的已经通过鉴定,准备投入批量生产;有的正在研制,一旦成功也将鉴定投产。这样,有可能使新一代的小功率柴油机型号更为庞杂,"三化"程度更差;而且由于大量的重复劳动,浪费了人力、物力、财力,致使经济效益差,上马速度慢,同时也为产品的质量、使用、维修,以及零配件的生产、供应等带来一系列困难,这是不得不指出的令人忧虑的现象。因此,我们认为,我省应及早召开我省小功率柴油机发展的专题学术讨论会,以期统一认识,趁各厂尚未正式投入批量生产之前,搞好全省统一规划和统一部署,特别是要把注意力放在搞好"三化"这项刻不容缓的任务上。

第三,现有产品在性能上与国外产品存在差距。

我省各厂在上级主管部、厅的领导下,狠抓产品质量,组织基础件攻关,特别是通过创优活动,使产品精益求精,性能有了明显的提高,在用户中享有良好声誉。但与国外同类产品相比,性能上尚有一定的差距,主要有以下几方面:

(1) 使用经济性

关于燃油消耗率,过去都把注意力集中于降低标定工况下的数值(这一点对于定工况运转的柴油机无疑是重要的),目前我省S195型在标定点的燃油消耗率可以说已经达到了国外同类产品的先进水平。但是对于变工况下燃油消耗率的变化规律注意得却不够。事实上标定点油耗低的柴油机其实际使用燃油经济性不一定很好(视用途而异)。重要的是要根据不同的配套要求,改善常用工况下的燃油经济性。为此,还须进行大量细致的试验研究工作。不但要致力于降低标定点的燃油消耗率,还要致力于使最低燃油消耗区与该柴油机主要用途的常用工况相一致,并使低油耗区尽量宽广。只有这样,才能达到节能的实际效果。

关于机油消耗率,与国际上一般水平差距也较大。国外小型单缸机的机油消耗率约为燃油消耗率的1%左右,而我们目前机油消耗率波动较大,出厂产品的水平是燃油消耗率的2%左右。必须看到机油消耗率高不但在于多消耗较贵重的机油,还意味着容易在气缸、活塞、气门等零件表面上形成积炭,影响柴油机的可靠性和使用寿命。所以今后要加强对于这方面问题的研究,找出机油消耗率高的内在规律和解决措施,缩短同国际水平的差距。

(2) 工作可靠性和寿命

我国一般不像国外那样重视对一些主要零部件在专门的试验台上考核其可靠性,而只是通过整机的耐久试验或强化试验来测定整机的可靠性。现行的试验规范又远没有国外那样苛刻，但还常常不能通过试验或勉强通过试验。这说明我们的柴油机在工作可靠性和寿命方面同国外相比，还有明显的差距。从用户使用和创优试验的情况来看，最易发生故障和损坏的主要是喷油系统、配气系统以及其他工作条件比较苛刻的零部件。这反映了在柴油机基础件和配件的设计制造水平、零件的材料和工艺水平、整机的装配和调试水平等方面还存在不少需要解决的问题。

（3）其他方面

诸如振动、噪音、排放（如加速冒烟等）、启动性，以及三漏、外观等问题。这些问题不仅直接影响到我省的产品在国际市场上的竞争能力，而且就是在今后国内市场的竞争中也将是一个不容忽视的因素。

2 坚持有计划地按系族方案发展小功率柴油机的正确方法

由于小功率柴油机是面广量大的产品，如仍采用老方法发展，必然会使各机型间的三化程度更差，实质上反而会降低发展速度和浪费投资，致使多数工厂无法经济合理地组织多品种生产。为此，应该打破缸径的界限，将气缸工作容积相接近的几种型号的小功率柴油机组成一个系族，同一系族的不同机型之间，要求三化程度高，工艺装备通用性好，变型产品多，适用范围广。对系族产品的设计、生产规划乃至今后定型后的工装设计、配件和易损件的生产等等作通盘考虑。应当说这是今后发展新一代小功率柴油机的正确方法。

通常组成小功率柴油机的系族可按以下几种原则进行：（一）保持活塞行程不变，变更气缸直径；（二）保持气缸直径不变，变更活塞行程；（三）气缸直径和活塞行程都做相应变更；等等。我们不成熟的看法是，我省宜采用第一种方法来组成系族。因为众所周知，气缸工作容积（功率也大体上）与气缸直径的平方成正比，而与行程只存在线性关系，所以改变缸径比更改行程更容易满足扩大功率范围，适应配套变化的要求。同时，在较小范围内变更缸径可使曲轴、连杆、机体等大件不变或仅作少量改变，毛坯和加工专机亦可通用，既利于组织多品种生产，又利于保证零件制造质量和降低制造成本。日本各公司即广泛地采用这种方法生产众多的机型，以满足配套需要和扩大产品销路。表2即以三菱汽车工业公司为例，说明了这种按系族方案发展小功率柴油机的方法。由表2可见，从1982年起该厂将NM6、NM7(H)这两款每种活塞行程只对应一种缸径的产品淘汰了，代之以D65、D75这两种用同样行程搭配各种缸径的机型，用这种方法发展多品种生产，得到比较密集的功率等级，这种经验也许值得我们借鉴。

表2 日本三菱汽车公司单缸柴油机的系族

型号	$D×S$ /(mm×mm)	气缸数及 排列方式	V_h /L	N_e/n [马力/(r/min)]	p_e /(kg/cm^2)	净重 /kg	备注
NM4H	65×80	1H	0.265	3.5/2 200	5.4	51.5	
WNM5H	68×80	1H	0.290	4/2 200	5.62	57.5	
NM6	73×82	1H	0.343	5/2 200	5.96	63	82年停产
NM7(H)	78×85	1H	0.406	6/2 200	6.05	76	82年停产

续表

型号	$D\times S$ /(mm×mm)	气缸数及排列方式	V_h /L	N_e/n [马力/(r/min)]	p_e /(kg/cm^2)	净重 /kg	备注
NM8.5H	80×95	1H	0.478	7/2 200	5.99	92	
NH10	88×95	1H	0.578	8.5/2 200	6.01	96	
NH12	94×95	1H	0.659	10/2 200	6.2	119	
M14	96×110	1H	0.796	12/2 200	6.17	148	
M16	100×110	1H	0.863	13.5/2 200	6.40	150	
M18	100×110	1H	0.863	15/2 400	6.52	150	
D65	76×78	1H	0.353	5.5/2 400	5.84	71	82年新发展
D75	82×78	1H	0.411	6.5/2 400	5.93	74	82年新发展

注：① 气缸排列方式中：H表示卧式。
② 表中 N_e 相当于我国12小时标定功率，p_e 为12小时标定功率下的平均有效压力。

根据全国中小功率柴油机产品发展规划，气缸直径间隔为5 mm，为此，我们建议同一系族的产品，缸径的变化间隔也以5 mm为宜。间隔10 mm就显得过大一些，这是因为我们在设计时，结构上是以较大的缸径作为依据的，缸径差太大，会使小缸径柴油机重量和外形尺寸显得过大。

此外，根据配套需要，有的小功率柴油机系族还应包括与该系族单缸机活塞排量相同的两缸机甚至三缸机、四缸机在内。当前我们不妨先研制两缸机，这样，在同一活塞行程下，就可能有几种气缸直径相邻的两缸机（或多缸机）。这些两缸机之间，零部件三化程度高，工艺通用性好，能在同一条线上加工，且与系族中相应的同缸径单缸机属于原来习惯上理解的同一系列的产品，它们之间工作过程的组织方法相同，活塞组、连杆组、配气机构的部分零件、燃烧室镶块等都通用，因此克服了过去研制产品中各自为政，自成体系，上下左右缺乏联系的弊病，把发展多品种的生产纳入了系族化的轨道。

由于不同的用户对产品的要求不同，所以同一系族产品，应具有能满足各种不同要求的广泛适应性。例如：广阔的转速范围，各种冷却形式（蒸发冷却、冷凝冷却、风冷）和启动形式（手摇启动与电启动）等等。而且，除了在标定功率和转速上满足配套要求外，还要力求在结构和性能上满足各种配套机械的要求。例如：用于拖拉机的柴油机要有足够大的扭矩储备系数，最大扭矩处的燃油耗应较低；用于排灌动力的柴油机对扭矩储备系数的要求就可以比较低，最低的燃油耗要求调整在标定点附近；与小型发电机组和联合收割机配套的柴油机则对调速率有较高的要求；在多尘环境下使用的柴油机必须加强空气滤清；多种用途的柴油机则应在满足主要用途的基础上，在性能上兼顾其他用途的要求；等等。当然要达到上述各种要求并不是很容易的，这需要进行大量的研究和深入细致的组织工作。在这方面我们应该学习国外厂家的某些做法，他们为了提高产品的竞争性，千方百计地采取措施方便用户，甚至连一些细微之处都考虑得比较周到。只有这样，我省才能发展具有一定特色的，质量高且适应性强的小功率柴油机系族产品，使之在未来的国内外市场立于不败之地。

3 对我省小功率柴油机系族方案的若干建议

3.1 以现有产品为基础构成系族

以现有的 S195、170F 和 X170F 型为基础,在工艺条件和零配件与原机尽可能通用的前提下进行变型设计,形成缸径为 70 mm、75 mm 和 95 mm、100 mm 两个单缸机系族,以增加品种,扩大功率覆盖面。具体建议如表 3 所示。

从表可见,这种方案可使机型数由现在的 3 个发展到 11 个以上,功率等级由现在的 3 个发展为 6 个,从而改变了我省型号单一、品种单调的现状,提高了配套的适应性。这种方案与新的系族方案相比,有以下优点:

（1）原有的工艺装备和工艺可以通用或仅作少量改动,因此研制经费可以大大节省,而且一个厂可以实现多品种生产,充分挖掘了工厂潜力。

（2）同一系族的各种机型之间,零部件、配件和易损件的通用程度很高,使制造、维修和零配件供应比较方便。

（3）由于只对原机作局部改变,发展新机型的研制周期短、投产容易。

（4）在提高功率的同时保持柴油机外形尺寸和重量基本不变,不影响原有的配套使用。

（5）用户对原机型已较熟悉,使用变型后的新机型不必进行专门的培训。

所以用这种方案发展品种是既省钱收效又快的办法。

3.2 对新一代小功率柴油机系族方案的建议

对新一代小功率柴油机系族方案的建议如表 4 所示。为了便于与国外产品比较,表 5 列出了与所建议系族方案机型类似的日本 1982 年生产的单缸柴油机的有关参数。

以现有机型为基础构成的系族方案,虽然增加了我省小柴油机的品种和功率等级数,但功率等级仍很稀疏,还未形成宽广的功率覆盖面。其中,7～12 马力和 15～20 马力之间还是空白。随着我国农村经济的发展,专业户、富裕户的不断增多,对各种农机具、小型拖拉机等需求量将逐年加大,可以预期,这两档功率范围内结构上各具特色的柴油机在国内市场上将是迫切需要的。在国外市场上,7～9 马力的柴油机需求量较大,据统计[2],日本 1979 年出口这档柴油机 63 280 台,占出口总数的 39.6%;1980 年出口 74 667 台,占出口总数的 33.4%。此外,小缸径的多缸机在我省也是个空白。因此,我们提出了新一代小功率柴油机系族方案的建议,以填补上述空白,使我省的小功率柴油机配套适应性更强。当然,如果将这三个方案齐头并进地实施,可能能力有限,勉强上马反而会分散精力,欲速则不达。因此,可以分批地进行。例如可以先上缸径为 80 mm 和 85 mm 系族方案中的单缸机,待条件具备后再研制多缸机和其他系族方案中的机型。

3.3 对上述方案中几个问题的说明

（1）对新一代小功率柴油机性能指标的总的设想

新一代小功率柴油机的性能指标应该比现有机型有不同程度的提高,努力缩短与国外同类机型之间的差距,达到或超过国家下达的有关规定,争取在国内的同类机型之中居于领先地位,并赶超国际先进水平。

表 3 以现有产品为基础的系族方案建议

型号	现有机型				变形设计					系族产品型号数
	$D \times S$ /(mm×mm)	N_e/n /[马力/(r/min)]	p_e /(kg/cm²)	C_m /(m/s)	方案	$D \times S$ /(mm×mm)	N_e/n /[马力/(r/min)]	p_e /(kg/cm²)	C_m /(m/s)	
S195	95×115	12/2 000	6.63	7.6	扩缸	100×115	13.5/2 000	6.72	7.6	>7
					增加转速	95×115	13.5/2 200	6.78	8.4	
					扩缸并增加转速	100×115	15/2 200	6.8	8.4	
					结构上变化如:燃烧室改为直喷,加装限油器,机油滤清器等。	100×115	13.5/2 200	6.72	7.6	
						100×115	15/2 200	6.78	8.4	
								6.8	8.4	
170F	70×70	4/2 600	5.15	6.1	增加转速	70×70	5/3 000	5.58	7	2
X170F	70×75	5/2 600	5.99	6.5	增加转速	70×75	5.5/3 000	5.83	7.5	2

注:表中 N_e/n 指 12 小时标定功率及转速;下同。

表 4 新一代小功率柴油机系族方案建议

系族序号	$D\times S$ /(mm×mm)	气缸数及排列方式	排量 /L	标定功率 /[马力/(r/min)]		1小时功率 /[马力/(r/min)]	p_e /(kg/cm²)	C_m /(m/s)	升功率 /(马力/L)	冷却方式	燃烧室形式
1	70×75	1H	0.289	5/2 600	5.5/2 800	5.5/2 600	6 6.12/6.59	6.57	17.3,19	水,风	涡
	75×75	1H	0.331	6/2 600	6.5/2 800	6.5/2 600	6.27 6.31/6.8	6.57	18.3,19.6	水,风	涡
	80×90	1H	0.452	7.5/2 400		8.5/2 600	6.22/7.05	7.2	16.6	水,风	涡
	85×90	1H	0.511	8.5/2 400		9.5/2 400	6.24/6.97	7.2	16.6	水,风	涡
2	80×90	2L*	0.904	15/2 400		17/2 400	6.22/7.05	7.2	16.6	水,风	涡
	85×90	2L	1.022	17/2 400		19/2 400	6.24/6.97	7.2	16.2	水,风	涡
	80×90	3L	1.356	22/2 400		25/2 400	6.08/6.91	7.2	16.3	水,风	涡
	85×90	3L	1.533	25/2 400		28/2 400	6.12/6.85	7.2	15.7	水,风	涡
3	90×100	1H,1L	0.636	9/2 000	10/2 200	11/2 200	6.43 6.37/7.08	7.3	15.5	水,风	涡,直
	95×100	1H,1L	0.709	11/2 200		12.5/2 200	6.35/7.21	7.3	16.6	水,风	涡,直
4	100×115	1H,1L	0.903	15/2 200		17/2 200	6.8/7.7	8.4	16.6	水	直
	105×115	1H,1L	0.996	16.5/2 200		18.5/2 200	6.78/7.6	8.4		水	直

*：L 表示立式排列。

表 5 与系族方案相近的日本单缸柴油机有关参数（1982 年）

生产厂家	型号	$D \times S$ /(mm×mm)	气缸数及排列方式	排量 /L	标定功率 /[马力/(r/min)]	p_e /(kg/cm^2)	C_m /(m/s)	升功率 /(马力/L)	冷却方式	燃烧室形式
洋马柴油机	H7-C	75×75	1H	0.331	7/2 800	6.8	7	21.1	水	涡
洋马柴油机	NS50(C)	75×75	1H	0.331	5.5/2 400	6.23	6	16.6	水	涡
石川岛芝浦	LED45R	80×90	1H	0.452	7/2 200	6.34	6.6	15.5	水	预
石川岛芝浦	LED50R	85×90	1H	0.511	8/2 200	6.4	6.6	15.6	水	预
洋马柴油机	NS90(C)	85×90	1H	0.511	8/2 200	6.4	6.6	15.5	水	涡
洋马柴油机	NS110(C)	92×95	1H	0.612	9.5/2 200	6.35	6.97	15.5	水	涡
三菱自动车	NM12	94×95	1H	0.659	10/2 200	6.2	6.97	15.2	水	预
三菱自动车	M16	100×110	1H	0.863	13.5/2 200	6.4	8.01	15.6	水	预
三菱自动车	M18	100×100	1H	0.863	15/2 400	6.52	8.8	17.4	水	预

在燃油经济性方面，要进一步降低油耗指标，尤其是小缸径的单缸机与国外同类机型相比有明显的差距，更要多做工作。同时，还要根据柴油机的不同用途，注意变工况下燃油耗的变化规律，使低油耗区尽量宽广，提高实际使用的经济性。此外，过去的出厂产品，燃油耗及机油耗波动较大，今后要在制造工艺、装配工艺及其调试等方面多加注意，使出厂产品的油耗保持在一个比较稳定的水平上。

在动力性能方面，我省现有机型与国外同类机型相比，平均有效压力等指标并不落后。关于扭矩储备系数和转速适应性系数，对不同用途的柴油机来说，要求是不同的。例如配小型拖拉机的柴油机与船用或排灌用的柴油机相比，前者应有较高的要求，所以现在提出对拖拉机用的柴油机应贯彻国际标准。但是，小型拖拉机用的小功率柴油机与大中型拖拉机用或汽车用的柴油机相比，在贯彻国际标准时应有哪些区别？对于一机多用的小柴油机是否也要贯彻拖拉机用柴油机国际标准？我们认为，这些问题还有待于进一步商榷，以真正吃透国际标准的精神，制订出符合小功率柴油机实际使用要求的合理指标。

新一代小功率柴油机特别要注意在可靠性和使用寿命方面狠下功夫，使之比我省现有产品有明显的进步，缩短目前与国际先进水平所存在的较大差距。为了减少公害，造福于人民，在噪音、振动、排污等方面也要充分重视，达到将来国家颁布的有关标准。

(2) 平均有效压力 p_e 的选取

p_e 是衡量柴油机动力性能及强化程度的一个重要指标。目前生产的 S195 型和 170 型柴油机的 p_e 的水平总的来说并不落后。据统计，170 型的 p_e 处在国外同类柴油机的中下水平，S195 型则已达到国外同类柴油机的较好水平。然而众所周知，较高的 p_e 必须与设计、材料和工艺水平相适应，否则材料、工艺等跟不上，p_e 值定得再高，也犹如空中楼阁毫无意义。从我国柴油机的可靠性和耐久性来看，与国外产品有着明显的差距，要保证现有 p_e 水平下达到国外同类柴油机的可靠性和寿命，在设计、工艺和材料方面尚有许多工作要做。因此在系族方案中，我们并不追求过高的 p_e 水平。

在对 S195 型的变型设计中，p_e 提高了 1.3%~2.5%，这是较现实的。有人试图仅通过扩缸的办法，将 12 小时功率从 12 马力提高到 15 马力，则 p_e 将达到 7.48 kg/cm²，1 小时功率时 p_e 将达到 8.22 kg/cm²，如按 15% 的扭矩储备系数，最大扭矩时的 p_e 值就高达 8.5 kg/cm²，显然是不切实际的。

在对 170F 和 X170F 的变型设计中，p_e 值为 5.58~5.83 kg/cm²，比 170F 提高 8.3%~14.3%，达到了国外同类柴油机的中等水平，但仍比现有的 X170F 的 p_e 低，所以也是切实可行的。

在新一代小功率柴油机系族方案中，标定功率的 p_e 值在 6~6.8 kg/cm² 范围内，与国内有些现有的机型相比还略低些，似乎有些保守。但我们认为决定标定工况下的 p_e 值，一定要考虑超负荷时和最大扭矩时的 p_e 值。标定工况时 p_e 值定在 6.5 kg/cm² 以下，就能使扭矩储备系数为 15% 时最大扭矩下的 p_e 值控制在 7.5 kg/cm² 以下，1 小时功率的 p_e 值不超过 7.2 kg/cm²，这是比较现实的，也给今后进一步强化柴油机留有一定的余地。将表 4 和表 5 中相应的 p_e 值加以比较可以看到，我们定的 p_e 值与日本八十年代出口的类似机型的 p_e 值接近。应该说，这样的 p_e 值是较先进和切实可行的。

(3) 转速、活塞平均速度和升功率

柴油机的标定转速取决于配套机械的要求，并影响其结构形式与性能。提高柴油机的标定转速是提高升功率和降低比重量的有效措施之一。虽然在提高转速时,为了不使活塞平均速度过大,在结构上常取较小的 S/D 值,但是必须看到转速的提高受到柴油机的机械负荷、热负荷、振动、噪音、零部件的磨损、工作过程的组织等一系列因素的制约。因此,柴油机转速的选择,应该根据柴油机的用途和我国的工艺、材料水平,在柴油机的可靠性和寿命、运转性能与强化指标之间权衡得失加以考虑。我国小功率柴油机主要面向农村,可靠性和寿命是农用柴油机的突出要求,在设计和生产中都应放在首要地位加以考虑。但是重量和体积过大,不仅给使用带来很多不便,而且制造耗用的原材料和电力等增多,成本增高,于国于民都是不利的。所以,根据我国国情,小功率柴油机的转速既不能盲目仿效西欧不断向高速发展(西欧大多在 3 000~3 600 r/min),也不能裹足不前,过于保守。

二十多年来,我国单缸机的转速有明显的提高。目前大多在 2 000~2 600 r/min 之间,这与日本的单缸机转速分布情况有些类似,见表6。

表6 我国和日本1982年主要厂家单缸机转速分布情况

转速(r/min)		<2 000	2 000	2 200	2 400	2 500	2 600	2 800	3 000	>3 000	统计型号总数
日本单缸机	型号数	2	1	24	30	1	6	1	1	1	67
	百分比/%	3	1.5	35.8	44.8	1.5	9	1.5	1.5	1.5	
国产单缸机	型号数	2	8	4			3		1		18
	百分比/%	11.1	44.4	22.2			16.7		5.6		

根据以上考虑,新一代小柴油机系族方案中,标定转速范围为 2 000~2 800 r/min,其中单缸机的转速与日本同类机型相似,比目前国产单缸机中缸径相同的机型的转速有所提高;多缸机的转速比日本同类机型低。为了不使活塞平均速度过高,S/D 值在 1~1.15 之间,比我国现有机型有所减小,但比日本的有些同类机型大。这既有利于减小柴油机的外形尺寸,加大曲轴的重叠度,提高曲轴的疲劳强度和刚度,又避免了过小的 S/D 值引起燃烧室设计的困难,燃烧效率降低,以及往复惯性力加大等一系列问题。从表4和表5可见,新系族方案的活塞平均速度和升功率比日本类似单缸机略大,说明强化程度还是较高的,必须在结构和材料、工艺上采取相应的措施才行。但目前国产高速机如485Q等,活塞平均速度已超过 10 m/s,所以系族方案中活塞平均速度在 7.4~8.8 m/s 之间,经过努力是可以达到的。

此外,由于单缸机往往一机多用,所以同一机型可以标定出数个不同的转速和功率(如国产 R175 型和日本很多机型那样),以供配套单位选择。

(4) 气缸排列方式

气缸卧式和立式布置各有利弊。卧式布置特别适合于水冷单缸机,其蒸发水箱或冷凝散热器可以直接布置在缸套上方,结构简单、价格便宜、高度尺寸小、往复惯性力引起的上下振动较小,功率输出采用皮带传动,方式简便,适宜于一机多用。所以这种布置方式在我国农村及东南亚诸多农业国家中是颇受欢迎的。但立式布置则适用在移动式配套机械上,动力可以采用离合器直联输出,装置紧凑、适应性强、传动效率高,而且立式布置还便于多缸化。

在新系族单缸机中,采用了以卧式为主,适当发展立式机型的方案。这样可改变我省无立式单缸机的情况。尤其是100 mm,105 mm 系列单缸机,功率为 15~16.5 马力,是我国正在迅速发展的小四轮拖拉机很需要的动力。采用两种布置并存的方案,可使配套单位有挑选的余地，具有更广泛的配套适应性。至于双缸以上的多缸机，则以发展立式的机型更为适用。

(5) 气缸数目

目前国产 20 马力以下的柴油机几乎全部是单缸机。缸径小于 85 mm 的多缸机还未批量生产。要不要发展小缸径多缸机，在国内是有过争论的。单缸机与同功率的多缸机相比，具有制造成本低，零件数目少、结构简单，燃油消耗率低的优点，符合当前农村的经济水平。但是多缸机具有重量轻、尺寸小、振动和噪音低等优点。据资料[3]介绍，小型两缸机与同功率的单缸机比较，噪音柔和，要低 5 dB(A)，重量轻 30% 左右，引起振动的等效换算不平衡力矩的最大值可降低 45%（在 2 400 r/min）。因此，作为未来的小四轮拖拉机、小型联合收割机、农用运输等机械的动力，多缸机是较为理想的。作为这样的移动式动力时，单缸机的振动和噪音大的严重缺点不容忽视。目前公路上川流不息的手扶拖拉机噪音之大实在令人厌烦，尤其在突然加速时的噪音简直震耳欲聋，难以容忍。对此，几乎所有居民包括我们这些致力于内燃机产品发展的人都深有体会。试想，如果未来大批生产的小四轮拖拉机大量采用 15 马力左右的单缸机作为动力，则其噪声必将对环境造成更为严重的威胁，形成一大公害。为此我国今后必然会像国外那样制定排污和噪声限制法规，以真正造福于人民。此外，在市场的规律中，柴油机的经济性固然是一个经常性的因素，但随着农民生活水平的逐步提高和外贸事业的发展，对农机具的舒适性的需求将成为越来越重要的因素。我们目前在考虑新方案时，必须把眼光放得远一些，对此应有充分的估计。

两缸机与同功率的单缸机相比，燃油消耗率高 10% 左右，制造成本估计约高 20%~30%，这是过去不发展小缸径多缸机的主要原因。然而，立式双缸机作为移动式动力时，由于采用直联传动，传动效率比皮带传动高，特别是后者沾上油污产生打滑时，问题就更加明显，所以实际使用的双缸机燃油耗不会比单缸机相差那样多。至于成本也要从全面的观点来分析，例如小型联合收割机等配套机具成本要比柴油机高得多，因而，宁愿增加一些柴油机费用来避免剧烈振动对机件的损坏，以延长配套机具的使用寿命与可靠性。从这个意义上来讲，售价提高一些还是合算的，相信也会受到用户的欢迎，因而在市场上具有一定的竞争力。

从国外情况看，为了解决噪音和振动问题，近年来日本和欧美发展了许多小型多缸机，尤其日本发展更快。从表 7 可知，在 1977 至 1982 年五年间，日本 20 马力以下单缸机的型号数增长 38.3%，两缸机增长 15.4%，而三缸和四缸机则分别增长 3.2 倍和 5 倍。所以多缸机的增长速度远远超过单缸机。目前久保田公司已发展了缸径为 64 mm 的两缸和三缸机。这种引人注目的趋势值得我们加以研究。

表 7　日本主要厂家 20 马力以下柴油机单缸机和多缸机型号数增长情况

厂　名	单　缸		两　缸		三　缸		四缸及以上	
	1977 年	1982 年	1977 年	1982 年	1977 年	1982 年	1977 年	1982 年
久保田	12	17	8	13	3	8	1	4
洋马柴油机	21	29	14	15	2	6	0	0
三菱自动车	10	10	7	11	0	5	0	2
石川岛芝浦	4	9	10	6	0	2	0	0
总　计	47	65	39	45	5	21	1	6

由于以上原因,我们认为在小功率柴油机系族方案中,除了主要发展单缸机外,适当发展小型多缸机也是十分必要的。为此,在缸径为 80 mm,85 mm 的系族方案中,提出了两种两缸机和两种三缸机,希望能够让这种多缸机在我省今后的发展中占有一席之地,成为新一代更为理想的移动式动力机械。

(6) 燃烧室形式

我国的小功率柴油机以涡流室式为主,这与日本的情况相类似,据统计,日本在 20 马力以下的机型中,分隔式燃烧室占 98%。但西欧则广泛采用直喷式。

涡流室式柴油机具有对燃油系要求低、转速适应范围广、制造容易、噪音和排气污染小等优点,加之我国通过多年的研究改进,已积累了丰富的经验,因此可以预期,在目前和今后不太短的时期内,仍将成为我国小功率柴油机燃烧室的主要形式。但是直喷式的燃油经济性好和低温启动性好这两大优点,使这种燃烧室越来越引起人们的重视。日本 1982 年度生产的小型高速柴油机,缸径在 100 mm 附近的大都是直喷式[6]。我省也开始了这方面的工作。我们认为在系族方案中,缸径 90 mm 以上的柴油机,除了采用涡流室式外,逐步推广直喷式是有意义的。

要发展直喷式柴油机,则需在供油系统质量、气道的设计和燃烧室结构参数的优选及制造工艺等方面进行艰苦细致的工作。为此,今后应组织各方面的力量开展有关专题研究,努力在新一代的小功率柴油机中逐步扩大直喷式的比例,使之成为我省产品的一个特色。

(7) 冷却方式

我国单缸机大多为卧式蒸发水冷。这种冷却方式具有结构简单、成本低及重心低等优点。但是冷却水耗量大,操作人员心理负担较重,每隔 0.5~1 h 就必须加水,稍有疏忽就会发生故障;有时沸腾的开水还会飞溅出来灼伤;在缺乏水源、水质差以及移动式机械上使用起来很不方便。因此,七十年代以来,国内不少蒸发式水冷单缸机已发展了冷凝式的变型,这种冷却系统冷却水耗量很低,可以数天加一次水,弥补了蒸发式水冷的缺点,但它在成本、重量等方面不如蒸发冷却式。因此,这两种冷却方式各有千秋,在卧式水冷单缸机的新方案中,在发展蒸发水冷的同时,应注意发展冷凝式的变型。同时对冷凝器的结构也应研究改进,以适应外贸和今后国内市场的多方面需要。

至于立式机型,则宜于采用热流式水冷却系统或强制循环水冷却系统。

另外,风冷柴油机特别适宜于缺水、水质差和寒冷地区使用。因此,我们应发展相应的风冷单缸机,以作为水冷柴油机在上述方面的补充。我省无锡柴油机厂、金坛柴油机厂、丹阳柴油机厂等单位在风冷机的设计、制造方面已积累了不少经验。因此,我省发展新一代的风冷小功率柴油机是有基础的。这样,我省的产品将以多种冷却方式成为又一特色。

参 考 文 献

[1] 邵仁恩.小功率柴油机的生产统计与分析,常州农机所,1982.10.
[2] 王文浩.日本小功率柴油机近年的生产及出口情况分析,常州农机所,1982.12.
[3] 日本和西欧小型通用柴油机的动力.国外内燃机,1978,6.
[4] 日本《内燃机关》1977 年 8 月号、1981 年 10 月号、1982 年 9 月号临时增刊.
[5] 杨孝绪.我国小功率柴油机的技术水平、差距和发展,上海内燃机研究所,1982.8.
[6] (日)森光良.小型高速柴油机提高热效率的动向.国外内燃机,1983(4).

小功率柴油机机械损失压力的测定[*]

高宗英　朱埏章　刘胜吉　惠德华
（江苏工学院）

[摘要]　本文对比了测定内燃机机械损失压力的各种方法，并提出了为获得准确测试结果应注意的事项。通过对95系列小功率柴油机的试验，研究了影响其机械损失压力的主要因素及机械损失压力各部分所占的比例，从而为通过降低机械损失压力来改善内燃机的动力性和经济性指出了方向。

[关键词]　机械损失　测试方法　柴油机

内燃机的机械损失压力包括所有运动零件的摩擦损失压力、驱动附件所消耗的损失压力及实现换气过程中的泵气损失压力。由于机械损失压力直接影响内燃机的动力性和经济性，因而成为评价内燃机性能优劣与衡量其设计与制造水平的重要指标[1]。虽然柴油机指示热效率较高，但由于运动件受力和受热情况较为严重，机械损失压力仍然很大，这就使有效效率的提高受到一定的限制。这一点对小缸径分开式燃烧室柴油机更为突出（图1）。

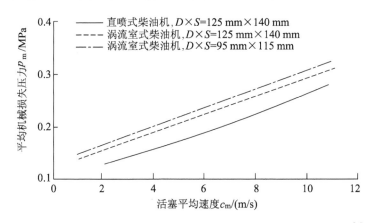

图1　直喷式和涡流室式燃烧室柴油机平均机械损失压力比较示例[2]

1　几种测定机械损失压力方法的比较与评价

通常测定机械损失压力的方法有停缸法、倒拖法、油耗线法和示功图法等。图2所示是作者在电力测功器上，对一台295柴油机用上述四种方法进行测量的结果比较。影响柴油机机械损失压力的因素极为复杂，各种测试方法也各有利弊，且取决于测试时的具体条件和技术水

* 本文原载于《内燃机工程》1987年（第8卷）第1期。

平，因而究竟以何种方法测得的结果更为可信，还缺少明确的论证。为此作者结合自己工作体会，对上述几种测试方法作进一步的分析与比较。

停缸法是目前多缸柴油机用得较多的测定机械损失压力的一种方法。它的前提是假定多缸机某一气缸停止工作后，其他各缸工况不变，被停气缸因活塞继续运动其摩擦损失压力也维持不变。这样就可根据停缸前后有效功率之差来依次确定各缸的指示功率，并进而算出内燃机的机械损失压

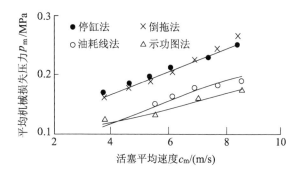

图 2　用各种方法测得同一台柴油机平均机械损失压力的对比（试验时机油温度保持 80～85 ℃，水温保持 75～80 ℃）

力。这种方法基于多次计算两个较大数值间的较小差值，因而对测功器精度要求较高。除了因测功器精度引起误差以外，还存在其他问题。首先是一个气缸停止发火以后，缸内的温度、压力均有所变化，不完全符合前述该气缸内摩擦损失压力不变的假定。其次是某一缸断油后，其排气温度与压力的变化也会影响其他各缸的换气质量，从而影响前述各缸工况不变的假定。此外，采用停缸法测定多缸柴油机的机械损失压力时，由于喷油泵齿条与控制柱塞旋转的齿圈之间有一定的间隙，停缸后再使转速恢复至正常工作转速时，由于转速的变化，可能使各缸柱塞位置在此间隙的允许范围内发生变动，而引起各缸供油量与工况的变化，若不采用专门限制油泵齿条位置的限位装置，则由于上述间隙与杆件间其他间隙的影响，还会造成附加测量误差，因此在用停缸法测量机械损失压力时，应尽可能在油泵齿条上加装专门的限位装置，并需在测功器指针稳定后再读数。尽管存在上述问题，但由于停缸法操作比较方便，且运转工况也比较接近实况（与倒拖法等相比），因而此法在多缸柴油机上得到广泛应用。作者由于充分利用了测量精度比较高的电力测功器，并认真注意前述测试的操作要领，因而得到了比较可信的测试结果。

在有电力测功器的条件下，倒拖法不失为一种简便可行的测定机械损失压力的方法。此法的基本假定条件是保持油温和水温尽量不变，由电力测功器拖动内燃机时，此内燃机的机械损失压力与实际运转工况的机械损失压力一样。根据不少文献介绍[3,4]，此法对柴油机而言，测得的机械损失压力偏高，有时可达 15％～20％。有关文献在解释这种测试方法会产生大误差的原因时提到：① 由于气缸中没有燃烧，气体压力较低，摩擦损失压力减小；② 由于排气过程中工质温度低、密度大，且自由排气阶段的抽吸作用较小，因而使泵吸作用增大；③ 倒拖时在压缩与膨胀过程中，由于充量向气缸壁的传热损失，致使膨胀线低于压缩线，出现了负功面积。

上述结论是有待商榷的，因为在所提及的三项原因中，前一项与后两项是相互抵消的，而且这些原因在停缸法中也同样在一定程度上存在着。因此很难根据这些粗略的分析得出上述两种方法测量结果相差较大的结论。作者的这种看法，通过用电力测功器对 295 柴油机机械损失压力进行反复测试后得到了进一步的证实。实际上，作者在尽量保证拖动时油温和水温与实际工况相同，用倒拖法所得试验结果与停缸法相当吻合（图 2）。这说明只要保证正确的试验条件（关键是保持温度工况不变），倒拖法同样也可以达到与停缸法大体相当的测量精度。若能按文献[5]所述，采用专门装置提高进、排气压力，在保证温度工况相同的前提下，倒拖时进一步使内燃机气缸内压力变化的平均值与实际运转内燃机相同，则倒拖法可望成为测定机

械损失压力的最准确方法。

油耗线法是测定平均机械损失压力最为简便的方法,它是单缸柴油机常用的方法。这种方法是假定内燃机转速一定时,其机械损失压力与指示效率均不随负荷而变,这样在按负荷特性绘制的小时油耗量 G_b 随平均有效压力 p_e 的变化规律将是一条直线(图3),根据这条直线与横轴的交点即可确定平均机械损失压力 p_m。这种方法的误差,在于前述假定不完全符合实际情况。在高负荷处,由于柴油机过量空气系数较小,指示效率下降,再加上爆发压力增加而使机械损失压力增加,曲线要上翘;而在低负荷时,又由于过量空气系数较大,废气与过剩空气带走的热量相对增加,曲线也略上翘(图3)。这样在绘制油耗线的延长线时,往往由于直线斜

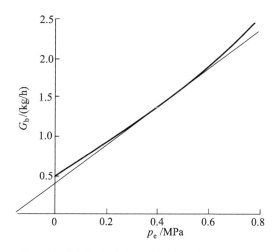

图 3 用油耗线法确定平均机械损失压力(195 型柴油机,$D \times S = 95$ mm $\times 115$ mm,$n = 2\,000$ r/min)

率的微小偏差,致使机械损失压力误差较大,且一般均偏小(图2)。因此,这种方法只适于作定性分析,不宜作定量分析。但若在整理试验结果时,能根据经验进行合理的修正,则采用油耗线法也可得出较为可信的结果。

从理论上讲,示功图法是符合基本定义最准确的方法,但这种方法的准确性,取决于示功图和上止点位置的测量精度。鉴于目前国内一般常用仪器的测量精度尚不够理想,特别是上止点位置很难准确标定,因此小功率柴油机通常都不采用这种方法测定机械损失压力。当然,随着测试仪器与技术的进步,这种方法最终还是有可能在实验室条件下发展成为一种有效的测量手段。

2 运转条件对机械损失压力的影响

2.1 工作温度的影响

柴油机温度工况对机械损失压力有很大影响,图 4 所示为 295 柴油机在不同的机油与冷却水温度下,用倒拖法测得的平均机械损失压力随活塞平均速度变化的关系。由图可见,随着机油与冷却水温的提高,平均机械损失压力有明显降低,"冷拖"状态与"热拖"状态的平均机械损失压力相差达 0.1~0.15 MPa,前者比后者竟高出 50% 之多。这就说明,用倒拖法测定机械损失压力时,必须严格控制发动机的温度状况,而且也指出了内燃机工作时保持正常水温与油温的重要性。实际上,在保证机油耐热与油

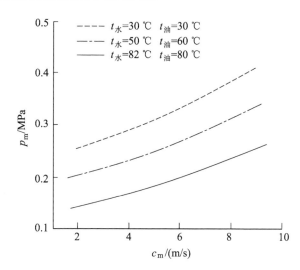

图 4 295 柴油机水温与油温对平均机械损失压力的影响

膜承载能力的前提下,适当提高内燃机机油的工作温度,有利于降低机械损失压力并改善其经济性。

2.2 机油品质的影响

前已提及,机油黏度直接影响相对运动表面之间摩擦力的大小。实验与理论分析说明,内燃机的摩擦损失压力大体上与机油黏度的平方根成正比[6]。图5a所示为在195柴油机上采用不同牌号机油后测得的标定工况下平均机械损失压力的比较,相应的负荷特性如图5b所示。由图可见,在保证可靠性的前提下,选用低黏度的合适牌号机油,有利于减少平均机械损失压力和改善内燃机的经济性。目前使用低黏度机油与向机油中添加减磨剂的研究,也是有关内燃机节能的一项重要课题。

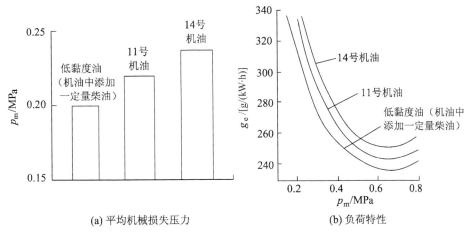

(a) 平均机械损失压力 (b) 负荷特性

图5 机油品质对柴油机平均机械损失压力与经济性的影响

2.3 柴油机负荷的影响

小型柴油机一个重要特点是当维持转速不变而改变其负荷时,气缸内最高燃烧压力 p_z 主要决定于着火落后期喷入气缸内的燃油量,因而 p_z 随负荷变化并不明显。图6所示为在转速相同情况下测取的295柴油机全负荷与50%负荷时的示功图对比(缸内气体压力为 p),其最高压力差值只有0.3 MPa左右,对应的平均机械损失压力分别为0.266 MPa和0.248 MPa,两者相差6.8%。由此可见,在柴油机温度工况变化不大时,负荷变化对机械损失压力的影响不明显(实际上,负荷减少时,整机温度降低对机械损失压力的影响正好与压力减少的影响趋势相反)。

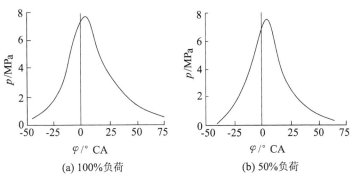

(a) 100%负荷 (b) 50%负荷

图6 295柴油机全负荷与部分负荷时的示功图对比

2.4 柴油机转速或活塞平均速度的影响

从本文前述各图均可看出,随着转速 n 或活塞平均速度 c_m 的提高,平均机械损失压力也随之增加,其原因在于:① 摩擦表面的摩擦损失压力大致与 c_m 成正比;② 涡流室通道节流损失与泵吸损失的压力大致与 c_m 的平方成正比;③ 驱动附件的损失压力也随转速增加而增大;④ 经常作用于各摩擦表面的惯性力载荷也与转速的平方成正比;等等。在理论分析与大量实验资料的基础上,英国 Ricardo 公司给出以下估算平均机械损失压力的公式[2]:

$$p_m = 0.006\,97A + 0.048\,3\left(\frac{n}{1\,000}\right) + 0.040\,1\left(\frac{c_m}{10}\right)^2$$

式中:A——对于直喷式柴油机,$A=\varepsilon-4$;对于涡流室式柴油机,$A=\varepsilon$;

ε——压缩比;

n——柴油机转速,r/min;

c_m——活塞平均速度,m/s。

图 7 所示为作者在 295 柴油机的试验结果与按该式计算结果的比较。图 7 表明两者的变化趋势是一致的,但就绝对值而言,国产的 295 柴油机 p_m 偏高,其原因首先是该公式适用于车用多缸柴油机,对 295 两缸机而言,驱动附件的损失压力所占的比例相对较大,其次也说明该机的制造质量还较差。表 1 所示为作者在 295 柴油机上,在各种试验条件下测得不同转速工况的平均机械损失压力对比情况。由表 1 可见,在不带缸盖的情况下,对冷机进行拖动,高速时 p_m 增加程度远较其余情况

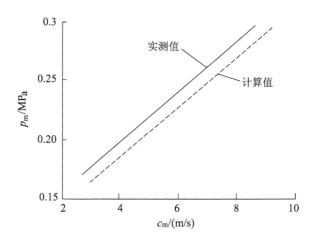

图 7　295 柴油机试验与计算 p_m 值的对比

为大,这说明 295 柴油机运动件惯性力较大,因此在无压缩情况下与转速平方成正比的惯性力载荷成了机械损失压力增长的主要根源。

表 1　295 柴油机在不同转速下的平均机械损失压力及其相对比值

序号	测定条件	不同转速下平均机械损失压力/MPa		$p_m''/p_m'/\%$
		$p_m'(n=1\,000\text{ r/min})$	$p_m''(n=2\,200\text{ r/min})$	
1	热机倒拖 $t_水=75\sim80\,℃$;$t_油=80\pm2\,℃$	0.175	0.248	142
2	冷机倒拖 $t_水=33\sim35\,℃$;$t_油=30\pm2\,℃$	0.290	0.414	143
3	冷机倒拖(不带进、排气管)	0.259	0.376	145
4	热机倒拖(油泵供油)	0.191	0.275	144
5	冷机倒拖(不带缸盖、水泵)	0.095	0.206	217
6	热机倒拖(带风扇)	0.192	0.292	152

3 小功率柴油机各部分平均机械损失压力的组成比例

图 8 所示为作者用电力测功器倒拖 295 柴油机后所得各部分平均机械损失压力所占比例的情况。

图 8 中曲线 2 是倒拖发动机(带全部附件)后得出的整机平均机械损失压力。一般用倒拖法测定发动机的平均机械损失压力时,喷油泵是停止供油的。曲线 1 则是喷油泵供油时(保持原机喷油压力)用倒拖法测得的平均机械损失压力。对比曲线 2 和 1 可知,按喷油泵消耗的功率折算成平均机械损失压力,在该机标定转速下达 0.023 MPa,消耗功率为 0.69 kW。这说明喷油系统消耗的功率,相对来说还是较大的,随着喷油系统的强化,其功率消耗还要相应增加,因此欲通过强化喷油系统改善柴油机工作性能,也应仔细权衡得失,以保证喷油系统与整机的匹配获得良好的效果。

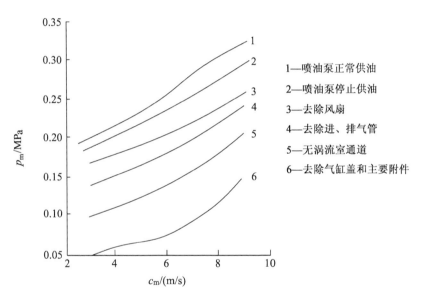

图 8 295 柴油机各部分平均机械损失压力的组成比例(倒拖法)

图 8 中曲线 3 是柴油机去除风扇后的平均机械损失压力。对比曲线 3 和 2 可知,随着柴油机转速的增加,风扇所消耗的功率也急剧增加。在标定工况下,平均机械损失压力为 0.045 MPa,消耗功率 1.33 kW。因此对高速柴油机应十分注意减少风扇所消耗的功率,以提高发动机的动力性和经济性。

图 8 中曲线 4 表示柴油机进一步拆卸空气滤清器与进、排气管后的平均机械损失压力,对比曲线 3 和 4 可知,进、排气管除流动阻力外,对柴油机泵气损失也有相当的影响,在 295 柴油机标定转速下,两者的差值 Δp_m 为 0.018 MPa,而柴油机转速在 1 600 r/min 时,Δp_m 为 0.027 MPa。由此可知,在改善内燃机性能的过程中,设计良好的进、排气管道也是一项不可忽视的因素。

图 8 中曲线 5 是使 295 柴油机无涡流室通道(保持原压缩比)时测得的平均机械损失压力。对比曲线 5 和 4 可知,95 系列柴油机在 1 000～2 000 r/min 的范围内,其涡流室通道流

动节流损失达 0.034～0.036 MPa,标定转速下功率损失 1.03 kW,相当于标定功率的 5.1%,因此在选择涡流室通道尺寸时,除着眼于混合气形成的要求外,也不能忽视它对机械损失压力的影响。

图 8 中曲线 6 表示柴油机去除气缸盖和主要附件后的平均机械损失压力,主要包括曲柄连杆机构各运动件的摩擦损失压力,对比曲线 2 和 6 可知,这部分机械损失压力在标定转速下达 0.14 MPa,占总机械损失压力的 45%～50%。应当指出,这项试验,对缸壁的压力要比实际工况小,故实际机械损失压力所占的比重应当还要大些。上述情况表明,为改善柴油机节能效果而降低机械损失压力的努力过程中,各摩擦副的摩擦损失压力也是一个值得注意的目标。

4 结 论

(1) 在活塞式内燃机中,机械损失功率在整个指示功率中所占比重甚大(与有效功率是同一数量级),因此在改善内燃机的动力性和经济性的研究过程中,应充分重视机械损失压力问题。

(2) 在目前国内一般测试水平情况下,对小功率柴油机来说,比较准确的测定机械损失压力的方法是停缸法和倒拖法,测量中的关键是要尽量保持内燃机的温度工况不变。

(3) 在小功率柴油机机械损失压力组成部分中,虽有它自身的特点,但摩擦损失压力所占比重仍为最大,为了改善内燃机的经济性,应特别注意降低这部分的机械损失压力。

参 考 文 献

[1] Maass H. Gestaltung und Hauptabmessungen der Verbrennungskraftmaschine (Die Verbrennungskraftmaschine, Herausgeben von H. List und A. Pischinger, Band 1), Springer-Verlag,1981.
[2] 及川洋,鸣田泰山.自動車用ライーゼル機関の燃費低減とその方策について.内燃機関,1983,9(臨時増刊).
[3] 長尾不二夫.内燃机原理与柴油机设计.北京:机械工业出版社,1984.
[4] 山东工学院,内燃机试验与测量,1981.
[5] Grothe H. Messen an Verbrennungsmotoren. Vogel-Verlag,1979.
[6] 古浜庄一.摩擦損失の低減.内燃機関,1982,No.7,臨時増刊.
[7] Taylor C F. The internal combustion engine in theory and practice. 1976,1.

Determination of the Mechanical Loss Pressure of Small Diesel Engines

Gao Zongying   Zhu Yanzhang   Liu Shengjie   Hui Dehua
(Jiangsu Institute of Technology)

Abstract: This paper compares different methods to determine the mechanical loss pressure of internal combustion engines and proposes some points of which notice should be taken during the test in order to obtain correct results. Based on extensive tests on "series 95" diesel engines, some important factors, which influence the mechanical loss pressure, and the ratio of different parts of the mechanical loss pressure are investigated. Thus, this paper shows the way to increase the output and to decrease the fuel consumption of internal combustion engines by reducing the mechanical loss pressure.

Key words: Mechanical loss   Measurement   Diesel engine

柴油机部分负荷经济性的研究[*]

朱埏章　高宗英　刘胜吉

（江苏工学院）

[**摘要**]　本文介绍了改善柴油机部分负荷经济性的合理途径。着重指出，不仅应在燃烧、进气和喷油系统的合理匹配方面，而且在降低机械损失方面，亦应进行深入的研究，才能取得明显的节能效果。此外，对原机械工业部颁发的考核办法与有关规定的合理性，提出了看法和建议。

[**关键词**]　部分负荷经济性　柴油机

1　改善经济性的途径

在致力于提高柴油机经济性的过程中，柴油机涡流室的设计起着很重要的作用。但也并不是用某种涡流室的结构参数，在各种工况下都会得到最好的指标。在 95 系列柴油机上的试验表明，涡流室容积比增大后，其经济性在大负荷时变好，而在部分负荷时变差。因此在目前部分负荷经济性要求较严的情况下，将容积比控制在 50% 左右仍然是可取的。此结果与 Ricardo 公司的咨询意见（$V_K/V_C=45\%\sim50\%$）正好吻合。又如通道面积比 f/F_P 的选择，为了保持涡流比在一定的范围内，f/F_P 大致随 V_K/V_C 成正比变化。但是进一步的试验证实，为了改善部分负荷的经济性，在 V_K/V_C 不变的情况下，适当增加 f/F_P（接近于 1%～1.5% 范围的上限值）也有明显效果。当然这样做对于标定或最大扭矩工况下的油耗率可能有些不利。

为了减少部分负荷下的散热与节流损失，要适当降低涡流的强度（通过选择适度的涡流室容积比和通道面积比），但必须采用增强喷油系统的工作能力来加以弥补，否则混合气形成时所需的能量将嫌不足。为此需用增大柱塞直径和改变油泵其他参数的方法来增加喷油速率。

图 1 所示是在 195 柴油机上改进燃烧室结构、增大

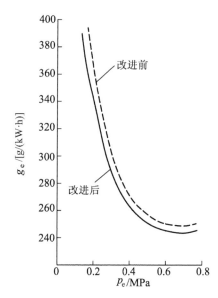

图 1　S195 柴油机改进前后负荷特性对比

---

[*]　本文原载于《内燃机工程》1988 年（第 9 卷）第 1 期。

柱塞直径并改进进、排气系统后所取得的节油效果,其中标定工况点的燃油消耗率下降了 4 g/(kW·h),50%负荷时油耗率降低了 11 g/(kW·h)。

图 2 所示是在 195 柴油机上仅改进喷油系统,即采取增大柱塞直径,改变减压容积和减少有害容积等措施以后,负荷特性的对比情况。改进后的柴油机在 50%负荷点的燃油消耗率降低了 6.8 g/(kW·h)。

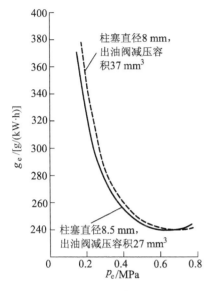

图 2　S195 柴油机改进前后负荷特性对比

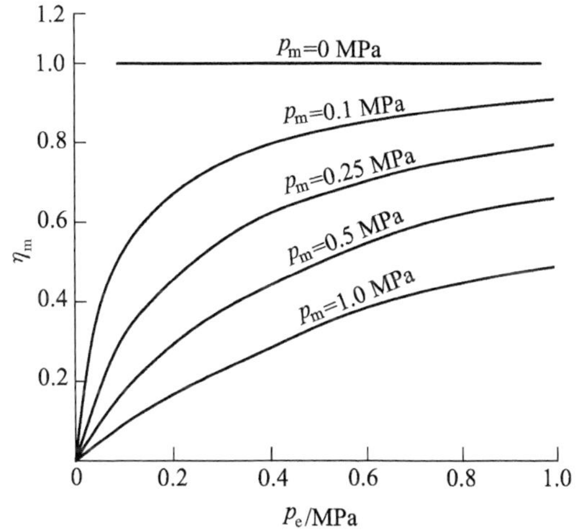

图 3　机械效率 η_m 与 p_e 和 p_m 的关系

我国中小功率柴油机机械效率一般偏低。这有设计方面的问题,也有加工与装配质量问题。机械效率对部分负荷油耗率的影响,远比其他因素大。由图 3 可见,η_m 随 p_e 降低而急剧减少(当 $p_e=0$ 时,$\eta_m=0$)。这正是负荷特性上燃油消耗率曲线随 p_e 减少而急剧向上弯曲的主要原因。减少 p_m 无论对于全负荷情况还是对于部分负荷情况下的 η_m 均有改善作用,而其效果随 p_e 的减小而愈趋明显(图 3)。

实际上,直喷式柴油机的燃油消耗率之所以低于分开式燃烧室柴油机,除了因为相对效率 η_g 的差别之外,机械效率较高(压缩比较低且没有通道节流损失)也是重要原因。因此直喷式柴油机在达到"节能考核办法"对 50%负荷的燃油经济性要求方面不像涡流室式柴油机那样困难。作者在研究了 95 系列柴油机机械损失各部分组成比例的基础上,着重在降低运动件的摩擦损失方面采取了相应的措施(减少机体变形,选择合理的配合间隙与控制活塞组件的摩擦力等),取得了在部分负荷工况下的明显节能效果。图 4 所示为改进前后 195 柴油机

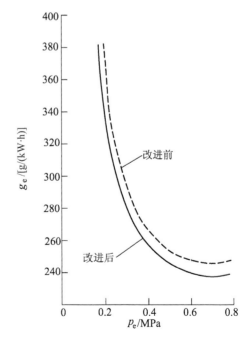

图 4　S195 柴油机改进前后负荷特性对比

负荷特性的比较，其中标定工况燃油消耗率降低 7.5 g/(kW·h)，50%负荷时的燃油消耗率降低 11.8 g/(kW·h)。

2 对部颁"柴油机节能考核办法"的讨论与建议

目前，涡流室柴油机燃油消耗率难以达到"考核办法"关于 50%负荷时要求的原因，除了前述存在的因素以外，也还有考核办法本身方面的问题。

① 考核办法关于 50%负荷时的油耗率小于标定工况油耗率的 108%的规定，主要是参考苏联国家标准 ГОСТ-10150-70 关于船用、机车用及工业用柴油机一般技术条件制定的，类似的规定在美国 SAE、联邦德国 DIN、英国 BS、日本 JISB 和 CIMAC 的标准中均未找到，而且在苏联的这项标准中，尽管订有 75%负荷 g_e 低于标定点的 102%和 50%负荷 g_e 低于标定点的 107%的规定，但主要是针对新研制的带废气涡轮增压器的大中型柴油机的。按照苏联新修订的国家标准 ГОСТ-10150-82，虽然又将上述 50%负荷 g_e 的要求进一步改为标定点的 105%，但对成批生产的柴油机也只要求不高于标定点的 110%（废气涡轮增压）和 112%（两级复合增压），而对机械增压的柴油机仍未作规定。大型废气涡轮增压柴油机的机械效率要比非增压小型柴油机，特别是涡流室柴油机高得多。因此，不能认为将苏联标准中的有关规定适当降低一些要求（从 107%改为 108%）套用到我国完全不同的机型上来的做法是完全适当的。

② 考核办法中规定的部分负荷燃油消耗率的要求是相对于标定点燃油消耗率而言的，但是并未对确定标定点功率与其燃油消耗率的条件做出相应的说明与限制。在柴油机负荷特性上，各种标定功率点所在的位置视具体机型的用途和使用条件而有所不同，一般说来持续功率接近最经济点（图 5 中点 1），而 15 分钟功率接近冒烟极限点（图 5 中点 4），12 小时功率和 1 小时功率则介于两者之间。但是，对每一种标定功率来说，并没有明确规定其在负荷特性上的确切位置。因此由图可见，随柴油机标定功率点的位置不同，达到"考核办法"规定的 50%负荷燃油消耗率要求的难易程度也不一样。因此，若不指明标定功率的种类，并注明功率标定的条件，笼统地提出 50%负荷的 g_e 不超过标定功率点 g_e 的 108%的要求，也有些欠妥。

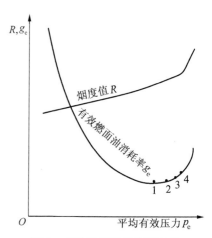

图 5 各种标定功率在柴油机负荷特性曲线上的位置

有关"考核办法"对于部分负荷油耗率的要求究竟取什么比例更为确切，可以通过以下的分析得出明确的概念。

若假定 50%负荷的油耗率与标定工况油耗率之比 $g_{e50}/g_{e100}=A$，50%负荷时的指示效率与标定点指示效率之比 $\eta_{i50}/\eta_{i100}=B$，50%负荷时的平均机械损失与标定点的平均机械损失之比 $p_{m50}/p_{m100}=C$，由此得出

$$\frac{g_{e50}}{g_{e100}}=\frac{\eta_{i100}\cdot\eta_{m100}}{\eta_{i50}\cdot\eta_{m50}}$$

即

$$AB=\frac{\eta_{m100}}{\eta_{m50}} \tag{1}$$

另外，
$$\eta_{m100} = \frac{p_e}{p_e + p_{m100}}$$
$$\eta_{m50} = \frac{0.5 p_e}{0.5 p_e + p_{m50}}$$

将此关系式代入式(1)并简化后可得：
$$A = \frac{g_{e50}}{g_{e100}} = \frac{2C + (1-2C)\eta_{m100}}{B} \qquad (2)$$

若假定 $\eta_{i50} = \eta_{i100}$，即 $B=1$，$p_{m50} = p_{m100}$，即 $C=1$，如欲使 $g_{e50}/g_{e100} = 1.08$，则 η_{m100} 竟需达0.92，这当然是不可能的。实际上，柴油机部分负荷工作时，机械损失略有减少，燃烧情况也有所改善。但幅度都不可能很大。假定两者均改善10%，即 $B=1.1$，$C=0.9$，则为使 $g_{e50}/g_{e100}=1.08$，η_{m100} 也必须等于76.5%，这对一般小型涡流室柴油机而言也是很难达到的。根据作者的上述分析与计算，为保证 $A=g_{e50}/g_{e100}=1.08$，在各种不同的 B 和 C 的条件下，柴油机标定工况所需达到的机械效率 η_{m100} 可以从图6查得。由图可见，在 B、C 改善有限的条件下，只有较高的 η_{m100} 才能达到"考核办法"的要求。实际上，

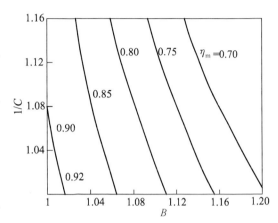

图6 为达到考核办法要求
（即 $A=1.08$）B,C,η_m 诺模图

当 $\eta_m \leqslant 75\%$ 时，考核办法对于50%负荷的燃油消耗率的要求就很难达到，所以"考核办法"中未对各种机型采取区别对待的做法也不妥，如没有区分直喷和非直喷、增压和非增压、高转速与低转速，而一律要求 $g_{e50}/g_{e100}=1.08$，显然不合理。但是，自贯彻"考核办法"以来，改变了不少柴油机厂只把目光集中在标定工况燃油消耗率上的片面做法，从而有助于促使工厂全面做好柴油机节能工作，这是应该肯定的。

为此，作者对"考核办法"提出以下建议：

① 以万有特性的形状与经济区域的宽广程度作为考核柴油机的基础。由于不同用途的内燃机常用工况不同，对于万有特性的燃油消耗率的经济区也有不同的要求，例如轿车与中小型载重汽车柴油机经常处在部分转速与负荷工况下工作，转速的变化范围比较宽广，因此要求万有特性的经济区能覆盖比较宽广的转速范围，而最大扭矩点位于最低油耗区（图7a）。

工程机械、拖拉机及固定用的柴油机的负荷变化也可能很频繁，但由于主要按调速特性或负荷特性工作，转速变化范围不像车用柴油机那样宽广，因而要求万有特性在沿负荷方向要拉得开一些。对于拖拉机与工程机械，为保证一定的扭矩储备，其最经济区应位于全负荷的70%～75%（图7b）。

船用柴油机按螺旋桨特性工作，因此其万有特性的形状也应适应这个变化，保证推进特性曲线的常用工况段包含在最经济区内（图7c）。

因此，今后可以根据不同的用途，按其万有特性提出两项考核指标：一是反映其形状对其用途的适应程度（如最低油耗点的位置）；二是反映经济区的宽广程度。这样才能使柴油机节能工作着眼点从点工况（标定点）和线工况（负荷特性、速度特性等）转移到面工况（万有特性），

以实现全面的节能。

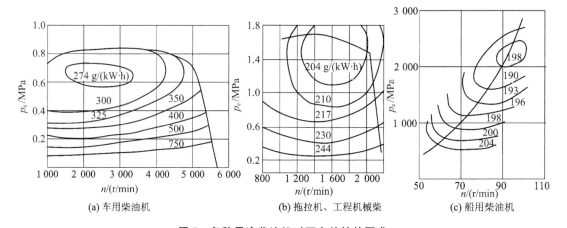

图 7　各种用途柴油机对万有特性的要求

图 8 所示为 S195 柴油机万有特性的对比。由图可知，改进以后，万有特性沿负荷方向展开时，燃油消耗率都有明显的降低，但并不能适用于所有用途。

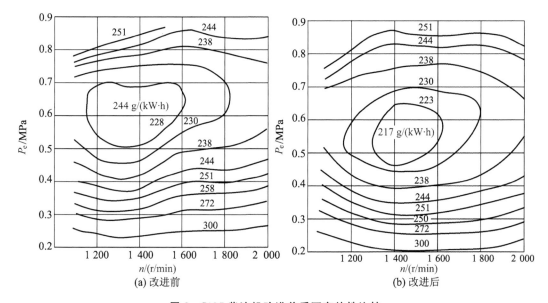

图 8　S195 柴油机改进前后万有特性比较

② 建立多工况的节能考核制度。影响柴油机实际燃油经济性的不仅是柴油机本身，而与其相连的工作机械（如汽车底盘或其他作业机械）的效率，以及两者之间的正确匹配及实际使用条件等均对整个机组的综合效率有明显的影响。国产柴油机的台架性能指标有时与国外差距不大，但装车以后的行驶百公里油耗却要比国外水平差得多。因此，从长远来看比较合理的做法是在大量统计资料的基础上，建立能模拟各种柴油机实际载荷情况的标准载荷谱，在转鼓试验台或瞬态试验台上对柴油机燃油经济性进行试验研究与考核。在条件尚未具备以前，可以先采用类似于排放检测采用的 13 点工况的多点稳态试验方法来考核柴油机的燃油经济性。

A Study on Improvement in Fuel Economy under Partial Load of Diesel Engines

Zhu Yanzhang   Gao zongying   Liu Shengji

(Jiangsu Institute of Technology)

Abstract: The reasonable approach to reduce the specific fuel consumption of diesel engines under partial load are discussed. It gives emphasis upon the tangible results of fuel economy which can be obtained not only by optimizing matching between the combustion chamber, air intake and fuel injection system, especially carry forward the development to reduce the mechanical loss of engines. Besides, the rationality of the test code and check parameters for fuel economy of diesel engines, published by the Ministry of machine building (formerly) are also discussed. And finally some suggestions and recommendations are proposed.

Key words: Fuel economy under partial load   Diesel engine

缸内直接喷射
——未来车用汽油机的发展方向*

高宗英[1] 袁银男[1] 刘胜吉[1] 蔡忆昔[1] 王忠[1] 刘启华[2] 蒋勇[3]

（1. 江苏理工大学；2. 上海交通大学；3. 中国科技大学）

[摘要] 概述了车用汽油机节能措施和汽油喷射技术的发展过程，着重介绍缸内直喷式汽油机工作原理、结构特点及美、日、德、奥等国的应用实例。

[关键词] 汽油机　动向

1 车用发动机在 21 世纪面临的挑战

节能与环保是关系人类社会可持续发展的重要课题。在人类的生产与社会活动中，汽车工业做出了巨大的贡献。根据汽车工程师协会国际联合会（FISITA）1996 年公布的资料，公路也就是汽车运输是当前世界上最主要的运输方式。实际上，目前世界客运总量的 80% 由公路承担。由此可见，人类的经济与社会活动离不开汽车。目前，全世界汽车产量已达 5 000 万辆，保有量已超过 7 亿辆，预计当人类进入 21 世纪时，汽车，特别是小轿车的数量将会进一步增长。到 2010 年时，全世界汽车保有量将会突破 10 亿辆（图 1）。

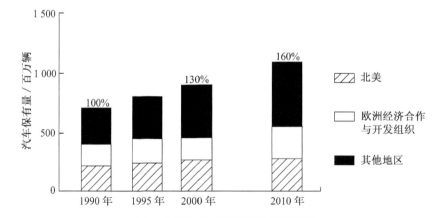

图 1 世界汽车保有量增长情况预测

作为汽车动力与心脏部件的发动机，在目前及可预见的未来，仍将广泛使用石油燃料的活塞式内燃机，即一般所谓的汽油机与柴油机。其中，汽油机因为升功率高、噪声振动小而广泛用作轿车与轻型车辆的动力。

---

* 本文原载于《国外内燃机》2001 年第 1 期。

内燃机在为人类提供广泛动力需要的同时,也给人类环境带来很大的危害。燃料燃烧时产生的有害排放物,如 CO,HC,NO_x 与颗粒等,直接影响人类的身体健康,燃烧产物 CO_2 形成的"温室效应"是导致全球气候变暖的重要原因。在工业化进程加速,特别是全世界的汽车产量与保有量猛增的近几十年来,大气中 CO_2 的含量也呈剧烈增加的趋势(图2)。

为此,当人类步入 21 世纪的时候,应当而且也必须对汽车发动机(无论是汽油机还是柴油机)在节能与环保性能方面提出愈来愈严格的要求。例如,通过更加严格的法规来限制有害物质的排放,通过降低油耗来减少 CO_2 的排放,通过各种措施来降低内燃机的噪声与振动并提高其可靠性与寿命等。

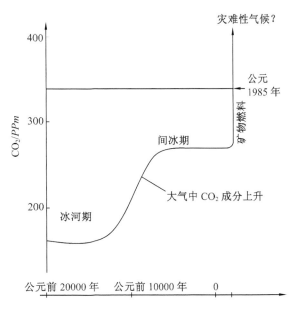

图 2　大气中 CO_2 含量增长情况

总之,21 世纪的车用发动机应该在节能与环保性能方面比 20 世纪后期,即当前的产品有一个质的飞跃(图3,图4),这正是各国内燃机生产企业与研究机构面临的机遇与挑战。

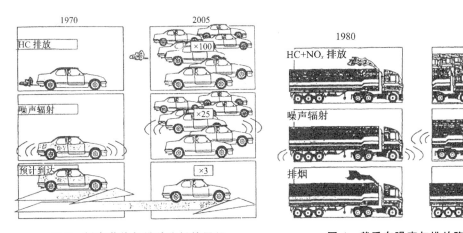

图 3　轿车节能与排放降低的展望　　　　图 4　载重车噪声与排放降低的展望

2　车用汽油机的发展方向

如前所述,车用汽油机的主要优点是升功率高(转速高且可使用过量空气系数 $\lambda=1$ 的混合气工作),噪声与振动小,同时在废气排放方面也不存在柴油机的碳烟与颗粒污染,但缺点是热效率较低,因而燃油消耗要比柴油机高 15%～20%。

目前车用汽油机主要用在轿车、轻型载重车与摩托车等小型车辆上,然而正是这种小型车辆的产量与保有量却占世界车辆总数的 90% 以上。此外,由于地球上石油资源储量有限,更由于燃油的消耗量与 CO_2 排放成正比,因此,在注意降低车用汽油机 HC,CO 与 NO_x 排放的同时,也必须十分重视降低燃油消耗的工作,以达到节能与限制 CO_2 排放的目的。

由于欧洲的许多著名企业与研究机构在内燃机的开发与研究方面工作比较细致,也由于我国节能与排放法规的制定,更多地参考了欧洲标准,因此,这里用图 5 与图 6 形象地表示欧洲共同体(以下简称"欧共体")到本世纪末对车用汽油机在有害排放物($HC+NO_x$ 与 CO)的限制法规(欧 3 标准)及对 CO_2 排放量限制的建议。由图 6 可见,对于排量为 1.4~2.0 L 的小轿车而言,CO_2 排放量应控制在百公里 15 kg,即相当于百公里油耗 6.5 L 左右,这已经低于分隔式燃烧室柴油机的燃油耗水平了。

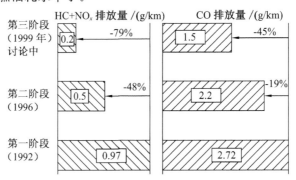

图 5　欧洲车用汽油机近期应达到的排放目标

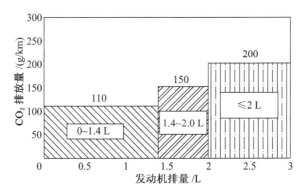

图 6　欧共体对于车用汽油机近期应达到的 CO_2 排放量建议

由于燃油消耗率 b_e 反比于内燃机的有效效率 η_e,即

$$b_e = \frac{A}{\eta_e} = \frac{A}{\eta_i \eta_m} = \frac{A}{\eta_{th} \eta_g \eta_m} \tag{1}$$

式中:A——与燃料热值及计算量纲有关的常数;

　　　η_e——内燃机的有效效率(内燃机输出的有效功与消耗的燃油量之比);

　　　η_i——内燃机的指示效率(内燃机指示功与消耗的燃油量之比);

　　　η_{th}——内燃机热力循环的理论效率(反映理论循环的有效程度);

　　　η_g——内燃机的相对效率(反映内燃机工作过程组织的完善程度);

　　　η_m——内燃机的机械效率(反映摩擦功、泵气与驱动附件的机械损失)。

因此,实现内燃机节能的目标,即降低燃油消耗率 b_e,追根到底也就是要提高整机的有效效率 η_e,这也就是说要采取一切可能的措施来分别提高 η_{th},η_g 和 η_m,方法有以下几种。

2.1 增加压缩比或采用变压缩比

众所周知,η_{th}取决于循环压缩比ε和最大爆发压力p_{max},而汽油机由于采用点燃方式工作,压缩比的提高受到爆燃的限制,因此其η_{th}是低于柴油机的,这也正是汽油机燃油经济性较差的主要原因。长期以来,汽油机研究工作均是围绕这一主题,即改善爆燃性能并提高压缩比进行的,并且已取得良好的效果。目前采用高紊流、分层稀燃系统的高性能汽油机的压缩比已达10.5～12。

另外,最近还推出了一种变压缩比方案(活塞压缩高度可变),即在全负荷下采用正常压缩比,在部分负荷下采用高压缩比(13～14),可以实现在汽车行驶的大部分工况下节能10%的效果。

2.2 采用多气门与可变配气系统

汽油机可以燃烧的燃料量及燃烧的完善程度在很大程度上取决于进入气缸的气体量与气流在缸内的运动,因此,其相对效率η_g在很大程度上取决于混合气形成与燃烧的质量。目前,在新型的汽油机上已广泛采用多气门(3～5个气门,多数为4个气门)方案。另外对各种可变进气道长度、可变气门升程与可变配气定时(VVT)的研究也十分注意,这些方案可能也应当在未来的车用汽油机上得到应用。

2.3 停缸控制技术

采用在运转过程中停止部分气缸工作的控制技术(CDA),对于改进多缸机的燃油经济性十分有效,因为这样可以保证全部气缸大部分时间在η_g比较高的情况下运转,有效地解决部分负荷下效率大幅度下降的问题。图7所示为德国Daimler Benz(即现在的Daimler-Chrysler)公司在停缸控制技术及可变配气系统方面的研究成果。由图可见以上两种方法均能达到节能10%以上的明显效果。

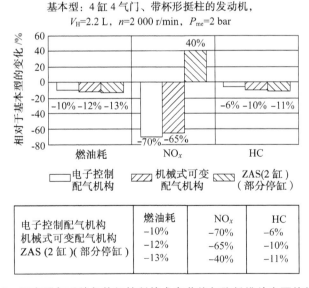

图7 可变配气系统与停缸控制技术在节能与降低排放方面的效果

2.4 稀燃—快燃技术与增压

采用均质稀燃与快燃技术(过量空气系数$\lambda=1.4\sim1.8$),可以取得明显的节能与降低排放效果,因为这样能够增加压缩比,有助于提高η_{th}与η_g。

由于受爆燃的制约,增压技术在车用汽油机上的应用一直受到限制,随着燃料抗爆性能的提高与汽油机分层稀燃技术的推广,高性能的涡轮增压汽油机也已出现。随着增压器小型化及增压中冷(TCA)与变几何截面(VTG)技术的完善,增压汽油机的性能可望进一步得到改善。

2.5 缸内直接喷射与分层燃烧技术

采用汽油机缸内直接喷射技术(GDI)可以实现稀薄与分层燃烧,从而使压缩比提高至12～14,另外在部分负荷下采用像柴油机那样的质调节(无节流阀节流损失)可以大幅度提高 η_{th} 与 η_g,达到节能15%～20%的目标,即达到直喷式柴油机的燃油耗水平。

2.6 减少机械损失

通过合理的结构设计,改善润滑与冷却条件,减少摩擦、泵气损失与附件功率消耗,均能提高 η_m,从而直接提高 η_e,达到内燃机节能的目标。这是内燃机工作者在致力于改善工作过程(混合气形成与燃烧、缸内气体流动与壁面散热等)的同时,时刻不应忘记的另一个方面。

在降低包括车用汽油机在内的内燃机排放方面,不妨也参照节能方面用效率连乘的方法来表达三种净化措施的综合效果,即

$$\eta_T = \eta_I \eta_A \eta_E \tag{2}$$

式中:η_T——对某种有害物质的总净化效果;

η_I——对某种有害物质的机内净化效果;

η_A——对某种有害物质的机外净化效果;

η_E——废气再循环效果。

由式(2)可见,要达到未来车用汽油机低污染的要求,必须在实现机内净化,即改进混合气形成与燃烧过程以实现清洁燃烧(提高 η_I)的同时,采用废气再循环EGR(提高 η_E)与排气后处理技术(采用三元催化反应器等提高 η_A)。图8表示当今工业化国家车用汽油机为满足降低排放要求在各个发展阶段采用的各种措施。图9表示车用汽油机为满足节能要求而采用的各种措施。

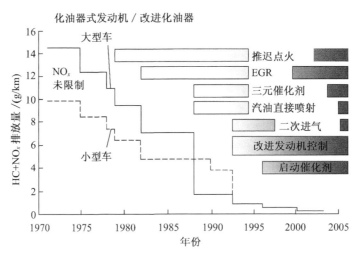

图8 近年来车用汽油机在降低 HC+NO$_x$ 方面采取的措施

应当指出,节能与降低排放是一个问题的两个方面,它们有时相辅相成,有时相互矛盾,因此尽量兼顾两方面的要求以达到满意的综合效果,是一项难度很大的非常细致的工作。

综上所述,在各种可能采用的方案中,汽油机缸内直接喷射(图10)无论在节能还是在降低

排放方面均有十分明显的优势。因而它无疑将是未来车用汽油机一个十分重要的发展方向。

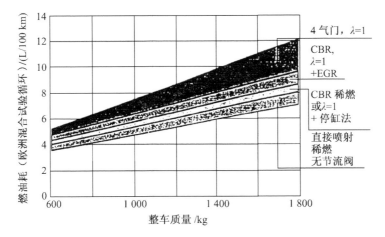

图9 车用汽油机采用各种措施后的节能效果

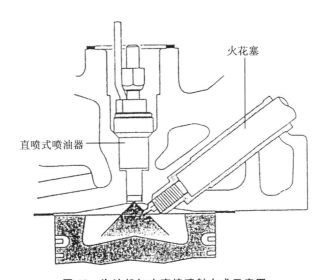

图10 汽油机缸内直接喷射方式示意图

3 汽油喷射技术的发展过程

车用汽油机在广泛采用汽油喷射以前,长期采用化油器在气缸外部形成混合气并用节流阀来实现混合气量(即负荷)的调节,因此人们也曾把汽油机称为化油器式发动机或外部混合气形成与量调节式发动机。尽管如此,人们在内燃机出现的早期,即本世纪初就对汽油喷射方式进行过研究。1900年德国的Deutz公司就曾经生产过汽油喷射的固定式发动机。以后,汽油喷射的应用范围逐步转移到活塞式航空发动机上。二战前夕的30年代,德国已开始用Benz和BMW公司的汽油喷射发动机来装备军用飞机,美国也研制过不少采用汽油喷射的航空发动机样品。

航空发动机采用汽油喷射所取得的成果,自然也会引起人们在汽车上进行汽油喷射试验的兴趣。在欧洲,德国在这个领域的研究工作比较领先。德国的空军研究所(DVL)和Bosch

公司合作,首先致力于二冲程汽油喷射发动机的研究(因为二冲程发动机采用汽油喷射之后有可能避免扫气过程中的燃料损失)并于 1938 年完成了装车试验。Daimler Benz 公司也在 1939 年推出了专供赛车用的四冲程汽油喷射发动机。上述两类发动机的研究均沿袭了航空发动机的传统,采用 Bosch 公司柱塞泵与缸内直喷方案。1952 年 Gutbrod 公司开始批量生产装有二冲程汽油喷射发动机的小轿车,首先使用 Bosch 公司提供的缸内直喷的燃油喷射系统(图 11)。Daimler Benz 则首次推出排量为 3.1 L 的赛车用 300SL 型 6 缸直喷式汽油机(图 12)。这种发动机在转速为 6 000 r/min 时,功率可达 176 kW,1954 年在美国纽约展出并引起轰动。

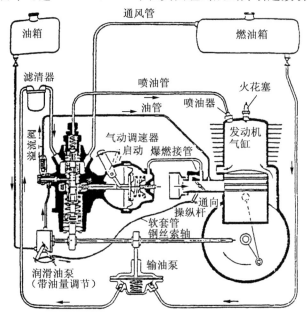

图 11　Bosch 公司为 Gutbrod 轿车二冲程汽油机开发的缸内汽油直喷系统(1952 年)

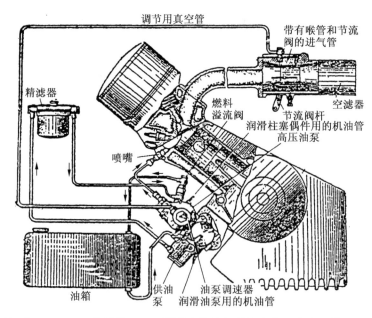

图 12　Daimler Benz 公司的 300SL 型赛车汽油机的缸内汽油直喷系统(1954 年)

美国在车用汽油喷射发动机方面的研究起步较慢但发展很快,而且是沿着将汽油喷入进气道的方向前进的。因为这样可以降低喷油压力(大约为缸内直接喷射的1/10),从而减少了制造成本,便于大量生产。继制造燃料装备的专业公司(如美国Bosch公司、Bandix航空公司、Siemens飞机附件公司等)之后,美国GM,Ford和Chrysler三大汽车公司也加入了研究行列,并于50年代中后期相继推出产品或样机。

我国从50年代末到60年代初也在内燃机前辈黄叔培教授的倡导下开展了汽油喷射的研究工作,本文作者当时也曾发表文章全面介绍国外汽油喷射的发展情况,展望车用汽油机采用汽油喷射的前景。

但是,不论是在欧美还是在我国,当时由于电子计算机刚刚问世,电控技术尚未成熟,汽油喷射的优点未能充分得到发挥,因此在80年代以前,车用汽油机仍广泛采用发展得更为成熟的化油器,很少采用汽油喷射。

电子控制燃油喷射技术的发展也经历了一个过程,其最初设想是美国航空业的Bandix公司于1957年试制电控喷油器时提出来的,以后德国的Bosch公司购买了其部分专利,于1967年首次研制成功D-Jetronic电控汽油喷射系统(图13)并装在大众公司的VW1600型轿车上,率先达到当时美国加州排放法规,进入美国市场。但当时电控汽油喷射毕竟只是用在少数机型上,还不能替代面广量大的化油器燃油系统。

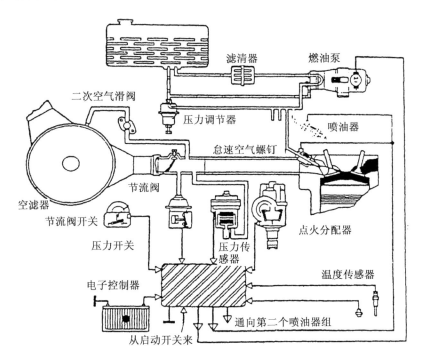

图13 Bosch公司的D-Jetronic汽油喷射系统

70年代末到80年代初以来,由于大规模集成电路与计算机技术的飞跃发展,给汽油喷射技术的发展注入了新的活力。为了满足节能与环保方面日益严格的要求,各汽车生产大国(美、日、德等)不断加强电控汽油喷射系统的研究与开发。图14所示为德国Bosch公司于1979年推出的包括燃油与点火定时、怠速与废气再循环控制的Motronic(Motor+Electronic)

电控汽油喷射系统。近20年来,在这种多点进气道燃油喷射系统基础上改进与发展的各种电控汽油喷射系统已广泛用于世界各主要工业化国家生产的新型轿车上,几乎全部取代了一度占统治地位的化油器装置。

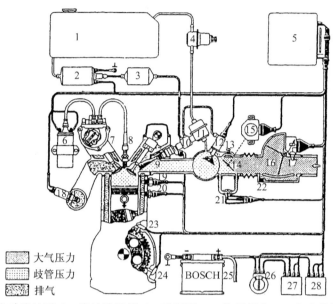

1—燃油箱;2—电动汽油泵;3—汽油滤清器;4—稳压器;5—控制部分;6—点火线圈;7—高压分电器;8—火花塞;9—喷油嘴;10—汽油分配器;11—压力调节阀;12—冷启动喷油嘴;13—怠速调节螺钉;14—节流阀;15—节流阀开关;16—空气流量传感器;17—空气温度传感器;18—λ传感器;19—温度定时开关;20—发动机温度传感器;21—辅助空气装置;22—怠速混合气调节螺钉;23—基准信号传感器;24—发动机转速传感器;25—蓄电池;26—点火/启动开关;27—主继电器;28—汽油泵继电器

图 14 Bosch 公司的 Motronic 汽油喷射系统

尽管从减少喷油压力、降低制造成本角度考虑,汽油喷射装置在走向大规模应用时采用了进气道喷射方式,但是人们对结构近似于柴油机的汽油机缸内直接喷射方式的研究始终没有停止。除德国在这方面已推出的 Benz300SL 型赛车发动机和随后 MAN 公司的 FM 过程(用 M 过程柴油机加装火花塞改燃汽油)发动机以外,美国在50和60年代也开发了采用缸内直喷方式的 Texaco 公司的 TCP(Texaco Combustion Process)和 Ford 公司的 PROCO(Ford-Programmed Combustion Process)系统。如果说前者还主要是着眼于满足军方对内燃机燃用多种燃料要求的话,那么后者(Ford-PROCO)则立足于节能与排放要求,力求通过分层稀燃方式来提高压缩比,使汽油机能在保持本身优点的前提下,在燃油经济性方面达到或接近柴油机的水平。

由于缸内直喷式汽油机的结构较为复杂(既有与柴油机相近的喷油系统,又有点火系统),成本较高,又因为在统一燃烧室中实现分层燃烧调试比较困难,再加上当时尚缺乏供稀燃用的 NO_x 后处理技术,因此一直到80年代末缸内直喷技术仍未进入实用阶段。

随着内燃机与微电子技术的进步,也迫于节能与环保要求日益严格的压力,90年代各国内燃机界又大大加强了对汽油机缸内直喷技术的研究,日本的三菱与丰田公司相继宣布推出批量生产的新机型,欧美一些著名研究机构与生产企业,如 AVL,FEV,Bosch 等也公布了各自的研究成果。

作者坚信,在21世纪中汽油机缸内直接喷射方式不仅将得到更大的发展,而且有望取代进气道喷射成为电控汽油喷射的主要形式。

4 缸内直接喷射汽油机的工作原理与结构特点

4.1 混合气形成与调节方面的基本要求与特点

人们在发展现代汽油机缸内直喷技术时,力图综合传统柴油机与汽油机两方面的优点。众所周知,柴油机系按Diesel循环工作,即采用压缩点火与混合气质调节方式工作,需要(为了达到燃料着火温度)且可能(因为是压缩空气,不存在汽油机中的爆燃问题)采用较高的压缩比($\varepsilon=16\sim20$),故其循环理论效率 η_{th} 较高。同时由于负荷变化是通过混合气质调节方式实现的,没有汽油机采用量调节时节流阀的节流损失,因而循环的相对效率 η_g 也比较高,这一点在部分负荷时特别明显。因此,柴油机的燃油经济性明显优于汽油机。但是,汽油机的动力性指标,即升功率却高于柴油机,这一方面固然是由于汽油机主要零部件质量与惯性力较小,转速高且运转平稳;另一方面也是由于汽油机在全负荷时可以使用当量混合比,即过量空气系数 λ 等于1的混合气工作,因此在同样增压程度下,汽油机的平均有效压力较高。此外,在柴油机中进行的是非均质混合气的扩散燃烧,尽管总体讲过量空气系数 λ 大于1,但混合气中仍存在局部缺氧的情况,形成柴油机特有的碳烟与颗粒排放。

为了综合两方面的优点,要求在现代缸内直喷式汽油机中,部分负荷时燃油在压缩行程后期喷入(图15a),实现混合气的分层稀燃(过量空气系数达2~3)并采用质调节以避免节流阀的节流损失,以达到与柴油机相当的燃油经济性;相反在全负荷时,燃油在进气行程中喷入(图15b),实现均质预混合燃烧,以保持汽油机升功率高的优点。同时,由于喷入缸内燃油蒸发时的冷却作用,增加了整机的抗爆性能,可以实现较高的压缩比($\varepsilon=12\sim14$),从而有助于提高循环的理论效率,使缸内直喷汽油机在保持高动力性能指标时,具有很好的燃油经济性。

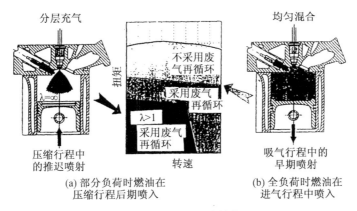

(a) 部分负荷时燃油在压缩行程后期喷入

(b) 全负荷时燃油在进气行程中喷入

图15 缸内直喷式汽油机的基本工作原理

4.2 燃烧系统方面的基本要求与特点

如何有效而可靠地实现部分负荷下缸内混合气的分层与稀薄燃烧,是直喷式汽油机发展过程中的关键技术,它牵涉到燃油喷射、气流运动与燃烧室结构合理匹配中的一系列难题。

就混合气分层的机理而言,大体上可以分为三类。图16a为早期(如德国的Benz300SL

和美国 Ford-PROCO)的燃烧系统,其燃油喷嘴紧靠火花塞布置,以保证当整个燃烧室内为稀薄混合气时,火花塞附近仍能形成点火所需的浓混合气,这种混合气形成方式称为"喷油引导法"。这种方法的缺点是火花塞容易被燃油沾湿而造成积碳,并导致点火困难。为此,在最近开发的汽油机直喷技术中均尽量使燃油喷嘴远离火花塞布置(图 16b 和 16c),其中图 16b 为利用燃烧室壁面(例如日本三菱公司利用活塞顶曲面)导流,将点火所需的燃油蒸气导向火花塞附近,这种混合气形成方式称为"壁面引导法"。图 16c 为利用缸内有组织的气流达到上述目的,近期公布的 AVL 和 FEV 方案,大多采用这种"气流引导法"。这种方法的优点是对火花塞与燃油喷嘴位置之间的距离误差不敏感(因为二者距离较远),燃烧室壁面形状比较自由,活塞顶面形状有利于减小热应力,但问题是对缸内混合气运动的组织要求更高。

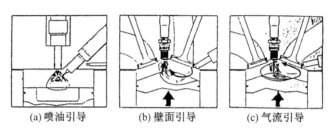

(a) 喷油引导　　(b) 壁面引导　　(c) 气流引导

图 16　缸内直喷式汽油机混合气分层方式的种类

当然,以上三种混合气分层的划分十分粗略,也过于简单,实际上存在着各种交叉情况,其中各种因素并存且相互影响。图 17 为直喷式汽油机燃烧系统根据燃油喷注方向与形状、火花塞位置与气流性质不同而出现的可能组合。其中图 17a 为喷嘴中心布置的旋流型燃烧系统,图 17b 为火花塞中心布置的旋流型燃烧系统,图 17c 为挤流型燃烧系统,图 17d 为滚流型燃烧系统。

不言而喻,一个缸内直接喷射汽油机的最佳燃烧系统是在现有成果基础上,针对发动机具体情况进行大量深入细致的研究与开发工作后才能达到的。

4.3　燃油喷射方面的基本要求与特点

汽油机缸内直喷方式对燃油喷射系统的要求自然要高于进气道喷射方式,因为不仅要实现全负荷时在进气行程内的喷射,而且还要满足部分负荷时在压缩行程后期,即活塞接近上止点时的喷射。为此,它的喷油压力要明显高于进气道喷射方式,达 50~100 bar。

(a) 喷嘴中央布置的旋流型

(b) 火花塞中央布置的旋流型

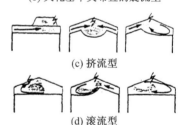

(c) 挤流型

(d) 滚流型

图 17　缸内直喷式汽油机燃烧系统的种类

按工作介质的性质不同,汽油机燃油喷射可以分为燃油直接喷射(DFI)与混合气直接喷射(DMI)两大类。

图 18 为汽油机上可能采用的各种喷油方案示意图。其中左边与中间方案为 DFI 方式,即高压喷射方案。图 18a 为早期 Ford-PROCO 系统所采用的"柴油机喷油技术"方案,这时为了便于实现电控,喷油泵压出的燃油不像柴油机那样直接打开喷嘴针阀喷入气缸,而是通过电磁阀开启的通道返回油箱,只有在电控信号关闭电磁阀后,才使燃油产生高压(达 120~350 bar)并打

开喷嘴喷入气缸。图 18b 为目前 Bosch 公司推出并很有发展前途的"共轨式"喷油系统(图 19)。其中工作原理与柴油机燃油喷射共轨系统相同,但燃油共轨压力要低得多,约为 50～100 bar,当然仍远远高于进气道汽油喷射方式的压力。图 18c 为 80 年代末期澳大利亚 Orbital 公司为二冲程汽油机开发的低压喷射系统,其燃油以 6～8 bar,压缩空气以大约 5 bar 的压力预先喷入一个预混合室,形成可燃混合气后再喷入气缸,因而喷射方式属于 DMI 方式。这种喷射系统虽能使燃油与空气良好混合,但由于喷射压力低,只适用于小型二冲程汽油机在扫气过程的喷射,不能用在四冲程汽油机的分层与稀燃系统上。为此,AVL 公司开发了一种新的 DMI 系统,利用上一个循环压缩过程中的高压气体在预混合室中与燃油形成混合气后再喷入气缸。

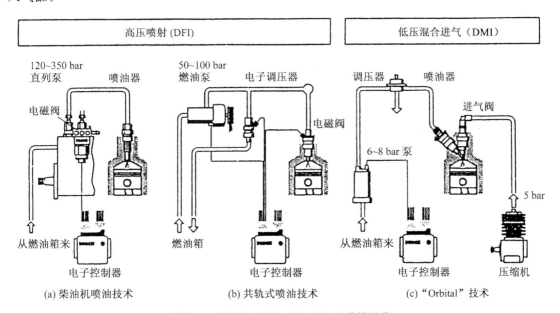

图 18 缸内直喷式汽油机燃油系统的种类

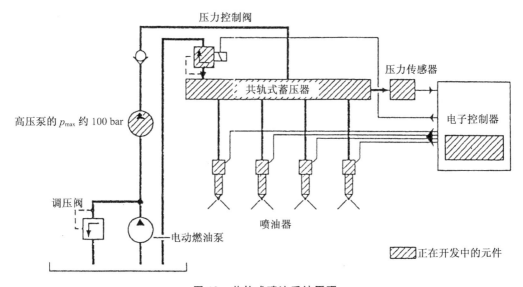

图 19 共轨式喷油系统原理

喷嘴是保证良好混合气形成以实现分层与稀燃的关键部件,图 20 为汽油机缸内直接喷射方式所采用的各种喷嘴方案比较。图 20 左为多孔内开式喷嘴,其结构与柴油机喷嘴相似,但由于汽油喷射压力远低于柴油机,故这种结构易被积碳堵塞且雾化不良,不易保证形成均匀的混合气,难以避免柴油机运转中特有的碳烟与颗粒排放现象。图 20 中为类似于伞喷的外开式单孔轴针式喷嘴,能够改善喷雾情况且不易积碳、堵塞,曾用于早期的汽油机直喷方案中。图 20 右所示为内开式旋流型喷嘴,其头部设有旋流腔,燃油通过在其中产生的旋转涡流来实现微粒化并减小喷束的贯穿度。由于这种方案有雾化好、喷注方向便于调整且不易积碳等一系列优点,已经得到很大的重视并有望成为直喷式汽油机喷嘴的主要形式。

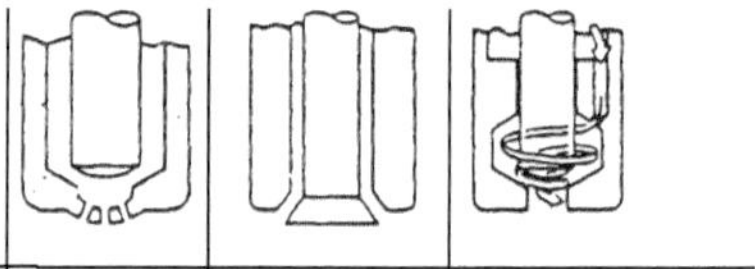

名称	多孔喷嘴	外开式喷嘴	内开涡流式喷嘴生成涡流
喷注型式柔性	++	+	+
喷注倾斜可能性	+	−	++
在 10 MPa 系统压力时的生成品质	−	0	++
抗积碳的稳定性	−	++	+

多孔喷嘴　　外开式喷嘴　　内开涡流式喷嘴

图 20　缸内直喷式汽油机喷油系统采用的喷嘴方案比较

喷油系统中的高压油泵也是一个关键部件,由于汽油的润滑性与黏度均低于柴油,因此包括高压泵在内的精密部件的润滑与密封性能十分重要。图 21 为各种高压油泵方案的比较,由图可见径向柱塞泵在工作效率、寿命、紧凑性与制造成本方面均占优势,因而有望得到广泛的应用。

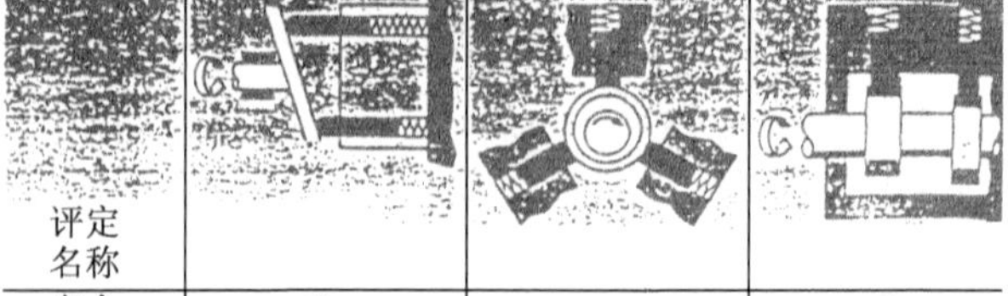

型式	轴向柱塞泵	径向柱塞泵	直列泵
评定名称			
寿命	◎	+	◎
效率	◎	+	◎
包装	◎	+	−
成本	+	+	◎

+ 好　　◎ 中　　− 差

图 21　缸内直喷式汽油机喷油系统采用的高压油泵比较

图 22 为 Bosch 公司最新开发用于汽油喷射的喷嘴(图 22a)与径向柱塞泵(图 22b)的结构示意图。

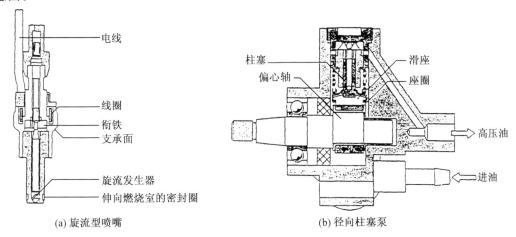

(a) 旋流型喷嘴　　　　　(b) 径向柱塞泵

图 22　Bosch 公司开发的用于缸内直喷式汽油机的喷嘴与高压油泵

5　缸内直喷式汽油机及其喷油系统的结构实例

5.1　Ford 公司的 PROCO 燃烧系统

美国是开发汽油机缸内直喷技术较早的国家之一。Ford 公司推出的 Ford-PROCO 燃烧系统(图 23)是早期具有代表性的方案之一。这种燃烧系统采用活塞顶部具有凹坑的圆柱形燃烧室,其旋流型喷嘴布置在燃烧室中心,在它的近旁装有 2 个火花塞。部分负荷下燃油在活塞接近上止点时喷入,利用进气涡流与挤流实现混合气分层,在火花塞附近形成较浓的混合气。由于采用较高的压缩比($\varepsilon = 11.5$)并配用三效催化反应器,因而在节能与降低排放方面均取得良好的效果。当时(1978 年)的试验表明,排量为 6.6 L 的 Ford-PROCO 试验样机的燃油耗已低于分隔式燃烧室柴油机的水平,排放也达到美国当时已相当严格的加州法规。

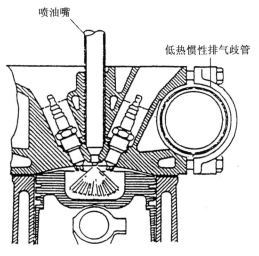

图 23　Ford 公司的 PROCO 燃烧系统

5.2 三菱公司的 4G93(GDI 型)燃烧系统

近年来,日本各主要汽车公司相继推出各自的 GDI 方案,其中以三菱公司的壁面引导的滚流型方案最为引人注目,因为它不仅性能优良,而且从 1996 年起已成批生产并投入市场。

图 24 为三菱 4G93(GDI)直喷式汽油机的横剖面图,图 25 为其燃烧系统的工作原理。由图可见,这种燃烧系统属于火花塞中心布置、喷油器远离火花塞斜置的滚流型燃烧室。部分负荷(图 25a)时,燃油在压缩行程后期喷入,利用纵向垂直进气道与特殊活塞顶形状综合作用产生的反向滚流,将燃油蒸气引导至火花塞附近实现分层稀燃(过量空气系数 $\lambda = 2 \sim 3$)。在全负荷(图 25b)时,燃油在进气行程中喷入,实现均质预混合燃烧。由于实现有效的分层稀燃,压缩比达到 $\varepsilon = 12$,再加上采用一系列新技术,如带立式进气道的 4 气门机构,喷油压力达 50 bar 的斜盘式高压油泵,燃油雾化效果良好的旋流型喷嘴,电控 EGR,还原型 NO_x 与高能点火系统等,使该机的节能与环保指标均大大优于原进气道汽油喷射发动机。功率比原机提高 10%,燃油耗比原机降低 30% 以上,已经达到或超过直喷式柴油机的水平,NO_x 降低 60% 以上。

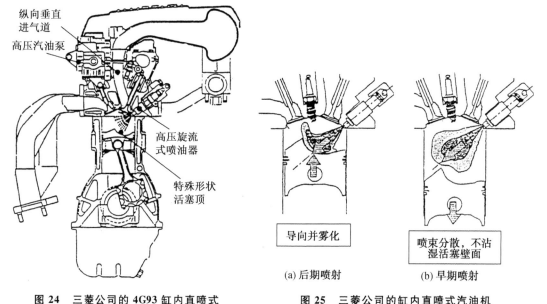

图 24 三菱公司的 4G93 缸内直喷式汽油机的横剖面图

图 25 三菱公司的缸内直喷式汽油机燃烧系统的工作原理

5.3 AVL 公司的 DMI 燃烧系统

图 26 为奥地利 AVL 公司于 90 年代初推出的 DMI 喷射系统。其中图 26a 为发动机横剖面图,图 26b 为工作原理图。由图可见,在这种系统中燃油首先喷入设在气缸盖中部的预混合室,与室内已存的上一循环的高压燃气形成混合气后再喷入气缸,以实现分层稀薄燃烧。由于混合气形成条件较好,这种燃烧系统在节能与降低排放方面均比原进气道喷射系统有明显改善(图 27)。

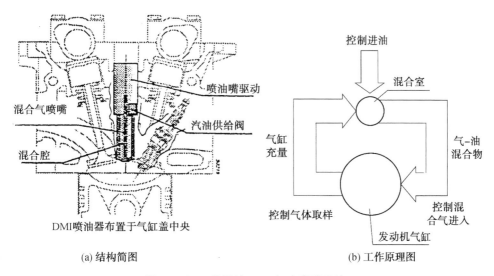

(a) 结构简图　　　　　　　　(b) 工作原理图

图 26　AVL 公司的 DMI 缸内直喷系统

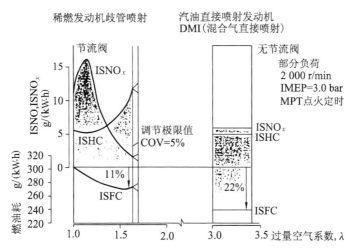

图 27　AVL 公司 DMI 系统的节能与降低排放的效果

5.4　Bosch 公司的汽油喷射系统

德国 Bosch 公司是世界上规模最大也是技术水平最高的制造燃油喷射装置的公司（包括柴油机喷射与汽油喷射装置的生产与研制），不仅德国而且其他国家，如美国、日本等各大汽车公司的汽油喷射技术的发展均直接或间接与其有关。

图 28 所示为该公司最近专门为直喷式汽油机推出的 Motronic-MED7 电控燃油喷射系统。在这种系统中，采用径向高压油泵与共轨式喷油系统，旋流型雾化喷嘴，进气量的控制通过电控节气门（E-Gas）进行，以保证节流阀在怠速时处于全开位置实现混合气的质调节，进气量用薄膜式热敏电阻来测量。除了进气量、压力与温度等信号外，在发动机排气系统的 NO_x 催化转换器前后均装有宽带氧传感器（λ 传感器），以实现对于燃油喷射与 NO_x 催化转换器再生的有效电控。

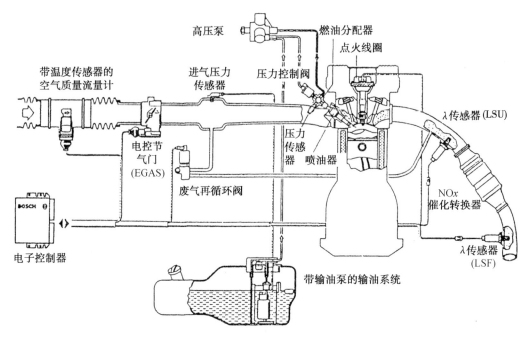

图 28　Bosch 公司用于汽油机缸内直喷的 MED7 型汽油喷射系统

6　结　论

面广量大的车用汽油机在 21 世纪将面临大幅度降低能耗与有害排放物的巨大压力,在多种可供选择的方案中,缸内直喷无疑是一个十分重要的发展方向。

技术的发展往往遵循螺旋上升的规律,早期出现的汽油机缸内直喷技术、共轨式燃油喷射系统等由于当时条件还不成熟,未能得到发展,但在新的条件(如电控技术发展、材料改善与加工精度提高等)下又呈现出巨大的发展潜力。

事物总是一分为二的,各种动力机械(如柴油机和汽油机)都有各自的优缺点,但技术进步能够促使事物的相互转化与总体效果的优化。目前,缸内直喷式汽油机在保持汽油机动力性能优势的同时,在燃油经济性方面已达到甚至超过柴油机水平。

我国现在生产的汽油机还大量采用国际上已几乎淘汰的化油器,汽油喷射的研究与生产也只停留在进气道喷射方面,缸内直接喷射的研究还是一片空白,因此,应当十分重视并尽快开展这方面的研究工作。

参考文献

[1] Hans List 等.内燃机设计总论[M].高宗英译.北京:机械工业出版社,1986.
[2] 史绍熙.内燃机发展方向[M]//史绍熙教授论文集.天津:天津大学出版社,1996.
[3] 蒋德明.内燃机原理[M].北京:中国农业机械出版社,1981.
[4] 高宗英.汽油喷射在汽车发动机上的应用[J].机械译丛,1963(3).

[5] 林平.汽车电子控制汽油喷射系统结构、原理、检修[M].福建:福建科学技术出版社,1996.

[6] 刘启华.二冲程汽油机电控喷射系统的开发和扫气过程多维数值模拟[D].江苏理工大学博士论文,1994.

[7] 钱耀义.汽车发动机汽油喷射系统[M].北京:人民交通出版社,1992.

[8] Barber E M, Reynolds B, Tierney W T. Elimination of combustion knock-Texaco combustion process[J]. SAE, 1951, Paper No. 510173.

[9] Bishop I N, Simko A. A new concept of stratified charge combustion—The Ford Combustion Process (FCP)[J]. SAE, 1968, Paper No. 680041.

[10] Meurer J S, Urlaub A C. Development and operational results of the MAN FM combustion system[J]. SAE, 1969, Paper No. 690255.

抓住加入 WTO 的机遇 加速内燃机工业的技术进步 迎接经济全球化的严峻挑战*

高宗英 袁银男 杜家益

（江苏大学）

[摘要] 本文主要论述了加入 WTO 后我国内燃机工业面临的挑战、对内燃机及内燃机工业的正确认识、内燃机及其燃料的发展与替代方式的探讨和内燃机行业的光明前景。

[关键词] 内燃机 燃料 高新技术 挑战

1 加入 WTO 后我国内燃机工业面临的严峻挑战

2001 年 11 月 20 日，我国在经历了长达 15 年的艰难谈判以后，终于在卡塔尔的多哈达成了参加世界贸易组织（WTO）的协议。

回顾这 15 年的谈判历程，其中 9 年"复关"（争取恢复关贸总协定 GATT 的创始国地位），6 年"入世"（GATT 从 1995 年元旦起转为新的世界贸易组织 WTO，我国必须重新申请），其间艰难险阻一言难尽，朱镕基总理将其形容为从"黑头发谈成了白头发"的过程。确实，谈判时间之长，过程之艰难，在 WTO 历史上是绝无仅有的。

"15 年艰苦谈判，多哈一锤定音"。现在我国正式加入了 WTO，我国驻 WTO 大使馆也于今年（2002 年）1 月 28 日在日内瓦举行了开馆仪式。不久前，我国加入世界贸易组织议定书也在报刊上公开发表。人们在松了一口气的同时，心中也不免有不少的担心和疑问，主要是加入 WTO 以后，对我国经济的利弊如何。

从大道理讲，大家都很明白：加入 WTO 后的形势是"机遇与挑战并存，困难与希望同在"。我国最后一任谈判代表龙永图说得也很清楚，凡事均有利有弊，"搞得好，利大于弊；搞得不好，弊大于利。"那么，对于包括我们汽车与内燃机工业在内的全国各行各业，怎样才算"搞得好"呢？这是我们中国每个相关行业人员均不能回避的问题。

诚然，从一般公开发表的资料来看，对于"劳动密集"型的行业，我国是占优势的；对于"技术与资金密集"型的行业，我国面临的压力就比较大。与此相应，在汽车、内燃机行业中，轿车及其"心脏"内燃机，当属"技术与资金密集"型，可谓"阳春白雪"，因此我国正面临着汽车（含内燃机）降低关税后的进口冲击；但我们也有摩托车与农用运输车等自己特色的产品，由于成本与售价奇低，外资很难与我们竞争，农用运输车有广阔的国内市场，摩托车可以远销东南亚与亚非拉，也就是说我们还有值得自豪的"下里巴人"。

然而，事物发展都是相对的，我国劳动力相对便宜，这在目前是一个优势，也就为我国一些

---

* 本文原载于《柴油机》2002 年第 6 期。

"劳动密集"型行业,如纺织、造船、农用运输车与摩托车等行业带来竞争的优势;但是如果我们满足于这一点,在技术上不求创新与发展,那么就只会助长落后,拉大与国外先进工业国家的差距,使我们这些行业最终转化为先进工业国家的加工基地与污染物的堆放场。我国广大汽车与内燃机工作者对此应当有清醒的认识。

2 对内燃机及内燃机工业应有的正确认识

一台完整的机械应当包括动力、传动与工作机械三个部分,其中动力机械是"心脏"部分,其质量的好坏常常成为制约整个机械的关键因素。在各种动力机械中,内燃机是应用最广泛的一种热力机械,它所使用的石油、天然气也是目前地球上能量密度最高、贮运最为方便,但储量却有限的十分宝贵的资源。

按照使用的液体燃料的形式不同,内燃机主要分为汽油机与柴油机两大类,此外也有部分使用气体燃料的发动机(如压缩天然气 CNG、液化石油气 LPG 发动机,但因受资源分布、贮运条件限制,数量相对较少)。

汽油机(一般为点燃式,采用 OTTO 循环)由于是汽车(特别是轿车)的主要动力,因此是全世界功率总和最大的热力机械,也是汽车工业的重要组成部分。汽车是给人类的生活习惯与社会进步带来巨大贡献的生产与运输工具,被誉为"改变世界的机器"。目前,全世界汽车年产量已超过 5 000 万辆,保有量也即将突破 10 亿辆,与其相关的"心脏"部件也自然成为这项战略产业的重要组成部分。

柴油机(一般为压燃式,采用 DIESEL 循环)是目前热效率最高、应用范围最广泛的一种热力机械,小到汽车、拖拉机、农用机械,大到机车、船舶、固定发电装置,以至军用坦克、舰艇等,几乎都离不开这颗"心脏",单就面广量大的汽车发动机而言,载重车和大客车几乎全部采用柴油机,即使在汽油机独领风骚的轿车领域,柴油机的使用也日益广泛。

19 世纪末,N·A·奥托(OTTO)发明了带有压缩冲程的点燃式煤气机(以后发展成为汽油机),R·狄塞尔(DIESEL)发明了第一台压燃式发动机(后发展为柴油机),二者均已有 100 多年的历史。经过一个多世纪的发展,内燃机已经达到很高的技术水平,早已取代了曾经引起工业革命的蒸汽机,成为当今世界各种工作机械的主要动力。

尽管上述活塞式内燃机的发展已相当成熟,但是不是内燃机本身已经尽善尽美,其发展已经到头了呢?答案恰恰相反。可以对其做出解释的理由主要有两个方面:一方面内燃机是包含机械与热力过程于一体的复杂机械,其综合性能涉及燃烧与传热传质、气体流动与液力波动、机械负荷与热负荷、摩擦磨损等学科,不少问题还没有彻底解决,有待我们深入研究与开发;另一方面,为了实现人类社会可持续发展,人们对于内燃机的节能与环保方面提出越来越严格的要求,这就要求我们内燃机工作者在已有成绩的基础上,对内燃机结构与性能不断做出新的改进,而电控技术的发展,又为这种改进提供了可能。

从第二个方面来看,我国内燃机性能指标与国外先进工业国家相比还有很大差距。例如我国的排放法规刚刚开始执行欧洲Ⅰ号标准,而目前欧洲已开始执行欧洲Ⅲ号标准,名义上已差了 10 年(一般 5 年为一个台阶),实际上相差更多。在轿车领域,欧美已提出 3 L 车(百公里油耗 3 L,即相当于日本京都会议提出的二氧化碳排放指标)的奋斗目标,而我国尚无法考虑这方面的内容。在动力性、经济性、可靠性与寿命方面,同样存在很大差距。不少部门(从民用到军用)反映,我国内燃机产品的落后,往往成了限制我国相应行业发展的瓶颈。

另外,我国的汽车与内燃机工业相对分散,曾经是遍地开花,简单重复。目前,虽经改组与自然淘汰使局面有了明显改变,但仍然不够集中,因而生产设备与管理水平也相对落后。无怪有的专家说我国汽车(含内燃机)工业是"年逾半百",似乎老长不大,投资不少,但老跳不出"引进—生产—落后—再引进"的怪圈。这个现象值得我们警惕,也应当引起我们的反思。

加入WTO后,政府的职能要有很大的转变,我们内燃机行业的工作人员更应奋发图强,迎接入世的挑战。

综上所述,我们不仅不应当把内燃机(与汽车)产业看成是"夕阳"工业,不能把内燃机(与内燃动力汽车)看成是寿命不长的粗糙的机械,而应把内燃机与内燃机(汽车)工业看成是战略产业,把内燃机看成是集"机、热、电"于一体的高新技术产品。

摆脱上述怪圈的唯一出路,是在我们加强独立自主科研的同时,注意对引进技术的消化。只有致力于科技工作中的自主"创新"与对国外先进技术的认真"消化",才能使我们与日本和韩国一样,摆脱重复引进、永远落后的怪圈,走上"创新(引进)—提高(消化)—再创新"的良性循环,才能使我国的内燃机、汽车工业自立于世界民族之林。

3 内燃机(及其燃料)的发展与替代方式的探讨

石油(含石油天然气)是贮存于地球远古时代太阳能中的能量密度最高、贮运最为方便、开采也最为先进与大规模化的能源。尽管其资源十分有限,我国甚至每年需要进口(2001年已达7 000万吨,近期内可能突破1亿吨),但在可以预见的将来(至少50年),仍将是内燃机的主要燃料。内燃机(主要是指柴油机与汽油机)可以说仍将"健康长寿",有很强的生命力。因此,围绕着内燃机节能与环保方面还有大量研究工作可做,如汽油机的电控与缸内直接喷射,柴油机的高压电控喷射、增压中冷与废气再循环,等等。不论是汽油机还是柴油机,都存在探索新的燃烧过程、发展新型排气后处理技术、开发实现整个系统性能优化的综合电控技术(除电控点火与喷油定时以外,还有可变进气技术、部分停缸技术、可变涡轮截面等)的必要性与可能性。另外,在内燃机的噪声、振动性能(NVH)、机械损失与寿命方面也有大量工作可做。

十分有趣的是,技术总是不断螺旋上升、相互转化的,一些老的技术如汽油机缸内直接喷射、柴油机蓄压式喷射,只有当技术(材料与电子控制)发展到一定水平,才有了新的生命力,而汽油机工作过程发展中孕育着柴油机的特性(如GDI),柴油机新工作过程探索中又带有汽油机的影子(如HCCI)。从这个意义上讲,技术进步,包括在内燃机上的技术进步应当是永无止境的。

燃料方面,我国首先应花大力气提高我国燃油的品质,例如,我国柴油的硫含量过高(高出国外标准的十几倍,甚至几十倍),这就严重阻碍了我国柴油机颗粒排放的进一步降低。

为了适应"节能与环保"方面的要求,也应积极开展各种代用燃料的研究。气体燃料(CNG与LPG等)已被当作清洁燃料加以推广,但其使用范围受到资源分布与供应的限制,同时也受到安全因素的制约;醇类燃料(甲醇与乙醇)可以替代部分汽油用于点燃式内燃机;醚类燃料(二甲醚、DME)与酯类燃料(植物油)可以替代部分柴油用于压燃式内燃机,它们都有各自的优缺点,也有各自的应用范围,都要开发,不应偏废。但不论采用何种代用燃料,都应对相应的内燃机结构做出合理的修改与调整,才能取得预期的效果。绝对理想的燃料是人们所期望的,但现实世界中却很难找到,如氢气(H_2)是公认的清洁燃料,但在其制备、贮存等问题解决以前,仍不可能大量使用。

从"代用燃料"人们自然会联想到"代用发动机"。应当说,目前能够完全代替内燃机的方案尚未出现或至少不成熟。

电动车似乎是理想的"低污染"(LEV)或"零污染"(ZEV)车,但是由于蓄电池贮能有限,车辆的行驶距离与速度均受到很大限制。何况,蓄电池的制造本身也会给环境带来污染。

混合动力(HEV)和燃料电池(FC)车都是很有吸引力的方案,我国已为此启动了规模宏大的高新科技计划(863项目),但预计近期内难以有效替代传统的内燃机(HEV造价偏高,FC效率还赶不上内燃机)。

除此之外,国外还开始试用斯特林发动机(STIRLING ENGINE)、蒸汽机(STEAM ENGINE)等外燃机作为低噪声与低污染的车辆动力。这只是技术发展螺旋上升的又一例证,能否达到实用程度或成为大批量商品,还有待实践的检验。

总之,各种"代用燃料"与"代用发动机"的方案名目繁多,可谓百花齐放。世界不少著名的内燃机与汽车研究单位与公司均在这些方面做了不少研究工作,他们的经验值得我们借鉴,我国也应根据自己的特点,做出自己的贡献。

作者认为,尽管我们在对代用燃料与传统内燃机替代方案进行研究时,应当着眼未来、全面探索、不懈努力,但仍然不要忘记传统内燃机这棵"常青树",千万不要忽视这个目前仍是促进人类文明与社会发展的动力主力军。

4 怎样面对加入WTO带来的机遇与挑战

我国加入WTO以后,包括内燃机在内的汽车工业因属于"技术密集"型产业而必然会受到很大的冲击,因此一部分人惊呼"狼来了"。至于是狼还是狐狸,也说不太清楚,倒是过去我国领导人批评我国汽车工业"散、乱、差"情况时,把中国的汽车工业幽默地比喻为"三条大狗、三条小狗和一群野狗"。狼也好,狗也好,狐狸也好,只是一种比喻,关键是我们以什么心态来对待入世,用什么办法来迎接挑战,走什么路来与世界接轨。

我国汽车界的工程院院士、吉林大学郭孔辉教授应邀来我校做报告时,风趣地提到了十六字方针,即"引狼入室,拜狼为师,与狼共舞,跨越群狼"。作者完全同意他的观点,但建议最后一句"跨越群狼"改为"驯狼为犬"。这样就把国外与国内的内燃机工业冠上了同样的名称,放在同一平台上了。如果我们通过引进消化、自主创新的努力,使国外的技术与中国的技术融合,共同为中国与世界市场服务,那不就是达到了我们既能与世界经济接轨,又能保护住自己的民族工业的目标吗?

这里有一个很重要的问题,就是首先要树立自信心。作者在与一位国际友人交往中,听到对中国的赞誉不少,当有一次我认真地问他,我们到底存在什么缺点时,对方很委婉地说:"你们工程技术人员往往缺乏自信,明知结论如此,但总不相信自己的判断,非要老外说了才相信。"其实这个问题不仅在工程技术人员身上存在,在不少政府官员中甚至更加严重。所以人们说入世首先是对政府的考验。作者也认为,若想"双赢"(即达到加入WTO的理想效果),必先自信。我想,只要我们能够自尊、自信、自强,脚踏实地,攀登科技高峰,又能虚心学习并消化国外的先进技术,并敢于在前人的基础上创新,用先进的技术来武装与改造自己,我国内燃机与汽车工业的前景在加入WTO以后一定会更加光明的。

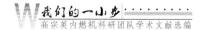

Grasp Opportunities from Entering WTO Accelerate Technology Progress on IC Engine Industry Meet Challenges of Economy Globalization

Gao Zongying　Yuan Yinnan　Du Jiayi

(Jiangsu University)

Abstract: Description is given to various challenges with which Chinese IC engine industry is confronted after entering WTO in this paper. It also discusses how to understand correctly IC engine and this industry, probes the progress and alternative of IC engines as well as fuels. Bright prospect of IC engine industry is indicated here.

Key words: IC engine　Fuel　Hi-Tech　Challenge

我们的一小步
ONE SMALL STEP FOR US

科研攻关篇

SCIENTIFIC RESEARCH

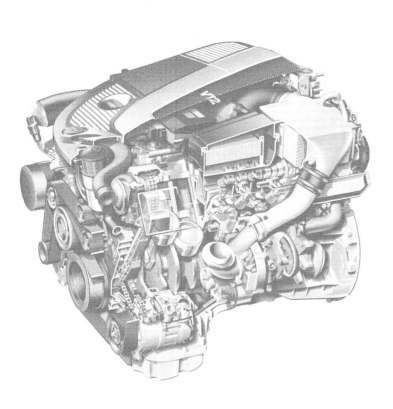

柴油机及其燃料供给与调节系统的发展简史*

高宗英
（江苏大学）

柴油机是目前世界上热效率最高、应用最为广泛的一种热力机械。中小功率柴油机主要用于汽车、拖拉机、工程机械和军用车辆等方面，大型柴油机则用于机车、民用船舶与军用舰艇及工矿固定动力与发电装置方面，应用范围遍及农业、工业、交通和国防建设等各个领域。

柴油机的燃料供给与调节系统是柴油机上最重要的、制造与调节精度最高的部件之一。如果说，柴油机是上述各种工作机械的核心动力，那么燃料供给与调节系统就是这个核心动力的"心脏"。

在过去的100多年中，柴油机及其燃料供给与调节系统的发展，集中了众多科技人员与生产者的智慧与劳动结晶，从无到有，由粗及精，走过了艰难曲折的道路，取得了今天的巨大成功。在长期的技术进步过程中，柴油机（前者）的发展，离不开燃料供给与调节系统（后者）的支持，而后者的发展也源自前者对动力、经济与环保方面不断提高的要求，两者交互促进，相得益彰，堪称人类社会发展与技术进步史上的典范。

众所周知，1766年詹姆斯·瓦特（James Watt）发明的蒸汽机掀起了英国的产业革命，导致了世界工业时代的来临，但这种以煤与木材作为燃料，通过机外的锅炉产生蒸汽推动活塞做功的机器，即蒸汽机，其效率很低，当时只有8%左右，甚至到今天进入蒸汽轮机（旋转叶轮式外燃机）的时代，简单循环蒸汽动力厂的效率也只能达到15%。

在蒸汽机出现前后，也产生了将燃料在气缸内燃烧，使燃气膨胀直接做功的构想，这就导致了活塞式内燃机的出现。在众多前人研究成果与实践的基础上，德国工业家尼古莱·奥格斯特·奥托（Nicolaus August Otto）制成了第一台有压缩行程的煤气机，其效率比早期的无压缩行程内燃机有了明显的提高（当时达到12%，随后不久即提高到接近20%），这就奠定了现今点燃式内燃机（以轻质液体燃料，即汽油或可燃气体作为燃料，最初为火焰式点火，以后改用电火花点火）的基础。目前，广泛应用在汽车（主要指轿车）上的新型电控汽油机的效率已达到30%以上。

压燃式内燃机即柴油机的出现，要比点燃式内燃机略晚几年，其发明者鲁道夫·狄塞尔（Rudolf Diesel）师从于著名的林德（Carl von Linde）教授，并以优异成绩毕业，受林德教授讲授的"卡诺循环机器原理"的启发，狄塞尔在大学时代就追求并致力于研究一种能按卡诺循环构想工作的热效率最高的机器，卡诺循环是法国科学家卡诺（Léonard Sadi Carnot）于1824年提出的，这种以两个绝热与两个等温过程构成的循环的热效率，是在同一温差条件下各种热力循环中最高的。在追求上述理想的基础上，这位年轻的德国工程师于1892年向德国柏林

---

* 本文引自江苏大学高宗英与无锡油泵油嘴研究所朱剑明联合主编的《柴油机燃料供给与调节》专著的第1.1节，该书由机械工业出版社于2010年出版。

(Berlin)帝国专利局提出了他的第一个专利申请,并于 1893 年 2 月 23 日得到批准,这就是著名的 DRP No.67207 德国专利"热力发动机的工作原理与结构"(图 1)。在与这个专利同时发表的论文《代替蒸汽机及现有发动机的理想热力发动机的理论与设计》中,狄塞尔首次提出了内燃机压燃的原理,即建议将吸入气缸的空气压缩到很高的压力(当时,他建议压缩至 200 at①),使缸内空气温度远远高于燃料的自燃温度,以保证能够顺利着火并适应燃料的多样性,同时还建议燃料在活塞下行过程中逐步喷入,保证燃烧过程中缸内温度与压力基本保持不变,以便使工作过程接近于卡诺循环,此外,为了减少热损失还建议无需对发动机进行冷却,等等。在向一些大公司的建议书中,他曾乐观地预言,若能将气缸内气体温度压缩至 800 ℃ 左右,实现等温燃烧,按卡诺循环计算的理论热效率应为 73%,扣除机械损失后,机器的有效效率仍能达到 50% 左右。从以后的实践与今天更加科学的观点来看,上述乐观的估计与相应的建议有的过于理想与超前,也有的不够完善甚至是不正确的(例如等温加热不可能实现,发动机不进行冷却也是行不通的),对此狄塞尔本人通过具体的实践也有所认识,并在以后的专利与论文中做了部分修正,如将等温加热改为等压加热,等等。但这些不足之处并不能抵消他首次提出压燃观点的伟大贡献。正是由于这一贡献,实现了内燃机工作原理与结构的重大突破,导致了热效率最高的压燃式内燃机的诞生。

图 1　鲁道夫·狄塞尔(Rudolf Diesel)和他的第一个发明专利

狄塞尔的新型热力发动机方案,首先得到了德国奥格斯堡(Augsburg)MAN 公司的支持,按照他们之间的合同,1893 年制造了第一台缸径 $D=100$ mm、行程 $S=400$ mm 的发动机(图 2a),这是一台没有冷却的发动机,压缩压力按当时的条件先定为 90 at,再降为 30 at,燃料最初曾设想过用煤粉,后改为喷入汽油(错误地认为汽油更容易着火),该发动机实现了燃料的第一次爆发,并在压力达到 80 at 后,将示功器冲破而中止了试验(见图 3 上部的示功图)。

1894 年,狄塞尔在第一台样机基础上推出了经改造的第二台样机(图 2b),其缸径增加为 $D=150$ mm,行程仍保持为 $S=400$ mm,燃料改用煤油并以压缩空气喷入气缸,实现了首次独立运转(见图 3 中部的示功图),测得的燃油消耗率 $b_e=519.52$ g/(kW·h),有效效率 $\eta_e=16.6\%$,指示效率达 30.8%。

---

① at 表示工程大气压,1 at$=0.098\,066\,5$ MPa≈ 1 bar。

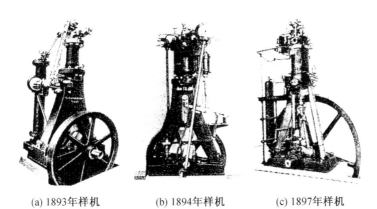

(a) 1893年样机　　　　(b) 1894年样机　　　　(c) 1897年样机

图 2　鲁道夫·狄塞尔(Rudolf Diesel)与 MAN 公司合作研制的压燃式内燃机

经过进一步的研究与改进,发明者与制造商终于在 1897 年的第三台样机(图 2c)上取得了重大突破,这台功率按 14.7 kW 设计的发动机,缸径由 150 mm 增加至 220 mm,行程保持不变,在慕尼黑(München, Munich)工业大学的试验台上进行验收考核试验时,功率达到 13.1 kW/(154.2 r/min),有效燃油消耗率 b_e = 323.68 g/(kW·h),相当于有效效率为 26.2%。这在当时已是一项了不起的记录,这项在燃料经济性方面的重大突破,震动了当时欧美的工业界,也奠定了今天压燃式内燃机在动力机械节能指标方面遥遥领先的基础。

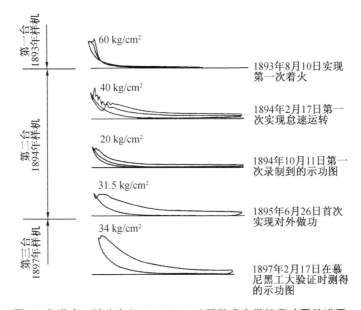

图 3　鲁道夫·狄塞尔(Rudolf Diesel)压燃式内燃机示功图的进展

1897 年压燃式发动机的成功,给狄塞尔带来了巨大的声誉,但也给他带来了新的麻烦,由于这台发动机的工作原理与结构已和他最初专利中的设想有很大差异(如等温加热、煤粉燃烧以及高压与无冷却等均未能实现),因此产生了某些专利纠纷,加之以后与投资方在发展方向上的分歧(MAN 公司致力于代替蒸汽机的船舶与固定动力的研制并取得了不断成功,而发明者本人则热衷于运输车辆动力的开发,但因燃料供给系统的限制而受阻)及经营上的困难等,给狄塞尔造成了很大的精神压力。1913 年 9 月 29 日至 30 日,狄塞尔在搭乘由欧洲大陆(比利时的安特卫普,Antwerpen)开往英国(哈维奇,Harvich)横渡英吉利海峡轮船旅的途中神秘失踪,没有留下任何遗言,据他的朋友与亲属分析,他很可能在以上种种压力下,选择了自杀道路。

天才发明家鲁道夫·狄塞尔的结局虽然悲惨,但他开创的事业却在他离开以后的近一个世纪中得到了空前的发展。为了纪念他的贡献,人们将由他首先提出的按压燃式原理制成的内燃机,即柴油机(因为此后的实践证明,最合适的燃料为轻、重质柴油)以他的名字来命名,即所谓的狄塞尔(Diesel)发动机。

经过100多年的发展,目前狄塞尔发动机,即压燃式内燃机或柴油机,已经发展到技术很高的水平(图4),这中间又有不少发明者与企业做出了巨大贡献。

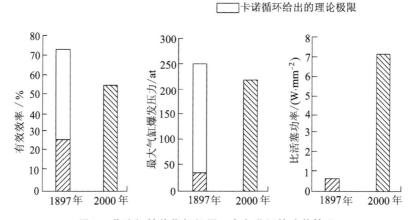

图4 柴油机性能指标经历一个多世纪的改善情况

例如,在大型柴油机方面值得一提的是,1899年,雨果·古德勒(Hugo Güldner)与MAN公司合作研制了第一台二冲程柴油机,与此同时,德国道依茨(Deutz)公司生产了第一台十字头结构的柴油机,两者相结合,奠定了目前大型船用低速二冲程柴油机的基础。

1901年,伊玛努尔·劳斯特(Imanuel Lauster)完成了对MAN公司无十字头结构的四冲程柴油机的改进,使该公司于1904年在乌克兰的基辅(Kiev)建成了世界上第一座由4台295 kW柴油发电机组构成的发电站。1905年,瑞士工程师阿弗里德·布希(Alfred J. Büchi)首次提出了利用柴油机排气能量的增压方案,此后,柴油机废气涡轮增压应用日益广泛,目前已普遍应用在各种型式的柴油机上。

1906年,瑞士苏尔寿公司(Sulzer,现属于芬兰瓦锡兰,Wärtsilä公司)推出首台可以正反转的船用柴油机($D \times S = 155$ mm $\times 250$ mm,单缸功率为73.5 kW),1913年,该公司首次推出功率为735 kW的4缸V型二冲程机车柴油机。

经过一个多世纪的发展,目前世界上最大船用低速柴油机功率已接近10^5 kW,有效效率也早已超过鲁道夫·狄塞尔当年提出的50%目标(根据2004年日本京都第二十四届CIMAC会议资料:MAN-B&W公司的14K108ME-C型十字头式低速二冲程柴油机,直列14缸,$D \times S = 1\ 080$ mm $\times 2\ 660$ mm,$n = 90 \sim 94$ r/min,当$n = 94$ r/min时$P_e = 97\ 300$ kW;当$n = 90$ r/min时,$b_e = 162$ g/(kW·h),$\eta_e = 52\%$);高速大功率柴油机的平均有效压力也已达到2.7 MPa (MTU-8000系列,20缸V型四冲程柴油机,$D \times S = 265$ mm $\times 315$ mm,$P_e = 9\ 000$ kW,$n = 1\ 150$ r/min,$p_e = 2.7$ MPa)。

在中小型柴油机(主要指作为运输机械典型的车用柴油机)方面:1924年,MAN在纽伦堡(Nümburg,Nurenberg)的分公司,首先推出了用于载货汽车的直接喷射式柴油机,斯图加特(Stuttgart)的奔驰(Benz & Cie)公司则推出了载货车用的预燃室式柴油机,他们的燃料供给系统均采用了博世(Bosch)公司早期提供的喷油泵。与此同时,戴姆勒(Daimler)公司推出的用压缩空气喷射燃料的方案,由于结构过于笨重而未能得到推广。在燃料供给与调节系统发展的基础上,1936年,戴姆勒-奔驰(Daimler-Benz,这时两家公司已合并)公司推出了首台预燃室式轿车柴油机,十几年后意大利菲亚特(Fiat)公司又推出了首台涡流室式轿车柴油机。

直喷式轿车柴油机出现得比较晚,继1988年菲亚特公司首次批量生产自然吸气的直喷式轿车柴油机后,大众(VW)集团的奥迪(Audi)公司也相继推出了整个涡轮增压的直喷式轿车柴油机系列(TDI系列)。

目前,欧洲绝大多数轿车柴油机已从分隔式燃烧室(预燃室和涡流室)改为直喷式,转速高达5 000 r/min,升功率达60 kW/L。在节能和环保性能方面均比较突出的有大众公司小型轿车的路波(Lupo)3 L(指汽车百千米油耗为3 L)3缸柴油机($D \times S = 76.5$ mm $\times 86.4$ mm,排量1.19 L,$P_e = 45$ kW,$n = 4\,000$ r/min,燃料供给与调节系统采用泵-喷嘴高压喷射,排放达到欧Ⅳ标准)和戴姆勒-奔驰公司的"Smart-CDI",OM-660型3缸柴油机($D \times S = 65.7$ mm $\times 79$ mm,排量0.8 L,$P_e = 30$ kW,$n = 4\,200$ r/min,装车后的百千米油耗也低于3 L,排放达到欧Ⅳ标准)。

尽管车用柴油机因为尺寸小、转速高,燃油经济性要比大型柴油机差一些,但采用增压、中冷和电控等一系列技术后,先进车用柴油机的燃油消耗率已降到190~195 g/(kW·h)的水平,相当于有效效率 $\eta_e = 44\% \sim 45\%$,也已十分接近鲁道夫·狄塞尔当年的期望。

目前各类柴油机的主要技术指标见表1。

表1 目前各类柴油机的主要技术指标

机 型	标定转速 n /(r/min)	压缩比 ε	平均有效压力 p_{me}/MPa	升功率 P_L /(kW/L)	比质量 m /(kg/kW)	有效燃油消耗率 b_e /[g/(kW·h)]
自然吸气轿车柴油机(非直喷)	3 500~5 000	20~24	0.7~0.9	20~35	3~5	240~320
增压轿车柴油机(非直喷)	3 500~4 500	20~24	0.9~1.2	30~45	2~4	240~290
自然吸气轿车柴油机(直喷)	3 500~4 200	19~21	0.7~0.9	20~35	3~5	220~240
增压中冷轿车柴油机(直喷)	3 600~4 400	16~20	0.8~2.2	30~60	2~4	195~210
自然吸气货车用柴油机(直喷)	2 000~3 500	16~18	0.7~1.0	10~18	4~9	210~260
增压货车用柴油机(直喷)	2 000~3 200	15~18	1.5~2.0	15~25	3~8	205~230
增压中冷货车用柴油机(直喷)	1 800~2 600	16~18	1.5~2.5	25~35	2~5	190~225
工程机械、拖拉机与农用机械柴油机	1 000~3 600	16~20	0.7~2.3	6~28	4~10	190~280
机车柴油机	750~1 000	12~15	1.7~2.3	20~30	5~10	200~210
船用柴油机(4冲程)	400~1 500	13~17	1.8~2.6	10~26	13~16	190~210
船用柴油机(2冲程)	50~250	6~8	1.4~1.8	3~8	16~32	160~180

前已说明,柴油机的技术进步在很大程度上归功于燃料供给与调节系统的发展,在发明者(鲁道夫·狄塞尔)与制造商(MAN公司)签订的合作协议中,曾有采用高压空气将煤粉喷入气缸的燃料供给方案(如图5所示,于1885年在美国申请的专利No.542846),但未获成功,以后才转用压缩空气喷入石油燃料的,但又因结构庞大(附带很重的空气压缩机与贮气罐),限制

了压燃式内燃机在移动式运输机械(主要指汽车)上的推广。以后欧美各国均着手研制不采用压缩空气而直接采用机械方式加压的燃油喷射系统,并先后出现了多项专利和设计方案,其中又以德国博世(Bosch)公司的成效最为显著。

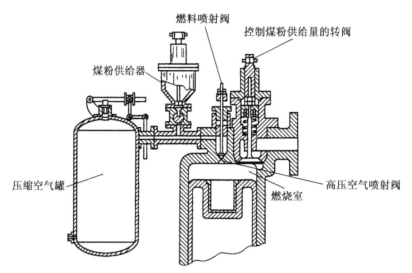

图 5　鲁道夫·狄塞尔设计的煤粉喷射系统

罗伯特·博世(Robert Bosch,图 6a)在德国斯图加特(Stuttgart)所经营的企业,最初是为汽油与气体燃料发动机提供点火用的磁电机,由于看到了柴油机发展的巨大潜力,于 1922 年致力于柴油机燃料供给与调节系统的开发。1927 年,博世公司开始批量生产用螺旋槽调节供油量的高压喷油泵(图 6b),并获得巨大成功,从而大大推动了车用柴油机的发展。

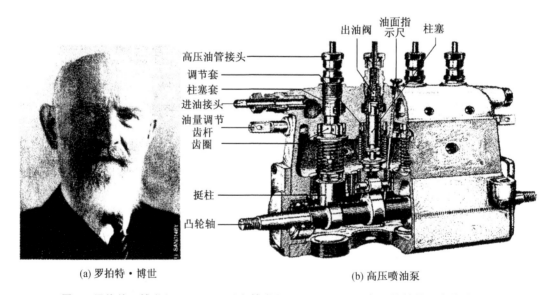

(a) 罗拍特·博世　　　　　　　　　(b) 高压喷油泵

图 6　罗伯特·博世(Robert Bosch)和博世(Bosch)公司 1927 年开始批量生产的喷油泵

德国的博世公司以后发展为汽车行业零部件供应方面的大型企业,其业务遍及世界各地,为了满足汽车柴油机,特别是轿车柴油机在节能与排放方面日益严格的要求,先后于

1962年推出轴向柱塞分配泵(VE泵),1986年推出电控 VE 泵,1996年推出电控径向柱塞分配泵(VR泵),1997年推出电控高压共轨喷油系统,1998年推出电控高压泵-喷嘴系统(图 7)。

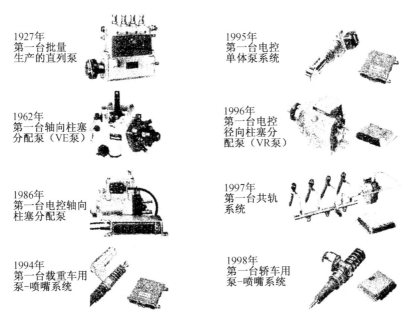

图 7　博世公司燃料供给与调节系统的发展历程

除了博世公司以外,还有不少公司与发明者对于柴油机燃料与供给系统的发展做出了贡献,例如英国的 CAV-卢卡斯(Lucas)公司(现由美国德尔福 Delphi 公司收购)、日本的电装(Nippon Denson)公司等。卢卡斯公司除了早期生产西姆斯(Simms)直列泵系列以外,还于 1956 年首次批量生产 CAV-DPA 径向柱塞分配泵。电装公司也于 20 世纪 90 年代初首次推出了 ECD-U2 型车用电控共轨燃料供给系统。其实,包括博世公司在内的各个著名企业的成功,也都是在参照前人经验与教训的基础上,消化吸收与改进已有的成果,并结合当时的市场需求与科技水平,致力于自主开发与不断创新的结果。例如,新型的电控高压泵-喷嘴与共轨系统,就是适应当前柴油机日益严格的节能与环保要求而兴起的新型燃料供给与调节系统,然而它们的原始思想甚至可以追溯到鲁道夫·狄塞尔时代。鲁道夫·狄塞尔本人在 1905 年提出的燃烧室方案中,就已经建议过采用泵-喷嘴的喷射方案(图 8c)。而 20 世纪 50 年代美国通用汽车公司(GM)就早已在其载货车用柴油机(后由分离出来的 DDC 公司负责生产)上成功推出高压泵-喷嘴系统(图 9)。至于共轨系统的出现也甚至早于博世公司的直列式柱塞泵,1913 年英国的维克尔(Vickers)公司首先提出了采用公共油道(共轨)的蓄压式方案,1919 年美国阿特拉斯(Atlas)公司即研制成功了采用这种系统的柴油机。只不过当时由于电子技术水平的限制,泵-喷嘴与共轨系统均未能显示出自己的优势,只有在近代结合电子控制技术以后,才发挥出新的生命力。

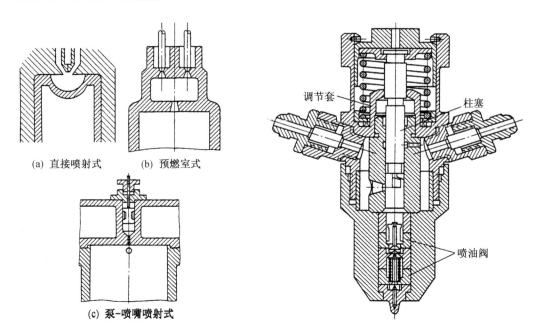

图 8　鲁道夫·狄塞尔于 1905 年提出的燃烧室方案　　　图 9　GM 公司的泵-喷嘴

在科技进步的历史长河中,事物的发展往往得益于各相关学科的支持与渗透,以及理论与实践的结合,渐进地,有时是螺旋上升和波浪式地向前推进,百花齐放,百家争鸣,优胜劣汰,推陈出新,从而创造出科技含量更高、能够满足社会需求的新的更好的产品。柴油机及其燃料供给系统 100 多年来的发展历史,正是对上述规律的最好证明。

Die Berechnung des Einspritzlaufes im Dieselmotor mit Berücksistigung der Zwischenraum im Düsenhalter und der Wellenkavitation*

Gao Zongying

(Zhenjiang Agricultural Machinery Institute)

1 Einleitung

Es ist bekannt, daß der Verbrennungsablauf im Dieselmotor außer von der Brennraumform, der Luftbewegung und der Zerstäubung des Kraftstoffes, auch vom zeitlichen Einspritzverlauf abhängt.

Zwar sind Verfahren zur Messung des Einspritzverlaufes entwickelt worden, jedoch sind diese nur am Pumpenprüfstand und nicht am Motor anwendbar. Es kommt daher der Berechnung der zeitlichen Einspritzmenge besondere Bedeutung zu.

Ausgehend von den grundlegenden Berechnungsmethoden von Dieseleinspritzanlagen entstanden am Institut für Verbrennungskraftmaschinen der Technischen Universität Graz, unter dem seinerzeitigen Vorstand Prof. Dr. A. Pischinger, arbeiten in Form von Rechenprogrammen, deren Inhalt die Berechnung besonderer Erscheinungen von Einspritzsystemen ist.

Woschni hat ein Rechenverfahren entwickelt, mit dem der Einspritzverlauf aus dem gemessenen Druckverlauf am Düsenhalter unter Berücksichtigung der durch die Wellenlaufzeit bedingten zeitlichen Verschiebung berechnet werden kann. Dabei bleiben jedoch Wellenreflexionen im Düsenhalter und die Änderung der Kraftstoffeigenschaften bei Kavitation unberücksichtigt.

Es lag nahe, die Lösung der bei den Arbeiten verwendeten Grundgleichungen für die Rechnung an der Einspritzdüse, die jeweils einen eigenen Teil des Rechenprogrammes bildet, direkt zu verwenden. Anstelle der aufwendigen Gleichungen der Einspritzpumpe wurde die Wellengleichung gesetzt, wobei der zeitliche Verlauf des statischen Druckes in einem

---

* 本文系高宗英1981年在奥地利留学期间于格拉茨工业大学(TU Graz)所写博士论文摘要,题目是"考虑到喷油器中间容积和管道空穴现象后对柴油机喷油过程计算的新方法"。作者当时在国内职务为镇江农机学院(ZAMI)讲师(后评为副教授),在格拉茨工业大学的导师为R·毕辛格(Rudolf Pischenger)教授,研究工作得到李斯特内燃机研究所(AVL)及其创办人汉斯·李斯特(Hans List)教授的大力支持。

definierten Abstand zur Düse als aus der Messung bekannt vorausgesetzt wird.

Dieses Rechenmodell bestand demnach aus einer Einspritzleitung mit konstantem Querschnitt, den Leitungsteil im Düsenhalter miteinbezogen, und der eigentlichen Einspritzdüse.

Auf Anregung von Prof. Dr. G. Kraßnig wurde dieses Modell anschließend derart erweitert, daß konstruktiv bedingte Querschnittsänderungen und Volumina in der Leitung zwischen Druckmeßstelle und Düse berücksichtigt werden.

Weil ein direkter Vergleich des gerechneten Einspritzverlaufes mit einer Messung am Motor nicht möglich ist, müssen einerseits der gleichzeitig mit dem Druckverlauf aufgenommene Nadelhubverlauf, andererseits die Einspritzmenge pro Zyklus als Kontrollparameter dienen.

Sowohl der Einspritzdruck als auch die Nadelhubmessung stellen hohe Anforderungen an das zeitliche Auflösungsvermögen, welches durch Anwendung einer Meßeinrichtung mit rascher digitaler Datenspeicherung erreicht werden konnte. Zur Berücksichtigung des Einspritzgegendruckes, welcher einen nicht unwesentlichen Einfluß auf den wirksamen Öffnungsquerschnitt der Düse hat, ist auch die Erfassung des Zylinderdruckverlaufes erforderlich.

2 Rechenmodell und Grundgleichungen

2.1 Rechenmodell

Wie schon einleitend erwähnt, besteht das Rechenmodell zwischen Druckmeßstelle und Düsennadel aus einem oder mehreren Leitungsteilen und dazwischenliegenden Volumina, je nachdem, welche Ausführung der Einspritzdüse bzw. des Düsenhalters vorliegt. Das Modell ist in Abb. 1 dargestellt.

Bei bestimmten Ausführungen von Einspritzdüsen hängt, wie ebenfalls in Abb. 1 gezeigt, die Nadelbewegung nicht nur vom Druck im Düsenvorraum V_i, sondern auch vom Druck im Raum V_{i-1} ab. Auch diese Tatsache kann im gegebenen Fall durch das Rechenmodell berücksichtigt werden.

2.2 Die Grundgleichungen

(1) Die Wellengleichung

Nach A. Pischinger setzen sich Druck und Geschwindigkeit an einer beliebigen Stelle der Einspritzleitung bzw. eines Leitungsteiles zu jeder Zeit aus der Summe eines konstanten Gliedes und den Funktionswerten zweier in entgegengesetzter Richtung mit der Schallgeschwindigkeit des Kraftstoffes laufenden Wellen zusammen.

Im folgenden bedeuten:

a [m/sek]	Schallgeschwindigkeit des Kraftstoffes
c [m/sek]	Geschwindigkeit
c_0 [m/sek]	Geschwindigkeit vor Beginn der Einspritzperiode
c_V [m/sek]	vorlaufende Geschwindigkeitswelle

c_R [m/sek]   rücklaufende Geschwindigkeitswelle

DQ [m³/sek] bzw.

[cm³/°KW]   zeitliche Einspritzmenge, Einspritzverlauf

E [N/m²]   Elastizitätsmodul des Kraftstoffes

F [m²]   Leitungsquerschnitt

f_N [m²]   Querschnitt des der Düsennadel entsprechenden Ersatzkolbens (Abb. 1)

g [m/sek²]   Erdbeschleunigung

k_D [n/m]   Federkonstante der Düsenfeder

m_D [kg]   Masse der bewegten Teile der Düse

p [N/m²]   Druck

p_O [N/m²]   Druck vor Beginn der Einspritzperiode (Standdruck)

p_Z [N/m²]   Zylinderdruck

p_D [N]   Vorspannung der Düsenfeder

R_D [N]   konstante Nadelreibung

t [sek]   Zeit

V [m³]   Volumen

x [m]   Ortskoordinate

y [m]   Nadelhub

$\bar{z}$ Druckabminderungsfaktor

β [m³] bzw. [mm³]   Einspritzmenge pro Einspritzperiode

δ [Nsek/m]   Dämpfungskonstante der Nadelbewegung

μf_D [m²] bzw. [mm²]   Wirksamer Öffnungsquerschnitt der Düse

ρ [kg/m³]   Dichte des Kraftstoffes

Indices:

A   Austritt (Abb. 1)

E   Eintritt (Abb. 1)

i   Ortsindex der Einspritzleitung (Abb. 1)

In Folgend wird auch die heute allgemein verwendete Form der Wellengleichung angegeben:

$$p = p_O + \frac{c_V}{K} - \frac{c_R}{K} \tag{1}$$

bzw.

$$c = c_O + c_V + c_R \tag{2}$$

mit

$$K = \frac{1}{a \cdot \rho} \tag{3}$$

Die Gleichungen (1) und (2) werden auf die Druckmeßstelle, den Ein- und Austritt jedes zwischenliegenden Volumens, sowie auf den Eintritt des Düsenvorraumes V_i angewendet.

Unter Berücksichtigung der Reflexionsbedingungen und der durch die Länge der Leitungsteile und der Schallgeschwindigkeit gegebenen Wellenlaufzeiten können damit die Werte der rücklaufenden Wellen c_R berechnet werden.

(2) Die Gleichungen für die Volumina zwischen Druckmeßstelle und Düse

Wie schon erwähnt, kann für Ein- und Austritt jedes Volumens V_1 bis V_{i-1} die Wellengleichung angeschrieben werden:

$$p = p_O + \frac{c_{VE}}{K} - \frac{c_{RE}}{K} \qquad (3)$$

$$c_E = c_O + c_{VE} + c_{RE} \qquad (4)$$

$$p = p_O + \frac{c_{VA}}{K} - \frac{c_{RA}}{K} \qquad (5)$$

$$c_A = c_O + c_{VA} + c_{RA} \qquad (6)$$

Weiters gilt die Kontinuitätsgleichung:

$$F_E \cdot c_E - F_A \cdot c_A - f_N \cdot \frac{dy}{dt} - \frac{V}{E} \cdot \frac{dp}{dt} = 0 \qquad (7)$$

(3) Die Gleichungen für den Düsenvorraum

Für den Eintritt in den Düsenvorraum V_i werden die Gleichungen (3) und (4) verwendet.

Außerdem können die Kontinuitätsgleichung

$$-DQ + F_E \cdot c_E - f_{Ni} \cdot \frac{dy}{dt} - \frac{V_i}{E} \cdot \frac{dp}{dt} = 0 \qquad (8)$$

mit

$$DQ = \mu f_D \sqrt{\frac{2}{\rho}(p_i - p_Z)} \qquad (9)$$

und die Bewegungsgleichung der Düsennadel angeschrieben werden:

$$m_D \cdot \frac{d^2 y}{dt^2} + \delta_D \cdot \frac{dy}{dt} + k_D \cdot y - \sum_{k=1}^{i-1} p_K \cdot f_{NK} - p_i \cdot f_{Ni} \cdot \bar{z} + P_D \pm R_D = 0 \qquad (10)$$

3 Rechenverfahren

Nach den Gleichungen (1) und (2) bzw. (3), (4), (5) und (6) ist es möglich, den Zustand in den Leitungsteilen durch jeweils eine vorlaufende und eine durch Reflexion entstehende rücklaufende Geschwindigkeitswelle darzustellen. Bei gegebener Schallgeschwindigkeit des Kraftstoffes kennt man daher zu jedem Zeitpunkt die Lage der Wellen im jeweiligen Teil der Einspritzleitung.

Ihre Größe erhält man weiters aus den Gleichungen (7) bzw. (8),(9) und (10), welche durch Anwendung eines geeigneten Differenzenverfahrens schrittweise lösbar sind.

Als Anfangsbedingung ist es jedoch erforderlich, die reflektierten Wellen c_R zu kennen. Für den Fall, daß die Rechenschrittweite Δt gleich oder kleiner ist als die doppelte Wellenlaufzeit zwischen zwei Volumina bzw. zwischen der Druckmeßstelle und dem Volumen

V_1, kann die Anfangsbedingung $c_R = 0$ lauten.

In den folgenden Rechenintervallen kann dann der Wert von c_R aus einer, der jeweiligen Laufzeit entsprechenden Interpolation gewonnen werden.

Bei der Durchführung der Berechnung für das ganze System gilt demnach, daß die Rechenschrittweite gleich oder kleiner sein muß, als die doppelte Wellenlaufzeit der geringsten Entfernung zwischen zwei Stellen der Rechnung.

Das spielt keine große Rolle, weil einerseits wegen des stark schwankenden Druckverlaufes die zeitliche Auflösung bei der Messung, andererseits wegen der erforderlichen Rechengenauigkeit die Rechenschrittweite sehr klein gewählt werden muß (Größenordnung: 0.1 kW).

Das beschriebene Rechenmodell vereinfacht die Programmierung. Den Geschwindigkeitswellen wurde ein zweidimensionaler (Ort-Zeit-) Speicher zugeordnet und dadurch die Rechenzeit trotz kleiner Rechenschrittweite relativ kurz gehalten.

4 Grundlegendemessungen

4.1 Messungen am Motor

Die für die Berechnung grundlegenden Messungen wurden am AVL-Einzylinder-Forschungsmotor, Typ 520 im Labor des Institutes für Verbrennungskraftmaschinen und Thermodynamik, Technische Universität Graz, Vorstand Prof. Dr. R. Pischinger durchgeführt.

Einige wesentliche Motordaten werden im folgenden angeführt:

Zylinderbohrung: 120 mm

Kolbenhub: 120 mm

Nenndrehzahl: 3 000 r/min

Verbrennungsverfahren: direkte Einspritzung

Einspritzausrüstung:
        Pumpe: BOSCH, PE1P100/320LV8913
        Düse: BOSCH, DLLA 150 S323
        Einspritzleitung: $d_a \times d_i \times l = 6.0 \times 1.8 \times 600$ mm

Die Messung des Einspritzdruckes erfolgte mit einem AVL-Quarzdruckgeber am Eintritt in den Düsenhalter. Ebenfalls mit AVL-Meßgebern wurden der Nadelhub (induktiver Weggeber) und der Zylinderdruck (Quarzdruckgeber) erfaßt.

Die anschließend verstärkten analogen Meßsignale wurden mit einem Digital-Analysator aufgenommen. Dabei löst ein Analog-Digital-Converter (ADC) die Meßsignale zum zugehörigen Kurbelwinkel digital auf.

Diese Daten werden dann zunächst im Kernspeicher eines Kleincomputers abgelegt und in der Folge auf ein Magnetband überspielt, wo sie für die weitere Verwendung (Plotter für Rechenprogramm) bereitstehen.

4.2 Messung der Durchflußcharakteristik der Einspritzdüse

Die Tatsache, daß bei gleichem Druckabfall an der Einspritzdüse der Gegendruck erheblichen Einfluß auf den wirksamen Öffnungsquerschnitt hat, wurde bereits nachgewiesen. Auch Messungen zur vorliegenden Arbeit, die im Einspritzlabor der AVL vorgenommen wurden, haben diese Erscheinung bestätigt. Das Meßergebnis (Abb. 2) zeigt, daß der wirksame Öffnungsquerschnitt bei einem Gegendruck von ca. 50 bar, der etwa dem Druckniveau im Zylinder während der Einspritzperiode entspricht, gegenüber einem Gegendruck von 1 bar um ca. 14 % größer ist.

Der Grund dafür dürfte auf das Auftreten von Kavitation in der Nähe des engsten Querschnittes zurückzuführen sein. Kavitation tritt ohne Gegendruck eher auf und schlägt sich dann in einer Verringerung der Kontraktionszahl bzw. des wirksamen Querschnittes nieder.

5 Durchführung der rechnerischen Untersuchung

Die für die Berechnung erforderlichen Eingabedaten sind, mit Ausnahme jener, die während der Untersuchung variiert und im Text ausdrücklich angeführt werden, auf Seite 31 tabellarisch zusammengestellt.

Abb. 3 zeigt den gemessenen Verlauf von Leitungsdruck, Nadelhub und Zylinderdruck über dem Kurbelwinkel für den Motorbetriebspunkt $n = 2\,000$ r/min und Vollast. Das Entlastungsvolumen des dabei verwendeten und in dieser Einspritzausrüstung serienmäßig vorgesehenen Entlastungsventiles beträgt $V_E = 70$ mm^3, das sind ca. 4% des Volumens des gesamten Einspritzsystems ($V_E/V_{SUM} = 0.04$). Sowohl die Tatsache, daß vor Beginn des Druckanstieges der gemessene Druck $p_o = 0$ bar beträgt und sich auch unmittelbar nach dem Schließen der Düsennadel wieder einstellt, als auch das relativ große Entlastungsvolumen lassen auf bereits vor dem Einspritzvorgang vorhandene Kavitation schließen.

Wenn die Deformation der Leitungsteile im Düsenhalter vernachlässigt wird, wegen der großen Wandstärken ist diese Annahme gerechtfertigt, kann die Schallgeschwindigkeit a nach der Beziehung

$$a = \sqrt{\frac{E}{\rho}} \qquad (11)$$

berechnet werden. Die Druck- und Temperaturabhängigkeit des Elastizitätsmoduls E und der Dichte ρ ist gering und kann im allgemeinen unberücksichtigt bleiben. Für den häufig in der Literatur angegebenen Wert $E = 1.6 \times 10^9$ N/m^2 und das mittels Aerometer bestimmte $\rho = 0.82 \times 10^3$ kg/m^3 ergibt sich

$$a = 1\,400 \text{ m/sec.}$$

Die Ergebnisse für Nadelhubverlauf und Gesamteinspritzmenge einer anschließend mit dieser Schallgeschwindigkeit durchgeführten Rechnung wurden den entsprechenden gemessenen Werten gegenübergestellt. Die völlig unzureichende Übereinstimmung bestätigt die Vermutung auf bereits vor dem Einspritzvorgang vorhandene Kavitation. Auf eine gesonderte Darstellung dieser Ergebnisse wird daher verzichtet.

Kavitation in Einspritzleitungen von Dieseleinspritzanlagen entsteht durch die Überlagerung von Wellen, welche die statischen Flüssigkeitsdrücke lokal auf negative Werte absenken kann. Die Flüssigkeit, die Zugspannungen nur kurzzeitig (Größenordnung 10^{-4} sek) übertragen kann, zerreißt, und es enstehen Hohlräume. Es ist hinreichend genau (auch für die Berechnung) den Zustand der Kavitation mit $p=0$ bar zu definieren, wenn auch Dampf- und Gasausscheidedruck stets geringfügig über diesem Wert liegen.

Huber und Susani verwenden für die Berechnung ein Rechenmodell, bei welchem das Kavitationsgebiet durch zwei senkrecht zur Rohrachse liegende Wände begrenzt ist, an denen die ankommenden Wellen wie am offenen Rohrende reflektiert werden. Der Druck im Kavitationsgebiet wird mit $p=0$ bar angenommen.

Ähnlich diesem Rechenmodell wurden in der vorliegenden Untersuchung derartige Hohlräume an bestimmten Stellen zwischen Druckmeßstelle und Düsennadel angesetzt und in der Folge die Größe der Hohlräume variiert. Die dabei mit einer Schallgeschwindigkeit $a = 1\,400$ m/sek erzielten Rechenergebnisse waren nicht zufriedenstellend und sind daher nicht angeführt. Die Gründe, weshalb die Vorgänge bei Kavitation einer theoretischen Erfassung in dieser Form schwer zugänglich sind, sind vermutlich folgende:

1. Nach Versuchen von Huber ist die Verteilung einzelner Hohlräume trotz glatter Leitung ohne Störstellen nicht reproduzierbar.

2. Es ist denkbar, daß die am Ende der Einspritzperiode als Folge der Entlastung auftretenden Hohlräume bis zum nächsten Einspritzvorgang in feine Bläschen zerfallen.

3. Die Hohlräume sind nicht nur mit Dampf, sondern teilweise auch mit ausgeschiedenem Gas (z. B. Luft) gefüllt. Bei Druckanstieg kondensiert zwar der Dampf sofort, das Gas jedoch benötigt eine gewisse Zeit, um sich zu lösen. Das bedeutet, daß kleine Gasbläschen auch bei hohem Druck eine Zeitlang bestehen bleiben können. Gase können auch während des Einspritzvorganges durch Rückströmen vom Zylinder in die Düse in den Kraftstoff gelangen, wenn nämlich bei starker Entlastung während der Schließphase der Nadel der Druck im Düsenvorraum unter den Zylinderdruck fällt.

4. Die Größe der durch Kavitation hervorgerufenen Hohlräume hängt nicht nur vom Entlastungsvolumen, sondern auch vom Kraftstoffvolumen des gesamten Einspritzsystems und vom Druckniveau bei Förderende ab. Bei Teillast und niedriger Drehzahl tritt demnach die Kavitation auch stärker auf als bei Vollast.

Nach diesen Überlegungen erscheint es möglich, die Hohlräume als fein im Kraftstoff verteilte Dampf- bzw. Gasbläschen anzunehmen. Diese Annahme erlaubt jedoch bei vertretbarem Aufwand keine Berücksichtigung von Reflexionen an den Hohlräumen.

Die Schallgeschwindigkeit in Flüssigkeits-Gasgemischen ist niedrig und abhängig vom Gasvolumenanteil. Dabei wirkt sich die Änderung des Elastizitätsmoduls deutlich stärker aus als die der Dichte. Abb. 4 zeigt die Abhängigkeit des Elastizitätsmoduls vom

Gasvolumenanteil in Dieselöl. Dieser Zusammenhang kann jedoch nur als qualitative Erklärung für kavitationsbedingte Schallgeschwindigkeitsunterschiede dienen. Da das Veränderungsgesetz von Dampf- und Gasbläschen kaum theoretisch erfaßbar ist, scheint es sinnvoll, für den jeweiligen Betriebspunkt die Schallgeschwindigkeit am laufenden Motor durch eine Messung zu bestimmen.

In Abb. 5 ist die Schallgeschwindigkeit, die aus der Laufzeit zwischen zwei mit bekanntem Abstand in der Einspritzleitung angeordneten Meßstellen ermittelt wurde, über dem Verhältnis von Entlastungsvolumen zum gesamten Kraftstoffvolumen (V_E/V_{SUM}) dargestellt (Betriebspunkt: $n = 2\,000$ r/min, Vollast). Daraus geht hervor, daß bei einem Verhältnis $V_E/V_{SUM} = 0.04$ bis 0.05 die Schallgeschwindigkeit $a = 800$ bis 900 m/sek beträgt. Es soll jedoch betont werden, daß die Kavitation und damit die Schallgeschwindigkeit auch wesentlich vom Betriebszustand des Motors beeinflußt wird.

Interessant ist, daß trotz starker Kavitation (großes Entlastungsvolumen, Teillast, niedrige Drehzahl) die Schallgeschwindigkeit nicht unter einen Wert von ca. 600 m/sek sinkt.

6 Diskussion der Rechenergebnisse

Abb. 6 zeigt drei mit verschiedenen Schallgeschwindigkeiten gerechnete Ergebnisse für Nadelhubverlauf y und Gesamteinspritzmenge β im Vergleich mit den entsprechenden Meßergebnissen. Die mit der aus der Messung bestimmten Schallgeschwindigkeit $a = 880$ m/sek ($E = 0.635 \times 10^9$ N/m²) gerechneten Verläufe stimmen sehr gut mit den zu vergleichenden Meßwerten überein. Außerdem sind der mit $a = 880$ m/sek gerechnete Einspritzverlauf DQ und die Druckverläufe in den einzelnen Volumina in Abb. 7 und Abb. 8 dargestellt. Abb. 8 zeigt deutlich, wie sich der Druckverlauf an der Meßstelle unter dem Einfluß der Reflexionen an den einzelnen Volumina schrittweise bis zur Form des Druckverlaufes im Düsenvorraum ändert.

Um die vorangegangenen Überlegungen zu bestätigen, wurde eine Messung, zwar für den gleichen Motorbetriebspunkt ($n = 2\,000$ r/min, Vollast), jedoch mit einem Entlastungsvolumen $V_E = 0$ mm³ durchgeführt (Abb. 9), um Kavitation möglichst zu vermeiden.

Die gemessene Schallgeschwindigkeit beträgt dafür nach Abb. 5 1250 m/sek ($E = 1.28 \times 10^9$ N/m²). Die damit erzielten Rechenergebnisse zeigen wieder gute Übereinstimmung mit den Meßergebnissen (Abb. 10 und Abb. 11).

Wie schon erwähnt, tritt der Effekt der Kavitation bei kleinerer Last und niedriger Drehzahl bei gleichem Entlastungsvolumen stärker auf. Daher sollte ein Betriebspunkt mit starker Kavitation ($n = 1\,000$ r/min, Vollast) untersucht werden. Das zugehörige Meßergebnis ist in Abb. 12 wiedergegeben. Die Rechnung mit konstanter Schallgeschwindigkeit ergab in diesem Fall kein zufriedenstellendes Ergebnis. Offenbar werden infolge der kleineren Drehzahl und damit der längeren zur Verfügung stehenden Zeit mehr Gas- bzw.

Dampfbläschen gelöst, so daß sich die Schallgeschwindigkeit im Verlauf der Einspritzperiode nicht unwesentlich ändert. In der Folge wurden Rechnungen mit variabler Schallgeschwindigkeit durchgeführt. Die dabei mit der Schallgeschwindigkeit $a = 850$ bis $1\,000$ m/sek erzielten Rechenergebnisse sind im Vergleich mit den entsprechenden Meßergebnissen in Abb. 13 dargestellt und zeigen relativ gute Übereinstimmung. Die zugehörigen Druckverläufe in den einzelnen Volumina sind in Abb. 14 wiedergegeben.

7　Zusammenfassung

Es wurde ein Rechenprogramm aufgestellt, mit dem man aus dem gemessenen Einspritzdruckverlauf am Düsenhalter sowie dem Zylinderdruckverlauf den Einspritzverlauf berechnen kann. Dabei werden alle geometrischen Gegebenheiten im Düsenhalter, die Schalltheorie und die Gegendruckabhängigkeit des wirksamen Düsenöffnungsquerschnittes berücksichtigt.

Im Verlauf wiederholter Messungen und Rechnungen wurden starke Unterschiede der Schallgeschwindigkeit bei verschiedenen Motorbetriebspunkten festgestellt, deren Ursache offenbar das Auftreten von Kavitation ist. Unter der Annahme fein im Kraftstoff verteilter Gas- bzw. Luftbläschen kann die Kavitation durch eine herabgesetzte Schallgeschwindigkeit berücksichtigt werden. Dabei zeigt sich, daß die durch Laufzeitmessungen am Motor ermittelten Schallgeschwindigkeiten bei Verwendung in der Rechnung zu guter Übereinstimmung der Kontrollparameter führen.

Die Berechnung des Einspritzverlaufes nach dem beschriebenen Verfahren ist auch bei Kavitation für höhere Drehzahlen mit guter Sicherheit durchführbar. Bei niedrigen Drehzahlen erweist sich wegen der längeren, für die Beseitigung von Hohlräumen zur Verfügung stehenden Zeit die Einführung einer vom örtlichen Druckniveau abhängigen Schallgeschwindigkeit als erforderlich. Hier werden noch eingehende Untersuchungen durchzuführen sein.

（参考文献及附图略，可参见本书科研攻关篇和国际交流篇中的相关论文）

根据高压油管实测压力计算柴油机喷油过程的一种新方法[*]

高宗英

(江苏工学院)

[摘要] 文中介绍了一种根据实际测量的油管压力计算运转中柴油机喷油过程的新方法。由于这种方法正确考虑了喷油器内各个集中容积对压力波反射的影响,以及在液体介质出现空泡现象以后压力波实际传播速度的变化,因而提高了计算的准确性。在理论分析和实验的基础上,作者关于在具有等容式出油阀的柴油机高压油管中压力波实际传播速度(声速)有可能大大降低的分析和见解,不仅为准确计算喷油系统提供了重要依据,而且也有助于解释柴油机中有时会出现的不稳定或异常喷射现象。

1 任务的提出

柴油机的燃烧过程和性能指标,除了受燃烧室形状和气缸内空气运动的影响之外,在很大程度上还取决于喷油过程和喷雾情况。所以,长期以来人们一直非常重视对于喷油过程(我国目前习惯于称为喷油规律)的研究。

通常,研究喷油过程的方法可以分为两类。第一类是实际测量。例如,格拉兹工业大学(T. U. Graz)制造的机械式蜂窝圆盘[1,2],罗伯特·波许公司(Robert-Bosch Gmbh)制造的油量指示仪和喷油规律指示仪(压力室法和长管法)[3,4]等等。这些测量方法虽然都有各自的优点,但均不能在运转的柴油机上使用。第二类方法是理论计算。有关柴油机喷油系统计算的基本方法,虽然早在30年代已由格拉兹工业大学的A·毕辛格(Pischinger)教授提出[5],但比较实用的计算研究方法,只是在电子计算机问世以后才开始发展。近20年来,已经发表了大量关于计算喷油过程的文献[6-10]。但是,人们终究难以通过纯粹的理论计算,去解释实际喷油系统的许多复杂现象。

由于上述原因,人们在研究运转中柴油机的实际喷油过程时,常将上述两类方法结合起来,采用一种试验-计算法,即通常所谓的压力-升程法。如果我们能够测量出喷油嘴压力室的压力、气缸压力、针阀升程和喷油嘴的流量系数,那么就可立刻按照熟知的流动方程式计算出喷油过程。但是,由于喷油嘴压力室的压力一般是无法直接测量的,人们曾把喷油器端的高压油管(以下简称油管)压力作为喷油嘴压力室压力。但实际上,这两个压力之间存在一定的时差(相当于压力波在这两点之间的传播时间),两者的数值和变化规律也并不等同,因而就给计算带来了一定的误差。慕尼黑技术大学(T. U. München)G·沃希尼(Woschni)教授为了解决

---

[*] 本文系作者在奥地利格拉兹工业大学进修期间所作研究工作和所写博士论文的一部分,原载于《内燃机学报》1983年(第1卷)第3期。

这个问题,曾经提出根据实测的油管压力来计算喷油过程的方法[7]。在这个方法中,虽然由于考虑了上述压力的时差而提高了计算精度,但是另外许多重要因素,例如喷油器内存在的若干集中容积对压力波传播和反射的影响,液体介质中产生空泡以后压力波传播速度的变化等,仍未得到考虑。作者在格拉兹工业大学进修期间所作研究工作的目的,就是发展一种方便、可靠、经济并易于检查的方法,以便在考虑这些因素的基础上计算柴油机的喷油过程。

2 计算模型和计算方法

图 1 所示为柴油机装有等容式出油阀的典型喷油系统。目前,多数中小型高速柴油机均采用这种出油阀结构。我们决定根据在测量点 1 测得的油管压力(喷油器端压力)来计算喷油过程,因为这样就不用再考虑存在于喷油泵和高压油管中的各种因素的影响,有利于提高计算精度和减少计算成本。

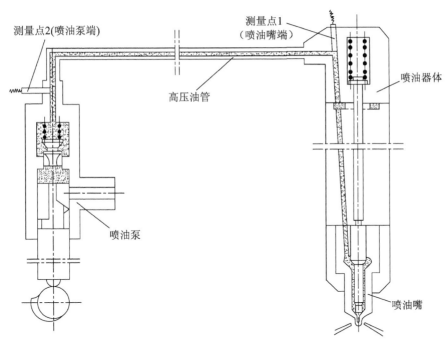

图 1 柴油机装有等容式出油阀的典型喷油系统

图 2 示明所采用的计算模型。对比图 1 和图 2 可见:在这个模型中,考虑了喷油器内许多重要的结构细节,例如,把集中容积 2 和喷油嘴压力室之间的环形通道简化成具有相当横截面积的圆形通道。这时,由于各集中容积内压力变化规律并不相同,针阀受到的推力和运动规律就不仅取决于喷油嘴压力室的压力,而且还决定于集中容积 2 中的压力。为了确切反映这种受力和运动情况,我们可以将针阀的每个受力端面或环形面均用相应面积的当量柱塞来代替。

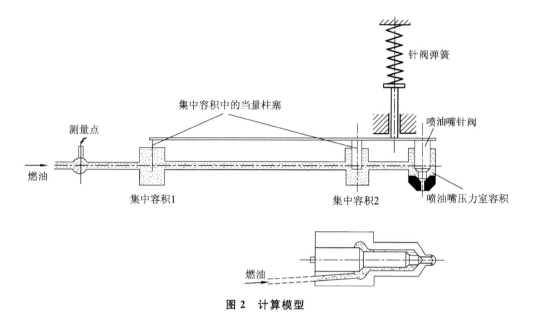

图 2　计算模型

3　基本方程式

3.1　波动方程及其解

柴油机高压油管（喷油器内的油道也可看成是油管的延长部分）中的液力过程本质上属于可压缩介质的不稳定流动，油管内的压力不仅随时间而变，而且还随地点而变（图3）。在忽略管壁摩擦的条件下，L. 阿里维（Alliévi）早在1909年即针对水管内的压力波动现象导出了下列可压缩液体不稳定流动的波动方程式[11]。

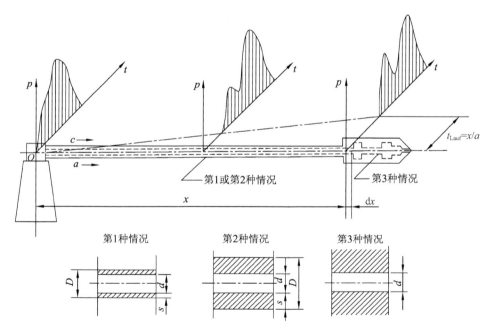

图 3　压力波在高压油管内传播的示意图

$$\frac{\partial c}{\partial t}=-\frac{1}{\rho}\frac{\partial p}{\partial x} \tag{1}$$

$$\frac{\partial c}{\partial x}=-\frac{1}{\rho a^2}\frac{\partial p}{\partial t} \tag{2}$$

式中：x——沿液体管道轴线的位移坐标，m；

t——时间，s；

c——液体管道内任意点 x 处的流速，m/s；

p——液体管道内任意点 x 处的压力，Pa；

ρ——液体密度，kg/m³；

a——压力波在液体中的传播速度（声速），m/s。

方程式（1）和（2）的通解为

$$\begin{cases} p = p_0 + F\left(t-\frac{x}{a}\right) + f\left(t+\frac{x}{a}\right) & (3) \\ c = c_0 + \frac{1}{a\rho}\left[F\left(t-\frac{x}{a}\right) - f\left(t+\frac{x}{a}\right)\right] & (4) \end{cases}$$

式中，p_0 和 c_0 为常数项；F 和 f 分别是变量 $\left(t-\frac{x}{a}\right)$ 和 $\left(t+\frac{x}{a}\right)$ 的函数，其具体关系应根据边界条件和初始条件决定。变量 $\left(t-\frac{x}{a}\right)$ 和 $\left(t-\frac{x}{a}\right)$ 表示函数 F 和 f 不论采取何种形式均是分别以声速 a 沿 x 正向和负向运动的波动过程。这也就是说，液体管道内任一点的压力和速度，在每一瞬时均由一个常数项、一个正向运动的前进波和一个负向运动的反射波所组成。A·毕辛格(Pischinger)于 1935 年把这个概念用于柴油机喷油系统的计算，将通解式（3）和（4）写成下列易于理解的形式[5]。

$$p = p_0 + p_v + p_r \tag{5}$$
$$c = c_0 + c_v + c_r \tag{6}$$

并根据式（3）～（6）找出了压力波和速度波数值之间的关系为

$$p_v = a\rho c_v$$
$$p_r = -a\rho c_r$$

设系数 K 等于 $1/a\rho$，并将它代入式（5）和（6），即可得到现在计算柴油机喷油过程通常采用的方程式

$$p = p_0 + \frac{c_v}{K} - \frac{c_r}{K} \tag{7}$$

$$c = c_0 + c_v + c_r \tag{8}$$

式（5）～（8）中：p_v——前进压力波，Pa；

p_r——反射压力波，Pa；

c_v——前进速度波，m/s，

c_r——反射速度波，m/s；

K——表示压力波与速度波数值之间关系的系数，$K=1/a\rho$，m³/(N·s)。

在波动方程式及其解中，声速 a 是一个计算喷油系统内液力过程的重要参数。从理论上讲，油管内声速的大小不仅取决于液体介质的性质，而且还与油管的变形有关。文献[11]和文献[12]中对于图 3 中的第 1 种情况（薄壁管），计算声速的公式为

$$a = \sqrt{\frac{1}{\rho\left(\frac{1}{E} + \frac{1}{E_1}\frac{d}{S}\right)}} \tag{9}$$

对于图 3 中的第 2 种情况(厚壁管),计算声速的公式为

$$a = \sqrt{\frac{1}{\rho\left[\frac{1}{E} + \frac{2}{E_1}\left(\frac{D^2+d^2}{D^2-d^2} + \nu\right)\right]}} \tag{10}$$

对于图 3 中的第 3 种情况(不考虑油管或喷油器体的变形),计算声速的公式为

$$a = \sqrt{\frac{E}{\rho}} \tag{11}$$

式(9)~(11)中:E——燃油的弹性模数,Pa;
E_1——管壁材料的弹性模数,Pa;
D——油管外径,m;
d——油管内径,m;
S——管壁厚度,$S=(D-d)/2$,m;
ν——管壁材料的泊桑比。

分析和计算表明,当管壁较厚($S/d \geqslant 1$)时,按以上三个公式计算所得的结果实际上没有多少差别。以后的分析还将说明,影响声速的主要因素并不是管壁的变形,而是液体介质本身弹性模数的改变。由于柴油机油管的管壁一般均较厚,而在我们采用的计算方法中不存在油管变形的问题,因而在一般情况下用式(11)来计算声速已足够精确了。

3.2 计算喷油器各集中容积压力的方程式

在目前已发表的文献中,喷油器内各集中容积对压力波传播和反射的影响均未予考虑。作者导出了有关计算公式并用数值法加以求解。公式中所用的符号如下(参见图 4):

V_i ——第 i 个集中容积的容积,m³;
F_i ——第 i 个集中容积前的通道面积,m²;
F_{i+1}——第 i 个集中容积后的通道面积,m²;
X_i ——第 i 个集中容积前的通道长度,m;
X_{j+1}——第 i 个集中容积后的通道长度,m;
f_{Ni} ——位于第 i 个集中容积内的当量柱塞面积,m²;
p_i ——第 i 个集中容积内的压力,Pa;
C_{Ei} ——第 i 个集中容积的进口流速,m/s;
C_{Ai} ——第 i 个集中容积的出口流速,m/s;
C_{vEi} ——第 i 个集中容积进口处的前进速度波,m/s;
C_{rEi} ——第 i 个集中容积进口处的反射速度波,m/s;
C_{vAi} ——第 i 个集中容积出口处的前进速度波,m/s;
C_{rAi} ——第 i 个集中容积出口处的反射速度波,m/s。

如果忽略燃油在每个集中容积内部的运动和惯性,并认为其中各处压力相等的话,则对于第 i 个集中容积的进口处可写出波动方程的解为

$$p_i = p_0 + \frac{C_{vEi}}{K} - \frac{C_{rEi}}{K} \tag{12}$$

$$C_{Ei} = C_0 + C_{vEi} + C_{rEi} \tag{13}$$

同理,对于出口处可写出

$$p_i = p_0 + \frac{C_{vAi}}{K} - \frac{C_{rAi}}{K} \tag{14}$$

$$C_{Ai} = C_0 + C_{vAi} + C_{rAi} \tag{15}$$

考虑了燃油可压缩性后的连续方程式为:

$$C_{Ei}F_i - C_{Ai}F_{i+1} - f_{Ni}\frac{dy}{dt} - \frac{V_i}{E}\frac{dp_i}{dt} = 0 \tag{16}$$

式中,dy/dt 为该集中容积内当量柱塞的运动速度(即针阀的运动速度)。

由式(12)~(16)可以导出计算各集中容积内压力的微分方程式为(其中 $C_0=0$)

$$\frac{dp_i}{dt} = \frac{E}{V_i}\left[F_i(2C_{vEi} + Kp_0) - F_{i+1}(2C_{rAi} - Kp_0) - f_{Ni}\frac{dy}{dt} - K(F_i + F_{i+1})p_i\right] \tag{17}$$

式中,C_{vEi} 和 C_{rAi} 可以根据下述考虑压力波传递时差的条件,预先由相邻集中容积的前进或反射速度波求出

$$C_{vEi}(t=t) = C_{vAi-1}\left(t = t - \frac{x_i}{a}\right) \tag{18}$$

$$C_{rAi}(t=t) = C_{rEi+1}\left(t = t - \frac{x_i+1}{a}\right) \tag{19}$$

3.3 计算喷油嘴压力室压力和喷油过程的方程式

计算喷油嘴压力室内的压力,针阀升程和喷油过程可以采用 A·毕辛格已经导出的方程式[1,5]。其中,喷油嘴压力室进口处的波动方程式的解为(参见图 4)

$$p_D = p_0 + \frac{C_{vE3}}{K} - \frac{C_{rE3}}{K} \tag{20}$$

$$C_{E3} = C_{vE3} + C_{rE3} \tag{21}$$

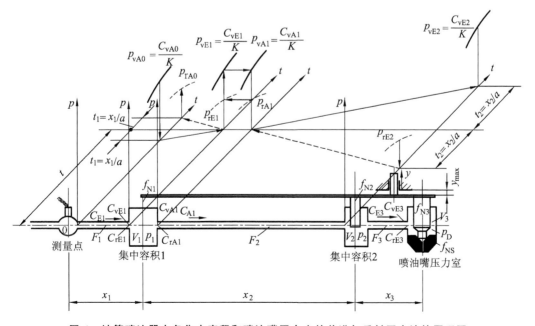

图 4 计算喷油器内各集中容积和喷油嘴压力室的前进与反射压力波的原理图

针阀运动方程式为

$$m\frac{d^2y}{dt^2}+\theta\frac{dy}{dt}+K_F y-(p_1 f_{N1}+p_2 f_{N2}+p_D f_{N3}Z)+p_{Fv}\pm R=0 \tag{22}$$

喷油嘴压力室的连续方程式为

$$-DQ+C_{E3}F_3-\frac{dy}{dt}f_{N3}-\frac{V_3}{E}\frac{dp_D}{dt}=0 \tag{23}$$

燃油通过喷孔的流动方程式为

$$DQ=\mu f\sqrt{\frac{2}{\rho}(p_D-p_Z)} \tag{24}$$

式(20)~(24)中：p_D——喷油嘴压力室中的压力，Pa；

p_0——喷油系统中的残压，Pa；

p_Z——气缸压力，Pa；

p_1——第1个集中容积内的压力，Pa；

p_2——第2个集中容积内的压力，Pa；

C_{E3}——喷油嘴压力室（在本计算模型中为第3个集中容积）进口流速，m/s；

C_{vE3}——喷油嘴压力室进口处的前进速度波，m/s；

C_{rE3}——喷油嘴压力室进口处的反射速度波，m/s；

m——喷油嘴运动件的质量，$m=m_{针阀}+m_{位移传感器杆芯}+\frac{1}{3}m_{弹簧}$，kg；

y——针阀升程，m；

dy/dt——针阀运动速度，m/s；

d^2y/dt^2——针阀运动的加速度，m/s²；

θ——针阀运动的阻尼系数，N·s/m；

K_F——针阀弹簧的刚度，N/m；

f_{N1}——第1个集中容积内当量柱塞的横截面积，m²；

f_{N2}——第2个集中容积内当量柱塞的横截面积，m²；

f_{N3}——喷油嘴压力室内当量柱塞的横截面积，m²；

Z——压力降低系数；

P_{Fv}——针阀弹簧的预紧力，N；

R——针阀运动时的摩擦力，N，当 $dy/dt>0$ 时，R 的符号取正值；当 $dy/dt<0$时，R 的符号取负值；

DQ——喷油过程（单位时间内的喷油量），$DQ=\frac{dQ}{dt}$，m³/s；

F_3——喷油嘴压力室进口处的通道面积，m²；

V_3——喷油嘴压力室的容积，m³；

μf——喷孔有效流通截面（μ为流量系数），m²。

在考虑了前进和反射压力波在各点之间传播的时差以后，用龙格-库塔法（Runge-Kutta）解式(17)~(24)组成的微分方程组，即不难根据测得的油管压力求解整个喷油过程。

4 测试设备和测试工作

4.1 在单缸试验机上测量气缸压力,油管压力和针阀升程

在 AVL-520 型单缸试验机上进行测试工作,该柴油机的主要参数如下:

气缸直径	120 mm
活塞行程	130 mm
燃烧方式	直接喷射式
喷油泵	Bosch PE1Poo/320LV8313 型
喷油器	Bosch DDLA150SV323 型

在所述的计算方法中,油管压力 p_L 和气缸压力 p_Z 是需要的计算参数,测量针阀升程 y 只是为了检查计算结果。另一个检查参数是每循环喷油量 Q_S,它很容易根据柴油机的实际燃油消耗率和转速来加以确定。

所有测试数据都用奥地利 COM 公司和格拉兹工业大学内燃机实验室联合研制的一种类似于 AVL-646 型的数据分析仪采集。该仪器的数据采集频率为 700 kHz,具有 16 个通道,可以进行多参数测量。

图 5 和图 6 分别表示了两组典型测试结果(油管压力 p_L,气缸压力 p_Z 和针阀升程 y)以供比较,它们都是用磁带输入大型计算机进行计算以后再用绘图机自动绘出的。其中图 5 的情况是发动机转速为 2 000 r/min,全负荷时每循环喷油量 Q_S 为 78 mm³ 和出油阀卸压容积 V_E 为 70 mm³。在图 6 中,n 和 Q_S 不变,只是出油阀卸压容积 V_E 改为 0 mm³,即不起卸压作用。对比这两种测试结果可见,当 V_E=70 mm³ 时,油管压力曲线波动得十分剧烈而且残压 P_0=0,这说明了柴油机装有这种等容式出油阀时,即使在全负荷运转工况下,其喷油系统内也可能出现空泡现象。

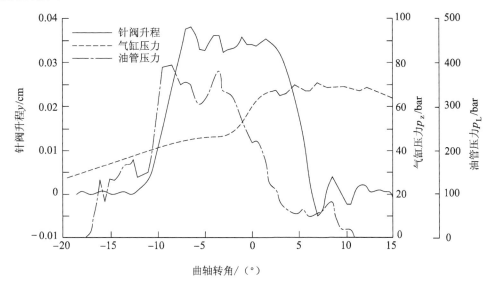

图 5 测试结果实例之一(n=2 000 r/min,Q=78mm³/循环,V_E=70 mm³)*

---

* 本文曲线图中力的单位是 bar,1 bar=0.1 MPa。

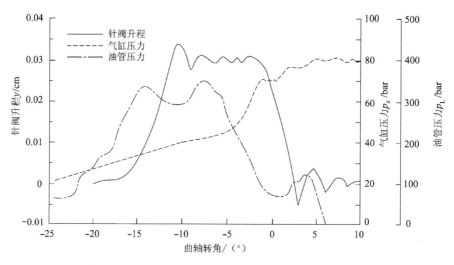

图 6 测试结果实例之二($n=2\,000$ r/min,$Q=78$ mm³/循环,$V_E=0$ mm³)

4.2 喷油嘴有效流通截面

图 7 所示是实测的喷油嘴的有效流通截面 μf 值随针阀升程 y 而变的关系曲线,即喷油嘴流通特性。应当指出:

(1)喷油嘴的有效流通截面 μf 值是在稳流试验台上测得的,即针阀升程 y、喷射压差 Δp 和燃油喷出速度 V 在测量时均保持为常数。人们自然会产生这样的疑问,即在这种稳流条件下测得的喷油嘴流通特性是否在柴油机实际工作时不稳定流动情况下仍然适用?T·施密特

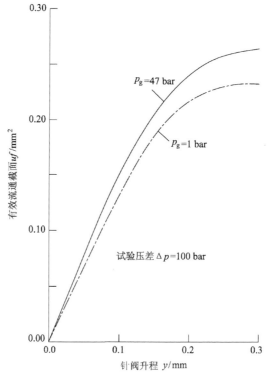

图 7 Bosch DDLA150SV323 孔型喷油嘴的流通特性

(Schmitt)为此进行了对比试验,证明用稳流条件下测得的 μf 值去计算实际喷射过程不会产生很大的误差[13]。作者进行的大量计算也证明了上述结论的正确性。

(2) 严格地说,μf 值除主要决定于针阀升程 y 以外,还决定于喷射压差 Δp、背压 p_g、压力和温度等因素。L. K. 莱希(Reiche)的试验证明,在这些因素中,主要是背压 p_g 的影响较为明显[14],作者的试验也得出了同样的结论。由图 7 可见,在压差 Δp 保持为 10 MPa(100 bar)的条件下,有背压时测得的 μf 值(曲线 1)要比无背压时测得的数值(曲线 2)高出约 13%～15%。

5 关于燃油系统内出现空泡现象后的计算

燃油系统中的空泡现象是一个机理十分复杂的过程。一般认为,由于燃油只能承受压应力而不能承受拉应力,因此在计算中当喷油系统任何一点的压力出现负值时,就认为在这个部位出现了空泡。严格地说,当压力低于燃油中轻馏分的饱和蒸汽压力(约 1 kPa)时,就开始出现蒸汽泡。可是在这以前,溶解在燃油中的空气泡早已析出。燃油中空气和蒸汽泡的出现,破坏了液体介质的连续性,使描述液体介质不稳定流动过程的波动方程式不能再无条件地加以应用。在这种情况下,人们一般总是假定空泡区的压力继续保持为零,并根据 $p=0$ 这个条件由方程式(7)导出以下关系式:

$$C_r = K p_0 + C_v \tag{25}$$

来描述压力波在每个空泡界面处的传播和反射条件。这种计算一直持续到空泡重新为液体充满、介质的连续性得到恢复为止。空泡在每一瞬间的大小,则按空泡工况开始出现后,流入和流出空泡区的燃油流量来确定。尽管采用了上述措施,人们迄今对于燃油系统出现空泡以后的喷油过程仍难精确计算。

例如,在装有等容式出油阀(为了避免二次喷射)的柴油机喷油系统内,每次喷油结束以后,因出油阀释放出来的容积所形成的空泡区,在下次开始喷油以前,已沿油管扩展至喷油器,其空泡的数量、尺寸和分布不仅取决于出油阀卸压容积,而且还取决于诸如喷油系统内的压力水平、喷油系统的总容积、柴油机转速和负荷等一系列因素。人们虽然可以设法大致计算空泡的总容积,但对其分布情况仍然不得不作一些很粗糙的假定。

为了解决在喷油系统内出现空泡以后给计算带来的困难,并尽可能准确估计每次开始喷油前液体介质的状态,可以采用两类不同的计算模型。

在 E. W. 胡伯尔(Huber)和 R. 苏沙尼(Susani)提出的第一种模型中(图 8a),假定油管中均布着若干较大的集中空泡,每个空泡由两个垂直于油管轴线的界面与液体介质分开,前进或反射压力波均在此界面上反射[8,15],其反射条件即为式(25)。前已指出,由于人们难于预先确定空泡的分布情况,因而采用这种方法以后的计算结果仍然不能令人满意。

在作者采用的第二种计算模型中,假定空泡极其微小,而且在液体介质中均布(图 8b),这样一来,虽然对压力波在每个空泡界面的反射不可能进行计算,然而却可以由此得到压力波在介质中的传播速度有可能改变的启示。实际上,我们可以把这种含有许多微小空泡的燃油看成是均匀混合的气(汽)-液两相介质。由式(11)可见,声速主要取决于介质的密度 ρ 和弹性模数 E。在实际柴油机喷油系统中,由于出油阀卸压容积 V_E 比系统总容积 V_S 小得多,例如 AVL-520 型单缸试验机中 $V_E/V_S \approx 0.04$,因此这种两相介质的密度虽然变化不大,但是介质的刚度(即可压缩性)和声速则可能因气(汽)泡的存在而明显降低。

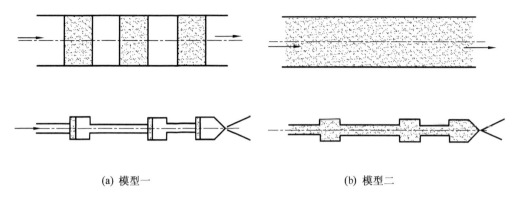

(a) 模型一　　　　　　　　(b) 模型二

图 8　两类不同的计算空泡现象的模型

图 9 所示为单缸试验机在高速全负荷运转（2 000 r/min）时测得的油管内声速随 V_E/V_S 之间的变化关系。为了测量试验机运转时油管内的实际声速，需要在靠近喷油泵端的油管上再安装一个压力传感器（见图 1 测量点 2），利用 COM 公司的数据分析仪精确地确定压力波在两个传感器之间的传递时间以后，即可根据两个传感器之间的油管长度计算出实际声速 a。

由图 9 可见，当 $V_E=0$ 时（无卸压作用），声速为 1 300 m/s 左右，而当 $V_E=70$ mm³ 时（$V_E/V_S≈0.04$），实际声速只有 880 m/s 左右。

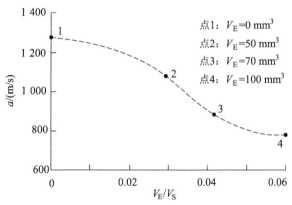

图 9　声速与比值 V_E/V_S 之间的关系
（在单缸试验机上测得，$n=2 000$ r/min，全负荷）

图 10 为根据在喷油泵试验台上大量测试结果绘制的实际声速 a 随数组 $(V_E/\sqrt{V_S Q_S n_P})\times 10^3$ 的变化关系，其趋势与在单缸试验机上测得的结果相同（数组中：V_E——出油阀卸压容积，V_S——系统总容积，Q_S——每循环喷油量，n_P——喷油泵转速）。这个数组的单位为 $\sqrt{\min}$，它

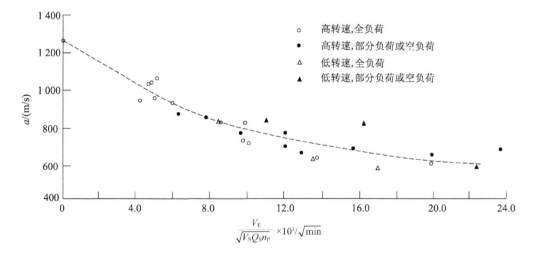

图 10　在喷油泵试验台上测得的声速 a 与数组 $(V_E/\sqrt{V_S Q_S n_P})\times 10^3$ 之间的关系

正比于充填空泡所需的当量时间的根号值。

6 程序框图和计算实例

计算工作在格拉兹工业大学计算研究中心的 UNIVAC1100/81 型电子计算机上按 Fortran 程序进行。计算程序的简化框图如图 11 所示。

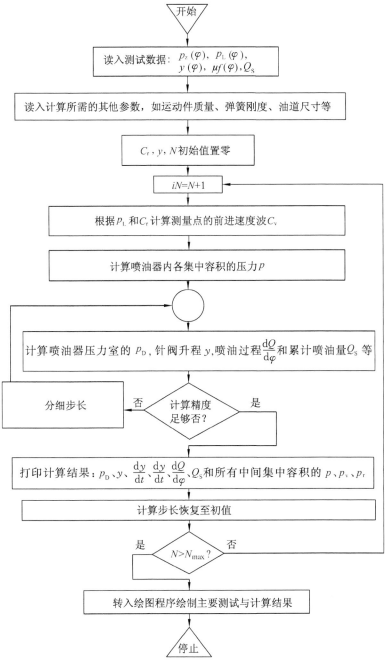

图 11 计算程序的简化框图

在输入数据中,除了用于计算所必需的油管压力 p_L、气缸压力 p_Z 和喷油嘴有效流通截面 μf 以外,还输入实测的针阀升程 y 和无循环喷油量 Q_S 作为检查依据。此外,还需要输入喷油嘴运动件质量 m、喷油嘴弹簧预紧力 p_{FV}(按喷油嘴开启压力计算)、弹簧刚度 K_F、针阀及喷油器内部油道与各集中容积的尺寸、燃油的密度 ρ 和弹性模数 E(按实际声速计算)、柴油机转速 n 等一系列参数。

所有主要的测量和计算结果如 $p_L, y, dy/dt, p_D, dQ/d\varphi, Q_S$ 以及所有集中容积中的 p, p_v 与 p_r,均采用习惯上常用的单位。

图 12~17 所示为第一种计算结果。柴油机运转工况为:$n=2\,000$ r/min,全负荷时每循环

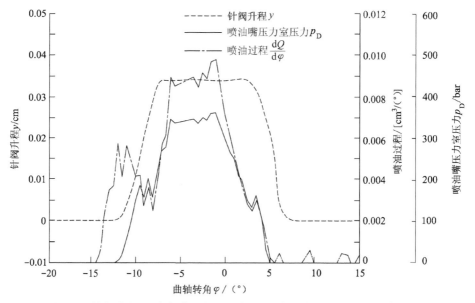

图 12 针阀升程 y、喷油嘴压力室压力 p_D 和喷油过程 $dQ/d\varphi$ 的计算结果
($n=2\,000$ r/min, $Q_S=78$ mm³/循环, $V_E=70$ mm³, $a_R=880$ m/s)

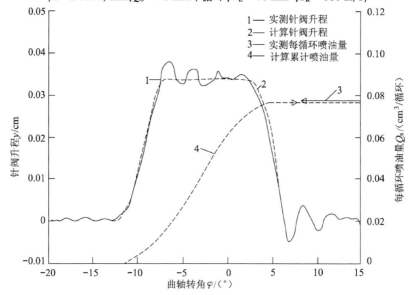

图 13 针阀升程 y 和每循环喷油量 Q_S 的实测结果与计算结果的比较
($n=2\,000$ r/min, $Q_S=78$ mm³/循环, $V_E=70$ mm³, $a_R=880$ m/s)

喷油量为 78 mm³，出油阀卸压容积 $V_E = 70$ mm³。其测试结果已示于图 5。由于喷油系统内出现了空泡现象，计算时的声速采用了在单缸试验机上的实测值 $a_R = 880$ m/s。在这组用计算机自动绘制的图线中，图 12 所示为针阀升程 y、喷油嘴压力室压力 P_D 和喷油过程 $dQ/d\varphi$ 的计算结果；图 13 所示为针阀升程 y 和每循环喷油量 Q_S 的实测结果与计算结果的比较；图 14 所示为实测油管压力 p_L 与喷油嘴压力室 p_D 的计算结果的比较。图 15 和图 16 所示为测量点和喷油嘴压力室处的前进压力波与反射压力波的比较（两处的压力波不仅具有一定的时差，而且由于喷油器体内若干集中容积的存在，形状也略有变化）；图 17 所示为喷油器内所有集中容积的压力变化。

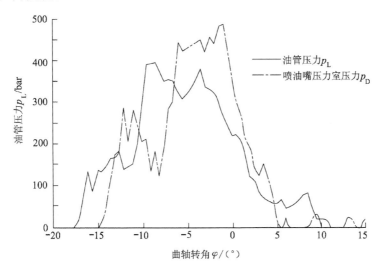

图 14 油管压力 p_L 的实测结果与喷油嘴压力室压力 p_D 的计算结果的比较
（$n = 2\,000$ r/min，$Q_S = 78$ mm³/循环，$V_E = 70$ mm³，$a_R = 880$ m/s）

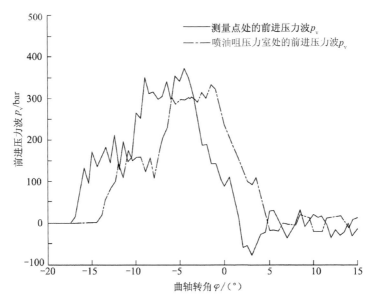

图 15 测量点和喷油嘴压力室处的前进压力波 p_V
（$n = 2\,000$ r/min，$Q_S = 78$ mm³/循环，$V_E = 70$ mm³，$a_R = 880$ m/s）

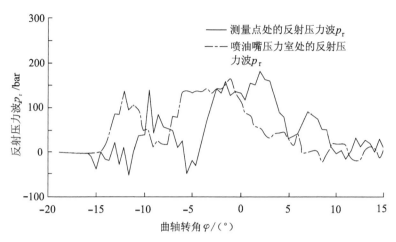

图 16 测量点和喷油嘴压力室处的反射压力波 p_r
($n=2\ 000$ r/min, $Q_S=78$ mm³/循环, $V_E=70$ mm³, $a_R=880$ m/s)

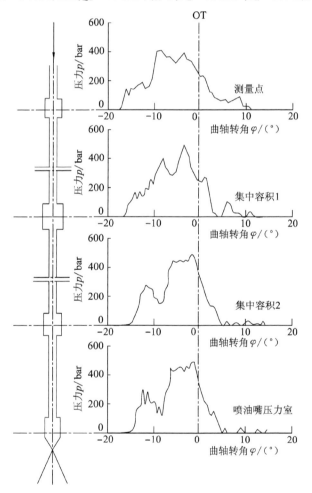

图 17 喷油器内所有集中容积的压力变化
($n=2\ 000$ r/min, $Q_S=78$ mm³/循环, $V_E=70$ mm³, $a_R=880$ m/s)

图 18~23 所示为第二种计算结果。这时,柴油机的转速和负荷不变,只是出油阀卸压容积改为 $V_E = 0$ mm³。其测试结果已示于图 6。由于在油管和喷油器内不再出现空泡现象,计算时的声速取为 $a_R = 1\,320$ m/s(单缸试验机上的实测值)。

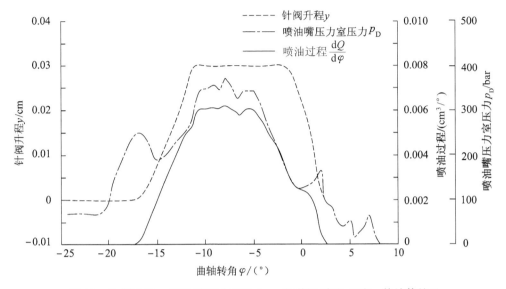

图 18 针阀升程 y、喷油嘴压力室压力 p_D 和喷油过程 $dQ/d\varphi$ 的计算结果
($n = 2\,000$ r/min,$Q_S = 78$ mm³/循环,$V_E = 0$ mm³,$a_R = 1\,320$ m/s)

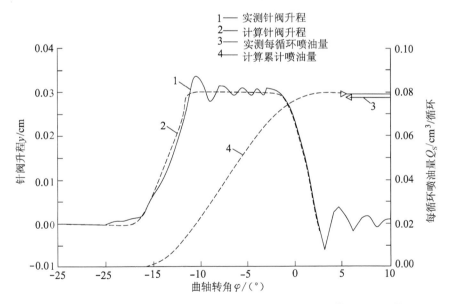

图 19 针阀升程 y 和每循环喷油量 Q_S 的实测结果与计算结果的比较
($n = 2\,000$ r/min,$Q_S = 78$ mm³/循环,$V_E = 0$ mm³,$a_R = 1\,320$ m/s)

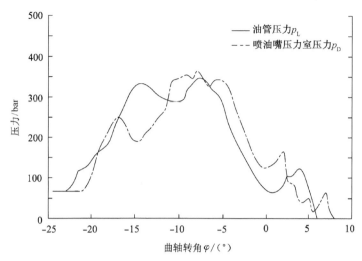

图 20 油管压力 p_L 的实测结果与喷油嘴压力室压力 p_D 的计算结果的比较
($n=2\,000\text{ r/min}, Q_S=78\text{ mm}^3/\text{循环}, V_E=0\text{ mm}^3, a_R=1\,320\text{ m/s}$)

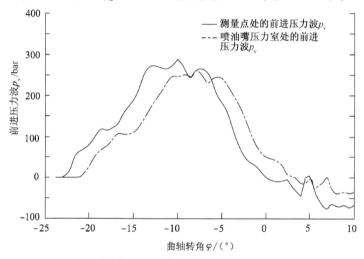

图 21 测量点和喷油嘴压力室处的前进压力波 p_v
($n=2\,000\text{ r/min}, Q_S=78\text{ mm}^3/\text{循环}, V_E=0\text{ mm}^3, a_R=1\,320\text{ m/s}$)

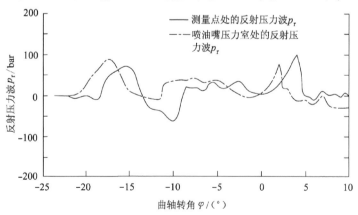

图 22 测量点和喷油嘴压力室处的反射压力波 p_r
($n=2\,000\text{ r/min}, Q_S=78\text{ mm}^3/\text{循环}, V_E=0\text{ mm}^3, a_R=1\,320\text{ m/s}$)

上述两组针对柴油机高速全负荷工况时的计算以及作者进行的其他关于部分负荷和低转速工况的计算结果均表明,这种以实测声速作为计算依据并充分考虑了喷油器内所有集中容积对压力波反射影响的计算方法,不论对于油管和喷油器内有无空泡产生的情况,均能取得满意的结果。在上述两种计算实例中,针阀升程的计算曲线和实测曲线基本上吻合,每循环喷油量的计算值与实测值之间的差别均不超过 1.5%。

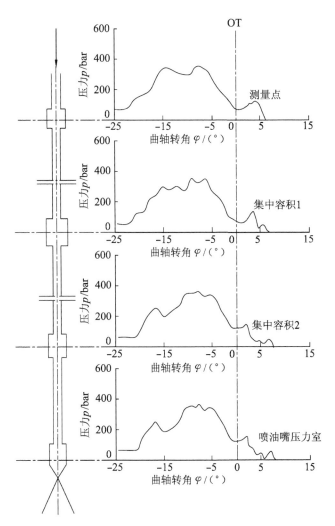

图 23 喷油器内所有集中容积的压力变化
($n=2\,000$ r/min, $Q_S=78$ mm³/循环, $V_E=0$ mm³, $a_R=1\,320$ m/s)

7 结 论

建立了根据实测的油管压力计算整个喷油过程的计算模型和方法。由于在这种计算方法中,比较仔细地考虑了喷油器内的结构细节和各集中容积对压力波反射的影响,计算精确度有了明显的提高。

分析并证实了在目前常用的具有等容式出油阀的柴油机中,其油管内压力波传播的实际速度（声速）因空泡现象的存在有可能大大低于一般正常的数值。以实测的声速为依据的计算方法为进一步提高喷油系统计算精确度和解释柴油机中有时出现的不稳定喷射现象找到了正确途径。

计算时所需准备的输入数据一般并不难确定，应当注意的是在测定喷油嘴流量系数或有效流通截面时，应当考虑背压的影响。

致　谢

此项研究工作是在格拉兹工业大学内燃机和热力学教研室主任鲁道夫·毕辛格（Rudolf Pischinger）教授的指导下进行，并得到汉斯·李斯特（Hans List）教授和安东·毕辛格（Anton Pischinger）教授的关心和支持。对此，作者表示衷心的感谢。

参 考 文 献

[1] Pischinger A, Pischinger F. Gemischbildung und Verbrennung im Dieselmotor. 2. Auflage. Wien, Springer-Verlag, 1957.

[2] Blaum E. Das Einspritzgesetz der schnellaufenden Dieselmotoren. Berlin VDI-Verlag, 1942.

[3] Zeuch W. Neue Verfahren zur Messung des Einspritzgesetzes und der Einspritzregelmässigkeit von Dieseleinspritzpumpen. MTZ, 1961, 22(9).

[4] Bosch W. Der Einspritzgesetz-Indikator, ein neues Messgerät zur direkten Bestimmung des Einspritzgesetzes von Einzeleinspritzungen. MTZ, 1964, 25(7).

[5] Pischinger A. Beitrag zur Mechanik der Druckeinspritzung. ATZ Beihefte 1, Sammelband, Stuttgart, 1935.

[6] Melcher K. Elektronische Berechnung der Vorgänge im Einspritzsystem. MTZ, 1963, 24(8).

[7] Woschni G, Anisits F. Elektronische Berechnung des Einspritzverlaufes im Dieselmotor aus dem gemessenen Druckverlauf in der Einspitzleitung. MTZ, 1969, 30(7).

[8] Huber E W, Schaffitz W. Experimentelle und theoretische Arbeiten zur Berechnung von Einspritzanlagen von Dieselmotoren. MTZ, 1966, 27(2,4).

[9] Shin Matsouka, Katsukiko Yokota, Takeyuki Kamimoto, et al. A Study of fuel injection systems in diesel engines. SAE, 1976, Paper No. 760551.

[10] Coyal M. Modular Approach to Fuel Injection System Simulation. SAE, 1978, Paper No. 780162.

[11] Alliévi L. Allgemeine Theorie über die veränderliche Bewegung des Wassers in Leitungen. Berlin, Springer Verlag, 1909.

[12] Prandtl L, Oswatitsch K, Wieghardt K. Führer durch die Strömungslehre, Friedrich Vieweg & Sohn, Braunschweig, 1969.

[13] Schmitt T. Untersuchungen zur stationären und instationären Strömung durch Drosselquerschnitte im Kraftstoffeinspritzsystem von Dieselmotoren. Diss. TU München, 1966.

[14] Reiche L K. Messung der Durchflusscharakteristiken von Einspritzregelmässigkeit von Dieseleinspritzpumpen. MTZ, 1961, 22(9).

[15] Susani R. Programmierung eines Rechenverfahrens für Dieseleinspritzsysteme mit Behandlung der Kavitationserscheinungen. Diss. TU Graz, 1967.

A New Method of Calculating the Injection Rate Based on the Pressure Measured in Injection Pipe

Gao Zongying

(Jiangsu Institute of Technology)

Abstract: This paper describes a new method of calculating the injection rate based on the pressure measured in the injection pipe of a running diesel engine. The accuracy of this method is increased owing to the correct consideration of the pressure wave reflection at the concentrated volumes in the nozzle holder and the change of propagating velocity of the pressure wave due to the occurrence of cavitation in the fluid medium. The results of both the theoretical analysis and the practical experiments show that the propagating velocity of pressure wave (sound velocity) in injection pipe with "constant volume" delivery valve is considerably lower than the normal value. This opinion is helpful not only to the calculation of injection system but also to the explanation of unstable or irregular injection which occurs sometimes in diesel engines.

气、液两相介质中压力波传播速度的研究[*]

高宗英

(江苏工学院)

[摘要] 通过对高速柴油机喷油系统的研究,证实了柴油机高压油管内压力波传播速度在有空穴的情况下比正常值有明显的降低。作者认为,这种现象可以用两相介质的音速理论来加以说明。为此,本文在综述国外研究情况的基础上,导出了计算气、液两相介质在各种压力与温度下音速的公式,并首次给出了计算空气-柴油两相介质音速的诺模图。

1 问题的提出

在工程实践中(例如在石油、化工、热能动力机械等领域内),存在着大量气、液两相流的问题。针对这些问题已经发表了许多文献,然而从已有文献看来,对于压力波在两相介质中传播速度的问题尚缺少确切的论证。

两相介质中微小扰动的传播速度(以下简称压力波传播速度或音速)的重要性是不言而喻的。例如,为了确定某些化工、原子能和热力设备的尺寸,需要有关临界流量的数据。在气(或液)单相介质中,如果通过喷口或管道最小截面处的流速达到当地音速的话,流速即不再增加,与此相应的最大流量就是所谓的临界流量。在两相介质中,尽管视流型的不同,情况远比单相介质时复杂,但为了确定其临界流量,仍然必须首先知道两相流的音速。再如,作者在研究高速柴油机喷油系统时进一步证实,当出油阀卸压容积较大时,即使在高速大负荷工况下,柴油机高压油管中的压力波传播速度也会大大低于纯液体柴油中的音速[1],其后果是推迟了实际喷油时间,给柴油机与喷油系统之间的匹配带来困难。实验证明,柴油机高压油管内压力波的传播速度只是在出现空穴时才有明显的降低。高速摄影进一步证明,这时出现的空泡往往以细小的形式大体均布在一定的区域内,这就表明,柴油机高压油管中压力波传播速度的降低现象,同样可以用两相介质中音速变化的理论来加以说明。

2 现有试验研究情况简介

从已发表的文献来看,不同作者采用的测量两相介质内音速的试验研究装置在原理上基本相同,其中以 Böckh 采用的比较典型[2],此测试装置的简图如图 1 所示。工作原理如下所述:

风机 a 和水泵 b 分别供给气流与液流,两种介质在混合室 c 与混合段 d 均匀混合后进入有机玻璃制成的测量段 e。用气枪在 h 处产生压力扰动信号,该信号由压力传感器 i 接受后,

---

[*] 本文原载于《工程热物理学报》1984 年(第 5 卷)第 2 期。

经放大器送入记忆示波器 o 与时间测量装置 n。根据两个测压传感器之间的距离与测得的压力信号的传递时间,即可确定两相介质内的音速。两相介质中的气体含量则由 γ 射线装置 k 和闪烁计数器 l 测定。这种试验装置可以对气泡流、层状流、波状流直至环状喷雾流的各种流型下两相介质中的音速进行测量。

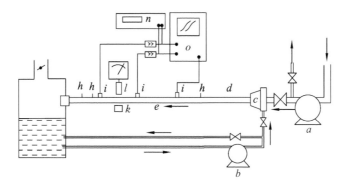

图 1　研究两相介质音速的测试装置简图

在已发表的文献中,除 Henry 的试验结果与其他测试数据有较大的差别以外[3],其余作者,如 Böckh,Karplus,Semenov 与 Walle 的测试结果基本接近[2,4-6]。他们的主要结论是:

（1）根据在测得的压力波形上选择作为判别音速的参考点的位置高度的不同,有可能测得从单相介质音速至两相介质音速之间的好几种不同的音速。在空隙率（又称含气率,即气液两相介质中气体所占的容积比例）不过分小的情况下,测得的最低音速就是两相介质音速,其值与压力扰动的大小和流动形式无关。

（2）在介质一定的情况下,气液两相介质的音速主要决定于介质的空隙率 α,其值在 $\alpha=0.5$ 左右时达到最小。

图 2 所示即为综合现有研究成果绘制的空气-水两相介质音速 a 随空隙率 α 的变化曲线。

然而,尽管在气、液两相介质的压力波传播速度方面已经做了一些工作,但有关研究中使用的两相介质均局限于水-蒸汽或水-空气,与实际柴油机高压油管内的情况相距甚远,而有关气、液两相介质在高压状态和空隙率很低的情况下压力波传播的速度,则由于测试条件的困难,仍未见有报道。

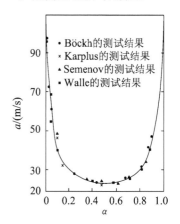

图 2　空气-水两相介质内音速的测试结果（测试条件：$p=1$ bar,$t=20$ ℃）

3　气、液两相介质内压力波传播速度的计算

在气、液两相介质中,压力波的传播也与单相介质中一样,是通过压力扰动产生的状态变化来实现的。

在单相介质中,熟知的计算音速的公式为

$$a^2 = (\mathrm{d}p/\mathrm{d}\rho)_s \tag{1}$$

若已知压力 p 与密度 ρ 之间的函数关系,即可进一步导出计算音速的具体公式。在两相介质中,情况当然要复杂得多。

为了能够比较严格地推导两相介质内音速传播速度的公式,必须首先论证基于单相介质导出的式(1)是否(或者)在什么条件下适用于两相介质。

前已指出,大量的试验已经证实两相介质的音速与流动形式无关。据此,作为具体实例,可以研究一下图3所示的管内气泡流的情况。

设在位置 $L_0=0$ 有一个假想面积为 A(等于管道面积)的柱塞,以均匀速度 du 向前运动,使介质受到 $dK=Adp$ 的作用。从 $\tau=0$ 开始,经过时间 τ 以后,这个微小的压力增量 dp 以音速 a 传播了一段距离 $L=a\tau$,而这段两相液柱也相应被压缩了 $dL=-\tau du$。根据虎克定律可以写出以下关系式:

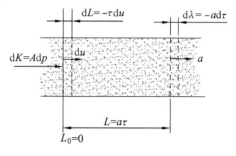

图3 压力波在两相介质内传播的示意图

$$dp=-EdL/L=Edu/a \tag{2}$$

式中,E 是两相介质的弹性模数。另外,在紧接 τ 以后的一段微元时间 $d\tau$ 内,又有一段两相液柱 $d\lambda=ad\tau$ 被加速至 du,这段两相液柱的质量为

$$dm=\rho Ad\lambda=\rho Aad\tau \tag{3}$$

式中,ρ 是两相介质的密度。又根据牛顿第二定律可以写出

$$Adp=dmdu/d\tau=\rho Aadu$$

即

$$dp=\rho adu \tag{4}$$

将式(4)代入(2)得

$$a^2=E/\rho \tag{5}$$

这段两相液柱在受压后质量仍保持不变,即 $m=\rho AL=A(L+dL)(\rho+d\rho)$,由此可得 $\rho L=(\rho+d\rho)(L+dL)=\rho L+Ld\rho+\rho dL+d\rho dL$,化简并略去高阶无穷小量 $d\rho dL$ 以后,可以导出:

$$\rho=-d\rho/(dL/L)=d\rho/(dp/E) \tag{6}$$

将式(6)代入式(5)以后又可得 $a^2=E/\rho=dp/d\rho$。

以上分析表明,只要将两相介质的密度的表达式代入式(1),则此用于计算单相介质的音速公式也可用于两相介质。分析还表明,物理概念更为明确的式(5)实际上是与式(1)相同的,用它来作为计算两相介质的基础将会更为方便,但前提是要知道两相介质的密度和弹性模数。

为了导出气、液两相介质在各种压力与温度状态下的音速,需要假定:气体是以微小气泡形式均匀分布在液体中,状态变化是在定熵条件下进行的,在过程变化十分迅速的情况下,气液两部分质量各自保持不变,其间无相变发生。这时,气、液两相介质的密度 ρ 可按下式计算:

$$\rho=(M_g+M_l)/V=\rho_g\alpha+\rho_l(1-\alpha) \tag{7}$$

式中:M_g——一定容积 V 中的气体质量;

M_l——一定容积 V 中的液体质量;

α——空隙率或称含气率,$\alpha=V_g/(V_g+V_l)$;

V——气体容积 V_g 与液体容积 V_l 之总和,$V=V_g+V_l$;

ρ_g——气体密度;

ρ_l——液体密度。

又根据理想气体状态方程,并采用一个校正因素,即压缩因子 z 来考虑实际气体在高压下性质偏离理想气体的情况后(对于理想气体 $z=1$)可得

$$\rho_g = p/zRT \tag{8}$$

代入式(7)后可得

$$\rho = p\alpha/zRT + \rho_l(1-\alpha) \tag{9}$$

两相介质的弹性模数 E,可以基于一个面积为 A、长度为 L、容积为 V 的两相液柱,按其基本定义写出:

$$E = -dp/(dV/V) = -dp(dL/L) = -dp/[(dL_g + dL_l)/(L_g + L_l)] \tag{10}$$

另外,按照气体(下标用 g 表示)或液体(下标用 l 表示)单相介质的弹性模数的定义有:

$$dL_g = -(dp/E_g)L_g \tag{11}$$

$$dL_l = -(dp/E_l)L_l \tag{12}$$

将以上关系代入式(10)并考虑到空隙率的定义

$$\alpha = V_g/V = V_g/(V_g + V_l) = L_g/(L_g + L_l) \tag{13}$$

再进一步转换后可得两相介质的弹性模数为

$$E = E_g E_l/[E_g(1-\alpha) + E_l\alpha] \tag{14}$$

由式(14)可见,气、液两相介质的弹性模数可以根据气和液两种单相介质的弹性模数(E_g 和 E_l)与空隙率 α 求得,按式(14)计算 E 和按式(9)计算 ρ 以后即可代入式(5)计算两相介质的音速。

对于柴油-空气两相介质,具体音速公式推导如下:

空气在定熵状态下的弹性模数可以按理想气体的绝热过程很方便地导出(过程从略):

$$E_g = p\kappa \tag{15}$$

式(15)中的绝热指数对于常温常压下的空气可取 $\kappa = 1.4$,对于高压情况下的空气则需查阅有关气体热物理性质的专门手册。

燃油的弹性模数也可以查阅专门的试验资料,例如 Huber 给出的柴油弹性模数和音速随压力与温度变化的试验曲线[7]。

将式(9)、(14)和(15)代入式(5)以后,可以得到气、液两相介质的音速公式为

$$a = \sqrt{\frac{\left[\dfrac{E_l p\kappa}{p\kappa(1-\alpha) + E_l\alpha}\right]}{\left[\dfrac{p\alpha}{zRT} + \rho_l(1-\alpha)\right]}} \tag{16}$$

由式(16)可见,气、液两相介质的音速是一个取决于许多因素的状态参数。由于气体常数 R、液体密度 ρ_l 与弹性模数 E_l 等于或大体上接近常数,绝热指数 κ 与压缩因子 z 的变化也不太大。因此,影响两相介质音速的参数主要是 α、p 和 T。

在图4和图5中给出了根据式(16)计算所得的柴油-空气两相介质的音速 a 随空隙率 α 和压力

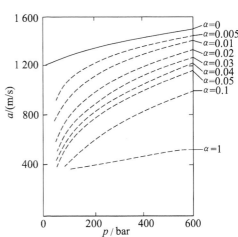

图4 柴油-空气两相介质中的音速 a 随压力 p 和空隙率 α 的变化关系

p 变化的关系(诺模图)。计算中下列参数以常数代入：

$R=287.04$ J/kgK，$T=333$ K(60 ℃)，$\rho_l=820$ kg/m³。

E_l 采用 Huber 的试验结果，z 根据《Dubbel 机械工程手册》(第 14 版)提供的曲线插值，κ 根据 Н. Б. Варгафтик 的《气体和液体的热物理特性手册》(1963 年版)推算。

图 4 表示了柴油-空气两相介质在各种空隙率下的音速 a 随压力 p 的变化关系。图中的实线($\alpha=0$)相当于轻柴油在 60 ℃时的音速随压力变化的关系。最下面的虚线($\alpha=1$)相当于纯空气中的音速。

图 5 表示了柴油-空气两相介质中音速随空隙率的变化情况。其中最下面的虚线($p=1$ bar)与 Böckh 等人的计算与试验结果吻合得很好。

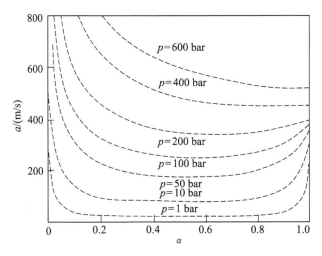

图 5　各种压力状态下柴油-空气两相介质的音速 a 随空隙率 α 的变化关系

4　在实际柴油机喷油系统中对于两相介质音速变化规律的若干研究

在高速柴油机中，为了避免产生恶化燃烧过程的二次喷射，一般均装有等容式出油阀。这时就不可避免地在部分负荷与低转速工况(甚至在全负荷工况)下产生空穴现象。这不仅会影响喷油系统的工作性能，也可能引起有关零件的穴蚀损坏。

一般认为，当喷油系统中局部压力低于燃油中轻馏分的饱和蒸汽压(约 0.01 bar)时，就开始出现燃油蒸汽泡。但进一步研究指出，在压力尚未降低到燃油饱和蒸汽压以前，溶解在燃油中的空气即先行析出，而当压力重新升高时，上述过程则正好相反，即蒸汽泡的破灭过程进行得较快，而空气重新溶解的时间则要长得多[8]。这就意味着在柴油机高压油管中，即使在高压状态下，亦可能保留一部分来不及重新溶解的微小空气泡，产生了类似于前述两相介质中音速降低的现象。但是，由于柴油机中的空穴现象是一个机理十分复杂的过程，它伴随着压力急剧变化的非定常流动和气(汽)、液之间的相变。因而，几乎不可能用理论方法来简单地加以求解，也不可能无条件地直接搬用稳流试验台上的测试结果。这时为了掌握其音速变化规律，只能在实际运转的柴油机或油泵试验台上借助于比较精密的测量仪器对高压油管中的实际音速进行测量。

作为具体实例，图 6 所示为在一台由李斯特内燃机研究所(AVL)提供的 520 型单缸试验机

($D\times S=120$ mm$\times 120$ mm,高压油管测量段长度为 600 mm)上用 AVL 646 数据分析仪测得的标定工况下油管内实际音速随比值 $V_E/V_S\approx\alpha$ 的变化规律。这儿 V_E 是出油阀卸压容积,V_S 是系统总容积。在忽略系统弹性和假定残余压力为零的情况下,V_E/V_S 近似等于空隙率(实际上由于油管和液柱的变形,V_E/V_S 略小于 α)。由图(6)可见,在整个喷油系统中,只要含有微量气(汽)泡,就会造成音速的明显下降。当 $V_E/V_S=0.04$ 时,音速降低为正常值的 2/3 左右。

尽管实际柴油机喷油系统中空泡现象远较前节理论分析中假定的情况复杂,但实际测试结果仍与理论分析结论具有明显的一致性。这就为今后进一步利用两相介质的音速理论解决柴油机高压油管中复杂的空穴现象展示了良好的前景。

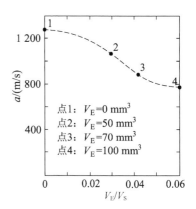

图 6 柴油机高压油管内实测音速值随比值 V_E/V_S 的变化关系(运转工况:$n=2\,000$ r/min,全负荷)

参 考 文 献

[1] Gao Zongying. Die Berechnunng des Einspritzverlaufes im Dieselmotor mit Berücksichtigung der Zwischenräume im Düsenhalter und Wellenkavitation [D]. Dissertation TU Graz,1981.

[2] Böckh P. Ausbreitungsgeschwindigkeit einer Druckstörung und Kritischer Durehfluβ in Flüssigkeits/Gas-Gemischen[D]. Dissertation TU Karlsruhe,1975.

[3] Henry R E,Grolmes M A,Fauske H K. Propagation Velocity of Pressure Waves in Gas Liquid Mixtures[C]. Int. Symposium Cocurrent Gas-Liquid Flow,Waterloo,Can. ,1,1968.

[4] Semenov N I, Kosterin S I. Results of studying the spead of sound in moving Gas-Liquid systems[J]. Teploenergetika,1964,6(11).

[5] Karplus H B. Propagation of pressure waves in a mixture of water and steam[J]. Armour Research Foundation,IIT,Rep. No. ARF 4132 - 12.

[6] Walle F. A Study of the application of acoustical methods for determing void fraktion in boiling water System[C]. Two Phase Flow Symposium,Exeter,England,1970,Paper No. E101.

[7] Huber E W,Schaffitz W. Experimentelle und theoretische Arbeiten zur Berechnunng von Einspritzanlagen von Dieselmotoren[J]. MTZ, 1966, 27(2,4).

[8] Pischinger A, Pischinger F. Gemischbildung und Verbrennung in Dieselmotor[M]. 2. Auflage. Springer-Verlag,Wien,1957.

A Study of The Propagation Velocity of Pressure Wave in Gas-Liquid Two Phase Mixtures

Gao Zongying

(Jiangsu Institute of Technology)

Abstract: By studying of fuel injection system in high speed diesel engines, it has been proved that, the propagation velocity of pressure wave (sonic velocity) in fuel pipe is evidently lower than the normal value. In author's opinion, this phenomenon can be explained by the sonic theory in two phase mixtures. Therefore, based on summarizing some studies by the overseas about this subject, this paper puts forward a formula for the calculation of the sonic velocity in gas-liquid two phase mixtures under different pressures and temperatures. Moreover, the nomograms for calculating the sonic velocity of the air-diesel fuel mixture are first time described.

柴油机喷油系统内实际压力波传播速度的测定[*]

高宗英

（江苏工学院）

[摘要] 在实际运转的柴油机和喷油泵试验台上测定了高压油管内实际压力波传播速度，进一步探讨了柴油机喷油系统内出现空穴时音速降低的规律，并首次提出了一种根据实测油管压力与针阀升程确定喷油器管道内燃油音速的方法。

1 正确测定柴油机喷油系统内燃油中压力波传播速度的重要性

由于柴油机喷油系统的计算是以求解液力过程的波动方程

$$\frac{\partial^2 p}{\partial \tau^2}=a^2\frac{\partial^2 p}{\partial x^2} \tag{1}$$

作为基础的，式中压力波传播速度，即音速 a 是一个表征液力波动过程的十分重要的状态参数（式中 p 表示压力，τ 表示时间，x 表示沿油管轴线的位移坐标）。

根据音速理论虽可导出：

$$a^2=\frac{E}{\rho} \tag{2}$$

即在不计高压油管变形的情况下，音速 a 只取决于介质的弹性模数 E 和密度 ρ，但由于实际上直接测定 E 比 a 更困难，因此人们一般不是根据实测的 E 和 ρ 按式(2)来计算 a，而是根据实测的 a 来反算 E。

大量的专业文献，包括一些权威著作均根据早期的试验结果，建议喷油系统计算时采用 $a=1\,400\sim1\,500$ m/s 范围内的某一中间值作为计算依据[1,2]，但这样做有时会使计算产生较大的误差。

联邦德国 E·W·Huber 和日本 Shin Matsuoka 等人曾经分别在各自的试验装置上测量过高压油管内燃油音速随压力、温度的变化关系[3,4]。他们的测试方法的共同特点都是根据实测的压力波在油管中两个距离一定的测量点之间的传播时间来确定音速，具体测量结果之一见图1。但应当指出，包括他们在内的迄今为止的所有试验中所测量的音速均只符合于柴油机喷油系统不产生空穴的情况。

作者在文献[5,6]中指出了在装有等容式出油阀的柴油机喷油系统中，即使在高速满负荷工况下，高压油管内的音速也会因空穴现象的出现而有大幅度的降低在。文献[7]中，还进一步分析了柴油机喷油系统内产生空穴时，音速降低的机理。

不言而喻，依据不真实的音速进行计算，会给计算结果带来较大的误差，在分析喷油系统

---

[*] 本文原载于《内燃机工程》1985年（第6卷）第1期。

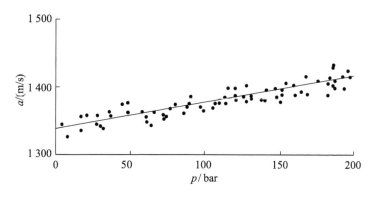

图1 轻柴油中音速 a 随压力 p 的变化关系（燃油温度 $t=15℃$，密度 $\rho=830\ kg/m^3$）

复杂的液力波动现象时，也会得出一些错误的结论。例如，目前一般流行的分析低速低负荷工况下异常喷射现象所依据的物理-数学模型中，总是选取高达 1 400~1 500 m/s 的音速作为分析计算的依据[2]，这样做的不合理性是显而易见的，因为这时燃油中的实际压力波传播速度早已大大低于上述数值。再如，当人们对照一些在发动机上实测的高压油管压力和针阀升程的实测结果时，往往得出喷嘴开启压力与预先调定的开启压力差别很大（50~100 bar）的假象，有的文献把这个原因不正确地归结为针阀运动时的惯性和摩擦力等原因[8]，实际上只要正确考虑并估计了压力波在喷油器体内的传播速度，则上述观象将不难得到正确解释（见本文第4部分）。

综上所述，正确测定和估算柴油机喷油系统内高压油管和喷油器内的燃油音速并尽可能找出其变化规律，乃是深入研究喷油系统动态液力波动过程的重要前提。

2 在实际运转的柴油机上实测高压油管内的燃油音速

在一台实际运转的 AVL520 型单缸试验机上实测了高压油管内的燃油音速。该发动机的气缸直径与活塞行程 $D×S=120\ mm×130\ mm$；燃烧方式为直接喷射式的 ω 形燃烧室；采用 Bosch 公司的 P 型泵与长型孔式喷嘴；高压油管长度 600 mm（0.6 m），内径 2 mm，外径 6 mm；等容式出油阀的卸压容积为 $V_E=70\ mm^3$，喷油系统高压总容积 $V_S=1\ 738\ mm^3$。

用 AVL-646 数据分析仪测量压力波从泵端传播至嘴端的时间，再根据高压油管的长度确定油管内的燃油音速。

图2与图3分别表示在出油阀卸压容积分别为 $V_E=70\ mm^3$ 和 $V_E=140\ mm^3$ 情况下（均有空穴现象出现）实测的油管内燃油音速 a 与每循环喷油量 Q_S 和油泵转速 n_P 之间的关系。图4表示音速 a 随出油阀卸压容积与系统总容积之比值 V_E/V_S 之间的变化关系。

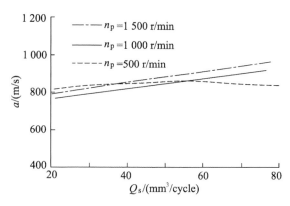

图2 高压油管内实测燃油音速 a 与每循环喷油量 Q_S 和油泵转速 n_P 之间的关系（$V_E=70\ mm^3$）

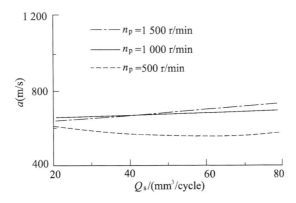

图 3　高压油管内实测燃油音速 a 与每循环喷油量 Q_S 和油泵转速 n_P 之间的关系 ($V_E = 140\ mm^3$)

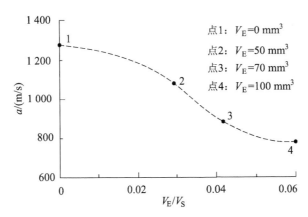

图 4　实测音速 a 与比值 V_E/V_S 之间的关系
($n_P = 1\ 000\ r/min, Q_S = 78\ mm^3/cycle$)

3　在油泵试验台上实测高压油管内的燃油音速

柴油机喷油系统内的空穴及音速降低现象是一个机理十分复杂的过程,喷油系统内各处的音速实际上也是一个变值,为了有可能采用比较合理的变音速的物理-数学模型来对喷油系统进行计算研究,进一步在 FMA-1015/2 型油泵试验台上模拟柴油机的各种运转工况,对高压油管内的燃油音速进行了测量。为此,在长度与实际柴油机基本一致的高压油管的泵端、嘴端与中端各装一个 AVL70P 压电传感器,用装有 C12 型立即成像装置的 TEKTRONIX 5113 型记忆示波器分别记录压力波在高压油管前半段和后半段的传播时间。再根据相应的管长来确定高压油管内各段内的音速。

图 5 表示喷油系统有空穴的工况,即油泵转速 $n_P = 1\ 000\ r/min$,每循环喷油量 $Q_S = 78\ mm^3/cycle$,出油阀卸压容积 $V_E = 70\ mm^3$ 时的情况,这时油管前半段燃油音速 $a_1 = 942\ m/s$,后半段燃油音速 $a_2 = 903\ m/s$,整个油管平均音速 $a = 923\ m/s$。图 6 表示喷油系统无空穴的工况,这时 n_P 与 Q_S 均不变。只是 $V_E = 0\ mm^3$(磨平出油阀卸压环带),这时 $a_1 = 1\ 279\ m/s$,$a_2 = 1\ 250\ m/s$;平均音速 $a = 1\ 265\ m/s$。

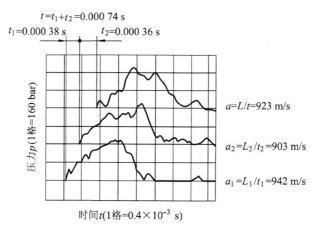

图 5 高压油管内燃油音速测量结果示例之一（$n_p = 1\,000$ r/min, $Q_s = 78$ mm³/cycle, $V_E = 70$ mm³）

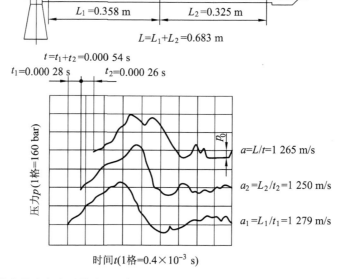

图 6 高压油管内燃油音速测量结果示例之二（$n_P = 1\,000$ r/min, $Q_S = 78$ mm³/cycle, $V_E = 0$ mm³）

附表 1 列有在各种运转工况下实测的高压油管内的燃油音速，分析表中所列的测试结果可以得出以下结论：

（1）柴油机喷油系统在不产生空穴的情况下，油管内的音速几乎为常数，其值为 $1\,220 \sim 1\,270$ m/s，仅稍低于过去一般文献所给的数值。

（2）当喷油系统内出现空穴现象时，油管中燃油音速将会明显降低，除了个别空穴特别严重的情况以外，在各种工况下的音速约在 $800 \sim 1\,000$ m/s 的范围内。

（3）在多数运转工况下（不论有无空穴现象出现），油管前半段与后半段内的燃油音速基本上相等。

（4）柴油机高压油管中的燃油音速主要受出油阀卸压容积 V_E 和系统总容积 V_S 比例的影响，但同时也取决于喷油量 Q_S，油泵速 n_P 等一系列因素。

图 7 表示根据大量测试结果给出的燃油音速随数值 $(V_E/\sqrt{V_S Q_S n_P}) \times 10^3$ 的变化关系，其趋势与在实际运转的单缸试验机上测得的结果相同，上述数组的单位是 $\sqrt{\min}$，它正比于燃油充填空穴所需当量时间的根号值。

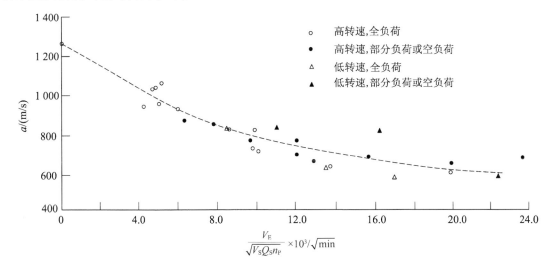

图 7　在喷油泵试验台上测得的高压油管内燃油音速 a 与数组 $(V_E/\sqrt{V_S Q_S n_P}) \times 10^3$ 之间的关系

4　喷油器管道内燃油音速的确定

尽管已在实测音速方面做了大量工作，但在现有测试条件下，只可能测取高压油管内的燃油音速，而作为高压油管延长部分的喷油器管道内的燃油音速，在喷油器安装在柴油机上的情况下，当然是无法直接测量的。

前文已指出，有些文献在分析实测油管压力与针阀升程曲线时，由于忽略了嘴端油管压力与喷嘴压力室压力之间的差别（由于压力波在这两点之间传播需要一定的时间），往往对于喷嘴针阀实际开启压力作出不正确的判断。在指出这个错误的同时，作者从压力波传播的基本理论出发并依据各压力曲线上特定点的相互关系，提出了一个确定喷油器管道内音速的简便方法（见图 8），其概念如下所述：

由波动方程的解

$$\begin{cases} p = p_0 + p_v + p_r = p_0 + a\rho(c_r - c_r) & (3) \\ c = c_0 + c_v + c_r & (4) \end{cases}$$

可知，当喷嘴针阀尚未打开以前，如果考虑到在两次喷射间隔期 $c_0 = 0$ 并忽略喷嘴压力室内少量燃料的容积变形的话，则前进压力波在喷嘴压力室处的反射符合管端闭口反射的边界条件，即有

$$c = c_v + c_r = 0 \tag{5}$$

$$c_v = -c_r \tag{6}$$

将式（6）代入式（3）可得

$$p = p_0 + 2a\rho c_v = p_0 + 2p_v \tag{7}$$

若已知喷嘴针阀开启压力为 $p_ö$，则对应针阀开启点时到喷嘴压力室的前进压力波 p_v 可由以下关系式

$$p_ö = p_0 + 2p_v \tag{8}$$

导出

$$p_v = (p_ö - p_0)/2 \tag{9}$$

计算与分析均表明，在针阀尚未开启的一段很短的时间内，油管压力升起段的曲线实际上与 p_v 重合（因为反射压力波尚未到达，即 $p_r = 0$）。由此可知，油管嘴端压力曲线上相当于 $(p_ö - p_0)/2$ 的点（图 8 中的 A 点），以音速传播至压力室以后，即可保证在喷嘴压力室里产生刚好能打开喷嘴针阀的压力

$$p = p_0 + 2(p_ö - p_0)/2 = p_ö$$

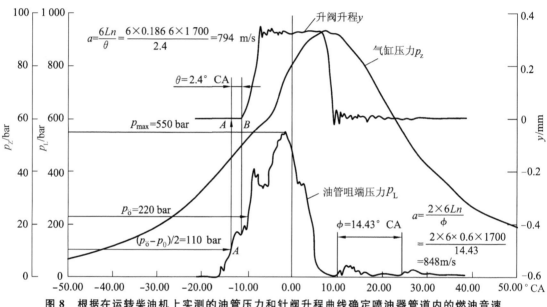

图 8 根据在运转柴油机上实测的油管压力和针阀升程曲线确定喷油器管道内的燃油音速
（在 AVL520 型单缸试验机上测量，$n = 1\,700$ r/min，$p_e = 6.2$ bar）

根据上述原理，即不难根据油管嘴端压力曲线上 A 点与针阀开启点 B 点之间的曲轴转角 θ（正比于压力波在期间的传播时间）测量压力点与喷嘴压力室之间的几何长度 L 和发动机的转速 n 确定音速

$$a = \frac{6Ln}{\theta} \tag{11}$$

式中，L 的单位为 m，n 的单位为 r/min，θ 的单位为 °CA，a 的单位为 m/s。

图 8 所示即为在一台单缸试验机上测得的气缸压力 p_z，油管嘴端压力 p_L 和针阀升程曲线 y。由图可见，当发动机转速为 $n = 1\,700$ r/min，平均有效压力 $p_e = 6.2$ bar 时，用上述方法确定的喷油器管道内的音速为 794 m/s，与按压力波在高压油管内来回反射时间和两倍高压油管长度确定的音速 848 m/s 基本吻合。

对大量测试结果进行分析比较后证明，用作者提出的这种方法确定的喷油器管道内的燃油音速与在高压油管内实测的音速均十分接近，但数值普遍低一些。这一合乎逻辑的现象可由喷油器体内燃油温度较高、气体回窜的可能性较大、液体介质产生空穴的倾向更大等方面的

原因得到解释。

5 结 论

在运转的柴油机和油泵试验台上进行的大量试验证明,在柴油机喷油系统内不产生空穴的条件下,高压油管内的燃油音速为 1 200～1 300 m/s,在有空穴的条件下则降低为 800～1 000 m/s,其值受出油阀卸压容积、系统总容积、油泵转速和喷油量等一系列因素的影响。根据实测油管压力和针阀升程估算的喷油器内燃油音速不仅与高压油管内实测的音速基本吻合,而且通过这种分析方法还有助于对燃油系统内复杂的液力波动过程进行研究。

参 考 文 献

[1] Pischinger A, Pishinger F. Gemischbildung und Verbrennung im Dieselmotor. Springer-Verlag, Wien, 1957.
[2] 長尾不二夫,内燃機関講義,1977.
[3] Huber E W, Schaffitz W. Experimentelle und theoretische Arbeiten zur Berechnung von Einspritzanlagen von Dieselmotoren. MTZ, 1964, 27(2,4).
[4] Shin Matsuoka. A study of fuel injection systems in diesel engines. SAE, 1970, Paper No. 760551.
[5] 高宗英.根据高压油管实测压力计算柴油机喷油过程的一种新方法.内燃机学报, 1983, 7(3).
[6] Pischinger R, Gao Zongying. Berechnung des Einsprintzverlaufes von Dieselenlagen bei Kavitation. MTZ, 1983, 44(11).
[7] 高宗英.气、液两相介质中压力波传播速度的研究.工程热物理学报,1984, 5(2).
[8] И. В. Астахов, Подаза и Распыливание Топлив в Дизелях, Машиностроение,1972.

Determination of the Propagation Velocity of the Pressure Wave in the Diesel Injection System

Gao Zongying

(Jiangsu Institute of Technology)

Abstract: The propagation velocity of the pressure wave in the injection pipe has been measured on a running single cylinder research engine and on the injection pump test stand. The author has further studied the regularity of the sonic velocity under the condition of cavitation in diesel injection system. And put forward a method of calculating the sonic velocity in the nozzle holder according to the measured injection pipe pressure and nozzle valve lift.

附表 1　在油泵试验台上实测的高压油管内的燃油音速（燃料：轻柴油，密度 $\rho=0.32\times10^3$ kg/m³，温度 $t=15$ ℃）

No.	V_E /mm³	n_P /(r/min)	Q_S /(mm³/cycle)	L_1/m	L_2/m	t_1/s	t_2/s	a_1 /(m/s)	a_2 /(m/s)	a /(m/s)	V_S /mm³	$\dfrac{10^3\times V_E}{\sqrt{V_S Q_S}n_P}$
1	0	1 500	78	0.358	0.325	0.000 28	0.000 26	1 279	1 250	1 265	1 738	0
2	0	1 500	45	0.358	0.325	0.000 29	0.000 26	1 235	1 250	1 242	1 738	0
3	0	1 500	26	0.358	0.325	0.000 29	0.000 26	1 235	1 250	1 242	1 738	0
4	0	1 000	80	0.358	0.325	0.000 28	0.000 26	1 279	1 250	1 265	1 738	0
5	0	1 000	45	0.358	0.325	0.009 28	0.000 26	1 279	1 250	1 265	1 738	0
6	0	1 000	21	0.358	0.325	0.000 28	0.000 27	1 279	1 250	1 265	1 738	0
7	0	500	80	0.358	0.325	0.000 29	0.000 27	1 235	1 204	1 220	1 788	0
8	0	500	48	0.358	0.325	0.000 29	0.000 27	1 235	1 204	1 220	1 738	0
9	0	500	19	0.358	0.325	0.000 28	0.000 26	1 279	1 250	1 265	1 738	0
10	0	1 000	79	0.679	0.645	0.000 525	0.000 515	1 293	1 252	1 273	3 369	0
11	70	1 500	78	0.358	0.325	0.000 36	0.000 36	994	903	949	1 738	4.908 9
12	70	1 500	47	0.358	0.325	0.000 40	0.000 38	895	855	876	1 738	6.323 8
13	70	1 500	20.5	0.358	0.325	0.000 54	0.000 34	663	956	776	1 738	9.575 3
14	70	1 000	78	0.358	0.325	0.000 38	0.000 36	942	903	923	1 738	6.012 1
15	70	1 000	47	0.358	0.325	0.000 40	0.000 40	895	812	854	1 738	7.745 0
16	70	1 000	19	0.358	0.325	0.000 52	0.000 37	689	879	767	1 738	12.181 4
17	70	500	80	0.358	0.325	0.000 40	0.000 45	895	756	823	1 738	8.395 4
18	70	500	46	0.358	0.325	0.000 38	0.000 46	942	739	833	1 738	11.071 6
19	70	500	20	0.358	0.325	0.000 40	0.000 44	895	739	813	1 738	16.790 9

续表

No.	V_E /mm³	n_p /(r/min)	Q_S /(mm³/cycle)	L_1/m	L_2/m	t_1/s	t_2/s	a_1 /(m/s)	a_2 /(m/s)	a /(m/s)	V_S /mm³	$\dfrac{10^3 \times V_E}{\sqrt{V_S} Q_S n_p}$
20	70	1 000	105	0.358	0.325	0.000 32	0.000 32	1 119	1 016	1 067	1 738	5.181 8
21	70	1 000	124	0.358	0.325	0.000 33	0.000 33	1 085	985	1 035	1 738	4.768 3
22	70	1 000	79	0.679	0.645	0.000 70	0.000 70	970	921	946	3 369	4.290 8
23	70	1 000	80	0.679	0.325	0.000 64	0.000 34	1 061	956	1 045.8	2 555	4.896 3
24	140	1 500	79	0.358	0.325	0.000 48	0.000 46	746	707	727	1 738	9.755 4
25	140	1 500	45	0.358	0.325	0.000 56	0.000 48	640	678	657	1 738	12.925 6
26	140	1 500	20.5	0.358	0.325	0.000 69	0.000 39	519	833	632	1 738	19.150 5
27	140	1 000	79	0.358	0.325	0.000 52	0.000 46	689	707	697	1 738	11.947 8
28	140	1 000	46	0.358	0.325	0.000 50	0.000 50	716	650	683	1 738	15.657 6
29	140	1 000	20	0.368	0.325	0.000 64	0.000 38	560	855	670	1 738	23.745 9
30	140	500	79	0.358	0.325	0.000 56	0.000 64	640	507	570	1 738	16.896 8
31	140	500	45	0.358	0.325	0.000 68	0.000 48	527	625	570	1 738	22.387 8
32	140	500	21	0.358	0.325	0.000 60	0.000 52	597	625	610	1 738	33.581 7
33	140	1 250	80	0.358	0.325	0.000 48	0.000 48	746	677	712	1 738	10.619 5
34	140	750	82	0.358	0.325	0.000 56	0.000 55	639	591	621	1 738	13.541 5
35	140	1 000	80	0.679	0.645	0.000 81	0.000 81	838	796	817	3 369	8.527 7
36	140	1 000	80	0.679	0.325	0.000 82	0.000 40	829	813	823	2 555	9.792 4

柴油机喷油系统变声速变密度模拟计算的研究*

高宗英　张建芳　朱建新

（江苏工学院）

[摘要]　本文建立了变声速变密度情况下一维管内流动基本方程。首次引进了当量燃油密度的概念，严格地推导了变声速变密度情况下带内插的特征线计算公式，边界计算采用了精度级较高的四阶龙格-库达(Runge-Kutta)法，确立了油管与边界采用两种计算步长的方法，为喷油系统的设计提供了精度较高的程序。

符号说明

ρ——燃油密度，kg/m^3；　　　　　　a——压力波传播速度(声速)，m/s；

v——燃油运动黏度，m^2/s；　　　　　p——压力，MPa；

u——流速，m/s；　　　　　　　　　t——时间，s；

κ——油管中燃油流动黏性阻尼系数，s^{-1}；

c——弹簧刚度，N/m；　　　　　　　V——容积，m^3；

f——流通截面积，m^2；　　　　　　　m——运动件当量质量，kg；

H——升程，m；　　　　　　　　　　μ——流量系数；

X——高压油管任一截面处至出油阀紧帽腔的距离，m；

Re——雷诺数；　　　　　　　　　　　n_p——喷油泵转速。

下标符号

　t——油管；　　　　　h——柱塞；　　　　　k——出油阀；

　n——喷油嘴盛油腔；　　c——喷油嘴压力室。

1　前　言

　　柴油机发展的基本方向是提高功率、降低油耗和减轻公害。对此，喷油系统及其与燃烧室的合理匹配起着很重要的作用。近年来的发展证明，喷油的高压化(提高喷油压力和喷油速率)，是实现上述目标的最有效的措施之一。然而，随着喷油压力(可达 150 MPa)的提高，带来了压力变化范围增宽、燃油升温和燃油声速与密度变化等一系列问题。根据图 1～图 3 可知，整个油管内压力波传播速度在 850～1 500 m/s 的范围内变化，燃油密度的相对变化率为

---

* 本文为中国科学院科学基金资助项目，原载于《内燃机学报》1986 年(第 4 卷)第 2 期。

8%～11%,甚至更高[1]。因此,在喷油系统的计算中,有必要对其进行变声速变密度的处理,以便使高喷油压力情况下的模拟计算与实际情况尽可能一致。

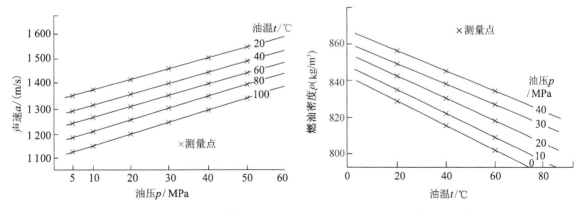

图1 声速随燃油压力和温度的变化　　图2 燃油密度随温度与压力的变化

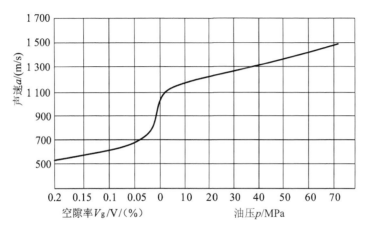

图3 高压油管内实测声速结果示例

2 喷油系统的数学模型

图4是一种典型的喷油泵-油管-喷油嘴系统,在其工作过程很短暂的一瞬间($<10^{-4}$ s),压力急剧地变化(0~100 MPa),压力波传播过程复杂。其影响因素相当多,如高压油管的长度、内径、内壁粗糙度,燃油的压缩性、黏性、密度,喷油泵与喷油嘴各部分集中容积大小、各流通截面的大小,流量系数,弹簧刚度,进回油孔的尺寸及形状,出油阀的结构,柱塞及针阀偶件的泄漏油量,喷油泵凸轮轮廓形状,油管材料的变形和弯道影响等等。在建立其数学模型时,把影响喷油过程的全部因素都考虑进去是不现实的,因为这样必然使数学模型过于复杂,无法求解或失去实用

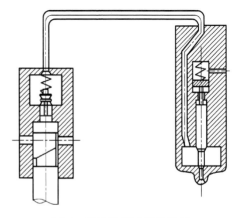

图4 柴油机喷油系统简图

价值。为此,本文对喷油系统作如下假设:

(1) 燃油的黏度为常数。

(2) 等截面圆管,忽略不计系统中各零件的弹性变形、弹簧的自振和运动件之间的摩擦阻力,弹簧刚度取为常数。

(3) 在被研究的集中容积内,同一瞬时的压力和密度处处相等。

(4) 忽略不计高压油管出口截面处的局部损失。

(5) 忽略重力和工作过程的热传导。

(6) 考虑柱塞及针阀偶件的泄漏。

(7) 压力波传播速度取两个平均值,即

$$a = 1\,250 \text{ m/s } (\rho \geqslant \rho_0)$$
$$a = 900 \text{ m/s } (\rho < \rho_0)$$

这里,ρ_0 为外界大气压下的燃油密度。

(8) 在整个计算中把燃油密度取为变量。由此可以得到一维可压缩流体圆管流动的运动微分方程式

$$u\frac{\partial u}{\partial x} + \frac{\partial u}{\partial t} = f - \frac{1}{\rho}\frac{\partial p}{\partial x} + \frac{4\tau_0}{\rho d} \tag{1}$$

式中:f——流体所受质量力,在此忽略重力,即取零;

d——圆管内径;

τ_0——流体所受切向应力,令 $\tau_0 = -\frac{1}{2}\kappa u \rho d$。

把 $\tau_0 = -\frac{1}{2}\kappa u \rho d$ 代入式(1),并引入一维可压缩非定常流动的连续性方程与燃油物态方程,得到管内压力波传播基本方程组

$$\begin{cases} \rho \dfrac{\partial u}{\partial t} + \rho u \dfrac{\partial u}{\partial x} + \dfrac{\partial p}{\partial x} + 2\kappa u \rho = 0 \\ \rho \dfrac{\partial u}{\partial x} + \dfrac{1}{a^2}\left(\dfrac{\partial p}{\partial t} + u \dfrac{\partial p}{\partial x}\right) = 0 \\ \dfrac{\partial \rho}{\partial t} + u \dfrac{\partial \rho}{\partial x} - \dfrac{1}{a^2}\left(\dfrac{\partial p}{\partial t} + u \dfrac{\partial p}{\partial x}\right) = 0 \end{cases} \tag{2}$$

喷油泵及喷油嘴边界方程如下:

(1) 柱塞腔连续性方程式

$$\frac{V_h}{a^2 \rho}\frac{dp_h}{dt} = f_h \frac{dH}{dt} - \eta f_k \frac{dH_k}{dt} - \delta \mu_s f_s \sqrt{\frac{2}{\rho}|p_h - p_k|} \\ - \gamma(\mu_b f_b + \mu_0 f_0)\sqrt{\frac{2}{\rho}|p_h - p_b|} - q_t \tag{3}$$

式中:q_t——柱塞偶件单位时间的泄漏油量,$q_t = \mu_g f_g \sqrt{\dfrac{2}{\rho}|p_h - p_b|}$;

f_g——柱塞偶件的环形间隙,根据其加工精度和磨损情况取值。

(2) 出油阀紧帽腔连续性方程式

$$\frac{V_k}{a^2 \rho}\frac{dp_k}{dt} = \eta f_k \frac{dH_k}{dt} + \delta \mu_s f_s \sqrt{\frac{2}{\rho}|p_h - p_b|} - f_t u_k \tag{4}$$

（3）出油阀运动方程式

$$m_k \frac{d^2 H_k}{dt^2} = f_k(p_h - p_k) - c_k(H_k + H_{ki}) \quad (5)$$

式中：
$$\eta = \begin{cases} 1, & 出油阀运动 \\ 0, & 出油阀静止 \end{cases}$$

$$\delta = \begin{cases} 1, & p_h \geqslant p_k \\ -1, & p_h < p_k \end{cases}$$

$$\gamma = \begin{cases} 1, & p_h \geqslant p_b \\ -1, & p_h < p_b \end{cases}$$

（4）喷油嘴盛油腔连续性方程式

$$\frac{V_n}{a^2 \rho} \frac{dp_n}{dt} = f_t u_n - \beta(f_{na} - f_{nb}) \frac{dH_n}{dt} - \xi \mu_c f_c \sqrt{\frac{2}{\rho} |p_n - p_c|} - \mu_{ng} f_{ng} \sqrt{\frac{2}{\rho} p_n} \quad (6)$$

f_{ng} 根据针阀偶件的加工精度及磨损情况取值。

（5）喷油嘴压力室连续性方程式

$$\frac{V_c}{a^2 \rho} \frac{dp_c}{dt} = -\beta f_{tp} \frac{dH_n}{dt} + \xi \mu_c f_c \sqrt{\frac{2}{\rho} |p_n - p_c|} - \mu_z f_z \sqrt{\frac{2}{\rho} |p_c - p_{cyz}|} \quad (7)$$

（6）喷油嘴针阀运动方程式

$$m_n \frac{d^2 H_n}{dt^2} = \mu_n (f_{na} - f_{nb}) p_n - C_n (H_n + H_{ni}) + f_{tp} p_c \quad (8)$$

式中：
$$\beta = \begin{cases} 1, & 针阀运动 \\ 0, & 针阀静止 \end{cases}$$

$$\xi = \begin{cases} 1, & p_n \geqslant p_c \\ -1, & p_n < p_c \end{cases}$$

压力室的影响是不可忽视的。压力室直径越大，喷油嘴针阀受压力室的承压面积越大；压力室容积越大，针阀关闭之后的喷油延续期愈长，最大喷油压力下降。因此，把压力室考虑进计算中有利于了解压力室对喷油规律、针阀升程和喷射压力的影响，扩大电子计算机的模拟范围。

3 计算方法

为了解式（2），首先引进矩阵

$$A = \begin{pmatrix} 1 & \rho u & 0 \\ \dfrac{u}{a^2} & \rho & 0 \\ -\dfrac{u}{a^2} & 0 & u \end{pmatrix}, \quad B = \begin{pmatrix} 0 & \rho & 0 \\ \dfrac{1}{a^2} & 0 & 0 \\ -\dfrac{1}{a^2} & 0 & 1 \end{pmatrix}$$

以及列向量

$$f = \begin{pmatrix} 2\kappa\rho u \\ 0 \\ 0 \end{pmatrix}$$

这样,式(2)就可写为

$$A\begin{pmatrix}p'_x\\u'_x\\\rho'_x\end{pmatrix}+B\begin{pmatrix}p'_t\\u'_t\\\rho'_t\end{pmatrix}+f=0 \tag{9}$$

将式(9)进行非退化的线性变换,首先令

$$\det(A-\lambda B)=0$$

从而求得

$$\lambda_1=u, \lambda_{2,3}=u\pm a$$

再令

$$C=\begin{pmatrix}u & 0 & 0\\0 & u+a & 0\\0 & 0 & u-a\end{pmatrix}$$

并设法找到一非退化矩阵 T,使得

$$CTB=TA \tag{10}$$

令非退化矩阵

$$T=\begin{pmatrix}0 & 0 & 1\\1 & a & 0\\1 & -a & 0\end{pmatrix},(\det(T)\neq 0)$$

上式满足式(10),再令

$$D=TB=\begin{pmatrix}-\dfrac{1}{a^2} & 0 & 1\\\dfrac{1}{a} & \rho & 0\\-\dfrac{1}{a} & \rho & 0\end{pmatrix},F=Tf=\begin{pmatrix}0\\2\kappa\rho u\\2\kappa\rho u\end{pmatrix}$$

用 T 矩阵乘以式(9)两边,于是得到:

$$CD\begin{pmatrix}p'_x\\u'_x\\\rho'_x\end{pmatrix}+D\begin{pmatrix}p'_t\\u'_t\\\rho'_t\end{pmatrix}+F=0 \tag{11}$$

其中 C 是对角矩阵,$\det(D)\neq 0$。式(11)可以写成如下形式

$$\sum_{j=1}^{3}d_{ij}(c_{ii}S_{xj}+S_{tj})+f_i=0\ (i=1,2,3) \tag{12}$$

上式中

$$S_x=\begin{pmatrix}S_{x1}\\S_{x2}\\S_{x3}\end{pmatrix}=\begin{pmatrix}p'_x\\u'_x\\\rho'_x\end{pmatrix},S_t=\begin{pmatrix}S_{t1}\\S_{t2}\\S_{t3}\end{pmatrix}=\begin{pmatrix}p'_t\\u'_t\\\rho'_t\end{pmatrix}$$

$$f=\begin{pmatrix}f_1\\f_2\\f_3\end{pmatrix}=\begin{pmatrix}0\\2\kappa\rho u\\2\kappa\rho u\end{pmatrix},D=[d_{ij}],C=[C_{ij}]$$

为了把偏微分计算化为常微分方程的差分计算，可沿特征方向 $C_{ii}=\dfrac{\mathrm{d}x}{\mathrm{d}t}(i=1,2,3)$ 上进行差分。如图 5 所示，D 点的状态参数 p_D,u_D,ρ_D 是由图中 A,B,C 三点的状态参数决定的，AD，BD 和 CD 三条特征线的斜率分别为 $\dfrac{1}{u+a}$，$\dfrac{1}{u-a}$ 和 $\dfrac{1}{u}$。从图中看出，若 A,B 点取在时间轴上，则 A 点的状态参数可由 P,Q 点之间插值得到；若按位移轴插值，则 A 点即 o 点的状态参数可由 P,R 点之间插值得到。由于时间步长一般取得比位移步长小，故在时间轴上插值可以提高差分计算精度。根据图 5 可得式(9)的差分方程为

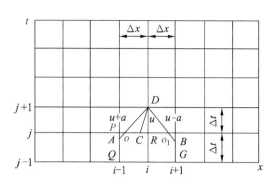

图 5　带内插的特征线图

$$\begin{cases} p_D-p_C-a_R^2(\rho_D-\rho_C)=0 \\ \dfrac{1}{a_R}(p_D-p_A)+\rho_R(u_D-u_A)+\kappa_R\rho_R(u_D+u_A)\dfrac{\Delta x}{u_R+a_R}=0 \\ -\dfrac{1}{a_R}(p_D-p_B)+\rho_R(u_D-u_B)+\kappa_R\rho_R(u_D+u_B)\dfrac{-\Delta x}{u_R-a_R}=0 \end{cases} \quad (13)$$

其中下标为 A,B 的状态量是由下列线性插值得到的：

$$M_A=M_P+(M_Q-M_P)\dfrac{\dfrac{\Delta x}{u+a}-\Delta t}{\Delta t}$$

$$M_B=M_H+(M_G-M_H)\dfrac{\dfrac{\Delta x}{a-u}-\Delta t}{\Delta t}$$

其中 M 表示状态量 p,u。

由式(13)解得

$$u_D=\dfrac{\dfrac{p_A-p_B}{a_R\rho_R}+u_A+u_B-\Delta x\kappa_R\left(\dfrac{u_A}{u_R+a_R}-\dfrac{u_B}{u_R-a_R}\right)}{2+\Delta x\kappa_R\left(\dfrac{1}{u_R+a_R}-\dfrac{1}{u_R-a_R}\right)}$$

$$p_D=\dfrac{p_A-p_B+a_R\rho_R(u_A+u_B)-\kappa_R\rho_R a_R\Delta x\left(\dfrac{u_D+u_A}{u_R+a_R}+\dfrac{u_D+u_B}{u_R-a_R}\right)}{2}$$

$$\rho_D=\rho_C+\dfrac{p_D-p_C}{a_R^2}$$

以下进一步分析在计算中应注意的几个问题：

(1) 高压油管内空穴与残余空腔处理

空穴的出现使得燃油运动的连续性遭到破坏，如果不考虑这一因素，认为连续性方程仍可用，将给计算结果带来相当大的误差，以往计算中很少考虑高压油管内空穴现象，为了计算简便，一般假设残余空腔只是出现在泵、嘴两集中容积中，认为高压油管内连续性自始至终成立，致使计算时选取的压力波传播速度大于实际传播速度，从而给计算结果带来较大的误差。为此，作者在本文中引入当量燃油密度的概念，即当某分段集中容积中出现空穴时，燃油密度 ρ

定义为该集中容积中的燃油质量除以集中容积所得的商,并认为一个喷油循环结束后,残余空腔的分布是均匀的,即喷油泵、喷油嘴和高压油管内的燃油密度处处相等:

$$\rho_k = \rho_t = \rho_n$$

由于空穴形成和破灭的机理十分复杂,在这里不去深究。根据对残余容积分布规律所做的假设,把高压油管的容积分为若干段集中容积,随着燃油的流入,这些集中容积中的空腔逐渐充满燃油。一旦空腔消失(填满),即 ρ 从小于 ρ_0(ρ_0 为外界大气压下的燃油密度)到大于或等于 ρ_0,则流动的连续性恢复。充填空腔的同时,正像压力波到达开口端一样,将产生一反射波。由波动方程式可求得空穴处燃油的流速

$$u_{xi} - u_0 = \frac{2}{a\rho} F\left(t - \frac{x_i}{a}\right) \tag{14}$$

式中:u_0——$t=0$ 时刻的 u_x;
F——压力前进波函数。

这样,就可以求出 Δt 时间充填后的燃油密度值:

$$\rho_{xi,t+\Delta t} = \rho_{xi,t}\left(1 + \frac{u_{xi,t}\Delta t}{\Delta x}\right) \tag{15}$$

直到 $\rho_{xi} \geq \rho_0$ 时,该处连续,基本方程(9)适用,压力波继续往前推进。

此外,如果在计算过程中,油管局部瞬时出现空穴,则认为燃油连续性仍成立,因为这时的空穴是微弱和短暂的,因而对压力波传播并不能产生明显影响,这样处理是符合燃油物理特性的。

(2) 喷油泵、喷油嘴边界上的空穴处理

一般来说,在喷油过程的开始和结束时,在边界上集中容积处都有残余空腔或空穴存在,这时的燃油密度用下式计算:

$$\frac{d\rho}{dt} = \frac{\rho}{V}\left(\mu f u - \frac{dV}{dt}\right) \tag{16}$$

式中:V——边界上的集中容积;
u——燃油流速,流入集中容积时为正,流出时为负。

(3) 压力波传播速度

在高速柴油机中,一般均装有等容式出油阀,以避免产生二次喷射。但是,这时就不可避免地会产生空穴现象。空穴产生的过程十分复杂。在压力尚未降低到燃油的饱和蒸汽压以前,溶解在燃油中的空气即先行析出;而当压力重新升高时,上述过程则正好相反。气泡的成长或收缩与气体的扩散或溶解以及外界的扰动情况有关,其过程比较缓慢。气泡的成长则不然,由于液体汽化过程常常是突发式的,因此比较迅速。这就意味着在柴油机高压油管中,即使压力不为零,亦可能保留一部分来不及重新溶解的微小气泡。但是,由于空穴现象机理十分复杂,气泡在成长或溃灭过程中,将受到惯性、黏性、表面张力、气体扩散或溶解、热传导和液体可压缩性等一系列因素的影响。因而,几乎不可能用理论方法来简单地加以求解,也不可能无条件地直接搬用其余稳流试验台上的测试结果。只能在实际运行的柴油机上借助于比较精密的测量仪器测量高压油管中的实际声速。

本文计算中采用了实测声速,方法是在高压油管两端装上传感器,如图 6 所示。在有空穴存在时测出 p_1、p_2 处两起始点压力间的时差和油管长度。在多种

图 6 声速测试示意图

转速和负荷情况下,测出若干值后取平均值,结果见表1。用同样方法去掉出油阀,测出在无空穴、残压为零时的声速,取平均值为1 126 m/s,根据图1,可以计算得到在无空穴存在时的平均声速为1 250 m/s 左右。为了计算上的简便,本文将声速取两个平均值,即无空穴现象时取高值,有空穴现象时取低值:

$$\begin{cases} a = 1\ 250\ \text{m/s} & (\rho \geqslant \rho_0) \\ a = 900\ \text{m/s} & (\rho < \rho_0) \end{cases}$$

表1 在有空穴情况下声速测量数值表

n_p	r/min	650	550	900	1 100	1 100	750	650	550	
	s^{-1}	68.07	57.60	94.25	115.19	115.19	78.54	68.07	57.60	
油量 /(cm³/200cycle)		34.6	36.2	32.9	30.4	24.5	25.7	25.5	28.1	
a/(m/s)		943.54	830.53	961.99	903.28	982.14	958.80	847.80	756.88	平均 898.12

(4) 高压油管中燃油的流动阻尼

喷油期间,油管中燃油的运动是非定常的,以往在层流情况下,一般都采用从 Hagen-Poiseuille 流量公式得到的阻尼系数 $\kappa = \frac{16\nu}{d^2} s^{-1}$($d$ 为圆管直径),或者引入无量纲阻尼系数 $\lambda = \frac{64\nu}{u_m d} = \frac{64}{Re}$。然而,这些公式只适用于定常层流的情况。作者根据文献[2]对于非定常层流情况下管流阻尼系数 λ 随局部 Re 的变化关系(图7),得出 $\lambda = \frac{160}{Re}$ 或 $\kappa = \frac{40\nu}{d^2} s^{-1}$,显然比定常情况下大得多。不过,对于紊流情况下的非定常管内流动压力波的衰减情况至今仍不太清楚。这是由于分析这种流动形式的理论依据还不充分,特别是缺乏这方面可靠的测量结果,故在紊流情况下,仍采用定常流动的公式

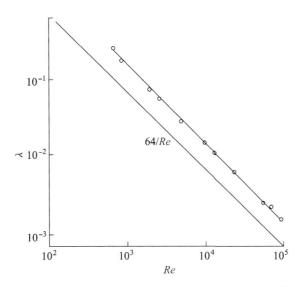

图7 喷油系统在全负荷与部分负荷情况下 λ 随局部 Re 的变化

$$\kappa = 0.079 v^{0.25} u^{0.75} / d^{1.25}$$

计算表明,结果是令人满意的。

图 8 表示喷油系统计算流程图,其中边界上采用龙格-库达与欧拉的混合计算方法,以消除导数不连续的影响。对油管与边界分别取两种计算步长,以利于提高边界上的计算精度并节省机时。本文的计算工作是在 SIEMENS7.738 数字电子计算机上实现的。当油管部分计算步长取为 0.1°CA、边界上计算步长取为 0.02°CA 时,整个计算一次喷油过程所需的中央处理机时间为 60 s。

4 实 验

作者把上海柴油机厂生产的 P 型泵及 ZCK150S532F 型喷油器总成装在 FM-8H55 型喷油泵试验台上进行了多种工况的测量,整个试验仪器设备的连接如图 9 所示。

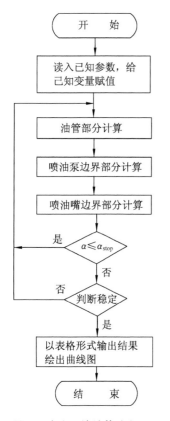

图 8 喷油系统计算流程图

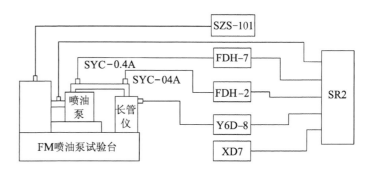

图 9 喷油系统试验仪器连接简图

4.1 高压油管与压力的测量

在油管中测量靠近喷油泵紧帽腔端和喷油器端两点压力。方法是通过安装在高压油管上的 SYC-04A 型压电晶体传感器,经 FDH-7 或 FDH-2 型电荷放大器放大后送至 SR2 型阴极示波器,记录压力波形。

4.2 喷油规律的测量

喷油规律的测量是靠装在喷油器上的 Bosch 长管仪,得到应变信号,经 Y6D-3 型动态应变信号放大器放大后送至 SR2 型阴极示波器,记录喷油规律信号。

此外,用 XD7 型低频信号发生器产生时标脉冲信号,给 SR2 型阴极示波器 x 轴向标定;用 SZS-101 型转速表记录凸轮轴转速;同时在阴极示波器上记录几何供油终点信号。

4.3 喷油器(ZCK150S532F 型)流量系数的测量

在低惯量喷油器中垫入不同厚度的钢片,以调整不同的针阀升程,借助于液压试验台高压系统产生的高压油源(约 20 MPa),经稳压后输向喷油嘴,测量结果如图 10 所示。

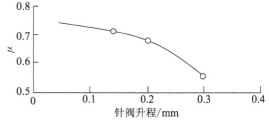

图 10 喷油器流量系数特性曲线

5 计算结果与实测值的对比

图 11~14 是喷油系统实测结果与按试验参数输入计算机后的计算结果的对比。从图中可以看出,计算结果与试验值吻合得很好,最大压力相对误差一般小于 5%,最大油量误差小于 4.8%,喷油延续角误差小于 0.2°CA,各波形的最大相位差小于 0.3°CA。

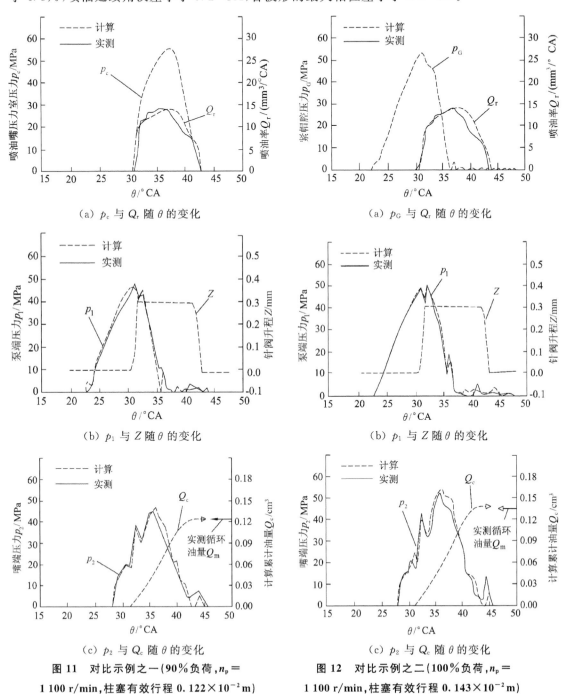

图 11 对比示例之一（90%负荷,n_p = 1 100 r/min,柱塞有效行程 $0.122×10^{-2}$m）

图 12 对比示例之二（100%负荷,n_p = 1 100 r/min,柱塞有效行程 $0.143×10^{-2}$m）

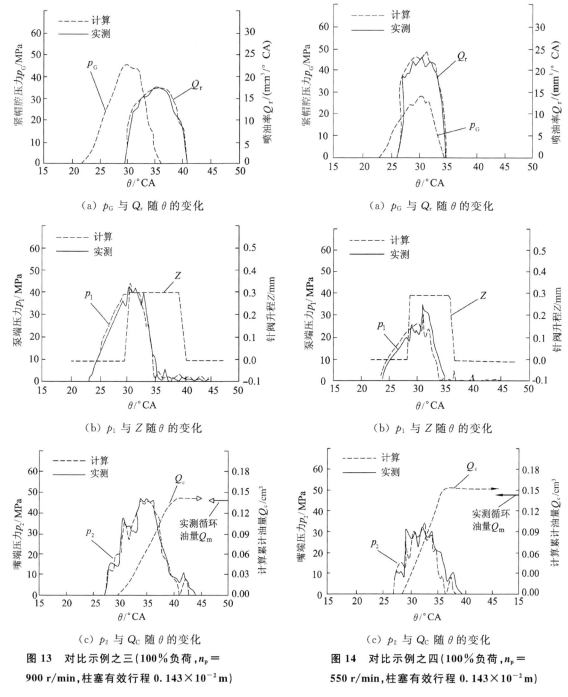

图 13 对比示例之三(100%负荷,n_p = 900 r/min,柱塞有效行程 0.143×10^{-2} m)

图 14 对比示例之四(100%负荷,n_p = 550 r/min,柱塞有效行程 0.143×10^{-2} m)

作者认为,计算误差主要来源于流量系数取自定常流的实验结果,试验压力也较实际低。而且,在目前条件下,测定柱塞腔进回油孔和出油阀上的 μf 值以及高压油管入口处的局部阻尼系数均还有一定的困难。此外,声速的变化情况实际上比这里假设的复杂得多。这说明在柴油机喷油系统的计算与实验研究方面还有许多工作要做。

6 结 论

(1) 采用当量燃油密度是变声速变密度计算中处理空穴问题的有效方法。

(2) 目前喷油系统都趋向高喷油压力,因此燃油密度的变化较大(8%～15%),所以有必要采用变密度计算。

(3) 采用变声速变密度情况下导出的带内插的特征线计算公式进行模拟计算,其结果是令人满意的。

(4) 尽管本文介绍的研究成果为柴油机喷油系统的设计提供了精度较高的计算程序,但由于实际情况的复杂性,还应继续进行大量细致的研究工作。

参 考 文 献

[1] Yamaoka K, Saito A, Abe N, et al. Analysis of Bypass Control Fuel Injection Systems for Small Diesel Engines by Digital Computer[J]. SAE, 1973, Paper No. 730664.
[2] Iben H K 等.在管道及喷油系统中非定常层流状态下流动的压力损失[J].张建芳,朱建新译.国外油泵油嘴,1983,4.
[3] N.B.阿斯达赫夫.柴油机的供油与燃油雾化[M].米鹤颐译.北京:国防工业出版社,1977.
[4] 高宗英.气、液两相介质中压力波传播速度的研究[J].工程热物理学报,1984,5(2).
[5] 高宗英.柴油机喷油系统内实际压力波传播速度的测定[J].内燃机工程,1985,6(1).
[6] 张建芳.柴油机燃油喷射过程的计算研究[J].江苏工学院研究生学报,1984,2.
[7] 高宗英.根据高压油管实测压力计算喷油过程的一种新方法[J].内燃机学报,1983,1(3).

An Investigation into Simulated Calculation of Fuel Injection System for Diesel Engines with Varied Sonic Velocity and Density

Gao Zongying　Zhang Jianfang　Zhu Jianxin

(Jiangsu Institute of Technology)

Abstract: The fundamental equations in high-pressure pipe are set up and the formulae for characteristic line with interpolation strictly provided when sonic velocity and density are changed. Equivalent fuel density is introduced into the calculation for the first time and Runge-Kutta method with high precision used in the boundary calculation program. The computer time step-size is shorter in the boundary than in the high-pressure pipe. On this condition, a computer program with high precision is developed which can be used for the design of whole fuel injection system.

柴油机扭矩特性与喷油系统油量校正机构的合理匹配[*]

高宗英　刘胜吉

（江苏工学院）

[摘要]　本文较系统地论述了柴油机喷油系统油量校正机构结构参数与柴油机性能的关系，提出了根据柴油机性能要求和喷油泵转速特性预选校正机构结构参数的实用方法，并建立了相应的通用计算程序。通过在喷油泵试验台与内燃机台架上的广泛试验，证实了计算预测数值与试验结果能很好地吻合。

1　前　言

为满足移动式机械的配套要求，提高柴油机的动力性，在原"中小功率柴油机产品质量分等标准"中，对按速度特性工作的柴油机的扭矩特性提出了明确的考核指标。为此，为提高柴油机产品质量，全面达到国家考核标准，不少柴油机研究单位和制造厂做出了很大努力，但是就目前国内柴油机行业的情况来看，不少产品在全面满足分等标准的要求上尚有一定的差距，成为继续提高产品质量和创优升级的主要障碍之一。产生这一现象的主要原因是对扭矩特性方面所做的工作带有一定的盲目性，缺乏系统的理论指导。本文根据作者在此项研究工作中的经验，阐述了进行此项工作的基本思路和体会，与从事柴油机技术工作的同行们共同探讨。

柴油机扭矩计算公式为[1]

$$M_e = 3.183 \times 10^{-5} \frac{i}{\tau} H_u \rho g_b \eta_i \eta_m \tag{1}$$

式中：i——气缸数目；

　　　τ——冲程数；

　　　H_u——燃料低热值，kJ/kg；

　　　ρ——燃料的密度，g/cm³；

　　　g_b——柴油机每循环供油量，mm³/cycle；

　　　η_i——柴油机的指示热效率；

　　　η_m——柴油机的机械效率。

因此在柴油机的结构参数和燃料给定后，所产生的扭矩大小是 η_i，η_m 和 g_b 的综合结果。要想获得合适的扭矩特性，需要提高柴油机的机械效率，合理组织燃烧过程，提高指示热效率，特别是提高最大扭矩点附近的指示热效率。同时还要有合理的喷油泵速度特性，因此，必须对

---

[*]　本文原载于《内燃机学报》1988年（第6卷）第2期。

喷油泵的循环供油量进行校正,使喷油泵速度特性与柴油机扭矩特性相匹配。

对喷油泵速度特性进行校正的方法有两种:一种为机械式校正;另一种为液力校正。有关这方面的内容尽管在不少资料中已有介绍,内容大同小异,但都缺乏深入的理论分析,致使理论计算与实际情况吻合得并不好。因此在实际工作中,不得不依靠大量的实验来寻求答案。本文根据柴油机性能要求和实测喷油泵速度特性,通过理论分析和计算,对机械式校正机构进行了深入的研究,得出了喷油系统油量校正机构结构参数的实用设计方法,并编制了通用的计算程序,证实了理论计算和实验结果之间的一致性。这对喷油系统与柴油机的匹配有实际的指导意义。

2 校正机构结构参数的预选

机械式校正机构结构参数主要有校正行程、弹簧的刚度和弹簧的预紧力。校正行程的大小决定了校正油量的大小,其值主要取决于喷油泵的结构参数、柴油机的扭矩储备系数。而柴油机标定工况下的燃油消耗率和最大扭矩工况下的燃油消耗率的差值,校正弹簧刚度和预紧力在校正行程一定的情况下,主要取决于柴油机最大扭矩点的转速、调速器的结构形式及柴油机的充气系数与机械效率随转速的变化关系。由于柴油机的机型很多,与之配套的调速器结构和喷油泵参数也各不相同。为通用起见,我们对调速器结构进行分类,并编制成预选校正参数的通用程序。程序框图见图1。

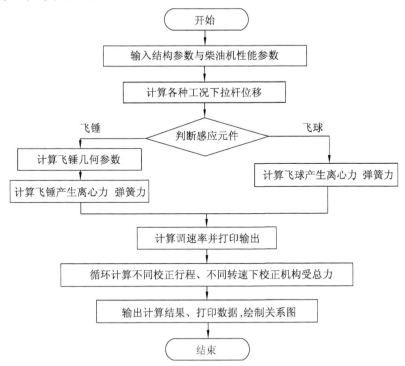

图1 油量校正机构结构参数预选计算程序框图

在整个计算过程中,计算机主要输入所要求的校正行程和校正作用结束时的转速,输出为校正结束时校正机构所受总力的大小,从而绘制出校正机构上述结构参数之间的相互关系图。而校正行程、校正弹簧力分配的具体选取则由实测喷油泵速度特性和柴油机有关的性能参数计算确定。

图2是国产系列Ⅰ号泵配495A型柴油机的计算结果,其横坐标为校正行程Z,纵坐标是校正行程结束时校正机构所受到的总力F,图中参变量是校正结束时喷油泵的相应转速n_p。应用这张图,即可根据柴油机实机配套要求,设计出符合要求的校正机构。

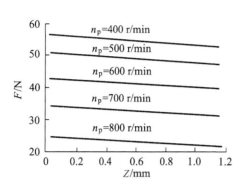 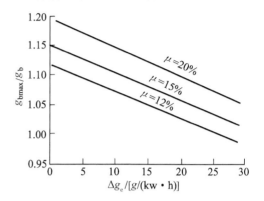

图2 用Ⅰ号泵配495A型柴油机校正机构受力相互关系图

图3 495A型柴油机扭矩储备系数μ、油量储备g_{bmax}/g_b和标定工况油耗与最大矩扭点油耗差值Δg_e的相互关系

3 校正机构结构参数预选过程中具体参数的确定方法

3.1 校正行程的确定

前已述及校正行程的大小,决定了喷油泵校正结束时所对应的相应转速循环供油量,在喷油泵结构参数一定的情况下,也就决定了喷油泵校正结束后更低的各个转速的循环供油量。在柴油机充气特性、混合气形成和机械效率一定的情况下,也就决定了柴油机的最大扭矩点及最大扭矩点以下低速工况时的性能指标。因此,合理确定校正行程是非常重要的。

(1) 校正油量和标定油量的关系

现已发表的有关文献中,一般都认为,仅需根据柴油机扭矩储备系数来决定校正油量大小。实际上仅考虑这一点是不够全面的,因为有校正机构作用后的喷油泵,速度特性上的最大循环供油量不仅取决于扭矩储备系数的大小,而且取决于柴油机速度特性上的燃油消耗率。图3是根据495A型柴油机性能参数计算而得出的结果。由此可见,校正结束时最大循环供油量的大小除了与柴油机扭矩储备系数有关外,还与标定工况和最大扭矩工况下的燃油消耗率的差值有关。在扭矩储备系数一定的条件下,差值愈大,循环供油量的增量就愈小,有时甚至最大扭矩点的循环供油量低于标定工况时,循环供油量就可满足一定扭矩储备的要求。因此,柴油机的扭矩储备与喷油系统的油量储备是两个既有联系又不完全等同的概念。

(2) 校正油量与喷油泵速度特性的关系

由图3的油量储备g_{bmax}/g_b得出的油量差值,并不能直接确定校正行程,总校正油量的大小还与齿杆(或拉杆)固定时的喷油泵速度特性

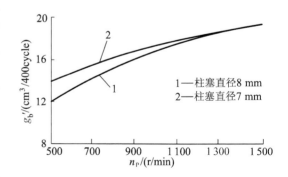

图4 Ⅰ号泵不同柱塞直径时的速度特性

有关。图 4 是不同柱塞直径时 I 号喷油泵的速度特性(图中纵坐标 g_b' 表示油泵试验台上 400 次循环的喷油量,即有 $g_b'=400g_b$)。可见,结构参数不同,喷油泵速度特性不同,在相同标定转速和校正结束转速情况下,两种转速对应的油量差值就不相等;另外,喷油泵结构参数一定,标定转速或校正结束转速不同,两种转速对应的油量差值也不相等。因此在确定总校正油量大小时,不能笼统地按标定工况下的循环供油量为基础,而应根据喷油泵的实测速度特性上校正结束时的转速相对应的循环供油量来确定校正油量的大小。

综上所述,总校正油量的大小应为两部分之和,即总校正油量应是喷油泵标定油量与速度特性上校正结束点的循环供油量的差值和校正后应达到的油量与标定油量的差值之和。因此,由总校正油量、喷油泵柱塞直径、调节臂长度(或调节齿轮直径)及调速器杠杆比便可计算出校正行程的大小。

3.2 校正结束时校正机构所受的总力

校正机构受到的力为调速器感应元件(飞球、飞锤等)所产生的离心力的轴向分力与调速弹簧的轴向分力之差,因此计算校正机构的受力与分析调速器静力特性时所用的方法类同,这种计算方法一般资料中都有介绍[2,3]。但是值得注意的是,要正确确定喷油泵齿杆(或拉杆)在各种转速工况下的位置,即正确确定各种工况下柱塞腔内的压油量。现有的计算仅仅是考虑该种工况下的实际喷油量乘上一个系数。实际上,在柴油机各种工况下,柱塞腔内的压油量应等于柴油机的喷油量、减压容积、燃油在高压下的被压缩量和高压系统零件在高压下的变形使高压系统容积增加量的总和,这样由柱塞腔的压油量就可正确确定供油拉杆的位置,从而正确计算出在该种工况下调速器感应元件所产生的离心力,这也是本预选方法实用性较强的又一个原因。

3.3 校正弹簧刚度和预紧力的确定

由校正结束时的总力便可确定校正弹簧的刚度和预紧力。它们之间的相互关系为
$$F=KZ+F_0 \tag{2}$$
式中:K——校正弹簧的刚度,N/mm;
F——校正弹簧校正结束时所受的总力,N;
F_0——校正弹簧的预紧力,N;
Z——校正行程,mm。

由式(2)可知,在校正行程和校正结束时受力一定的情况下,校正弹簧预紧力越大,则校正弹簧刚度越小,因而存在着两者之间合理取值的问题。式(2)中 F_0 与 K 的正确选择应根据喷油泵速度特性的走向和柴油机性能参数的实际情况进行,若 F_0 与 K 数值选择不合理,都会使柴油机的性能变坏。例如,若 F_0 选择过大,在 F 一定的情况下,K 值变小,此时校正机构起作用转速时间较晚,致使柴油机扭矩曲线呈现倒 S 形,如图 5(a)所示;若 F_0 选择过小或等于零,在 F 一定的情况下,K 值变大。此时若柴油机在标定工况下充气性能较好,而机械效率又无明显降低的情况下,原喷油泵速度特性又较平坦,这时柴油机在略低于标定转速时,往往出现功率超出,扭矩特性也呈现畸形,如图 5(b)所示。结果会导致柴油机的机械负荷、热负荷大大增加,特别是当 F_0 的设计值为零时。而在大批生产中往往还会导致校正机构有空行程出现,这样在柴油机略低于标定转速下工作时,仍将按调速特性工作一段时间,上述情况就更为严重。因此在计算 F 大小以后,F_0 的大小要结合原喷油泵速度特性、柴油机充气特性、机械效率及混合气形成条件在整个工作转速范围内的情况选取合适的数值,但最终由实验决定。

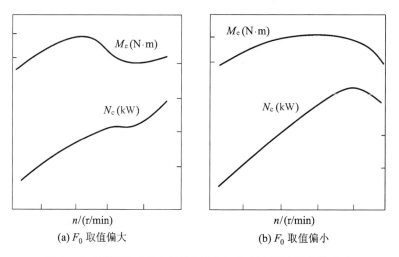

图5 F_0 选择不合理时,柴油机扭矩、功率随转速的变化关系

4 计算结果和实验验证

图2是应用上述方法对一台四缸机使用I号泵(柱塞直径为7 mm)进行计算的结果。与其配套的495A型柴油机标定转速为2 000 r/min,而最大扭矩转速(配拖拉机)要求低于1 400 r/min,扭矩储备不小于15%。由油耗指标(图3)和实测的喷油泵速度特性(图4曲线2)可计算出校正行程为0.74 mm。由图2可查得校正结束时总力为31.59 N。设计的弹簧刚度为40.32 N/mm。图6是油泵试验台上的试验结果,由此可见,根据本文介绍的方法预选校正机构参数后,可以使喷油泵速度特性很好地符合柴油机扭矩特性的要求。

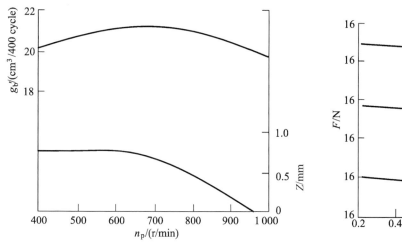

图6 校正后的I号喷油泵速度特性

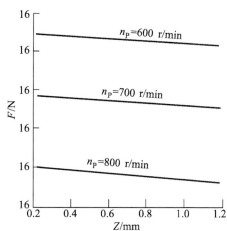

图7 山东195柴油机使用喷油系统油量校正机构后受力的相互关系

图7是山东195柴油机采用飞锤式感应元件的调速系统计算结果,同样的计算可得其校正行程为0.60 mm,由图7查得校正结束时弹簧受力为9.42 N,校正结束点转速为1 500 r/min。195柴油机速度特性试验结果见图8。从图中可见,各项性能指标都能满足新的国家考核要

求,与计算预测的数据基本吻合。

5 结 论

(1) 柴油机扭矩储备与喷油系统油量储备在柴油机与喷油系统匹配过程中既有有机联系而又不能完全等同,两者数值上的定量关系取决于柴油机速度特性的燃油消耗率。

(2) 喷油系统油量校正机构校正行程的大小,取决于柴油机速度特性的性能指标和喷油泵无校正机构作用时的速度特性,不能笼统地按标定工况下的循环供油量来确定。

(3) 喷油泵速度特性上校正结束时的转速与校正机构在此转速下所受的总力有关。在总力确定的情况下,为使与其匹配的柴油机能获得理想的扭矩特性,应选择合理校正弹簧的预紧力和刚度。

(4) 本文较系统地论述了喷油系统校正机构结构参数与柴油机性能的关系,并给出了校正机构参数预选的实用方法和计算程序。其物理概率明确,实用性强,符合柴油机匹配要求,具有较好的计算精度与实用价值。

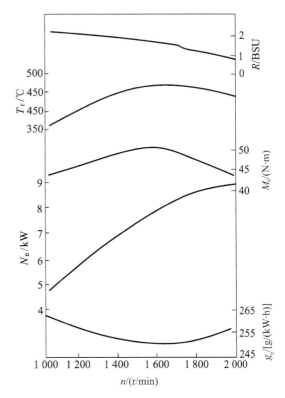

图 8 山东 195 柴油机速度特性

参 考 文 献

[1] 西安交通大学内燃机教研室.内燃机原理.北京:中国农业机械出版社,1981.
[2] 柴油机设计手册编辑委员会.柴油机设计手册(中).北京:中国农业机械出版社,1984.
[3] Крутов В И. Автоматическое Регулирование Двцгателей Внутреннего Сгорания, Москва,Машиностроение,1979.

Rational Matching between the Torque Characteristic of Diesel Engine and Correction Device of Fuel Injection Quantity for Fuel Injection System

Gao Zongying   Liu Shengji

(Jiangsu Institute of Technology)

Abstract: In this paper, the relationship between the parameters of correction device of fuel injection quantity for fuel injection system and diesel engine performances is discussed systematically, a practical method for preselecting the parameters of correction device in accordance with the requirements of diesel engine performances and the speed characteristic of fuel injection pump is given and its general program for computer is proposed. The test results on fuel injection pump and engine test bench with this method show that the precalculated and measured values are in good agreement.

柴油机喷油系统空泡现象的试验研究[*]

高宗英　刘胜吉　袁银男　惠德华

（江苏工学院）

[摘要]　研究柴油机喷油系统的空泡现象，对分析喷油系统中柴油-空气（或燃油蒸气）两相介质的流动，对喷油过程的模拟计算，了解喷油系统的穴蚀机理以及喷油系统过渡过程中的油量超调等均有一定意义。本文用高速摄影技术研究了喷油泵出油阀紧帽腔和高压油管内的空泡现象及变化规律，讨论了喷油系统结构、调整参数及运行工况对空泡形成的影响。

1　前　言

柴油机喷油系统工作过程中产生的空泡现象与高压油管内压力波的传播速度（即音速）密切相关[1,2]，它可导致喷油系统的穴蚀破坏[3]，并对喷油泵过渡过程中的油量超调有影响[3]，空泡的出现会推迟实际喷油时间，减少循环供油量，使喷油规律、喷油压力波产生畸变，甚至影响喷油系统的工作稳定性，给喷油系统与柴油机的匹配带来困难。同时，由于空泡的存在，柴油机气缸内燃气回窜到喷嘴，使喷嘴结焦的可能性增加，从而影响喷油嘴寿命和柴油机工作的可靠性。

在喷油系统存在空泡的运转工况下，其燃油的流动过程是两相状态下的流体动力过程。对流体在两相状态下的压力波传播速度及其变化规律，已有众多的研究者进行了深入的研究[1]，并对这个问题有了比较清楚的认识，得出了两相介质中不同含气率在不同压力和温度下对压力波传播速度（音速）影响的实验曲线，给出了相应的计算公式。但对柴油机来说，当喷油系统中存在空泡现象时，燃油的流动是在高压状态下的非稳定流动，流动过程是多变的，并伴随着相变，实际过程是很复杂的。为此本文用高速摄影技术对喷油泵出油阀紧帽腔和高压油管内的空泡现象进行了研究，以分析空泡产生和溃灭过程、空泡沿高压油路的分布、喷油泵结构参数及运转工况对空泡量变的影响，解释空泡形成机理，从而为柴油机喷油系统两相介质中压力波传播理论的研究提供必要的试验资料。

2　试验原理和装置

图1为试验装置总布置简图。图2为透明出油阀紧帽腔结构简图，它是由0号单体喷油泵改制而成的。图3为透明油管的结构简图。它们的内部几何尺寸和原0号单体泵及高压油管的尺寸完全相同，从而保证了与喷油系统的实际工作情况相一致。

---

[*]　本文为国家自然科学基金委员会资助项目，原载于《内燃机学报》1990年（第8卷）第2期。

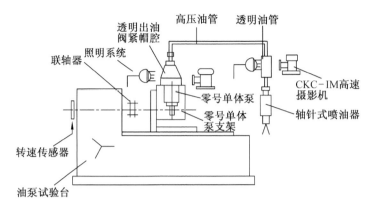

图 1　试验装置简图

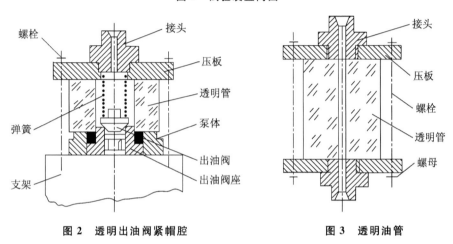

图 2　透明出油阀紧帽腔　　　　　图 3　透明油管

当试验装置在油泵试验台拖动下以一定工况运转时,可用肉眼观察和用高速摄影机拍摄出油阀的运动状况、出油阀紧帽腔和高压油管内的空泡现象。以不同长度的高压油管接在透明油管的两端,可得到空泡沿高压油管的分布情况,通过改变喷油系统结构参数(如油管长度、出油阀减压容积)、调整参数(如针阀开启压力)及运转工况(转速、循环喷油量)等,即可拍摄不同状况下的空泡。通过对摄影胶片的判读,即能进一步分析空泡的产生、溃灭过程以及影响空泡产生的因素及其变化规律。

3　试验结果及分析

在上面所述的试验装置上分别以不同出油阀减压容积,在不同高压油路容积、喷油泵转速、循环供油量、喷油嘴针阀开启压力下对空泡现象作了试验研究。其部分试验工况如表 1 所示。

图 4 所示为出油阀落座过程中空泡逐渐增加的高速摄影照片。从图中可以看出,随着出油阀的落座,减压环带的减压作用使出油阀座面处首先产生空泡,并逐步向上运动,从高速摄影胶片的放映可以明显看到这一点。

表 1 部分试验工况

序号	油泵转速 n_p/(r/min)	针阀开启压力 p_{open}/MPa			循环喷油量 q/(mm³/cycle)			卸载容积与高压油路容积比
		1	2	3	1	2	3	
1	250	7.1	14.7	17.2	25	53.5	73.5	0.009 13
2	400	6.7	12.7	15.2	25	50.0	80.5	0.009 13
3	500	7.8	9.8	12.7	82			0.009 13
4	750	7.4	9.8	12.7	88			0.011 70
5	1 000	9.6	12.7		88			0.011 70
6	1 000	12.7	14.7		74	25.0		0

图 4 空泡产生过程

从试验结果来看，柴油机喷油系统高压油路的大部分工作情况，都处于气液两相状态下工作。即使在卸载容积很小(或为零)，油路中残余压力不为零时，高压油路系统喷射间隙期内也有少量空泡存在，因此可把喷油系统高压油路中空泡形成机理分两种情况来解释：一种情况是出油阀卸载容积很小或为零，残余压力大于燃油饱和蒸汽压(约 0.001~0.003 MPa)，也就是说油管残余压力大于零的情况。试验时卸载容积为零，出油阀紧帽腔和高压油管内仍有非常微小的少量的类似针尖状的小气泡存在，这些气泡是溶解在燃油中的空气所造成，由于喷油过程压力变化急剧，出油阀落座速度较高，当局部压力降至一定数值时，空气便从燃油中析出。但当压力重新建立时，空气重新溶解需要一个很长的时间，试验表明单次喷射后气泡消失的时间比供油循环时间长两三个数量级，这就是此状态下空泡存在的原因。由于这些空泡太小，且空泡与油的反差极小，高速摄影很难把它记录下来，但从装置上观察，试验结果是非常明显的。此外观察到的现象足以解释实测音速的降低。理论上燃油的音速可按下式计算：

$$a = \sqrt{\frac{E}{\rho}} \tag{1}$$

按一般文献资料中数据，取弹性模量 E 为 $(1.60\sim1.78)\times10^9$ N/m²，密度 ρ 为 $(0.82\sim0.85)\times10^3$ kg/m³ 计算，燃油音速 a 为 1 370~1 170 m/s，而在多种柴油机喷油系统上实测的最大值都在 1 270 m/s 以下，具体试验结果见表 2。

表 2 不同喷油系统高压油路中实测音速值(卸载容积为零)

喷油系统类型	音速值/(m/s)	喷油系统类型	音速值/(m/s)
AVL 单缸试验机用喷油系统	1 250	Ⅰ号泵和轴针式喷油器	1 142
p 型泵和孔式喷油器	1 126	零号泵和轴针式喷油器	1 210

另一种情况是喷油系统为防止二次喷射的产生,采用适当的出油阀卸载容积,造成柴油机喷油过程的残余压力为零,中小功率柴油机喷油过程大多处于此种状况。此时高压油路系统内出现了较多的空泡,空泡除少量是由燃油中析出的空气外,大部分是由于压力低于燃料的饱和蒸汽压所产生的燃油蒸气,增加出油阀卸载容积或降低喷油器开启压力,空泡量明显增加,当残压为零后,燃油不能承受拉应力而被拉断产生空泡。同残余压力高于零一样,空泡量的多少与音速大小是相对应的,在所测工况中,音速最低者仅为 435 m/s。

对高速摄影胶片的分析表明,空泡的形成和溃灭过程是在喷油系统卸载时,溶解在燃油中的空气先行析出,形成少量直径较小的空泡,然后在出油阀落座过程中,在出油阀座面周围形成大量直径较大的燃油蒸气泡,并向周围扩散,而压力升高时,蒸气泡溃灭较快,空气在燃油中的溶解过程则较慢。图 5 是不同时刻的高压油管中的空泡分布,其中图 5a 为在喷油结束后出现的空泡情况,此时空泡量较多,图 5b 为喷油开始前空泡减少的某一时刻的情况。图 6 所示为出油阀上升过程中出油阀紧帽腔中空泡的溃灭过程。

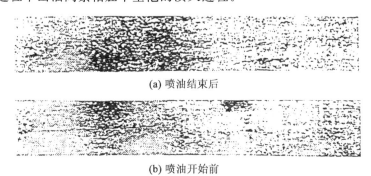

(a) 喷油结束后

(b) 喷油开始前

图 5 油管中的空泡

图 6 空泡溃灭过程

通过试验,还可以观察到如下一些现象:

(1)出油阀减压环带的减压作用是在高压油路中形成空泡的主要原因。随着出油阀卸载容积的增加,空泡量增加且空泡直径加大。如果整个高压油路容积减小,由于出油阀的减压作用相对加强,因而产生的空泡增多。可以用高压油路容积和减压容积之比来表征高压油路中空泡的多少。空泡量增加,油路中音速明显降低。

(2)在整个高压油路中,出油阀紧帽腔内空泡最多,直径最大。在高压油管中,从喷油泵端到喷油嘴端,空泡量逐渐减少,且直径也变小,如果加长油管,则这种差异更明显。

(3)空泡周围燃油的流动,对空泡有明显的扰动。由于出油阀上部油槽对出油阀轴线成一定倾角,从而造成流动的燃油使空泡在出油阀紧帽腔内做旋转运动,如图7所示。

(4)在高压油路内部有极少量空泡吸附于出油阀紧帽腔和高压油管内腔,而不随其它空泡一起运动。

喷油系统运转工况及调整参数改变时,对空泡形成的影响如下:

(1)对带有等容减压出油阀的喷油系统,在多数运转工况下,由出油阀落座至下一个循环出油阀上升之间,高压油路中都有空泡存在。这种现象在出油阀紧帽腔中特别明显。

(2)在喷油系统结构参数不变的情况下,喷油嘴针阀开启压力降低,油路中的空泡量增加。这时由于针阀开启压力降低后,喷油峰值压力减少,在同样的卸载容积下使高压油路减压过度,因而更多的燃油变成了蒸气而成为气泡。

(3)喷油泵转速对空泡的影响并不明显。转速升高,高压油路压力升高,残余压力有所上升,这可抑制空泡的产生。与此同时,出油阀落座速度也相应加快,在出油阀座面处产生的局部真空度加大,这又有利于产生空泡。一般来说,转速升高,空泡量略有增加。

(4)喷油泵循环供油量增加,空泡量增加。

图8所示为运转工况及调整参数对空泡产生的影响。

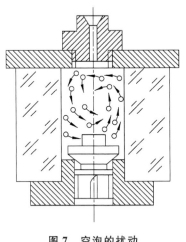

图7 空泡的扰动

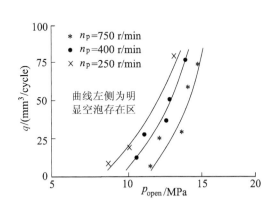

图8 运转工况及调整参数对产生空泡的影响

4 结 论

(1)对喷油系统的大多数运转工况,在出油阀落座至下一个循环出油阀上升之间,高压油路中都有空泡存在。

(2) 空泡产生的主要原因是出油阀的等容卸载作用。

(3) 空泡主要由燃油蒸气泡组成,同时也存在着溶解于燃油中的空气逸出时而形成的空泡。

(4) 空泡量从喷油泵端到喷油嘴端逐渐减少,空泡尺寸亦变小。但若把高压油路划分为若干个单元,则每一单元中的空泡可认为是均布的。

(5) 在喷油系统调整参数改变的试验中,喷油嘴针阀开启压力对空泡的产生影响最大,循环喷油量的影响次之,转速的影响最小。

(6) 空泡量的多少与音速大小密切相关,少量空泡存在会导致音速较大幅度的下降。因此对喷油系统动态特性及压力波传播的进一步研究需用两相介质流理论进行。

参 考 文 献

[1] 高宗英.气、液两相介质中压力波传播速度的研究[J].工程热物理学报,1984,5(2).
[2] 高宗英等.柴油机燃油喷射系统空穴现象的变音速计算研究[J].汽车技术,1985,11。
[3] 蒋德明.内燃机原理(第二版)[M].北京:中国农业机械出版社,1988。
[4] 镰田实等.装有机械调速器的柴油机怠速游车现象的研究[J].油泵油嘴技术,1987,1。
[5] Л. Е. Голубков. 在燃油两相状态下柴油机燃油系统的流体动力过程[J].陈永锴译.车用发动机,1984,4。
[6] 高宗英.柴油机喷油系统内实际压力波传播速度的测定[J].内燃机工程,1985,6(1).

The Experimental Investigation of Cavitation Phenomena in Fuel Injection System of Diesel Engines

Gao Zongying   Liu Shengji   Yuan Yinnan   Hui Dehua

(Jiangsu Institute of Technology)

Abstract: The investigation of cavitation phenomena in fuel injection system of diesel engines is quite important for analyzing the flow of diesel fuel-air (or and fuel vapor) two-phase medium in fuel injection system, simulating the injection process and comprehending the cavitation mechanism as well as the phenomena of abnormal fuel injection in the transient process of injection system.

In this paper, the cavitation phenomena and its changing regularity in injection system are studied by means of high-speed photography. The influences of designing and adjusting parameters as well as working conditions on the cavitation formation are discussed too.

柴油机瞬变工况下某些喷油及性能参数变化的研究[*]

罗福强　汤文伟　高宗英

（江苏工学院）

[摘要]　本文建立了柴油机瞬变工况喷油及燃烧过程瞬态参数的测量分析系统，研究了柴油机转速及负荷突变过程中喷油及燃烧过程瞬态参数的连续变化情况，结果表明，在开始加速时喷油提前角增大，喷油持续期及滞燃期延长，使得最大压力升高率急剧增加。在转速及负荷突变过程中，喷油及燃烧过程均呈波动状变化。

[关键词]　瞬变工况　喷油及燃烧过程　柴油机

1　前　言

柴油机通常是在转速及负荷不断变化的瞬变工况下运转，如工程机械、发电机组用柴油机的负荷突变，车用柴油机的加速过程等。目前对柴油机稳定工况的喷油及燃烧过程做了大量的研究工作，而对瞬变工况的研究还较少。柴油机瞬变工况有其特殊的问题，如加速过程的噪音、冒烟及加速时间的长短，负荷突变时转速变化的幅度及稳定所需的时间等。文献[1,2]用最大燃烧压力 p_{zmax} 作为描述燃烧过程的特征参数并据此研究柴油机的加速过程，由于 p_{zmax} 主要取决于滞燃期的长短，故仅用 p_{zmax} 来描述加速时的燃烧过程是不够的。为此本文研究了加速及负荷突变过程中喷油压力、喷油规律、滞燃期、平均指示压力、最大燃烧压力、最大压力升高率及转速等参数的连续变化情况。

2　试验装置

为测量柴油机瞬变工况喷油及燃烧过程瞬态参数的连续变化，我们开发了一个多通道高速数据测量分析系统，装置示意图见图1。

压电式气缸压力传感器与主燃烧室内表面平齐安装，压电式油管压力传感器安装在油管喷油嘴端，这些信号经电荷放大器放大后与上止点信号一起用磁带记录仪记录，再经A/D转换测得油管嘴端压力、气缸压力。所用A/D

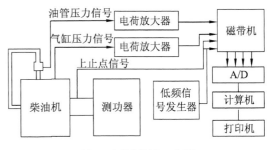

图1　测量装置示意图

---

[*]　本文为高等院校博士基金资助项目，原载于《内燃机学报》1992年（第10卷）第3期。

板为12位8通道,各通道信号由各采样保持器保持同步,采样频率为100 kHz,满量程采样误差小于0.1%。

所测试的柴油机为S1102型涡流室式柴油机,缸径102 mm,冲程112 mm,轴针式喷油嘴开启压力为13.2 MPa。测功器为水力式测功器。

3 各参数的确定

3.1 上止点

为准确计算出p_i值,需精确地确定上止点。测得的上止点是活塞机械上止点,由于安装精度、热力损失等的影响,需对其修正。本文采用压缩线对称面积法确定上止点,并进行热力修正确定上止点[3]。

3.2 转速

根据采样频率及两相邻上止点间的采样点数,可测得该相邻两上止点间所经历的时间,即曲轴转过一圈的时间,从而得出曲轴每转一圈的瞬时转速。用该方法计算的转速,经用低频信号发生器确定两相邻上止点间的时间求得的柴油机转速检验,无论是在稳态还是瞬态均吻合。

3.3 喷油规律

根据每循环的实测油管嘴端压力,考虑喷油器内各集中容积及音速变化的影响,由波动方程可较准确地计算出该循环的喷油规律,从而得出该循环的喷油提前角、喷油持续角及循环喷油量[4,5]。图2为在喷油泵试验台上用长管法测量的喷油规律与根据同时测量的油管嘴端压力p计算的喷油规律之比较。

3.4 燃烧过程性能参数

根据实测的每循环气缸压力曲线及相位,可以计算出平均指示压力p_i,最大燃烧压力p_{zmax}和最大压力升高率$(dp_z/d\varphi)_{max}$及其对应相位,由$dp_z/d\varphi$可判别出燃烧始点,再根据该循环的喷油提前角,即可得出该循环的滞燃期。

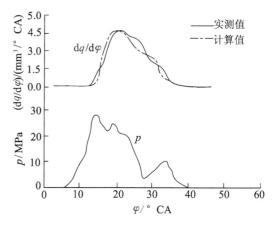

图2 喷油规律计算值与实测值的比较
($n=2200$ r/min,$q=60$ mm³/cycle)

4 结果分析

图3为空载、转速$n=1500$ r/min时,突然改变调速器手柄位置使调速弹簧预紧力增大来增加喷油量,柴油机转速增加,加速后稳定转速为$n=2200$ r/min时的加速过程中各参数的变化。图4为空载时加速过程实测到的油管嘴端压力p及据此计算出的喷油规律的变化情况。图5为有负荷($n=1500$ r/min,$P=2.2$ kW)时的加速过程(加油量方法与空载时相同,加速时水力测功器水量不变,加速后稳定转速$n=2100$ r/min,$P=4.6$ kW)。

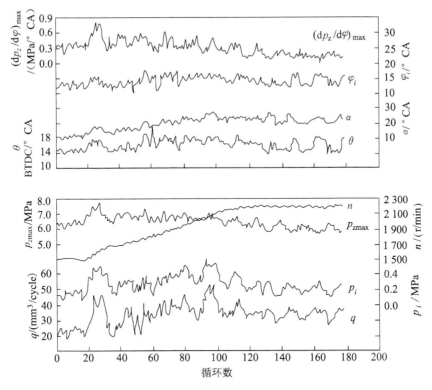

图3 空载时的加速过程

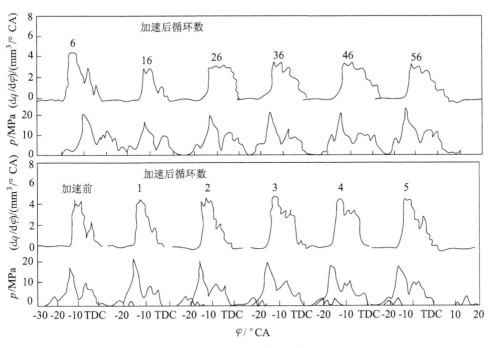

图4 空载加速前后的油管压力及喷油规律

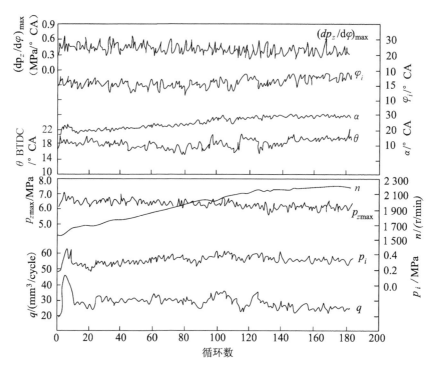

图 5　有负荷时的加速过程

由上述各图可知,在开始加速后,喷油提前角 θ 增大,滞燃期 φ_i 延长,最大压力升高率 $(dp_z/d\varphi)_{max}$ 显著增加。喷油持续角 α 随循环喷油量 q 及转速 n 增加而增加。空载加速时,加速前平均滞燃期 $\varphi_i=12.5°$ CA($\tau_i=1.38$ ms),加速后第 2 个循环 $\varphi_i=15°$ CA($\tau_i=1.94$ ms)。第 5 个循环 $\varphi_i=15.5°$ CA,此时以时间计的滞燃期达到最大($\tau_i=1.72$ ms),随后由于转速增加,以曲轴转角计的滞燃期虽然较大,但以时间计的滞燃期 τ_i 却并不增大而是减小。空载加速时 $(dp_z/d\varphi)_{max}$ 最大值为 0.85 MPa/° CA,有负荷加速时为 0.7 MPa/° CA,是稳定运转时的两倍,这么高的压力升高率必然使得柴油机加速时噪音显著增加。

开始加速时喷油提前角的增大是由于喷油量增大时,油管压力相应增大,因此油嘴较加速前提前喷油。由于提前喷入较加速前更多的燃油,燃油雾化蒸发时需更多的热量。而此时柴油机转速及负荷均较小,燃烧室内涡流强度较低,使得较多的燃油喷到燃烧室壁面,但燃烧室壁面温度也较低且在加速过程中其上升速度较慢[6],因此滞燃期必然延长,从而导致最大压力升高率急剧上升,噪音加大。

由图还可看出,开始加速时,循环喷油量增加较大,柴油机转速上升较快,但经过一段时间后,喷油量有所减少,此时转速上升速率相应变小。然后喷油量又呈波动状增加,直至柴油机转速稳定后喷油量的变化才趋于稳定。无负荷时喷油量的波动比有负荷时要大。在此过程中,平均指示压力 p_i 的变化趋势与循环喷油量的变化趋势基本吻合,而最大燃烧压力 p_{zmax} 的变化趋势与喷油量的变化趋势有一定差别,因此仅用 p_{zmax} 来描述加速过程中燃烧过程的变化是不够全面的。

图 6 为柴油机在 $n=2000$ r/min 空载运转时,调速器手柄位置不变,突然增加水力测功器进水量使柴油机负荷增加时各参数的变化历程,稳定后转速 $n=1950$ r/min,功率 $P=11.5$ kW。由图可知在负荷突然增加时,喷油量及平均指示压力 p_i 急剧增加,然后趋于稳定,

在喷油量及 p_i 急剧增加的阶段,柴油机转速下降不大,只占整个下降量的 15%,而在喷油量趋于稳定后,转速才较大幅度下降,占整个下降量的 85%,在喷油量的增加过程中也有一定的波动,p_i 值的变化趋势与喷油量的变化趋势较一致。

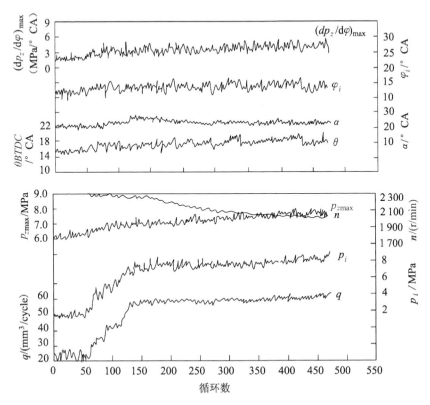

图 6　负荷突变时各参数的变化

5　结　论

本文建立了一个柴油机瞬变工况喷油及燃烧过程测量分析系统,研究表明:

(1) 开始加速时,喷油提前角及滞燃期均比加速前增大,这是 $(dp_z/d\varphi)_{max}$ 急剧增加的主要原因。

(2) 在加速阶段转速的增加速率是变化的,喷油量及平均指示压力呈波动状增加。

(3) 平均指示压力与最大燃烧压力相比能更确切地反映燃烧过程的变化。

参 考 文 献

[1] 村山正池.ディーゼル機關における加速運転时の燃烧举動[C].自動車技術會論文集,1982.

[2] Hideyuki Tsunemoto, et al. The Transient Performance During Acceleration in a Passenger Car Diesel Engine at the Lower Temperature Operation[J]. SAE, 1985, Paper No. 850113.

[3] 惠德华等.上止点确定的分析研究[C].武汉:第四届内燃机测试技术年会,1988.

[4] 高宗英.根据高压油管实测压力计算喷油过程的一种新方法[J].内燃机学报,1983,1(3).

[5] 罗福强,高宗英.直喷式柴油机喷油及喷雾过程的计算研究[J].内燃机学报,1987,5(3).

[6] 李树德,李维城.涡流室式车用柴油机加速冒黑烟的分析及改进措施[J].镇江农业机械学院学报,1982(2).

An Investigation on the Fuel Injection and Combustion Characteristics of an IDI Diesel Engine under Transient Conditions

Luo Fuqiang   Tang Wenwei   Gao Zongying

(Jiangsu Institute of Technology)

Abstract: The fuel injection and combustion characteristics in a swirl chamber diesel engine such as the fuel injection rate and duration, the peak combustion pressure, the maximum pressure rise rate were investigated over 400 consecutive cycles under transient conditions, with the aid of an on-line data handling system developed for this experiment. As a result, it is found that the injection timing at the beginning of acceleration is earlier than that before acceleration, the ignition lag is longer after acceleration, which is the main causc why the maximum pressure rise rate increases remarkably after acceleration.

Key words: Transient condition   Fuel injection and combustion process   Diesel engine

二冲程汽油机电控喷射的研究*

高宗英　刘启华
（江苏理工大学）

[摘要]　在二冲程汽油机上开发了电脑控制与缸内喷射为一体的试验装置。该装置可以显著减少燃油直接从排气口排出的量，对改善燃油经济性和排放具有重要意义。

[关键词]　二冲程内燃机　电子控制　汽油喷射

我国目前生产的摩托车发动机中，二冲程汽油机占主要地位。它具有重量轻、结构简单和功率高等特点。但二冲程汽油机具有致命的缺点：在扫气过程中有 25%～40% 的燃料直接从排气口排出，不可避免地导致燃油经济性差和 HC 排放高。在稍大排量的摩托车发动机领域，二冲程汽油机有被四冲程汽油机所代替的趋势。作者建立的二冲程汽油机电控喷射装置对降低燃油消耗率、改善排放具有重要的意义。本装置除喷油器外均使用国产部件，便于推广应用。

1　总体控制方案

为了减少二冲程汽油机在扫气过程中燃油直接从排气口排出的量，最有效的措施是改进燃油混合气的供给方式，即采用燃料与空气分开供给的缸内喷射方法。国内有人曾经在二冲程汽油机上使用过类似于柴油供给系统的高压喷射系统，但由于汽油黏度小，易形成蒸气泡以及不易调节等原因，此方案实用性差。作者借助于目前国际上已成熟的四冲程电控喷射机理和方法，在二冲程汽油机上实现了电控喷射（见图1）。它与四冲程汽油机电控喷射的相同点是使用该系统供油系的执行件——喷射器；不同点是：

（1）四冲程汽油机多点电控喷射都是进气道口喷射，而二冲程汽油机采用在下止点附近的缸内喷射。对这样的系统来讲，喷油时刻对二冲程汽油机性能的影响远远大于对四冲程汽油机的影响。

（2）四冲程汽油机电控喷射使用较多的传感器作为输入控制信号。若二冲程汽油机使用过多的传感器，势必使成本剧增。所以仅用了转速（转速与曲轴转角信号为一体）传感器、节气门位置传感器和缸体表面温度传感器。只要做好诸如空气流量等项基础试验，就可以弥补由于传感器少所带来参数不全的不足。

（3）四冲程汽油机电控喷射系统使用氧传感器作为空燃比的反馈信号，而氧传感器价格较贵。在二冲程汽油机电控喷射装置中，不使用氧传感器，而以转速作为反馈信号即可。

---

* 本文原载于《内燃机电脑应用》，1994 年第 1 卷第 1 期。

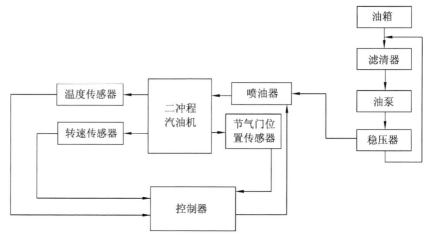

图 1　电控喷射系统框图

2　转速、曲轴转角传感器及信号处理

使用仅有一个齿的磁电传感器。脉冲之间的间隔（周期 T）可以作为转速信号，脉冲出现的时刻可作为曲轴转角信号参考点。如果所需喷油的曲轴转角位于转速脉冲出现时刻 CX 后的 $HX(°CA)$，则在程序中将 $HX(°CA)$ 转换为时间间隔 AX，即

$$AX = HX \cdot T/360$$

3　喷油器控制系统

二冲程汽油机的电控喷射系统可大大减少直接短路的燃油，改善燃油经济性的幅度远大于四冲程汽油机。所以，在二冲程汽油机燃油控制系统中，没有考虑大气温度、大气压力、电压波动等影响因素的修正量。主要由转速信号和节气门位置来控制喷油时刻和喷油量。喷油时刻主要是以转速信号为基本量，节气门位置加以油量补偿，在程序中的变量是 HX（见图 2）。喷油量是由开启喷油器时间（见图 2 中的 EX）来控制的，它以节气门位置信号为基本量，转速作为补偿和反馈信号（见图 3 和图 4）。

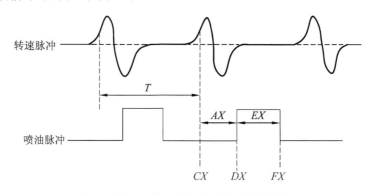

图 2　转速与喷油控制脉冲的波形及位置

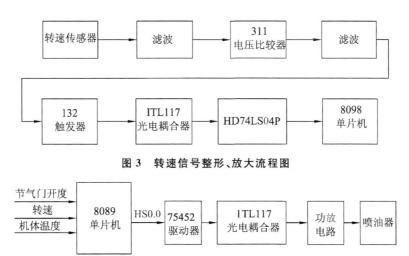

图 3　转速信号整形、放大流程图

图 4　喷油器控制流程图

4　节气门位置信号处理

本装置所选用的 1E65F 汽油机使用的是升降式节气门,空气阻力较小。在改进后的系统中使用原节气门。将节气门升降的线位移转变为多圈线绕式电位器的角位移,即电阻的变化,电阻变化范围为 1.8～5 kΩ。然后再将电阻的变化转换为电压值的变化,由单片机的 A/D 转换角输入单片机(见图 5)。借助电压值的大小可以判定是否怠速工况或全负荷工况。借助电压值变化的速度可以判定是否加速过程或减速过程。因电位器不直接安装在发动机上,可以避免震动、高温、油污以及电磁干扰等因素影响。它工作可靠,工作稳定性好。

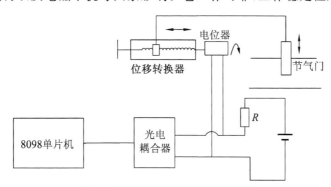

图 5　节气门位置信号处理流程图

5　抗干扰措施

开发的电控喷射系统在现场测试过程中,常常受到许多料想不到因素的影响而破坏正常工作状态。这些因素是:
(1) 发动机点火系统对控制系统产生异常强烈的电磁干扰。
(2) 在实验室环境下,各电机及电路形成电磁干扰源。
(3) 系统在设计、制作过程中存在许多不可靠的因素。

为此,特别重视对控制系统抗干扰方面的研究。具体措施是:

(1) 通道隔离措施。对控制系统产生干扰的一个重要原因是电磁场耦合进入输入输出通道。为此,对输入输出信号采用光电隔离措施,使单片机处于悬浮状态。

(2) 电源地线分开。单片机使用独立的 5 V 电源,电源地线与其他电源地线分开,特别注意单片机电源地线与发动机及试验台架分开。这是因为高压点火系统是以发动机机体为地线,它与单片机电源地线相通,电流脉冲对单片机的干扰非常大。

(3) 空间抗辐射干扰。输入输出线均为带金属屏蔽层的屏蔽线,另外将控制系统装入铁柜子内,以防空间电磁辐射干扰。

(4) 软件上采取措施。一旦高速输入口 HSI.0 接收到转速脉冲信号,立即禁止 HSI.0 信号输入。另外,在关键指令之前安排 NOP 指令,在程序适当位置设置一些陷阱和使用监视定时器等措施,以保证系统安全可靠地工作。

6 试验结果

我们在 30 kW 直流电力测功器上对二冲程汽油机电控喷射装置进行了测试,第一阶段在低速、低负荷下所测结果见图 6,燃油消耗率平均降低 16.3%。图中实线为原机 g_b 线,虚线为新系统的 g_b 线。

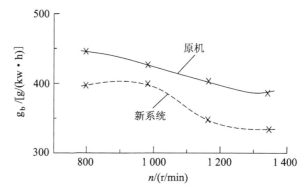

图 6 燃油经济性对比曲线

参 考 文 献

[1] Grasas-Alsina C, Freixa E, Esteban P, et al. Low-Pressure Discontinuous Gasoline Injection in Two-Stroke Engines[J]. SAE, 1986, Paper No. 860168.

[2] Douglas R, Blair G P. Fuel Injection of a Two-Stroke Cycle Spark Injection Engine[J]. SAE, 1982, Paper No. 820952.

[3] 陈兆良. MCS-96 单片机原理与应用[M]. 武汉:中国人民解放军海军工程学院出版.

[4] 徐爱卿,孙涵芳,盛焕鸣. 单片微型计算机应用和开发系统[M]. 北京:北京航空航天大学出版社,1992.

Electronic Control Gasoline Injection for Two-stroke Engine

Gao Zongying   Liu Qihua

(Jiangsu University of Science and Technology)

Abstract: A test installation with electronic control and direct-injection functions for two-stroke gasoline engine has been developed. By adopting this installation the fuel short-circuited in the exhaust during scavenging can be reduced significantly. It is important that both fuel consumption and exhaust emission are improved.

Key words: Two-stroke engine   Electronic control   Gasoline injection

植物油燃料及其在发动机上的应用[*]

高宗英　袁银男　刘胜吉　王　忠

（江苏理工大学）

[摘要]　从分析植物油的主要物性参数出发，探讨了植物油作为代用燃料在压燃式发动机上使用的可行性及发动机对植物油燃料的适应性。对发动机燃用植物油时工作过程的有效组织进行了简要分析。在发动机上使用植物油，是借助于植物间接利用太阳能的重要途径；植物油燃料作为一种生态能源，在缓解能源危机和环境污染方面有着极其重要的作用；大规模生产植物油燃料，是未来农业工程的一项新课题。

[关键词]　植物油　代用燃料　发动机

1　引　言

随着能源工业的发展，人们已逐步达成共识：石油储量正日益减少，开采难度不断增加，石油资源的枯竭，不再是十分遥远的事情。我国石油产量及柴油之间的供求关系如图1所示。通常，国产原油中重馏分高，柴油产量较低。据预测，1995年，国产汽油有10%可供出口，而柴油的短缺达25%以上。因此，内燃机代用燃料的研究，尤其是压燃式发动机代用燃料（即柴油代用品）的研究受到了普遍重视。在各种代用燃料中，植物油被认为是最有发展前景的代用燃料之一。

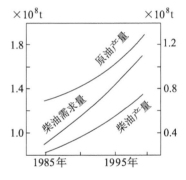

图1　燃油产量及需求

2　植物油资源及物化特性

我国地域辽阔，含油植物品种繁多，植物的果实油、块根油有20多种。可作为代用燃料的植物油有：菜籽油、大豆油、棉籽油、花生油、向日葵籽油、芝麻油、茶籽油、棕榈油、麻疯果油、乌桕籽油、松根油等。

2.1　植物油的资源及生产状况

我国植物油资源及生产具有如下特点，一是植物油主要用作食用油及工业原料。二是由于南方地区气温适宜、雨量充沛，因此植物油的主要产区在南方。若植物油用作发动机燃料，则可与我国原油产地及炼油厂主要分布在北方的格局形成互补，缓解南方地区汽油、柴油供应

---

[*]　本文原载于《农业工程学报》1994年（第10卷）第3期。

紧张的状态。三是除食用油外,没有组织有效的大规模生产和收购,植物油资源没有得到充分利用。四是尚未建立从缓解能源紧张、生产发动机代用燃料这一战略角度出发,开发植物油资源的观念。

就世界范围而言,若每年消耗的石油(约 25 亿吨)均由植物油代替,则需要 $(2.5\sim5)\times10^6\ km^2$ 的耕地生产植物油,相当于全球陆地面积的 $1.5\%\sim3.0\%$。据估计,地球陆地面积的 24% 是可耕地,而目前仅开发了 11% 左右。随着农业生产的发展,商业化大规模生产植物油将成为现实。

2.2 植物油的物化性能及特点

尽管植物油品种繁多,但各种植物油的物理化学特性差异不大。表 1 所示为几种植物油与柴油的主要物性指标对比。

表 1 柴油及植物油的特性

	柴油	菜籽油	棉籽油	豆油	花生油
$w(C)/\%$	87	77.2	77.2		
$w(H)/\%$	12.6	12.1	11.5		
$w(O)/\%$	0.4	10.4	10.6		
比重(20℃)	0.82~0.88	0.917	0.910		
运动黏度(50℃)/cst	2.67	25.81	24.62	23.29	28.29
低热值/(MJ·kg^{-1})	42.2	38.9	39.5	39.6	39.8
汽化潜热/(kJ·kg^{-1})	270				
十六烷值	40~50	32.2	41.8		
自燃温度/℃	200~220	350			
凝点/℃	−35~0	−31.70	−15.0	−12.2	−6.7
闪点/℃	>50~65	246	234	254	271
诱导期/h		10.0	7.3	7.4	6.4
残炭质量分数/%	≤0.025	0.300	0.240	0.270	0.240

植物油与柴油的物理化学性能的相似决定了它们在发动机上使用时着火性能、燃烧特性及排污指标等的接近。除物化指标接近柴油外,植物油作为发动机代用燃料,具有如下特点:

(1) 植物油燃料是生物质能,其有别于石油燃料的最大特点是可以再生。从开采石油、煤炭等天然资源到种植、利用自然资源,将是人类能源利用的一大飞跃。燃用植物油,可以认为是借助植物间接利用太阳能的一种形式。因此,随着农业生产的发展,植物油将作为发动机的一种正常燃料而不再称为代用燃料。

(2) 从图 2 可以看出,与燃用石油燃料相比,燃用植物油对大气中 CO_2 含量没有影响,也没有 SO_2、重金属化合物等的排放及产生刺激性气味。而大气中 CO_2 含量的增加,被认为是造成温室效应的主要原因。

(3) 所有植物油均能以任何比例与柴油互溶,互溶后能经多年存放而不分层。这为在发动机上燃用不同混合比的植物油与柴油的混合油创造了条件,也为未

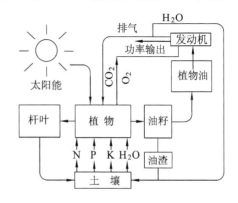

图 2 能量转换及 CO_2 释放

来植物油加油、储运系统的操作带来了方便。同时，在配制其他多种液体混合代用燃料时，植物油可加强其互溶性。

（4）在发动机供油系工作温度范围内，植物油的黏度高于柴油，因此能改善供油系统的润滑条件。

3 发动机使用植物油的可行性

（1）从上面的分析可以看出，由于植物油的物化指标与柴油接近，因此可主要作为柴油机的代用燃料。柴油机使用植物油后，其性能（动力性、经济性等）由以下几点得到保证：① 植物油的低热值比柴油低10%左右，但其密度比轻柴油几乎高同样的百分点。因此，在循环供油量（以 $cm^3/cycle$ 计量）相同时，循环加热量大致相同，从而所发出的功率也大致不变。② 植物油是脂类含氧燃料，其含氧量约为9%～10%（柴油为0.4%），因此虽然植物油的着火性能比柴油差，但一旦着火后，由于植物油燃烧时的自供氧效应，燃烧速度要高于柴油，因而燃烧过程的持续时间及完善程度与燃用柴油时也较为接近。

（2）植物油价格较高是植物油大量用于发动机的主要障碍。图3所示为植物油（菜油）对柴油的价格比及其发展趋势。值得指出的是：① 在发动机上使用的植物油，只需粗炼或半精炼即可，因此其价格会相应降低。② 在石油燃料的价格中，仅包含了其开采的成本及小部分其他费用，而没有考虑石油的生成成本。矿物油的生成是不可重复的，从这一点看，也是无法计价的。而植物油的成本则考虑了整个生产过程。③ 随着环保意识的加强，环境治理费用必将计入燃料的使用成本。如前所述，生产及燃用植物油对环境的影响远小于生产和使用石油燃料时的状况。④ 随着石油资源的枯竭及开采难度的提高，随着现代农业技术的发展，植物油价格与石油价格会越来越接近。

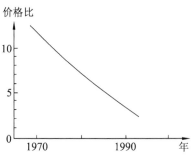

图3 菜籽油对柴油的价格比

目前，有些植物油资源丰富而石油资源贫乏的国家，植物油和石油的价格已较为接近。

（3）几种植物油的能量产出投入比如表2所示，可作为选择植物油的参考。

表2 植物油生产的能量产出投入比

项目	菜籽油	大豆油	棉籽油	花生油	向日葵籽油
产出：投入	4.18	4.33	1.77	2.26	3.50

4 燃用植物油时发动机工作过程的有效组织

4.1 柴油机燃用植物油时存在的主要问题

虽然在柴油机上可燃用任何比例的柴油与植物油的混合油，且对柴油机性能影响不大。但与柴油相比，植物油具有黏性高、表面张力大（在100℃时，植物油的黏度和表面张力是柴油的8～10倍）、残炭值高、十六烷值低、挥发性低、含有较多的不饱和植物脂肪等特点。这些特点对在柴油机上使用特别是长期使用植物油带来的问题主要有以下几个方面：

（1）冷启动困难。由于植物油十六烷值低，低温馏出率低，因而给发动机的冷启动造成一定困难。

（2）积炭及结焦。燃用植物油时，由于某些植物油分子的热聚合及不完全燃烧，会在燃烧室、活塞、喷油器、活塞环及环槽等部位形成较多的积炭或结焦，从而产生摩擦磨损增加（发生发动机早期磨损），机械效率下降，活塞环卡死（密封作用下降），喷油器喷孔堵塞（影响喷雾质量及混合气形成，造成燃烧恶化）等后果。

（3）润滑油变质。在低温启动、植物油未燃烧或不完全燃烧时，植物油会沿气缸壁进入曲轴箱，使润滑油变质。

4.2 植物油的处理

为解决燃用植物油时带来的一些问题，可对植物油进行处理，使其性能更接近于柴油，更好地适用于柴油机。处理方法有：

（1）采用酯化处理，可减小黏性，改善挥发性。

（2）植物油与柴油混合使用。试验表明，植物油中加入25％以上的柴油，便可得到良好的结果。

（3）对植物油进行预热，以获得良好的使用性能。

（4）采用双燃料供给系统，在启动时及停车前一段时间使用柴油，而正常运行时使用植物油。

4.3 植物油对发动机燃烧系统的适应性

试验表明，在柴油机上燃用100％植物油是可行的。对燃烧系统的优化，有利于进一步改善发动机性能。在组织燃烧过程时，以下几点必须考虑：

（1）由于植物油的十六烷值低，且着火温度高于柴油（见表1），因此植物油燃烧时的滞燃期长（如菜籽油的滞燃期约为柴油滞燃期的2倍），所以在燃用植物油时，必须加大供油提前角。同时，燃用植物油时，发动机性能对供油提前角较为敏感，供油提前角必须精细调节。

（2）滞燃期的延长必然导致在着火延迟期内形成的可燃混合气量的增加，再加上含氧植物油的自供氧效应，将促使燃烧速率升高，压力升高率加大，使发动机产生工作粗暴。因此要求供油系统采用先缓后急的供油方式。植物油、柴油的着火延迟期及示功图如图4所示。

（3）采取高温冷却、使用隔热型铸铁-铝铰接活塞，以向活塞下部喷油等内冷方式代替外冷方式，可提高燃烧室壁面温度，从而加快植物油的蒸发、提高抗结焦能力。采用结构优化的轴针式喷油器，利用其自洁作用，可有效防止喷孔堵塞等现象的发生。因此，燃用植物油时，一些新结构、新工艺的采用是十分必要的，可缓解冷启动困难、机油稀释、结焦积炭等问题。

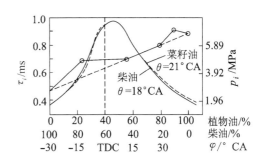

图4 着火延迟及示功图比较

（4）适合于燃用植物油的新型燃烧系统的开发，对扩大植物油的使用具有重要意义。如德国Elko公司开发的双热区燃烧系统，对植物油具有良好的适应性。

5 结 论

(1) 植物油是一种可再生的生态能源,它的物性参数与柴油接近,在柴油机上使用可获得良好的性能指标。

(2) 通过对植物油的处理或发动机工作过程的有效组织,可减少使用植物油对发动机带来的不良影响,并改善植物油发动机的综合性能。

(3) 大规模生产植物油燃料,是未来农业工程的一项新课题。它对缓解能源危机和环境污染具有重要作用。

参 考 文 献

[1] Elsbett K, Elsbett L. New development in DI diesel engine technology[J]. SAE, 1989, Paper No. 890134.
[2] Jacobus M J. Single cylinder diesel engine study of four vegetable oils[J]. SAE, 1983, Paper No. 831743.

Vegetable Oils and Their Application to Engine

Gao Zongying　Yuan Yinnan　Liu Shengji　Wang Zhong

(Jiangsu University of Science and Technology)

Abstract: Based on the comprehensive analysis of vegetable oil characteristics, their applicating process and combustion system are discussed. The authors consider that vegetable oil as a friendly energy and an ecomaterial is an ideal alternative fuel for the developing countries having poor mineral fuel resources. The commercial scale production of vegetable oil will be an important task of agriculture engineering.

Key words: Vegetable oil　Alternative fuel　Engine

小缸径直喷式柴油机燃烧系统的研究*

高宗英　刘胜吉
（江苏理工大学）

[摘要]　本文结合作者所做的工作,综述了国内外小缸径直喷式柴油机燃烧系统的发展,分析了采用多孔式喷油嘴和单孔（轴针）式喷油嘴的直喷燃烧系统组织燃烧的特点和关键要素,认为小缸径柴油机直喷化应采用空间混合为主的模式组织燃烧。

[关键词]　直接喷射柴油机　燃烧系统　性能指标

柴油机的燃烧过程与柴油的动力性、经济性、排放特性、噪声及强度等直接相关,在很大程度上影响柴油机的综合性能。所以从发动机问世以来,柴油机燃烧的研究一直受到人们的高度重视,特别是随着科学技术的进步,人民生活水平的提高,能源利用和环境保护成为人类生存与发展的重要课题,开发新型高效率、低排污和低噪声的燃烧系统始终是人们追求的目标。柴油机直喷式燃烧系统与分隔式燃烧系统相比,具有燃油经济性好,启动容易、热负荷低等优点,随着燃烧技术的发展,直喷化在向小缸径高速柴油机扩展,国外已出现了缸径为 64 mm 的直喷式柴油机,在我国小缸径直喷式柴油机的开发已做了大量的工作,但其批量生产的机型还较少,生产中也存在着一些亟待解决的问题。燃烧系统的发展与开发归根结底是喷油过程、换气过程和燃烧室形状的优化和三者的最佳匹配,小缸径柴油机,由于气缸排量小,转速高,使油气混合和燃烧的空间和时间受到了很大的限制,比中大缸径柴油机组织燃烧的困难更多,如何针对气体的流动特性和燃油高压喷射的喷油特性,在有限的时空界面内使油气在燃烧室内实现其均匀的空间混合和完善及时的燃烧是小缸径直喷燃烧系统设计的核心。本文依据我们所做的工作和国内外研究发展,论述了不同直喷式燃烧系统组织燃烧的特点,目的是探索组织小缸径直喷柴油机燃烧的关键因素,寻找其基本规律。

1　用多孔式喷油嘴的直喷燃烧系统

传统的直喷燃烧系统采用 ω 形深坑燃烧室,用 4～5 个喷孔的喷油嘴喷油,通过适当的进气涡流组织油气混合和燃烧。中小功率柴油机一般采用两气门机构,由于受空间限制,气门轴心线、燃烧室轴心线都须偏置于气缸中心线,喷油器轴线也偏离燃烧室中心并以倾斜角度布置（图 1）,为使柴油机取得优良的性能,在设计燃烧系统时,希望尽可能地减少偏移,试验研究结果在文献[1]中给出了极限偏移量的推荐值,这对较小缸径柴油机结构布置就更为困难。进一步分析表明:燃烧室偏置使进气过程产生的进气涡流动量到混合气形成和燃烧阶段,由于涡流中心的位移变化,气流间的摩擦等使涡流动量大大衰减,且衰减率与压缩空间的表面积与容积

---

*　本文为国家自然科学基金资助项目,原载于《燃烧科学与技术》1995 年（第 1 卷）第 3 期。

比以及涡流速度有关[2]，图 2 给出了应用三维流场计算给出燃烧室相对偏置量为 12% 缸径和不偏置的结果比较，对称于气缸中心线的燃烧室，进气涡流总涡流动量损失了 22%，燃烧室内尚维持进气门关闭后总动量的 54%，而偏置的燃烧室，在上止点时它只能维持全部动量的 27%，燃烧室内的涡流动量就更低了。因此缸径愈小，进气涡流应相应增大，以保证燃烧室内所需的气流速度，这必然又使进气阻力加大；此外小缸径柴油机转速高，一般标定转速在 2 500～4 500 r/min，高低速工况所需的最佳涡流比相差较大，一定涡流比的进气道对高速工况的涡流偏大使油束重叠，而对低速工况则又偏小，不能使油束分布于整个燃烧空间，因此小缸径柴油机燃烧过程对充分利用挤压涡流和由燃烧室形状产生的微涡流的要求就显得特别的重要。

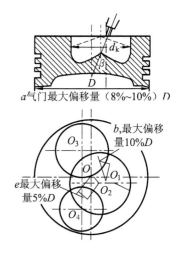

O—气缸中心；O_1—喷油嘴中心；O_2—燃烧室中心；O_3, O_4—进排气门中心点

图 1 用多孔式喷油嘴的直喷燃烧系统布置

就喷油系统而言，由于缸径小，喷油嘴喷孔至燃烧室壁的距离短，且柴油机循环供油量与缸径的平方成正比，要保证一定的喷油持续期和防止燃油过多地射向壁面，保证燃烧雾化良好，这些都要求喷孔直径减小，一般对缸径小于 100 mm 的柴油机，喷孔直径应在 0.22～0.28 mm 之间，故加工质量对各孔喷油的均匀性影响甚大，同样大小的喷孔，由于喷油器在缸盖上的倾斜布置，喷油嘴头部的喷孔与轴线之间将有不同的倾斜角（图 3），倾斜角小，燃油容易流出，这又造成喷油嘴各喷孔喷油的不均等，图 3 给出了试验结果。虽然可以用小尺寸的 P 系列喷油嘴尽可能地减小喷油器安装的倾斜角，但这与中大缸径机型相比对喷油的影响仍然要大得多，此外相同的喷油嘴压力室容积，循环喷油量小，则压力室容积中燃油占循环喷油量的比例就大，这对柴油机的排放会产生更大的影响。所以小缸径柴油机需用小压力室或无压力室的喷油嘴，所有这些都提高了喷油嘴的制造质量和要求。而对整个喷油系统，在喷油器开启压力一定的情况下，喷油压力峰值大小与转速成正比关系，且其斜率与喷油系统高压油路的液力刚度有关，标定转速高，以时间计的燃烧时间大大缩短，喷油持续时间变短，要求有高喷油速率，高喷射压力的喷油泵供油，为防止二次喷射等不正常喷

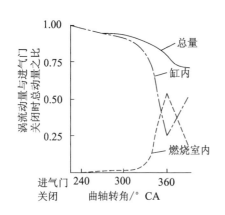

(a) 对称于气缸中心的燃烧室内涡流动量的变化

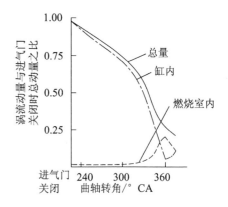

(b) 偏置的燃烧室内涡流动量的变化

图 2 进气涡流在气缸内的变化

油,常使等容式出油阀减压容积偏大,这又使低怠速喷油不稳定,故小缸径柴油机容易出现怠速运转不稳,怠速转速偏高和噪声大等问题,为此已出现了带有预喷射的二次供油方案和采用有两级开启压力的双弹簧喷油器,再者直喷式柴油机对喷油定时变化敏感,且推迟喷油是降低 NO_x 的主要措施,故为取得优良的综合性能,要求喷油系统能随柴油机转速和负荷变化精确地改变供油提前角。可见高速小缸径柴油机对喷油系统的要求是非常高的。

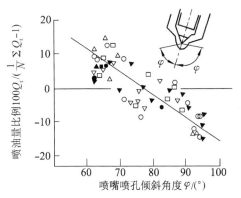

图 3 喷孔倾斜角对各喷孔喷油量比例的影响。使用改变喷孔倾斜角(喷射方向)的喷嘴,调整喷油量比例,倾斜角 φ 越小,燃料越易喷出。

燃烧室是油气混合和燃烧的空间,在有限的时间内,充分利用燃烧室的每一分空间,发挥气体流动特性,保证燃油及时完善的燃烧是评价燃烧室设计的准则,从上述油、气特性的分析可以说明燃烧室的合理设计对小缸径柴油机来说尤为重要。柴油机燃烧室容积和空间划分见图 4,它由活塞顶凹坑容积 V_K,活塞环岸容积 V_3,活塞与缸盖间余隙容积 V_1,气缸垫周边的环隙容积 V_4 和气门下沉容积 V_2 五部分组成,表 1 比较了气缸排量为 1 L 和气缸排量为 0.45 L 且 S/D 相同的两种柴油机的有关参数,随着气缸直径的减小,燃烧室凹坑容积 V_K 与总容积 V_c 之比减小,余隙容积所占比例明显增大,因为 V_K/V_c 与平均有效压力 p_{me} 成正比,故小缸径柴油机减小余隙 δ 和其他有害容积,增大 V_K 并充分利用余隙内的充量是促进其完善燃烧的首要任务,上述分析也表明:采用直壁的圆形 ω 燃烧室对小缸径柴油机而言,要取得优良的综合性能是较为困难的。为此在柴油机直喷化不断向小缸径发展的过程中,根据燃油喷射特性和燃油喷射着壁后的流态,组织充量的流动,加强紊流,使

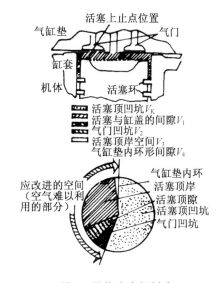

图 4 燃烧室空间划分

之在燃烧过程中形成所需气流特性,发展了数种新的燃烧系统,以适应小缸径柴油机的燃烧特点,降低对进气系统和喷油系统的要求。

表 1 不同排量柴油机燃烧室参数对比

V_h/L	$D \times S$/(mm×mm)	ε	δ/mm	V_1/V_c/%	V_K/V_c 统计值/%
1.02	105×118	16.5	0.9	11.8	74~78
0.45	80×90	19	0.9	18.0	71~74
			0.7	14.0	

这些燃烧系统概括起来有三大类:

(1)是充分利用挤压涡流的缩口形燃烧室,理论与实验都已证明:在运转的柴油机中,靠近上止点处的最大挤流速度与压缩余隙、燃烧室口径比 d_k/D 成反比,因此燃烧室采用缩口和适当减小余隙,能产生较强的挤流,且能改变活塞顶燃烧室内的气流分布,图 5 是直口与缩口

燃烧室内气流分布状态,在上止点时,缩口燃烧室涡流速度要大得多,最大值达 34.6 m/s,而直口燃烧室仅为 23.3 m/s,且缩口形燃烧室中涡流持续时间较长,在燃烧室周边附近气流速度较大,这些都有利于改善油气的混合。此外缩口形燃烧室的另一个优点是它可避免燃油着壁后,未燃燃油由壁面射流或浓的混合气过早地流入余隙,造成燃烧恶化,而是在上止点后,逆向挤流速度较大时,浓混合气才冲入活塞顶,此时燃烧温度高,更有利于余隙内充量的利用。

(2)是采用多角形燃烧室,利用燃油着壁的周向瞬态空间结构,凹凸周边在高速时对涡流的抑制作用及周边形状变化形成局部微涡流等特性,组织混合气的形成和燃烧。如国内的花瓣形、五十铃的四角形、波兰的螺旋形、"Perkins 的 Qua dram",久保田的八角形燃烧室等都属此类,图 6 给出了四角形和圆形燃烧室油束冲壁后反射情况和四角形的局部微涡流,在圆形凹坑油束燃烧室中产生两个对称的反射流,其中逆气流的反射流恶化燃油分布,不利于形成均质混合气,而四角形燃烧室凹坑中,油束着壁后的反射形成相对壁面两边有不同的倾角的射流,逆气流的反射大大减少,且在燃油分布较浓的拐角处产生微涡流,加速油气混合,因而改善了燃烧过程。

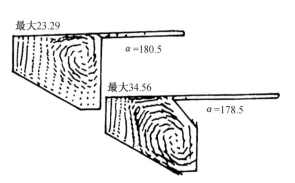

图 5 直口与缩口型燃烧室内流场的计算结果
($D \times S = 78$ mm $\times 84$ mm,余隙 $\delta = 0.95$ mm,$n = 2\,500$ r/min,进气涡流比 $\Omega = 1$)

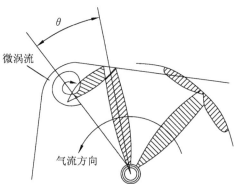

图 6 燃烧室分别是四角形和圆形时,油束冲壁后反射及微涡流的情况

(3)是利用油气混合和燃烧的时空观,设计燃烧室的形状,它是前述两类的组合和发展,如五十铃的缩口四角形,小松微涡流燃烧室、日野的微混合燃烧系统和丰田的缺口唇边形燃烧室等,它们利用轴向和径向燃烧室壁的周边变化,产生微涡流并改善油束着壁条件,从喷油开始到燃烧末期改善混合气的分布,控制燃烧室内工质的流向来改善燃烧。对此最为突出的是丰田缺口唇边形燃烧室[3](图 7),在喷油和燃烧初期,它利用燃烧室侧壁处的凸起(反射凸缘)的一定形状,使燃油喷注恰好撞击在反射凸缘上面的凹坑壁上,大部分着壁后的燃油流入空间,形成半壁射流,这样一方面减少了由于壁面过多燃油堆积造成局部过浓混合气而产生的炭烟,另一方面半壁射流后油束中空气的卷入量增加,加上反射凸缘的高紊流复合的空气运动,改善了混合气形成条件,而在扩散燃烧期,在燃烧室上部缩口挤流唇边,有几处缺口,把燃烧室底部的混合气通过逆向挤流流入余隙,靠缺口处产生的紊流和气流的集中流动加强余隙内的混合紊流,使燃烧变得活跃,加速了扩散燃烧的速度。

由此可见,在采用多孔式喷油嘴的直喷燃烧系统时,为满足小缸径柴油机组织燃烧的要求,需配以较大涡流比的低流阻进气系统,采用高液力刚度的高喷油压力和大供油速率的喷油系统及小喷孔喷油嘴,只有从油气混合的时空观出发研究设计特定的燃烧室形状,充分利用缸内每一份空间,较多地利用油气的空间混合,组织燃烧过程,才能保证柴油机取得优良的综合性能。

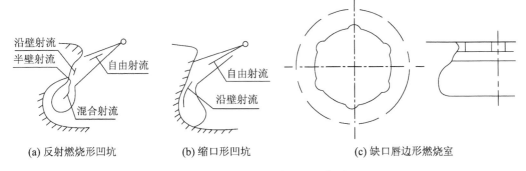

图 7　缺口唇边形燃烧室及工作原理

2　用单孔(或轴针式)喷油嘴的直喷燃烧系统

联邦德国 MAN 公司早在 50 年代推出的 M 过程燃烧系统,采用球形燃烧室,用单孔喷油嘴顺气流喷射于燃烧室壁形成油膜混合燃烧是最早的单油束直喷燃烧系统。该燃烧系统以最大爆发压力低,噪声低和较少的 NO_x 排放曾被广泛推广,但近年来也由于它的致命缺陷:惰转和启动时,较多的燃油沉积于壁面使炭烟排放增加,且性能对转速变化敏感等,使它的应用不断减少。但如前所述,由于在小缸径柴油机上采用多孔式喷油嘴的直喷燃烧系统存在着一些较难解决的问题,而用单孔式喷油嘴的直喷燃烧系统对喷油系统要求较低,这对高速柴油机的动力系统设计、使用维修及制造成本来说都有较大的吸引力,因此人们在完善多孔式喷油嘴的直喷燃烧系统的同时,对用单孔式喷油嘴的直喷燃烧系统的研究也作了多方面的探索,油气混合和燃烧的原理有的与 M 过程相比已截然不同,开发出了数种适合小缸径柴油机的直喷式燃烧系统,柴油机的性能已与用多孔式喷油嘴的直喷燃烧系统相近,且对燃料有较好的适应性,能燃用多种代用燃料,甚至可作为汽油机缸内喷射的方案等等。因此用单孔(或轴针式)喷油嘴的直喷燃烧系统研究进一步推进了小缸径直喷化的发展。

用单孔式喷油嘴实现直喷化,燃烧室的形状多为球形或近似球形。这种燃烧系统布置的突出特点首先是燃烧室可布置在气缸中心线上,燃烧室略有缩口,在相同的进气涡流条件下,由于燃烧室口径小和无燃烧室偏心引起的涡流损失,如前分析表明燃烧室内的涡流强度和压缩挤流效应都较用多孔式喷油嘴的直喷燃烧系统大;其次是燃油喷注是顺气流方向喷入燃烧室,而多孔式喷油嘴燃油喷注基本上与气流方向垂直,这样喷注对气体涡流的扰动小,喷注油束的燃油油滴与气流质点是相互加速向前运行的,这就决定了并非需要特别高的进气涡流来组织油气混合和燃烧,实践证明用单孔喷油嘴的直喷燃烧系统的进气涡流强度与用多孔喷油嘴的直喷燃烧系统相当或略高即能满足油气混合和燃烧的需要,且一般无须组织局部涡流,此外燃油的顺气流喷射使喷油嘴无须布置在燃烧室的中心,且偏离气缸中心的距离较大,这有利于减小气门轴线相对气缸中心线的偏置,增大了气门直径,减小了气流的流动阻力,有助于充气效率的提高。

研究表明:燃油过多堆积于燃烧室壁是柴油机冒黑烟,燃烧恶化的主要原因之一,因此如何优化喷油系统参数和合适的喷油方向是用单孔式喷油嘴直喷燃烧系统的关键因素。采用减小喷注的油束贯穿度,以减少燃油的着壁是实现小缸径柴油机空间混合燃烧为主的较为捷径的方法,基于这一设想,日本学者提出了用旋流单孔喷油嘴的直喷燃烧方式[4]。旋流喷油嘴是把针阀体上加工一螺旋槽(图8),通过结构设计使喷雾锥角增大,喷油贯穿距明显减小,图9是贯穿距的试验结果,在柴油机着火延迟期内,贯穿距小于40 mm,较普通单孔式喷油嘴贯穿距小得多,喷注油束布置于燃烧室的合适位置,从喷油到着火燃油不会撞击燃烧室壁面,且实验观察着火点发生在油束的前端,初期火焰不会包住油束,着火后油束保持着较高的空气卷带率,使扩散燃烧加速,燃烧更为及时,图10给出了柴油机性能对比,从图中可见在整个运转转速范围内,燃油消耗率和烟度都较低,试验结果还表明它有较低的燃烧噪声,这说明用单孔喷油嘴的直喷燃烧系统采用空间混合为主在小缸径柴油机上也是可行的。

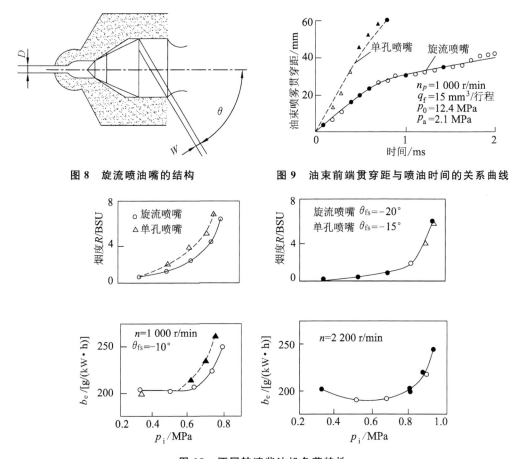

图8 旋流喷油嘴的结构　　图9 油束前端贯穿距与喷油时间的关系曲线

图10 不同转速柴油机负荷特性

轴针式喷油嘴与普通单孔式喷油嘴的流通特性有着明显的不同,它更易加工且有自洁作用。图11是它们的试验结果,在小针阀升程下,单孔式喷油嘴实际上是针阀座面流通截面大大地小于喷孔面积,喷油压力在针阀座面处转化为速度能进入压力室,到喷孔喷油时油压很低,造成燃油雾化不好,堆积于壁面,使燃烧恶化。轴针式喷油嘴由于轴针处的节流作用使得流通截面小,喷油压力就高,雾化性能好于孔式油嘴。基于这一指导思想用轴针式喷油嘴实现直喷化燃烧是小缸径直喷的另一途径,轴针式喷油嘴不同升程时有可变的流通截面,在柴油机低速小负荷时相对高速工况喷油压力低,故针阀升程不能全部开启,燃油仅通过轴针周围狭窄的环形缝隙喷出,喷油速度大,配以合适的燃烧室布置,燃油雾化于燃烧室空间形成混合气,而在大负荷高速工况,针阀全开,其工作特性与普通孔式喷油嘴相当,可使油气混合良好,使柴油机在工作转速范围内取得优良性能。为保证低怠速针阀升程为所需的较小值,可采用两级开启压力的双弹簧喷油器或带中央柱塞的喷油器,这就是可控直喷燃烧系统[5](图12),由于轴针式喷油嘴轴线与油束同轴线,而孔式喷油嘴喷孔与喷油嘴轴线有一夹角,为使油束与气流相匹配,用轴针式喷油器后,其安装孔轴线与气缸轴心线间的夹角增大了,这也更有利于气缸盖的布置,这种燃烧系统已用于单缸排量不小于0.37 L的各种发动机上,最高标定转速达4 500 r/min,说明在小缸径柴油机用轴针式喷油嘴实现直喷燃烧是成功的。此外德国大众公司用同类的燃烧系统外源点火作为汽油机缸内直喷方案,开发出了1.7 L四缸直喷增压汽油机[6],且发动机外特性上经济性已达到柴油机的水平,表明有良好的发展前景。

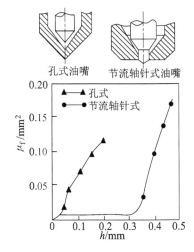

图11 孔式和节流轴针式喷油嘴流通特性

分析可控直喷式燃烧系统,燃烧室内的燃烧已不完全是油膜混合方式,但在高速大负荷工况下,不可避免地部分油束落在壁面,过多的堆积显然会造成燃烧的恶化,此外从绝热发动机的燃烧得知,燃烧室内温度提高对燃油雾化特性,混合气形成和燃烧有明显的影响。因此为实现在各种工况下燃油的不着壁燃烧,对高速柴油机用轴针式喷油嘴的直喷燃烧系统,可采取以下措施进一步优化燃烧过程。一是采用燃烧室的隔热设计,提高燃烧室壁温,燃油喷入缸内后加快蒸发,减少可见喷注贯穿距;二是对以不同发动机转速工作时,改变喷油泵的供油速率或可变进气涡流强度,在高速时用高供油速率,而低速时降低供油速率以减少燃油的贯穿距,或在低速时增大涡流比,高速时减小涡流比,以保证油气流动特性的匹配,实现理想的空间混合燃烧,德国埃斯贝特(Elsbett)公司开发的3缸1.458 L标定转速4 300 r/min直喷式柴油机就是其典型的例证(图13),我们对该机进行了性能试验和解剖分析表明,该机采用铰接式铸铁

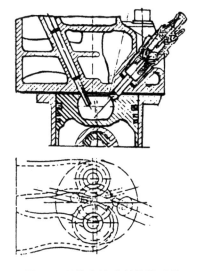

图12 可控直接喷射燃烧系统

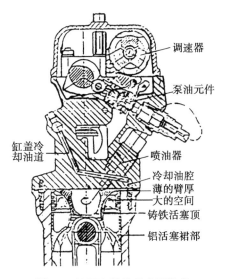

图13 382TC柴油机主要结构

活塞,无缸垫结构设计,使燃烧室壁温提高 100～150 ℃,达 400～500 ℃,用机械可变预行程机构实现了供油速率和供油提前角随转速变化,从而达到各种转速下最佳喷油定时和最佳供油速率,配用增压中冷增加缸内充量密度,很好地实现了各种工况下的空间混合,使该机性能优于多孔式喷油嘴的直喷燃烧系统的机型,在外特性上,2 500～4 300 r/min 范围内,燃油消耗率仅相差 5 g/(kW·h),最低油耗为 220 g/(kW·h)。图 14 是我们与埃斯贝特公司联合开发的单缸试验样机 197 柴油机的性能,该机排量为 0.667 L,用单孔轴针式喷油嘴、铰接式铸铁活塞的隔热直喷燃烧系统,图中同时给出了国产直喷 195 柴油机(排量为 0.815 L,用多孔式喷油嘴)的性能对比,可见该燃烧系统用于自然吸气的小缸径柴油机上是成功的,性能是优异的(低标定转速不需使用可变供油速率或可变涡流比技术)。

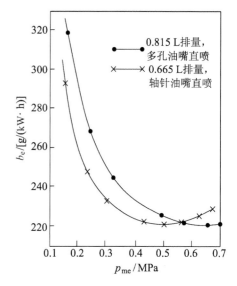

图 14　1 600 r/min 柴油机负荷特性

上述分析表明,用单孔(轴针式)喷油嘴的直喷燃烧系统采用空间混合为主的燃烧方式,通过优化喷油、进气和燃烧过程的匹配,同样可取得优异的柴油机综合性能,但它对喷油系统要求相对较低,易于制造,这对小缸径柴油机直喷化是非常有益的。

3　结　论

综上所述,我们可以得出如下结论:

(1) 随着燃烧技术研究工作的深入,人们对柴油机直喷燃烧系统的研究不断发展和完善,从能源利用和环境保护角度出发,小缸径柴油机直喷化是今后发展的必然方向。

(2) 小缸径柴油机直喷燃烧系统组织燃烧的关键是:喷油油束与进气充量在有限的时间和受限的空间内达到完善的油气空间混合,尽可能少地使燃油堆积于燃烧室壁。

(3) 用多孔式喷油嘴和单孔(轴针式)喷油嘴的两大类直喷燃烧系统都是小缸径柴油机直喷化的可用燃烧系统。针对不同机型,结合实际研制生产条件选用一种燃烧系统,通过优化都可取得柴油机优异的综合性能。

参 考 文 献

[1] 裴孔光.里卡多公司柴油机的设计和研制[J].国外内燃机,1978,(3).
[2] 符锡候.车用直喷式柴油机的发展[J].国外内燃机,1988,(1).
[3] (日)三浦晋平等.用缺口唇边型燃烧室改进直喷式柴油机燃烧的研究[J].国外内燃机,1994,(3).
[4] Taro Aoyama. A Small Direct Injection Diesel Engine with a Swirl Nozzle[J]. SAE,1987,Paper No. 870618.
[5] Neitz A. The M. A. N. Combustion System with Controlled Direct Injection for

Passenger Car Diesel Engines[J]. SAE, 1981, Paper No. 810479.

[6] Emmenthal K D. Motor Mit Benzin-Direkteinspritzung und Verdampfungskuehlung fuer das VW-Forschungsauto IRVW-Futura[J]. MTZ, 1989, (9).

Research on D. I. Diesel Combustion System with Small Cylinder Bore

Gao Zongying   Liu Shengji

(Jiangsu University of Science and Technology)

Abstract: According to the authors' practice, they have summed up the development of D. I. diesel combustion system with small cylinder bore at home and abroad, analysed characteristics and key factors of D. I. diesel combustion systems with multi-hole and single-hole (pintle) nozzle in combustion organization. It's concluded that small cylinder bore D. I. diesel should mainly mix fuel and air in space to organize combustion.

Key words: D. I. diesels   Combustion system   Performance indexes

对柴油机用轴针式喷油器实现直喷燃烧的分析*

袁银男　高宗英　王　忠　孙　平　刘胜吉

（江苏理工大学）

[摘要]　从研究 Elsbett"双热区"隔热直喷燃烧系统（Duothermic Combustion System）出发，分析了喷雾贯穿、喷孔直径、喷油器安装位置、铰接式铸铁活塞、采用机油冷却及增压等对混合气形成及燃烧过程的影响。认为，适当增加进气涡流强度、缩小喷孔与轴针之间的配合公差、采用铸铁活塞头部、以机油作为冷却介质、实现高温冷却等措施，有利于改善小缸径柴油机混合气形成及燃烧过程。"双热区"燃烧系统对采用轴针式喷嘴实现小缸径柴油机的直喷燃烧有许多值得借鉴之处。

[关键词]　燃烧过程　燃料喷射　喷射器　直接喷射柴油机

德国 Elsbett 公司开发成功的采用轴针式喷油器的双热区隔热直喷燃烧系统如图1所示。该燃烧系统具有良好的多种燃料适应性（如柴油、植物油等），高平均有效压力、低油耗率、低排放、低噪声、对供油系统要求较低等特点。所谓双热区，是指在燃烧过程中，燃烧室内部存在着两个温度显著不同的区域，即中心燃烧区和过量空气隔热层。在中心燃烧区，混合气浓度接近于当量空燃比，称为热区；而贴近燃烧室壁面的过量空气层，处于热区和燃烧室壁面之间，具有较低的温度，起隔热作用，称为冷区。

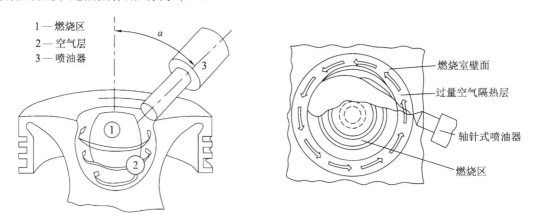

图 1　双热区燃烧系统

双热区隔热直喷燃烧系统的基本思路是使燃烧发生在尽可能远离燃烧室壁面的区域，并通过过量空气层（冷区）及避免燃烧室内的紊流运动，减少向燃烧室壁面的热传递，从而减少散热损失，提高热效率。过量空气隔热层随发动机负荷的增加（即增加喷油量）而减薄，但即使在

---

*　本文原载于《内燃机工程》1995年（第16卷）第3期。

全负荷运行时,冷区仍存在。

为达到此目的,采用了近似球形的燃烧室(有利于产生所需的涡流特性及具有较小的面容比)、铸铁-铝合金铰接活塞(见图2)、机油冷却、组织较强的进气涡流等措施。

经过试验研究分析,作者对该燃烧系统取得了一些新的认识。

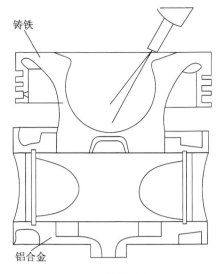

图 2　铰接活塞

1　喷雾贯穿及对混合气形成的影响

燃油喷雾贯穿及油束分布是影响混合气形成的决定因素之一。要实现双热区燃烧,条件之一是燃料必须完全喷入燃烧室空间。这对采用多喷孔、小孔径喷油器的直喷燃烧系统均有困难[1],如气缸直径为 80～85 mm 时,燃烧室开口直径约为 35～50 mm,若喷孔直径为 0.22～0.25 mm,则在喷注碎裂期 t_b 贯穿的距离约为 8～12 mm,几乎达到了油束自由射程的一半甚至更多,即使在进气涡流较强条件下,喷注与燃烧室壁面相碰仍不可避免;对采用轴针式喷油器的双热区隔热直喷燃烧系统,其难度则更大。

由与油束分布有关的涡流角速度 ω_r 及相对涡流强度 ψ 的计算(见图3)可以看出

$$\omega_r = u_r / R_r \tag{1}$$

$$\psi = \varphi / \varphi_s = k_3 \frac{\omega_r \cdot \theta_f}{n} / (\frac{2\pi}{i} - 2\theta) \tag{2}$$

式中：u_r——涡流速度；

R_r——主燃烧室半径；

φ——油束分布角；

φ_s——油束平面角；

θ_f——喷油持续期(曲轴转角)；

n——发动机转速；

i——喷孔数；

2θ——单个油束的喷雾锥角；

k_3——常数。

要达到双热区隔热燃烧系统对喷雾贯穿及混合气形成的要求,若发动机转速为 3 600 r/min,气缸直径为 80～85 mm,则涡流速度 u_r 必须达到 250～320 m/s,几乎要比常规数值高一个数量级。

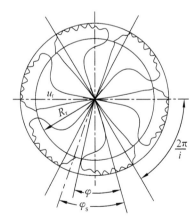

图 3　油束分布示意图

若按 Y.Wakuri 的有涡流作用时喷雾贯穿距离 S_s 计算的修正公式

$$S_s = \left(1 + \frac{\pi N \cdot S}{30 u_0}\right)^{-1} S \tag{3}$$

式中：N——涡流转速；

S——无涡流时的喷注贯穿距离;

u_0——喷注初速。

喷注不碰壁的条件是涡流比 R_s 必须达到 17～25（在前述假定条件下），比一般小缸径直喷柴油机的涡流比亦几乎要高一个数量级。而事实上，高速摄影的结果说明，涡流对燃油喷注的吹偏作用尚没有式(3)那样明显[1]。

由此可见，在小缸径直喷柴油机上，要使燃油完全喷入燃烧室空间，必须以很强的进气涡流为前提，尤其是在采用轴针式喷油器时，涡流强度必须更大。如此强烈的进气涡流在一般柴油机上是难以实现的。因此，对双热区隔热直喷燃烧系统中双热区的形成机理值得商榷。

另一方面，若要避免喷注接触燃烧室壁面，则喷油器的针阀开启压力不应太高。而事实上，Elsbett 发动机使用的轴针式喷油器的针阀开启压力为 20 MPa 左右，高于常规轴针式喷油器的启喷压力(12～14 MPa)。这与形成双热区的初衷也是矛盾的。

采用增压措施后，喷注在贯穿过程中，由于气体（即伴随流）密度加大，使喷注穿透率降低，扩散能力增加，计算结果如图 4 所示，这对混合气形成有利。

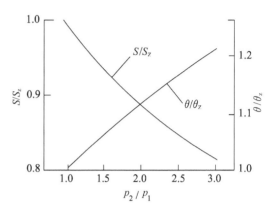

S, θ——非增压时喷注贯穿距离及喷雾锥角；
S_z, θ_z——增压时喷雾贯穿距离及喷雾锥角；
p_2/p_1——压比。

图 4 增压对喷注贯穿距离及喷雾锥角的影响

2 喷油器结构及喷油器安装位置对混合气形成的影响

喷孔直径对喷注贯穿距离 S_s 的影响如图 5 所示。对图 5 所示工况，若要避免喷注与燃烧室壁面相碰，喷孔直径必须降到 0.14 mm 以下，即喷油器单孔面积约为 1.54×10^{-2} mm²。若采用轴针式喷油器，则轴针头部与针阀体间的径向间隙为 0.010 mm 以下（目前常用间隙为 0.010～0.027 mm），显然，这也是难于达到的。Elsbett 公司采用的轴针式喷油器如图 6 所示[2]。这种结构，可形成良好的喷雾特性，减少索特平均直径(SMD)，使油束穿透能力减弱，空气卷吸作用加强，有利于混合气的形成。在喷油过程中，这种节流轴针式喷油嘴的喷孔流通截面逐渐增大，喷油先缓后急，在滞燃期内喷入燃烧室的油量较少，从而使柴油机的工作较为柔和。同时，与球形燃烧室采用的单孔（或双孔）喷油嘴不同，这种喷油器的自洁作用较好，抗结焦能力强，从而适宜燃用植物油等多种燃料。但这种喷油器喷注的穿透能力仍会使大部分燃料喷向燃烧室壁面。

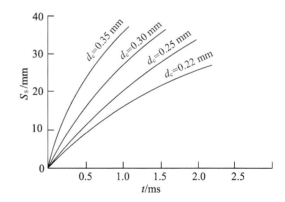

图 5 喷孔直径 d_c 对喷注贯穿距离 S_s 的影响
（喷孔前后压差 $\Delta p = 46$ MPa，涡流比 $R_s = 2.9$，喷油量 $g_b = 0.125$ cm³/cycle）

应当指出,同为轴针式喷油器,由于结构及性能的不同,其雾化质量差异极大。

喷油器安装角 α(见图 1)实际上决定了喷注的落点位置及气缸内涡流对喷注的作用状况。对孔式喷油器,在 α 一定的情况下,尚可根据喷孔与喷油器轴线间的夹角调整喷注贯穿方向(一般以喷孔加工时不形成背钻为原则)。对轴针式喷油器,α 一经决定,则油束贯穿方向亦一定。为了加强涡流对喷注的吹偏作用,采用轴针式喷油器时,应尽可能加大 α 角。Elsbett 发动机的 α 角一般在 50°～60°之间。

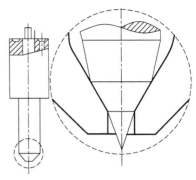

图 6　轴针头部形状

3　铸铁活塞头部及机油冷却对发动机性能的影响

统计资料表明[3],随着内燃机技术水平的提高,内燃机冷却系统中冷却液的平均温度在不断提高。近 50 年来,冷却液的温度平均提高了 30～35 ℃。目前,高速发动机的冷却水出口温度一般为 85～90 ℃,许多型号发动机的冷却液出口温度已接近 100 ℃。显然,100 ℃ 并不是冷却系统的极限温度(如机油的沸点为 300 ℃ 左右,乙二醇溶液的沸点可达 190 ℃ 以上)。发动机的高温冷却是冷却系统的发展趋势之一。

Elsbett 发动机采用铸铁活塞头部及机油冷却(机油温度为 115 ℃ 左右),可在以下几方面对发动机性能产生影响。

3.1　提高燃烧室壁面温度和加速燃油蒸发

图 7 为 X4105 柴油机采用机油冷却及水冷却时活塞温度场的对比[4]。

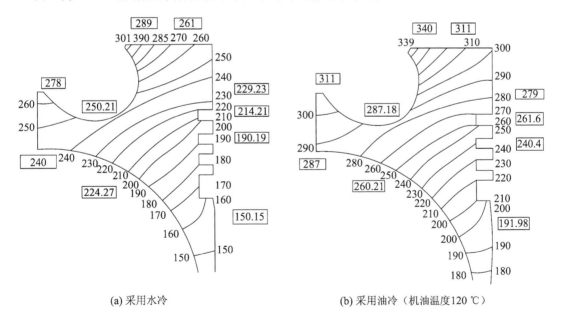

图 7　铝活塞温度场比较(方框内为实测值)

从图 7 可见,采用机油冷却时,活塞顶的温度要比水冷却时高出 40～50 ℃。同时,统计资料表明,采用同一种冷却方式(水冷)时,铝活塞顶部的温度一般为 200～350 ℃,铸铁活塞为

300～450 ℃（钢活塞达 400～550 ℃）。Elsbett 发动机既使用了铸铁头部的铰接活塞，又采取机油高温冷却，因此活塞头部的温度会更高。此外，铝的导热系数是随温度增加而上升，而铸铁导热系数随温度升高而略有降低。试验和计算表明，采用机油冷却及铸铁活塞，冷却液温度增加，活塞的导热系数降低，因此燃烧室壁面温度增加（经计算为 395～410 ℃）。如此高的活塞头部温度会使活塞环槽的温度增加，超过环槽允许的最高温度（220～230 ℃）。Elsbett 公司采用掏空活塞环岸内腔的方法减少热流通道，从而减少传向环槽的热量，使环槽温度降低，活塞结构见图 2。活塞热应力与工作温度及温度梯度有关，而结构设计对后者有重要影响。

轻柴油的蒸发温度在 200～300 ℃ 之间，因此燃油喷向燃烧室壁面后将产生沸腾现象。这种沸腾是很复杂的物理现象，既不属于大容器沸腾，也不属于强制对流沸腾，它包含过冷沸腾、饱和沸腾等过程。柴油的沸腾由表面蒸发、核态沸腾及膜态沸腾等组成。

一般认为，当静态液体柴油膜在金属平板上蒸发时，在壁面温度为 300～350 ℃ 时，燃油的蒸发速度最快。这是因为若壁面温度过高，处于膜态沸腾时，汽膜使沸腾液体不再和加热表面直接接触，汽膜的附加热阻使换热量下降，因而蒸发速度降低。但实践证明，由于燃烧室壁面上的油膜极薄，且油膜处于流动状态，蒸汽层的膨胀破裂会增加蒸发表面积，此外，较高壁温下的辐射换热也不可忽视。因此，实际柴油机内的燃油蒸发与静态沸腾状况有很大区别。在不引起燃油裂解的前提下，燃油蒸发速度与壁温的 0.24 次方成正比[3]。活塞温度的提高，对促进燃油蒸发是有利的。

3.2 实现高温冷却和减少散热损失

采用铰接式铸铁活塞和机油冷却后，Elsbett 公司在排量为 1.45 L，标定功率为 62 kW 的 3 缸发动机上的试验结果如表 1 所示。

作者对 Elsbett 油冷发动机（$D=82$ mm，$S=92$ mm，$i=3$，$n=4\,300$ r/min，$P_e=62$ kW）在不同冷却液温度下的油耗率进行了测试。当机油温度从 80 ℃ 升高到 110 ℃ 时，燃油消耗率从 223.3 g/(kW·h) 下降到 216.0 g/(kW·h)，下降了 3.4%（试验工况 $n=3\,500$ r/min，$P_e=37.2$ kW）。

又如，195 柴油机冷却液出口温度从 85 ℃ 提高到 100 ℃ 时，冷却液散热损失 Q_c 降低 10%～20%，从 85 ℃ 提高到 120 ℃ 后，Q_c 下降 20%～25%[6]。再如，V-903 型单缸机上的试验结果也表明，当冷却液温度由 70 ℃ 升至 118 ℃ 时，气缸壁面的平均传热率降低约 15%[7]。这也说明了高温冷却对改善发动机性能的作用。

表 1　不同活塞结构及不同冷却方式的热平衡比较

热量分配	排气带走热量/%	辐射散热/%	冷却液散热/%	有效功热量/%
铝活塞（水冷）	36	12	24	28
铸铁头部铰接活塞（油冷）	36.5	8.0	14.5	41.0

3.3 减少机械损失和提高机械效率

采用机油冷却活塞后，取消了冷却水泵和冷却风扇等部件。因此，可减少冷却系统的功率消耗。

另一方面，高温冷却将减小润滑油黏度，可改善气缸壁和活塞组之间以及有关摩擦副间的润滑和摩擦状况（当然，过低的黏度反而会增大摩擦功）。同时，试验证明，冷却液温度的提高，可降低燃烧室内的最高燃烧压力 p_{max}，从而改善机械效率[7]。p_{max} 和压力升高率 $dp/d\varphi$ 的降低，也有利于降低燃烧噪声，增强运行平稳性。

活塞组和气缸壁面间的摩擦损失占全部摩擦损失的 60% 以上。对 Elsbett 发动机铰接活塞二阶运动的计算分析表明，在同样配缸间隙下，铰接活塞裙部的上下端的横向位移量要小于整体活塞（尤其在膨胀行程中）。因而裙部与气缸壁面间的油膜厚度将稍有增加，可减少裙部的摩擦力。

3.4 缓解穴蚀和提高寿命

通常，发动机冷却液腔壁的穴蚀是由于冷却液中生成大量蒸气泡使空化液体膨胀、空穴聚集时产生的空化噪声、固体的空化腐蚀及空化液体中产生的高频压力振荡等因素造成的。采用机油冷却，因其沸点高，汽化性能差，故不易产生冷却液腔壁的穴蚀。

4 有关双热区隔热直喷燃烧系统

Elsbett 公司把发动机的优异性能指标归结为采用了双热区隔热直喷燃烧系统。但从上面的分析可见，要实现双热区隔热燃烧是困难的。因为这种隔热不同于传统的在燃烧室壁面喷涂隔热材料（如氧化锆），而是采用过量空气形成隔热层。作者认为，可以从另一个角度分析 Elsbett 发动机的燃烧过程。

空间雾化混合和油膜蒸发混合是柴油机混合气形成的两种主要形式。在一般小型高速柴油机上，混合气形成兼有两种混合方式的主要特点，只是两者所占比例不同。对 Elsbett 发动机，采用轴针式喷油器，喷油器对气缸中心线的倾角较大，可认为燃油在较强进气涡流下，大部分分布在燃烧室壁面上，且分布较均匀，因而是以油膜蒸发为主；通过组织较强的进气涡流、提高喷油器针阀开启压力、改变喷油器结构等途径，增加了空间雾化混合的比例；同时通过采用机油高温冷却、铸铁头部的铰接式活塞等措施，大大加快了燃油在燃烧室壁面上的蒸发速率，从而使混合气形成速度相应提高。如此，可弥补油膜燃烧所固有的冷启动困难、负荷突变反应慢、高低速矛盾大、增压适应性差等由于空间雾化混合成分少和混合气形成速度慢所产生的不足。

事实上，Elsbett 公司的创始人 L. Elsbett 曾参与了 S. Meurer 油膜燃烧理论的研究工作。可以认为，Elsbett 发动机的燃烧过程是在 M 过程的基础上又向前迈进了一步，较好地解决了 M 过程存在的问题。

5 结 论

（1）采用铸铁头部和铝合金裙部的铰接活塞及机油高温冷却，可大幅度提高活塞顶部温度，从而提高燃油蒸发速率，也可提高发动机的机械效率。

（2）Elsbett 发动机的燃烧过程较好地解决了 M 过程存在的混合气形成速率低带来的一系列矛盾，在 M 过程的基础上又有了新的提高。

（3）对采用轴针式喷油器的小缸径直喷柴油机，通过适当增加进气涡流强度，提高燃烧室壁面温度，优化喷油器结构参数等措施可以改善其性能。

（4）Elsbett 发动机具有良好的性能指标，但对是否存在双热区隔热燃烧，对双热区的形成机理等，尚有值得商榷之处。

参 考 文 献

[1] 袁银男. 直喷式柴油机缸内喷雾特性的研究[J]. 江苏工学院学报,1992,13(1).
[2] K. Elsbett. The Duothermic Combustion for D. I. Diesel Engines[J]. SAE,1986,Paper No. 860310.
[3] Ф. П. 利文采夫. 活塞式内燃机高温冷却[M]. 北京:国防工业出版社,1988.
[4] 张世程. X4105 油冷柴油机活塞热负荷研究[J]. 柴油机,1991(4).
[5] K. Elsbett. New Development in D. I. Diesel Engine Technology[J]. SAE,1989,Paper No. 890134.
[6] 王建昕,黄宜谅. 高温冷却柴油机工作过程的研究[J]. 内燃机学报,1991,9(3).
[7] 俞水良,潘克煜,肖永宁. 直喷式柴油机高温冷却模拟隔热的传热和性能研究[J]. 内燃机工程,1992,13(1).

Investigation on Insulation Combustion System with Pintle Injector of Elsbett's Small D. I. Diesel Engine

Yuan Yinnan Gao Zongying Wang Zong Sun Ping Liu Shengji

(Jiangsu University of Science and Technology)

Abstract: In this paper, Elsbett's duothermic heat-insulated D. I. combustion system is studied. The effects of fuel spray penetration, diameter of nozzle hole and mounting position of injector, articulated piston with cast iron crown, and turbocharging on the fuel-air mixing and combustion process are also analyzed. Authors consider that increasing the air swirl, reducing the fit tolerance between nozzle hole and pintle, adopting the piston with cast iron crown and realizing high temperature cooling for the engine are favorable to improve the fuel-air mixture formation and combustion process of small D. I. diesel engines. The "duothermic combustion system" is available for reference when using the pintle injector to realizing D. I. combustion processin in a small diesel engine.

Key words: Combustion process Fuel injection Injector D. I. diesel engine

多缸柴油机喷油及燃烧均匀性研究[*]

罗福强[1]　高宗英[1]　刘胜吉[1]　缪岳川[2]

（1. 江苏理工大学；2. 常州柴油机厂）

[摘要]　实测多缸柴油机各缸油管压力及气缸压力并据此进行喷油规律及放热规律计算，分析各缸喷油及燃烧过程不均匀性。

[关键词]　柴油机　燃烧　均匀性

多缸柴油机各缸的工作均匀性对其经济性、动力性有重要的影响，各缸工作不均匀在低速低负荷时易产生怠速不稳定及游车，而在较大负荷时，喷入燃油较多的缸发出的功率并不成比例增加，导致整机功率下降，甚至喷入燃油较多的气缸将冒黑烟[1]。本文以一台387柴油机为例研究各缸喷油过程及燃烧过程性能参数的循环波动率、不均匀性及其产生原因。

1　测量分析系统

柴油机各缸油管嘴端压力及气缸压力信号各循环的连续变化，经A/D转换用微处理机进行测量分析[2]，根据实测油管压力对喷油过程进行模拟计算[3]，依据气缸压力对放热规律进行计算[4]，即可得出每循环各缸喷油及燃烧过程性能参数的连续变化情况。这些参数主要有：循环喷油量q(mm^3)、喷油提前角θ(°CA BTDC)、喷油持续角α(°CA)、平均指示压力p_i(MPa)、最大气缸压力$p_{z\max}$(MPa)、最大气缸压力对应相位$\phi_{p_{z\max}}$(°CA)、最大压力升高率$(dp_z/d\phi)_{\max}$(MPa/°CA)、最大压力升高率对应相位$\phi_{(dp_z/d\phi)\max}$(°CA)等。

为便于分析，定义同一缸各参数的循环波动率为

$$\delta = \frac{\text{标准偏差}}{\text{数学期望}} \times 100\%$$

参照喷油量不均匀度定义，定义各缸参数不均匀度为

$$r = \frac{\text{各缸参数最大值与最小值之差}}{\text{各缸参数总的平均值}}$$

2　结果分析

2.1　喷油及燃烧过程性能参数

每循环各缸喷油及燃烧过程性能参数的变化情况可用直方图非常直观地表示。因篇幅所

---

[*] 本文为高等院校博士基金资助项目，发表于《农业机械学报》1995年(第26卷)第4期。

限,本文用表格的方式列出各缸参数的均值及循环波动率(见表1),各缸性能参数的不均匀度及各缸的平均值(见表2)。

表1 各缸喷油及燃烧过程性能参数均值及循环波动率

工况	气缸号	$\dfrac{\delta_q}{q}$ (%/mm³)	$\dfrac{\delta_\theta}{\bar{\theta}}$ (%/° CA BTDC)	$\dfrac{\delta_a}{\bar{a}}$ (%/° CA)	$\dfrac{\delta_{p_i}}{\bar{p}_i}$ (%/MPa)
工况1	1	21.1/15.7	11.9/8.3	10.9/7.9	10.9/0.545
	2	11.9/20.0	10.7/9.5	8.4/9.0	6.4/0.636
	3	7.7/19.7	14.4/8.2	4.6/9.0	5.7/0.598
工况2	1	2.2/29.1	5.1/11.2	2.3/8.7	6.9/0.883
	2	2.0/30.4	4.8/11.5	2.0/9.1	4.2/0.929
	3	1.4/31.0	4.3/11.0	1.2/9.1	4.4/0.937
工况3	1	1.4/31.6	2.5/13.7	0.9/7.1	3.8/0.922
	2	1.1/33.0	3.4/14.5	1.3/7.5	3.3/0.969
	3	1.1/34.0	3.0/13.9	1.4/7.7	2.9/0.988
工况4	1	2.3/27.6	1.9/14.4	1.9/5.6	2.2/0.839
	2	3.2/30.0	9.3/14.7	1.7/6.2	2.9/0.887
	3	1.6/33.2	2.6/14.4	1.8/6.6	2.6/0.944

工况	气缸号	$\dfrac{\delta_{p_{z\max}}}{\bar{p}_{z\max}}$ (%/MPa)	$\dfrac{\delta\phi_{p_{z\max}}}{\bar{\phi}_{p_{z\max}}}$ (%/° CA)	$\dfrac{\delta(dp_z/d\phi)_{\max}}{(dp_z/d\phi)_{\max}}$ (%/MPa/° CA)	$\dfrac{\delta\phi(dp_z/d\phi)_{\max}}{\bar{\phi}(dp_z/d\phi)_{\max}}$ (%/° CA)
工况1	1	1.9/5.6	0.3/370.4	23.4/0.260	0.3/366.9
	2	1.7/6.0	0.4/370.4	17.7/0.420	0.2/366.3
	3	2.0/5.6	0.3/371.5	22.4/0.285	0.2/368.1
工况2	1	2.2/7.5	0.5/367.5	20.7/0.842	0.3/362.4
	2	2.7/7.9	0.6/367.5	16.3/0.937	0.3/361.8
	3	1.9/7.5	0.5/368.6	20.3/0.843	0.3/362.9
工况3	1	1.6/8.3	0.3/366.7	15.6/1.145	0.2/358.7
	2	1.4/8.7	0.3/367.5	15.1/1.168	0.2/357.6
	3	1.2/8.5	0.3/368.2	14.7/1.081	0.2/358.2
工况4	1	1.0/8.1	0.3/365.8	15.5/1.415	0.2/356.9
	2	0.8/8.6	0.2/365.9	12.8/1.262	0.2/356.3
	3	0.8/8.5	0.2/367.0	13.8/1.115	0.2/356.5

注:工况1为$n=2\,600$ r/min,$P=11.05$ kW;工况2为$n=2\,600$ r/min,$P=22.1$ kW;工况3为$n=1\,820$ r/min,$P=17.84$ kW;工况4为$n=1\,400$ r/min,$P=12.54$ kW。

表 2　各缸喷油及燃烧过程性能参数不均匀度及平均值

工况	$\dfrac{r_q}{\bar{q}}$ (%/mm³)	$\dfrac{r_\theta}{\bar{\theta}}$ (%/°CA BTDC)	$\dfrac{r_a}{\bar{a}}$ (%/°CA)	$\dfrac{r_{p_i}}{\bar{P}_i}$ (%/MPa)
工况 1	23.3/18.5	15.0/8.7	12.7/8.6	15.3/0.593
工况 2	3.9/30.2	4.4/11.2	4.6/9.0	5.9/0.916
工况 3	7.3/32.9	5.7/14.0	8.1/7.4	6.9/0.960
工况 4	18.5/30.3	2.1/14.5	16.3/6.1	11.8/0.890
工况 1	6.9/5.7	0.3/370.8	49.7/0.322	0.3/367.1
工况 2	5.2/7.6	0.3/367.9	10.8/0.874	0.3/362.4
工况 3	4.7/8.5	0.4/367.5	7.7/1.131	0.3/358.2
工况 4	5.9/8.4	0.3/366.2	23.7/1.264	0.2/356.6

注：表中各工况同表1。

由表 1 和表 2 可知，在工况 2、3、4 中第一缸循环喷油量最小，第二缸次之，第三缸最大，而在工况 1 中，第一缸油量最小，第三缸次之，第二缸最大。各缸平均指示压力及循环波动率、不均匀度在各工况下有一定的变化，而且其变化与循环喷油量及其循环波动率、不均匀度有较好的对应性。最大气缸压力及其对应相位的循环波动率及不均匀度在各工况下数值变化不大，因此用循环喷油量及平均指示压力的循环波动率及不均匀度来评价喷油及其燃烧过程不均匀性是比较合适的。

循环喷油量不均匀度较大，原因是比较复杂的，其中各缸喷油嘴的流通特性差别较大是主要原因之一，这一点已被在油泵试验台进行的试验所证实。另外，各缸喷油嘴开启压力、针阀与针阀导向间隙、油泵、油管及油嘴制造质量等都会引起各缸喷油量差别。此外，油泵试验台上标准喷油器如不定期检查和校验，也是造成油泵装机后实际供油不均匀度过大的一个重要原因。

2.2 气缸压力及放热规律

图 1 为各缸在工况 1 下气缸压力多循环平均值的 p_z-V 图，由图可知各缸压力变化均有一定差别，特别是进、排气过程差别明显。总的看来第一缸排气阻力较大，第二、三缸较小。引起进、排气阻力差别的因素很多，如各缸漏气量、气门间隙、凸轮轴、气道等。排气阻力大则残留气缸的废气较多，影响进气过程、充气效率及燃烧质量。从图 1 中可以看出第一缸进气压力及压缩压力较其他各缸要低些。

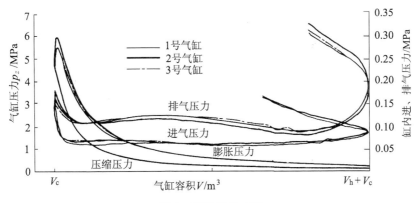

图 1　高低压示功图

图 2 为工况 1 放热规律及缸内温度,由图可知,第 3 缸放热规律较其余两缸要迟些,且第一峰值要小些,第二峰值要大,因此该缸性能较差,这一点与表 1 中数据是相吻合的。由表 1 可知,第三缸喷油提前角较小,喷油持续角较大,最大压力升高率较小,虽然循环喷油量较大使得该缸平均指示压力较大,但指示燃油消耗率比其余两缸要高。

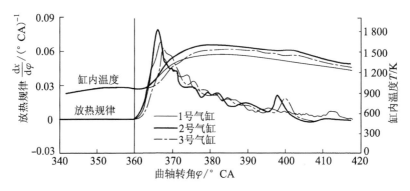

图 2 放热规律及缸内温度

由表 1 还可以看出第二缸喷油提前角较大,这一点与图 2 中该缸放热始点较早是相对应的。其余工况各气缸压力及放热规律的变化趋势与工况 1 基本相同,限于篇幅不再给出。

3 结 论

(1) 多缸柴油机各缸喷油过程不均匀是影响燃烧过程不均匀的主要原因之一。

(2) 用分析多缸柴油机各缸循环喷油量及平均指示压力不均匀度来评价喷油及燃烧过程工作均匀性是一种有效的方法。

(3) 所研究的柴油机喷油及燃烧过程各缸不均匀性在低速低负荷时较大,有待进一步改进。

参 考 文 献

[1] 陆耀祖.提高柱塞式喷油泵供油均匀性的试验研究[J].小型内燃机,1990(1).
[2] 罗福强,汤文伟,高宗英.柴油机瞬变工况喷油及某些性能参数变化的研究[J].内燃机学报,1992,10(3).
[3] 罗福强,高宗英.直喷式柴油机喷油及喷雾过程的计算研究[J].内燃机学报,1987,5(3).
[4] 王忠,汪建平,高宗英.直喷式柴油机的性能分析系统[J].汽车技术,1989(11).

An Investigation on Fuel Injection and Combustion Distribution Evenness in a Multi-Cylinder Diesel Engine

Luo Fuqiang[1] Gao Zongying[1] Liu Shengji[1] Miao Yuechuan[2]

(1. Jiangsu University of Science and Technology;
2. Changzhou Diesel Factory)

Abstract: The fuel injection and combustion processes characteristics cyclic changes and their distribution evenness in a multi-cylinder diesel engine are investigated by means of experiment and modelling. The cyclic amounts of fuel injected and the fuel injection rate in each cylinder are calculated based on the measured pressure in fuel line. The heat release rate in each cylinder is also analysed based on the measured pressure in cylinder. It is shown that the fuel injection evenness is one of the main causes of the combustion evenness.

Key words: Diesel engine Combustion Evenness

Spray Penetration and Distribution in Direct Injection Diesel Engine[*]

Yuan Yinnan　Gao Zongying

(Jiangsu University of Science and Technology)

[**Abstract**]　Unified model is established for calculating fuel injection process and in-cylinder spray characteristics. Influence of fuel injection process, in-cylinder air motion and combustion chamber structure on fuel spray penetration and distribution is taken into account in the model. Characteristic theory is used to solve fuel pressure and velocity equation in the fuel line. Stable-state turbulence jet theory is applied to set up spray characteristics model. Fuel spray penetration and distribution studied with high speed photography is also discussed.

[**Key words**]　Diesel engines　Fuel injection　Spray penetration　Spray distribution

　　Studying the fuel spraying of direct injection diesel engines may be carried out on the pressure jar or other imitating devices. This is important to analyzing the influence of the fuel injection system structure and its parameters of injection, medium density and temperature of following flow, the fuel nature and the air swirl motion on the injection penetration and distribution. But the spraying in the imitating devices is different from that in the narrow combustion chamber space of the actual diesel engines.

　　Setting up a unified model of calculating the fuel injection process and in-cylinder spraying is useful to analyze the relationship among the fuel injection, spray penetration and distribution. So that according to the structure parameters of fuel injection system, running conditions, testing data of the intake manifold and the combustion chamber, the judgement to the fuel spraying and fuel-air mixture forming in the combustion chamber of diesel engine can be obtained.

　　The fuel spraying is a nonstable transient and complex process. It is limited by the chamber wall, piston movement and other surrounding conditions, swept away by the air and influenced by the air swirl. It contains the multi-process of the physics and the chemistry. It is also controlled by the fuel droplet vaporizing and heat transfer. Determining tentative condition is rather arbitrary. Therefore, the few influencing factors are reasonably simplified in the calculating model.

---

　　*　原文(作为英文稿件)发表在国内《燃烧科学与技术》1996年(第2卷)第1期。

1 Calculation Models and Basic Equations

1.1 Calculation model of fuel injection system

For the typical fuel injection system of the direct injection diesel engine shown in Fig. 1, the fuel motion equation and continuity equation in the high-pressure line is as follows:

$$\begin{cases} \dfrac{\partial p}{\partial x} + \rho_f u \dfrac{\partial u}{\partial x} + \rho_f \dfrac{\partial u}{\partial t} + 2\rho_f k_1 u = 0 \\ \dfrac{\partial u}{\partial x} + \dfrac{u}{a^2 \rho_f} \dfrac{\partial p}{\partial x} + \dfrac{1}{a^2 \rho_f} \dfrac{\partial p}{\partial t} = 0 \end{cases} \quad (1)$$

here p——fuel pressure in the high-pressure line;
u——fuel speed;
ρ_f——fuel density;
a——propagation speed of pressure wave;
k_1——fuel resistance coefficient;
x——position coordinate;
t——time coordinate.

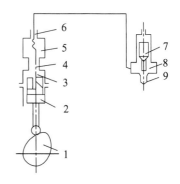

1—cam 2—plunger
3—plunger chamber
4—delivery valve
5—delivery valve chamber
6—connector 7—needle
8—injector fuel chamber
9—pressure chamber

Fig. 1 Typical fuel injection system

Likely, the fuel continuity equations of the plunger chamber, delivery valve chamber, injector fuel chamber and pressure chamber, the motion equations of delivery valve and needle, the tentative conditions and boundary conditions can be obtained. Here, they are omitted.

1.2 Calculation model of the spray penetration

The calculation model of the spray penetration has many kinds: (1) the droplet penetration model, (2) the jet model; (3) the continual droplet model (CDM) and the discrete droplet model (DDM). These models are based on the theory of multi-dimension two-phase flow. Fig. 2 gives the calculation model based on the stable-state jet theory.

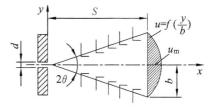

Fig. 2 Schematic of spray penetration

In Fig. 2, S represents the distance of the spray penetration, 2θ is the cone apex angle, d is the diameter of the nozzle orifice and $f(y/b)$ is the speed distributing function of the spray section.

According to the stable-state jet theory, the calculating formula of S can be obtained:

$$S = k_2 \left(\dfrac{\Delta p}{\rho_a}\right)^{0.25} (t \cdot d)^{0.5} \quad (2)$$

where Δp——pressure difference between the injector pressure chamber and the cylinder. The pressure of injector pressure chamber and the cylinder can be separately got from the imitating calculation of fuel injecting process and in-cylinder compression process

ρ_a——density of in-cylinder working medium

d——diameter of the nozzle orifice

k_2——coefficient connecting with $f(y/b)$, nozzle orifice section, spray cone apex angle

When determining the spray cone apex angle 2θ, the following experimental formula can be adopted:

$$2\theta = 0.05\left(\frac{d^2 \cdot \rho_a \cdot \Delta p}{\mu_g^2}\right)^{0.25} \quad (3)$$

Where, μ_g is the medium viscosity, calculated by Aoson G Formula.

1.3 Calculation model of the fuel spray distribution

The calculation model of the fuel spray distribution is shown as Fig. 3. For the direct injection diesel engine, the most fuel will be burned in the periphery space of the combustion chamber. At the same time, the experiment results show that swirl velocity has a little change along the radial in this space. Therefore, the swirl angular velocity ω_r in this combustion chamber space can represent the spray distribution in this area, that is:

$$\omega_r = u_r/R_r \quad (4)$$

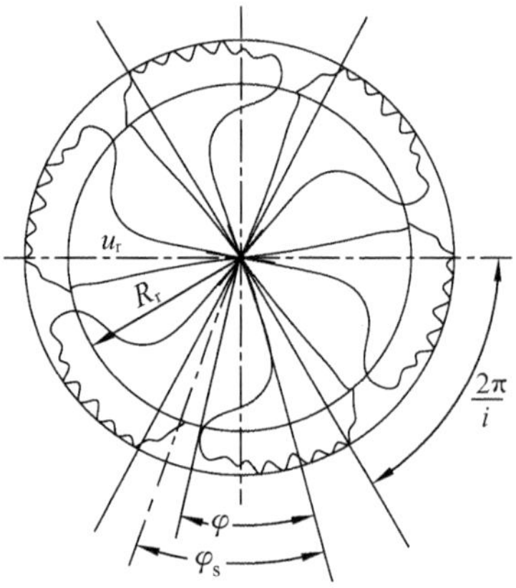

where u_r——swirl velocity

R_r——radius of the combustion chamber

Fig. 3 Spray distribution

If the spray distribution angle φ is in direct proportion to the swirl rotating angle, then:

$$\varphi = k_3 \omega_r \theta_f / n \quad (5)$$

where k_3——constant

θ_f——angle corresponding the fuel injection duration

n——engine speed

For a single fuel spray, its plane angle φ_s is:

$$\varphi_s = 2\pi/i - 2\theta \quad (6)$$

where i——number of the nozzle orifices

2θ——spray cone apex angle of a single fuel spray

The relative swirl intensity is defined as the ratio of φ to φ_s:

$$\Psi = \frac{\varphi}{\varphi_s} = k_3 \frac{\omega_r \theta_f}{n} / \left(\frac{2\pi}{i} - 2\theta\right) \quad (7)$$

Ψ indicates the swaying function of the swirl motion to the fuel spray, it affects forming of the fuel-air mixture and combustion.

2 Simulation Calculation

2.1 Calculation of the fuel injection process

With calculating the fuel injection process, we can produce the primary data for the calculation of fuel spray, and reflect the dynamic pressure affection of the nozzle pressure chamber on the fuel spray calculation.

For equation (1), making the transport items

$$\rho_f u \frac{\partial u}{\partial x} = 0 \quad \text{and} \quad \frac{u}{a^2 \rho_f} \frac{\partial p}{\partial x} = 0$$

then equation (1) has a characteristic relation along the characteristic direction:

$$\begin{vmatrix} 2\rho_f k_1 u + \rho_f \frac{du}{dt} & -1 \\ \frac{1}{a^2 \rho_f} \frac{dp}{dt} & \frac{\lambda_i}{a^2 \rho_f} \end{vmatrix}_{i=1,2} = 0 \tag{8}$$

Adopting rectangle net method and with number-insert calculation, the equation (8) can be changed into the limited difference equation. Likely, the other boundary equations of the fuel injection system can be solved with the numerical value integral. The coupled equations can be solved with repeated substitution method.

The method increasing calculation accuracy is as follows: using linear number-insert or step division to make the moment at which the delivery valve is lifting or seating and injector needle is contacting or leaving the limiter to be the end of time step Δt; treating the cavitation, void volume and its changing correctly; adopting the calculation method of variable sound velocity and fuel density; selecting the reasonable tentative condition, number-insert scale and repeated substitution accuracy; determining the effective travel of the plunger and flow coefficient of each current section reasonably; considering the influence of transport items in the high speed running condition.

2.2 Calculation of the spray penetration

When calculating the spray process, following several aspects are taken into account: (1) the affection of the fuel dynamic injecting pressure on the spray penetration, (2) calculating the spray penetration of the initial stage and main stage separately, (3) the fuel injecting from the orifice has a momentum change with not only surrounding medium but also fuel fine spray.

The spray breaking time and the corresponding fuel spray penetration length S_b is calculated as follows:

$$\begin{cases} t_{break} = [\alpha/(\sqrt{2}C)](\rho_f/\sqrt{\rho_a})(d/\sqrt{\Delta p}) \\ S_b = C \cdot \sqrt{\frac{2\Delta p}{\rho_f}} \cdot t \quad (\text{when } t \leqslant t_{break}) \end{cases} \tag{9}$$

where α, C —— constants related with injecting orifice diameter

For the spray penetration of the main stage, in order to reflect the influence of fuel injection on the penetration length S and the momentum changing among the spray of different injecting instant, the calculating formula of transient penetration distance S_i must be conducted:

$$S_i = \sqrt{2\sqrt{J_i/k_1}(t - iT)} \quad (\text{when } t > iT) \tag{10}$$

where S_i —— spray penetration in i time unit

J_i——flow of momentum of injecting fuel in the same time unit

$J_i = \frac{1}{2}\mu_1\mu_2^2 d^2 \Delta p_i$, $\Delta p = p_{Ji} - p_{cyi}$, $\mu_1\mu_2$——constant

p_{Ji}——mean pressure in the injector pressure chamber in the time unit

p_{cyi}——corresponding mean pressure in the engine cylinder

t——time

T——time step

$k_1 = 2\pi\rho_a \tan^2\theta \cdot k(y/b)$——constant

Making $t_1 = t_{i-1}$, $S_1 = S_{i-1}$, $J_1 = J_{i-1}$, then the calculating formula of spray penetration at any time:

$$S = \sqrt{S_1^2 + 2J_1/k_1} \tag{11}$$

3 Experimental Results and Analysis

3.1 Experimental results

In order to verify the unified calculation model, following experiments are carried out: to measure the fuel injection rate by using Bosch long-pipe method, to measure the pressure of pump end and injector end, to determine the air swirl intensity with intake manifold test, to take the picture of fuel spray penetration and distribution by using the high-speed photography, to read the picture, and to treat the experimental results. Fig. 4 is a schematic of fuel injection characteristic testing system, the calculating and experimental results are shown in Fig. 5a～5c. The speed and injected fuel quantity corresponding to Fig. 5a is 1 380 r/min and 0.134 0 cm³/cycle, 1 080 r/min and 0.133 8 cm³/cycle to Fig. 5b, 780 r/min and 0.133 5 cm³/cycle to Fig. 5c.

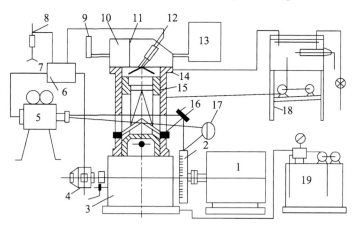

1—electrical dynameter; 2—flywheel; 3—single cylinder test engine; 4—fuel injection pump; 5—high-speed camera; 6—control unit of fuel injection number; 7—control signal; 8—associate injector; 9—exhaust pipe; 10—cylinder head; 11—intake valve; 12—main injector; 13—nitrogen bag; 14—lengthened cylinder block; 15—lengthened piston; 16—reflection mirror; 17—light source; 18—water temperature regulator; 19—lubrication oil temperature regulator

Fig. 4 Schematic of fuel injection characteristic testing system

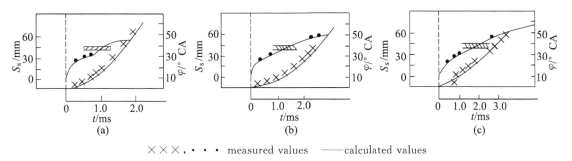

×××, ··· measured values ——calculated values

Fig. 5 Comparison between calculated and measured values

3.2 Calculated and measured values analysis

Analyzing the spray penetration in the combustion chamber of model 130 single cylinder test engine is as follows:

(1) This engine uses 4-orifice low inertia fuel injector, and the relative position of the combustion chamber and the injector is shown in Fig. 6. The fuel injector is a equal arc one, and deviates the center of the combustion chamber ($(x_2-x_1), (y_2-y_1)$). Reading the film of high-speed photography shows that fuel spray injected form number 1 and 2 orifice has a short free penetration distance, and has a greater penetrating power. The fuel spray of number 3 and 4 has a suitable penetrating power and the penetrating power of number 1 and 2 spray is too large. Therefore, from the viewpoint of the suitable penetrating power and even fuel-air mixture, for the deviated fuel injector, that all injector orifices have the same diameter is not reasonable. Namely, on the condition of deviating fuel injector and same orifice diameter, taking equal arc fuel injector has a shortage. Calculating indicates that all sprays can touch the wall of the combustion chamber at the same time when reducing the diameter of number 1 and 2 orifice from 0.35 mm to 0.32 mm. Here, the included angle among the fuel sprays must be regulated in order to form the even fuel-air mixture in each area of the combustion chamber. Likely, increasing the open pressure of injector needle to 24.3 MPa, the problem of the sprays touching the wall at the different moment can be relaxed.

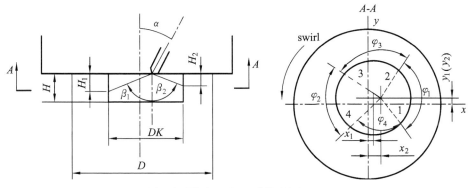

Fig. 6 Fitting place of fuel injector

(2) Reading film shows that in-cylinder air swirl has little function to swaying the fuel sprays before the sprays touch the chamber wall, the penetrating fuel sprays have not obvious

bending. Therefore, the main function of the air swirl is to blow over the fuel vapor and to improve mixing fuel and air.

(3) When air swirl exists, the penetration of fuel spray S must be corrected, such as Wakuri Y formula:

$$S_s = \left(1 + \frac{\pi \cdot N \cdot S^{-1}}{30\mu_0}\right) \cdot S \tag{12}$$

The experimental results indicate that amendment of the air swirl to S is not as large as formula (12), because the penetrating distance is very short in the actual diesel engine combustion chamber.

When air swirl exists, Wakuri Y correcting formula of the spray cone apex angle is:

$$2\theta_s = \left(1 + \frac{\pi \cdot N \cdot S}{30\mu_0}\right)^2 \cdot 2\theta \tag{13}$$

This formula considers that blowing function of the air swirl makes the spray cone angle expanding (see Fig. 7a). But experiments show that momentum changing between the spray and the medium, the penetrating speed reducing, and sweeping away also make spreading 2θ of the spray (see Fig. 7b), in addition to the affection of the air swirl.

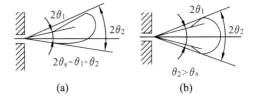

Fig. 7　Spreading of spray cone

4　Conclusion

(1) The unified calculation model is set up in this paper, considering the affection of the fuel injection process, the air swirl on the fuel spray penetration. The calculated values are basically in accordance with the measured values.

(2) The fuel spray penetration in the fuel injection characteristic testing system is similar to the case in the actual diesel engine, so that, the experiment results are more reasonable.

(3) In small or middle high-speed engine, the general air swirl blows little away the spray before the spray touches the wall. The correcting function of the air swirl to the spray penetration and cone angle in the actual engine is less than the case in the imitating devices having free penetrating range.

References

[1] Hikaru Kuniyoshi, Hideaki Tanabe. Investigation on the Characteristics of Diesel Fuel Injection. SAE, 1980, Paper No. 800968.
[2] Wakuri Y. Influences of Air Swirl on Fuel Spray Combustion in a Marine Diesel engine. CIMAC 1985 Oslo.

直喷式柴油机气缸内喷雾贯穿及分布的研究

袁银男　高宗英

（江苏理工大学）

[摘要]　本文建立了燃油喷射过程及气缸内喷雾特性的统一计算模型。考虑了燃油喷射、气缸内空气运动和燃烧室结构对喷雾贯穿及分布的影响。用特征线法求解高压油管内的燃油压力和速度方程，用稳态射流理论建立喷雾特性模型。用高速摄影方法对气缸内喷雾贯穿及分布进行了验证。

[关键词]　柴油机　燃油喷射　喷雾贯穿　喷雾分布

汽车传动系最优匹配评价指标的探讨[*]

何 仁 高宗英

（江苏理工大学）

[摘要] 本文探讨了汽车动力传动系统最优匹配的评价指标,提出了动力性发挥程度的评价指标——驱动功率损失率、经济性发挥程度的评价指标——有效效率利用率,并用汽车能量效率作为统一汽车动力性与燃油经济性指标,同时以上述三个指标作为动力传动系统最优匹配的评价指标。

[关键词] 汽车 动力传动系 匹配 评价

1 前 言

汽车动力传动系统最优匹配研究的关键是确定汽车动力传动系统最优匹配的评价指标。目前,在进行动力传动系统优化匹配时,一般应用多工况燃油经济性作为目标函数[1],或用汽车原地起步连续换挡加速时间与多工况燃油经济性的加权值作为目标函数[2]。而这些指标实际上是汽车基本性能指标的综合,不能全面定量反映汽车动力传动系统的匹配程度,也不能提示动力传动系统改善的潜力和途径[3]。

近年来围绕发动机与传动系的匹配评价,各国学者进行了探讨。文献[4,5]提出以发动机经常工作区与发动机经济区的相对位置做定性评价,即将发动机经常工作区画在发动机万有特性图上,通过它与经济区距离的远近来定性确定发动机与传动系匹配的好坏。文献[6]提出用经济区接近系数来评价。所谓经济区接近系数是指发动机常用工作区各点燃油消耗率与理想工作区燃油消耗率的比值按各工作点使用概率加权后求得的均值。这种评价方法只是从燃油经济性方面考虑。

本文认为汽车动力系统最优匹配的评价指标,应该能定量反映汽车动力传动系统匹配程度,能反映发动机动力性与燃油经济性的发挥程度,能够提示动力传动系统改善的潜力和可能的途径。经过理论分析和实践[7],提出了汽车动力传动系统最优匹配的评价指标。

2 汽车动力传动系统最优匹配的评价指标

2.1 动力性能发挥程度的评价指标——驱动功率损失率

图1为装有内燃机和4档变速器的汽车与装有理想动力传动系汽车的驱动特性曲线。双曲线为理想动力传动系汽车的驱动力曲线,曲线上方的区域因发动机功率所限为汽车不能达

---

[*] 本文为国家自然科学基金资助项目,发表于《汽车工程》1996年(第18卷)第1期。

到的范围,阴影部分为汽车驱动力损失的工作区。在汽车前进挡位数一定的条件下,优选变速器各挡的速比值可使汽车实际驱动特性最接近理想驱动特性,即阴影面积最小。

对于 n 挡变速器,第 j 挡时汽车驱动力为

$$F_{tj} = T_e I_j \eta_t / R_k \tag{1}$$

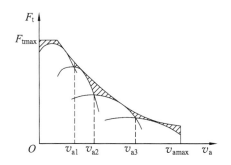

图 1　装有内燃机和 4 挡变速器的汽车与装有理想动力传动系汽车的驱动特性曲线

式中：F_{tj}——第 j 挡时汽车驱动力,N；

T_e——发动机转矩,N·m；

I_j——传动系在第 j 挡时速比值；

η_t——传动系效率；

R_k——轮胎滚动半径,m。

发动机转矩 T_e 可用多项式表示

$$T_e = \sum_{k=1}^{m+1} a_k n_e^{k-1} \tag{2}$$

式中：a_k——发动机转矩模型中多项式的系数；

m——发动机转矩模型中多项式的阶数。

第 j 挡时驱动力 F_t 曲线与横坐标所围的面积为

$$\int_{v_j}^{v_{j+1}} F_{tj}(v_a) dv_a = \int_{v_j}^{v_{j+1}} I_j \eta_t / R_k \sum_{k=1}^{m+1} a_k n_e^{k-1} dv_a = 0.377 \eta_t \sum_{k=1}^{m+1} a_k/k \cdot (n_{j+1}^k - n_j^k)$$

令 $b_k = 0.377 \eta_t a_k/k$,则 n 挡变速器的汽车各挡驱动力曲线下的面积总和为

$$\sum_{j=1}^{n} \int_{v_j}^{v_{j+1}} F_{tj}(v_a) dv_a = \sum_{j=1}^{n} \sum_{k=1}^{m+1} b_k (n_{j+1}^k - n_j^k) \tag{3}$$

式中：v_j, v_{j+1}——汽车第 j 挡时速度范围,km/h；

n_j, n_{j+1}——第 j 挡时发动机转速范围,r/min。

理想动力传动系应使发动机在任何车速下都能发出最大功率。具有理想特性汽车的驱动力 F_t 为

$$F_t = 3.6 P_{emax}/v_a \tag{4}$$

式中：P_{emax}——发动机最大功率,kW；

v_a——汽车行驶速度,km/h。

理想驱动力曲线所围成面积为

$$\int_{v_1}^{v_n} F_t(v_a) dv_a = \int_{v_1}^{v_n} (3.6 P_{emax}/v_a) dv_a = 3.6 P_{emax} \cdot \ln(v_n/v_1) \tag{5}$$

定义驱动功率损失率 η_F 为

$$\eta_F = \frac{\int_{v_1}^{v_n} F_t(v_a) dv_a - \sum_{j=1}^{n} \int_{v_j}^{v_{j+1}} F_{tj}(v_a) dv_a}{\int_{v_1}^{v_n} F_t(v_a) dv_a} = \frac{3.6 P_{emax} \ln(v_n/v_1) - \sum_{j=1}^{n} \sum_{k=1}^{m+1} b_k (n_{j+1}^k - n_j^k)}{3.6 P_{emax} \ln(v_n/v_1)} \tag{6}$$

驱动功率损失率 η_F 反映实际汽车动力传动系特性与理想动力传动系的差距,也反映了发动机动力性能发挥程度,η_F 值越小,发动机与传动系在动力性能方面匹配得就越好。

2.2 经济性能发挥程度的评价指标——有效效率利用率

发动机燃油消耗率表示发动机将燃油化学能转化为发动机有效功的效率。发动机的有效效率 η_e 与燃油消耗率 g_e 之间存在如下关系：

$$\eta_e = 3.6 \times 10^6 / (H_u g_e) \tag{7}$$

式中：H_u——燃油的低热值，kJ/kg。对汽油而言 $H_u = 43\,961.4$ kJ/kg，对柴油而言 $H_u = 42\,496$ kJ/kg。

发动机的有效效率 η_e 最大值出现在理想工作区，也就是在燃油消耗率最低区。而在实际行驶条件下，发动机能否经常工作在理想工作区（经济区）与汽车行驶工况、传动系参数和发动机本身的特性有关。

汽车常用行驶工况可以通过工况统计测定和随机模拟[8]获得，进而可以确定发动机的常用工况。如已知汽车常用工况为速度 $v_{a1} \sim v_{a2}$ 和驱动力 $F_{t1} \sim F_{t2}$ 所包围的区域，由下式可以推知发动机常用工况为转速 $n_{e1} \sim n_{e2}$ 和转矩 $T_{e1} \sim T_{e2}$ 所包围的区域为

$$n_e = v_a I_0 I_g / (0.377 R_k) \tag{8}$$

$$T_e = 9\,549 F_t v_a / (n_e \eta_t) \tag{9}$$

式中：I_g, I_0——变速器和驱动桥的速比。

发动机在常用工况下平均燃油消耗率 $\bar{g}_e$ 为

$$\bar{g}_e = \sum_{i=1}^{T_1} \sum_{j=1}^{n_1} t_{ij} g_e(T_{ei}, n_{ej}) \Big/ \sum_{i=1}^{T_1} \sum_{j=1}^{n_1} t_{ij} \tag{10}$$

式中：T_1, n_1——发动机转矩和转速的分段数；

t_{ij}——发动机在转矩 T_{ei}、转速 n_{ej} 的工作时间。

设 D_T 和 D_N 分别为发动机转矩和转速变化的步长，而 $T_{emax}, T_{emin}, n_{emax}, n_{emin}$ 分别为转矩和转速的变化范围，则有

$$T_1 = (T_{emax} - T_{emin}) / D_T \tag{11}$$

$$n_1 = (n_{emax} - n_{emin}) / D_N \tag{12}$$

定义发动机有效效率利用率 η_Q 为发动机常用工况下平均有效效率 η_e 与发动机经济区有效效率 η_{e0} 之比，即

$$\eta_Q = \eta_e / \eta_{e0} = g_{e0} / \bar{g}_e \tag{13}$$

发动机有效效率利用率 η_Q 反映发动机经济性能发挥程度，η_Q 值越大，发动机与传动系在燃油经济性能方面匹配得就越好。

2.3 动力传动系最优匹配的综合指标——汽车能量效率

从能量的观点看，为获得最高的生产率和燃油经济性，需要尽可能减少汽车行驶过程中不必要的能量损耗，即以较少的燃油消耗完成一定的运输工作量。汽车所完成的运输工作量用载质量 G_c 与行驶距离 S 表示，在一次行驶循环中汽车完成的有用功 A_b 为

$$A_b = m_c g f_s v_{av} T \tag{14}$$

式中：m_c——汽车的载质量，kg；

g——重力加速度，m/s²；

f_s——同类汽车滚动阻力系数的最佳水平；

v_{av}——汽车行驶平均速度，km/h；

T——在一个行驶循环中所用的时间，s。

在一个行驶循环中,系统输入即消耗的总能量为燃油的热能 A_F:
$$A_F = QH_u \tag{15}$$
式中:Q——燃油的总消耗量,kg。

定义汽车能量效率为在一个行驶循环中汽车运输货物所做的有用功与消耗的燃油热能之比:
$$\eta_E = A_b/A_F \tag{16}$$
设 A_z 为汽车车轮上驱动功,式(16)可变换为
$$\eta_E = (A_z/A_F) \cdot (A_b/A_z) = \eta_{st} \eta_{dr}$$
η_{st} 表示发动机燃烧燃油的热能经传动系传至驱动轮上变为驱动功的效率:
$$\eta_{st} = \eta_i \eta_m \eta_t \tag{17}$$
$\eta_e = \eta_i \eta_m$ 为发动机的有效效率,由万有特性获得。η_i 和 η_m 分别为发动机的指示热效率和发动机机械效率。η_{dr} 表示在汽车驱动力所做的功中,有多少变为有用功,由公式 $\eta_{dr} = A_b/A_z$,经分析

$$\eta_{dr} = \frac{f_s}{\psi} \cdot \frac{m_c}{m_a} \cdot \frac{\psi G_a v_{av} T}{A_z} \tag{18}$$

$$A_z = \left(G_a \psi + \frac{kC_D A v_{av}^2}{21.15} + \frac{\delta G_a}{g} a_v \right) T v_{av} \tag{19}$$

式中:ψ——道路阻力系数,$\psi = f + i$,其中 i 为道路坡度;

C_D——空气阻力系数;

A——汽车前迎风面积,m^2;

δ——汽车旋转质量换算系数;

m_a——汽车总质量,kg;

G_a——汽车总重力,$G_a = m_a g$,N。

a_v——汽车行驶平均加速度,m/s^2

k——汽车变速行驶时空气阻力比等速行驶空气阻力增加的程度,$k = 1 + (\Delta v/v_{av})^2$。

定义 $\eta_g = f_s/\psi$ 为道路阻力利用效率,即汽车在一个行驶循环中所需的有用功与克服实际道路阻力所做的功之比;定义 $\eta_c = m_c/m_a$ 为载质量利用效率,即汽车克服载质量产生的道路阻力所做的功与克服汽车总质量 m_a 产生的道路阻力所做的功之比;定义 $\eta_d = \psi G_a v_{av} T/A_z$ 为驱动力利用效率,即汽车克服总质量产生的道路阻力所做的有用功与汽车驱动轮产生的驱动力所做功之比,有

$$\eta_d = \frac{1}{1 + \dfrac{kC_D A v_{av}^2}{21.15 G_a \psi} + \dfrac{\delta a_v}{g\psi}} \tag{20}$$

则汽车的能量效率 η_E 可以表示为
$$\eta_E = \eta_i \eta_m \eta_t \eta_g \eta_c \eta_d \tag{21}$$

从上述推导过程可见,汽车能量效率 η_E 已把发动机和底盘的固有特性与汽车实际行驶条件相结合,既反映汽车本身具有的能力,又反映汽车的实际使用效果,而且也能提示动力传动系统改善的潜力和途径。

3 计算示例

以装有 YZ4102Q 车用柴油机的某轻型货车两种传动系设计方案对比分析为例。

该车底盘参数：汽车总质量 $m_a=5\,970$ kg，载质量 $m_c=3\,000$ kg，车轮滚动半径 $R_k=0.432$ m，空气阻力系数 $C_D=0.64$，汽车前迎风面积 $A=3.44$ m²，滚动阻力系数 $f=0.011$，燃油密度 $\rho=0.83$ kg/L。

传动系方案 1：4 档变速器速比分别为 $I_{g1}=6.4$，$I_{g2}=3.09$，$I_{g3}=1.69$，$I_{g4}=1.00$；驱动桥速比 $I_0=6.67$。

传动系方案 2：5 档变速器速比分别为 $I_{g1}=6.19$，$I_{g2}=3.89$，$I_{g3}=2.26$，$I_{g4}=1.42$，$I_{g5}=1.00$；驱动桥速比 $I_0=6.142$。

发动机特性参数 $P_{emax}=62.6$ kW/3 300 r/min，$T_{emax}=210$ N·m/2 200 r/min，经济区燃油消耗率 $g_{e0}=230$ g/(kW·h)。

根据上述定义和公式，按照货车六工况模式确定汽车及发动机常用工况范围，并求得各评价指标如下：

方案 1 为 $\eta_F=0.393\,7$，$\eta_Q=0.845\,0$，$\eta_E=0.084\,4$；

方案 2 为 $\eta_F=0.317\,8$，$\eta_Q=0.871\,7$，$\eta_E=0.085\,9$。

显然方案 2 较方案 1 好。

4 结束语

本文探讨了汽车动力传动系统最优匹配的评价指标，提出了动力性发挥程度的评价指标——驱动功率损失率、经济性发挥程度的评价指标——有效效率利用率和用能量效率指标来统一汽车动力性与燃油经济性指标，并以此三个指标作为汽车动力传动系统最优匹配的评价指标。三个评价指标把发动机和底盘的固有特性与汽车实际行驶条件相结合，既反映汽车本身具有的能力，又反映汽车的实际使用效果，而且能够定量反映汽车动力传动系统匹配的程度，提示汽车实际行驶工况所对应的发动机工况与其理想工况的差异，也能够提示动力传动系统改善的潜力和可能的途径。因此，用它们作为汽车动力传动系统最优匹配的评价指标，既反映汽车动力传动系统与使用工况的匹配程度，又能指出动力传动系统改善的潜力和途径。

参 考 文 献

[1] 葛安林,吴锦秋,林明芳.汽车动力传动系统参数的最佳匹配[J].汽车工程,1991,13(1).

[2] 刘惟信,戈平,李伟.汽车发动机与传动系参数最优匹配的研究[J].汽车工程,1991,13(2).

[3] 何仁.汽车动力性燃料经济性模拟研究述评[J].中国机械工程(学术论文专刊),1994(5).

[4] Drechsel E,Bouchetara M. Moglichkeiten zur Verringerung des Streckenkraftsoffverbrauchs[J]. Kraftfahrzeugtechnik,1985(1).

[5] 范守林.汽车发动机的工作经济区探讨[J].汽车运输研究,1983(1).

［6］张大壮,江辉.仿真技术在汽车传动系参数优化设计中的应用[J].汽车技术,1990(12).
［7］He Ren,Gao Zongying. Fuzzy optimum of the automobile transmission parameters[J]. SAE,1993, Paper No. 932922.
［8］He Ren,Gao Zongying. A study to the random simulation of truck's operation mode[J]. AVEC, 92090.

A Study on the Evaluation Parameters for Optimal Matching of Automobile Powertrain

He Ren   Gao Zongying

(Jiangsu University of Science and Technology)

Abstract: The paper discusses the evaluation method for the matching of automobile powertrain, presents one evaluation parameter for measuring utilization degree of power performance—loss ratio of driving power; another evaluation parameter for measuring utilization degree of fuel economy—utilization ratio of effective efficiency and third evaluation parameter—the energy efficiency to compromise vehicle performance and fuel economy. The three parameters mentioned above can be taken as the evaluation parameters for optimal matching of automobile powertrain.

Key words: Automobile   Powertrain   Matching   Evaluation

柴油机瞬变工况瞬时转速及工作过程测量分析系统*

罗福强　高宗英

（江苏理工大学）

[摘要]　介绍了一种适用于柴油机瞬变工况进气、喷油及燃烧过程动态特性的测量分析系统，研究了瞬时转速对瞬变工况动态特性测量分析的影响。

[关键词]　进气　燃料喷射　燃烧过程　测量　分析　瞬态　柴油机

随着对节能与排放控制日益严格的要求，国内外对柴油机在瞬变工况下的动态特性也日益关注，虽然通过合适的微机数据采集与处理系统和相应的传感器，可测量几十个相邻循环的转速、扭矩、气缸压力、进排气管气体压力、进气流速、油管压力、针阀升程、喷油泵齿杆位移、供油提前角变化等动态参数，并可用稳定工况惯用的方法得出平均指示压力等参数，但由于瞬变工况下曲轴及凸轮轴转速在迅速变化，与气体或燃油有关的参数（如循环进气量、充气效率、循环喷油量、喷油规律等）难以采用稳定工况研究所惯用的方法来精确确定。进气过程与喷油过程的变化必然引起燃烧过程的变化，因此通常的内燃机测量分析系统难于测量分析瞬变工况的动态特性[1]。针对上述问题，作者开发了一个柴油机瞬变工况进气、喷油及燃烧过程的每循环动态特性测量分析系统，该测量分析系统同样可用于柴油机稳态工况工作过程的测量分析及汽油机稳态工况及瞬变工况动态特性测量分析。

1　测量分析系统

柴油机瞬变工况下进气、喷油及燃烧过程参数信号可用相应的传感器、放大器经A/D转换和微处理机测录几十个相邻循环的连续变化状况。由于瞬变工况下柴油机瞬时转速变化较大，因此也需同时测出，此处瞬时转速是指曲轴角速度随时间的变化，不是指每转曲轴的平均转速，瞬时转速可通过测量曲轴转过一定角度（如 $1°$ CA 或 $6°$ CA 等）所经历的时间来确定。压缩上止点根据压缩压力线采用对称面积法加热力修正角确定[2]。测试系统简图见图1。

该测量系统所用 A/D 板为 12 位，最高采样频率有 100 kHz 及 200 kHz 两种，测量范围可在 ±5 V、±10 V 及 0～10 V 间选择，可按曲轴转角信号发生器触发采样或按 A/D 板所带的内时钟控制采样。采用微处理机为 IBM-PC 系列微机。A/D 转换满量程误差小于 0.1%。

---

* 本文为高等院校博士基金资助项目，发表于《内燃机工程》1996 年（第 17 卷）第 1 期。

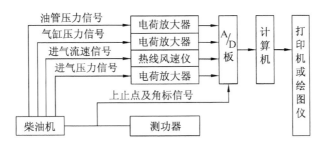

图 1 柴油机瞬变工况瞬时转速及工作过程测量分析系统示意图

根据测录的气缸压力、油管压力、进气流速及压力等信号的每循环变化,并考虑瞬时转速变化对测量及分析的影响,开发了适合于瞬变工况进气、喷油及燃烧过程的计算分析软件,可测量分析柴油机瞬变过程的平均指示压力、最高燃烧压力 p_{max} 及相位、最大压力升高率及相位、燃烧始点、放热规律、喷油量、喷油始点及喷油规律、进气量、充气效率等参数的每循环连续变化状况[3-6]。

2 瞬时转速测试精度分析

瞬时转速计算公式为 $n = d\varphi/(6dt) = (360/Z)/(6KT) = 60/(ZKT)$,式中 T, Z, K 分别为计时周期(s)、每转转角信号数(齿/转)及两个转角信号间计数器计数之差值。

由瞬时转速计算公式可得瞬时转速测量时的相对误差 ε 为

$$\varepsilon = |dn/n| = \left| \frac{dT}{T} + \frac{dZ}{Z} + \frac{dK}{K} \right|$$

曲轴信号发生器每转产生的脉冲数不变,计时频率也不变,其相对误差可忽略不计。故 $\varepsilon = |dn/n| = |dK/K|$,即整个系统的测试精度取决于脉冲计数值的相对误差,而每个脉冲间计数的误差为 ± 1,则其最大差值 $\Delta K_{max} = 2$,因此有

$$\varepsilon = 2/K = nZT/30$$

可见精度与转速密切相关,转速越低,精度越高,计时周期越小,相对误差也小。

2.1 A/D 板计数器计时

A/D 板晶振频率为 2 MHz,计时周期 $T = 1/(2 \times 10^6) = 0.5 \times 10^{-6}$ s,每转脉冲个数 $Z = 360$,则 $\varepsilon = 6n \times 10^{-6}$。当 $n = 100$ r/min 时,$\varepsilon = 0.06\%$;当 $n = 5\,000$ r/min 时,$\varepsilon = 3.0\%$。

该方法精度可满足工程技术要求。

2.2 采样频率计时

采样频率为 200 kHz,计时周期 $T = 1/200\,000 = 5 \times 10^{-6}$ s,每转曲轴转角信号数 $Z = 60$,故 $\varepsilon = n \times 10^{-5}$。当 $n = 100$ r/min 时,$\varepsilon = 0.1\%$;当 $n = 5\,000$ r/min 时,$\varepsilon = 5\%$。

该方法的精度也可满足工程技术要求。

需注意的是,若每转只有一个转角信号,则上述两种方法所测得的结果相对误差在 n 为 $1\,000 \sim 5\,000$ r/min 时均小于 0.08%,但测得的转速是每转平均转速,虽然相对误差小,但不能测得瞬时转速。

3 瞬时转速变化对测量及分析计算结果的影响

一般的柴油机动态参数测量系统均无同时测量瞬时转速变化的功能,而有些参数,如喷油规律 dq/dφ、放热规律 dQ/dφ 等与瞬时转速变化有关:

$$\frac{dq}{d\varphi} = \frac{1}{6n} \cdot \frac{dq}{dt} = \frac{1}{6n} \mu f \sqrt{\frac{2}{\rho} \cdot \Delta p} \tag{1}$$

式中:n——瞬时转速,r/min;

μf——喷油嘴喷孔有效流通截面积,m^2;

ρ——燃油密度,kg/m^3;

Δp——喷油嘴压力室压力与气缸压力之差,Pa。

$$\frac{dQ}{d\varphi} = \frac{1}{6n} \cdot \frac{dQ}{dt} = \frac{1}{6n}\left(p\frac{dV}{dt} + \frac{dQ_w}{dt} + \frac{dU}{dt}\right) \tag{2}$$

式中:p——气缸内燃烧压力,Pa;

V——气缸瞬时容积,m^3;

Q_w——瞬时散热量,J;

U——气缸内工质总内能,J。

一般进气、喷油及放热规律的计算分析均是按定角度步长,并认为转速是稳定的,因此每个角度步长对应的时间是按不变来处理的,而瞬时转速变化时,每度曲轴转角间经历的时间也是变化的,它对进气过程、喷油规律和放热规律的计算分析有一定影响,以往的研究均未考虑这一点。即使在稳定工况,柴油机瞬时转速也是变化的。在瞬变过程中瞬时转速变化更大,因此对分析计算结果的影响也更大。现以一台单缸、水冷、四冲程、直喷式柴油机冷启动时喷油过程模拟计算为例,分析瞬时转速变化的影响。

图 2 为柴油机冷启动时瞬时转速的变化历程。图 3 为着火后前 5 个循环的柴油机瞬时转速的详细变化状况。图 4 为冷启动时油管嘴端压力 p 的变化历程。由图 2、图 3 可知,在冷启动初期压缩行程瞬时转速下降较大,与燃烧过程的瞬时转速的差别也较大,随着转速的上升该差别逐渐减小。以第一次着火为例,压缩行程末了瞬时转速迅速下降,由压缩过程开始时的 280 r/min 降到最低约 100 r/min,而喷油过程是在压缩过程末了时开始的,此时的瞬时转速约只有该循环平均转速 350 r/min(按两进气上止点间经历的时间确定)的 30%,因此考虑瞬时转速变化进行喷油过程模拟计算[5]所得结果与采用该循环平均转速所得结果有较大差别,如图 5 所示。由图 3、图 5 还可知,随着转速的上升,压缩过程瞬时转速下降幅度略有减少,但它占平均转速的比例下降较多,采用瞬时转速与循环平均转速所得结果差别逐渐减小,在转速较高时两者结果基本相同。转速不同引起喷油过程模拟计算结果不同,这是由于同一曲轴角度所对应的时间由于转速不同而不同,即喷油持续时间不同所致。因此在冷启动时喷油

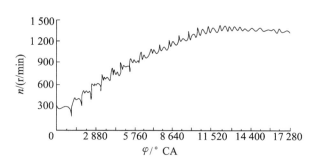

图 2 冷启动时瞬时转速的变化历程

过程模拟计算中必须考虑到瞬时转速的影响。

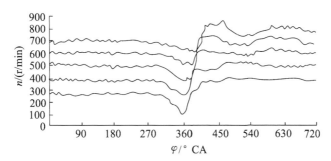

图 3　冷启动着火后前 5 个循环的瞬时转速

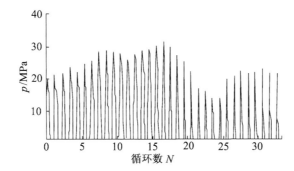

图 4　冷启动时油管嘴端压力 p 的变化历程

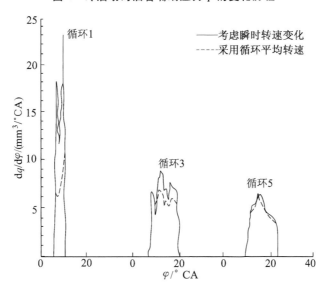

图 5　冷启动时采用不同转速进行喷油过程模拟计算结果对比

综上所述，在冷启动时喷油过程的模拟计算中，瞬时转速变化对计算结果有一定影响。同样，在瞬变工况喷油过程测量及放热规律计算分析中瞬时转速变化也对测量及计算结果有一定影响[5,6]。

4 结 论

开发的柴油机瞬变过程测量分析系统,考虑了瞬时转速变化对测量及计算分析结果的影响,能测量分析柴油机瞬变过程瞬时转速、进气、喷油及燃烧过程特性参数的每循环变化历程。研究表明,在进行柴油机瞬变工况进气、喷油及燃烧过程的模拟计算时,当瞬时转速变化较大时,必须考虑其影响。

参 考 文 献

[1] 黄宜谅等.柴油机工作稳定性与变工况特性的研究概况[J].山东内燃机,1993,10(2).
[2] 惠德华等.上止点确定的分析研究[C].第四届中国内燃机测试技术学术年会论文,1988.
[3] 汤文伟,罗福强,高宗英.柴油机每循环充气效率的研究[J].江苏工学院学报,1991,12(3).
[4] 罗福强,汤文伟,高宗英.柴油机瞬变工况下喷油及某些性能参数变化的研究[J].内燃机学报,1992,10(3).
[5] 高宗英等.柴油机瞬变工况下喷油过程的测量及模拟计算[C].上海:中国内燃机学会第三届学术年会论文集,1992.
[6] 罗福强,高宗英,吴小江.手摇起动柴油机冷起动过程的测量分析[J].江苏工学院学报,1993,14(1).

A Measurement and Analysis System for Instantaneous Speed and Working Processes of Diesel Engine under Transient Conditions

Luo Fuqiang　　Gao Zongying

(Jiangsu University of Science and Technology)

Abstract: A measurement and analysis system used for dynamic characteristics in the intake, fuel injection and combustion processes of a diesel engine under transient conditions is developed. The influence of engine instantaneous speed on the measurement and analysis of dynamic characteristics of the diesel engine under transient conditions is studied.

Key words: Intake　Fuel injection　Combustion process　Measurement　Analysis　Transient condition　Diesel engine

低散热柴油机燃烧室零件的优化设计*

高宗英　孙　平
（江苏理工大学）

[摘要]　对影响柴油机燃烧室零件传热损失大小和热负荷高低的若干因素进行了研究。利用有限元方法模拟计算了燃烧室零件温度场和热流密度分布，并进行了实验测量。针对改变结构设计和冷却方案的不同情况进行了热负荷和传热损失的对比分析，并分析了燃烧室壁温变化对柴油机性能的影响，提出了低散热柴油机燃烧室零件的优化设计思想和方案。

[关键词]　柴油机　优化设计　燃烧室　温度场

柴油机的传热和热负荷是燃烧室零件设计的一个重要因素。由于受到材料耐高温性能和热强度及润滑油工作温度的限制，在设计燃烧室零件时，必须从选材、结构形式和冷却方式几方面保证柴油机的可靠性。但是，燃烧室的散热损失会对柴油机产生效率下降、启动困难等不良影响。因此，随着近年来低导热、耐高温、高强度材料的发展，特别是结构陶瓷材料的发展，产生了低散热柴油机的研究。柴油机隔热后，传热损失减小，但同时会由于壁温上升引起充气效率下降。研究表明：对于自然吸气式柴油机，隔热难以取得显著的性能改善；对于废气涡轮增压柴油机，由于隔热后废气能量增加，通过废气涡轮增压器可以提高增压压力，以补偿由于壁温升高引起的充气量下降。因此，燃烧室隔热后使柴油机性能得以提高；对于复合涡轮增压柴油机，隔热后，性能提高的潜力更大。此外，隔热柴油机燃烧室壁温上升会引起缸内传热和燃烧过程发生变化，这一领域的研究得出不少新的观点，它们对低散热柴油机燃烧室零件的设计具有深刻的影响。笔者通过试验测量和模拟计算等方法，针对低散热柴油机燃烧室零件选材、结构设计和冷却方式以及壁温上升对柴油机工作过程和性能指标的影响等方面开展了研究工作。

1　低散热柴油机燃烧室零件设计

1.1　材料选择

柴油机燃烧室零件由于工作条件恶劣，因此，对材料的要求较高。考虑到制造成本，气缸盖和机体多为灰铸铁，活塞由于受往复惯性力的限制多采用铝合金。对于一些中低速增压柴油机，由于机械负荷和热负荷较高，采用了合金铸铁活塞。不同的材料具有不同的导热系数和耐高温性能，由于材料热强度的限制，铝合金活塞最高温度通常小于 350 ℃，灰铸铁气缸盖最高温度通常小于 400 ℃，合金铸铁活塞的最高温度小于 450 ℃。同时，受润滑油工作温度的限制，活塞第一环槽和气缸套最高温度应小于 220 ℃。低散热柴油机为了减少散热损失，燃烧室

---

*　本文为国家自然科学基金资助项目，发表于《江苏理工大学学报》1996 年（第 17 卷）第 2 期。

零件选用了低导热材料,这将会使零件壁温大幅度提高。因此,除低导热性能之外,材料还需具有好的耐高温性能和高的热强度、优良的抗冲击能力。玻璃陶瓷的导热系数很低,隔热效果良好,但强度太低,难以用来制造燃烧室零件。结构陶瓷(氮化硅、碳化硅等)具有高的热强度,但导热系数也较大,故可以采用组合式结构,利用气隙隔热来实现低散热。如果采用陶瓷-金属组合式结构,由于陶瓷材料与金属材料热膨胀系数相差很大,需采用复杂的结构设计来避免产生过高的热应力,而采用整体式陶瓷零件,又受到加工困难、制造成本高的限制。目前,结构陶瓷材料在内燃机中的应用还未达到实用阶段。部分稳定氧化锆陶瓷具有很低的导热系数、与金属材料相近的热膨胀系数及良好的强度和抗震能力,因此,在燃烧室表面喷涂氧化锆涂层实现低散热的方案相对较易实现。随着耐热合金材料的发展,采用金属-金属气隙隔热也是一种较为实用的方案。

1.2 结构设计

(1) 活塞

内燃机活塞通常为铝合金,因为铝材的比重仅为钢铁的1/2.7,往复惯性力较小,对于高速柴油机,这一特性非常重要。另一方面由于铝材的导热系数是钢铁的4~5倍,燃气对活塞的传热量主要是通过活塞体和活塞环传给气缸套,它占燃气对活塞总传热量的50%~60%。因此,铝合金活塞头和环槽部设计成厚壁,以利于活塞的径向传热,这种设计称为"热流型"活塞设计。对于一些中低速增压柴油机,由于活塞热负荷过高,使得铝活塞头烧蚀、开裂,故采用了耐热性能好的合金铸铁材料。为了防止活塞过重,设计成薄壁结构,这时热量难以传给气缸壁,必须采用活塞底部喷油冷却、油道冷却和振荡冷却措施,进行轴向散热,保证零件温度在材料允许的温度范围,这类活塞的散热损失比铝活塞小。低散热柴油机要进一步减少活塞散热,需采用低导热、耐高温、高强度材料形成隔热层,切断活塞向外的传热路径。这些结构方案包括镶陶瓷顶或耐热合金气隙隔热组合活塞和燃烧室表面喷涂氧化锆涂层等多种形式。图1为径向热流型、轴向热流型及隔热型活塞方案。

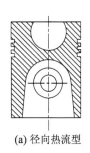
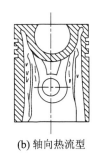
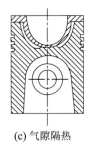
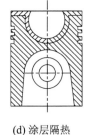

(a) 径向热流型　　(b) 轴向热流型　　(c) 气隙隔热　　(d) 涂层隔热

图1　活塞结构方案

(2) 气缸盖

柴油机气缸盖根据冷却方式不同选用不同的材料。水冷柴油机缸盖通常采用灰铸铁,而风冷柴油机气缸盖多采用铝合金。气缸盖进、排气门以及喷油器(或者涡流室镶块)之间由于冷却侧空腔狭小。并常有铸造粘连、清砂不净、阻塞等现象,造成鼻梁三角区温度过高,导致气缸盖热裂、烧蚀等热负荷故障发生。为了加强鼻梁区的冷却,通常采用下列两种设计方案:① 增加进、排气门之间鼻梁区的宽度,以保证冷却侧有较大的冷却空间,以利于冷却液的流动。但是,这会使气门直径减小,气体流动阻力增加,对柴油机性能产生不利影响。② 在鼻梁区火力面侧削去部分金属,减小壁厚,提高冷却效果;减小缸盖鼻梁区受热面积,这时气门直径较大,气体流动改善,这种设计方案是一种新颖的设计方案。对于低散热柴油机气缸盖,缸盖火力面和排气道通常镶嵌隔热陶瓷板或喷涂氧化锆涂层,这样既可以保护背面金属材料,又可以减少散热。图 2 为气缸盖鼻梁区结构及隔热方案。

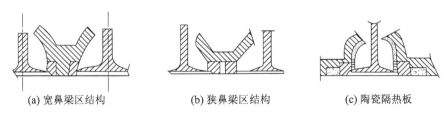

(a) 宽鼻梁区结构　　(b) 狭鼻梁区结构　　(c) 陶瓷隔热板

图 2　气缸盖鼻梁区结构及隔热方案

（3）机体和气缸套

水冷柴油机气缸套分为干式和湿式两种,干式缸套不直接与冷却水接触,则冷却效果不及湿式缸套。风冷柴油机气缸套也分为单金属缸套和双金属缸套两种。由于对气缸套耐磨性能的要求,缸套通常为铸铁材料;双金属缸套主要利用铝合金良好的导热性能来加强散热效果。燃气对缸套的热流密度自缸套顶部向下逐渐减少,故缸套最高温度位于气缸套顶部,并自上而下逐渐下降。水冷柴油机气缸套顶部镶在机体顶板中,散热较差,而位于水套当中的那部分缸套,冷却散热好;风冷柴油机气缸套自上而下冷却效果较均匀,则水冷柴油机气缸套温度上下变化较风冷柴油机气缸套明显。为了将气缸套最高温度控制在允许温度范围内,需加强气缸套顶部的冷却。对于低散热柴油机,气缸套有氧化锆材料制成整体内衬嵌入缸套、整体式结构陶瓷缸套和缸套内表面喷涂氧化锆涂层等结构形式。

1.3　冷却方式

柴油机的冷却是为了解决受热零件热负荷,防止润滑油结胶变质,保证柴油机可靠运行而设计的。常用的冷却剂有水、润滑油和空气,冷却剂流过壁面带走热量的多少主要取决于冷却剂的热物性和流动特性,冷却介质的热容 $\rho \times C_p$ 越大,导热系数 λ 越高,则散热能力越强;而运动黏度越高,流动阻力越大,流速越低,散热能力就下降。由此可见,水的冷却能力最强,润滑油次之,空气最差。

燃烧室零件传热及热负荷分析表明:冷却侧不同位置的冷却强度应该根据对应点燃气对壁面的热流密度和传热时间来确定,燃气侧热密度越大,传热时间越长,则冷却侧的冷却强度应越大。对于气缸盖来说,中心鼻梁区的燃气换热系数较大,而周围区域的换热系数较小。活塞顶面的换热系数变化具有类似的空间分布规律。气缸套上部燃气换热系数较大,与燃气接触时间较长。因此,热流密度自上而下逐渐减小。由此可见,活塞和气缸盖冷却侧气缸中心区域以及气缸套冷却侧上部区域应具有较强的冷却强度。例如,在小型柴油机局部冷却系统设计中[1],气缸盖和气缸套上部采用水冷,气缸套中下部自然对流冷却,采用轴向热流型活塞,活塞底部喷油冷

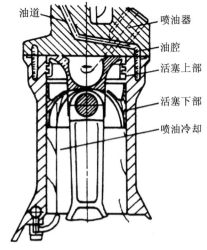

图 3　Elsbett 油冷结构方案

却。Elsbett 油冷柴油机采用铰接式铸铁活塞,活塞底部喷油冷却,缸盖鼻梁区加工冷却油道,缸盖底面和缸体上部在气缸圆周上铸有油槽,如图 3 所示[2]。上述结构设计既保证了柴油机热负荷的可靠性,又减少了冷却散热损失。

当提高冷却介质温度时,柴油机散热损失减小。通常冷却水温低于 100 ℃,采用部分蒸汽强制循环冷却系统,则冷却水温可以超过 100 ℃。在一台 4 缸直喷柴油机上采用这种冷却系统后,将原冷却水温从 85 ℃ 提高到 105 ℃,取得了燃油耗下降 6% ~ 7% 的节能效果[3],冷却介质温度提高后,零件壁温也相应增加,但最高温度区域由于沸腾传热加剧,壁温上升不多。当采用其他冷却剂(机油、乙二醇水溶液),冷却剂温度也可超过 100 ℃,实现高温冷却,但由于仍处于对流换热状态,零件壁温随冷却剂温度上升明显上升。当采用低导热、耐高温材料对燃烧室隔热后,燃烧室外侧温度较低,这时可取消冷却系统,节约驱动功率。

2 燃烧室零件温度场数值模拟

有限元法作为一个重要的数值模拟手段,能有效地模拟燃烧室零件的温度场,从而为零件的结构优化设计提供依据。作者编制了有限元网格自动划分和数据文件自动生成前处理子程序和等值线绘制后处理子程序,与有限元计算温度场主程序相连接,进行了单缸水冷直喷柴油机燃烧室零件的温度场计算[4]。图 4 为燃烧室零件温度场计算结果和实测温度分布,图中带框的数据为实验测量结果。由图可见:① 计算结果与测量值吻合良好。② 气缸盖鼻梁区温度最高为 350 ℃,并随距气缸中心的距离增加而下降,气缸圆周上温度为 160 ~ 170 ℃,气缸套上部温度为 160 ~ 170 ℃,而处于冷却水套中的大部分区域温度在 105 ~ 120 ℃ 之间。活塞最高温度位于球形燃

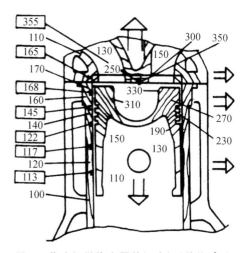

图 4　柴油机燃烧室零件温度场(单位:℃)

烧室缩口处,为 330 ~ 340 ℃,第一环槽温度为 220 ~ 230 ℃,活塞裙部温度小于 150 ℃。③ 燃烧室零件内部的热流密度分为轴向热流密度和径向热流密度两部分。计算表明:在气缸盖鼻梁区,缸盖轴向热流密度是径向热流密度的 4 ~ 5 倍;在气缸圆周上,缸盖轴向热流密度是径向热流密度的 1.5 ~ 2 倍;鼻梁区轴向热流密度是缸径圆周上同向热流密度的 3 ~ 4 倍。气缸套上部径向热流密度是轴向热流密度的 2 倍,缸套处于水套中的部分仅有径向热流密度,气缸套上部径向热流密度是中部径向热流密度的 1.5 倍左右。活塞的径向热流密度是轴向的 2 倍,热量主要传给气缸套。热流密度大小在图 4 中用箭头宽度表示。

改变燃烧室零件结构设计和冷却方案,可以改变燃烧室零件传热路径,改变零件温度分布,满足热负荷可靠性和低散热的要求。图 5 为镶顶陶瓷活塞、镶顶铸铁活塞和铰接式铸铁活塞的温度场对比。受铸铁材料热强度的限制,活塞底部需喷油冷却,并可通过增大喷油量控制活塞最高温度在材料强度允许范围内。与原热流型铝活塞相比较,铸铁活塞使活塞散热损失减少 15% ~ 20%,陶瓷顶活塞使活塞散热损失减少 40% ~ 50%。由于采用低导热材料以及减少了燃烧室向活塞环槽部的传热截面,活塞环槽温度明显下降,低于 180 ℃。活塞底部喷油冷

却使热流方向从原铝活塞的径向传热为主转变为轴向传热为主,温度分布较均匀,活塞可靠性提高,散热损失减少。

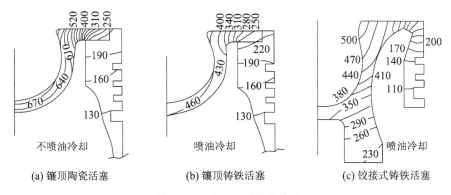

图 5 活塞温度场(单位:℃)

对于气缸盖结构设计,理想的传热方向应是轴向传热。由于鼻梁区冷却不够导致温度过高,而其他区域冷却充分,温度较低,温差产生了径向传热。为此,在鼻梁区加工冷却油道(或水道),而其他区域采用高温油冷。计算表明:采用这一结构方案,可使鼻梁区温度控制在400 ℃以内,而缸盖火力面其他区域温度在300 ℃左右。图 6 为带有冷却油道的缸盖鼻梁区温度场。对于气缸套而言,由于活塞径向热流减少,缸套大部分区域温度较低,因此,仅需在气缸套上部一周设置冷却油腔(或水腔),而中下部采用自然对流冷却,采用这种结构的缸套温度场如图 7 所示。

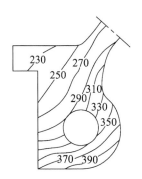 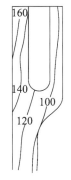

图 6 缸盖鼻梁区温度场(单位:℃)   图 7 气缸套温度场(单位:℃)

采用铰接式铸铁活塞,活塞底部喷油冷却,缸盖底板及机体上部在气缸圆周上设置冷却油腔,鼻梁区加工冷却油道的 Elsbett 油冷柴油机的热平衡测试表明:它的冷却散热损失仅有16%,比同等排量的水冷柴油机的散热损失减少 30% 左右,同时,燃烧室零件具有良好的可靠性。

3 壁温对柴油机工作过程及性能指标的影响

为了减少燃烧室零件的冷却散热,在材料热强度允许的温度范围内,可以通过改变结构设计和冷却条件来提高燃烧室壁温,并获得均匀的温度分布。然而,壁温会对缸内工作过程产生影响,从而影响到柴油机的性能指标[5]。

(1) 对充气效率的影响

随着燃烧室壁面温度提高,柴油机充气系数下降。在最大喷油量工况,由于过量空气系数下降,混合气变浓,燃烧不完全,冒烟增加,因此,限制了最大输出功率;在小油量时,过量空气系数大,燃烧完全,这时散热损失减少使燃油消耗率下降。图8为自然吸气式单缸试验机采用镶顶活塞前后,燃油消耗率变化曲线。

(2) 对燃烧过程的影响

壁温上升,则柴油机着火滞燃期缩短,滞燃期内燃油混合气形成量少,燃烧初期放热率下降,压力升高率低、工作柔和。壁温提高,有助于燃油雾化混合。提高燃烧速度,最佳供油提前角应相应减小。由于排放生成取决于反应区的空燃比、燃烧最高温度及高温持续时间,因此,壁温变化对排放物的生成影响比较复杂。

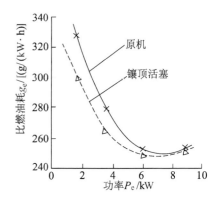

图 8　隔热前后燃油消耗率曲线

(3) 壁温上升对启动性能和怠速转速的影响

在单缸试验机上,采用隔热活塞后,柴油机的启动性能得到改善,同时,壁温高燃油易着火使柴油机的稳定怠速转速从原来的 600 r/min 下降到 450 r/min。

(4) 壁温上升对燃料性能要求的影响

燃烧室壁面温度提高有助于燃油的雾化和燃烧。对于相同的喷油量和燃烧时间,则对燃油的着火性能和雾化性能要求降低,可以燃烧植物油等多种代用燃料。

由此可见,壁温除对零件的可靠性和散热损失有影响外,还对充气效率、输出功率、燃油耗和启动性能等指标产生影响。因此,对于某一柴油机,通过改变燃烧室零件结构设计和冷却条件来控制燃烧室壁温时,应对柴油机的进气、喷油过程进行调整匹配,使进气、供油及散热和热负荷之间获得最佳配合,实现柴油机综合性能的优化。

4　结　论

(1) 燃烧室零件和冷却系的结构设计和计算分析表明:优化零件结构设计和冷却,可以控制零件的最高温度,改变燃烧室零件的热流路径获得较均匀的温度分布,降低零件的热负荷,提高零件的可靠性,同时减少散热损失。

(2) 有限单元法模拟零件温度场可以在设计最初阶段提供多方案的对比分析,快速有效地获得优化的设计方案,节省多方案的试制和测量费用,缩短产品设计周期。

(3) 对于气缸盖和活塞零件,应该采用轴向热流散热方案,对于气缸套应采用径向热流散热方案,尽可能使冷却液到达受热严重的区域,提高冷却效率,在局部高温区域应具有较强的冷却强度,控制最高温度,而其他域避免冷却过度,造成散热损失过大。

(4) 燃烧室壁温对充气效率,燃烧过程等多方面都有影响。可以通过改变结构设计和冷却控制燃烧室壁温在一最佳温度范围,使柴油机的进气、喷油、混合形成和燃烧散热损失及热负荷之间获得最佳配合,实现柴油机综合性能的优化。

参 考 文 献

[1] Kirloskar C S, et al. 提高小型柴油机经济性的新型局部冷却系统[J]. 国外内燃机, 1985(3).
[2] Elsbett K, et al. Elsbett's reduced cooling for D. I. diesel engine without water or air [J]. SAE, 1987, Paper No. 870027.
[3] 俞水良, 潘克煜, 肖永宁. 直喷式柴油机高温冷却模拟隔热的传热和性能研究[J]. 内燃机工程, 1992, 13(1).
[4] 孙平. 内燃机缸内瞬态传热及降低燃烧室壁面散热损失的研究[D]. 江苏理工大学博士学位论文, 1994.
[5] Alkidas A C. Performance and emissions achievements with an uncooled heavy-duty, single-cylinder diesel engine[J]. SAE, 1989, Paper No. 890144.

Optimum Design of Combustion Chamber Components in Low Heat Rejection Diesel Engine

Gao Zongying Sun Ping

(Jiangsu University of Science and Technology)

Abstract: Dealt with are factors affecting the heat loss and thermal load of combustion chamber components. The finite element method is used to calculate the temperature field and heat flux distributions of the components, and the results are experimentally verified. Comparisons are made of thermal loads and heat losses for various structure designs and cooling schemes, and the analysis is made of the effects of the wall temperature on diesel engine performance. Finally the optimum designs are presented of combustion chamber components.

Key words: Diesel engine Optimum design Combustion chamber Temperature field

多缸汽油机缸盖热负荷研究

蒋 勇 盛建军 高宗英

（江苏理工大学）

[摘要] 以NJG427A汽油机为工程背景,对其缸盖热负荷进行了详细研究。在观察分析缸盖中冷却水流动状况基础上,进行改进,并对新、老缸盖温度进行对比实验。计算其温度场并绘图,最后做出分析评价。

[关键词] 汽油机 流动显形 温度 有限元

多缸汽油机缸盖热负荷状况对发动机性能及工作可靠性有着重要影响。NJG427A汽油机作为载重量为1.5～3 t级轻型载货车或专用车的配套动力,生产批量大。该机投入生产后,相继发现一些发动机的受热零部件工作可靠性问题,且伴随有爆震现象,经研究分析,认为缸盖冷却问题是主要因素之一。

1 缸盖内冷却水流动显形

作者对厂方提供的缸盖进行了解剖分析,并在缸盖上加装透明玻璃窗,采用流态可视化技术FV中的丝踪法对缸盖内冷却水流动状况进行观察。模拟发动机运行工况进行倒拖,结果如图1所示。我们发现上水孔上丝线直冲向上,尤其是后端两上水孔,水流方向与缸盖顶面呈垂直,上层水流较急,特别是火花塞侧,因缸盖内腔在此处的阻隔物较少,形成主流道,靠近火力面冷面的下层水流流动缓慢,特别是进、排气道侧呈死水区。针对此情况,对缸盖进行改进,缩小后端两水孔,在火花塞对面侧的三、四缸之间增加一水道孔,将一缸,一、二缸之间及二、三缸之间水孔加大,对新、旧方案在相应工况下再进行对比测温试验。

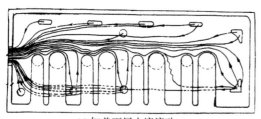   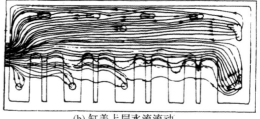

(a) 缸盖下层水流流动   (b) 缸盖上层水流流动

图1 原型缸盖水流流动示意图

---

* 本文原载于《江苏理工大学学报》1996年（第17卷）第2期。

2 缸盖温度测量

采用热电偶法测量缸盖温度,热电偶为镍铬-镍硅铠装热电偶,二次仪表为 XMZ-100A 系列数字显示仪,测试系统图如图 2,测点位置图如图 3 所示。考虑 A 区易发生爆燃,安排了测温点 3,6,每缸布置 6 点。为比较各缸温度分布均匀性,四缸的测温点分布一致,总共为 24 点。

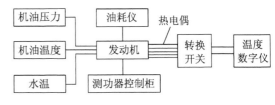

图 2 测试系统图

试验工况:

4 000 r/min,3 200 r/min,2 700 r/min,2 000 r/min 四种转速;
50%,100% 两种负荷。

根据测试结果,可以绘制出如图 4 所示 8 个点的两种负荷下的温度变化趋势,分别如图 5 和图 6 所示。

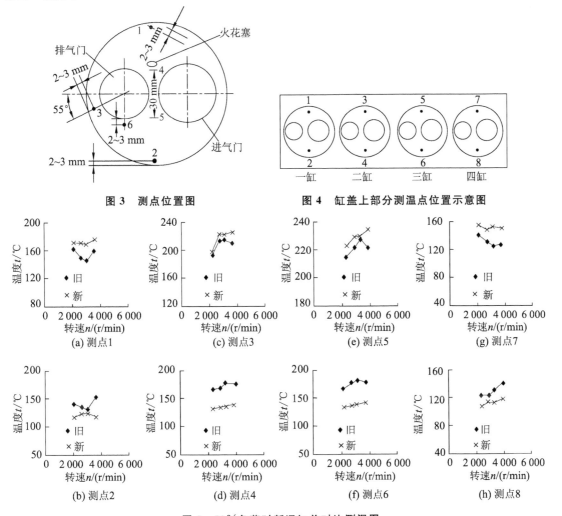

图 3 测点位置图　　图 4 缸盖上部分测温点位置示意图

图 5 50%负荷时新旧缸盖对比测温图

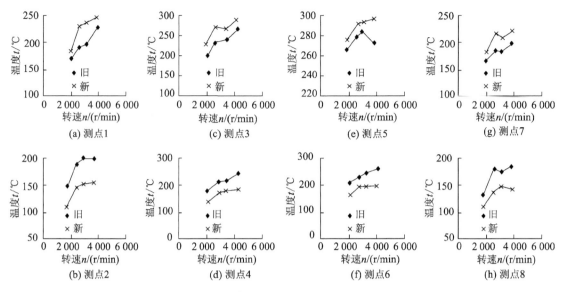

图6 100%负荷时新旧缸盖对比测温图

3 多缸汽油机缸盖温度场计算

3.1 数学模型

作者采用二维有限元模式,计算中考虑火力面冷面冷却水的吸热,用二维4~8节点单元分别对改型前后的缸盖火力面进行分割,如图7所示。原型:2 298个节点,1 298个单元;改进型:2 291个节点,1 301个单元。可见计算规模是较大的,计算采用ADINAT程序。

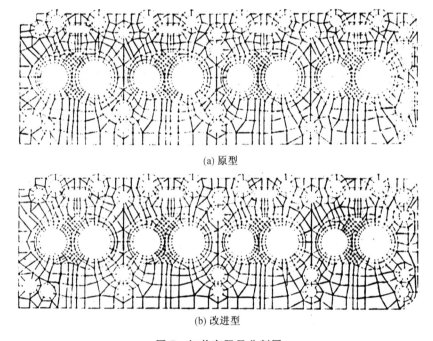

图7 缸盖有限元分割图

3.2 边界条件

（1）自由表面

气缸盖暴露在大气环境中的表面即为自由表面。这类表面的特点是它们与周围环境的换热极为微弱，因此换热系数数值很小，计算统一取 0.080 9 W/(m²·K)，环境温度取实测温度 304.15 K。

（2）冷却水表面

这类表面在气缸盖的换热中起着很大的冷却作用。在计算中，作者首先大致估算火力面冷面被冷却水带走的热量 q_z，泡状沸腾时传出的最大热流量按 Zuber 推导的解析式进行计算

$$q_{max} = \frac{\pi}{24} h_{fg} \rho_v \left[\frac{\sigma g(\rho_l - \rho_v)}{\rho_v^2}\right]^{\frac{1}{4}} \left(1 + \frac{\rho_v}{\rho_l}\right)^{\frac{1}{2}} \tag{1}$$

式中：h_{fg}——饱和温度 T_s 下的汽化潜热；

ρ_v, ρ_l——蒸汽、饱和液体的密度；

σ——汽液界面的表面张力。

在饱和温度 $T_s = 383.15$ K 下的物性参数分别为：$h_{fg} = 2\ 230$ kJ/kg，$\rho_v = 0.826\ 5$ kg/m³，$\rho_l = 950.66$ kg/m³，$\sigma = 5.7 \times 10^{-2}$ N/m，将其代入式(1)中得 $q_{max} = 127.440$ kW/m²。

Rohsenow 曾建议：

$$q_总 = q_沸 + q_{对流}$$

$q_沸$ 可按下式计算：

$$\frac{C_l(\theta_b - \theta_s)}{h_{fg}} = C_{sf}\left[\frac{q_沸}{\mu_l h_{fg}}\sqrt{\frac{\sigma}{g(\rho_l - \rho_v)}}\right]^{\frac{1}{3}} Pr^{1.7}$$

式中：C_l——饱和液体比热；

Pr——饱和液体的普朗特数；

C_{sf}——与壁面和液体种类有关的系数；

μ_l——饱和液体的动力黏度。

将前述求出的 q_{max} 代入上式，可求出壁面温度

$$\theta_b = \theta_s + \frac{C_{sf} h_{fg} Pr^{1.7}}{C_l} = \left[\frac{q_{max}}{\mu h_{fg}}\sqrt{\frac{\sigma}{g(\rho_l - \rho_y)}}\right]^{-\frac{1}{3}}$$

取 $C_l = 4.228\ 7$ kJ/(kg·K)，$Pr = 1.6$，$C_{sf} = 0.013$，$\mu_l = 258.9 \times 10^{-6}$ Pa·s，求得

$$\theta_b = 410.65 \text{ K}。$$

冷却水与壁面换热系数取为 3 779·75 W/(m²·K)。

（3）燃烧室周边

由于发动机工作过程中燃烧室里发生换气燃烧等等复杂过程，加之缸盖复杂的结构，使这一边界的环境温度和换热系数情况极为复杂，随时间和地点不同。计算时，首先根据示功图（P-φ 图）计算出每一瞬时的温度 T_g，通过积分得到平均温度 T_{av}，而把 T_{av} 作为环境温度。对于换热系数采用分段处理，如图 8 所示。做出这样的处理，有以下几方面的考虑：在燃烧室中，离着火区远近不同，其换热有所不同。特别是考虑到爆燃倾向，所以把终燃混合气旁缸盖部分分开；进、排气门两侧的热状况有显著不同，换热系数应该不同。考虑到测出该机的空燃比 AFR 及各缸充气量的差别很小，可以认为该机各缸的燃烧放热基本相近，各缸燃烧室内各对应区域的对流换热系数相同，而各缸的温度分布差异，可以认为是由于火力面冷面的冷却不同

所造成的。考虑到火力面冷面冷却水带走的 q_z 在不同区域有差异,对冷面进行了如图 9 所示的分区处理(12 个区)。因为各缸冷却强度不同,各缸的进排气区域冷却强度有差异。通过反复试算,不断调整换热系数与各区 q_z,故计算值与实测值接近。温度场分布如图 10 和图 11 所示。

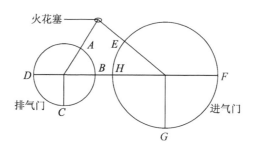

图 8　换热系数分段处理示意图

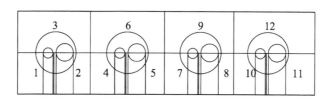

图 9　火力面冷面分区处理示意图

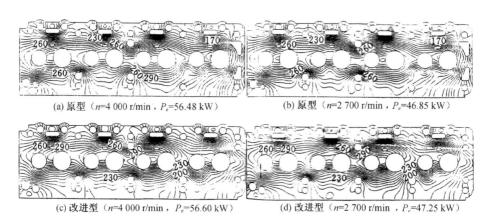

图 10　温度场分布图

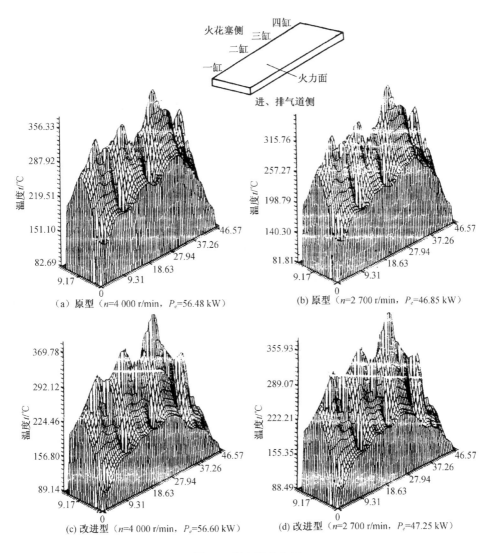

图 11　温度场分布图

4　结束语

从改型前后两缸盖温度场可以看出,改型缸盖进、排气门侧温度有较大幅度下降,这对抑制爆燃是十分有利的,但改型后缸盖火花塞侧温度有所上升,造成进、排气道侧与火花塞侧温度梯度增大,使得热应力增大,这是不利的。因此为了克服各缸的温度分布不均匀的问题,更加合理地设计水道等及提高加工质量是十分必要的。

参 考 文 献

[1] 八田桂三,浅沼强,松木正胜. 内燃机测试手册[M]. 北京:机械工业出版社,1987.
[2] 肖永宁,潘克煜,韩国埏. 内燃机热负荷和热强度[M]. 北京:机械工业出版社,1988.
[3] 陆瑞松. 内燃机的传热与热负荷[M]. 北京:人民交通出版社,1988.

Research on Thermal Loading in Head of Multi-Cylinder Gasoline Engine

Jiang Yong   Sheng Jianjun   Gao Zongying

(Jiangsu University of Science and Technology)

Abstract: By using the modeling techniques, the thermal loading in the cylinder head of NJG427A gasoline engine is investigated in detail. On the basis of the observation of the flow of the cooling water in the cylinder head, the authors have improved the cylinder head and measured temperatures of specially-located point on the prototype and modified cylinder head. The temperature fields of the cylinder head are calculated, and their isotherms plotted. Finally the results are analysed and evaluated.

Key words: Gasoline engines   Flow visualization   Temperature   Finite elements

用节流轴针式喷油嘴的隔热直喷燃烧系统的研究*

刘胜吉 高宗英 李伯成

（江苏理工大学）

[摘要] 通过理论分析和实验研究,阐明了用单油束的直喷燃烧系统的设计理论和原则,认为用节流轴针式喷油嘴,隔热燃烧室设计,通过喷油、进气、燃烧过程的优化能实现小缸径直喷柴油机的良好空间混合和燃烧,取得优良的柴油机综合性能。

[关键词] 直接喷射柴油机 节流轴针式喷油嘴 低散热 性能指标

在直喷式柴油机的研制过程中,传统的用多油束的直喷燃烧系统仍占统治地位,且不断向小缸径柴油机推进。由于这种燃烧系统采用多孔小孔径的喷油嘴及高喷射压力的喷油泵,故对喷油系统要求较高,特别是喷油系统的性能和制造质量直接影响柴油机的性能和产品质量的稳定性,这一点对小缸径柴油机影响更为明显。虽然国内外在小缸径直喷柴油机的研制中已做了大量的工作,但对缸径较小的柴油机要取得包括动力性、经济性、排放和噪声等良好的综合性能仍有相当的困难。在国内出现了机型研制开发较多,但批量生产仍然较少的局面,因此进一步开展直喷燃烧系统研究,在深入研究传统多油束直喷燃烧系统工作机理的同时,探索新型直喷燃烧系统,对小缸径柴油机的直喷化发展将起到一定的推动作用。用单油束的直喷燃烧系统是柴油机实现直喷燃烧的又一燃烧方式,由于它对喷油系统的要求相对较低,国外近年来对此项工作的研究也在不断向前推进,出现了数种新结构的燃烧系统。这类燃烧系统能否作为国内外小缸径柴油机直喷化的实用方案之一,作者在吸收国外先进技术的基础上进行了有益的探索,本文是这项工作的一部分。

1 用单油束的直喷燃烧系统的燃烧模型

早在50年代末,德国MAN公司推出了用单孔喷油嘴喷射的直喷燃烧系统——M燃烧过程,随后又为小缸径柴油机发展了用轴针式喷油嘴的可控直喷燃烧系统,这种燃烧系统改变了M燃烧过程的单一追求油膜混合燃烧的方式,特别是对低速小负荷工作区,提出用空间混合燃烧为主的理论以克服M燃烧过程的缺陷[1];民主德国汽车制造技术中心提出的"H过程"燃烧方式是使用单油束把油喷到燃烧室周边,通过特定燃烧室结构使油线与壁面保持一定的距离,实现在周边形成混合气的燃烧方式;日本学者通过用旋流喷油嘴证实了用单油束的直喷燃烧系统对不同工况都实现空间混合燃烧的可行性[2],空间混合避免了燃油过多堆积于燃烧室壁引起燃烧过程的恶化;德国埃斯贝特公司提出了双热区燃烧理论,用单油束把油喷在

---

* 本文为国家自然科学基金资助项目,发表在《内燃机学报》1996年(第14卷)第3期。

60%燃烧室直径处,燃烧在燃烧室中心区形成热区,而在燃烧室周边的空气层起隔热作用为冷区,整个燃烧期间的燃油不着壁燃烧[3]。综合前人所做的工作,在用单油束的直喷燃烧系统中,为实现完善及时的燃烧,应对喷油油束在燃烧室的布置及气流对油束的影响进行深入的分析,既要防止燃油过多堆积于壁面,又要遵循热混合理论,防止未燃燃油集中在燃烧中心产生热锁效应,造成燃烧恶化。此外单个油束应借助于空气运动使其尽可能多地分布于燃烧室的周边,减少燃烧室内各局部区域混合气浓度差异。这是用单油束的直喷燃烧系统实现良好油气混合的关键。

实现单油束喷油可采用轴针式喷油嘴和单孔式喷油嘴,我们先来分析一下两者的差异。对缸径为 90 mm 左右的柴油机,用孔式喷油嘴单个喷孔的直径在 0.45～0.55 mm,轴针式喷油嘴的喷孔直径为 0.8～1.0 mm,喷孔和轴针的间隙在节流段是 0.010～0.015 mm 之间。图 1 给出了它们的结构和喷油嘴的流通特性。由于小缸径柴油机转速范围较宽,且柴油机运转时在喷油嘴开启压力一定的情况下,喷射压力与转速成正比关系,因此高速大负荷时喷射压力高且高压持续时间长,而怠速工况喷油压力则刚刚超过开启压力且持续时间短,图 2 是柴油机运转时针阀升程的变化。在高速大负荷工况,针阀在高喷油压力作用下处于全开位置,两种喷油嘴有较大的流通截面把燃油喷入气缸以满足燃烧的要求,而在低怠速工况,由于转速低且供油量少,喷油压力低,针阀开启后,燃油通过座面流出和受针阀运动的泵油作用的影响,使盛油腔油压很快降低,故针阀不能升到最大值,对照图 1 的流通特性,对孔式油嘴而言,这意味着燃油流出的最小截面不是喷孔而是密封座,故在低怠速运转时,喷油压力在密封锥面处产生节流变为速度能,燃油经过喷孔时油压低,雾化质量差,使之落在燃烧室壁面,此时燃烧室内空气运动速度低,相对散热量多,油气的热交换条件差,将引起燃烧的恶化;而轴针式喷油嘴,在低怠速运转时也处在小针阀升程,但喷孔与轴针间间隙很小,喷孔与轴针间仍为喷油的最小流通截面,故燃油雾化好,把燃油喷向空间保证混合气的形成。因此就转速适应性而言,节流轴针

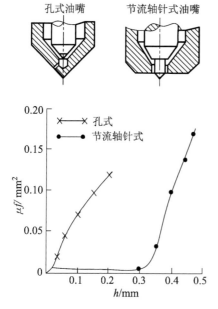

图 1 孔式和节流轴针式喷油嘴结构及其流通特性

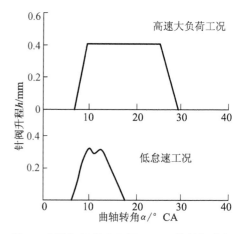

图 2 柴油机运转在不同工况下的针阀升程

式喷油嘴当节流升程在 0.3~0.4 mm 就明显优于单孔式喷油嘴。此外轴针式喷油嘴有自洁作用,喷孔直径大,加工容易,节流轴针结构可使喷油系统初期喷油率小,这些都有利于柴油机性能的提高。因此对用单油束的直喷燃烧系统而言,采用节流轴针式喷油嘴喷油将有明显的优越性。

用单油束的直喷燃烧系统,由于喷油系统喷射能量低,因此在油气混合与燃烧过程中要充分利用充量运动的动量。这种燃烧系统多采用球形或类似于球形的缩口深坑型燃烧室,有较小的燃烧室口径,这样有利于加强燃烧室内的涡流和挤流效应。先让我们从理论上加以分析,假设不计气体间流动的摩擦作用,即进气涡流在压缩过程中充量的动量矩保持不变;燃烧室凹坑内的气流运动为刚性旋转涡流,从外径流向内径的空气质点仅为一纯粹的位移,由此可推导出燃烧室内涡流比 Ω_d 与进气终了涡流比 Ω 有如下表达式:

$$\frac{\Omega_d}{\Omega} = \frac{1}{(d_k/D)^2} - \frac{1-(d_k/D)^2}{(d_k/D)^2} \cdot \frac{\varepsilon}{\varepsilon - V_k/V_\varepsilon} \cdot \frac{h(\varphi)(\varepsilon-1)+1-V_k/V_c}{h(\varphi)(\varepsilon-1)+1} \tag{1}$$

同时可以导出压缩过程活塞顶面的径向挤流速度 ω_1(m/s)和流进燃烧室凹坑的轴向挤流速度 ω_2(m/s)的表达式:

$$\frac{\omega_1}{C_m} = \frac{\pi}{4} \frac{1-(d_k/D)^2}{(S/D)(d_k/D)} \frac{(V_k/V_c)(dh(\varphi)/d\varphi)}{(S_0/S+h(\varphi))[(\varepsilon-1)(S_0/S+h(\varphi))+V_k/V_c]} \tag{2}$$

$$\frac{\omega_2}{C_m} = \pi \frac{(V_k/V_c)(dh(\varphi)/d\varphi)}{(d_k/D)^2[(\varepsilon-1)(S_0/S+h(\varphi))+V_k/V_c]} \tag{3}$$

式(1)~(3)中,$h(\varphi)$ 为活塞位移函数,表达式为

$$h(\varphi) = \frac{1}{2}\left\{1-\cos\varphi + \frac{1}{\lambda}[1-\sqrt{1-(\lambda\sin\varphi)^2}]\right\} \tag{4}$$

式(1)~(4)中:d_k——燃烧室口径,mm;

D——气缸直径,mm;

S——活塞行程,mm;

V_c——燃烧室总容积,mm^3;

V_k——活塞顶燃烧室凹坑容积,mm^3;

λ——连杆长度比,$\lambda=R/L$,其中 R 为曲柄半径,L 为连杆长度,单位均为 mm;

S_0——活塞位于上止点时的压缩余隙,mm;

ε——压缩比;

C_m——活塞平均速度,$C_m=Sn/30$,m/s;

n——柴油机转速,r/min。

在油气混合和燃烧过程中,从喷油开始到主燃期结束,燃烧室内的气体流动是上述进气涡流产生的旋转运动和挤流运动的复合,图3~5是由公式(1)~(4)计算分析小缸径柴油机($D \times S = 82$ mm$\times 92$ mm)得出的结果,从图中可得出燃烧室结构参数对气流运动的影响。图中曲线1是典型的单油束直喷燃烧系统参数,曲线2是典型多油束直喷燃烧系统的参数,图3表明在相同进气涡流条件下,用单油束的燃烧室凹坑内的涡流强度较用多油束的将增大1倍,若进气涡流比为2.5,对 $d_k/D=0.39$ 的单油束燃烧系统,燃烧室凹坑内的理论涡流比将是12.4,而对 $d_k/D=0.55$ 的多油束燃烧系统理论涡流比仅为6.6。图4和图5给出了挤流速度的变化,径向挤流速度 ω_1 的最大值出现在上止点前7°CA,而轴向挤流速度 ω_2 最大值出现在上止点前21°CA,在上止点前后30°CA范围内挤流的作用是很大的。

其他条件相同,仅 d_k/D 从 0.39 增到 0.55 时,径向挤流速度增大近 1 倍,其数值与进气涡流比为 2.0 的旋转气流速度相当。图 3~5 中曲线 3 是 382TC 柴油机[3]结构参数的计算结果,与常规的结构参数(曲线 1)相比,可见其他条件相同,燃烧室内涡流强度较统计参数的同类结构大 9.3%,径向挤流速度大 22.6%,轴向挤流速度大 8.1%,这是 382TC 柴油机取得优良的综合性能的主要因素之一,同时也说明这类燃烧系统与用多油束的直喷燃烧系统相比,燃烧室内气流运动的动量强,特别是挤流作用对混合气的形成和燃烧起着重要的作用。上止点前的轴向挤流使燃油在燃烧室的分布区域加大,而上止点后的逆向挤流作用正好位于燃烧的最大爆压和最高燃气温度区附近,将加速扩散燃烧期的放热率,使燃烧持续期缩短。实际运转的柴油机气流间的运动存在摩擦,进气涡流到压缩终点时有一定的衰减,挤流作用也相应减弱,但由于用单油束的直喷燃烧系统的燃烧室布置对称于气缸轴心线,因此它较用多油束的偏置燃烧室的情况实际值比理论值的衰减要小得多的多,图 6 给出了燃烧室内的实际涡流衰减程度对比。因此上述分析表明:在相同进气涡流情况下,用单油束的直喷燃烧系统较用多油束直喷燃烧系统,燃烧室内气流动量要强得多,这就为单油束的直喷燃烧系统混合气的形成和燃烧创造了条件。特别是通过有效减小有害容积,严格控制余隙,将会大大改善混合气的形成条件。

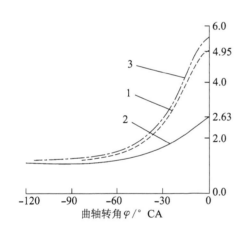

曲线 1: $d_k/D=0.39, V_k/V_c=0.72, \delta=0.7$ mm,
单油束直喷燃烧系统统计参数

曲线 2: $d_k/D=0.55, V_k/V_c=0.72, \delta=0.7$ mm,
多油束直喷燃烧系统统计参数

曲线 3: $d_k/D=0.39, V_k/V_c=0.80, \delta=0.55$ mm,
382TC 柴油机参数

图 3　燃烧室不同结构参数对室内涡流的影响

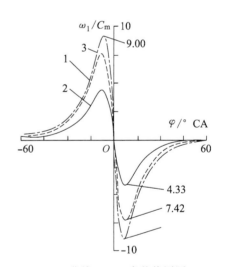

曲线 1,2,3 参数值同图 3,
C_m 为活塞平均速度(m/s)

图 4　结构参数对径向挤流速度的影响

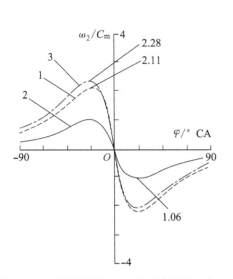
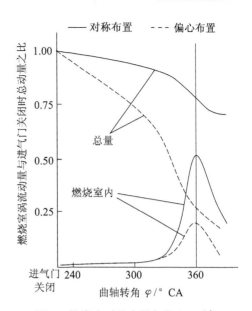

曲线1,2,3参数值同图3,C_m为活塞平均速度(m/s)

图5 燃烧室结构参数对轴向挤流速度的影响

图6 燃烧室对称布置与偏心12%D布置涡流动量的变化

通过油气特性的分析,我们来确定油束在燃烧室的位置,它是由油束与气缸轴心线间夹角 β 和气缸中心到油束轴线在平行于活塞顶面上的投影的垂直距离 b 决定的(图7),尺寸 b 可通过长度尺寸 L 和角度 α 及油嘴头部的落点位置决定。由前所述,燃油油束应尽可能在空间与充量混合,故希望油束在燃烧室凹坑内的长度尽可能大,另一个因素是防止燃油过于集中喷在燃烧室中心,此处气流速度低,燃烧后易产生热锁效应。为使燃油尽可能多地扫过燃烧室周

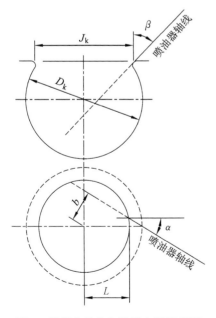

图7 燃烧室结构和油线布置示意图

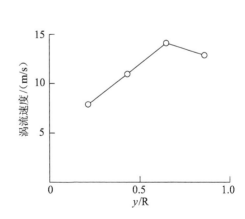

R—燃烧室最大半径,y—径向位置

图8 用激光多普勒测速仪测得的在单油束燃烧室内上止点时的涡流速度分布($n=900$ r/min)

边,需把燃油喷射在燃烧室凹坑内气流最大速度处,图8是用激光多普勒测速仪测得的位于上止点位置缩口球形燃烧室内的气流速度分布,因此油线的窗口尺寸 b 的取值应大于55%燃烧室最大半径,以60%～70%半径这一区域的气流速度最大。考虑到气流运动是轴向挤流和进气涡流产生的周向运动的复合,保证油束与气流运动方向一致将会加速油束在燃烧室内的运动,故 β 角大小一般在40°左右,对轴针式喷油器,此夹角就是喷油器的安装角。这样油线在燃烧室内长度约为75%～80%最大燃烧室直径。

图9是轴针式喷油嘴在无旋流条件下的喷雾贯穿距,实线是根据有一定背压常温条件下得出的经验公式的计算结果,由于柴油机喷油是在高温条件下进行的,虚线是按 Dent J C 公式对温度的修正,因为气体黏度随温度增加而增大,故油粒飞行阻力增大,而油粒表面张力随温度升高而减小,因此油粒更易破碎变小,故喷雾贯穿距减小。图10[6] 给出了温度对喷雾雾化的影响,温度越高,SMD越小,此外油粒越小,温度升高又使燃油的蒸发加快,使可见的喷雾贯穿距进一步减小,因此提高燃烧室内的温度是减少燃油过多堆积于壁面的有效措施。

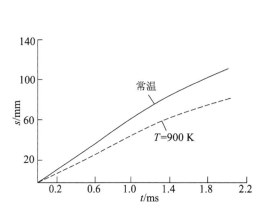 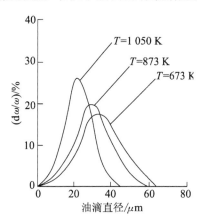

图9　轴针式喷油嘴的喷雾贯穿距(等介质密度)　　图10　温度对喷雾粒径分布的影响

提高燃烧室壁面温度必须减少活塞的散热量和采用耐高温材料。采用结构陶瓷是低散热发动机研究的方向,但目前制造工艺等尚有一些难以实现的问题,两件铰接式铸铁活塞是近年来发展起来并用于中小功率柴油机上的新型活塞,通过结构隔热设计和适当的喷油冷却能使活塞顶燃烧室壁面温度提高100～150℃,这种带有燃烧室凹坑的活塞顶部用铸铁材料,裙部用铝合金材料,活塞顶面与环岸的连接顶角用较少的材料,这就隔断了其燃烧室导热的通道,提高燃烧室的温度以改善混合气形成的条件。

综合上述的分析结果,用轴针式喷油嘴的隔热直喷燃烧系统的总体设计思想是:燃烧室位于活塞顶对称布置,形状为球形或类似球形的缩口深坑型结构,采用节流轴针式喷油嘴,喷油油束顺气流喷射在燃烧室内气体流动的最大流速处,一般在0.6～0.7燃烧室最大直径处,轴针式喷油器相对于气缸轴心线间的安装角在40°左右,以使油束与燃烧室内的周向和轴向气体流动相匹配,使燃油分布在较大的空间内,采用隔热结构的活塞设计,在材料允许的温度条件下适当提高燃烧室壁温,壁温提高,充量温度增加,燃料的着火滞燃期缩短,同时可见油束的长度由于雾化改善也减小,于是着火时可见油束长度较采用热流型活塞设计要短得多,减少了燃油的着壁量,其结果是使燃油在燃烧室内尽可能多地组织空间混合和燃烧,形成以空间混合为主的单油束直喷燃烧模式。

2 用节流轴针式喷油器的直喷燃烧系统的燃烧与性能

根据上述设计思想,改装了一台单缸试验样机,样机参数为 $D×S=97\ mm×90\ mm$,单缸排量 0.665 L,限于条件,样机气门升程偏小仅 8 mm,这对高速运转是极为不利的,因此试验是在 2 000 r/min 以下进行的。图 11 是该试验样样机的燃油消耗率的试验结果,由于该机用铰接式铸铁活塞,隔热结构设计大大减少了散失到冷却介质中的热量,故可简化结构,采用机油冷却,并可提高冷却介质的温度,机油温度控制在 105～110 ℃,在 $p_{me}≤0.3$ MPa 无须进行冷却,靠缸体周围辐射散热可保持发动机的热平衡,从图中数值知其经济性是优良的,在 1 400 r/min, $p_{me}=0.62$ MPa,烟度为 3.1 波许单位,这对排量为 0.665 L 的单缸机来说,其动力性指

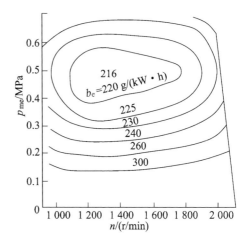

图 11　197 柴油机的燃油消耗率

标也是较高的。图 12 是对其缸内燃烧过程的测试分析结果,在 1 600 r/min, $p_{me}=0.632$ MPa 工况下,最大爆发压力为 7.25 MPa,$dp/d\varphi$ 最大值仅 0.35 MPa/°CA,较用多油束的直喷机型低得多,这说明采用单油束隔热燃烧方案大大减少了着火滞燃期内的混合气形成数量,从放热规律分析看,初期放热率低,在扩散燃烧期放热速度较高,累计放热量曲线较陡,放热规律为三角形结构,无传统多油束直喷燃烧初期放热的尖峰形状,燃烧持续期在 70°CA 左右,说明燃烧的组织是完善及时的,从燃烧室内燃烧痕迹无明显的油束落点,说明燃烧是以空间混合为主完成的。由此可以说明作者在本文中提出的空间混合燃烧模式是正确的,对小缸径柴油机也是合适的。

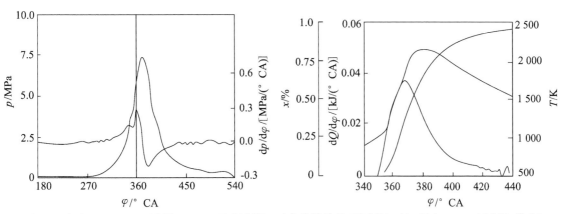

$n=1\ 600\ r/min$, $p_{me}=0.632$ MPa, $p_{zmax}=7.25$ MPa,对应曲轴转角 370°CA,$(dp/d\varphi)_{max}=0.35$ MPa/°CA,
$(dQ/d\varphi)_{max}=0.037$ kJ/°CA,对应曲轴转角 367°CA,$T_{max}=2\ 239$ K,对应曲轴转角 383°CA。

图 12　柴油机缸内工作过程测试和分析过程

3 结 论

(1) 节流轴针式喷油嘴的单油束隔热直喷燃烧系统采用以空间混合燃烧为主的燃烧模式在小缸径柴油机上应用是可行的。

(2) 单油束的隔热直喷燃烧系统由于着火滞燃期短,燃烧的压力升高率低,燃烧噪声小;燃烧室隔热结构设计使混合气形成速度加快,减少了可见喷雾贯穿距,避免了燃油过多着壁而产生局部混合气过浓的现象,燃烧及时完善,废气排放低,动力性、经济性优,因而是一种很有发展前途的新型直喷燃烧系统。

(3) 对采用单油束的隔热直喷燃烧系统的研究目前尚处起步阶段,实验研究工作有待进一步深入开展,以建立较为完善的燃烧理论,推动内燃机工业的技术进步。

参 考 文 献

[1] Neitz A. The MAN Combustion System with Controlled Direkt Injection for Passenger Car Diesel Engines[J]. SAE,1981,Paper No. 810479.

[2] (日)Aoyama T,等. 具有涡流喷油嘴的小型直喷式柴油机[J]. 徐清富译. 小型内燃机,1990(3).

[3] 高宗英,刘胜吉. 埃斯贝特公司及其内燃机设计的新思想[J]. 国外内燃机,1992(1).

[4] (德)Rade Jankov. 直喷式柴油机燃烧室中空气流动的研究[J]. 董英煌译. 车用发动机,1980(3).

[5] (日)長尾不二夫. 内燃机原理与柴油机设计[M]. 冯中,万欣译. 北京:机械工业出版社,1984.

[6] 王懿铭,等. 在定容燃烧装置上对陶瓷低热损柴油机喷雾粒度分布规律的研究[J]. 特种发动机,1993(2).

Research on D. I. Heat-Insulated Combustion System with Throttle Pintle Nozzle

Liu Shengji　Gao Zongying　Li Bocheng

(Jiangsu University of Science and Technology)

Abstract: By theoretical analysis and experimental research, this paper expounds the design theories and principles in D. I. combustion system with only one stream of fuel spray. It's concluded that small cylinder bore D. I. diesel engines with throttle pintle nozzle and heat insulated combustion chamber are able to mix fuel and air well in space and have a good combustion by optimization of fuel injection, air induction and combustion process. This will improve multiple performances of diesel engines.

Key words: D. I. diesel engine　Thottle pintle nozzle　Heat-insulated　Performance index

抗性消声器的插入损失模型及其应用[*]

王诗恩　高宗英
（江苏理工大学）

[摘要]　描述了抗性消声器插入损失模型的建立及其在492Q汽油机上的应用。试验结果表明,插入损失的预估值与实测值相符。

[关键词]　消声器　损失　汽油机

消声器的声学性能的描述方法很多,如传递损失法、消声量法和插入损失法等。插入损失定义为装与不装消声器在系统外同一参考点的声压级差值。这表明,插入损失不仅反映了消声器本身的消声特性,而且反映出在排气系统中的实际消声效果。将参考点作为测量点放在系统外,这给插入损失的测量带来极大的方便。

本文建立了内燃机排气消声器频带插入损失模型,并以此模型编制的计算机程序对492Q汽油机排气消声器进行了结构优选设计。

1　频带插入损失模型

1.1　基本假设

排气系统声学模型简图如图1所示。假设：① 声波传播媒质为理想流体；② 声波传播过程是绝热的；③ 声波是小振幅声波；④ 消声器管道内声波以平面波沿轴向传播；⑤ 消声器管道壁面无振动,声能不沿管壁向外透射；⑥ 消声器结构参数选择时要保证气流局部流速 $\otimes$ ——灰数,其取值范围见下述。

1.2　基本方程

对于抗性消声器,可用存在声源及气流时的一维波动方程描述声传播问题[2,3]。

$$-K^2 p + 2jKM\frac{\mathrm{d}p}{\mathrm{d}x} + (M^2-1)\frac{\mathrm{d}^2 p}{\mathrm{d}x^2} = \frac{\mathrm{d}F}{\mathrm{d}x} \qquad (1)$$

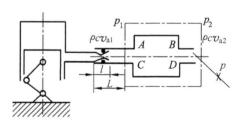

图1　排气系统声学模型

式中：K——波数，$K=\omega/c$；

　　　ω——角频率，$\omega=2\pi f$；

　　　j——虚数；

　　　f——声波频率，Hz；

　　　c——声传播速度，m/s；

　　　M——气流马赫数，$M=v_0/c$；

---

[*]　本文原载于《内燃机工程》1996年（第17卷）第3期。

v_0——气流速度,m/s;

x——消声器轴向坐标;

p——声压,Pa;

F——噪声源源强度。

由于 $x \to l$ 时 $F \to 0$,且 $\lambda \ll l$,则有

$$F = F_0(\omega) e^{-x/\lambda} \tag{2}$$

式中:$F_0(\omega)$——发动机声源源强度在 $x=0$ 时的值;

λ——紊流混合区中的特征长度。

将式(2)代入式(1)可得方程(1)之通解为

$$p = A_0 e^{-jK^+ x} + B_0 e^{jK^- x} + \frac{F_0 \lambda}{1-M^2} e^{-x/\lambda} \quad (0 \leqslant x \leqslant L) \tag{3}$$

式中,$K^+ = \frac{K}{1+M}$,$K^- = \frac{K}{1-M}$,$A_0 = B_0 \frac{Z_L + \rho c}{Z_L - \rho c} e^{jL(K^+ + K^-)}$,

$B_0 = \left[\frac{F_0 \lambda (\rho c - M Z_0)}{(1-M^2)(Z_0 - \rho c)}\right] \Big/ \left[\frac{Z_L + \rho c}{Z_L - \rho c} e^{jL(K^+ + K^-)} - \frac{Z_0 + \rho c}{Z_0 - \rho c}\right]$

其中,Z_0——$x=0$ 时的声阻抗率,$Z_0 = p(0)/U_a(0)$;

Z_L——$x=L$ 时的声阻抗率,$Z_L = p\dfrac{p(L)}{U_a(L)}$;

U_a——质点速度,m/s;

ρ——体积质量,kg/m³。

设 $x=L$ 时消声器入口端的声压和质点速度分别为 p_1 和 v_{a1},排气出口端的声压和质点速度分别为 p_2 和 v_{a2},根据消声器的传递矩阵 $T = \begin{bmatrix} A & B \\ C & D \end{bmatrix} = \prod_i [T_i]$(消声器总传递矩阵为沿声传播方向所有声学元件传递矩阵[3],乘积[1])可得

$$\begin{cases} p_1 = A p_2 + B \rho c v_{a2} \\ \rho c v_{a1} = C p_2 + D \rho c v_{a2} \end{cases} \tag{4}$$

设 Z_r 为管口辐射阻抗率,且 $\dfrac{p_1}{v_{a1}} = Z_L$,$\dfrac{p_2}{v_{a2}} = Z_r$,代入式(4)则有

$$Z_L = \rho c \frac{A Z_r + B \rho c}{C Z_r + D \rho c}$$

$$p_2 = \frac{p_1 Z_r}{A Z_r + B \rho c} \tag{5}$$

在式(3)中令 $x=L$,此时声压值为 p_1,代入(5)式有

$$p_2 = \frac{2 F_0 \lambda (\rho c - M Z_0) Z_r}{(1-M^2)[Z_0(e^{jK^+ L} - e^{-jK^- L}) - \rho c(e^{jK^+ L} - e^{-jK^- L})]} \cdot \frac{1}{A Z_r + B \rho c + Z_a(C Z_r + D \rho c)} \tag{6}$$

其中 $Z_a = \dfrac{Z_0(e^{jK^+ L} + e^{-jK^- L}) - \rho c(e^{jK^+ L} - e^{jK^+ L})}{Z_0(e^{jK^+ L} - e^{-jK^- L}) \rho c(e^{jK^+ L} + e^{-jK^- L})}$

如果将连接管 L 视为直管声学元件,并将此直管声学元件包含在消声器的传递矩阵中,则带有消声器时管口处声压为

$$p_2 = \left[\frac{F_0 \lambda (\rho c - M Z_0) Z_r}{1 - M^2}\right] \frac{1}{Z_0(C Z_r + D \rho c) - \rho c(A Z_r + B \rho c)} \tag{7}$$

其中传递矩阵 $[T] = \begin{bmatrix} A & B \\ C & D \end{bmatrix}$ 为包含连接管声学元件和消声器声学元件的总传递矩阵。

同理可得,用同样长度的空管代替消声器后得管口处声压为

$$p'_2 = \frac{2F_0\lambda(\rho c - MZ_0)Z_r}{(1-M^2)[(Z_0-\rho c)(Z_r+\rho c)e^{jK^+L'} - (Z_0+\rho c)(Z_r-\rho c)e^{-jK^-L'}]} \tag{8}$$

其中 L' 为包含代替直管和连接管的总长度。

由插入损失定义可得插入损失

$$IL = 20\lg \left| \frac{2[Z_0(CZ_r + D\rho c) - \rho c(AZ_r + B\rho c)]}{(Z_0\rho c)(Z_r + \rho c)e^{jK^+L'} - (Z_0 + \rho c)(Z_r - \rho c)e^{-jK^-L'}} \right| \tag{9}$$

如果频带的中心频率为 f_c,则频带插入损失可表示为

$$IL(f_c) = 10\lg \frac{\int_{2^{-n/2}f_c}^{2^{n/2}f_c} \left| \frac{2(\rho c - MZ_0)Z_r}{(Z_0-\rho c)(Z_r+\rho c)e^{jK^+L'} - (Z_0+\rho c)(Z_r-\rho c)e^{-jK^-L'}} \right|^2 df}{\int_{2^{-n/2}f_c}^{2^{n/2}f_c} \left| \frac{(\rho c - MZ_0)Z_r}{Z_0(Z_0+D\rho c) - \rho c(AZ_r + B\rho c)} \right|^2 df} \tag{10}$$

1.3 声学边界条件

(1) Z_0 确定,消声器入口边界条件可采用文献[2]的方法求得

$$Z_0 = \rho c M \left(\frac{s}{s_0} - \frac{s_0}{s} \right) + j\rho c \left(Kh \frac{s}{s_0} - \frac{s}{KV_s} \frac{p_g}{p_0} \right)$$

式中: Z_0 —— $x=0$ 时声阻抗率;

h —— 排气门升程,m;

V_s —— 气缸工作容积,m^3;

p_g —— 气缸背压,Pa;

p_0 —— 排气管中平均压力,Pa;

s, s_0 —— 排气管截面积和排气门开启时的流通面面积,m^2。

(2) 出口边界条件 Z_r,可直接采用文献[4]的结果。

当 $K < 0.5$ 时, $Z_r = \rho c \left[\frac{K^2}{4} + 0.613K \right]$;

当 $0.5 < K < 5.0$ 时, $Z_r = \pi\rho c \frac{5.7 + j(9.9K - 11.4)}{86.7 + j(31.2K - 87.9/K)}$。

一般作为工程应用常取 $K < 0.5$ 来计算。

2 试验装置及设计计算实例

2.1 试验装置

本消声器试验系统如图 2 所示,它是中国汽车技术研究中心汽车产品质量检测所发动机试验室内的本台架装置简图。系统中发动机排气尾管伸出室外,出口面向空旷场地,离地 2 m 左右,采用厚砖墙和两道铁皮吸声厚门,隔离来自发动机的本体噪声,使测量条件满足

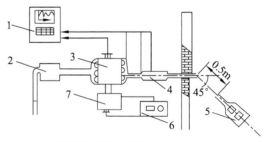

1—计算机辅助发动机试验系统;
2—FC-024 日本小野油耗仪;
3—SY492Q 汽油发动机;4—试验用消声器;
5—BK2230 丹麦精密声级计;6—控制柜;
7—FEB-DHC 日本明电直流电力测功机

图 2 消声器插入损失试验系统

GB 4759—84[①] 对插入损失测量的要求。

2.2 设计计算

根据厂方要求,将 SY492Q 汽油发动机结构参数及消声器本体尺寸(ϕ160 mm×550 mm)、前接口直径(ϕ45 mm)作为原始数据输入计算机,经过选型及对消声器结构参数优化,得到如图 3 所示与 SY492Q 汽油发动机相匹配的消声器。其插入损失计算结果如图 4 所示。

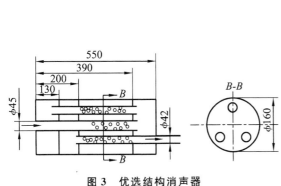

图 3 优选结构消声器 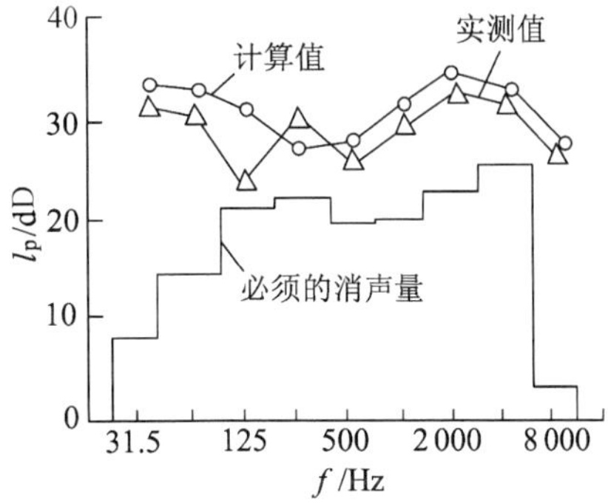   图 4 插入损失的计算值与实测值

2.3 消声器结构设计应注意的问题

(1) 合理选用气流流速:消声器结构设计时必须保证局部气流流速 $\otimes(v)\in(36,50)$。这一速度值是灰数,一般可根据发动机不同气缸数和消声器不同结构而取不同的值。气缸数越少,消声器结构不合理时这数值应取得小些;气缸数越多,消声器结构合理时,这一速度可取得大些。从而就能有效地降低气流再生噪声,减小发动机的功率损失[1]。

(2) 适当选取排气尾管直径 a(m):根据插入损失公式(9)和出口边界条件可确定一恰当的排气尾管直径 a。a 值太大会使插入损失减小;a 值太小可能又会产生强烈的喷射噪声,从而使得插入损失大大减小,同时会增大排气系统背压,导致功率损失增大。

(3) 提高消声器上限截止频率:一般抗性消声器上限截止频率在 3 150 Hz 左右。而发动机在 3 150 Hz 以上的噪声值仍很大。本文利用共振腔原理,采用多变的开孔率、开孔位置及多采用开孔元件的办法,可使试验用消声器在高频区具有同样大的插入损失(见图 4)。

3 结果及结论

图 4,5,7,8 都由试验所得,图 6 为标定工况 SY492Q 汽油发动机所需的消声量频谱特性。由图可见:

(1) 在 SY492Q 汽油发动机标定工况下,新设计的消声器在整个所测频率范围内都有较大的插入损失。其总的频带插入损失值为 29.4 dB(A),而计算值为 31.4 dB(A)。

(2) 在 SY492Q 汽油发动机外特性工况下,此种消声器在不同发动机转速下都有较大的插入损失,尤其在 2 200~2 800 r/min 范围内插入损失最大,约为 32.3 dB(A)。

(3) 从图 8 可见,装消声器后发动机的功率同装空管相比,并没有显著下降。在整个外特性工况下实测功率损失仅为 7‰,在标定工况点的功率损失为 3‰。

---

① GB 4759—84 现已由 GB/T 4759—2009 替代。

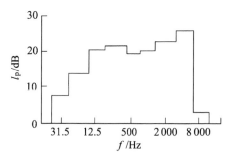

图 5　标定工况下 SY492Q 汽油发动机排气噪声频谱（$n=3\ 800\ r/min$）

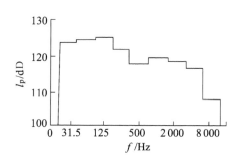

图 6　标定工况下 SY492Q 汽油发动机所需的消声量频谱特性（$n=3\ 800\ r/min$）

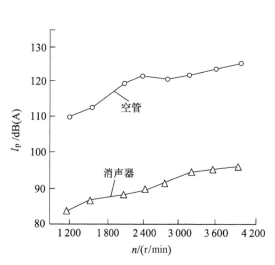

图 7　外特性工况下 SY492Q 汽油发动机排气噪声

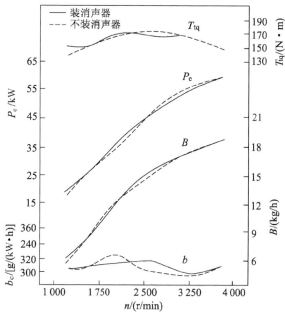

图 8　SY492Q 汽油发动机外特性曲线

由此结果表明,在消声器实际设计时保证局部气流流速⊗就能尽可能减小气流再生噪声,取合适的排气尾管直径可尽量减小喷射噪声,设计合理的消声器结构,提高消声器的上限失效频率等方法都可使消声器充分发挥消声潜能,提高模型计算精度。本试验的差值仍有 2 dB(A),表明理想假设与实际仍有较大差距,但在工程应用中精度已足够。

参 考 文 献

[1] Green A J, Smith P N. Gas Flow Noise and Pressure Loss in Heavy Vehicle Exhaust Systems[J]. Inc., 1988, 3.

[2] 姜哲,郭骅. 单缸内燃机排气噪声的声功率[J]. 内燃机学报,1991,9(4).

[3] 王诗恩. 汽车排气消声器理论计算与试验研究[D]. 江苏工学院硕士学位论文,1993.

[4] 黎苏,葛蕴珊,黎志勤等. 抗性消声器的三维边界元模型及其应用[J]. 内燃机学报,1992,10(2).

The Insertion Loss Model of Reactive Muffler and its Application

Wang Shien   Gao Zongying

(Jiangsu University of Science and Technology)

Abstract: In this paper, the establishment of insertion loss model of reactive muffler and its application in exhaust muffler design on model 492Q gasoline engine were described. The test results showed the predicted insertion loss agreed well with the measured value.

Key words: Muffler   Loss   Gasoline engine

节流轴针式喷油嘴的喷雾特性研究

王 忠　高宗英

（江苏理工大学）

[摘要]　利用激光马尔文粒子测量系统，实测了新型节流轴针式喷油嘴的喷雾情况，对喷注的发展、油粒直径的分布、每循环喷油量、针阀开启压力及转速等参数的影响进行了分析。

[关键词]　节流　喷油嘴　雾化　特性　直接喷射柴油机

直喷式柴油机的混合气形成主要是在喷雾容积中进行的。喷雾的几何形状及油滴的分布规律决定了燃油与空气混合的品质，对燃油燃烧有直接的影响。

很多学者对孔式喷油嘴的喷雾、油滴的分布以及油、气的混合过程进行了大量的研究，给出了一系列的理论与实验结果。然而对于直喷式柴油机采用节流轴针式喷油嘴的研究报道则较少。这种情况的产生同轴针式喷油嘴历来多用于分隔式燃烧室外，与直喷式柴油机相比，分隔式燃烧室中的喷雾发展及油滴分布状况显得不那么重要有关。但也应看到对轴针式喷油嘴的喷雾研究还不够深入。由于轴针式喷油嘴易于满足人们对不同喷孔截面积与针阀升程关系曲线的要求，国内外相继出现了一些采用单孔轴针式喷油嘴的半分开式燃烧室直喷式柴油机。德国 ELKO 公司采用新型的节流轴针式喷油嘴和低散热燃烧系统，实现了小缸径柴油机的直喷化并取得良好的性能指标。形势的发展要求人们对这种类型喷油嘴的喷雾特性有更深入的了解，为揭示燃烧过程的特点，进一步改善其性能创造条件。本文旨在介绍有关的实验结果，阐述喷雾的发展及油滴的分布特性。

1　节流轴针式喷油嘴的结构分析

图 1 是新型节流轴针式喷油嘴的结构简图。轴针的前部是锥形导向头和圆台形的密封座面。喷油开始时，针阀在燃油压力的作用下，逐渐向上抬起，根据圆锥体的特点，喷孔的流通面积随针阀升程的加大而逐渐增加，圆锥形的头部起到节流作用，控制喷入气缸内的燃油量，保证了喷油过程先缓后急，使柴油机的工作比较柔和。为了适应柴油机的高转速要求，喷油嘴采用低惯量形式，喷孔直径为 0.5 mm，针阀开启压力为 18 MPa，针阀锥角为 46°。

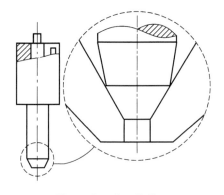

图 1　喷油嘴结构简图

---

* 本文原载于《内燃机工程》1996 年（第 17 卷）第 4 期。

2　试验装置与评价参数

2.1　马尔文粒子分析测量系统

试验选用了马尔文(MALVERN)26004粒子分析测量系统,它由He-Ne激光发生器、采样器和A/D转换计算机处理系统组成。

喷雾粒子通过激光束时,产生Fraubefer衍射,衍射光和未经衍射的光都通过傅里叶透镜,在焦平面上形成衍射光图案。在光电探器上装有31个单元半圆环形光电转换阵列,测出被衍射光能,便可确定采集油滴的体积浓度。在傅里叶透镜的截断距离以内,油滴无论在激光束的任何位置,都可经傅氏透镜变换成稳定衍射图像并与透镜的光轴平行。按照傅里叶透镜的特性,无论油滴是否运动,测量结果都是相同的。

由于采样、处理与计算机相连接,可做到所有圆盘阵列同时采样,信号经放大后由A/D转换器采样,经缓冲器存入内存进行分析。

2.2　评价参数的定义

由试验可知,燃油雾滴的直径差别较大,一般从4 μm 到100 μm 均有出现。测量的方法不同,评价的指标也不一样。为了分析油滴的喷雾特性,评价参数定义如下:

(1) 分布特性,主要有频率分布,累积容积分布。

(2) 各种直径的定义。

索特平均直径 SMD 为

$$D(3,2) = \int_{D_1}^{D_2} D^3 \varphi(n) dD / \int_{D_1}^{D_2} D^2 \varphi(n) dD$$

式中: $\varphi(n)$——油滴个数分布。

对应于累积容积百分数为10%,……,90%的油滴直径用 $D_{v,1}$,……$D_{v,9}$ 表示。

(3) 容积相对散度 ψ,表示油滴尺寸分散程度的参数。

$$\psi = \frac{D_{v,9} - D_{v,1}}{D_{v,5}}$$

(4) 油滴均匀度 U,用来度量油滴尺寸的均匀程度。

$$U = \sum_{j=1}^{k} V_j |D_{v,5} - D_{v,j}| / V \cdot D_{v,5}$$

式中: V——油滴的总体积;

V_j——油滴直径为 D_j 的油滴体积。

可见 U 值越小表示喷雾越均匀。

3　试验结果分析

3.1　针阀开启压力的影响

表1和图2是不同针阀开启压力时的油滴特征参数与分布曲线。可见,针阀开启压力从18 MPa提高到21 MPa时,油滴的 SMD 从11.3 μm 减小到10.0 μm。其中小油滴的容积百分比从22.4%提高到32.8%,而大直径的油滴(例如90%累积容积所对应的油滴直径)$D_{v,9}$ 从27.2 μm 减小到21.3 μm,均匀度 U 由13.5%变为11.4%,油滴直径更加均匀,相对散度 ψ 基

本无变化。从频率分布曲线与累积容积分布曲线可见,针阀开启压力提高后曲线的峰值向油滴直径减小的方向偏移。可认为,由于针阀开启压力增加,使得油滴喷射速度增加,油滴与气体之间的相对运动速度变大。作用在油滴上的气体动力增加,油滴就易破碎为细小的雾滴,随着针阀开启压力的提高,油滴直径会更小,且小直径油滴所占的比例增加,致使燃油雾化更细更均匀,从而提高了燃油的雾化品质。

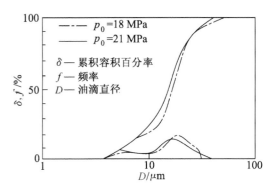

图 2　不同针阀开启压力 p_0 下的油滴分布

表 1　不同针阀开启压力时油滴的特征参数

开启压力/MPa	SMD/μm	$D_{v,9}$/μm	$D_{v,1}$/μm	$D_{v,5}$/μm	U/%	ψ_{SMD}/%	ψ/%
18	11.3	27.2	6.8	14.7	13.5	22.4	1.38
21	10.0	21.3	5.7	11.3	11.4	32.8	1.37

注:循环燃油量 $B_c=8.4$ mL/cycle,转速 $n=1\,100$ r/min

3.2　转速和循环喷油量对 SMD 的影响

图 3 是油滴 SMD 随喷油泵转速和每循环燃油量 B_c 的变化曲线。可见这种节流轴针式喷油嘴的油滴 SMD 介于 9~12 μm 之间,较小的油滴 SMD 增加了油滴与空气的接触面积,可促进燃油与空气的混合。从 SMD 的数值看,这种节流轴针式喷油嘴的喷注雾化品质已达到了多孔喷油嘴(孔径 $d=0.26$ mm)的雾化品质水平。从喷油嘴的结构看,主要是环形密封带的间隙较小,针阀体与密封座面的加工精度较高。如此燃油经过环形间隙喷出时,易于破碎。图中还可见,随循环油量和转速的增加,油滴的 SMD 略有下降,主要是由于循环油量和转速的增加致使喷油压力略有上升,因而作用在油滴上的力增加所致。

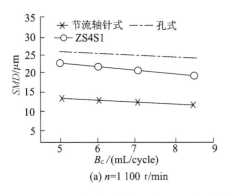
(a) $n=1\,100$ r/min

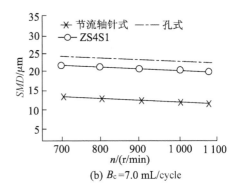
(b) $B_c=7.0$ mL/cycle

图 3　三种喷油嘴的油滴 SMD 随油泵转速 n 和每循环燃油量 B_c 的变化($p_0=21$ MPa)

3.3 油束的径向与轴向分布特性

为了研究新型轴针式喷油嘴的喷雾分布状况,采取燃油直接喷入大气的方法,以消除油滴之间的反弹影响。图 4 是测点示意图,图 5 是 A、B_3、C 测点的油滴 SMD 随时间的变化曲线。开始时,由于针阀刚开启,油滴的直径较大,随着时间的增加,油滴的 SMD 有所下降,当喷注的尾部通过测点,喷油结束时,油粒的直径有所增大。对于同一测点作者认为,喷注的发展随时间的变化关系与喷油压力的变化趋势相反。即开始喷油时,喷油压力低,喷孔处的压力差 Δp 和相应的喷油初速小,因而油滴的 SMD 值较大;喷油过程中期,喷油压力高,喷注在发展过程中所受的作用力增加,因而油滴的 SMD 值较小;喷油后期,喷油压力降低,油滴的 SMD 值又变大。

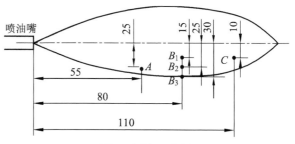

图 4 测点示意图

图 6 是 B_3 点处喷注沿径向油滴直径变化曲线。由于喷注轴线处的密度过大,试验时未对轴线进行测量。从图中可见,远离轴线处的油滴直径逐渐减少,但是 $D_{v,5}$ 随径向的变化趋势不同,在半径的一半处 $D_{v,5}$ 值较大,接近轴线和远离距线处的 $D_{v,5}$ 值较小,说明了小油滴易于雾化。图 7 是油滴直径的分布状况,随着测点半径的增大,油滴的直径有所减少。主要是因为喷注的外围最先和周围的空气发生能量、动量的交换,加上周围空气的压力变化容易产生不同程度的空气卷吸效应,对喷注外围油滴的破碎、雾化起加速作用。

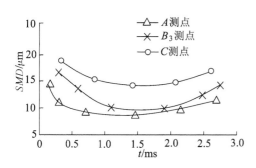

图 5 油滴 SMD 随时间的变化曲线

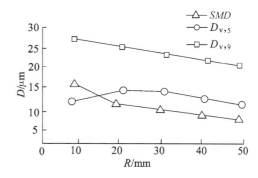

图 6 B_3 点处油滴直径 D 随半径 R 的变化曲线

表 2 和图 8 是喷注轴向 A,B_3,C 三点的油滴参数和分布曲线。从表中可见,A 点的 $SMD = 16.5~\mu m$,B_3 点 $SMD = 12.1~\mu m$,C 点 $SMD = 16.0~\mu m$,且 A、C 两点的 $D_{v,9}$ 数值较 B_3 点的大,说明了喷注头部大油滴较多。油滴的质量愈大具有的动能愈大,因而运动的距离愈远。离喷油嘴较近的 A 点,喷注刚离开喷嘴,还未完全破碎,虽有些小油滴,但均匀度 $U = 15.5$ 较大。从 A,B_3,C 各点油滴 SMD,$D_{v,9}$,$D_{v,1}$,$D_{v,5}$ 等直径都可见,靠近喷油嘴和远离喷油嘴处的油滴直径相差不大,处于喷注中部的油滴直径较小。

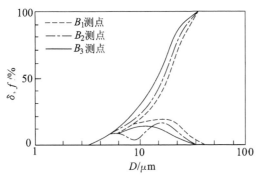
图 7　不同半径测点处的油滴直径分布

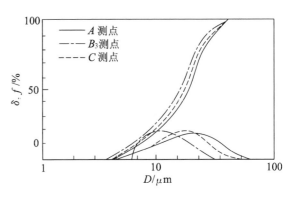
图 8　A,B_3,C 测点处的油滴直径 D 分布

4　几种喷油嘴的喷雾特性参数比较

为进一步了解节流轴针式喷油嘴的喷雾特性,作者同时测取了三种不同结构喷油嘴的喷雾特性参数,见表3。可见,单孔式喷油嘴的油滴 SMD 较大,ZS4S1 喷油嘴的油滴 SMD 次之,节流轴针式喷油嘴的 SMD 数值最小,且各种直径 $D_{v,1},D_{v,5},D_{v,9}$ 均较其他二种喷油嘴有较大的降低。可见,节流轴针式喷油嘴的喷雾品质较一般的单孔和 ZS4S1 喷油嘴的雾化品质好。

表 2　三点测点的油滴参数

测点	$SMD/\mu m$	$D_{v,9}/\mu m$	$D_{v,5}/\mu m$	$D_{v,1}/\mu m$	$\psi/\%$	$U/\%$
A	16.5	50.1	24	9.7	1.68	15.5
B_3	12.1	37.4	18.2	8.3	1.59	10.3
C	16.0	40.8	21.2	9.4	1.48	13.1

注:$p_0=18$ MPa,$B_c=8.4$ mL/cycle,$n=1\,100$ r/min

表 3　标定工况时三种喷油嘴的喷雾特征参数

型式	$SMD/\mu m$	$D_{v,1}/\mu m$	$D_{v,5}/\mu m$	$D_{v,9}/\mu m$	$U/\%$	孔径/mm	开启压力/MPa
单孔式	19.2	11.4	24.7	38.5	18.1	0.5	18
ZS4S1	18.5	9.7	22.8	40.3	17.3	1	18
节流轴针	11.6	6.6	16.8	26.8	15.1	0.5	18

注:测点距离 $l=110$ mm,$B_c=8.4$ mL/cycle,$n=1\,100$ r/min,$p_0=18$ MPa,径向距离 $R=20$ mm

5　结　论

(1) 节流轴针式喷油嘴利用锥形的导向针阀头部和圆台形密封座面形成圆环形间隙的结构,使得油滴的 SMD 介于 $12\sim16\,\mu m$ 之间且分布比较集中,均匀度较好。与其他型式的喷油嘴相比,这种轴针式喷油嘴的雾化粒度较小,喷雾品质较好。

(2) 对同一测点,节流轴针式喷油嘴的 SMD 随测量时间的不同而变化。不同测点的油滴

SMD 也不同。离喷孔近处未能完全破碎油滴，SMD 值较大，远离喷孔的间隙处的油滴 SMD 值也较大。喷注的径向油滴 SMD 随喷注的径向半径增大而减小。

（3）节流轴针式喷油嘴的油滴随针阀开启压力的提高和循环喷油量的增加略有减小。变化规律与 ZS4S1、单孔喷油嘴的规律基本一致。

（4）良好的雾化特性，较小的油滴直径，为德国 Elko 公司采用轴针式喷油嘴的低散热直喷式燃烧系统提供了条件。

参 考 文 献

[1] Elsbett K, Elsbett L, Elsbett G, et al. New development in D. I. Diesel Engine technology[J]. SAE,1989, Paper No. 890134.
[2] 王忠,袁银男,高宗英.轴针喷油嘴柴油机混合气形成特点分析[J].安徽工学院学报，1994(增刊).
[3] 王忠.采用轴针式喷油嘴的直喷式柴油机低散热燃烧模式的理论分析与实验研究[D]. 江苏理工大学博士学位论文,1995.

Study on the Fuel Spray Characteristic of Throttle Pintle Nozzle

Wang Zhong　　Gao Zongying

(Jiangsu University of Science and Technology)

AbStract：By using Malvern laser particle measuring system, the fuel spray characteristic of a new type throttle pintle nozzle is measured. The development of fuel spray, the distribution of fuel droplet size and the influence of fuel delivery per cycle, needle opening pressure, engine rotation etc. are also examined.
Key words：Throttle　Nozzle　Fuel spray　Characteristic　D. I. diesel engine

小型直喷柴油机传热过程的研究[*]

孙 平 高宗英

（江苏理工大学）

[摘要] 本文在实测190A直喷柴油机缸盖表面瞬态温度的基础上,对该柴油机缸内传热过程进行了分析。利用有限元数值计算方法,针对改变结构设计和冷却方式的不同情况,进行了活塞温度场模拟计算。通过对不同隔热方案和隔热机理进行研究,为减少该柴油机散热损失提供了理论基础和可行方案。

[关键词] 柴油机 传热 隔热

内燃机的传热过程由三部分组成:缸内气体与壁面之间的换热,燃烧室零件的导热和冷却侧的对流换热,这三部分传热过程的相互作用对内燃机的各项性能指标产生十分重要的影响。内燃机循环热效率分析表明:内燃机燃料燃烧放热量中约有20%～40%传给内燃机燃烧室壁面,减少这部分传热有利于提高内燃机功率输出和循环热效率。然而,在一些内燃机上,对燃烧室零件进行隔热后,排气能量增加,燃烧室壁面温度上升,导致充气效率下降,燃烧恶化,油耗上升,功率下降。在另一些内燃机上,采用隔热措施后,通过对喷油、进气和燃烧室之间合理匹配,取得了降低油耗,提高功率的效果。因此,如何有效地减少燃烧室壁面的散热,提高内燃机的经济性能和动力性能指标,受到了内燃机研究工作者的广泛关注。此外,内燃机的传热过程对缸内混合气的温度分布和浓度分布产生影响,与缸内燃烧过程相互作用,从而影响到内燃机的排放和噪声。由于受热零件材料热强度及润滑油工作温度的限制,内燃机的传热过程对其可靠性和使用寿命也有十分重要的影响。因此,对内燃机传热过程的研究是内燃机的一个重要的研究领域[1]。本文通过实验测量,模拟计算和理论分析,对190A型柴油机传热过程及隔热机理进行了研究。

1 实验测量及数据处理方法

1.1 实验测量系统

内燃机缸内气体与壁面之间的局部瞬态换热与缸内气体流动、组分和状态参数、燃烧室几何形状、壁面温度等许多因素密切相关,准确地预测缸内局部瞬态换热在理论上还有许多困难。因此,对它的研究主要依靠实验手段。本文测量了下列参数和信号:缸壁表面瞬态温度,壁内稳态温度分布,缸内气体压力,上止点触发信号以及功率、转速、油耗等参数。测量系统如图1所示[2]。

---

* 本文为国家重点实验室基金资助项目,原载于《内燃机学报》1997年(第15卷)第1期。

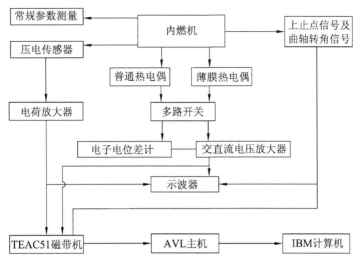

图 1 实验测量系统

测量壁面瞬态温度采用 K 型薄膜热电偶,镀膜厚度为 5 μm 左右,响应时间小于 10 μs。安装时,薄膜感应头与壁面平齐,以减少安装热电偶带来的误差。测量时,由于温度波热电势幅值小于 1 mV,信号微弱,因此,信号线必须进行良好屏蔽。为了能用 TEAC51 磁带记录仪记录,还需通过 FY73 交直流电压放大器将信号放大。表面瞬态温度和气缸压力由磁带机记录下来后再输入到 AVL 数据处理系统进行处理。根据压力测量系统(包括压电传感器和电荷放大器)的标定系数、热电偶的热电特性、FY73 交直流电压放大器的放大倍数及磁带记录仪的自标定系数,就可以得到每个循环的缸壁表面瞬态温度和气缸压力。对于试验用柴油机,标定转速为 2 200 r/min,基频为 18.33 Hz。由实测温度波所作的频谱分析表明:温度波中高于基频 30 倍的高次谐波可忽略。因此,放大器的通频带宽度选择为 500 Hz,这样既能保证有效地放大温度波信号,又可抑制高频干扰信号。此外,由于存在随机循环波动,取 64 个循环平均值作为测量结果。

1.2 温度波测量数据处理方法

假定表面温度波在壁内的传播为一维非稳态导热过程,则有

$$\frac{\partial T}{\partial t} = a \frac{\partial^2 T}{\partial x^2} \tag{1}$$

边界条件为

$$x = 0, T = T_w(t); x = l, T = T_l$$

式中:$T_w(t)$——表面温度波;

T_l——距表面深度为 l 处的壁面温度。

由于表面温度波与柴油机工作循环具有相同的周期,因此,表面温度波可以表示成

$$T_w(t) = T_{wm} + \sum_{i=1}^{n} [A_i \cos(i\omega t) + B_i \sin(i\omega t)] \tag{2}$$

由分离变量法,根据式(1)和式(2)可求得表面温度波在壁内的传播方程为

$$T_{wx}(t) = T_{wm} - (T_{wm} - T_l)\frac{x}{l} +$$

$$\sum_{i=1}^{n} e^{-\sqrt{\frac{i\omega}{2a}}x}\left[A_i\cos\left(i\omega t-\sqrt{\frac{i\omega}{2a}}x\right)+B_i\sin\left(i\omega t-\sqrt{\frac{i\omega}{2a}}x\right)\right] \quad (3)$$

将式(3)代入傅里叶定律表达式：

$$q_w(t)=\lambda\left.\frac{\partial T(t)}{\partial x}\right|_{x=0} \quad (4)$$

得

$$q_w(t)=q_{wm}+\lambda\sum_{i=1}^{n}\sqrt{\frac{i\omega}{2a}}\left[(B_i+A_i)\cos(i\omega t)+(B_i-A_i)\sin(i\omega t)\right] \quad (5)$$

式中：ω——基频；

λ——导热系数；

a——导温系数；

T——温度；

q——热流密度；

t——时间。

其中，下标 w,m,i 分别表示壁面、平均值和谐次。

实测表面温度波是一个周期性离散数列：$\{T_r\}$, $r=0,1,2,\cdots,N-1$。测量中 $0.25°$CA 采样 1 次，则 $N=720\times4$。根据快速傅里叶变换（FFT）的要求，利用样条函数，在一个周期内等间隔取 $N=2^{10}=1024$ 个插值点进行插值，再由插值点的温度数值，用 FFT 可求得式(2)中的系数 A_i 和 B_i, $i=0,1,2,\cdots,N/2$，进一步由式(5)可求得表面瞬态热流密度 $q_w(t)$。

2 测量结果分析研究

2.1 表面瞬态温度和瞬态热流密度

由于缸内气体与壁面之间的换热是既随时间瞬变又随空间位置变化的传热过程，因此，我们利用响应时间很短的薄膜热电偶和高速数据采集系统，测得气缸盖火力面上中心鼻梁区（测点Ⅰ）、球形燃烧室喉口挤流区（测点Ⅱ）和活塞顶压缩余隙区（测点Ⅲ）3个特征位置的表面温度波。图2为标定工况下各测点温度波曲线对比。图中 T_m 表示各测点的表面平均温度。从图中可见，缸盖表面平均温度从高到低的排列次序为：缸盖鼻梁区、挤流区和压缩余隙区。但表面温度波幅值从大到小的次序为挤流区、缸盖鼻梁区和压缩余隙区。分析其原因，我们认为：平均温度取决于燃气对壁面的循环平均热流量和冷却侧的散热，而表面温度波幅值则主要取决于上止点附近，该局部区域的气流运动、燃气温度和局部瞬态热流密度。

对实测表面温度波进行傅里叶变换，再由式(5)得到对应点的瞬态热流密度曲线如图3所示。计算表明：表面瞬态热流密度幅值与表面瞬态温度波幅值基本成正比关系。

在改变负荷和转速的不同运转条件下的温度测量结果表明：当扭矩一定，随着转速增加，表面平均温度增加，但表面温度波幅值反而有所下降。产生这种结果的原因是转速提高时，单位时间的循环数增加，导致平均热流密度升高，表面平均温度上升。然而，转速上升，循环时间缩短，由于壁面热惯性的阻尼作用，使得表面温度波幅值随温度波频率的增加而下降。当转速一定时，表面平均温度随负荷增大基本呈线性关系增加，对应的温度波幅值也相应增大，这是因为负荷增加，循环供油量增加，缸内燃气压力和温度升高，燃烧加剧，平均热流密度和瞬态热流密度同时增大。

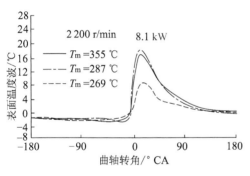
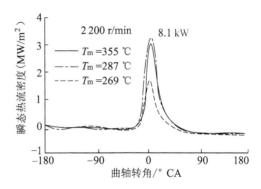

图 2　不同位置的表面温度波　　　　　图 3　不同位置的瞬态热流密度

2.2 缸内瞬态换热分析

缸内瞬态换热是内燃机传热过程的一部分,缸内混合气的压缩和燃烧是导致燃气向壁面传热的放热源,缸内气体温度和压力、局部气流运动、壁温等因素对这一传热过程有很大影响。图 4 为缸内气体压力和温度,缸盖表面瞬态温度和瞬态热流密度的变化曲线。

由图可见:

（1）瞬态热流密度主要集中在从上止点前 20° CA 至上止点后 50° CA 内,其他阶段很小。热流峰值稍滞后于气缸压力峰值,但明显地超前表面温度波峰值。

（2）缸内气体温度峰值明显滞后于压力峰值,但稍超前表面温度波峰值。

（3）压缩过程中,伴随着火燃烧开始,缸内气体压力、温度、局部瞬态热流密度和壁温都急剧上升。但膨胀过程中,气体压力和热流密度下降较快,气体温度和壁面温度下降较为缓慢。

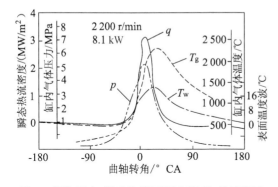
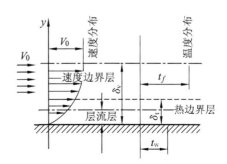

图 4　气体压力、温度和壁面瞬态温度、热流密度　　　图 5　速度边界层和热边界层

上述结果可用对流换热边界层理论[3]来分析。当流体流过壁面产生热交换时,靠近壁面的流体内会形成一个速度场和温度场,如图 5 所示,速度和温度的梯度分别在厚度为 δ_v 和 δ_t 的流体层内变化最为明显,这两个薄层分别称为速度边界层和热边界层。热边界层厚度 δ_t 越小,则对流换热越强烈。δ_v 和 δ_t 的大小与流体的运动状态和物理性质等有关。

在压缩冲程开始阶段,缸内气体压力和温度缓慢上升,由于气流运动较弱,传热边界层厚,气体与壁面之间温差小,因此,瞬态热流密度很小。在压缩阶段后期,伴随气流运动加强,气体压力和温度上升,传热边界层厚度减小,瞬态传热增强。当接近压缩上止点时,燃烧开始,气体压力和温度显著上升,气体流动加剧,传热边界层迅速减薄,瞬态热流密度迅速上升。由于传热边界层和壁面的热惯性,表面温度波上升段和峰值滞后瞬态热流密度一个相位。在膨胀冲程开始阶段,燃烧使气体温度和压力进一步上升,因而瞬态热流密度也进一步上升。随着缸内气体的膨胀,气流运动减弱,气体压力迅速下降,传热边界层厚度增加,换热系数减小,尽管燃气温度还很高,但是热流密度迅速下降。在膨胀中、后期,尽管气体温度还比较高,但传热边界层厚,换热系数小,因此,热流密度很小。由此可见,缸内瞬态换热主要取决于湍流传热边界层厚度的变化。由于在湍流传热边界层内的传热基本上是分子导热,因此,燃气与壁面之间的换热系数可表示为 $\alpha = \lambda/\delta_t$,这样,边界层内导热系数的变化会对湍流边界层传热产生影响。总之,缸内气体的压力和温度以及流动状态的变化,使湍流传热边界层厚度和边界层内的导热系数发生变化,从而对内燃机缸内瞬态传热过程产生影响。许多由实验获得的内燃机缸内燃气与壁面之间换热系数的经验公式已经对这些参数的影响进行了描述[4]。其通用表达式为

$$\alpha = k p_g^a T_g^b V^c D^d$$

式中:α——换热系数;

p_g, T_g——燃气压力,温度;

V——特征速度;

D——特征尺寸;

k, a, b, c, d——常数。

3 燃烧室隔热方案研究分析

3.1 燃烧室内空气隔热边界层模型

内燃机缸内传热边界层理论指出,压缩燃烧使缸内传热边界层厚度迅速减薄,造成瞬态热流密度集中在上止点附近压缩燃烧期间;随着燃烧火焰向燃烧室壁面靠近,传热边界层减薄,传热加剧。因此,避免燃烧室内近壁燃烧有利于减少燃气向壁面的传热。为了防止近壁燃烧,在缸内燃油喷射、混合气形成和燃烧过程组织上可采取下列措施:

(1)燃油向燃烧室中心区域喷射,在喷射方向上,保持喷孔距燃烧室壁面有较长的距离;增大喷雾锥角,减小喷雾贯穿距离,细化油滴直径,减小油滴穿透能量,防止燃油喷射到壁面上。

(2)加强燃烧室内空气运动,将燃油喷孔距燃烧室中心的距离设计成燃烧室半径的0.7倍,此处涡流切向速度最大,有利于气流对喷注的吹散作用,使喷雾锥角加大,贯穿距离下降。

(3)促进燃油与空气混合燃烧,减少着火延迟期。因为在着火条件下,喷入燃烧室中的油雾很快在空间蒸发燃烧,难以到达壁面。

(4)增加缸内空气密度,有利于减小喷雾贯穿距离,增大喷雾锥角。同时,由于燃烧室中旋转气流的热混合作用,燃烧产物向燃烧室中心运动,油粒向燃烧室周围运动,并在运动过程中与新鲜空气混合燃烧。如果油粒在运动过程中没有足够的空气与之混合燃烧,就有可能到达壁面传热边界层附近燃烧,使边界层减薄,传热加剧。因此,增加缸内空气密度,提高过量空气系数,有利于避免近壁燃烧,保持边界层厚度,减少传热。

3.2 燃烧室零件隔热结构设计分析

为了减少燃烧室的散热,我们将原热流型铝合金活塞方案改变成低散热设计方案,它们包括:镶顶铸铁活塞,镶顶陶瓷活塞,铰接式铸铁活塞等方案。当采用铸铁顶活塞方案时,由于受到铸铁材料耐热性能和热强度的限制,活塞底部需采用喷油冷却。对不同的结构方案,利用有

限元数值计算方法进行了稳态温度场和表面平均热流密度分布的模拟计算。图 6 为活塞温度场计算结果对比,计算结果表明:

(1) 将原热流型铝活塞改成隔热铸铁镶顶和铰接式铸铁活塞后,可使燃烧室内平均热流密度降低 30% 左右,但活塞顶温度上升幅度较大,最高温度接近 600 ℃,超出了铸铁材料热强度允许的温度范围,因此需要采用活塞底部喷油冷却方案或采用热强度好的结构陶瓷材料来解决热负荷问题。

(2) 190A 型柴油机原铝合金活塞喉口及活塞环槽温度较高,受铝合金材料热强度及活塞环槽润滑条件的限制,难以提高零件壁温来减少散热。采用铸铁镶顶活塞或铰接活塞后,由于材料热强度的提高,活塞顶温度可以提高,并且,环槽温度较低,保证了可靠润滑,对活塞底部采用适当冷却措施,可控制零件最高温度,这样,既保证了零件的可靠运转,又可降低燃烧室的散热。

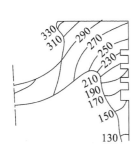  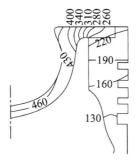 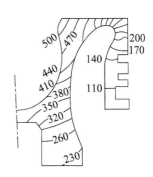

(a) 原机铝合金活塞　　　(b) 铸铁镶顶活塞(喷油冷却)　　　(c) 铰接式铸铁活塞(喷油冷却)

图 6　不同方案的活塞温度场

4　结　论

(1) 在不同运转条件下对 190A 型直喷柴油机气缸盖火力面上不同位置的表面温度波和瞬态热流密度的研究结果表明:燃烧室内局部瞬态热流密度随空间位置和运行工况不同,存在明显的差异,这是因为缸内局部瞬态传热与缸内燃烧过程、燃气状态参数和组分、局部气流运动、壁温及燃烧室几何形状有关。

(2) 用传热边界层理论分析缸内工质状态参数、壁面瞬态温度和瞬态热流密度之间的变化关系,得到了增加传热边界层厚度,减小热流密度的燃烧室内空气隔热边界层模型,并分析了燃油喷射、空气运动、混合燃烧等因素对该边界层的影响规律。

(3) 在改变结构设计和冷却方式的情况下,对燃烧室零件的温度场和壁面热流密度进行了数值模拟计算。计算结果为 190A 型柴油机结构改进提供了依据。

参 考 文 献

[1] Pischinger R. The importance of heat transfer to IC engine design and operation[C]. Yugoslavia: ICHMT XIXth International Symposium, 1987.

[2] 孙平.内燃机缸内瞬态传热及降低燃烧室壁面散热损失的研究[D].江苏理工大学博士学位论文,1994.

[3] 陆瑞松.内燃机的传热与负荷[M].北京:国防工业出版社,1985.

[4] W.柏夫劳姆,K.摩论浩尔.内燃机传热[M].唐后启,庞凤阁,陈元春译.哈尔滨:哈尔滨船舶工程学院出版社,1992.

Study of Heat Transfer in a Small-Type D. I. Diesel Engine

Sun Ping　Gao Zongying

(Jiangsu University of Science and Technology)

Abstract: Based on the measurements of transient temperature on cylinder head wall in Model 190A diesel engine, the heat transfer processes in cylinder are analysed. As for different kinds of designs and cooling conditions, the temperature fields of pistons were computed by means of finite element methods. The analyses of thermal insulation mechanism and design provided a guidance for reducing heat loss in diesel engines.

Key words: Diesel engine　Heat transfer　Thermal insulation

二冲程汽油机燃油预混合和喷射过程数值模拟[*]

刘启华[1]　顾宏中[1]　高宗英[2]

（1. 上海交通大学；2. 江苏理工大学）

[摘要]　用二维数值模拟的方法分别计算了化油器式和燃油喷射式二冲程汽油机在换气阶段燃油与空气的混合过程。通过计算，进一步了解缸内气体流场、燃油密度分布情况和从排气口短路的燃油量，从而确定比较理想的换气系统结构和燃油喷射方案。

[关键词]　数值模拟　扫气过程　汽油机

随着计算机硬件和数值计算软件的进步，内燃机缸内多维数值模拟已成为内燃机发展不可缺少的研究手段。它能迅速并较经济地预测内燃机的性能，细致地描绘缸内过程；可以从理论上分析暂时还弄不清的问题，为发动机设计提供了可靠的理论依据。本文针对目前面广量大而又面临四冲程汽油机挑战的二冲程汽油机，开展了换气阶段燃油预混合过程和燃油喷射过程的数值计算，为化油器式二冲程汽油机换气系统的结构改进和燃油喷射式二冲程汽油机喷射位置和喷油定时方案的确定提供了设计方向。

1　计算模型

20 世纪 70 年代以来多维模型在内燃机上应用十分广泛，但大部分都是从压缩行程开始计算，很少考虑气体交换过程。而对二冲程汽油机来说扫气性能直接影响到发动机的燃油经济性和排放指标，所以一个可靠的换气过程计算模型，对二冲程汽油机的设计师来说无疑是一种有力的工具。1989 年 E. Sher 将换气过程模型分为三种类型，即单相模型（One-Phase Model）、多区模型（Multi-Zone Model）和流体动力学模型（Hydrodynamics Model）[1]。

1.1　单相模型

单相模型有完全排斥模型和完全混合模型两种。完全排斥模型假设扫气过程是在不变气缸容积和气体压力下进行；新鲜充量无混合地将燃烧气体排出；在新鲜充量和燃烧气体接合面处没有质量和热量交换。而完全混合模型认为扫气过程是完全混合过程，当新鲜充量进入气缸时立即与气缸内成分混合形成均匀混合气，从排气口排出的气体是具有相同混合比的新鲜充量和已燃气体。单相模型是一种简单模型，计算精度不高。完全排斥模型对扫气过程加了过多的约束条件，完全混合模型过低地估计了扫气性能，因此后来又发展了多区模型。

1.2　多区模型

多区模型直观地将扫气过程分为三个阶段：排气、混合和短路。这三个阶段的情况取决于

---

[*]　本文原载于《车用发动机》1997 年第 1 期。

扫气口的方式和气口的设计。在多区模型中，气缸被分成2个、3个或更多个区域，这些区域分别含有新鲜充量、燃烧产物，以及新鲜充量和燃烧气体混合气。图1是Maekawa等温双区模型。假设缸内内压力是均匀的，每个区域温度可以是不同的，但是在一个区域温度是均匀的，在各区域之间没有热量交换和质量交换；新鲜充量分为3束，一束从排气口短路，一束在混合区域混合，还有一束形成纯新鲜充量区域。

1.3 流体动力学模型

流体动力学模型的建立使得多维数值模拟得以实现，它可以使控制扫气过程的方程用有限差分法得到数值解，这些方程包括质量、动量和能量守恒方程。通过流体动力学模型可以详细了解缸内

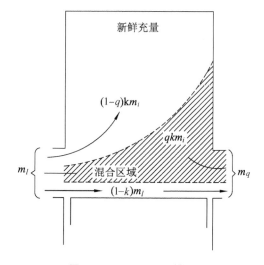

图1 Maekawa双区模型

气体运动过程、缸内燃油质量密度分布情况、缸内废气质量密度分布情况和从排气口短路的未燃燃油量，用以指导扫、排气口的优化设计和确定合理的燃油喷射方案。本文利用流体动力学模型进行了二维数值模拟。假设缸内流动是平面二维的，在排气口打开前气缸内的压力、温度及密度是均匀的，具有恒定的壁面温度，缸内废气组分为CO_2、H_2O、N_2、H_2和O_2；通过扫、排气口的流动是由一维可压缩流动方程来描述。数值计算的控制方程如下：

1.3.1 流体状态

组分K的连续方程为

$$\frac{\partial \rho_k}{\partial t} + \vec{\nabla} \cdot (\rho_k \boldsymbol{u}) = \vec{\nabla} \times [\rho D \vec{\nabla}(\rho_k/\rho)] + \rho_s \delta_{k1} \tag{1}$$

式中：ρ_k——组分K的质量密度；

ρ——总的质量密度；

$\boldsymbol{u}$——流体总流速矢量；

D——扩散系数；

ρ_s——ρ_l的燃油雾化或凝结时密度的变化率；

δ_{k1}——组分K的Kronecker delta函数

$$\frac{\partial \rho}{\partial t} + \vec{\nabla} \cdot (\rho \vec{\nabla}) = \rho_s \tag{2}$$

流体混合物的动量方程：

$$\frac{\partial}{\partial t}(\rho \boldsymbol{u}) + \vec{\nabla} \cdot (\rho \boldsymbol{uu}) = -\vec{\nabla}_p + \vec{\nabla} \times (\vec{R}\vec{\sigma}) - \frac{\sigma_0 - \rho \boldsymbol{W}^2}{R}\vec{\nabla} + \rho \boldsymbol{G} \tag{3}$$

式中：p——流体压力；

σ_0——柱面黏性应力；

$\boldsymbol{G}$——作用在单位质量流体上的体积矢量；

$\boldsymbol{W}$——流体在垂直于计算平面方向的速度矢量。

内能方程：

$$\frac{\partial}{\partial t}(\rho I)+\vec{\nabla}\cdot(\rho I\boldsymbol{u})=-p\vec{\nabla}\cdot\boldsymbol{u}+\boldsymbol{\sigma}:\vec{\nabla}\boldsymbol{u}+\boldsymbol{\tau}\cdot\nabla W+\sigma_0\boldsymbol{u}\cdot\vec{\nabla}-\vec{\nabla}\times\boldsymbol{J}+\dot{Q}_c+\dot{Q}_s \quad (4)$$

式中：I——流体的比内能；

$\dot{Q}_c$——化学热量释放率；

$\dot{Q}_s$——雾化反应产生的源项。

状态方程：

$$p=R_g T\sum_k(\rho_k/\omega_k) \quad (5)$$

$$I(T)=\sum_k(\rho_k/\rho)I_k(T) \quad (6)$$

$$C_v(T)=\sum_k(\rho_k/\rho)C_{vk}(T) \quad (7)$$

$$h_k(T)=I_k(T)+R_g T/\omega_k \quad (8)$$

式中：R_g——通用气体常数；

ω_k——组分 K 的分子量；

C_{vk}——组分 K 的定容比热；

h_k——组分 K 的比焓。

1.3.2 喷雾液滴

液滴 K 在平面几何中的位置：

$$\boldsymbol{X}_k=X_k\boldsymbol{i}+Y_k\boldsymbol{j} \quad (9)$$

在平面上的速度：

$$\boldsymbol{U}_k=\frac{d\boldsymbol{x}_k}{dt}=u_k\boldsymbol{i}+V_k\boldsymbol{j} \quad (10)$$

油滴 K 的质量：

$$\frac{dm_k}{dt}=\left(1-\frac{y_0}{y_0^*}\right)\times\left[\frac{2+0.6(R_e^* S_c^*)^{\frac{1}{2}}}{2+0.6(R_e^* p_r^*)^{\frac{1}{2}}}\times\frac{q_k L_e^*}{y_1(h_1-h_1^*)+y_0(h_0-h_0^*)}\right] \quad (11)$$

式中，下标"1"表示燃油组分；下标"0"表示除了组分 1 以外的流体混合物；上标"*"表示油滴表面条件。

油滴半径：

$$\gamma_k=(3m_k/4\pi\rho_1)^{1/3} \quad (12)$$

式中：ρ_1——纯液体密度。

油滴热转换率：

$$q_k=2\pi\gamma_k K^*(T-T_k)\times[2+0.6(R_e^{1/2}/p_r^{1/2})^*]/B_E \quad (13)$$

油滴的能量平衡方程：

$$m_k\frac{dH_k}{dt}=L(T_k)\frac{dm_k}{dt}+q_k \quad (14)$$

式中：H_k——油滴 K 的焓值，$H_k=H(T_k)$；

$L(T_k)$——油滴 K 的潜热，$L(T_k)=h_1^*-H_k$。

1.3.3 通过气口气体流动质量

通过气口的气体质量可以用一维可压缩流动方程来描述：

$$\dot{m} = C_D A_m \left[\frac{2k p_H \rho_H}{k-1}\right]^{1/2} y^{1/k} \left[1 - y^{\frac{(k-1)}{k}}\right]^{1/2} \tag{15}$$

式中，

$$\begin{cases} y = p_L/p_H, \ p_L/p_H > \left[\dfrac{2}{k+1}\right]^{k/(k-1)} \\ y = \left[\dfrac{2}{k+1}\right]^{2/(k-1)}, \text{流动壅塞} \end{cases}$$

下标"L"代表下游，"H"代表上游。

开启面积（图2）：

$$A = WH - 0.86r^2$$

流量系数曲线如图3所示，扫气口、排气口和缸内气体压力曲线如图4所示。

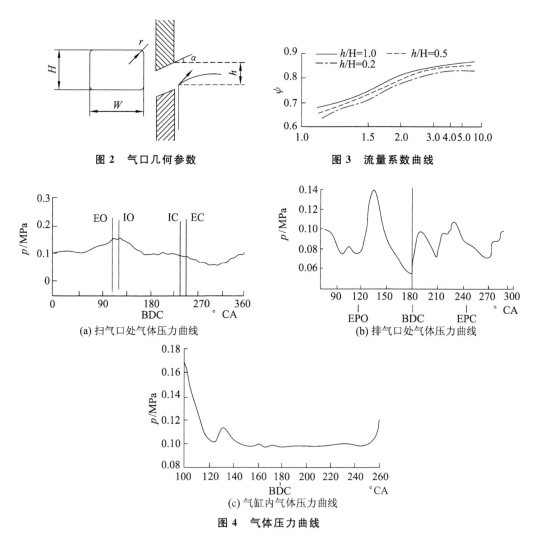

图2 气口几何参数

图3 流量系数曲线

(a) 扫气口处气体压力曲线

(b) 排气口处气体压力曲线

(c) 气缸内气体压力曲线

图4 气体压力曲线

气口处的气流速度按平均值计算：

$$V = \dot{m}/(\rho_h A)$$

气口处气流速度方向：在气口上侧交点处其速度方向与气口结构几何角度相同；在打开的

气口下侧交点处,速度方向为活塞顶面的切线方向。

计算网格和喷油器安装位置如图5所示。

2 计算结果及分析

本文主要是针对1E65FM汽油机进行计算,其发动机的主要技术指标如下:

气缸直径　　　　65 mm
行　　程　　　　75 mm
气缸容积　　　　248.5 mL
压缩比　　　　　6.5∶1
排气口启闭角　　-66～66°CA　ABDC
扫气口启闭角　　-56～5C°CA　ABDC

图6是换气过程气体流速图($n=4\,500$ r/min)。它揭示了在换气过程气缸内存在一个比较大的主漩流。从排气口开始打开起就形成了一个小的漩流,然后漩流扩大至整个气缸。自排气口建立了漩流起,由于气流的惯性作用,在整个换气过程中此漩流起了一个主导作用,从扫气口进入缸内的气流未能改变漩流的方向。这样逆时针的漩流对扫气性能非常不利,加速了新鲜充量的短路。提高扫气性能的主攻方向是增加扫气口处气流的速度和改变速度方向。减小曲轴箱容积,适当降低扫气口位置和加大扫气角度等措施,都有助于扫气性能的提高。在发动机试验中证实了这一结论。由图6可见,在燃烧室内气流流动较强烈而没有形成死区。

图7是化油器式和燃油喷射式(4种喷射方案),二冲程汽油机缸内燃油密度的分布情况。图7(a)说明化油器式二冲程汽油机在扫气口打开后10°CA就有燃油到达排气口处而排出气缸。在换气过程的90%时间内都有燃油短路现象。而从图7(b)、(c)、(d)及(e)看出,燃油喷射式(通常使用电子控制低压燃油喷射)二冲程汽油机在排气口侧的燃油密度较稀,排出气缸的未燃燃料较少。图7(b)是扫气口喷射的方案,可以将开始喷射燃油的时间定于下止点后,使燃油短路的时间减少到化油器式发动机的1/2;但喷油时刻的推迟受到活塞运动的限制,如果喷油过迟,活塞侧面会挡住喷油器而无法将燃油喷到缸内。

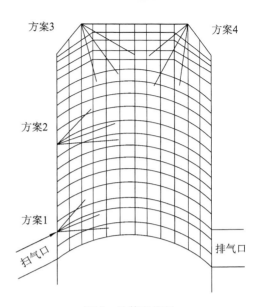

图5 计算网格图

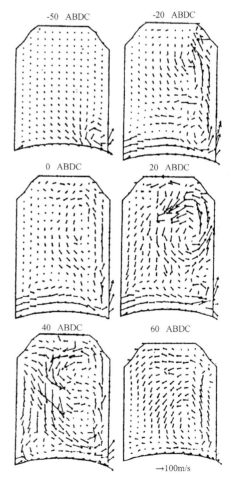

图6 换气过程气体速度矢量图

图7(d)和(e)为缸盖喷射方案,如果在排气口关闭后再向缸内喷油,就没有燃油短路现象,但在过迟的喷油时刻,缸内气体压力较高,势必要求比较高的喷油压力,喷入缸内的燃油由于物理化学准备时间太短而影响燃烧;另外喷油器与高温高压燃气直接接触而缩短了喷油器的使

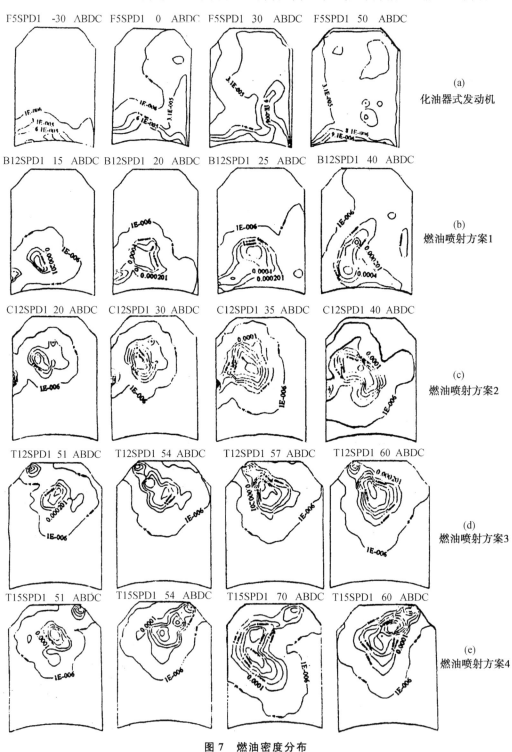

图7 燃油密度分布

用寿命。图 7(c)所示的中间壁面喷射的方案 2,因为在排气口处有较稀的燃油密度,使燃油短路较少,且喷油器不与高温高压燃气接触,是使用电子控制低压喷射的比较理想的方案,在发动机试验中证实了这一结论。

用燃油逸率 ES 作为评价从排气口排出未燃燃油量的指标(图 8):

$$ES = F_0/F_i$$

式中:F_0——从排气口排出的未燃燃油量;
F_i——进入气缸的燃油量。

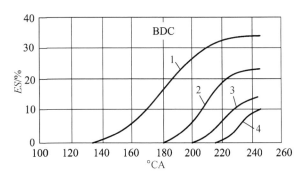

1—化油器;2—方案 1;3—方案 2;4—方案 3
图 8　燃油逸率曲线

3　结　论

(1) 用二维数值模拟的方法分别计算了化油器式和燃油喷射式二冲程汽油机在换气阶段燃油与空气的混合过程。通过分析缸内气体流速图、缸内燃油密度分布图和燃油逸率,为改善扫气系统和确定燃油喷射方案提供了充分的理论依据。

(2) 计算结果显示了原化油器式汽油机扫气系统仍有不合理的结构,必须采取措施以增加扫气口处气流速度并改变速度方向。

(3) 在四种喷射方案中,以中间壁面喷射作为电子控制低压燃油喷射的理想方案,具有较小的燃油逸率和可靠的喷油器使用寿命。

参 考 文 献

[1] Sher E. Modeling the Scavenging Process in the Two-Stroke Engine—An Overview. SAE,1989,Paper No. 890414.

[2] 刘启华. 二冲程汽油机电控喷射系统的开发和扫气过程多维数值模拟. 江苏理工大学博士学位论文,1994.

[3] Cloutman L D,et al. CONCHAS-SPRAY:A Computer Code for Reactive Flows with Fuel Sprays. Los Alamos National Laboratory,1982.

[4] Epstein P H. A Computer simulation of the Scavenging Flow in a Two-Stroke Engine. M. S. Thesis,University of Wisconsin,1990.

[5] Ghandhi J B,Martion J K. Velocity Field Characteristics in Motored Two-Stroke Ported Engines. SAE,1992,Paper No. 920419.

4气门直喷式柴油机进气系统研究及设计

梅德清[1]　王　忠[1]　高宗英[1]　杨　雄[2]

(1. 江苏大学；2. 一汽集团无锡油泵油嘴研究所)

[摘要]　分析了4气门直喷式柴油机进气系统的技术特点和设计要点，详细阐述了4气门进气系统在提高进气量、改善油气混合和可变涡流强度等方面的优点。通过对4气门进气系统不同进气道组合的比较，指出长切向气道与短螺旋气道的组合有利于产生较大的进气涡流。结合缸盖设计，讨论了气门的布置方式及配气机构的设计。4气门柴油机辅以增压、高压燃油喷射和废气再循环等技术的支持和匹配，可以改善燃烧、净化排放，提高动力性和经济性，满足未来更严格的排放法规。

[关键词]　柴油机　进气　流动

柴油机具有油耗低、可靠性好、寿命长等优点。近年来，由于材料的改进和燃烧过程的优化，以及增压技术的采用，柴油机的动力性和经济性有了根本的改善，升功率甚至达到了汽油机的水平。

面对日益严格的排放法规，直喷式柴油机只有在保持低油耗的同时，不断提高柴油机的性能，进一步降低排放，才能扩大市场占有率。在柴油机的发展过程中，人们一直把改进燃烧的质量作为提高柴油机的动力性和经济性的主要途径。直喷柴油机的潜力除了降低机油消耗、优化增压系统及应用合适的排气后处理系统外，更关键的则在于优化进气系统、供油系统和燃烧室结构三者之间的匹配。采用4气门技术和高压燃油喷射，可以实现油气良好混合，采用变涡流强度设计可以进一步完善组织燃烧过程。

1　4气门的技术特点

与传统的2气门直喷柴油机相比，4气门柴油机具有如下优点。

(1) 增加流通面积，减少换气损失。气流运动阻力随着发动机转速的提高而增加。与2气门相比，采用4气门进气系统，可使气门流通面积增加50%左右。这样可使换气功或泵气损失减少，充气效率提高，可以更有效地组织油气混合和燃烧。但气门流通面积受喷油嘴位置影响，如图1所示。

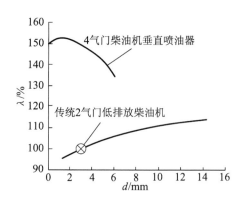

图1　气门面积随喷油嘴偏离气缸中心距离的变化

---

* 本文原载于《江苏大学学报(自然科学版)》2002年(第23卷)第2期。

（2）中心垂直布置的喷油嘴有利于改善混合气的形成和燃烧。4气门柴油机的燃烧室与气缸同心,喷油嘴可以垂直布置,燃烧室内的气流流动明显比偏置燃烧室均匀(如图2所示)。4气门柴油机的燃油喷注所面临的空气边界条件都是一致的。通过对压缩过程的三维模拟计算可以看出中置燃烧室内流场分布均匀,平均涡流强度比偏置的大10%左右。在燃烧室内涡流强度相当的前提下,4气门柴油机可以降低进气涡流强度或扩大燃烧室直径。这样,可以增加进气流量或增加油束的贯穿长度,改善油气混合质量。

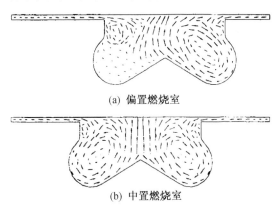

图2　2气门和4气门柴油机燃烧室压缩流场(上止点)

（3）易于实现随转速和负荷而改变的进气涡流。为了获得最佳的燃烧和最低的废气排放,理想的进气涡流强度应该与转速及每循环供油量相适应。在4气门柴油机上,通过对气道的节流或关闭,可以在整个转速范围内达到发动机所需的涡流强度。低速工况时,燃油喷射压力下降,气流速度也降低,需要提高涡流强度来保证油气的混合。通过这种方法可以解决提高额定功率和提高低速扭矩之间的矛盾。考虑到随着新一代燃油喷射系统的应用,对涡流强度的要求进一步降低,采用两个进气道的进气系统的优势会更大。

（4）良好的扭矩和排放特性。由于喷油嘴和燃烧室中心布置、气门流通面积增加,使得4气门直喷式柴油机具有极为优越的扭矩特性和排放特性。由FEV提供的资料表明,即使使用相同的燃油喷射系统,运用4气门技术仍有提高扭矩和功率的潜力,如图3所示。特别明显的是4气门技术降低排放的优点,在标准循环测试中,4气门柴油机比2气门柴油机的排放低20%～30%,油耗低4%。

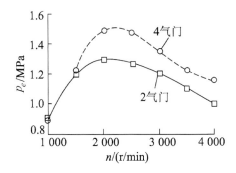

图3　4气门和2气门柴油机的扭矩特性比较

2　4气门研究进展

从汽油机采用4气门进气系统的情况来看,4气门机构充分显示了提高充气效率、增加进气量的优势。汽车排放HC下降30%,CO下降25%,发动机的输出功率增加了10%～15%,燃油耗下降5%左右。

目前,每缸4气门技术已逐渐应用于轻型高速直喷式柴油机上,对4气门进气系统的研究

主要体现在以下几个方面:

(1) 4气门进气道及缸内流动的实验研究。德国 Wunsche 教授对进气系统的各种空气运动进行了研究,指出宜采用螺旋进气道与切向进气道之间的匹配组合[1]。英国里卡多公司的 Needham 和 Whelan 等人通过对 SOFIM 4气门与 2气门直喷式柴油机性能对比试验指出,4气门的发动机在所有转速下都可以观察到燃烧改进的效果[2]。在标定功率时,4气门发动机燃油耗降低 13%,其 NO_x、HC 和烟度的含量明显降低。

(2) 4气门进气涡流形成机理的研究。日本的 Aoyagi, Yokota 等学者曾在第九届燃烧学会上发表了 4气门柴油机缸内涡流形成的研究报告[3]。其研究结果表明 2气门柴油机主要依靠螺旋气道产生涡流运动,涡流从旋涡处向外扩展;而 4气门柴油机则主要依靠切向和螺旋气道沿气缸周边处的强气流产生涡流运动,随着气流的继续流动,外部气流不断影响内部气流。国内少数学者对 4气门缸盖出口三维流场及进气涡流的形成进行了测量研究,得到类似的结论[4]。

(3) 4气门可变涡流进气系统。油束和缸内的气体流动的相互作用控制了混合气形成的质量,同时也决定了燃烧过程和排放。4气门柴油机充分利用了螺旋进气道产生的较大进气涡流、低阻力切向进气道吸入大量空气的特点,通过控制切向进气道的进气量来调节涡流强度,从而改善混合气形成和燃烧过程,提高动力性和经济性,满足排放法规的要求。可变涡流的进气系统可以满足车用柴油机的转速变化要求,但调整进气流动的控制机构比较复杂。

3 4气门主要设计要点

3.1 进气道的组合

4气门和2气门相比,其流通截面大大增加,但总流量系数却略有降低,这是由于在两个进气道气门出口处存在着气流干扰现象,因而合理布置两个进气道显得尤其重要。如果采用两个切向气道(图4a)相互组合时,气流干涉效应小,也可获得较高的进气速度,但切向气道形成的涡流强度小;如果采用两个螺旋气道(图4d),则气门出口处旋转方向相反的气流会产生强烈的相互影响,进气阻力增加,流通性能不理想,因而均不宜采用。采用螺旋气道和切向气道相组合时(见图4b和图4c),可以产生适度的涡流,这对需要涡流支持的油气混合十分有益。但究竟是采用长螺旋气道和短切向气道的组合还是采用短螺旋气道和长切向气道的组合,还是需要仔细衡量比较的。如图4c所示,切向气道产生的高速气流会对螺旋气道产生的涡流起破坏作用,且会造成阻塞,不宜采用,推荐使用图4b的气道组合方式[5]。

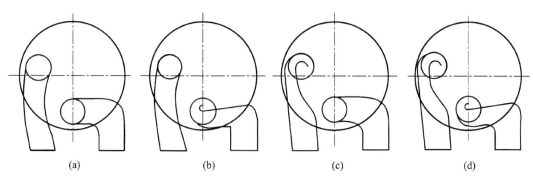

图 4 4气门缸盖进气道组合方式

3.2 气门布置方案

增加气门流通面积、提高充气效率是 4 气门缸盖的设计要点。在达到气门流通面积要求的同时,保持足够的热强度对于成功的设计是很重要的[6]。通常要求气门鼻梁的厚度至少为缸径的 8%,设计水套使冷却水容易接近气门鼻梁和喷油区。气门布置方式主要有以下两种。第Ⅰ种型式为平行式的气门布置(同名气门中心连线与发动机轴线平行,如图 5a)。为了确保切向气道有足够大的流通截面,设计时螺栓孔可能穿过气道。这样,尽管缸盖的刚度可以得到保证,但是采用增压器进气时会造成进气泄漏。第Ⅱ种形式为倾斜式的气门布置(同名气门中心连线与发动机轴线不平行,如图 5b),螺旋气道的气门导管凸台和相邻的气缸盖螺栓之间有足够的空间。螺旋气道产生涡流运动的主要流道部分能得到合适的布置,便于气道的设计。但由于配气凸轮轴与发动机的曲轴中心线平行,倾斜式布置不利于配气机构设计。

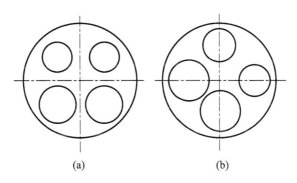

图 5　气门布置方案

3.3 配气机构

由于空间有限,小型高速直喷式 4 气门发动机的气门驱动机构是一个难题。为控制低负荷时的排放,压缩比应略高些,系数 K(燃烧室容积/总余隙容积)至少为 75%。这意味着必须采用垂直的气门,以使气门凹坑容积最小。单凭这一点就不可能在小型发动机上采用直接接触式的气门传动系,因为两根凸轮轴之间的距离将会太近。这样,就要求采用端头枢轴式或中央枢轴式摇臂从动件,在设计和分析时宜借鉴多气门汽油机的实践经验。

凸轮轴的数目关系到发动机的制造成本和总体尺寸。对于直喷柴油机,垂直布置的喷油器就是使用一根顶置凸轮轴的障碍。一般来说最好采用有两根顶置凸轮轴的结构。关于凸轮的驱动,最好使用一根链条或齿形皮带直接驱动第一根轴,而第二根用一对预张紧齿轮来驱动,因为凸轮轴之间的狭窄间隔不利于链条驱动或普通的直接驱动。

4　结　论

(1) 采用 4 气门技术,可使发动机气门流通面积增加 50% 左右,实际进气过程中进气量增加,充气效率提高,泵气损失减少。

(2) 喷油器在燃烧室中心布置,可使油束均匀,促进雾化,改善燃烧。采用 2 个进气道,比较容易根据转速和负荷改变进气涡流。

(3) 4 气门缸盖采用长切向气道和短螺旋气道的组合有利于组织进气涡流。

(4) 4 气门柴油机具有良好的扭矩和排放性。

参 考 文 献

[1] Wünsche P. 4气门高速直喷式柴油机的设计方法[J]. 张毓富译. 国外内燃机,1996(3).
[2] Needham J R, Whelan S. 采用里卡多高速直喷式4气门发动机以满足低排放和燃油经济性的要求[J]. 张耀庆译. 国外内燃机,1996(2).
[3] Aoyagi Y, Yokota H, Sugihara H. 4气门直喷式柴油机的涡流形成过程[J]. 瞿俊鸣译. 国外内燃机,1996(1).
[4] 吴志军,孙济美,黄震. 4气门柴油机进气过程缸内流场的模拟研究[J]. 上海交通大学学报,2000,34(9).
[5] 王忠,梅德清. 车用高速直喷式柴油机四气门进气系统的试验研究[J]. 江苏理工大学学报,1998,19(2).
[6] Regueiro J F, Korn S J. Geometric parameters of four-valve cylinder heads and their relationship to combustion and engine full load performance [J]. SAE, 1994, Paper No. 940205.

Research Development and Design Principles of 4-Valve D. I. Diesel Engine Inlet System

Mei Deqing[1] Wang Zhong[1] Gao Zongyin[1] Yang Xiong[2]

(1. Jiangsu University; 2. Wuxi Fuel Injection Equipment Research Institute)

Abstract: The technical characteristics and design principles of 4-valve D. I. diesel engine inlet system are analyzed in this paper. Advantages of 4-valve inlet system such as augmenting valve flow area, alterable swirl intensity and ameliorating the combination of fuel/air are specially expounded. It is indicated that the combination of long tangent port and short helical port is in favor of generating great intake swirl by comparing the combinations of different ports in 4-valve inlet system. The sketch of valves placement and the design of charging organization, which are connected to the cylinder head design, are discussed. 4-valve engines sustained and matched with turbocharging, decreasing clearance volume of chamber, high-pressure injection with multiple holes and EGR can improve combustion and clean emission and boost dynamical and economic performances. Furthermore, engines with 4-valve technology can meet more stringent emission regulations in future.

Key words: Diesel engine Inlet Flow

我们的一小步
ONE SMALL STEP FOR US

国际交流篇

INTERNATIONAL EXCHANGE

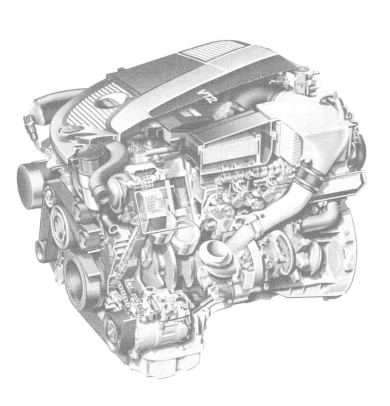

Rudolf Pischinger, Gustav Staska und Zongying Gao

Berechnung des Einspritzverlaufes von Dieselanlagen bei Kavitation*

Calculation of the Injection Rate Curve of Diesel Injection Systems under Cavitation Conditions

Zusammenfassung

Für die Berechnung des Einspritzverlaufes aus dem gemessenen Einspritzdruckverlauf am Düsenhalter sowie dem Zylinderdruckverlauf wurde am Institut für Verbrennungskraftmaschinen und Thermodynamik der Technischen Universität Graz ein EDV-Berechnungsprogramm entwickelt, welches alle geometrischen Gegebenheiten im Düsenhalter, die Schalltheorie und die Gegendruckabhängigkeit des wirksamen Düsenöffnungsquerschnittes berücksichtigt.

Im Verlauf wiederholter Messungen und Berechnungen wurden starke Unterschiede der Schallgeschwindigkeit bei verschiedenen Motorbetriebspunkten festgestellt, deren Ursache offenbar das Auftreten von Kavitation ist. Unter der Annahme fein im Kraftstoff verteilter Gas- bzw. Luftbläschen kann die Kavitation durch eine herabgesetzte Schallgeschwindigkeit berücksichtigt werden. Dabei zeigte sich, daß die durch Laufzeitmessungen in der Einspritzleitung ermittelten Schallgeschwindigkeiten bei Verwendung in der Berechnung zu guter Übereinstimmung der Kontrollparameter führen.

Summary

A computer program has been developed for calculating the injection rate diagram using injection and cylinder pressure curves. The method embodied in this program is based on the geometry of the nozzle holder (Fig. 1), the effective opening area of the nozzle (Fig. 2) and sound theory.

In the course of repeated measurements and calculations, significant differences in the speed of sound at various engine operating points were observed. This is attributed to the occurrence of cavitation. Using the assumption that regions of cavitation exist as finely dispersed gas or air bubbles, the effects of cavitation can be represented by a reduced velocity of sound (Fig. 5). Measurements of the propagation time in the injection line show good agreement with the results obtained from calculation (Fig. 6, 7, 9 and 10).

Verwendete Formelzeichen

a	Schallgeschwindigkeit des Kraftstoffes
c_0	Geschwindigkeit vor Beginn der Einspritzperiode
c_V	vorlaufende Geschwindigkeitswelle
c_R	rücklaufende Geschwindigkeitswelle
DQ	Einspritzverlauf
E	Elastizitätsmodul des Kraftstoffes
F	Leitungsquerschnitt
f_N	Querschnitt des der Düsennadel entsprechenden Ersatzkolbens (Bild 1)
k_D	Federkonstante der Düsenfeder
m_D	Masse der bewegten Teile der Düse
p	Druck
p_0	Standdruck
p_Z	Zylinderdruck
P_D	Vorspannung der Düsenfeder
R_D	konstante Nadelreibung
t	Zeit
V	Volumen
x	Ortskoordinate
y	Nadelhub
z	Druckabminderungsfaktor
β	Einspritzmenge pro Einspritzperiode
$δ_D$	Dämpfungskonstante der Nadelbewegung
$μf_D$	wirksamer Öffnungsquerschnitt der Düse
ϱ	Kraftstoffdichte

Verwendete Indices

A	Austritt (Bild 1)
E	Eintritt (Bild 1)
i	Ortsindex der Einspritzleitung (Bild 1)

1 Einleitung

Es ist bekannt, daß der Verbrennungsablauf im Dieselmotor außer von der Brennraumform, der Luftbewegung und der Zerstäubung des Kraftstoffes, auch vom zeitlichen Einspritzverlauf abhängt.

Zwar sind Verfahren zur Messung des Einspritzverlaufes entwickelt worden [1, 2], jedoch sind diese nur am Pumpenprüfstand und nicht am Motor anwendbar. Es kommt daher der Berechnung der zeitlichen Einspritzmenge besondere Bedeutung zu [3].

Ausgehend von den grundlegenden Berechnungsmethoden von Dieseleinspritzanlagen [4, 5] entstanden am Institut für Verbrennungskraftmaschinen der Technischen Universität Graz Arbeiten in Form von Rechenprogrammen, deren Inhalt die Berechnung besonderer Erscheinungen von Einspritzsystemen ist.

Es lag nahe, die Lösung der bei diesen Arbeiten verwendeten Grundgleichungen für die Rechnung an der Einspritzdüse, die jeweils einen eigenen Teil des Rechenprogrammes bildet, direkt zu verwenden. Anstelle der aufwendigen Gleichungen der Einspritzpumpe wurde die Wellengleichung gesetzt, wobei der zeitliche Verlauf des statischen Druckes in einem definierten Abstand zur Düse als aus der Messung bekannt vorausgesetzt wird.

Dieses Rechenmodell bestand demnach aus einer Einspritzleitung mit konstantem Querschnitt, den Leitungsteil im Düsenhalter miteinbezogen, und der eigentlichen Einspritzdüse.

Anschließend wurde dieses Modell derart erweitert, daß konstruktiv bedingte Querschnittsänderungen und Volumina in der Leitung zwischen Druckmeßstelle und Düse berücksichtigt werden, Bild 1.

Weil ein direkter Vergleich des gerechneten Einspritzverlaufes mit einer Messung am Motor nicht möglich ist, müssen einerseits der gleichzeitig mit dem Druckverlauf aufgenommene Nadelhubverlauf, andererseits die Einspritzmenge pro Zyklus als Kontrollparameter dienen.

2 Rechenmodell und Grundgleichungen

Wie einleitend erwähnt, besteht das Rechenmodell zwischen Druckmeßstelle und Düsennadel aus einem oder mehreren Leitungsteilen und dazwischenliegenden Volumina, je nachdem, welche Ausführung der Einspritzdüse bzw. des Düsenhalters vorliegt. Bei bestimmten Ausführungen von Einspritzdüsen hängt, wie in Bild 1 gezeigt, die Nadelbewegung nicht nur vom Druck im Düsenvorraum V_i, sondern auch vom Druck im Raum

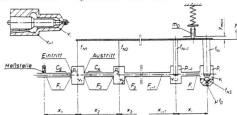

Bild 1: Rechenmodell des Einspritzsystems

Fig. 1: Simulation model of injection system

---

* 本文为高宗英与指导教师合作在德国内燃机界著名杂志MTZ（1993，Vol. 44，No. 11）上发表的论文，高宗英为在该杂志发表论文的首位中国学者。

V_{i-1} ab. Auch diese Tatsache kann im gegebenen Fall durch das Rechenmodell berücksichtigt werden.

Nach A. Pischinger [4] setzen sich nach Gl. (1) und (2) Druck und Geschwindigkeit an einer beliebigen Stelle der Einspritzleitung bzw. eines Leitungsteiles zu jeder Zeit aus der Summe eines konstanten Gliedes und den Funktionswerten zweier in entgegengesetzter Richtung mit der Schallgeschwindigkeit des Kraftstoffes laufenden Wellen zusammen.

$$p = p_0 + \frac{c_v}{K} - \frac{c_R}{K} \quad (1) \qquad c = c_c + c_V + c_R \quad (2)$$
$$K = \frac{1}{a \cdot \rho}$$

Die Gl. (1) und (2) werden auf die Druckmeßstelle, den Ein- und Austritt jedes zwischenliegenden Volumens sowie auf den Eintritt des Düsenvorraumes V_i angewendet.

Unter Berücksichtigung der Reflexionsbedingungen und der durch die Länge der Leitungsteile und der Schallgeschwindigkeit gegebenen Wellenlaufzeiten können damit die Werte der rücklaufenden Wellen c_R berechnet werden. Weiter gilt für die Volumina V_1 bis V_i die Kontinuitätsgleichung (3) als Gleichungen für den Düsenvorraum.

$$F_E \cdot c_E - F_A \cdot c_A - f_N \frac{dy}{dt} - \frac{V}{E} \frac{dp}{dt} = 0 \quad (3)$$

Für den Eintritt in den Düsenvorraum V_i werden die Gl. (1) und (2) verwendet. Außerdem können die Kontinuitätsgleichung (4) und die Bewegungsgleichung (6) der Düsennadel angeschrieben werden.

$$\alpha \sigma \cdot F_E \cdot c_E - f_N \frac{dy}{dt} - \frac{V}{E} \frac{dp}{dt} = 0 \quad (4)$$

$$\alpha \sigma = \mu f_D \sqrt{\frac{2}{\rho} (p_L - p_Z)} \quad (5)$$

$$m_N \frac{d^2 y}{dt^2} + h_D \frac{dy}{dt} + k_D y + p_z f_N - p_L f_N + R_0 + R_R = 0 \quad (6)$$

Nach den Gl. (1) und (2) ist es möglich, den Zustand in den Leitungsteilen durch jeweils eine vorlaufende und eine durch Reflexion entstehende rücklaufende Geschwindigkeitswelle darzustellen. Bei gegebener Schallgeschwindigkeit des Kraftstoffes kennt man daher zu jedem Zeitpunkt die Lage der Wellen im jeweiligen Teil der Einspritzleitung.

Ihre Größe erhält man aus den Gl. (3) bzw. (4), (5) und (6), welche durch Anwendung eines geeigneten Differenzenverfahrens schrittweise lösbar sind.

3 Messungen am Motor

Die für die Berechnung grundlegenden Messungen wurden am AVL-Einzylinder-Forschungsmotor mit direkter Einspritzung, Typ 520, durchgeführt. Einige wesentliche Motordaten werden im folgenden angeführt:

Zylinderbohrung 120 mm
Kolbenhub 120 mm
Nenndrehzahl 3000 1/min

Die Messung des Einspritzdruckes erfolgte mit einem AVL-Quarzdruckgeber am Eintritt in den Düsenhalter. Ebenfalls mit AVL-Meßgebern wurden der Nadelhub (induktiver Weggeber) und der Zylinderdruck (Quarzdruckgeber) erfaßt.

Die anschließend verstärkten analogen Meßsignale wurden mit einem Digital-Analysator mit hohem zeitlichen Auflösungsvermögen aufgenommen [6, 7]. Dabei löst ein Analog-Digital-Converter die Meßsignale zum zugehörigen Kurbelwinkel digital auf.

Diese Daten werden dann zunächst im Kernspeicher eines Kleincomputers abgelegt und in der Folge auf ein Magnetband überspielt, wo sie für die weitere Verwendung (Plotter, Rechenprogramm) bereitstehen.

4 Messung der Durchflußcharakteristik der Einspritzdüse

Die Tatsache, daß bei gleichem Druckabfall an der Einspritzdüse der Gegendruck erheblichen Einfluß auf den wirksamen Öffnungsquerschnitt hat, wurde bereits nachgewiesen [8]. Auch Messungen zur vorliegenden Arbeit, die im Einspritzlabor der AVL vorgenommen wurden, haben diese Erscheinung bestätigt. Das Meßergebnis, Bild 2, zeigt, daß der wirksame Öffnungsquerschnitt bei einem Gegendruck von ca. 50 bar, der etwa dem Druckniveau im Zylinder während der Einspritzperiode entspricht, gegenüber einem Gegendruck von 1 bar um ca. 12% größer ist.

Der Grund dafür dürfte auf das Auftreten von Kavitation in der Nähe des engsten Querschnittes zurückzuführen sein. Kavitation tritt ohne Gegendruck eher auf und schlägt sich dann in einer Verringerung der Kontraktionszahl bzw. des wirksamen Querschnittes nieder.

5 Durchführung der rechnerischen Untersuchung

Bild 3 zeigt den gemessenen Verlauf von Leitungsdruck, Nadelhub und Zylinderdruck über dem Kurbelwinkel für den Motorbetriebspunkt n = 2000 1/min und Vollast. Das Entlastungsvolumen des dabei verwendeten und in dieser Einspritzausrüstung serienmäßig vorgesehenen Entlastungsventiles beträgt $V_E = 70$ mm³, das sind ca. 4% des Volumens des gesamten Einspritzsystems ($V_E/V_{SUM} = 0,04$). Sowohl die Tatsache, daß vor Beginn des Druckanstieges der gemessene Druck p_0 = 0 bar beträgt und sich auch unmittelbar nach dem Schließen der Düsennadel wieder einstellt, als auch das relativ große Entlastungsvolumen lassen auf bereits vor dem Einspritzvorgang vorhandene Kavitation schließen.

Wenn die Deformation der Leitungsteile im Düsenhalter vernachlässigt wird – wegen der großen Wandstärken ist diese Annahme gerechtfertigt – kann die Schallgeschwindigkeit a nach der Beziehung (7)

$$a = \sqrt{\frac{E}{\rho}} \quad (7)$$

berechnet werden. Die Druck- und Temperaturabhängigkeit des Elastizitätsmoduls E und der Dichte ρ ist gering und kann im allgemeinen unberücksichtigt bleiben. Für den häufig in der Literatur angegebenen Wert $E = 1,6 \cdot 10^9$ N/m² und das mittels Aerometer bestimmte $\rho = 0,82 \cdot 10^3$ kg/m³ ergibt sich die Schallgeschwindigkeit a = 1400 m/s.

Die Ergebnisse für Nadelhubverlauf und Gesamteinspritzmenge einer anschließend mit dieser Schallgeschwindigkeit durchgeführten Rechnung wurden den entsprechenden gemessenen Werten gegenübergestellt. Die völlig unzureichende Übereinstimmung bestätigt die Vermutung auf bereits vor dem Einspritzvor-

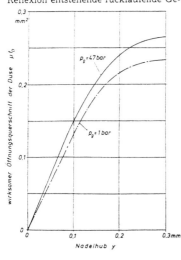

Bild 2: Durchflußkennlinien der Einspritzdüse

Fig. 2: Characteristic curves of injection nozzle

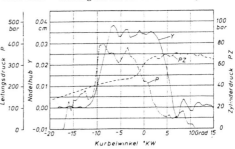

Bild 3: Gemessener Nadelhub-, Zylinderdruck- und Leitungsdruckverlauf
n = 2000 1/min, $V_E = 70$ mm³

Fig. 3: Measured needle stroke, cylinder pressure and injection pressure curves
n = 2000 rpm, $V_E = 70$ mm³

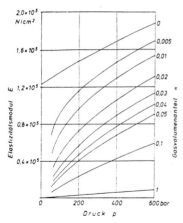

Bild 4: Elastizitätsmodul E von Kraftstoff-Luftgemisch in Abhängigkeit von Druck p und Gasvolumenanteil α
$\alpha = V_{Luft}/(V_{Kraftst.} + V_{Luft})$

Fig. 4: Modulus of elasticity E for air/fuel mixture as a function of pressure and volume ratio α

gang vorhandene Kavitation. Auf eine gesonderte Darstellung dieser Ergebnisse wird daher verzichtet.

Kavitation in Einspritzleitungen von Dieseleinspritzanlagen entsteht durch die Überlagerung von Wellen, welche die statischen Flüssigkeitsdrücke lokal auf negative Werte absenken kann. Die Flüssigkeit, die Zugspannungen nur kurzzeitig (Größenordnung 10^{-4} s) übertragen kann, zerreißt, und es entstehen Hohlräume. Es ist hinreichend genau (auch für die Berechnung), den Zustand der Kavitation mit p = 0 bar zu definieren, wenn auch Dampf- und Gasausscheidedruck stets geringfügig über diesem Wert liegen.

Ähnlich wie bei früheren Arbeiten [9, 10] wurden in der vorliegenden Untersuchung Hohlräume an bestimmten Stellen zwischen Druckmeßstelle und Düsennadel angesetzt und in der Folge die Größe der Hohlräume variiert. Die dabei mit ei-

ner Schallgeschwindigkeit a = 1400 m/s erzielten Rechenergebnisse waren nicht zufriedenstellend und sind daher nicht angeführt.

Nach verschiedenen Überlegungen erscheint es möglich, die Hohlräume als fein im Kraftstoff verteilte Dampf- bzw. Gasbläschen anzunehmen. Diese Annahme erlaubt jedoch bei vertretbarem Aufwand keine Berücksichtigung von Reflexionen an den Hohlräumen.

Die Schallgeschwindigkeit in Flüssigkeits-Gasgemischen ist niedrig und abhängig vom Gasvolumenanteil [11]. Dabei wirkt sich die Änderung des Elastizitätsmoduls deutlich stärker aus als die der Dichte. Bild 4 zeigt die Abhängigkeit des Elatizitätsmoduls vom Gasvolumenanteil in Dieselöl. Dieser Zusammenhang kann jedoch nur als qualitative Erklärung für kavitationsbedingte Schallgeschwindigkeitsunterschiede dienen [12]. Da das Veränderungsgesetz von Dampf- und Gasbläschen kaum theoretisch erfaßbar ist, scheint es sinnvoll, für den jeweiligen Betriebspunkt die Schallgeschwindigkeit am laufenden Motor durch eine Messung zu bestimmen.

In Bild 5 ist die Schallgeschwindigkeit, die aus der Laufzeit zwischen zwei mit bekanntem Abstand in der Einspritzleitung angeordneten Meßstellen ermittelt wurde, über dem Verhältnis von Entlastungsvolumen zum gesamten Kraftstoffvolumen (V_E/V_{SUM}) dargestellt (Betriebspunkt: n = 2000 1/min, Vollast). Daraus geht hervor, daß bei einem Verhältnis V_E/V_{SUM} 0,04 bis 0,05 die Schallgeschwindigkeit a = 800 bis 900 m/s beträgt. Es soll jedoch betont werden, daß die Kavitation und damit die Schallgeschwindigkeit auch wesentlich vom Betriebszustand des Motors beeinflußt wird.

Interessant ist, daß trotz starker Kavitation (großes Entlastungsvolumen, Teillast, niedrige Drehzahl) die Schallgeschwindigkeit nicht unter einen Wert von ca. 600 m/s sinkt.

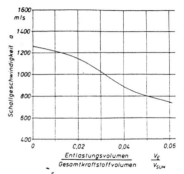

Bild 5: Schallgeschwindigkeit a in Dieselöl in Abhängigkeit vom Verhältnis V_E/V_{SUM} = Entlastungsvolumen/Gesamtkraftstoffvolumen n = 2000 1/min, Vollast

Fig. 5: Sound velocity a in fuel as a function of ratio V_E/C_{SUM} = relief volume/entire fuel volume, 2000 rpm, full load

6 Diskussion der Rechenergebnisse

Bild 6 zeigt drei mit verschiedenen Schallgeschwindigkeiten gerechnete Ergebnisse für Nadelhubverlauf und Gesamteinspritzmenge β im Vergleich mit den entsprechenden Meßergebnissen. Die mit der aus der Messung bestimmten Schallgeschwindigkeit a = 880 m/s (E = 0,635·10⁹ N/m²) gerechneten Verläufe stimmen sehr gut mit den zu vergleichenden Meßwerten überein. Außerdem sind der mit a = 880 m/s gerechnete Einspritzverlauf DQ und die Druckverläufe in den einzelnen Volumina in den Bildern 7 und 8 dargestellt. Bild 8 zeigt, wie sich der Druckverlauf an der Meßstelle unter dem Einfluß der Reflexionen an den einzelnen Volumina schrittweise bis zur Form des Druckverlaufes im Düsenvorraum ändert.

Um die vorangegangenen Überlegungen zu bestätigen, wurde eine Messung, zwar für den gleichen Motorbetriebspunkt (n =

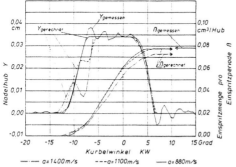

Bild 6: Mit verschiedenen Schallgeschwindigkeiten gerechnete Nadelhubverläufe und Einspritzmengen im Vergleich mit den Meßergebnissen
n = 2000 1/min, V_E = 70 mm³

Fig. 6: Needle stroke and injection volume curves calculated with various sound velocities in comparison with measured results
n = 2000 rpm, V_E = 70 mm³

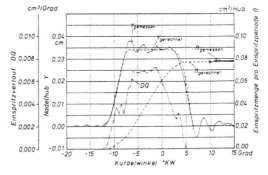

Bild 7: Gerechneter Einspritzverlauf, Nadelhubverlauf und Einspritzmenge bei Schallgeschwindigkeit a = 880 m/s
n = 2000 1/min, V_E = 70 mm³

Fig. 7: Calculated injection curve, needle stroke curve and injection volume
a = 880 m/sec, n = 2000 rpm, V_E = 70 mm³

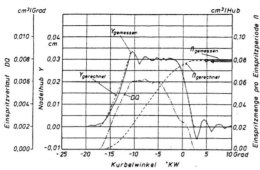

Bild 9: Gerechneter Einspritzverlauf, Nadelhubverlauf und Einspritzmenge
a = 1250 m/s, n = 2000 1/min, V_E = 0 mm³

Fig. 9: Calculated injection curve, needle stroke curve and injection volume
a = 1250 m/sec, n = 2000, V_E = 0 mm³

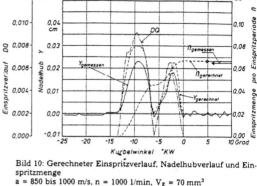

Bild 10: Gerechneter Einspritzverlauf, Nadelhubverlauf und Einspritzmenge
a = 850 bis 1000 m/s, n = 1000 1/min, V_E = 70 mm³

Fig. 10: Calculated injection curve, needle stroke curve and injection volume
a = 850 to 1000 m/sec, n = 1000, V_E = 70 mm³

2000 1/min, Vollast), jedoch mit einem Entlastungsvolumen V_E = 0 mm³ durchgeführt, um Kavitation möglichst zu vermeiden. Die gemessene Schallgeschwindigkeit beträgt dafür nach Bild 5 1250 m/s (E = 1,28.10⁹ N/m²). Die damit erzielten Rechenergebnisse zeigen wieder gute Übereinstimmung mit den Meßergebnissen in *Bild 9*.

Wie schon erwähnt, tritt der Effekt der Kavitation bei kleinerer Last und niedriger Drehzahl bei gleichem Entlastungsvolumen stärker auf. Daher sollte ein Betriebspunkt mit starker Kavitation (n = 1000 1/min, Vollast) untersucht werden.

Die Rechnung mit konstanter Schallgeschwindigkeit ergab in diesem Fall kein zufriedenstellendes Ergebnis. Offenbar werden infolge der kleineren Drehzahl und damit der längeren zur Verfügung stehenden Zeit mehr Gas- bzw. Dampfbläschen gelöst, so daß sich die Schallgeschwindigkeit im Verlauf der Einspritzperiode nicht unwesentlich ändert. In der Folge wurden Rechnungen mit variabler Schallgeschwindigkeit durchgeführt. Die dabei mit der Schallgeschwindigkeit a = 850 bis 1000 m/s erzielten Rechenergebnisse sind im Vergleich mit den entsprechenden Meßergebnissen in *Bild 10* dargestellt und zeigen relativ gute Übereinstimmung.

7 Schlußbetrachtung

Die Berechnung des Einspritzverlaufes nach dem beschriebenen Verfahren ist auch bei Kavitation für höhere Drehzahlen mit guter Sicherheit durchführbar. Bei niedrigen Drehzahlen erweist sich wegen der längeren, für die Beseitigung von Hohlräumen zur Verfügung stehenden Zeit die Einführung einer vom örtlichen Druckniveau abhängigen Schallgeschwindigkeit als erforderlich. Hier werden noch eingehende Untersuchungen durchzuführen sein.

Anschriften der Verfasser:
Prof. Dipl.-Ing. Dr. Rudolf Pischinger
Ziegelstraße 25, A-8045 Graz
Dipl.-Ing. Dr. Gustav Staska
Hans-Brandstetter-Gasse 15/15,
A-8010 Graz
Dipl.-Ing. Dr. Zongying Gao
Lehrkanzel und Institut für
Verbrennungskraftmaschinen
Technische Universität Jiangsu,
Zhengjiang
Provinz Jiangsu, Volksrepublik China

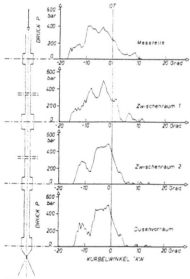

Bild 8: Gerechnete Druckverläufe in den Volumina des Düsenhalters
a = 880 m/s, n = 2000 1/min, V_E = 70 mm³

Fig. 8: Calculated pressure curves in nozzle holder chambers
a = 880 m/sec
n = 2000, V_E = 70 mm³

Literaturhinweise

[1] Zeuch, W.: Neue Verfahren zur Messung des Einspritzgesetzes und der Einspritzregelmäßigkeit von Diesel-Einspritzpumpen. MTZ 22 (1961), S. 344–349

[2] Bosch, W.: Der Einspritzindikator, ein neues Meßgerät zur direkten Bestimmung des Einspritzgesetzes von Einzeleinspritzungen. MTZ 25 (1964), S. 268–282

[3] Woschni, G., F. Anisits: Elektronische Berechnung des Einspritzverlaufes im Dieselmotor aus dem gemessenen Druckverlauf in der Einspritzleitung. MTZ 30 (1969), S. 238–242

[4] Pischinger, A.: Beitrag zur Mechanik der Druckeinspritzung. ATZ Beihefte, I. Sammelband, Stuttgart (1935)

[5] Pischinger, A., F. Pischinger: Gemischbildung und Verbrennung im Dieselmotor. 2. Auflage, Wien (1957)

[6] Kraßnig, G., G. Quirchmayr: Eine Meßeinheit zur Aufnahme von rasch ablaufenden Vorgängen. Mitteilungen des Institutes für Verbrennungskraftmaschinen der Technischen Universität Graz, Heft 20 (1975)

[7] Taucar, G., H. Schlögl: Entwicklung einer Kurbelwinkelmarkiereinrichtung mit hoher Auflösung. Mitteilungen des Institutes für Verbrennungskraftmaschinen und Thermodynamik der Technischen Universität Graz, Heft 30 (1980)

[8] Reiche, L. K.: Messung der Durchflußcharakteristiken von Einspritzdüsen für Dieselmotoren. MTZ 28 (1967), S. 138–144

[9] Susani, R.: Programmierung eines Rechenverfahrens für Dieseleinspritzsysteme mit Behandlung der Kavitationserscheinungen. Mitteilungen des Institutes für Verbrennungskraftmaschinen der Technischen Hochschule in Graz, Heft 2 (1975)

[10] Huber, E. W., W. Schaffitz: Experimentelle und theoretische Arbeiten zur Berechnung von Einspritzanlagen von Dieselmotoren. MTZ 27 (1964), S. 35–42 u. S. 146–155

[11] Blöckh, P.: Ausbreitungsgeschwindigkeit einer Druckstörung und kritischer Durchfluß in Flüssigkeits-/Gasgemischen. Dissertation TU Karlsruhe (1975)

[12] Gao, Z.: Die Berechnung des Einspritzverlaufes im Dieselmotor mit Berücksichtigung der Zwischenräume im Düsenhalter und der Wellenkavitation. Dissertation TU Graz (1981)

Alternative Fuel and Their Application in Engines[*]

Gao Zongying Yuan Yinnan
(Jiangsu Institute of Technology)

Abstract

Energy crisis and environmental pollution are two important problems we are facing. They are the principal factors that retard the industrialization of the developing countries. In China, diesel fuel is being in short day by day and developing alternative fuel has been an emergency assignment. Based on the comprehensive analysis to various kinds of alternative fuel, their application characteristics and the improvement of diesel engine's working process and combustion system are discussed in this paper. The authors consider that vegetable oil is an ideal alternative fuel to the developing countries having poor mineral fuel resources. Vegetable oil as a friendly energy and an ecomaterial, will make us face the future challenges calmly in the aspects of energy source and environment protection. Running engine on the vegetable oil will be an important turn that man utilizes the fossil limited resources to the renewable limitless resources.

1 Status of energy source and atmospheric pollution

Modern man, in order to seek the luxurious life, uses up nature's limited and finite supply of energy without providing any direct replacement. In the long process of history, the fossil fuel resource has been destroyed in a moment (see Fig. 1). It is estimated that fossil fuel can be economically exploited just for few decades. We are at present living at the cost of future human existence, because nature can not replenish her supplies at the same rate with consumption.

China is a country that takes coal as a main source of energy. Coal supplies 70% of all energy, but fossil fuel does only about 20%. Usually, Chinese fossil fuel has more heavy

---

* 本文原载于日本三重大学1994年主办的国际环境与能源会议的论文汇编(Proceedings of MIFS'94 on Global Environment and Friendly Energy Technology, March 22—25, 1994, Tsu, Mie, Japan)。

distillate, so that less diesel fuel can be gotten. It is estimated statistically that the shortage of diesel fuel is about 30%.

With development of the national economy, the contradictory between the supply and requirement of fuel will be outstanding. Therefore, seeking the alternative fuel for diesel engine has become an urgent task and utilizing the alternative fuel will be a fundamental way of relaxing the crisis of energy source.

Engine emission is more than 20% of total industrial pollution and is the main cause of city's smog. It does harm to sound man in body and mind. Engine emission includes the exhaust pollution with CO, HC, NO_x, Particulates, soot and odour. Now, the engine emission legislation has been issued in many countries. Environmental protection specialists also indicate that increase of CO_2 content in the atmosphere is the main cause leading to the greenhouse effect, and will injure the existing space of mankind. Now,

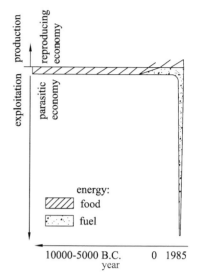

Fig. 1 Production and consumption of energy

3.0 billion tons crude oil is consumed every year in the world, and about 2.0 billion tons CO_2 enters the atmosphere. With catalyst, particulate trap, EGR, electronic governing or other not yet finally developed devices, engine emission HC, CO, NO_x, etc can be reduced, but we cannot reduce the emission of CO_2. Increase of CO_2 content in the atmosphere is shown in Fig. 2. Therefore, we study the alternative fuel in order to not only look for an alternative of fossil fuel and relax the crisis of energy source, but also try to find clean fuel and reduce the pollution of environment.

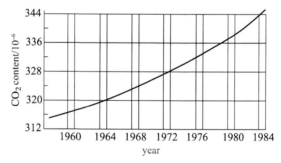

Fig. 2 Increase of CO_2 content in the atmosphere

2 Alternative fuel of diesel engine

The alternative fuel of internal combustion engines is a non-fossil fuel that can substitute for the general fossil fuel, or a fuel that can supersede the fuel specified in the engine technical manual. There are many kinds of alternative fuel, such as natural gas, methane, methanol, ethyl alcohol, synthetic gasoline (diesel oil), coal-made fuel, vegetable oil (cottonseed oil, rape seed oil, soybean oil, peanut oil, sunflower oil, palm oil, etc).

Determining an alternative fuel whether having practical use value, many conditions must be taken into account comprehensively.

2.1 Resource condition

China is rich in the coal resource. The reserves of coal which has been explored is about 100 times the reserves of crude oil. Therefore, coal-made fuel (such as synthetic gasoline, synthetic diesel oil, alcohol, gas, etc) will bring about good prospects for running engine on coal-made fuel. Especially, the production of synthetic fuel adopting FISCHER-TROPSCH technique has got much progress in recent years, it makes the prospects more bright.

The south of China has little resource of not only crude oil and coal, but also has a good natural condition for growing the plants. Vegetable oil, as an alternative fuel, may cover the shortage of the fossil fuel.

For many developing countries, the shortage of crude oil resource, coal transform techniques and funds of production force them to utilize alternative fuel. Vegetable oil maybe a reasonable selection.

2.2 Efficiency of energy transformation and cost of production

The efficiency of energy transformation is the ratio of the produced alternative fuel's calorific value to the consumed energy (including raw material's calorific value and consumed energy in the technological process) when producing one kilogram alternative fuel. The investment in producing a unit calorific value represents the cost of production.

The transform efficiency and investment cost of coal-made products are listed in Tab. 1.

Tab. 1 Indexes comparison of coal-made products

Product	Transform efficiency/%	Investment cost /(U. S. dollar/10^8 kJ · Year)
Gas	63.7	17.91
Methanol	50.8	26.73
Synthetic oil (with F-T method)	35.7	42.94
Coal-dust	95.0	—

The energy comparison needed by producing alternative fuel is shown in Fig. 3.

The price ratio of rape seed oil to diesel fuel has changed from 14 : 1 (1970) to 2.2 : 1 (1993). If the rape seed oil is not refined (i.e. crude rape seed oil), its price will further drop.

From above analyses, we can see that vegetable oil has a lower production energy

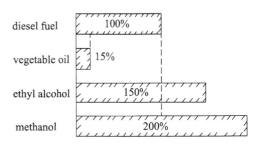

Fig. 3 Energy comparison needed by producing alternative fuel

consumption. The price of vegetable oil is getting closer to that of fossil fuel.

2.3 Adaptability to the engine and usability

When running engine on the alternative fuel, in order to make fuel adapt the engine, some fuel refinement is required. On the other hand, in order to make engine adapt the fuel, engine may also be refitted. Sometimes, the mixture of the general fuel and the alternative fuel may be used. In recent years, studying the alternative fuel pays special attention in the aspects of giving the engines multifuel capacity and improving the power, torque and fuel efficiency of the engines while reducing combustion noise and exhaust pollution with CO, HC, NO_x and the particulates.

When utilizing the alternative fuel on a large scale, the practicality, safety and convenience of the fuel supply system must be commercially taken into account.

Usually, for the movable engines, the liquid alternative fuel is favourable.

2.4 Pollution of environment

When selecting the alternative fuel, reducing the pollution of environment must be paid attention. We want to reduce not only the engine emission when burning alternative fuel, but also the pollution substance discharged from the production process of the alternative fuel.

By comparative analysis, we consider that methanol and vegetable oil are the favourite alternative fuel (for synthetic gasoline and diesel oil, increasing transform efficiency and decreasing production cost are expected).

The main performance indexes of methanol and vegetable oil are listed in Tab. 2.

Tab. 2 Characteristics of liquid alternative fuel

Product	Composition			Specific gravity	Viscosity(50 ℃) /cSt	Low calorific value/(MJ/kg)
	C/%	H/%	O/%			
Diesel fuel	87	12.6	0.4	0.82~0.88	2.67	42.15
Methanol	37.5	12.5	50	0.796	0.65(30 ℃)	19.66
Rape seed oil	77.1	12.1	10.4	0.917	25.81	38.9
Cottonseed oil	77.2	11.5	10.6	0.91	24.4	39.5

Product	Latent heat of vaporization/(kJ/kg)	Cetane number	Spontaneous ignition temperature /℃	residuum/%
Diesel fuel	270	40~50	220~220	0.003
Methanol	1 109	3	470	
Rape seed oil		32.2	~350	0.17
Cottonseed oil		41.8		0.19

The research on neat methanol-fuelled diesel engines has attracted much attention in recent years. This is in part because of its more effectively substituting for conventional fuels, in part because of improved engine emission possibilities, increased mean effective pressure and improved low-speed torque.

When running engine on methanol, following combustion systems can be adopted:

① neat methanol ignited by spark plug; ② emulsion of diesel fuel and methanol injected into the engine cylinder with injector; ③ methanol, and diesel fuel is separately injected into the cylinder by two injection systems; ④ vaporized methanol intaked and diesel fuel injected into the cylinder, compression ignition after mixed.

The difficulties of running engine on methanol are: ① the cetane number with methanol fuel is relatively low and its latent heat of vapourization is quite high, which make methanol unsuitable for most diesel engines. Therefore the principal problem existing in the use of neat methanol in diesel engines is how to improve the poor self-ignition of methanol and stabilize its combustion; ② methanol has a low calorific value, therefore, methanol supply of each cycle must be increased. This makes strick demands on fuel supply system.

For the vegetable oils, we will discuss alone.

3 Vegetable oils and their characteristics

3.1 Resource status of vegetable oil

Vegetable oils include rape seed oil, cottonseed oil, peanut oil, soybean oil, palm oil, sunflower oil etc. The obvious characteristic of vegetable oil is its reproducibility, compared with the crude oil and coal-made fuel. Therefore, fossil resources may be known as parasitic resources and vegetable oil resources can be known as reproducing resources. Utilizing vegetable oil in the engines will be able to free man from a direct dependence on nature's limited resources.

Transition from running engine on fossil fuel to on vegetable oil, from exploiting fuel to growing fuel, will be a leap of man's way of life. In a sense, this transition is just as from gathering food and hunting to planting and raising in the stone age. One day, we will take vegetable oil as not an alternative fuel but as a normal fuel in the engines.

It is estimated if all crude oil consumed by internal combustion engines would be superseded by vegetable oil, $2.5 \sim 5$ million km^2 land are required, in accordance with the species of the plants. This land is about $1.5\% \sim 3.0\%$ of all land in the world. In the world, about 24% of all land is arable land, and now, about 11% of all land has been cultivated. For instance, in the Mediterranean, 15 million km^2 of desert land are available, the cultivation of only 1/3 of this area would be enough to cover the entire annual requirements of the whole world (2.5 billion tons). With developing agriculture, the commercial scale production of vegetable oil will be possible.

3.2 Production cost of vegetable oil

In Fig. 3, we can see that energy consumption in producing vegetable oil is the lowest. Fig. 4 gives the comparison of the costs for fossil fuel and vegetable oil. Tab. 3 shows the vegetable oil's energy ratio of product to investment.

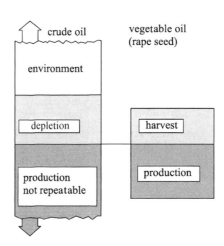

Fig. 4　Costs for fossil fuel and vegetable oil

Tab. 3　Energy ratio of product to investment

Oil	Cottonseed	Peanut	Rapeseed	Soybean	Sunflower
Product / Investment	1.77	2.26	4.18	4.33	3.50

As shown in Fig. 4, the total costs for fossil fuels are incomparably higher than the combined cost of the production and manufacture of vegetable oil. The diagram shows the extraction costs of fossil fuels are even higher than the costs of harvesting rape. In fact, the costs for fossil fuels do not include their forming cost. The formation of fossil fuels cannot be repeated, and from this viewpoint, the forming cost of fossil fuels is priceless. With reduction of fossil fuel resources and increase of exploitating difficulty, it cannot be avoided that price of fossil fuels will be getting higher.

3.3　Pollution of burning vegetable oil to environment

Environmental pollution dealing with fuels consists of the engine emission and discharge of harmful substance in producing the fuels. At least, vegetable oils have following advantages over fossil fuels: ① The CO_2 released by burning of the vegetable oil is needed in the subsequent production cycle of the plant and does not entail a CO_2 surplus in the atmosphere as in the case with burning fossil fuels, shown as Fig. 5; ② The consumption of vegetable oil does not involve production of SO_2 and heavy metal compounds; ③ Burning vegetable oils do not produce the offensive odor that fossil fuels do.

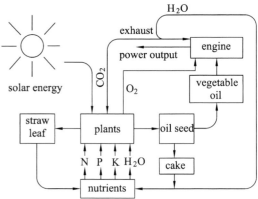

Fig. 5　Energy transfer and CO_2 release

3.4 Adaptability of vegetable oil to engines

Tab. 4 Characteristics of vegetable oils

Oil	Viscosity(50℃)/cSt	Calorific value/(kJ/kg)	Pour point/℃	Flash point/℃	Residuum/%	Inducing duration
Cottonseed	24.40	39 468	−15	234	0.24	7.3
Peanut	28.29	39 782	−6.7	271	0.24	6.4
Rapeseed	25.81	39 709	−31.7	246	0.30	10.0
Soybean	23.29	39 623	−12.2	254	0.27	7.4
Sunflower	24.21	39 573	−15	274	0.23	5.4

As we know from Tab. 2 and Tab. 4, compared with methanol, the calorific value and cetane number of vegetable oil are closer to those of diesel fuel. Therefore, the vegetable oil is more suitable to the diesel engine.

4 Combustion system of diesel engine running on vegetable oil

4.1 The principal problems existing in the use of vegetable oil in diesel engine

Compared with diesel fuel, the vegetable oil has high viscosity (the viscosity of the vegetable oil is 8~10 times viscosity of diesel fuel at 100℃), high residuum value and much unsaturated vegetable fat.

These characteristics bring the difficulties to use vegetable oil in the diesel engines:

(1) Coking. When burning vegetable oil, the coking is easily formed on the surface of the combustion chamber, piston, injector, piston rings and grooves. It increases the friction and wear, reduces the mechanical efficiency, obstructs the injector holes, affects the fuel spraying and formation of fuel-air mixture and makes a bad combustion. Coking also damages the reliability and service life of engines.

(2) Adhesive of piston rings. Adhesive makes piston rings lose efficacy, affects the cylinder sealing and causes scratching of the cylinder wall.

(3) Deterioration of lubrication oil. The vegetable oil unburned and incompletely burned may flow into the crankcase along the cylinder wall. The lubrication oil deteriorates in this condition.

(4) Cool starting is more difficult.

The solutions to these problems are to arrange the combustion process, adopt the new structure and refine the vegetable oil properly.

4.2 Improvement of vegetable oil in order to adapt the engine

The vegetable oil can be improved in the following aspects:

(1) Esterification of vegetable oil reduces the viscosity and improves the vaporability. It makes the characteristics of vegetable oil close to those of diesel fuel.

(2) Mixing vegetable oil with diesel fuel can reduce the viscosity and increase

flowability. Mixing vegetable oil with more than 25% diesel fuel will get a good result. Experiments show that any mixture of vegetable oil and diesel fuel does not appear separation.

(3) Preheating vegetable oil will get a good use of vegetable oil.

4.3 Adaptability of vegetable oil to the diesel engine combustion system

In general, running diesel engine on 100% crude vegetable oil is practicable, because vegetable oil has the characteristics near to diesel fuel. Optimizing combustion system will get the better performance of vegetable oil engine.

When arranging the combustion and refitting the structure, several aspects must be taken into account:

(1) The ignition delay time of vegetable oil is longer than that of diesel fuel. Therefore, the advanced fuel injection angle must be enlarged. For example, the ignition delay time of rape seed oil is twice as long as that of diesel fuel, so that, 1° to 3° crank angle must be advanced when using rape seed oil. At the same time, the vegetable oil is more sensitive to the advanced angle than diesel fuel, and the advanced angle must be carefully regulated. The combustion of vegetable oil is more rapid than that of diesel fuel, and its combustion duration is shorter, see Fig. 6.

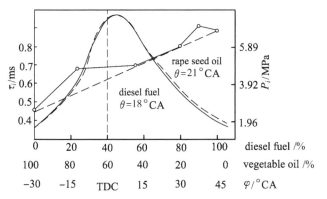

Fig. 6 Comparison of ignition delay time and p-α diagram

(2) Taking heat-insulated piston, ferrum crown, high temperature cooling or cooling the inside of the cylinder, the temperature of combustion chamber can be increased, so that a good oil vaporization, oil-air mixture formation and coking resistance can be gotten. Fig. 7 gives an articulated two-piece piston with ferrum crown of Elko company.

Fig. 7 Piston

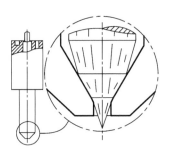

Fig. 8 Pintle nozzle

(3) In order to eliminate the obstruction of nozzle holes, the pintle nozzle can be used for small direct-injection diesel engine. The pintle cleans the nozzle hole and nozzle coking can be avoided, shown as in Fig. 8.

(4) New combustion system can be developed. The Elko's heat-insulated direct injection diesel engine combustion system (duothermic combustion system) is shown in Fig. 9.

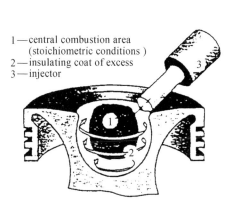

Fig. 9　The duothermic combustion system　　　Fig. 10　Engine performance chart

Fig. 10 is a performance chart of the engine when taking above combustion system and running on vegetable oil (rape seed oil). The engine has a total displacement of 1.45 liter for 3 cylinders with 82 mm bore and 92 mm stroke. The engine is turbocharged with air to air cooling of the charging air.

5　Conclusion

(1) In order to relax the energy resources crisis and pollution of environment, seeking the alternative fuel for engine has become an urgent task, especially to the developing countries.

(2) Methanol and vegetable oil are favorite alternative fuel.

(3) Burning of the vegetable oil does not entail a CO_2 surplus in the atmosphere.

(4) Use of vegetable oil is an important use of solar energy via the plant. It means a turn from using the fossil limited resources to the renewable limitless resources.

(5) Under the condition of no important change of the engine structure and optimizing the working process of the engines, running engine on 100% crude vegetable oil is practicable, and can get a good engine performance.

References

[1] Elsbett K, Elsbett L. New development in D. I. diesel engine technology [J]. SAE, 1989, Paper No. 890134.

[2] Jacobus M J. Single cylinder diesel engine study of four vegetable oils[J]. SAE, 1983, Paper No. 831743.

Fuzzy Optimum of the Automobile Transmission Parameters*

He Ren　Gao Zongying

(Jiangsu Institute of Technology)

Abstract

In general, the automobile transmission parameters are optimized, based on the simulation method of automobile performance and fuel economy, by using performance requirements as restraint conditions and the multi mode fuel economy as objective functions.

In this paper, a new optimization method for the automobile transmission parameters is set up. The restraint conditions are described with fuzzy mathematics and the degree of emphasis on performance requirement is considered, and a wider range of accepted design variables is arrived. The transmission parameters of an urban bus are optimized. The result shows a marked improvement in the fuel economy of the urban bus.

1　Introduction

Automobile performance and fuel economy not only depend on the engine performance, but also on the transmission parameters selection and the powertrain matching. Therefore, in order to obtain the best fuel economy, the automobile transmission parameters should be optimized to make the engine work almost in the low-fuel consumption region when it operates in the real driving modes.

Based on the simulation method of the automobile performance and fuel economy, the automobile transmission is generally optimized, through using the performance requirement as restraint conditions and the multi mode fuel economy as objective functions[1].

But in engineering region, exist many ambiguous phenomena. These fuzzy natures show that there are no definite meanings in character and no exact limits in quantity. They are transitional results between the differences of objects. This fuzzy nature may be treated by a

---

*　本文原载于美国 SAE 杂志(SAE Transactions, Journal of Passenger Car, Section 6, Volume 102, Sept. 1994, Paper No. 932922)。

new kind of mathematics method. In 1965, fuzzy mathematics was set up by Zadeh. When the conventional design and optimal design were accomplished, owing to the lack of the treatment method of fuzzy concept, many originally fuzzy variables are regarded as certain variables artificially, the fuzzy nature of objective reality is ignored, so the design variables and objective functions can not obtain their due ranges, true optimum plan my be missed. Now with fuzzy mathematics, it is possible to accomplish fuzzy optimal design.

For the optimal design of the automobile transmission parameters, people realize, the designer's demand for the performance requirement(such as limit in restriction condition) is often fuzzy. When the conventional optimum method is used, true optimum plan may be missed. If the restraint conditions are described by fuzzy mathematics, the result obtained may be closer to the fact than conventional optimum method for transmission parameters, so the beneficial result may be gained.

2 Analog computation of multi mode fuel economy for automobile

Usually, automobile fuel economy under various operating conditions is employed as appraisal standard of automobile fuel economy.

2.1 Engine universal characteristic model

Specific fuel consumption G_e is regarded as the function of the engine revolutions N_e and the useful torque M_e:

$$G_e = \sum_{j=0}^{3} \sum_{i=0}^{j} N_e^{j-i} \times M_e^i \times A\left[\frac{(j+1)(j+2)}{2} - j - 1 + i\right] \qquad (1)$$

where: A is the coefficient of the multinomial.

When the performance mapping data are known, the coefficients can be derived by means of curved surface fitting.

2.2 Computation of the multi mode fuel economy for automobile

Multi mode cycle test is the cycle combination made up of three kinds of driving modes (various strength acceleration, deceleration, equally speed). Its speed course may be expressed as different functions, that is $V_i = f(t)$.

Computation of fuel economy under various operating conditions is the synthesize of three kinds of driving modes' computation of fuel consumption. Its concrete computation method may refer to reference[2].

3 Fuzzy optimum model of the automobile transmission parameters

Ultimate objective of optimum of the automobile transmission parameters is to make the automobile fuel economy the best when it drives in normal modes on the precondition to meet the demands of the performance.

3.1 The demands of the automobile performance

When transmission parameters are to be selected, enough performance should be taken into account, that is to say, enough direct-drive dynamic factor D_{omax} and first-gear dynamic factor D_{imax}, and meanwhile the nonslip condition under the maximum tractive effort should be checked.

Direct-drive dynamic factor indicates the climbing capacity and accelerating capacity the vehicle has under normal driving conditions.

$$D_{omax} = \left[\frac{M_{em} \times I_o \times E}{R_k} - \frac{C_D \times A}{21.15} \times \left(\frac{0.377 n_{em} \times R_k}{I_o}\right)^2\right]/G_a \quad (2)$$

where: M_{em} is the engine max. torque, N·m.

n_{em} is the engine revolutions at max. torque, r/min.

I_o is the rear-axle gear ratio.

E is the transmission efficiency.

R_k is the rolling radius of the tires, m.

C_D is the aerodynamic drag coefficient.

A is the vehicle frontal area, m².

G_a is the total vehicle weight, N.

According to the experience, for a town bus, medium-size bus, or truck, the limit permitted for D_{omax} is 0.04~0.06.

First-gear dynamic factor indicates the maximum climbing capacity of the vehicle.

$$D_{imax} = \left[\frac{M_{em} \times I_o \times Ik(l) \times E}{R_k} - \frac{C_D \times A}{21.15} \times \left(\frac{0.377 n_{em} \times R_k}{I_o \times Ik(l)}\right)^2\right]/G_a \quad (3)$$

According to the experience, for a medium-size bus and town bus, the limit permitted for D_{imax} is 0.2~0.35, and for a medium-size truck, the limit permitted for D_{imax} is 0.30~0.35.

After the first-gear dynamic factor is ensured, the nonslip condition should be checked according to the following formula.

$$\varphi = \frac{M_{em} \times I_o \times Ik(l) \times E}{R_k \times Z_2} \leqslant \varphi_o \quad (4)$$

where: Z_2 is the vertical component acting on the driving tires, N.

φ_o is the adhesion value of the road, generally φ_o is taken as 0.55.

3.2 Fuzzy description of the performance requirement

As stated before, the demand for performance is really fuzzy, and the membership function of the restraint condition is set up by means of fuzzy mathematics. Here the linear membership function of the trapezoid distribution is selected, its upper and lower limits of the transitional region are ensured by extended coefficient[3]. Generally, the extended coefficient β is 1.05~1.30. In the paper, β is 1.2.

For example, the fuzzy transition region's upper and lower limits of the direct-drive dynamic factor D_{omax} are all obtained from the given limits multiplied by extended coefficient β.

The membership function of the direct-drive dynamic factor D_{omax} is

$$G(D_0) = \begin{cases} 1 & 0.04 < D_0 \leqslant 0.06 \\ \dfrac{D_0 - 0.032}{0.008} & 0.032 < D_0 \leqslant 0.04 \\ \dfrac{0.072 - D_0}{0.012} & 0.06 < D_0 \leqslant 0.072 \\ 0 & \text{else} \end{cases} \quad (5)$$

The R-level cut can be obtained as follows by the formula above.

$$\begin{cases} \underline{D_0} = 0.032 + 0.008R \\ \overline{D_0} = 0.072 - 0.012R \end{cases} \quad (6)$$

Therefore, the restraint condition of direct-drive is

$$0.032 + 0.008R < D_{0\max} \leqslant 0.072 - 0.012R \quad (7)$$

The membership function of first-gear dynamic factor $D_{i\max}$ is

$$G(D_1) = \begin{cases} 1 & 0.2 < D_1 \leqslant 0.35 \\ \dfrac{D_1 - 0.16}{0.04} & 0.16 < D_1 \leqslant 0.2 \\ \dfrac{0.42 - D_1}{0.07} & 0.35 < D_1 \leqslant 0.42 \\ 0 & \text{else} \end{cases} \quad (8)$$

The R-level cut can be obtained as follow by the formula above.

$$\begin{cases} \underline{D_1} = 0.16 + 0.04R \\ \overline{D_1} = 0.42 - 0.07R \end{cases} \quad (9)$$

Therefore, the restraint condition for first-gear is

$$0.16 + 0.04R < D_{i\max} \leqslant 0.42 - 0.07R \quad (10)$$

The membership function of the nonslip condition of the road is

$$G(\varphi) = \begin{cases} 1 & 0 < \varphi \leqslant 0.55 \\ \dfrac{0.66 - \varphi}{0.11} & 0.55 < \varphi \leqslant 0.66 \\ 0 & \text{else} \end{cases} \quad (11)$$

The R-level cut can be obtained as follow by the formula above.

$$\overline{\varphi} = 0.66 - 0.11R \quad (12)$$

The restraint condition of the nonslip condition of the road is

$$\varphi < 0.66 - 0.11R \quad (13)$$

In these formula, the magnitude of R indicates the designer's degree of emphasis on the performance requirement. When $R=1$, the above-mentioned fuzzy restraint conditions will all change into the conventional restraint conditions.

3.3 Fuzzy description of every gear ratio range of the transmission

The gear ratio steps of the adjacent gears of the transmission affects the shift quality of the transmission, because excessively big gear ratio step may cause it difficult to shift. According to statistics, the step varies from 1.4 to 1.8. When the vehicle is shifted, road resistance always makes the speed of the vehicle drop. The higher the speed of the shifting, the lower the speed will drop in the shifting. Therefore, along with the speed of the shift, the step between two ratios should be reduced gradually.

Here is a five speed transmission. $X(i)$ is adopted to express the transmission ratios of every shift. The ratio steps are provided as follows

$$\begin{cases} 1.7 < \dfrac{X(1)}{X(2)} \leqslant 1.8 \\ 1.6 < \dfrac{X(2)}{X(3)} \leqslant 1.7 \\ 1.5 < \dfrac{X(3)}{X(4)} \leqslant 1.6 \\ 1.4 < \dfrac{X(4)}{X(5)} \leqslant 1.5 \end{cases} \quad (14)$$

The above-mentioned restrictions are transferred into the fuzzy restriction, and R-level cut can be obtained as follow

$$\begin{cases} 1.36 + 0.34R < \dfrac{X(1)}{X(2)} \leqslant 2.16 - 0.36R \\ 1.28 + 0.32R < \dfrac{X(2)}{X(3)} \leqslant 2.04 - 0.34R \\ 1.2 + 0.3R < \dfrac{X(3)}{X(4)} \leqslant 1.92 - 0.32R \\ 1.12 + 0.28R < \dfrac{X(4)}{X(5)} \leqslant 1.8 - 0.3R \end{cases} \quad (15)$$

3.4 Fuzzy optimum model of the automobile transmission parameters

Design variables are chosen from all shift ratios of the transmission and the rear-axle gear ratio, and are expressed as $X(1), X(2), X(3), X(4), X(5)$. Where, $X(i)$ means the product of the rear-axle gear ratio and i-shift ratio of the transmission.

The objective function is the fuel economy of the city bus in 4-modes Q_s. The optimum model can be expressed as follow

$$\begin{cases} \mathrm{Min} Q_s [X(1), X(2), X(3), X(4), X(5)] \\ \mathrm{s.t.} \ 0.032 + 0.008R < D_{omax} \leqslant 0.072 - 0.012R \\ 0.16 + 0.04 < D_{imax} \leqslant 0.42 - 0.07R \\ \varphi \leqslant 0.66 - 0.11R \\ 1.36 + 0.34R < \dfrac{X(1)}{X(2)} \leqslant 2.16 - 0.36R \\ 1.28 + 0.32R < \dfrac{X(2)}{X(3)} \leqslant 2.04 - 0.34R \\ 1.2 + 0.3R < \dfrac{X(3)}{X(4)} \leqslant 1.92 - 0.32R \\ 1.12 + 0.28R < \dfrac{X(4)}{X(5)} \leqslant 1.8 - 0.3R \end{cases} \quad (16)$$

4 Example

Here is a typical optimum example of the transmission parameters of an urban bus. The universal characteristic model of the engine equipped in urban bus is:

$$A(0)=750.444, A(1)=-30.363, A(2)=-39.799,$$
$$A(4)=6.447\times10^{-1}, A(5)=1.201, A(6)=1.867\times10^{-2},$$
$$A(7)=1.303\times10^{-2}, A(8)=-4.995\times10^{-3}, A(9)=-1.265\times10^{-2}$$

The relevant vehicle parameters are:

$$G_a=103\,005\text{ N}, f=0.012, R_k=0.49\text{ m},$$
$$Z_2=68\,670\text{ N}, C_D\times A=3.70\text{ (N}\cdot\text{s}^2)/\text{m}^2,$$
$$\gamma=0.722\text{ kg/L}, G_O=1.5\text{ kg/h},$$
$$M_{em}=353.2\text{ N}\cdot\text{m}, n_{em}=1\,300\text{ r/min}$$

The original transmission gear ratios are:

$$I_1=7.31, I_2=4.31, I_3=2.45, I_4=1.5, I_5=1$$

The rear-axle ratio $I_o=6.84$. The fuel economy of 4-modes is gained by the simulation computation $Q_s=28.021/100$ km.

According to the above-mentioned fuzzy optimum model, complex-form is employed as the optimum method.

Tab. 1 includes the optimum results of the transmission parameters.

Tab. 1 Fuzzy optimum results of the transmission parameters

R	I_1	I_2	I_3	I_4	I_5	I_o	$Q_s/100$ km	D_{omax}	D_{imax}
1.0	6.42	3.67	2.21	1.47	1.00	6.88	27.78	0.0401	0.270
0.9	6.27	3.55	2.18	1.41	1.00	6.79	27.60	0.0395	0.261
0.8	6.25	3.67	2.12	1.40	1.00	6.69	27.54	0.0388	0.256
prototype	7.31	4.31	2.45	1.50	1.00	6.84	28.02	0.0398	0.306

From Tab. 1, when $R=1$, i.e. fuzzy characteristics of the restraint conditions are not taken into account, the fuel economy of the bus will rise. The fuel consumption decreases 0.241/100 km and the dynamic factor of direct-drive increases 0.000 3 in comparison with the original bus. Along with the decrement of R, the performance drops a little, but fuel economy of the bus improves. For example, when $R=0.9$, in comparison with the original bus, D_{omax} decreases 0.000 3, while fuel consumption drops 0.421/100 km. In comparison with $R=1$, D_{omax} decreases 0.000 6, while fuel consumption drops 0.181/100 km. It is obvious that R indicates the designer's degree of emphasis on the performance requirement. In relation to the degree of emphasis, R is rationally selected and the restraint conditions are set. Thus, the optimum process is fulfilled.

5 Conclusion

(1) Based on the simulation method of the performance and fuel economy of the vehicle, fuel economy of the vehicle will be improved by the optimization of the transmission parameters.

(2) In the fuzzy optimum model of the transmission parameters, the R-level cut indicates the designer's degree of emphasis on the performance requirement. According to the degree, a rational R is selected to set the restraint conditions.

(3) In the fuzzy optimum model of the transmission parameters, the degree of emphasis on the performance requirement is considered, and the accepted range of design variables is being widened. Thus, a marked improvement in the fuel economy of the urban bus is accomplished.

References

[1] He Ren. Optimum of the bus rear-axle ratio[J]. Shanxi Automobile,1989(3).

[2] He Ren. Analog computation of fuel economy for automobile under various operating conditions[J]. Journal of Jiangsu Institute of Technology,1988,9(2).

[3] Wang Caihua,Song Liantian. Fuzzy method[M]. Beijing: China Architectural Industry Press,1988.

Aspect of Chinese Engine Industry*

Gao Zongying Luo Fuqiang

(Jiangsu University of Science and Technology)

Abstract

The present status and future prospect of Chinese internal combustion engines is introduced and discussed in this paper. The engine economy and alternative fuel are also discussed.

1 Introduction

Internal combustion engine industry is one of the large sectors in machinery industry in China. It provides motive powers for motor vehicles, construction machineries, ships, locomotives, agricultural machineries, military vehicles, generating sets and other machineries, serves a wide field covering industrial production, agricultural production, transportation and communication as well as defence construction. Among these applications, the most is automobile and the next is agricultural machinery. For example, the shares of various applications in 1988 are shown in Tab. 1. The overview and future trends of Chinese engine industry are discussed in this paper.

Tab. 1 The shares of various applications in 1988

Application	automobile	agricultural machinery	construction machinery	generating set	locomotive	ship	others
share/%	56	25	7	2	1.2	0.6	9.2

---

* 本文原载于日本三重大学 1994 年主办的主题为"亚洲在世界经济中的作用"的三国三校会议论文汇编(Proc. of Tri-University Joint Seminar & Symposium, Oct. 11—14, 1994, Mie Univ., Tsu, Mie, Japan)。

2 Overview of Chinese engine industry

2.1 Basic facts

At present, there are 292 engine manufacturers and 768 engine component/accessory manufacturers, 19 central engine research institutes, 44 universities/colleges own specialities of internal combustion engine. The total amount of employees in engine industry is about 800 thousand persons.

2.2 Output

The development of internal combustion engine industry in China can be traced back to a gas engine manufactured in 1908, but the annual output in 1949, when the People's Republic of China established, reached only 7 400 kW. After then, with the development of economic construction, the engine industry grew rapidly, especially after adopting the reform and open policy. In late 70's and early 80's, the annual output was about 30 million kW. In recent years, the annual outputs are illustrated in Fig. 1.

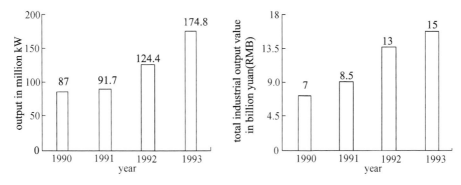

Fig. 1 Annual outputs

2.3 Products categories

Almost all of the piston type internal combustion engines produced in China are reciprocating type diesel and gasoline engines, the ratio between diesel engines and gasoline engines is about 1.8 : 1 by kW. Besides, there are a few quantity of natural gas engines and bio-gas engines, as well as rotary type engines. The engine power range covers from 0.4 kW to 23 000 kW, the number of engine models in production is over 240. Tab. 2 gives the composition of automobiles in 1993.

Tab. 2 Composition of automobiles ×1 000 units

Product Category	Output		Output by Fuel			
	amount	share/%	Gasoline Vehicle	share/%	Diesel Vehicle	share/%
Total	1 183.6	100	943.6	79.72	240.1	20.28
Trucks	694.0	58.63	477.2	68.78	216.7	31.22

continued

Product Category	Output		Output by Fuel			
	amount	share/%	Gasoline Vehicle	share/%	Diesel Vehicle	share/%
Heavy-duty	35.8		7.4	21	28.4	79
Medium-duty	316.9		220.4	69.55	96.5	30.45
Light-duty	275.6		183.6	66.69	91.8	33.31
Mini-duty	65.5		65.6			
Coach	264.5	22.35				
Large	4.2		214.1	91.15	23.4	8.85
Medium	14.4		0.2	4.76	4.0	95.24
Light	177.3		10.9	75.69	3.5	24.31
Mini	68.6	68.6	161.4	91.03	15.9	8.97
Passenger Car	225.2	19.02	225.2			

2.4 Technical level of Chinese engine industry

Generally speaking, there is considerable gap between the global advanced level and that of Chinese engine industry in various extent such as performance, quality especially reliability etc. However, the Chinese engine level is upgrading step by step steadily. A noteworthy point is that the technology transferred from abroad plays important role in Chinese engine industry. In 1950's and 1960's, technology introduced from Russian and East-Europe, as well as a few from western countries, had made important effect at that period. Some improved versions are still in production right now. From late 1970's, the introduction of new technologies increased by adopting the policy of reform and opening to the outside world. Over 200 projects have been introduced since then, including technologies of engines, accessories/components and related equipments in various manners such as license agreement, technical consulting, joint venture and technology-trade integrated projects. Those projects are basically of the global level in 1970's—1980's. A lot of those were introduced from well known leading companies in the world such as GM, VW, AVL, Cummins and ISUZU, etc. Besides, considerable amounts of key manufacturing equipment have been imported. All of these are very helpful for enhancing the technical level of engine industry. The localization rate of these engines exceeds 90%. Besides, there are many advanced engine types developed by Chinese engine industry and research institutes.

3 Future trends of Chinese engine industry

Fig. 2 shows the engine development targets. Engine economy and emission control are two major correlative problems in the development of engine industry.

Fig. 3 shows the main means to improve engine performances.

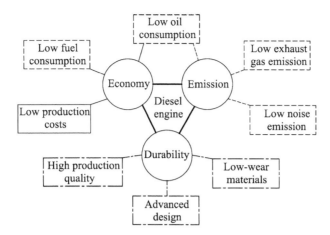

Fig. 2　Engine development targets

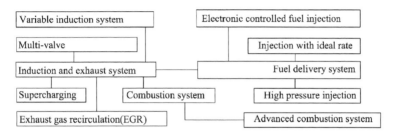

Fig. 3　Main means to improve engine performances

3.1　Spark ignition engine

Most of Chinese cars are driven by spark ignition engines today. Thus, their role is such a prominent one that their potential for improvement deserves particular attention. The following strategies are suggested for spark ignition engine:

(1) electronic controlled gasoline direct injection;

(2) swift combustion with fully variable gas exchange and injection timing;

(3) compact engine design with supercharging;

(4) internal mixture preparation under largely unthrottled conditions;

(5) variable induction system.

As an example, Fig. 4 shows a variable induction system and its performance.

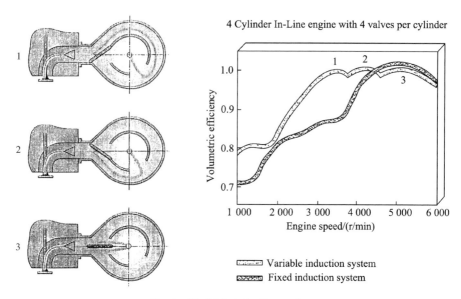

Fig. 4 Variable induction system

3.2 Diesel engine

In fuel consumption the IDI diesel engine is superior to the spark ignition engine by about 15%. Comparative measurements performed by some automobile companies under normal road conditions yielded an improvement of fuel economy in vehicles equipped with IDI diesel engines of as much as 35%. The DI engines is even more efficient, consuming 15% less fuel than IDI diesel engine. Fig. 5 shows fuel consumption of gasoline, IDI and DI engines plotted against vehicle weights. Fig. 6 shows the comparison of DI and IDI diesel engines full load performance.

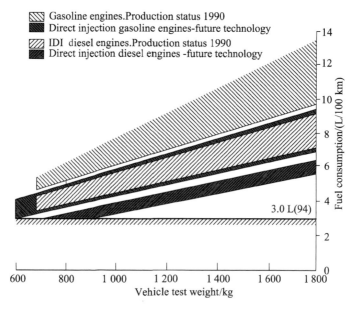

Fig. 5 Fuel consumption of gasoline, IDI and DI diesel engines

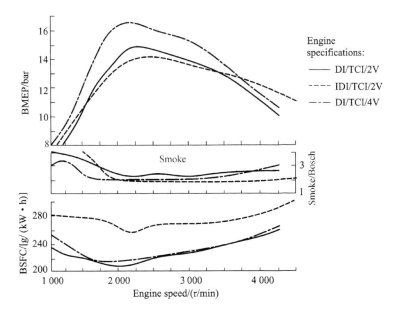

Fig. 6　Comparison of DI and IDI diesel engines full load performance

In view of the necessary greater emphasis on low fuel consumption to slow down depletion of energy sources on the one hand, and to reduce the potential effect of CO_2 emissions on climate on the other. The diesel engine, and the DI diesel engine in particular, should be looking forward to a bright future as regards its application in passenger cars. The reason why the diesel engine has not gained wider acceptance in the past is its driving comfort, which is inferior to vehicles driven by spark ignition engines. Unpleasant combustion noise and sluggish acceleration have been particular weaknesses of diesel engines. However, both problems have received special attention in the past 10 years. Fig. 7 shows the ideal rate of injection which can make diesel engine obtain better performance.

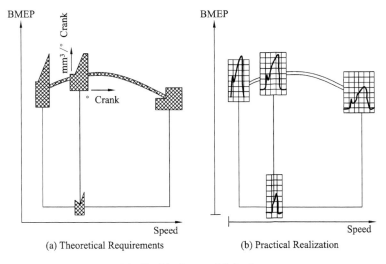

Fig. 7　Ideal rate of injection

The diesel engine strategies are as following:

(1) conversion to direct injection with exhaust-gas recirculation wherever possible to reduce NO_x;

(2) direct injection using multi-valve technology and fully electronic timing;

(3) increasing the share of diesel engines in passenger cars to reduce average fleet consumption;

(4) turbocharging with air/air intermediate cooling;

(5) electronic controlled fuel injection system.

3.3 Alternative fuels

With development of national economy, the contradictory between the supply and requirement of fuel will be outstanding. Therefore, seeking the alternative fuels for engines has become an urgent task to relax the crisis of energy source. There are many kinds of alternative fuels, such as natural gas, methane, methanol, ethyl alcohol, synthetic gasoline, coal-made fuel, plants (cottonseed, rapeseed, soybean, sunflower, peenut and palm etc.) oil. In recent years, special attentions are paid in the aspects of engines multi-fuel capacity and the improvement of power, torque and fuel efficiency with the reduction of combustion noise and exhaust pollution such as CO, HC, NO and particulates.

As an example, here introduce a low heat loses small DI turbocharged multi-fuel diesel engine with pintle nozzle. The engine total displacement is 1.45 liter for 3 cylinders with 82 mm bore and 92 mm stroke.

Fig. 8 shows this small DI diesel engine the articulated two-piece piston with ferrum crown. Due to the ferrum piston can bear higher temperature than aluminium alloy piston, the cooling intensity can be decreased, the lubricant oil is used as coolant to substitute for water, the coolant temperature can be increased and the heat loses be decreased. The temperature of combustion chamber is increased, so that a good fuel vaporization, fuel-air mixture formation, coking resistance and high efficiency can be gotten. The demand of combustion system to fuel injection system is not very strict so that the pintle nozzle can be

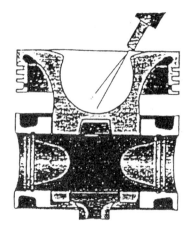

Fig. 8 Piston

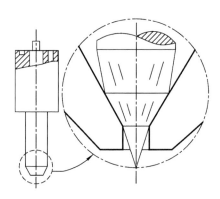

Fig. 9 Pintle nozzle

used. The pintle cleans the nozzle hole and nozzle coking can be avoided, shown in Fig. 9.

This engine can also burn alternative fuel such as plants oil. Fig. 10 shows the car-oil plant cycle. The CO_2 released by burning of plant oil is needed in the subsequent production cycle of the plant and does not entail a CO_2 surplus in the atmosphere as in the case of burning fossil fuels.

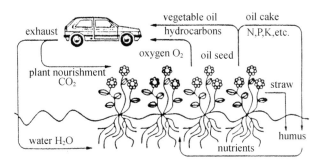

Fig. 10 The car-oil plant cycle

References

[1] Chinese environment science yearbook, 1992.
[2] Chinese internal combustion engine yearbook. Shanghai: Shanghai Jiao Tong University Press, 1993.
[3] Elsbett K, Elsbett L, Elsbett G, et al. New Development in DI Diesel Engine Technology. SAE, 1989, Paper No. 890134.

An Investigation on Transient Characteristics of Fuel Injection Process of Diesel Engine under Transient Conditions*

Luo Fuqiang　Gao Zongying

(Jiangsu University of Science and Technology)

Abstract

A measurement and analysis system of diesel engine fuel injection and combustion processes under transient conditions is developed in this paper. A dynamic simulating model of the fuel injection process based on the measured pressure in the fuel line and the engine instantaneous speed is established to investigate the behavior of the fuel injection process under transient conditions. The cycle to cycle changes of fuel injection timing, injection duration, injection rate and amounts of fuel injected under transient conditions can be calculated by this system. It is found that the engine instantaneous speed has a great influence on fuel injection simulation under transient conditions.

1　Introduction

Diesel engines used in vehicles often operate at transient conditions in which their load and speed are continuously changing. As the demands of fuel economy and enviroment protection tend towards strictly, people recently pay more attention to the transient characteristics of diesel engine under transient conditions[1-4]. The engine transient characteristics mainly depend on the fuel injection and combustion process. The fuel injection process has a great influence on combustion process. As it is difficult to directly measure the fuel injection rate in a running diesel engine, many researchers[3,4] analyzed combustion process under transient conditions by the hypotheses of fuel injection process. Due to the

---

* 本文为国家博士研究基金资助项目,原载于日本三重大学1994年主办的主题为"亚洲在世界经济中的作用"的三国三校国际会议论文汇编(Proc. of Tri-University Joint Seminar & Symposium, Oct. 11－14, 1994,Mie Univ.,Tsu,Mie,Japan)。

lack of suitable measurement and analysis systems of diesel engines for transient conditions, the investigations on fuel injection process under transient conditions are very few. In this paper, a measurement and analysis system of diesel engine fuel injection and combustion processes under transient conditions is established. A dynamic simulating model of the diesel engine fuel injection process under transient conditions is developed on the basis of the fuel injection simulation[5] which is fit for steady conditions.

2 Experimental setup and instrumentation

Fig. 1 shows a layout of the measurement and analysis system. The engine is a single cylinder, 4-stroke-cycle, direct injection, water cooled diesel engine. Its specifications are given in Tab. 1. The engine is instrumented with a cylinder pressure transducer and its corresponding electric charge amplifier, a fuel line pressure transducer and its corresponding electric charge amplifier, an optical shaft encode. The sampling of the data is performed using a digital data acquisition system developed for this research. Data sampling synchronization with the position of the crank shaft rotation is achieved by the optical shaft encode which generates a square transistor to transistor logic (TTL pulse). The TTL signal is used to trigger the data sampling at each crank angle degree during the transient process, and control the counter to count the time between each pulse (crank shaft angle) for calculating the engine instantaneous speed. The start of the measurement system is marked by a pulse from the shaft encode. The measured pressure in fuel line and the instantaneous speed during transient process are analyzed by the dynamic simulating model to obtain the transient characteristics of fuel injection process such as injection timing, injection duration, injection rate, amounts of fuel injected etc.

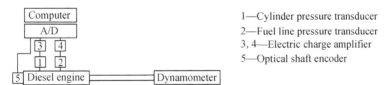

1—Cylinder pressure transducer
2—Fuel line pressure transducer
3, 4—Electric charge amplifier
5—Optical shaft encoder

Fig. 1 Experimental setup layout

Tab. 1 Engine Specifications

Engine type	ZH1100W
Working cycle	Four stroke diesel
Combustion system	Direct injection
Bore/mm	100
Stroke/mm	100
Compression ratio	18 : 1
Needle open pressure/MPa	19

3 Influence of engine instantaneous speed on fuel injection simulation

Fig. 2 and Fig. 3 show the measured pressure in fuel line and the engine instantaneous speed traces during cold starting process. Fig. 4 gives more detailed traces of the engine instantaneous speed for the first five cycles. From Fig. 3 and Fig. 4, it can be seen that the engine instantaneous speed decreases in the compression stroke and increases in the expansion stroke. The instantaneous speed difference between the expansion stroke and the compression stroke in the same cycle decreases with the engine speed increasing. The instantaneous speed decreases very quickly in the end of compression stroke due to the compression and the combustion before compression TDC. For example, the instantaneous speed decreases from 280 r/min to 100 r/min in the begin and the end of compression stroke at the first cycle of cold starting process, while the average speed of this cycle is 350 r/min (determined by the time between two adjacent intake TDC). The fuel injection process begins at the end of compression stroke. So it is important to consider the instantaneous speed in fuel injection simulation when the instantaneous speed changing quickly. Fig. 5 shows the comparison of fuel injection simulating results between using the instantaneous speed and the engine cycle average speed. From Fig. 4 and Fig. 5 it can be seen that the fuel injection simulation results have great differences between using the instantaneous speed and the cycle average speed, and these differences tend towards small when the engine speed increasing.

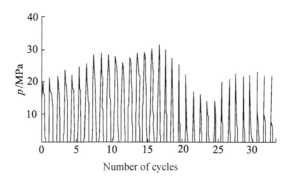

Fig. 2 Measured pressure in fuel line during cold starting process

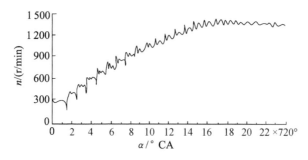

Fig. 3 Engine instantaneous speed during cold starting process

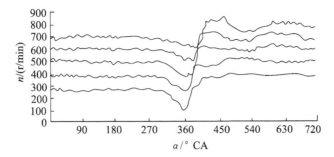

Fig. 4 More detailed traces of engine instantaneous speed for the first five cycles

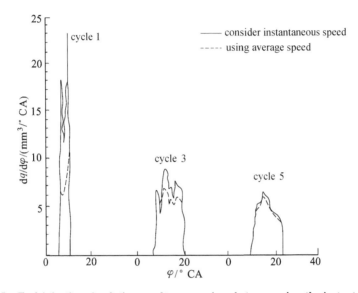

Fig. 5 Fuel injection simulating results comparison between using the instantaneous speed and the cycle average speed

In the simulation of fuel injection process, the characteristics are step by step calculated in a certain crank shaft angle, the time corresponding to this crank shaft angle is changing with the instantaneous speed, while the time is constant when using the cycle average speed. This is the reason why the results have difference when using the instantaneous speed or the cycle average speed. From those mentioned above it is concluded that the instantaneous speed must be considered in the simulation of fuel injection process under transient conditions in which their instantaneous speed are changing quickly.

4 The transient characteristics of fuel injection process of diesel engine under transient conditions

The transient characteristics of diesel engine fuel injection process during cold starting process is investigated by the measurement and analysis system mentioned above. Fig. 6 shows injection timing, injection duration, amounts of fuel injected, ignition lag, maximum combustion pressure and maximum pressure rise traces during cold starting process. From

Fig. 6, it can be seen that the injection timing delays in the first three cycles because of the engine speed increasing and the pressure in fuel line maintaining almost certain, then the injection timing advances according to the engine speed increasing and the pressure in fuel line increasing. With the engine speed increasing in the first eight cycles, the amounts of fuel injected increase a little, the injection duration increases a lot. In the following cycles the amounts of fuel injected and the injection duration decrease when the governor kicks in. The ignition lag counted in crank shaft angle is constant in the first three cycles and then increases in the following three cycles. As the engine speed is very low, the ignition lags counted in time maintain in a large value in the first six cycles, this is the reason why the maximum combustion pressure rises in the first six cycles are larger than the following cycles in which the ignition lags decrease with the engine speed increasing. The maximum combustion pressure maintains in a large value until the amounts of fuel injected decrease by the action of the governor. The indicated mean pressure increases with the engine speed increasing. It reaches its maximum value after the amounts of fuel injected reaches its maximum value. The reason is that the heat loses and the blowby are large, the compression temperature and pressure are low, the conditions of air and fuel mixing are worse, the combustion of fuel injected are not completely in the begin of the cold starting process. With the engine speed increasing, the heat loses and the blowby decrease, the compression temperature and pressure increase, the conditions of air and fuel mixing are improved, the indicated mean pressure increases and reaches its maximum value even if the amounts of fuel

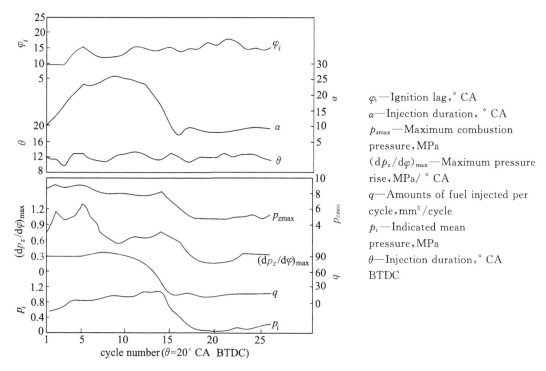

φ_i —Ignition lag, °CA
α —Injection duration, °CA
p_{zmax} —Maximum combustion pressure, MPa
$(dp_z/d\varphi)_{max}$ —Maximum pressure rise, MPa/°CA
q —Amounts of fuel injected per cycle, mm³/cycle
p_i —Indicated mean pressure, MPa
θ —Injection duration, °CA BTDC

Fig. 6 Transient characteristics of fuel injection and combustion processes during cold starting process

injected is decreasing. Then the indicated mean pressure decreases with the amounts of fuel injected decreasing.

5　Conclusion

The following conclusions are based on experimental and simulating investigation on the cold starting process of a single cylinder, 4-stroke-cycle, direct injection, water cooled diesel engine by the measurement and analysis system of diesel engine fuel injection process under transient conditions developed for this investigation.

(1) The engine instantaneous speed must be considered in the simulation of fuel injection process under transient conditions. The influence of the instantaneous speed is not need to be considered when the engine speed is high and the instantaneous speed is not changing quickly.

(2) The transient characteristics of fuel injection process have a great influence on the combustion process.

References

[1] Zahdeh A, Henein N, Bryzik W. Diesel cold starting: Actual cycle analysis under border-line conditions[J]. SAE,1990,Paper No. 900441.

[2] Tsunemoto H, Yamada T, Ishitani H. The transient performance during acceleration in a passenger car diesel engine at the lower temperature operation[J]. SAE,1985,Paper No. 850113.

[3] Gardner T P, Henein N A. Diesel starting: A mathematical model[J]. SAE,1988, Paper No. 880426.

[4] Wallace F, Way R, Baghery A. Variable geometry turbocharging—The realistic way forward[J]. SAE,1981,Paper No. 810336.

[5] Pischinger R, Staska G, Gao Zongying. Berechnung des Einspritzverlaufes von Dieselanlagen bei Kavitation[J]. MTZ,1983,44(11).

植物性油をデイーゼル油の代替として用いる内燃機関の開発研究[*]

高宗英　袁銀男　喜冠南
Gao Zongying　Yuan Yinnan　Xi Guannan
（江蘇理工大学）
(Jiangsu University of Science and Technology)

1　緒言

エネルギー工業の発展に伴って,石油埋蔵量の減少,油田発見の困難さ,また石油資源の枯渇などが問題視されている.図-1に中国での石油生産量と軽油需要量の関係を示す.中国産原油は重留成分を多く含むため,軽油の生産割合が低い.1995年には,国産ガソリンの10％が輸出できるものの,軽油についてはその生産量の25％に相当する量が不足することが予測されている.したがって,中国では,内燃機関用代替燃料の研究,特に圧縮燃焼式内燃機関用代替燃料(即ち軽油代替品)の研究が重視されてきた.各種の代替燃料の中では,植物油が最も将来性のある代替燃料の一つであることが知られている[1,2].

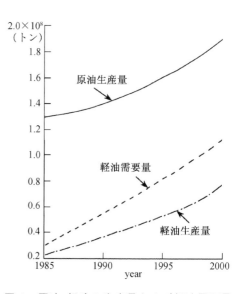

図-1　原油,軽油の生産量および軽油需要量

2　植物油の資源およびその物理・化学的特性

広い中国では,油を有する植物の種類が多い.植物の実の油および根の油は20種類以上ある.そのうちで,代替燃料として使えそうな植物油は,菜種油,豆油,綿実油,落花生油,ひまわり油,胡麻油,シュロ油,松根油などである.

2.1　植物油の資源および生産状況

中国の植物油資源およびその生産は以下の特徴を有する.

---

[*] 本文原載于日本能源与資源雑誌(Energy and Resources)1994年第6期,喜冠南曾受江蘇理工大学派遣,前往日本京都大学攻讀博士学位。

(1) 主に食用油および工業用油として使われている．

(2) 中国南方地域は，気温が適切で，十分な雨量があるため，植物油の主な産地である．一方，中国の原油産出地および石油精製工場が主に中国北方地域に存在する．それゆえ，植物油の内燃機関用代替燃料としての使用は，南方地域でのガソリン，軽油の供給不足などの問題解決に有効となる．

(3) しかし，現在，植物油は食用油として使う以外に，有効な大規模生産を行っておらず，また組織的な物流機構ができていないので，資源として十分に利用できていない．

(4) しかも，エネルギー資源の危機対応できるような，植物油を内燃機関用代替燃料資源として生産する開発計画はまだ出来ていない．

世界中の一年間の石油消費量(約25億トン)を全部植物油で代替するとすれば，その植物油を生産するためには，$2.5 \times 10^6 \sim 5 \times 10^6 \mathrm{km}^2$ の農地が必要である．それは地球陸地面積の約1.5％～3.0％である．陸地の24％が農耕可能な土地であるが，現在までに開発し得た土地は陸地の11％分だけである．農業の発展とともに，植物油を大規模に生産することは十分に実現できる方策であると考えることができる．

2.2 植物油の物理・化学的特性およびその特徴

植物油の種類が多いにも関わらず，各種植物油の物理・化学的特性の差異は大きくない．表1は4種類の植物油の主な物性値を軽油と比較して示したものである．植物油と軽油は，物性が似ているため，これらを内燃機関に使用した場合，内燃機関の着火性能，燃焼特性および排気ガスの特性も似たものになると考えられる．

表1 軽油と植物油の特性値の比較

	軽油	菜種油	綿実油	大豆油	落花生油
成分, C/％	87	77.2	77.2		
H/％	12.6	12.1	11.5		
O/％	0.4	10.4	10.6		
比重(20℃)	0.82～0.88	0.917	0.91		
粘度(50℃)/cSt	2.67	25.81	24.62	23.29	28.29
低位発熱値/(MJ/kg)	42.2	38.9	39.5	39.6	39.8
セタン価	40～50	32.2	41.8		
発火温度/℃	200～200	350			
凝固点/℃	−35～0	−31.7	−15.0	−12.2	−6.7
引火点/℃	>50～60	246	234	254	271
残留炭素(wt％)	≤0.025	0.3	0.24	0.27	0.24

表1に示した特性以外には，植物油は内燃機関用代替燃料として以下の特徴を持っている．

(1) 植物油燃料は生物エネルギーであり，再生ができるという点で石油燃料(化石燃料)と異なる．

(2) 大気中のCO_2濃度の増大が温室効果の主原因であるが，図-2からわかるように，石油燃料と比べて，植物油のほうが大気へのCO_2排気量が少なく，地球環境保全上好ましい性質を持っている．また，植物油排気ガス中に，SO_2，重金属化合物などは含まれておらず，この点でも好ましい性質を持っている.

(3) 全ての植物油は任意の比率で軽油と混合でき,互いに溶解し合う.混合物は長年にわたって保存しても分離しない.したがって,内燃機関で任意の混合比率を持つ植物油と軽油の混合油を使用でき,給油や運転操作の上で便利である.また,この性質を用いると,他の代替燃料品の調製のときに,それらの相互溶解性を植物油で促進することができる.

(4) 給油系の潤滑が改善できる.周知のように,給油系の潤滑は潤滑油(オイル)によらず,軽油によって行われる.潤滑を良好に行うためには,適度に大きい粘性が必要である.内燃機関給油系の運転温度(一般 40〜65 ℃)範囲内では,植物油の粘性が軽油のそれの8〜10倍である.したがって,給油系の潤滑には,むしろ植物油のほうが軽油より好ましいと言える.

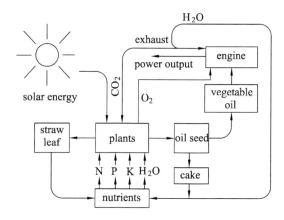

図-2 植物油の生成サイクル

3 植物油の内燃機関への適用可能性

3.1 植物油用内燃機関の性能特徴

上述のことからわかるように,植物油の物性が軽油に類似するため,それを主にディーゼル機関用代替燃料として使用することが考えられる.植物油を使用すれば,内燃機関の性能(動力性,経済性など)が以下のようになる.

(1) 植物油の低位発熱量が軽油より10％低いものの,その密度が軽油より10％高いので,1サイクルあたりの体積給油量(cm^3/cycle)が同じとすれば,サイクル発熱量がほぼ同じとなり,内燃機関の有効仕事量の差異を小幅にとどめることができる.

(2) 植物油は酸素を含む燃料であって,その酸素含有量は約9％〜10％(軽油では0.4％)である.植物油の着火性能は軽油より良くないものの,一旦着火すれば,植物油が酸素を自分で供給する効果があるため(以下酸素自給効果と呼ぶ),その燃焼速度は軽油より速い.結果として,燃焼過程の持続時間および完了度は軽油と類似した値となる.

3.2 植物油の使用上の困難さ

現在植物油が内燃機関用代替燃料として大幅に使われていない原因の一つは値段が高いことである.図-3には例として植物油(菜種油)と軽油の価格比較を示した.しかし,以下のことも無視できない.

(1) 内燃機関用であれば,植物油の粗製あるいは半精製で十分であり,この結果,その価格も相対的

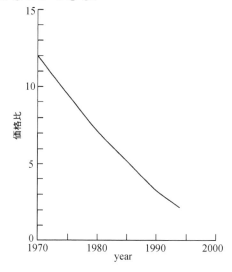

図-3 植物油(菜種油)と軽油の価格比

に低く抑えることができる．

（2）石油燃料の価格の中には，油田の開発費用は含まれているが，原油の生成コストは含まれていない．しかし，実際には，原油の生成を工業的に繰り返すことができない．この点で石油燃料の価格はその真のコストを反映しておらず，将来価格が高騰することは必定である．一方，植物油の価格には，生産全ての過程のコストが反映している．

（3）環境保護運動の展開とともに，環境対策費用が燃料使用コストに考慮されることになるだろう．上述したように，環境に与える影響の点では，植物油燃焼のほうが石油燃焼より有利であり，そのことの価格へのはね返りも植物油の場合には小さい範囲にとどまろう．

（4）石油資源の枯渇や油田開発難度の増大および農業技術の発展に伴って，植物油の値段は軽油のそれに近くなるであろう．現在，植物油資源が豊かで，石油が不足している国々では，植物油の価格がすでに石油のそれに近くなっている[3]．

3.3 植物油のエネルギー生産量と投入エネルギーの比

表2は，植物油を選択する時の参考のため，5種類の植物油のエネルギー生産量（植物油の燃焼により生じたエネルギーの量）と投入エネルギー（植物油の生産により消耗したエネルギー量）の比（以下，エネルギー産出投入比と呼ぶ）を示したものである．表から5種類の植物油の中に大豆油と菜種油のエネルギー産出投入比が高いことがわかる．したがって，内燃機関用代替燃料として使用する植物油を選ぶとき，エネルギー産出投入比が高いこの2種類の植物油を優先的に選択すべきであろう．ただし，産地および気候の状況によって表2に示した結果が変わる可能性もある．

表2 植物油のエネルギー産出投入比

菜種油	大豆油	綿実油	落花生油	ひまわり油
4.18	4.33	1.77	2.26	3.5

4 ディーゼル機関用植物油の問題点および対策[4,5]

4.1 ディーゼル機関用植物油の問題点

軽油と植物油の混合油をディーゼル機関で使用すると，機関性能が軽油だけを用いる場合から著しく変化しないので好都合である．しかし，植物油は軽油と比べて，粘性が高い，表面張力が大きい，残留炭素が多い，セタン価が低い，揮発性が低い，さらに，非飽和植物脂肪を有するなどの特徴があるので，ディーゼル機関で植物油を長期的に使用すれば以下の問題点が生じる．

（1）低温始動が難しい．植物油のセタン価は低く，低温留出分濃度が低いため，内燃機関の低温始動が難しい．

（2）炭化物の付着蓄積および焦げ付き．植物油を燃焼させると，植物油分子の熱分解および不完全燃焼により，燃焼室，ピストン，燃料噴射器，ピストンリングおよびリング溝などの各所に炭化物の付着蓄積あるいはそのことに起因する焦げ付きが生じる．そのため，摩耗の増大，機械効率の低下，ピストンリングの膠着（密封作用の低下），さらに，噴射ノズルの噴孔の詰まりなどが問題となる.

（3）潤滑油の変質. 低温始動の際に, 植物油の未燃または不完全燃焼により, 植物油がシリンダー壁に沿ってクランク室に入り, 潤滑油（オイル）に混入する. その結果, 潤滑油が薄くなり, 粘性が低下する. さらに, 潤滑油の中にアルカリ性の添加物が含まれているので, 酸性である植物油と混入すると, 酸とアルカリの中和反応が生じて, 潤滑油が変質する.

（4）排気ガス特性. 植物油の燃焼排気ガス中には, アルデヒド成分が含まれているので, 環境と人体に影響を与える.

4.2 植物油の処理

以上の問題点を解決するためには, 以下の処理を行う必要がある.

（1）酸化処理を行い, 粘性を減少させ, 揮発性を改善する.

（2）植物油と軽油を混合して使用する. 我々の実験によるよ, 植物油に25％以上の軽油を混ぜると, 良好な結果が得られた.

（3）植物油を予熱することにより, 良い性能が得られる.

（4）軽油と植物油それぞれの給油系を設けて, スタート時および停止直前時は, 軽油を使用し, 定常運転時は植物油を使うよう制御する.

（5）アルデヒドの生成は, 植物油が非飽和植物脂肪を有するという特徴と関係する. したがって, 植物油の半精製, 植物油への助燃剤の添加, または, 排気ガスの後処理（例えば, 触媒装置付きマフラーの採用）などの方法を採用すれば, 排気ガス中のアルデヒド成分は低減できる.

4.3 植物油の内燃機関燃焼系への適応性

著者らの行った試験によると, ディーゼル機関を用いて純植物油による運転が可能であったが, 燃焼系を最適化し, また内燃機関の性能をさらに改善するため, 燃焼過程には, 以下のことを考慮しなければならないことも分かった.

（1）植物油のセタン価が低いため, 発火温度が軽油より高い. このため, 植物油の着火遅れ時間（ignition delay time）が長い. 図-4に植物油と軽油の混合比と着火遅れ時間の関係の一例を示す. 図-4から, 植物油（菜種油）の着火遅れ時間が軽油のそれの約2倍であることがわかる. したがって, 植物油を燃焼させる時には, 燃料噴射進み角（Advanced fuel injection angle）を増大しなければならない. 一方, 内燃機関性能は燃料噴射進み角に依存するため, それを精密に調節する必要である.

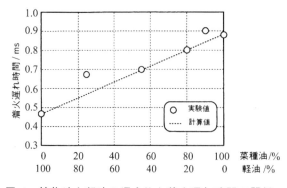

図-4 植物油と軽油の混合比と着火遅れ時間の関係

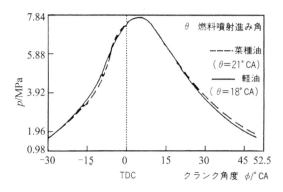

図-5 圧力線図

（2）着火遅れ時間の増大により,その時間内に形成される可燃混合気量が増加しまた含酸素植物油の酸素自給効果のため,燃焼速度が速くなり,圧力増加率が増大し,ノッキングを起こしやすくなる.なお,参考のために,植物油と軽油の圧力線図を図-5に示す.したがって,時間とともに急激に噴射量を増加できる給油系の開発が必要である.

（3）外部冷却方式の代わりに,高温冷却(例えば,水冷却内燃機関の場合には,水の代わりに,オイルなどのような沸点の高い冷媒の使用により作動温度が高く保持できる),断熱性が高い鉄・アルミピストン,ピストン下部への噴油による内部冷却方式などの使用により,燃焼室壁面温度を高めて,植物油の蒸発を促進し,焦げ付きを低減することができる.図-6はドイツエルコ（Elko）社が開発した二層ピストンの簡略図を示している.また,自浄効果を持つピントル型やスロットル型の軸針式噴射ノズルを使用することにより,噴孔の詰まりなどの現象は防止できる.なお,ピントル型の軸針式噴射ノズルの簡略図を図-7に示している.植物油を使用するには,低温始動,機械油の稀釈や炭化物の付着蓄積および焦げ付きなどの問題を解決するため,新しい構造の考案開発と精度の高い加工技術が必要である.

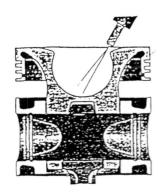

図-6 二層ピストンの簡略図(ドイツエルコ社)

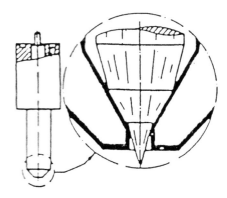

図-7 軸針式噴射ノズル

（4）植物油の燃料油としての使用を促進する上で,植物油に適応する新型燃焼系の開発が重要である.例えば,ドイツエルコ（Elko）社が開発した双室燃焼器(Duothermic combustion system)は植物油に良い適応性を持っている（図-8 参考）.

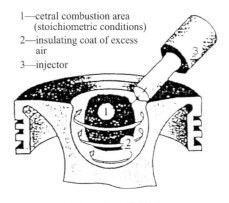

1—cetral combustion area (stoichiometric conditions)
2—insulating coat of excess air
3—injector

図-8 双室燃焼器

5 結 論

（1）植物油は再生ができる生物エネルギーの一種である.その物性が軽油と近いため,内燃機関用代替燃料として使えば,良好な性能が得られる.

（2）植物油の使用による内燃機関性能への悪影響は,植物油の処理や内燃機関の種々の改良によって抑えられ,植物油内燃機関の総合性能も改善できる.

（3）植物油の大規模生産は農業の新しい課題である.それは熱エネルギー危機の解決と環境汚染の改善に対して重要な役割を果たす.

参 考 文 献

[1] Elsbett K,Elsbett L,Elsbett G, et al. New development in D. I. diesel engine technology[J]. SAE,1989,Paper No. 890134.

[2] Jacobus M I,Geyer S M,Lesfz S S,et al. Single-cylinder diesel engine study of four vegetable oils[J]. SAE,1983,Paper No. 831743.

[3] 赵士林. 90 年代の内燃機関[M]. 北京:中国機械工業出版社,1992.

[4] 袁銀男,高宗英. 小型ディーゼル機関用断熱直噴式燃焼システムの分析[J]. 中国内燃機関工程,1994(3).

[5] Gao Zongying, Yuan Yinnan. Alternative fuel material and combustion system of engines[C]. Tokyo:IUMRS International Conference on Advanced Materials,1993.

Development of New Environment-friendly Technologies Related to Automobile Engines[*]

Gao Zongying　Luo Fuqiang

(Jiangsu University of Science and Technology)

Abstract

Automobiles powered by internal combustion engines have consumed large amount of fossil oil and produced heavy air pollution. Now the focus be cared for by automotive engineers is about the technologies of energy conservation and environment protection. This paper will discuss the worldwide development of new environment-friendly technologies, which include: reduction of fuel consumption of automobile by enhancing the efficiency of engine, reduction of exhaust emission by catalytic converters along with improved combustion, improving engine combustion by turbocharging and electronic-controlled fuel injection, burning vegetable oil and other alternative fuels in engines, adoption of hybrid drive system and other powerplant and so on. All these technologies will take an important role in the development of automobiles.

Key words: Automobile Engines　Saving Resources　Environment Protection　Ecomaterials

1　Introduction

Automobile fuel consumption is a significant contributor to major global problems such as security oil supply and through the associated emissions (global warming, acidification and urban air pollution). The emissions include CO, HC, NO_x, particles and CO_2, SO_x etc.

There are strict engine emission legislations in developed countries and some developing countries to protect environment.

There is a direct connection between fuel consumption and the climate relevant carbon dioxide (CO_2) emissions of combustion engines. The reduction of fuel consumption is not only important for saving resources but also for protecting our global climate[1]. The CO_2

---

[*]　本文原载于 1995 年在日本筑波举行的第三届国际环保材料会议论文汇编(Proc. of the Third International Conference on Ecomaterials, Sept. 10—12, 1995, Tsukuba, Japan)。

emission can only be dealt with through shifting away from fossil fuels and through efficiency improvement.

This paper will discuss the recent development of environment-friendly technologies, which include reduction of fuel consumption, reduction of CO, HC, NO_x, reduction of CO_2, the use of alternative fuel such as vegetable oil and the use of "alternative powerplant" such as E-Motor and Hybrid-system.

2 The development trend of conventional internal combustion engines

The engine is the major component determining automobile efficiency and emissions. The emission legislations tend to be more strict nowadays[2]. Tab. 1 shows some examples.

Tab. 1 Emission legislation expected beyond 1998 for passenger cars

Europe	USA	Japan
MVEG(ECE+EUDC)	FTP75	10.15 Test
NO_x+HC≤0.50 g/km	NO_x≤0.40 g/mile	NO_x≤0.40 g/km
	HC≤0.25 g/mile	HC≤0.40 g/km
CO≤0.50 g/km	CO≤3.40 g/mile	CO≤2.10 g/km
Part. ≤0.04 g/km	Part. ≤0.08 g/mile	Part. ≤0.08 g/km

The automobiles are driven mainly by conventional internal combustion engines today whereas the emission reductions were, for gasoline engines, formerly only achieved by measures improving the engine, such as lean combustion (more complex carburetors with additional systems), delayed ignition in the partial load range, exhaust gas recirculation (for heavier vehicles), and the catalytic exhaust gas aftertreatment Fig. 1.

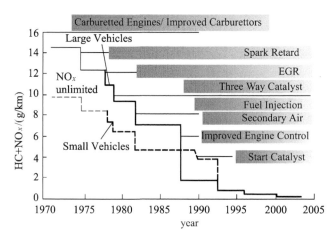

Fig. 1 Exhaust emission regulation and corresponding gasoline engine technology in Europe

Fuel injection is an effective method to reduce fuel consumption and emission. Most gasoline engines nowadays use manifold injection. Now the DMI(direct mixture injection)

system is developed. Fig. 2 shows a consumption and emission comparison between a manifold injection engine and a DI gasoline engine equipped with the AVL DMI system for a typical operating point at partial load[3]. This figure shows that the fuel consumption and emissions of DMI gasoline engine is much better than manifold injection engine. So DMI system is a very attractive method for passenger car in the future.

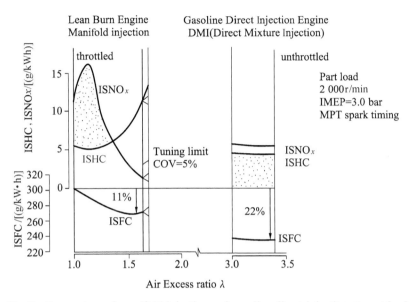

Fig. 2 Comparison of manifold injection and gasoline direct injection at part load

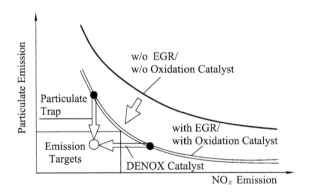

Fig. 3 Possible strategies for minimizing NO_x and particles

In the opinion of saving fossil oil and reducing CO_2 emission, diesel engine is better than gasoline engine. The main problem of diesel engine is the emissions of NO_x and particles. Fig. 3 shows possible strategies for minimizing NO_x and particles.

Direct-injection, turbocharging and inter-cooled, multi-valve technology are effective methods to improve diesel engine fuel consumption. High pressure injection (up to 200MPa) can improve fuel spray, combustion and reduce particles emission. Unit injector and common rail system are two examples.

3 Use of regenerative fuels in internal combustion engines

The limited supply of fossil fuels and a growing environmental awareness are animating the discussion about alternatives to conventional fuels. Gasoline and Diesel are of fossil origin and are estimated to last for 50 years, so we must look for alternatives now.

We are searching green fuel to reduce CO_2 emission to prevent the global warming[4]. Among the fuels obtainable from regenerative, regrowing raw materials, various types of vegetable oil, animal oil and fat and various types of alcohol are suited for the energetic exploitation in internal combustion engines.

Plants absorb CO_2 and H_2O during their growing. Therefore only use bio-fuels based on the plants can the global environmental balance be attainable. Fig. 4 shows this closed cycle.

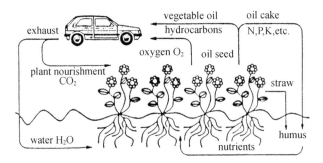

Fig. 4 Car-oil plant cycle

The most attractive alternative fuel would seem to be vegetable oil. Fig. 5 shows a diesel engine developed by our university and Elsbett company in Germany which has low emissions with high fuel efficiency and is suitable for vegetable oil so that switching over to other fuels will require no change in engines[5].

4 Aspects of low emission automobile powerplant

Many countries, especially industrial countries have developed many types of low emission automobiles to protect global environment. The concept is changing from low emission vehicle(LEV) to zero emission vehicle(ZEV).

Hydrogen is a clean fuel. There is no technical problem for internal combustion engines to burn hydrogen. Hydrogen gained by electrolysis is transformed into water by the engine combustion process representing a theoretically ideal, in-exhaustible cycle. However, a large amount of electrical energy is required for its prodution. And the storage of hydrogen still has some technical problems. Only above problems be solved can the hydrogen be widely used.

Electric vehicle is another attractive choice for the urban traffic. It is an ideal LEV or ZEV. However, the production of battery and electricity also pollute the environment. The driving speed and maximun distance of electric vehicle are limited because of the limitation of the capacity of battery. So it is only suitable for city.

Fuel cell can transform natural gas, methanol, etc. into electricity directly. It is also an attractive alternative automobile power-plant when this technique develop enough.

Now many companies are developing hybrid electric vehicle (HEV)[6] to improve the emission of internal combustion engine aid the poor capacity of electric vehicle. HEV can be driven by the electricity in urban, and by the internal combustion engine in highway. But now the cost of HEV is high, it perhaps will be a good automobile powerplant in the future.

5 Conclusion

Conventional internal combustion engines will be the main automobile powerplant for a long time. The emission legislations tend to be more and more strict, deeper investigations need to be done to improve engine efficiency and reduce engine emissions.

Among alternative fuel, the use of vegetable oil has special significance, the use of regenerative green fuel is an effective way to protect global environment. Among alternative powerplant, fuel cell and HEV may contribute to LEV or ZEV in 21st century.

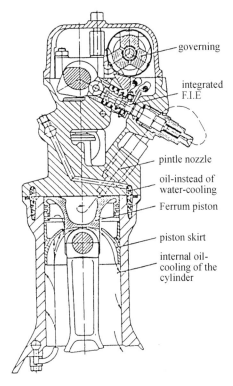

Fig. 5　Engine suitable for diesel fuel and vegetable oil

References

[1] Bolin B, SCOOPE 29, New York, 1986.
[2] Berg W, 17th International Vienna Motor Symposium, Vienna, 1996.
[3] Wojik K M, 3rd Symposium of Traffic Induced Air Pollution, Graz Austria, 1996.
[4] Sagerev R. Einsatz regenerativer Brennstoffe im Motor. MTZ, 1996, 57(11).
[5] Elsbett K, Elsbett L, Elsbett G, et al. New development in D. I. diesel engine technology. SAE, 1989, Paper No. 890134.
[6] Heitland H, Rinne G, Wislocki K. Chances of hybrid drivetrain systems in future street traffic. MTZ, 1994, 55(2).

Two Dimensional Calculation of the Gas Exchange Processes in Direct Injection Two-Stroke Engines[*]

Liu Qihua[1]   Gao Zongying[2]

(1. Shanghai Jiao Tong University;
2. Jiangsu University of Science and Technology)

Abstract

Using the KVIA code as a reference, a two dimensional computational fluid dynamics program is used to analyze the scavenge and fuel injection processes in a two-stroke engine. By calculation, the flow velocity, the mass distribution and density distribution of compositions(including the air, fuel and exhaust) and the escaped mass of fuel from the exhaust ports are known. It models the work process of the direct-injected two-stroke engine. By analysing the computational results, the best injector location, injection angle and injection timing can be determined.

1 Introduction

It is a well known fact that the two-stroke engine's advantages are high specific power, simple structure, light weight and the small outline. The main disadvantage of the two-stroke engine with the carburettor is that some 25% ~ 40% of the unburnt fresh charge during the gas exchange process is lost due to the short circuiting to the exhaust ports. This inevitably results in poor fuel economy and high hydrocarbon emissions. To reduce the fuel lost, in addition to improve the

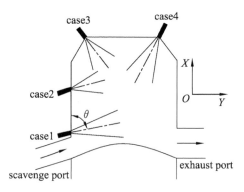

Fig. 1 Fixed places of the injector

---

[*] 本文原载于美国 SAE 非道路车辆和固定动力装置会议论文集(SAE International Off-Highway & Powerplant Congress & Exposition, Aug. 26—28,1996,Indianapolis,USA)。

structure of gas exchange ports, the more effective method is to employ fuel injection technique and bring about the stratified combustion[1,2]. Fig. 1 shows the injector locations examined. These are scavenge port injection (case 1), middle wall injection (case 2) and cylinder head injection (case 3 and case 4).

2 Engine geometry

The engine is a 248.5 cc single-cylinder, crank-case-scavenged high-speed production unit. The engine geometric data and operating conditions are given in Tab. 1.

Tab. 1 Engine geometry

Bore /mm	Stroke /mm	Scavenge port opening	Scavenge port closing	Exhaust port opening	Exhaust port closing	Compression ratio	Speed /(r/min)
65	75	124° CA ATDC	56° CA ABDC	114° CA ATDC	66° CA ABDC	6.8 : 1	4 600

3 Boundary and initial conditions

An important aspect of calculation of the gas flow and fuel injection process in the type of engine is the provision of suitable initial and boundary conditions. Computations were started at the time of exhaust port opening. The initial gas in the cylinder is the combustion product assumed to contain CO_2, CO, N_2O, H_2, N_2 and O_2. The initial thermodynamic conditions (mass, temperature and pressure) were assumed to be uniform in the cylinder. The initial mean axial velocity component V_x (see Fig. 1) was assumed to vary linearly with distance form the piston crown to the head. The initial radial velocities V_y and initial circumferential velocities were assumed to be zero.

The mass flow rates through the scavenge and exhaust ports were used to specify boundary conditions for the computations. The mass flow rates (see Fig. 2) are directly proportional to the difference of pressure at the ports[3-6]. Fig. 3 shows the measured pressure at the scavenge port and the exhaust port and in the cylinder.

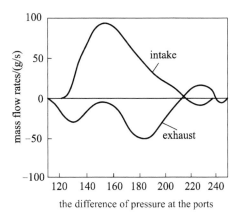

Fig. 2 Calculated mass flow rates

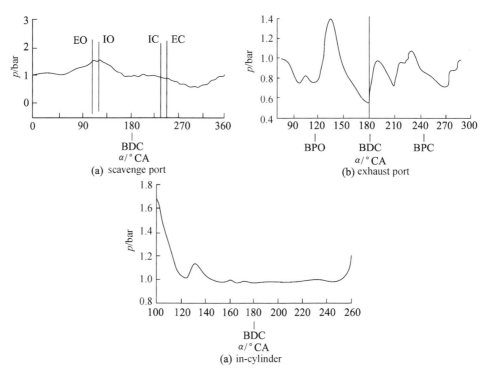

Fig. 3 Pressure measured in the engine

The velocity profiles at the ports were assumed to be uniform. The flow angles at the piston crown are the same as the tangent line of the piston surface and upper sides of the ports is the same as the structural angles of the ports (see Fig. 4).

Velocity and temperature boundary conditions are needed on solid walls. The turbulent law-of-the-wall were specified for the gas velocities on the chamber walls. The temperature boundary condition options are adiabatic walls and fixed temperature walls.

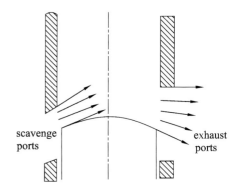

Fig. 4 The flow angles at the ports

A very effective method for treating the interaction of the spray with the gas is based on the ideas of the Monte Carlo method. The spray is considered to be composed of discrete computational particles, each of which represents a group of droplets of similar size, temperature, etc. The nozzle is electronic nozzle with single-hole orifice. The spray is a solid cone injection, which cone angle α is 20°. The angular distribution of particle velocity is uniform within the interval dα. The size distribution function of the form:

$$f_r(r) = \frac{6}{D_{32}} \exp\left(\frac{-6r}{D_{32}}\right)$$

where D_{32} is the Sauter mean dimeter[7]. The nozzle opening pressure is equal to 3~5 bar.

4 Results and discussion

4.1 Fuel density distribution

The complete mesh has 266 grid points. In this section the calculated results for the scavenge and fuel injected processes are presented for the 4 cases of injector location in the engine (see Fig.1). The calculated results for the direct-injected engine are compared with that of carburettor engine. Fig. 5 shows the fuel density distribution of the carburettor engine. It shows that fuel lost from the exhaust ports begins after 10° CA of the scavenge port opening. The period of the lost fuel is about 90 percent of gas exchange period. Fig. 6 to Fig. 9 show the fuel density distribution of the direct-injected engine in the case 1, case 2, case 3 and case 4. It shows that fuel density at the exhaust ports in the direct-injected engine is small. Fig. 6 shows the fuel density distrbution in case 1 where the injector is fixed at the scavenge port. The fuel injected starting time may be after BDC. Its period to lose fuel is longer than that of the carburettor engine to. If the injection timing is too late, the side of the piston will cover the injector and the fuel can not be injected in the cylinder. So the injection timing is limited by the movement of the piston. Fig. 7, Fig. 8 and Fig. 9 show that less fuel escapes from the exhaust ports during gas exchange process. In the case 2, the injector does not contact with the burning gas with high temperature and pressure, and there are good reliability and low fuel loss. It is the most reasonable scheme among the 4 cases in the direct-injected engine. It is proved by engine test.

4.2 Fuel-lost ratio

Fig. 10 shows the fuel-lost ratio:

$$\text{Fuel-lost ratio} = \frac{\text{lost fuel}}{\text{injected fuel}}$$

The fuel-lost ratio is lower in the direct-injected engine except for scavenge port injection, which approaches the carburettor case.

4.3 Middle wall injection

Fig. 11 shows the relation in case 2 between the fuel-lost ratio and the injection timing (the duration of the injection is 30° CA). The later the injection timing is, the lower the fuel-lost ratio is. If the injection timing is set after exhaust ports closing, the fuel-lost ratio is zero. But in the case, the late injection timing is still limited by the piston movement, and the period of the physical and chemical preparation from the injecting to the burning is too short so that the combustion is not perfect.

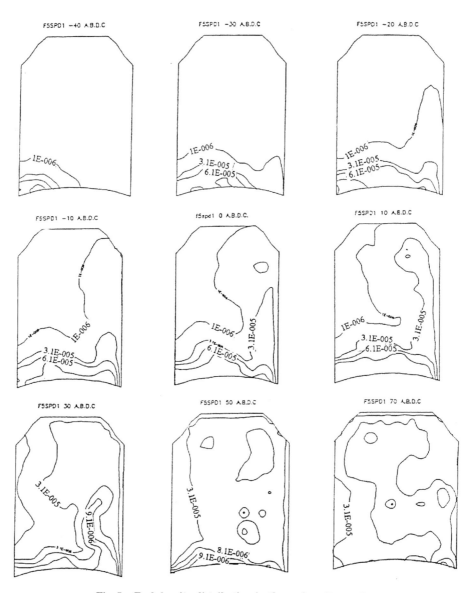

Fig. 5　Fuel density distribution in the carburettor engine

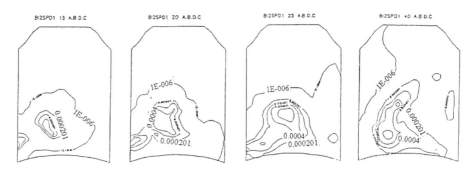

Fig. 6　Fuel density distribution in case 1(Injection timing:10° CA BBDC)

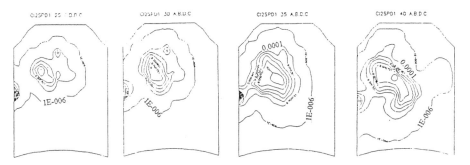

Fig. 7　Fuel density distribution in case 2(Injection timing:20° CA BBDC)

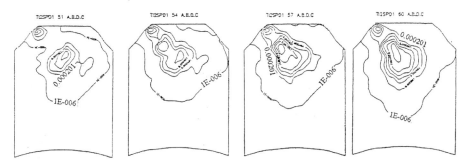

Fig. 8　Fuel density distribution in case 3(Injection timing:30° CA BBDC)

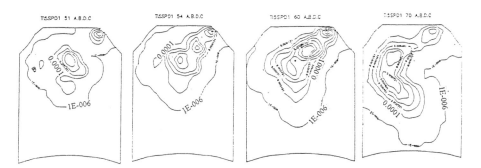

Fig. 9　Fuel density distribution in case 4(Injection timing: 40° CA BBDC)

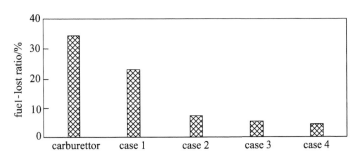

Fig. 10　Fuel-lost ratio in a few cases

As shown in Fig. 12, the scavenge port angle affects the fuel-lost ratio. At the scavenge port angle is equal to 30°, the fuel-lost ratio is lower. Increasing or reducing this angle, the fuel-lost ratio will be high.

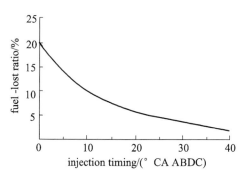
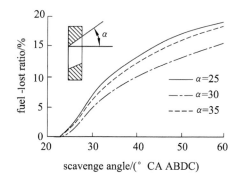

Fig. 11 Fuel-lost ratio at the different injection timings

Fig. 12 Fuel-lost ratio at different scavenge angles

4.4 Exhaust gas density distribution

Fig. 13 shows the density distribution of the exhaust gas. By analysing the calculated results, the retained mass and distribution of the exhaust gas can be known.

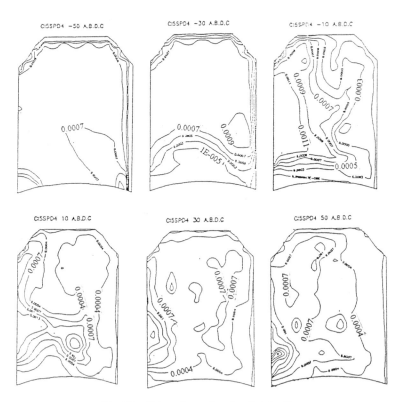

Fig. 13 Exhaust gas density distribution

5 Conclusion

Scavenge processes were calculated in carburettor and direct-injected two-stroke engine. From the results of the fuel density and lost fuel, it is apparent that it is important that the direct-injected method is used for a spark-ignited two-stroke crankcase-scavenged engine. Direct-injected engines can reduce the fuel-lost ratio to as low as 10% and result in better fuel economy and lower hydrocarbon emissions. It brings the new vitality to the two-stroke engines.

Among 4 cases of the direct-injected engine, the fuel-lost ratio in the scavenge port injection(case 1) is highest. In the middle wall injection (case 2), the fuel-lost ratio is lower and the injector does not contact with the burning gas with high temperature and pressure, so this case is the best method. The lower fuel-lost ratio is related with the injection timing and the scavenge port angles.

This computation program has the function of adjusting the injection timing and fuel flow rates, changing the injector location and the injected angle. It is important to the development of the direct-injected engine.

References

[1] Sato T, Nakayama M. Gasoline direct injection for a loop-scavenged two-stroke cycle engine[J]. SAE,1987,Paper No. 871690.

[2] Carpenter M H, Ramos J I. Modeling of a gasoline-injected two-stroke cycle engine[J]. SAE,1986,Paper No. 860167.

[3] Tang Wei Kuo, Rolf D R. Three-dimensional computations of combustion in premixed-charge and direct-injected two-stroke engines[J]. SAE,1992,Paper No. 920425.

[4] Ahmadi-Befrui B, Brandstatter W, Kratochwill H. Multidimensional calculation of the flow processes in a loop-scavenged two-stroke cycle engine[J]. SAE, 1989, Paper No. 890841.

[5] Diwakar R. Multidimensional modeling of the gas exchange processes in a inflow-scavenged two-stroke diesel engine[C]. Winter Annual Meeting of the ASME,1985.

[6] Epstein P. A computer simulation of the scavenging flow in a two-stroke engine[D]. M. S. Thesis, University of Wisconsin Madison,1990.

[7] Cloutman L D, Dukowicz J K, Ramshow J D, et al. A computer code for reactive flows with fuel sprays[R]. Los Alamos National Laboratory,NM(USA),1982.

Fuel Injection System to Meet Future Requirements for Diesel Engines*

Gao Zongying   Mei Deqing   Sun Ping   Wang Zhong

(Jiangsu University)

Abstract

In order to meet the extensive applications of diesel engines, the high-performance fuel injection systems must be developed and made available. In this paper, the development of the conventional fuel injection system and the modern fuel injection systems (such as electronic control unit injector system and common rail injection system) are introduced and their characteristics and application prospects are discussed. It is indicated that although electronic control common rail and electronic control unit injector have been flourishing, the accumulated experiences of manufacturing and matching of conventional pump-pipe-nozzle fuel system are available conveniently and economically, which will coexist with the modern fuel injection systems in the near future.

1 Introduction

Diesel engine is a heat engine, which has the highest thermal efficiency and therefore has been widely used. So we usually say, fuel injection system is "the heart" of diesel engine. No part of the diesel engine is more important than the fuel injection system. No part requires a higher standard of design and manufacture. Efficient combustion of diesel engine is dependent on the correct functioning of the fuel injection equipment. The function of the fuel injection system is to supply the engine with fuel in exactly metered quantities and at exact time. The fuel must be injected through suitable nozzles at pressure high enough to gain the good atomization in the combustion chamber and to ensure that it is mixed with sufficient air for complete combustion in a limited time, so that the engine will deliver expected power with low fuel consumption, low exhaust smoke, low noise and specially gaseous and particle

---

* 本文为国家自然科学基金资助项目(50276026),发表于2003年在韩国浦项举行的中韩第六届国际汽车及内燃机学术年会(2003—ICAE,DEC. 15－18,2003,Pohang,R. O. Korea)。

emission. Therefore, the basic requirements to the future fuel injection systems remain the same. They are as follows:

(1) high injection pressure in order to improve the atomization and the combustion.

(2) accurately metered fuel quantity corresponding to the engine load and speed.

(3) correct fuel injection timing and optimum injection rate.

(4) ideal matching fuel injection quantity, injection timing and injection rate with diesel engine operating condition (by mechanical, hydraulic and electronic methods).

2 Conventional fuel injection system

Originally, the diesel fuel systems were the air injector and were replaced in the 1930s by the Bosch helical-controlled design.

Now conventional Bosch type fuel injection system (pump-pipe-nozzle pattern) is still used in diesel engine on the largest scale, but of course the performance and capacity of fuel injection system have been greatly improved and the operating principle of fuel injection system remains. This type of fuel injection system has an advantage that makes it easy to arrange fuel injection system on diesel engine.

The Bosch type fuel injection system has the advantage of mature construction, low manufacturing cost, and convenient mounting and maintenance. But its long high-pressure pipe reduces the hydraulic rigidity of the whole system, which can result in malfunction. The author's research indicates[1] that in the fuel injection system adopting the volume unloading delivery valve, which can prevent secondary injection for full load, will usually result in cavitation phenomenon in other operating conditions.

When there is a cavitation phenomenon in the fuel injection system, the propagation velocity of pressure wave-sound velocity will be greatly lower (Fig. 1). It not only affects reliability and durability of fuel injection system, but also changes the injection time and injection rate. It also brings the difficulties in the aspect of matching the fuel injection system with diesel engine. In order to realize the high-pressure (1 000~1 200 bar) injection and to reduce the engine emission, many measures are used for increasing the mechanical and hydraulic rigidity of whole system during the development of conventional fuel injection system. For example:

(1) Increasing the rigidity of the housing of fuel injection pump;

(2) Adopting the pressure unloading delivery valve;

(3) Using low spring injector and seat-hole nozzle(VCO-nozzle);

(4) Shortening the high-pressure pipe.

Usually the last measure is difficult to realize when the in-line pump is adopted. This makes that unit pump (externally driven pump) is employed again, and the unit pump was used in the large diesel engine and now is also used in the truck diesel engine. There are two different arrangement plans of unit pump-short pipe-nozzle fuel injection systems, and these systems have brilliant prospects. For example, in Mercedes Benz OM457 truck engine, the fuel injection pump locates beside the cylinder block. While in Elsbett T382 engine, the pump is arranged on the cylinder head.

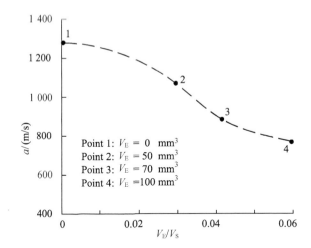

Fig. 1   Sound velocity in fuel pipe as function of ratio V_E/V_S = relief volume/ entire fuel volume (measured on a research engine, by 2 000 r/min, full load)

The distributor pump also belongs in the type of pump-pipe-nozzle fuel injection system. In contrast to in-line injection pumps, the type V_E distributor pump has only a single pump-cylinder and plunger regardless of the number of cylinders the engine has. The cost saving represented by these pumps was a main factor in the rapid growth during the 1950s by the use in the field of high-speed diesel engine with small cylinder size.

Fig. 2 gives the types of conventional fuel injection system, taking the products of Bosch Company as the examples.

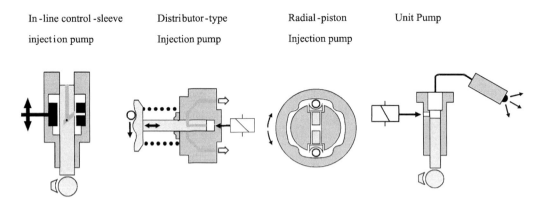

Fig. 2   Sketch conventional fuel injection system in diesel engine

3 Unit injector fuel injection system

In order to meet the needs of the emission laws and regulations getting stricter and stricter, new type high-pressure fuel injection systems are recently developed at the same time of improving the conventional fuel injection systems. Some special fuel injection systems produced by a few companies are improved and spread. Unit injector system developed early by General Motors Company is a typical example. The unit injector combines the pump and spray nozzle into a single unit, which is mounted on the cylinder head(Fig. 3). This design eliminates the problems of pressure waves and fuel compressibility in long discharge pipes. Therefore, this type of fuel injection system is more suitable to implementing the high-pressure (1 500~1 800 bar) injection. It should be pointed out that this system was used in the heavy duty truck diesel engines and now is used in the light duty vehicle (including passenger car) diesel engines also. When AVL putting their LEADER (Low Emission Advanced Diesel Engine Research) plan into effect, the contrasting tests of distributor pump, unit pump and common rail system were made. Testing results show that the unit injector system is favorable. When developing the electronic control fuel injection system of light duty vehicle, Steyr Company also selected the unit injector system.

The PT fuel injection system of Cummins diesel engine employs injector with fuel injection metering based on a pressure-time principle. Fuel pressure(P) is supplied by a gear driven position displacement low-pressure fuel pump, and the time (T) for metering is determined by the interval when the metering orifice in the injector remains open. The principle of forming high-pressure injection, the driving pattern and the advantage (or disadvantage) are similar to the unit injector system.

4 Common rail fuel injection system

Fig. 4 shows the common rail fuel injection system developed by Bosch for vehicle diesel engine. In this system, the fuel is maintained at constant pressure in a manifold connected to cam or solenoid valve actuated nozzles. Fig. 5 shows the injector function. Although the principle of the common rail system was early known, the combination between this system and electronic control makes it possible to generate high-pressure (1 300~1 500 bar) fuel injection system. The main advantage of this system is the isolation of pressure generation and fuel injection. Therefore, in addition to freedom of selecting the injection pressure and of realizing the high-pressure injection, the nozzle characteristic and injection rate can be adjusted by mechanical and electronic methods, and it is possible to achieve a further improvement of combustion process in chamber. This results in outstandingly low particle emission.

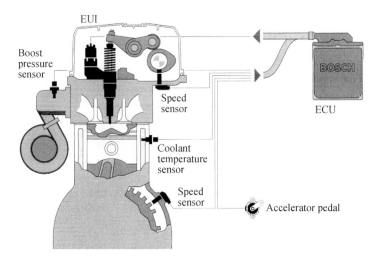

Fig. 3 Unit injector fuel injection system

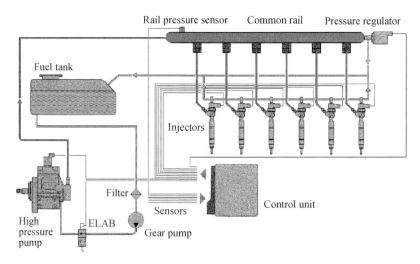

Fig. 4 Common rail fuel injection system for passenger car

With the development of electronic technique, it is clear that the electronic control fuel injection system is an important developing direction of fuel injection system of diesel engine, because we have no alternative but to adopt the electronic control to match the fuel injection system with diesel engine in the all operating conditions. For example, in addition to the metered fuel quantity, the injection time must be changed with engine speed, and the injection rate must meet the demands of engine operating conditions.

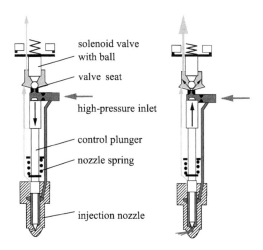

Fig. 5　Injector function of common rail system

5　Conclusion

(1) The conventional fuel injection system is used widely presently, and will be major type of fuel injection system in the near future, at the same time it will face the challenge of the high-pressure fuel injection system.

(2) With raising of demands to the fuel saving and emission reducing, the unit injector and common rail fuel injection system have been widely employed.

(3) Different fuel injection system have the same development tendency. Improving the mechanical and hydraulic rigidity of fuel injection system in order to get a high-pressure and controllable injection and an efficient and clean combustion.

(4) Electronic control injection is effective means to match the fuel injection system with diesel engine, and is the developing tendency for all fuel injection systems in the 21st century.

References

[1] Pischinger R, Gao Zongying. Berechnung des Einspritzverlaufes von Dieselanlagen bei Kavitation[J]. MTZ, 1983, 44(11).

[2] Elsbett K, Elsbett L, Elsbett G, et al. The duothermic combustion for D. I. diesel engines[J]. SAE, 1986, Paper No. 860310.

[3] Wojik K. Future trends in engine developments technology 2000[C]. Beijing: AVL technical symposium, 1993.

[4] Wuensche P, Koening F. AVL Leader—Die Entwicklung einer neuen PKW Diesel Mmotorrengeneration[J]. MTZ, 1994, 55(7,8).

[5] Schittler M, Fränkle G. Entwicklung der Mercedes-Benz-Nutzfahrzeugmotoren zur Erfüllung verschärfter Abgasgrenzwerte[J]. MTZ, 1994, 55(10).

[6] Dolenc A, Waras H. High pressure fuel system for high speed D. I. diesel engines with

suitable electronic control[J]. SAE,1994,Paper No. 942293.

[7] Li Yuanchun, Liu Guangjun, Zhou Xiao. Fuel-injection control system design and experiments of a diesel engine[J]. IEEE Transactions on Control Systems Technology, 2003,11(4).

[8] Bunting, Alan. Injection technologies—The rivalry intensifies [J]. Automotive Engineer (London),2003,28(3).

[9] Walker,Jonathan. Development allows higher pressure common rail system[J]. Diesel and Gas Turbine Worldwide. 2003,35(6).

[10] Ganser M A. Common rail injectors for 2000 bar and beyond[J]. SAE,2000,Paper No. 2000-01-0706.

[11] Wickman D D, Tanin K V, Senecal P K, et al. Methods and results from the development of a 2600 bar diesel fuel injection system[J]. SAE,2000,Paper No. 2000-01-0947.

The Application of Vegetable oil and Biodiesel in I. C. E*

Gao Zongying[1] Sun Ping[1] Du Jiayi[1] Günter Elsbett[2]
(1. Jiangsu University, China; 2. Güenter Elsbett Technologie, Germany)

Abstract

Recently, because of increases in crude oil prices, limited resources of fossil oil and environmental concerns, there has been a focus on vegetable oils. Biodiesel is a fuel extracted from vegetable oils or animal fats by chemical reactions and its properties are very close to diesel fuel. Biodiesel can be used in diesel engines with little or no modification of engines. The properties of vegetable oil as fuel are compared with diesel fuel. The performance and application of engine using vegetable oil are also introduced. The experimental results show that the CO, HC emissions and the Bosch Smoke Number for biodiesel are lower than pure diesel fuel respectively. The experiment results also show that the effects of blends of biodiesel with diesel are proportioned to the blending ratio.

1 Introduction

The idea of using vegetable oils as fuel for diesel engines is not new. With the advent of cheap petroleum, the appropriate fractions of crude oil were used to serve as fuel, together with diesel engines evolution. In the 1930s and 1940s vegetable oils were used as diesel fuels from time to time, but usually only in emergency situations. Recently, because of the rise in crude oil prices, limited resources of fossil oil and environmental concerns, there has been a renewed focus on vegetable oils and animal fats to make biodiesel fuels.

The first International Conference on Plant and Vegetable Oils as fuels was held in Fargo, North Dakota in August 1982. The primary concerns discussed were the cost of the fuel, the effects of vegetable oil fuels on engine performance and durability and fuel preparation, specifications and additives.

---

* 本文为国家自然科学基金资助项目(50276026),发表于 2003 年在韩国举行的中韩第六届国际汽车及内燃机学术年会(2003-ICAE, DEC. 15-18,2003,Pohang, R. O. Korea)。

The major advantages of natural vegetable oil are:

(1) High calorific value and high energy density.

(2) Liquid in form and thus easily to be handled.

(3) When burned it emits less soot.

(4) When burned it has high energy efficiency.

(5) It is neither harmful nor toxic to humans, animals, soil or water.

(6) It is neither flammable nor explosive, and does not release toxic gases.

(7) It is easy to store, transport and handle.

(8) It does not cause damage if accidentally spilt.

(9) Its handling does not require special care to be taken.

(10) It is produced directly by nature.

(11) It is a renewable energy.

(12) It does not have adverse ecological effects when used.

(13) It does not contain sulphur and does not cause acid rain when used.

(14) It has no contribution to the overall greenhouse gas CO_2.

While our current energy system can be represented by an irreversible, open cycle, an energy system based on natural vegetable oil constitutes a closed cycle (shown in Fig. 1).

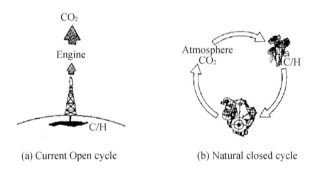

(a) Current Open cycle   (b) Natural closed cycle

Fig. 1　Energy system

2　The application of vegetable oil in I. C. E

During the last decade, many researchers have investigated the application of vegetable oils in compression ignition engine. Direct use of vegetable oils or blends of the oils with diesel has generally been considered to be not satisfactory and problematic for both direct injection (DI) and indirect injection (IDI) diesel engines. The high viscosity, acid composition, free fatty acid content, as well as gum formation due to oxidation and polymerization during storage and combustion, carbon deposits and lubricating oil thickening are obvious problems. The probable reasons for the problems and the potential solutions were proposed and are shown in Tab. 1.

Tab. 1 The probable reasons and the potential solutions in vegetable oil engine

	Problem	Probable cause	Potential solution
Short-term	1. Cold starting difficult	High viscosity, low cetane, and low flash point of vegetable oils	Preheat fuel prior to injection
	2. Plugging and gumming of filters, lines and injectors	Natural gums (phosphatides) in vegetable oil. Other ash	Partially refine the oil to remove gums. Filter to 4-microns
	3. Engine knocking	Very low cetane of some oils. Improper injection timing	Adjust injection timing. Use higher compression engines. Preheat fuel prior to injection
Long-term	4. Coking of injectors, piston and cylinder head of engine	High viscosity of vegetable oil, incomplete combustion. Poor combustion at part load with vegetable oils	Heat fuel prior to injection. Switch engine to diesel fuel when operation at part load
	5. Carbon deposits on piston and cylinder head of engine	High viscosity of vegetable oil, incomplete combustion. Poor combustion at part load with vegetable oils	Heat fuel prior to injection. Switch engine to diesel fuel when operation at part loads
	6. Excessive engine wear	High viscosity of vegetable oil, incomplete combustion of fuel. Poor combustion at part load with vegetable oils. Possibly free fatty acids in vegetable oil. Dilution of engine lubricating oil due to blow-by of vegetable oil	Heat fuel prior to injection. Switch engine to diesel fuel when operation at part load. Motor oil additives to inhibit oxidation. Use lube oil based on vegetable oil
	7. Failure of engine lubricating oil due to polymerization	Collection of polyunsaturated vegetable oil blow-by in crankcase to the point where polymerization occurs	Heat fuel prior to injection. Switch engine to diesel fuel when operation at part load. Motor oil additives to inhibit oxidation. Use lube oil based on vegetable oil

In short term engine tests of less than 10 h duration, the vegetable oils performed quite well. Problems occurred only after the engine has been operating on the vegetable oil for longer periods of time and this has been the main recently highlighted problem. Researches that deal with direct use of vegetable oil as alternative diesel fuel are based on the application problems, and many suggestions have been making possible to apply vegetable oil as alternative diesel fuel successfully.

Some researchers have reported that engine performances are improved under short-term operation, but have faced degraded engine performance for prolonged operation with vegetable oils. They have investigated some auxiliary parts of diesel engine and especially the combustion chamber. The reported problems include fuel filter clogging, deposit build-up in the combustion chamber, injector coking, piston ring sticking and lubrication oil thickening, which necessitate overhauling the engine with changes of some parts. It has been proved again that the cumulative operation hours before overhaul are shorter for vegetable oil than for diesel. One major obstacle in using vegetable oils was their high viscosity, which causes clogging of fuel lines, filters and injectors. Therefore, vegetable oils could not be used directly in diesel engines at room temperature. In order to reduce the viscosity of the vegetable oils, three methods were found effective: transesterification, mixing with lighter oil and heating. In many of the successful applications, the modifications of diesel engines were applied to the injection system parts like fuel lines, filters and pumps.

The vegetable oil engine is shown in Fig. 2. The distinctive features are listed below. Each component can be used separately and many of today's well-known engines are meanwhile fitted with these components or systems.

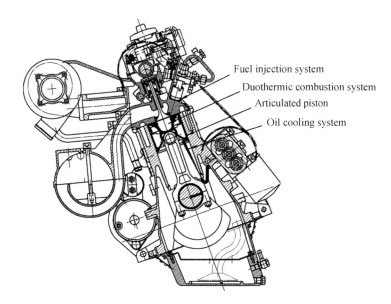

Fig. 2 The vegetable engine

Only by combining the mentioned elements is it possible to achieve the optimum thermal and mechanical conditions required for the combustion of vegetable oils, which are difficult to vaporise.

The vegetable oil engines can be used in all types of machinery:

(1) Tractors, harvesters, and other agricultural machinery (used to produce renewable fuel).

(2) All types of forestry machinery (preservation of ground water).

(3) Lorries, vans, pick-ups, etc (fuel efficient).

(4) Industrial tractors, fork-lifters, and other industrial machinery (non toxic fuel and emissions).

(5) Cement mixers, diggers, cranes, and other civil engineering machinery (no highly inflammable liquids).

(6) Buses, taxis, and other public transport vehicles (smoke reduction).

(7) Private cars (no CO_2 increase, save energy, no inflammable fuel).

(8) Boats, yachts, tugboats, and other transport and pleasure vessels for sea or river (water preservation)

(9) Aircraft (lower weight due to lower tank capacity, because of high efficiency)

(10) Mixers, mills, pumps, ventilators, and other stationary industrial and agricultural machinery (no toxic gases or inflammable liquids)

(11) Electricity generating plant (efficient, no CO_2 increase)

(12) Combined electricity and heat generating plant (efficient, no CO_2 increase)

The properties of Vegetable oil in comparison to diesel fuel are shown in Tab. 2.

Tab. 2 Different vegetable oils compared to diesel fuel

Fuel type	Caloric value/(kJ/kg)	Density /(g/dm³)	Viscosity/(mm²/s) 27 ℃	Viscosity/(mm²/s) 75 ℃	Cetane number	Flash point/℃	Chemical formula
Diesel fuel	43 350	815	4.3	1.5	47	58	$C_{16}H_{34}$
Raw sunflower oil	39 525	918	58	15	37.1	220	$C_{57}H_{103}O_6$
Sunflower methyl ester	40 579	878	10	7.5	45~52	85	$C_{55}H_{105}O_6$
Raw cottonseed oil	39 648	912	50	16	48.1	210	$C_{55}H_{102}O_6$
Cottonseed methyl ester	40 580	874	11	7.2	45~52	70	$C_{54}H_{101}O_6$
Raw soybean oil	39 623	914	65	9	37.9	230	$C_{56}H_{102}O_6$
Soybean methyl ester	39 760	872	11	4.3	37	69	$C_{53}H_{101}O_6$
Corn oil	37 825	915	46	10.5	37.6	270~295	$C_{56}H_{103}O_6$
Opium poppy oil	38 920	921	56	13			$C_{57}H_{103}O_6$
Rapeseed oil	37 620	914	39.5	10.5	37.6ª	275~290	$C_{57}H_{105}O_6$

3 The emission of diesel engine using biodiesel

In order to reduce the viscosity of the vegetable oil, one of the methods is transesterification. It means that biodiesel is a fuel from vegetable oils (or animal fats) by chemical reactions and its properties are very close to diesel fuel (shown in Tab. 2). Biodiesel can be used in diesel engines with little or no modification of the engine.

The main advantage of using biodiesel in diesel engine is the reduction of emissions. Fig. 3 is the comparison of the engine emission using biodiesel and diesel. It shows that the emissions of CO, THC(total of hydrocarbon) and PM(particle mass) are reduced respectively by 46%, 37% and 68%. All these are related to the oxygen containing in the biodiesel. Considering the emission's effects on human beings and controlling the air pollutions, using biodiesel is very effective in cities.

Fig. 4 is the emission of various blends of biodiesel with diesel. It shows that the CO, HC emissions and the Bosch Smoke Number for biodiesel are lower than pure diesel fuel respectively. It also shows that the effects of blends of biodiesel with diesel are in proportion to the blending ratio.

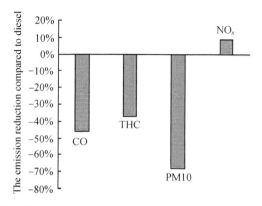

Fig. 3　The emissions of biodiesel compared to diesel

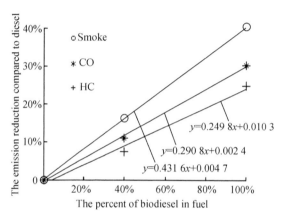

Fig. 4　The emission reduction in blends of biodiesel

4　Conclusion

(1) Vegetable oils and biodiesel are all renewable energies and can be used as fuels in diesel engines. They have the positive effects on reducing greenhouse gas and air pollutions.

(2) In order to use vegetable oils in diesel engine as reliable as diesel, the engine should be modified.

(3) Biodiesel can be used in diesel engines with little or no engine modification. But in preparing biodiesel, some energy should be consumed. In using biodiesel, the emission of CO_2, HC and smoke can be reduced greatly. Considering the emission's effects on human beings and the control of the air pollution, using biodiesel is very effective in cities.

(4) The effect of emission reduction of CO_2, HC and smoke with blends of biodiesel and diesel are proportioned to the blending ratio of biodiesel.

References

[1] Gao Zongying, Liu Shengji. Elsbett company and its designing ideas in I. C. E[J]. Foreign I. C. E,1992(1).

[2] Sun Ping, Jiang Qingyang, Yuan Yinnan. Effect of biodiesel on the environment and energy[J]. Transactions of The Chinese Society of Agricultural Engineering, 2003, 19(1).

[3] Jiang Qingyang. The production of biodiesel from soybean oils and its effect on diesel engine emissions[D]. Jiangsu University, 2003.

Development Trend and Optimized Matching of Fuel Injection System of Diesel Engine[*]

Gao Zongying[1]　Yin Bifeng[1]　Liu Shengji[1]
Zhu Jianming[2]　Ju Yusheng[2]　Hang Yong[2]
(1. Jiangsu University; 2. FAW Wuxi Fuel Injection Equipment Research Institute)

Abstract

In the foreseeable future, though the dominating source of power, diesel engines are required to meet the increasingly stringent regulations of energy conservation and ultra-low emission. As the heart of diesel engines, fuel-injection system is the core of various advanced combustion and emission control technologies of differently typed engines. As a consequence, the fuel-injection system tends to be with higher injection pressure and be flexible as well as controllable, and of which the electronic control high pressure common rail is considered to be the most potential fuel system. The common-rail fuel-injection system marked FCRS that is developed by The Wuxi Fuel Injection Equipment Institute which belongs to The China FAW Group Corporation can provide an injection pressure of 180 MPa and achieve stable injection more than 3 times. What's more, it has already been applied to heavy-duty diesel engines for vehicles and large-sized non-road diesel engines as well. The optimal match between the fuel-injection system and the entire engine is the key in the developing process of diesel engines, which depends on the specifying and collaborative optimizing and matching the properties in the aspects of time and space in order to obtain an effective and reasonable combustion process. Time matching needs to ensure that the fuel injection quantity meet the torque demand for different operating conditions of the diesel engine. In addition, the injection timing needs to be precise, stable and adjustable with the load and the speed, and the fuel injection duration must be appropriate. What's else, the injection pressure and injection rate should be high enough so that make full use of injection energy to boost the forming and combustion of the gas mixture. The combination property can be improved for the emission of NO_x and PM can be controlled by multi-injection and

---

[*] 本文发表于 2013 年在上海举行 27 届国际内燃机会议(the 27th CIMAC Congress 2013, May 13—16, 2013, Shanghai, China)。

shape control of injection law whose character is quick after slow. Space matching of fuel system is the match between the spray and the space of the combustion chamber, and mixture of fuel and air can realize uniform mixing and complete combustion through an optimization design of point of fall of statical fuel injection line on the wall of combustion chamber. As for two-valve DI diesel engines, limited by the structure and the bulk of the combustion chamber, the influence of space matching on combustion process is more obvious. Based on a serial CFD calculation and high-speed photography in side of the chamber, put forward the design standard for statical fuel injection line distributed in the axial direction with equal proportion and in the circumferential direction with equal air-fuel ratio, which can trace back to the idea that get a better mixture of fuel and air and make sure a equal air-fuel ratio, lack of neither oxygen nor fuel, in any place of the chamber.

1 Introduction

As the currently highest efficient heat engine, diesel engines are widely used in the world. Large powerful diesel engines are used in locomotives, ships and naval vessels as well as industrial stationary power generators, while the small and medium ones mainly in cars, tractors, construction machinery and military vehicles[1]. As the heart of diesel engines[1,2], fuel injection and control system is the core of various components of diesel engine that requests the highest precision to manufacture and adjust. The optimal matching between fuel-injection system and the main engine is the key to ensure good comprehensive performance, diesel engine combustion depends on the proper matching of fuel injection, air inlet and combustion chamber (structure, shape and size), and meanwhile the fuel-injection system plays a decisive role in mixture formation and organization of combustion process[2,3]. Nowadays on-road and non-road diesel engines are faced with the problem of implementation of stringent ultra-low emission, zero-emission and fuel consumption (CO_2 emissions) control regulations; as a consequence, the requirement for the fuel injection system is increasingly high. At the same time, it has become the fastest-growing and greatest change diesel component in recent years[4,5]. Based on the characteristics and developing trends of modern fuel injection system, this paper attempts to study the basic requirements and rules of matching between fuel injection system and diesel performance from the perspective of collaborative optimal matching between time and space.

2 The characteristics and development trends of diesel fuel injection system

Overall, the followings are the basic requirements for diesel fuel injection system:
(1) Sufficiently high injection pressure to ensure good atomization, mixture formation and combustion.

(2) Adaption to the demand of diesel operating conditions, precisely meter the injection quantity injected into the cylinder per cycle.

(3) Optimum injection timing, injection duration and ideal fuel injection rate pattern.

Fig. 1 shows the classification of common fuel injection and its control systems. In 1927, BOSCH GMBH successfully developed and mass-produced mechanical in line fuel injection pump to adjust the injection quantity per cycle by plunger helix, hence created conditions for high-pressure injection and good atomization, optimization of combustion and performance, as well as established an important position for P-L-N (Pump-Line-Nozzle) fuel system in the long development process of diesel engine. In the subsequent decades of development, a series of products and application scope continued to expand, fuel injection pressure also continuously improved. As representatives of in-line pump, A-type and P-type pump were widely used particularly. The mechanical inline fuel injection pump also made a real development in China[5], the PZ-type mechanical fuel injection system can work reliably under the injection pressure more than 140 MPa at present (see Tab. 1). Due to longer injection pipe connection between pump and injector, the arrangement of pump on diesel engine is more flexible, but also owing to the presence of injection pipe, the compressibility of fuel inside the pipe under high pressure has led to decrease of hydraulic rigid of the entire high-pressure part of fuel injection system, hence it is difficult to achieve high-pressure injection and a desired fuel injection rate pattern, particularly when the phenomenon of cavitations appears in the fuel system, the pressure sound velocity which propagates velocity will be greatly reduced (see Fig. 2)[6]. In Fig. 1, in addition to inline pump, there are mechanical distributor pump and unit pump fuel systems which belong to the pulse fuel supply system. Affected by engine speed and load, the injection pressure will face problems like either it is not high enough to spray well in the low-speed and light load, or too high to control the fuel injection rate pattern in the contrary circumstance. In order to meet the requirements of diesel engine comprehensive performance, devices like positive and negative correction, pressure compensation and fuel injection advance control need to be equipped, thus rises costs and decreases reliability.

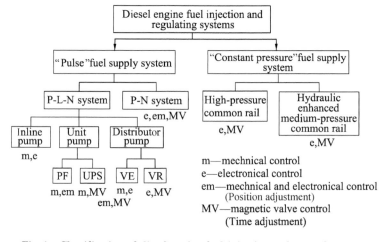

Fig. 1 Classification of diesel engine fuel injection and control systems

Tab. 1 The capability of China mechanical diesel injection system

Fuel injection pump	Maximum diameter of plunger/mm	Cam lift/mm	Maximum injection pressure/MPa
AD(AW)	10.5	10	<70
PW and PN	12.0	11,12	100
P7 improved	11.0	11	100
BQ2000	9.5	9	80
PL	9.5	9	80
P7100	13.0	12	≥120
PE	12.0	12	120
PM	10.5	11	≥130
PZ	13.5	15	≥140

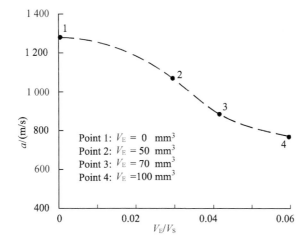

Fig. 2 Measured sound velocity with the change of V_E/V_S value in the fuel injection pipe

With global oil resources shortage and increasingly stringent environmental protection requirements, "energy saving and environmental protection" has more and more become the focus of social sustainable development. Fig. 3 shows the current trend of NO_x emissions control, it can be seen the emission control is to development of ultra-low emission and zero-emission whether it is a road or non-road diesel engine (EPA Ⅳ, Euro Ⅲ B emissions regulations for non-road diesel engine and EPA Bin10, Europe Ⅴ stage emission control limits for road diesel engine has already become more and more consistent). Except to continuously increase fuel injection pressure, fuel injection quantity, injection timing, injection pressure and fuel injection rate pattern control also must be optimized to achieve a proper and accurate matching between the diesel engine and its fuel injection and control system in all operating conditions, therefore the electronic injection system is increasingly important.

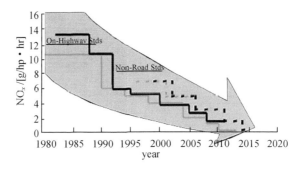

Fig. 3 The on-road and non-road diesel engine emission control trend

On the basis of traditional mechanical control system, the first generation of electronically location-controlled fuel system(such as the Bosch H-type control-sleeve in-line pump) and the second generation of electronically time-controlled fuel system had been developed, the latter including electronically controlled V_E, V_R distributor pump, unit pump, and the unit injector fuel systems which had magnetic valves to control the fuel injection timing and quantity more precisely and flexibly.

The common rail fuel injection system which belongs to the third generation of electronically controlled "pressure-time" control mode began to rise in the 1990s. Its characteristic is to separate the function of producing high pressure fuel and injection adjusting, not only can produce high injection pressure, keep it basically constant, but also keep it free from engine speed and load changes. It is a constant pressure fuel injection system, and the pressure can also be adjusted according to operating conditions needs, so that the injection characteristics have been improved when the diesel engine is in low load or part load operating conditions. In addition, as the fuel injection process is controlled by magnetic valve based on time. It is easy to adjust the injection quantity, injection timing as well as injection duration accurately. As a result, the shape of injection rate pattern could be optimized to achieve a biggish flexibility in realizing pilot injection and split injection. What's more, the system could be controlled more flexibly and accurately. At the same time, the common rail fuel injection system is more and more enthusiastically welcomed by diesel engine manufacturers, for the changes made on the engine body and cylinder head are few if the common rail system will be equipped on a diesel engine with traditional fuel injection pump (inline pump or distributor pump). Recently, the common rail system is applied widely not only in diesel engines for automobile, but also in high-power non-road diesel engines used in ships and locomotives, which is becoming the most promising high pressure fuel injection system. For the various advantages of the common rail system, related scientific research institutes devote to research on it. Consequently, it develops fast and its third generation has been published. Moreover, its fourth and fifth generation system have already been developed with injection pressure becoming higher and higher (which can reach up to 180~250 MPa or even higher). Along with the replacement of actuator for electronically controlled injector from super-speed magnetic valve to piezocrystal, the open-close response becomes more nimble which benefits for bringing about multiple injections and the optimal machining between injection and combustion process. At the moment, some representative and mature systems are as follows, the Bosch CRS, the Denso ECD, and the Delphi LDCR systems and so on.

Fig. 4 shows a common rail fuel injection system developed by FAW Wuxi Fuel Injection Equipment Research Institute of China, whose injection pressure can reach up to 180 MPa and can realize thrice injection steadily, which has been equipped on medium and heavy duty diesel engines for tractors and non-road diesel engines successfully.

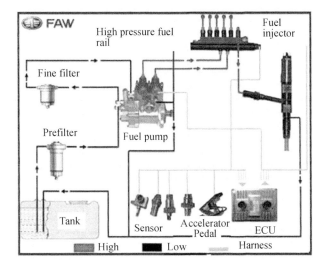

Fig. 4 Common rail system of FAW Wuxi Fuel Injection Equipment Research Institute of China

3 The optimal matching between fuel injection system and diesel engine

During the developing process of a kind of diesel engine, the matching between fuel injection system and engine is account for 60% of all the development work, so that it has been the key to engine design and improvement of performance. The goal of the matching of fuel injection system and engine is to make combustion process more effective and proper. And it is important to meet the requirement of proper matching between them in time and space dimension, so as to fulfill the collaborative optimization of time and space and to meet the increasingly strict energy saving and emission performance requirements.

3.1 The matching of time

The time matching of fuel injection system is about control of injection quantity per cycle based on torque requirement, time response of fuel injection and other matching work.

The injection quantity per cycle is the basis of proper functioning for diesel engine, and the control of injection quantity is to satisfy the basic torque requirement in the entire working area of diesel engine and determine a proper injection quantity for every operating point. Among the traditional inline pump fuel system, the speed characteristic (torque requirement) of the pump is not in accord with the speed characteristic of the diesel engine in full load that equipped on mobile machinery. Especially at low speed, the air in the cylinder cannot be used sufficiently because of the injection quantity is less than the requirement of engine torque. After defining the injection quantity at rated operating condition, the injection quantity at other operating points need to have a speed characteristic regulating by matching the structure of the fuel pump and the parameters of the speed governor. When calculating the increment of the injection quantity, the effects of volumetric efficiency and mechanical efficiency should be taken into account[7,8]. As shown in Fig. 5, though related, the fuel reserve and the torque reserve are not equal. When the rated speed of an engine is quite high and the difference of fuel consumption rate for above mentioned operating points is quite big, the injection quantity in the maximum torque condition may be even less than that in the rated operating condition.

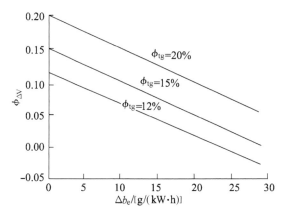

Fig. 5 The relationship of torque reserve coefficient $\phi_{\Delta V}$ and fuel reserve coefficient ϕ_{tg} against the difference value of fuel consumption ratio Δb_e at rated and the maximum torque conditions

As to electronically controlled fuel injection system, the control of injection quantity based on torque requirement is also the significant content of calibrating work. Take the demand curve of the vehicle drive torque as an input of calibration process, backward reasoning to the gearbox's output torque curve, the net output torque curve of diesel engine, and then get the indicated torque curve. Finally, the optimum output torque curve of diesel engine can be obtained based on detailed calibration of engine torque characteristic curve, it can meet the best matching between vehicle and engine through flexible control of injection quantity and air inlet. The entire calibration process is shown in Fig. 6.

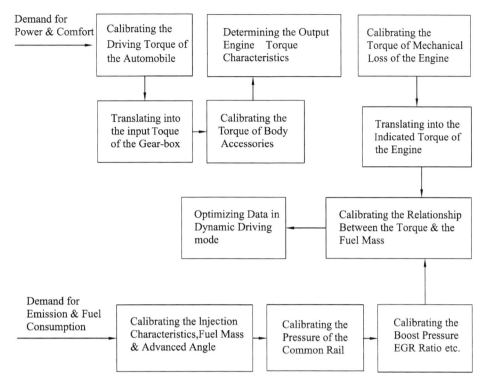

Fig. 6　Calibration of electronically controlled fuel injection system based on torque requirement

The matching of injection time characteristics involves the injection pressure, injection timing and injection rate pattern and so on. In the direct injection diesel engine, the injection pressure plays a key role in the organization of combustion process and reducing of emission. Actually the development history of fuel injection system is exactly carried along with the main line of enhancement of injection pressure. As shown in Tab. 2, with the gradually strict emission control, the basic needs of injection pressure appears continued increase, which shows that the emission regulation increases by one level, the pump side pressure or injection pressure must be improved by 20 MPa.

Tab. 2　The basic requirements of injection pressure for emissions regulations

Emission regulations	Pump pressure/MPa	Injection pressure/MPa
Euro I	80	100
Euro II	100	120
Euro III	120	140
Euro IV	140	160
Euro V	160	180

It claims accurate, stable, flexible and adjustable injection timing according to the load and speed, and also suitable fuel injection duration, high injection pressure and optimal injection rate pattern are required to make full use of injection energy to promote the mixture formation and combustion which can reduce the fuel consumption rate and formation of soot. According to the long term experience in the matching between fuel injection system and diesel engine. The principles of proper injection shape design has been proposed (see Fig. 7):

① lower initial injection rate pattern, gradually increased injection rate pattern of the main injection, and late injection rate pattern should be quickly dropped which means the fuel should be cut-off immediately;

② With the load increasing, the fullness of the fuel injection shape should be enhanced gradually to accommodate the requirements of changed load;

③ When the engine works along the full load characteristics, the fuel injection shape should be gradually transit from boot (or triangle) at low speed to rectangle combination at high speed.

If necessary, the controlled pre-injection, post-injection and even multiple injections should be utilized according to the different operating conditions.

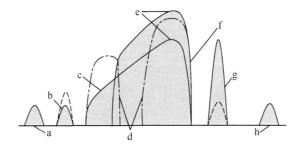

a—Early injection needed for low pressure HCCI. Low NO_x and soot.

b—Optional low pre-injection pressure. Low combustion noise and NO_x. Improve the cold start performance.

c—Gradually increase injection pressure, low injection pressure and little injection quantity during the ignition delay to reduce initial heat release rate. Low combustion noise and NO_x.

d—High pressure split injections. Low NO_x and soot.

e—Adjustable injection pressure and rate according to speed/load/ transient state. Quick and controllable air-fuel mixing rate. Low specific fuel consumption and soot, and adapt to the high rate of EGR.

f—Adopt overflow and apply backpressure on needle valve to end injection. Low Soot and no blow back.

g—High pressure post-injection close to main injection or split main injection to two-stage injection. Low NO_x and soot.

h—Low pressure and late post-injection. Regeneration of DPF and lean NO_x catalyst.

Fig. 7 The ideal injection strategy

3.2 The matching of space

Space matching refers to the matching between fuel injection and combustion chamber volume. The distribution law of fuel injection (injection spray) has a significant influence on the organization of mixture formation, combustion process and even emissions formation. The combustion chamber of diesel engine is the space of mixing and combustion, how to make full use of very space in the combustion chamber to achieve a uniform mixture and perfect combustion in the limited time is the guideline to evaluate whether the fuel in the combustion chamber has the proper spatial distribution. Thus it can be seen the control of point of fall of statically fuel injection line on the wall of combustion chamber is the key technologies for space matching.

As for the diesel engine with four-valve, the injector can be arranged vertically in the middle of four valves in cylinder head. In this situation the axis of combustion chamber in the top of piston is coincident with cylinder centerline and the axis of injector, hence the distance from every nozzle orifice to the wall of combustion chamber is equivalent, fuel injection distributes uniformly along the combustion chamber, the point along the cylinder axis direction of fall of fuel injection line on the wall can be kept at the same height, also it can be adjusted by changing the cone angle of nozzle orifices and nozzle tip protrusion from the bottom of cylinder head.

As for two-valve HSDI (High Speed Direct Injection) diesel engines, limited by structure and volume of the combustion chamber, not only the cylinder centerline deviates from the axis of combustion chamber and valves, but also the axis of injector deviates from combustion chamber center, hence the injector should be arranged at an inclined angle, so that the space matching is becoming more complex and the impact on combustion process organization and overall performance is more obvious. The P-series injector is used to minimize the offset of nozzle tip and combustion chamber through reduced nozzle inclination angle. It is important to match intake swirl and injection spray, if the swirl ratio is too large at high speed, the injection will overlap. Conversely, when the swirl ratio is too small at low speed, it is not conducive to fuel distribution in the whole combustion chamber. The authors propose the design criteria of static injection line distributed in the axial direction with equal proportion and in the circumferential direction with equal air-fuel ratio, which is based on series of simulation and high speed photography tests in cylinder, the basic idea is to ensure good mixing of fuel and air, and strive to achieve the "equal air-fuel ratio" goal throughout combustion chamber.

Injection line circumferential distribution principle: Due to inclined arrangement of the injector for two-valve direct injection diesel engine, the injection quantity of each nozzle orifice does not equal, and the injection quantity is relevant with the orifice angle (The condition of fuel flow from the orifice of pressure chamber is associated with orifice angle, the smaller the angle, the smaller flow steering and resistance, hence the flow rate is higher), thus there are differences in the amount of fuel injection for each orifice. The author analyzes the disadvantage of equal arc and equal square distribution of fuel injection, thus puts forward a design of point of fall of the injection line circumferential rule, which is the criterion of equal air-fuel ratio. The projection area of neighbored injection line in the combustion chamber should be correspondence with the difference of the fuel injection delivery of each nozzle orifice to realize the ideal equal air-fuel ratio distribution. In addition, the length of injection lines should be equal as far as possible; also the layout should not be put in the direction between the center of combustion chamber and nozzle tip, while length difference between two injection lines in this direction is maximal.

In Fig. 8, take a 4-cylinder diesel engine for example, the bore is 80 mm, the included injection angle is 150°, the injector inclination angle is 23° and the difference between included angle θ' and θ is 36°, according to the literature[9] the injection quantity of A, B nozzle holes is 23% less than that of C, D nozzle holes, so O'AB sector projection area should be 23% smaller than O'CD's to achieve circumferential equal air-fuel ratio design.

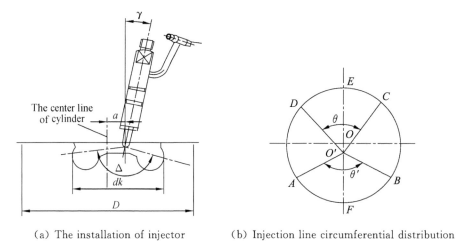

(a) The installation of injector   (b) Injection line circumferential distribution

Fig. 8 Injector installation and injection line circumferential distribution for a two-valve direct injection diesel engine

Injection line axial distribution principle: Summarizing the parameters of the height of the fall point on the combustion chamber wall, included injection angle and nozzle tip protrusion in an parameter to evaluate the influence of injection axial distribution in the combustion chamber on the diesel engine performance. Considering the influence of cylinder clearance volume, the concept of axial volume ratio of spray coverage volume of combustion chamber to effective combustion volume has been proposed (see Fig. 9), the effective combustion volume is defined as the sum of piston bowl volume and cylinder clearance volume. The axial volume ratio is defined as the ratio of spray coverage volume to effective combustion volume when the piston is in the TDC (Top Dead Center). In order to get uniform mixture of air and fuel, the volume below spray coverage should be bigger than upper (because the accumulation of more fuel on the lower combustion chamber wall), the best ratio of upper and lower volume is slightly less than 1. If the combustion chamber is reentrant, the smaller the reentrant rate, the more the accumulation of fuel on the lower combustion chamber wall, so the value should be small enough to achieve equal proportion between fuel injection quantity and space volume.

(a) Effective volume of combustion chamber

(b) Spray coverage volume

Fig. 9 Model of effective volume of combustion chamber

Fig. 10 shows the simulation of NO_x and soot emissions with the change of axial volume ratio for DI diesel engine using three-dimensional CFD software, it can be seen that NO_x and soot emissions are optimized when the axial volume ratio is 56%. Tab. 3 shows NO_x and smoke emission when the measured axial volume ratio is 56% and 48%. Fig.11 shows photos of combustion process using endoscopic high speed photography system in cylinder, it also verifies NO_x and soot emission can get a good compromise effect when the axial volume ratio is 56%.

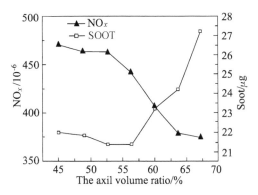

Fig. 10 NO_x and soot emissions with the change of the axial volume ratio

Tab. 3 The axial volume ratio on NO_x and soot

The axial volume ratio/%	$NO_x/10^{-6}$	Smoke/FSN
48	650	2.6
56	545	1.8

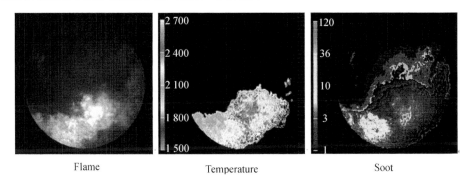

(a) CA50:8.6° CA, the axial volume ratio:56%

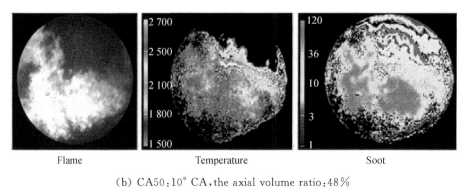

(b) CA50:10° CA, the axial volume ratio:48%

Fig. 11 Combustion process with the change of the axial volume ratio

4 Conclusion

In the foreseeable future, being the dominating source of power, diesel engines are required to meet the increasingly stringent regulations of energy conservation and ultra-low emission. As the heart of diesel engines, fuel-injection system is the key part of various advanced combustion and emission control technologies for differently typed engines. As a consequence, the fuel-injection system tends to be with higher injection pressure and be flexible as well as controllable, and of which the electronic control high pressure common rail is considered to be the most potential fuel system. The optimal matching between the fuel-injection system and diesel engine is the key in the developing process of entire engines, which depends on the specifying and collaborative optimizing and matching the properties in the aspects of time and space in order to obtain an effective and proper combustion process. Time matching can be ensured if the fuel injection quantity meets the torque demand for different operating conditions of the diesel engine. In addition, the injection timing needs to be precise, stable and adjustable with the load and the speed, and the fuel injection duration must be appropriate. What's more the injection pressure and injection rate should be high enough to make full use of injection energy to boost the mixture formation and combustion. Multi-injection and shape control of injection rate whose character is quick after slow are utilized to improve NO_x and PM emission and comprehensive performance of the diesel engine. As for two-valve DI diesel engines, limited by the structure and the volume of the combustion chamber, the influence of space matching on combustion process is more obvious, put forward the design standard for statically fuel injection line distributed in the axial direction with equal proportion and in the circumferential direction with equal air-fuel ratio, which can get a better mixture of fuel and air, lead to quick and efficient combustion, finally reduce emissions and improve the fuel economy.

Acknowledgements

This research was supported by Prospective Joint Research Program of University-Industry Collaboration of Jiangsu Provinces (NO. 1721120002), Support Programs of Technology and Industries of Changzhou (CE20120095), and Priority Academic Program Development of Jiangsu Higher Education Institutions (PAPD). The authors would like to thank for their support to carry out this research successfully.

References

[1] Gao Zongying, Zhu Jianming. Fuel Injection and Control for Diesel Engines[M]. Beijing: China Machine Press, 2010.

[2] Robert Bosch GmbH. Dieselmotor-Management: 4. Auflage[M]. Wiesbaden: Vieweg & Sohn Verlag, 2004.

[3] Klaus Mollenhauer. Diesel Handbuch[M]. Berlin : Springer-Verlag, 2002.

[4] Wislocki K, Pielecha I, Czajka J, et al. The influence of fuel injection parameters on the indexes of fuel atomization quality for a high pressure injection[J]. SAE, 2010, Paper No. 2010-01-1499.

[5] Ju Yusheng, Jin Xingcai, Miao Xuelong, et al. The status, missions and strategies for china's fuel injection system industry[J]. Modern Vehicle Power, 2007(3).

[6] Gao Zongying, Liu Shengji, Yuan Yinnan. The experimental investigation of cavitation phenomena in fuel Injection system of diesel engines [J]. Transactions of CSICE, 1990, 8(2).

[7] Gao Zongying, Liu Shengji. Rational matching between the torque characteristic of diesel engine and correction device of fuel injection quantity for fuel injection system [J]. Transactions of CSICE, 1988, 6(2).

[8] Liu Shenji, Wu Xiaodong, Yin Bifeng. Simulation calculation of the matching of fuel injection system and diesel engine on speed characteristics [J]. Transactions of CSICE, 2003, 21(2).

[9] Liu Shengji, Yin Bifeng, Liu Jun. Investigation on the spray's distribution in combustion chamber of small D. I. diesel engine [J]. Transactions of CSICE, 2003, 21(1).

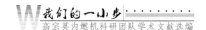

Fuel Injection System to Meet Future Requirements for Large Diesel Engines[*]

Gao Zongying[1]　Du Jiayi[1]　Yin Bifeng[1]
Marcos Gutierrez[2]　Adrian Marti[2]　Erich Vogt[2]
(1. Jiangsu University, China; 2. DUAP Company, Switzerland)

Abstract

It is commonly known that the fuel injection system is the most significant sub-system within a diesel engine and that it requires parts of the highest manufacturing precision. In order to meet the extensive applications of diesel engines, the high performance fuel injection systems must be developed and made available. This paper introduces the development of the conventional fuel injection system and the modern fuel injection systems (such as electronic control unit injector system and common rail injection system) and discusses their characteristics and application prospects. It is indicated that although electronic control common rail and control unit injector systems have been flourishing, the accumulated experiences of manufacturing and matching for conventional pump-line-nozzle fuel systems are available conveniently and economically, which will coexist with the modern fuel injection systems in the near future. So the conventional fuel injection systems should be paid more attention to while developing the new fuel injection systems.

1　Introduction

A diesel engine is a heat engine, which has the highest thermal efficiency and the best fuel economy up to now and therefore has been widely used in various fields, especially in the field of large internal combustion engines (marine, locomotive, stationary power generation, etc). Gasoline engines also belong to heat engines, but because their size and cylinder bore are limited, there are major difficulties in the organization of the combustion process and therefore they have no place in this area. Only large diesel engines and gas fuel engines based

---

[*]　本文发表于 2013 年在上海举行 27 届国际内燃机会议(the 27th CIMAC Congress 2013, May 13—16, 2013, Shanghai, China)。

on diesel engine will be discussed here. We usually say that the fuel injection system is "the heart" of the diesel engine. In fact, no part of the diesel engine is more important than the fuel injection system. No part requires a higher standard of design and manufacture. The function of the fuel injection system is to supply the engine with fuel in exactly metered quantities and at exact times. The fuel must be injected through suitable nozzles at pressures high enough to reach the best possible atomization in the combustion chamber and to ensure that it is mixed with sufficient air for complete combustion in a limited time, so that the engine will deliver the expected power with the lowest possible fuel consumption and lowest possible emissions. Therefore, the basic requirements to the future fuel injection systems remain the same. They are as follows:

(1) high injection pressure in order to improve the atomization and the combustion;

(2) accurately metered fuel quantity corresponding to the engine load and speed;

(3) correct fuel injection timing and optimum injection rate;

(4) ideal matching fuel injection quantity, injection timing and injection rate with Diesel engine operating condition.

2　Conventional fuel injection system

Originally, the diesel fuel system consisted of a high-pressure air injector for the atomization of the fuel. It was replaced in the 1930s by the Bosch Co. helical-controlled design, which can regulate the fuel quantity by mechanical and hydraulic principle. Now conventional Bosch fuel injection (Pump-Line-Nozzle, P-L-N) systems (Fig. 1) are still maturely used in diesel engines on the largest scale, such as automotive diesel engines. This type of fuel injection system has an advantage that makes it easy to arrange the fuel injection system on a diesel engine. But its long high-pressure pipe that connects the fuel injection pump with each cylinder injector reduces the hydraulic rigidity of the whole system and restricts the increase of injection pressure. So they have been gradually replaced by new electronically controlled unit injector system or high pressure common rail system. Because each injection unit is close to the corresponding cylinder, a unit pump system (UPS) has a shorter high-pressure pipe, which contributes to improving the injection pressure, so it has been and still now widely used in large diesel engine. Fig. 2 shows the German L'Orange company unit pump structure for marine diesel engine. It adopts a plunger sleeve structure with blind hole, which improves hydraulic rigidity and realizes the high pressure injection. In recent years, with the development of electronic control technology, the electronic unit pump fuel injection system has still maintained a dominant position in the field of large diesel engine.

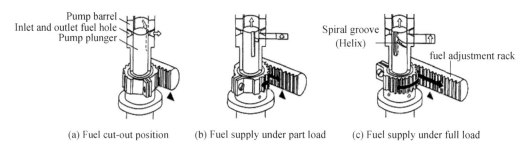

(a) Fuel cut-out position (b) Fuel supply under part load (c) Fuel supply under full load

Fig. 1 Rotary plunger pump with spiral groove working principle

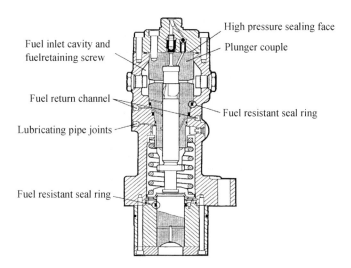

Fig. 2 Heavy fuel unit pump

3 The new high-pressure fuel injection systems

In order to meet increasingly stringent emissions regulations, the new high-pressure fuel injection systems have rapidly developed, which mainly refers to the unit injector system (UIS) and high-pressure common rail system (CRS). In fact, the two kinds of high-pressure injection principles had been used early in the last century, and had stronger vitality and application prospects only after modern electronically controlled technology has made great progress. The UIS merges the fuel pump and injector into one unit, which eliminates the connecting high-pressure pipe. It can realize the high pressure injection and has been widely used in automotive and small marine diesel engine (Fig. 3).

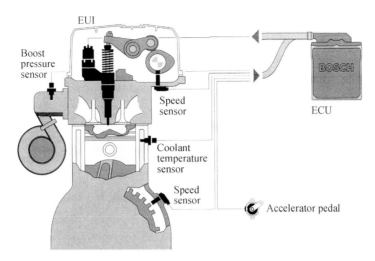

Fig. 3 Electronic controlled unit injector system

The CRS (Fig. 4) is essentially a pressure accumulator injection system, which separates the functions of high pressure fuel supply and fuel injection. High-pressure fuels produced by the high pressure fuel pump firstly flow into the pressure accumulator pipe (Common Rail), which contributes to maintaining constant injection pressure. Thus, unlike the conventional P-L-N mode and Unit Injector, its injection pressure can not change with engine speed. Atomization quality can be improved at low speed and part load. Meanwhile, injection quantity, injection pressure and injection timing have been effectively regulated by electronic control technology. It has wide application prospects in large marine and locomotive Diesel engines besides medium and small power diesel engine.

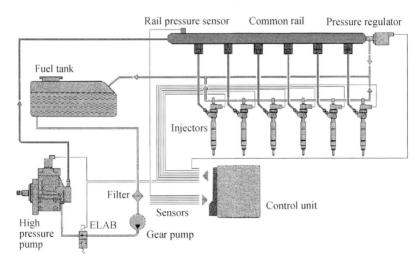

Fig. 4 High-pressure common rail fuel injection system

An aspect of different kinds of fuel injection system for diesel engine is shown by Tab. 1.

Tab. 1 Different kinds of diesel engine fuel injection system

Engine Type	displacement per cylinder/L	Power per cylinder/kW	speed/(r/min)	fuel injection system
Vehicle engines	<2.5	≤120	≥1 400	IP,UP,CRS
Marine high-speed diesel engine	2.5~7	≤250	≥1 400	PF,IP,CRS
Marine medium speed diesel engine(Four-stroke)	4~32	≤500	≥1 400	UP,PF,CRS
	33~290	≤2 100	≥450	PF,CRS
Marine low-speed diesel engine (Two-stroke)	134~1 800	≤7 760	≤450	PF,CRS

Note: UI—Unit Injector; UP and PF—Unit Pump; IP—Inline Pump; CRS—Common Rail System

4 DUAP Ltd's concepts of fuel injection system design and production

In the field of large bore diesel engines, one of the major development and manufacturing companies of electronic controlled fuel injection systems, is the well-known company DUAP Ltd. in Switzerland. DUAP Ltd. has 70 years of experience in the field of high precision machining. DUAP Ltd. is a reliable R&D partner for complete CR-Systems, which are sold under the registered brands DUARAIL and DUATRON. All electronical, mechanical and hydraulic components are developed and made by DUAP and are therefore ideally matched. The common rail system (Fig. 5) that DUAP studied with the cooperation of Jiangsu University was first installed in China 2009, in R12V280ZJ locomotive diesel engine in China's Qishuyan locomotive factory. The main benefits of DUARAIL and DUATRON systems lie in the economic and ecological operation conditions during the engine life time.

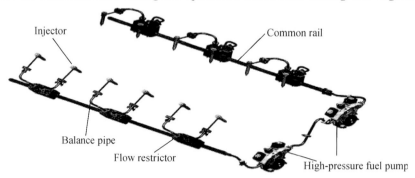

Fig. 5 Common rail fuel injection system in R12V280ZJ locomotive engine (DUAP Ltd. Switzerland)

Parallel to the new electronically controlled fuel injection systems, DUAP Ltd. is convinced that the traditional pump-pipe-nozzle system (PLN) still should not be ignored. Therefore DUAP invest also further R&D capacities in this area. Under the trademark DUATOP improved spare parts for traditional systems are available and have very reliable performances. Thousands of DUATOP components are installed in marine-, locomotive-and generator-engines. All these products are compatible with the standard equipment.

DUAP also emphasizes that internal and external purification of engines has achieved great success in the past few years in reducing emissions. In order to meet the new emission regulations (Tab. 2), the selective catalytic reduction (SCR) and exhaust gas recirculation (EGR) technology should be adopted. Except for emissions, the following main aspects should also be studied:

(1) gas mixing and fuel atomization;

(2) properties of fuel injection system;

(3) quality and type of fuel and engine operating conditions;

(4) reducing the fuel consumption;

(5) extending parts of fuel injection system overhaul period, such as nozzles plunger and barrels.

Tab. 2 International maritime organization (IMO) for NO_x emissions limit

Rated speed $n/(r/min)$	Tier I 2000 /[g/(kW·h)]	Tier II 2011 /[g/(kW·h)]	Tier II 2016 Non-emission control area /[g/(kW·h)]	Tier III 2016 Emission control area /[g/(kW·h)]
$n<130$	17	14.36	14.36	3.4
$130 \leq n \leq 2\,000$	$45 \cdot n^{-0.2}$	$44 \cdot n^{-0.23}$	$44 \cdot n^{-0.23}$	$9 \cdot n^{-0.2}$
$n>2\,000$	9.84	7.66	7.66	1.97

4.1 Fuel injecting and nozzle design

As to any fuel injection system, the injector nozzle is the most sophisticated and key component in the fuel injector. DUAP Ltd. has focused on the design and production of injector nozzles in the past few decades, and has made great achievements in this field. During these improvements the main relevant principle, which has been considered is to reduce the pressure losses during the injection and to increase the spray penetration, improving the quality of atomization.

Since any small and subtle innovation could make radical and extraordinary differences in the performance of the system, DUAP has specifically studied the effects of the geometry and inner chamfer of the spray holes of the nozzle on the shape of spray (Fig. 6).

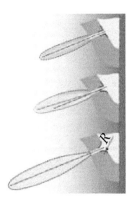

Fig. 6 Influence of the spray hole geometry and inner chamfer on the spray's shape

The connection between the nozzle design and the effectiveness of the combustion process lies in the following goals:

(1) high spray velocities due to the kinetic energy;

(2) high quality of the spray and optimal well atomized fuel;

(3) high deep penetration;

(4) defined conicity;

(5) small spray hole diameters.

The distribution of the fuel in the entire volume of the combustion chamber must be uniform in order to achieve complete and quick combustion with reduced heat release. The presence of unburned hydrocarbon produces high local temperatures and irregular combustion due to the local rich zones of fuel. The uniform distribution of the fuel occurs when the spray has the same shape through all the injection holes, this process is directly conditioned by the coaxiality of the needle and the seat of the nozzle (Fig. 7).

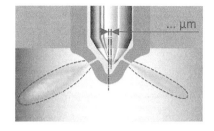

Fig. 7　Influence of the coaxiality on spray distribution and shape

The tight tolerances of coaxiality and other location tolerances are just a complementary part of the design. In fact, one of the most challenging phases during the design and pre-production is to find a compromise between the tolerances, the machining tools, the materials to be machined and the measurement equipment.

Concentricity measurement of further processing matching parts should use the sophisticated instrument to ensure that concentricity deviation of the products can maintain in less than 1μm, even suffer from the exhaust temperature in the running engine (Fig. 8).

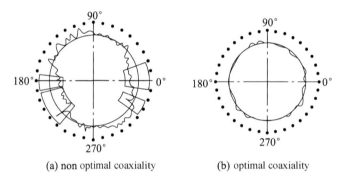

Fig. 8　Measurement of the seat coaxiality in μm range

4.2　Fuel specification and quality

Specialized test fuel with stable performance is used in calibration and performance test of the fuel injection system. Unlike diesel fuel, its chemical and physical properties can not change with time. Factors affecting the fuel performance are its viscosity and density. The Tab. 3 shows the index differences between the standard testing fuel and common fuel used in customer analysis and testing.

Tab. 3　Fuel properties

Properties	Density 15 ℃ /(kg/m^3)	Viscosity 20 ℃ /(mm^2/s)	Viscosity 40 ℃ /(mm^2/s)	Sulphur concentration/%	Pourpoint /℃
Test fluid Shell V1404	826	3.8	2.6		−27
Marine Distillate Fuel ISO 8217 DMA	890		2 6	1.5	0 −6

continued

Properties	Density 15 ℃ /(kg/m³)	Viscosity 20 ℃ /(mm²/s)	Viscosity 40 ℃ /(mm²/s)	Sulphur concentration/%	Pourpoint /℃
Analysed Customer Diesel fuel	865	9.9	5.44	0.447	−12
Analysed Customer Diesel Light fuel	837.6	3.94	2.13	0	−33

It should be noticed that the endurance test will be much more complex, and can also use the standard fuel in the fuel pump test bench, but should use commercial fuel just as in the actual diesel engine operation. For instance, influence of the sulphur content in the fuel on corrosion and wear of the needle valve partner should be carefully analyzed. A Diesel engine using standard testing fuel can run thousands of hours but using actual Diesel fuel may only run a few hundred hours before being damaged (Fig. 9). How much sulphur the fuel contains is an important reason besides harsh operating conditions. As to the wear of parts, there are both positive and negative effects in different conditions. For the traditional fuel injection system there is an advantage to use fuel with sulphur, because the sulphur in the fuel releases at a lower pressure level and improves lubrication conditions. But for the high pressure common rail system, at a higher pressure level, the sulphur in the fuel will prematurely transformed to a highly corrosive acid which accelerates the parts wear. To achieve this goal, the factors in structure design, material selection and heat treatment should be comprehensively considered and a variety of measures should be taken. As it happens, DUAP Ltd. has done a lot of painstaking work in this respect.

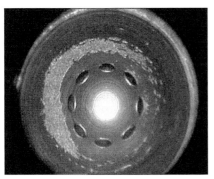
(a) Damages inside the nozzle

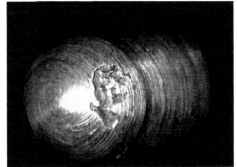
(b) Damages outside the nozzle

Fig. 9 Nozzle wear

In order to protect the nozzles and to make them able to work under different conditions and fuels, new geometries of the needle (Fig. 10), heat treatment and coating on the nozzle's sac volume are being implemented. Regarding the hardness, the goal is to reduce the gap of the hardness between the surface and the core of the heat treated material until 25%.

4.3 Engine test and operation

In a large bore engine of 6 600 kW with full load, DUAP modified nozzles were tested and compared with the original ones. The condition for the test was to keep all the settings of the engine but only the nozzle structure was changed. The main goal for this specific test was to test the design improvements, like new needle geometries (as shown in Fig. 10, change of the needle seat and the spray holes for better flow properties) and materials technology (increasing the machining accuracy to narrow tolerance range, and to improving the surface coating and heat treatment process). The results on the test bench were really promising, and the expected improvements in the fuel consumption and combustion process were achieved owing to the reduction of the pressure looses during the injection and spray formation. Tab. 4 shows that the fuel consumption as well as emissions of CO and CO_2 have decreased. Thus, optimization goals of the injection system are achieved and combustion process is improved because of reduction of heat losses.

(a) Improved DUAP Geometry   (b) Original Geometry

Fig. 10 Nozzle-geometry's improvement ($d_1 < d_2, V_1 > V_2$)

Tab. 4 Engine test results (6 600 kW, 100% load)

Test	Fuel consumption /[g/(kW·h)]	Fuel consumption reduction/%	CO emissions reduction/%	CO_2 emissions reduction/%
Test with original nozzles	219.85	—	—	—
Test with DUAP nozzles	212.09	−3.5	−10	−1.8

5 Conclusion

(1) With increasingly stringent requirements on energy saving and emission reduction of the internal combustion engines, research and development work of the key parts of fuel injection system has continued. The new electronically controlled high pressure common rail system, which is conducive to the organization of combustion process, shows good prospects. This tendency for marine, locomotives, power generation device and large Diesel engines is no exception.

(2) Nevertheless, the traditional P-L-N fuel injection system by means of optimization and extending its service life still has a strong vitality especially in the large internal

combustion engine represented by marine and locomotive power fields. Its dominance and the application prospects will last at least 20 years. The development and improvement work should not been given up.

(3) From what has been discussed above, the DUAP company in Switzerland has pushed forward the common rail system with other companies, but also has focused on performance optimization of traditional fuel injection system. DUAP company has made a lot of detailed and in-depth researches on key parts such as injection nozzle, and has adopted appropriate process technology. Meanwhile, the desired effect has been achieved such as improving the injection rate and atomization quality, reducing emissions and extending service life.

References

[1] Gao Zongying, Zhu Jianming. Fuel injection and control for diesel engines [M]. Beijing: China Machine Press, 2011.

[2] Zhou Longbao, Liu Xunjun, Gao Zongying. Internal combustion engine [M]. Beijing: China Machine Press, 2011.

[3] Pischinger R, Staska G, Gao Zongying. Berechnung des Einspritzverlaufes von Dieselanlagen bei Kavitation[J]. MTZ, 1983, 44(11).

[4] Wojik K. Future trends in engine developments technology 2000[C]. Beijing: AVL technical symposium, 1993.

[5] Robert Bosch GmbH. Dieselmotor-Management [M]. 4. Auflage. Wiesbaden: Vieweg & Teubner Verlag, 2004.

[6] Jorach R W, Doppler H, Altmann O. Schweröl Common Rail Einspritzsystem für Großmotoren. MTZ, 2000, 61(12).

[7] Vogt E, Jung S, Poletti M. Economical and technical aspects of DUAP's fuel injection parts and systems[C]. Bergen: CIMAC, 2010.

[8] Codan E, Bernasconi S, Born H. IMO Ⅲ Emision Regulation: Impact on the Turbocharging System[C]. Bergen: CIMAC, 2010.

[9] Gutierrez M, Vogt E, Marti A. Reengineering for the design and operation of the fuel injection systems [C]. Moscow: International youth conference—Energy efficient technologies in the transportation systems of the future, 2011.

[10] Leonhard R, Parche M, Kendlbacher C. Einspritztechnik für Schiffsdieselmotoren[J]. MTZ, 2011, 72(4).

Feasibility Research of Biomass Energy Adopted in Internal Combustion Engine*

Gao Zongying[1] Elsbett Guenter[2] Mei Deqing[1]
Sun Ping[1] Wang Zhong[1] Yuan Yinnan[1]
(1. Jiangsu University, China; 2. Guenter Elsbett Technologie, Germany)

Abstract

Renewable biomass energy, especially the high-grade liquid fuels such as esters and alcohols, has been adopted widely in internal combustion engines. As compared to pure diesel, when the engine is fuelled with ethanol-diesel, the combustion start timing is postponed, in-cylinder heat release process is relatively concentrated, and so the cylinder peak pressure, maximum pressure rise rate and peak heat release rate increase, which leads to the higher conversion efficiency of heat into power. Ethanol-biodiesel could significantly improve the NO_x and smoke emissions, except for the higher HC and CO emissions at low and moderate loads. With the increase of load, the HC and CO emissions from engine fueled with ethanol-diesel are roughly equal to that of diesel, and may be even lower than that of diesel at higher loads. The combustion processes of biodiesel and petrolic diesel are illustrated in the crank angle coordinate with the direct flame images combined with analysis of heat release. Due to the contribution of bigger bulk modulus and higher cetane number of biodiesel, the beginning of injection for biodiesel is 0.7° CA earlier than that for diesel, and the ignition time of biodiesel occurs earlier 1.5° CA than that of diesel, under the unimproved conditions of fuel supply system. During the rapid combustion period, both the brightness and its lasting time of biodiesel are less than that of diesel. The heat released by the chemical reactions without obvious flame at the end of combustion only accounts for 2 to 3 percent of the total cycle heat energy released by fuel. Although there are a few differences in properties between biodiesel and diesel, biodiesel still could achieve the perfect substitution for petrolic diesel.

---

* 本文发表于 2013 年在上海举办的第 27 届国际内燃机会议(the 27th. CIMAC Congress 2013, May 13-16,2013,Shanghai,China)。

1 Introduction

Energy is not only the indispensable important resource for human survival, economic development and social progress, but also is the essential element that has an important impact on the environmental quality[1]. Fossil fuels account for over 3/4th of the world's total energy supply, and oil takes up 34% of the total amount according to figures. The engines in transportation have consumed about half of the oil total amount and hence discharged millions of tons of harmful gas. So the development and utilization of various kinds of alternative fuels, such as compressed natural gas, liquefied petroleum gas, biomass fuel, hydrogen, fuel cells and the electric car, draws attention of the countries all over the world, while the main focus is on the renewable energy sources[2,3].

Plants absorb carbon dioxide from the atmosphere, and then store energy in glucose, grease, starch and lignocellulose, etc. When the biomass is burnt, the energy of heat releases and meanwhile carbon dioxide releases to the atmosphere again. This creates a closed cycle of carbon, as shown in Fig. 1. Considering the distribution, energy density and adaptability as alternative energy, the biomass has been used as clean energy for automobile with two major means: (1) turning plant oils and animal fats into the liquid fuel as biodiesel by means of esterification. (2) producing alcohol fuels from sugar cane, beet, corn, and wood lignin[4].

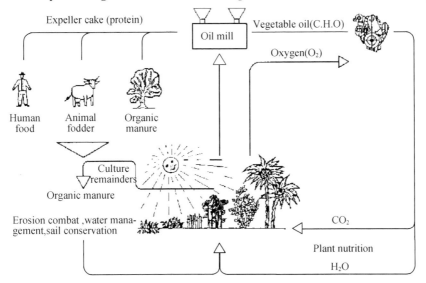

Fig. 1 Carbon, hydrogen and oxygen recirculation for renewable biomass

Biodiesel is the mixture of single esters of fatty acid which is obtained through the esterification reaction of plant oil and animal fats. Biodiesel has the similar physical and chemical properties to fossil diesel, with high cetane number and oxygen content of 10%~11%. It can be directly used for diesel engine, without any modification of machine[5,6].

Fuel ethanol can be gained by the fermentation procedure of sacchariferous plants such as sugar cane, beet and corn. Also wood lignin is used to make fuel methanol by dry distillation procedure. High oxygen level, wide burning boundaries, low viscosity and high volatilization of alcohol fuel those all contribute to fine inject atomization and complete combustion[7]. There are large amounts of yield of coal in China, and most of industrial methanol is transformed from coal. However the toxicity is one of the vital restrictions for methanol to be used as fuel.

Alcohols and esters from biomass have received widespread attention as the trunk of biofuel for the attributions of innocuousness, biodegradability and renewability, which have taken an important part in reducing energy consumption as well as in decreasing engine exhaust emissions[8]. Tab. 1 shows the fuel properties of alcohol, ester and fossil diesel. Energy density is an important index for energy grade. The internal combustion engines fueled with traditional gasoline and diesel have prevailed for a long time due to the high energy density. Soybean methyl ester can fulfill the perfect substitution since its energy density is about 92.7% of fossil diesel. Alcohol is still a beneficial supplement of traditional liquid fossil fuel even though its energy density is a bit low[9].

2 Application of alcohol fuel

2.1 Combustion characteristic of ethanol-diesel

Fuel ethanol which comes from biomass has gained popular application, and has achieved good results in gasoline engines. Fuel ethanol can't be directly used in diesel engine due to the poor solubility of ethanol with diesel[10,11]. Ethanol injection and ethanol mixing in diesel with cosolvent are the two main methods for diesel engine[12]. As alcohol injection also needs another set of fuel supply system, which increases the complication and costs, the second application captures a lot of consideration.

A YZ4DB3 turbocharged diesel engine is used as the test engine. The synthetic emulsifier blends of OP4/Span80 with mass ratio of 1:1, n-butanol and biodiesel can be chosen as cosolvent for ethanol-diesel. The three types of ethanol-diesel R5E10, N5E10 and B10E10 all contain 10% of ethanol and respectively contains 5%, 10% and 10% of cosolvent, and correspondingly the oxygen content is 3.5%, 4.6% and 4.7%.

Fig. 2 shows the curves of the cylinder pressure, pressure rise rate and instantaneous heat release rate while the engine, which is fueled with the three types of ethanol-diesel and fossil diesel separately, operates stable on the mode of $n = 2\,900$ r/min and $BMEP = 0.77$ MPa. As compared to the fuel case of fossil diesel, the start of combustion of the three types of ethanol-diesel delays, the peak heat release rate increases, and the crankshaft angle corresponding to the peak heat release rate occurs late. The bulk gas temperature of ethanol-diesel engine would descend for the high latent vaporization heat of ethanol. In addition, the cetane number of the blended fuel that contains 10% ethanol decreases. The above two factors both contribute to a longer period of ignition delay and retarding the heat release process. Moreover, the good volatility of ethanol would speed up the mixing rate of fuel with air and improve the quality and quantity of mixture that formed during the period of ignition delay. Furthermore, the oxygen self-supplied by ethanol also can intensify the heat release rate. The comprehensive effects of above lead to the acceleration of heat release, and so the peak heat release rate, peak pressure, and maximum pressure rise rate increase correspondingly, which also indicates that the early combustion period of ethanol-diesel tends to be HCCI combustion mode.

Tab. 1 Physical and chemical properties of fuels

Fuel	Density (15℃) /(g/cm³)	Viscosity (15℃) /(mm²/s)	Flash point/℃	Cetane number	Chemical formula	$w(C)/\%$
Methanol	0.792	0.59	11	3	CH_4O	37.5
Ethanol	0.79	1.21	21	8	C_2H_6O	52.2
Soybean methyl ester	0.881	4.47	178	51.2	$C_{53}H_{101}O_6$	76.4
Diesel	0.834	2.4	75	>45	—	87

Fuel	$w(H)/\%$	$w(O)/\%$	Stoichiometric air-fuel ratio	Latent heat of vaporization /(kJ/kg)	Low heat value/(kJ/kg)	Energy density /(MJ/m³)
Methanol	12.5	50	6.5	1 109	19 660	15 571
Ethanol	13	34.8	9	837	26 796	21 169
Soybean methyl ester	12.1	11.5	12.55	293	37 273	32 845
Diesel	12.6	0.4	14.3	280	42 500	35 445

As shown in Fig. 2, as for the three ethanol-diesel fuels, the peak cylinder pressure appears near ATDC 9° CA, the maximum heat release rate comes out near ATDC 18° CA. The ignition delay of B10E10 engine is the shortest due to the addition of biodiesel with high cetane number, and the peak pressure and peak heat release rate are slightly higher than diesel engine. N5E10 contains the highest amount of ethanol, so the period of ignition delay slightly prolongs, which also has positive effects on the formation of mixture during the period of premixed and diffusion combustion. All the above lead to the highest heat release rate for N5E10 engine. However, the heat release of R5E10 engine is rapid near ATDC 9° CA while that of N5E10 engine is not, so R5E10 engine takes on the highest peak pressure.

Fig. 3 depicts the comparison of effective thermal efficiency of engine fueled with different fuels. The effective thermal efficiency of three ethanol-diesel engine is higher than that of diesel engine. At the operating mode of $n=2\ 900$ r/min and BMEP=0.77 MPa, the effective thermal efficiency of engine fueled with R5E10, B10E10 and N5E10 respectively is 4.5%, 7.1% and 9.4% higher than that of diesel, and the changing trend is consistent with the trend of the peak heat release rate. The longer ignition delay period, fine atomization performance and the benefit of self-supported oxygen that comes from ethanol fuel, the three factors contribute to the concentrated combustion process and heat release, and high efficiency from fuel to mechanical work. Therefore, the thermal efficiency of R5E10, B10E10 and N5E10 rises higher.

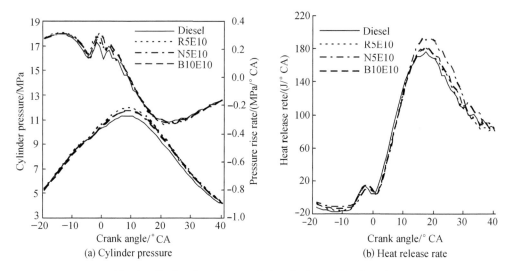

Fig. 2 Combustion characteristics of ethanol-diesel engine

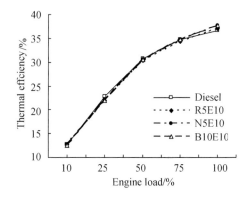

Fig. 3 Effective thermal efficiency

2.2 Emission characteristics of ethanol-diesel engine

Fig. 4a reveals the NO_x emission characteristics of engine at 1 800 r/min. The NO_x emissions of three ethanol-diesel engine are significantly lower than that of diesel engine. At full load, the NO_x emissions of R5E10, N5E10 and B10E10 are reduced by 5.6%, 3.7% and 3.2%. So the higher the oxygen level of the mixed, the fewer NO_x emissions reduce. The addition of ethanol increases the active oxygen concentration and also improves the combustion process. However, the heat release process delays, and furthermore, the combustion temperature decreases owing to the heat absorption of the ethanol vaporization and the reduction of calorific value of mixture gas per unit volume, which is the main reason for NO_x emissions reduction.

Fig. 4b illustrates the smoke characteristic of engine at 1 800 r/min. Smoke would generate under the condition of high temperature and lean oxygen during the diffusion combustion period. However, the mixing of ethanol improves the oxygen level of the mixture, so the smoke greatly reduces. At small loads, the smoke difference of engine fueled with the four types of fuels is very subtle, and the oxygen enrichment can not play a significant role due to the large basic of excess air. The higher the engine load is, the more fuel is injected in per cycle. Hence more oxygen is demanded. Obviously oxygen-enriched fuel can decrease smoke emission for it can alleviate the demand of oxygen and promote combustion completely. In addition, cetane number, which means the tendency of thermal pyrolysis, would also affect the smoke emission. The smoke emissions of the three oxygenated fuels B10E10, N5E10 and R5E10 decline in regular turn, just within the sequential order of cetane number 41.8, 40.1 and 39.3 respectively.

The HC emissions characteristic of engine at each load is shown in Fig. 4c. At 10% load, HC emissions of engine fueled with R5E10, N5E10 and B10E10 increase by 58.4%, 35.3% and 7.8% compared to diesel. Nevertheless, while at full load, the HC emissions from engine fueled with R5E10, N5E10 and B10E10 reduce by 14.3%, 16.1% and 17.2%. Both boiling vaporization of ethanol and long ignition delay caused by heat absorbing would contribute to formation of lean-burnt regions. That is also the cardinal factor to generate more HC emissions at low load for the three ethanol-diesel fuels. The HC emissions from ethanol-diesel engine can be improved until the engine output is higher, which means the oxygen from fuel gives full play to support combustion under high cylinder temperature. Therefore, the oxygen content would be the predominant factor for HC emission reduction. According to the oxygen content of each blended fuel from high to low, HC emissions of engine fueled with B10E10, N5E10 and R5E10 as a whole present declining trend in turn.

Fig. 4d presents the CO emission characteristics of engine at 1 800 r/min. CO emission is heavily related to excess air coefficient and combustion temperature. Just same with HC emission characteristics, at 10% load, CO emissions of R5E10, N5E10 and B10E10 increase by 62.1%, 58.1% and 36.6%. At low load, the heat absorption for ethanol vaporization will further decrease bulk gas temperature, which is relative low at small engine load. Meanwhile, the oxygen from fuel would also absorb heat to raise its own internal energy, which also results in bulk gas temperature dropping. Those two effects on temperature falling thereby inhibit the following CO oxidation process. The combustion temperature would rise with increase of engine load, and CO emission of ethanol-diesel engine would sharply reduce. It can be construed that there is a reciprocal (trade-off) relationship between the active role of oxygen on supporting combustion and the passive effect of absorbing heat for ethanol vaporization on temperature reduction. R5E10 contains the least oxygen and produces the highest CO emission. B10E10, which is co-solved by fatty acid single ester whose property is close to diesel, contains the highest oxygen and sequentially generate least CO emission. N5E10, whose oxygen content is the middle of the three, releases CO emission of middle level, although it contains the highest amount of alcohol.

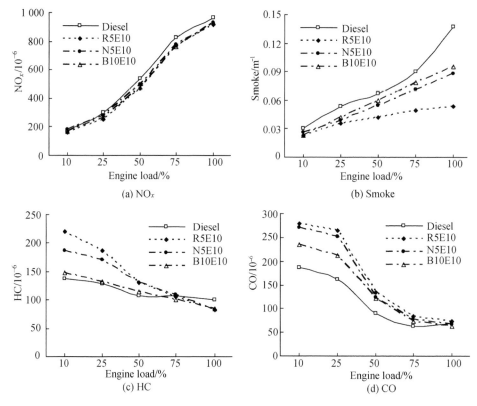

Fig. 4　Emission characteristics of ethanol-diesel engine ($n=1\,800$ r/min)

3　Application of ester fuel

The differences and mechanical interpretations on the combustion process and emission performance of ethanol-diesel compared to conventional diesel have been narrated above. The following will discuss the application of ester fuel on engine, especially by the way of optical diagnosis on proceeding in engine cylinder. A comprehensive description on the phenomena of flame and heat release during diesel engine combustion process will be provided in the crankshaft angle coordinate system. Besides, the differences of spray characteristics, ignition timing, flame brightness and heat release rate, etc, between the oxygenated ester fuel and fossil diesel, would be focused on.

3.1　Proceeding of flame

When the biodiesel and fossil diesel serve as fuels for the diesel engine, the fuel supply advance keeps unchanged. The test engine has been changed to a natural aspirated diesel engine Model 490, and AVL 513 engine video system is used to take the high-speed photo image. Fig. 5 shows a series of video images of in-cylinder visible spray. The visible injection timing for biodiesel engine at 2 200 r/min is $-14.5°$ CA, while that of fossil diesel engine is $-13.8°$ CA. There is a difference about $0.7°$ CA of visible injection timing between these two fuels. Based on the video images of fuel injection timing, it can be concluded that the injection timing of biodiesel is slightly earlier than that of fossil diesel. That is to say, the injection delay is shortened.

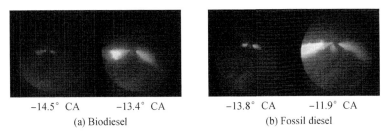

Fig. 5 Process of fuel injection ($n=2\,200$ r/min, $BMEP=0.54$ MPa)

The adiabatic compression and kinematic viscosity have an important influence on fuel injection process. The density of biodiesel is higher because of containing oxygen, so under high pressure it is less compressible than fossil diesel. The high bulk elastic modulus of biodiesel means the fast wave propagating velocity. Therefore, the delivery delay of biodiesel is short in the high pressure pipe line.

Fig. 6 describes the comparison of visible flame proceeding of engine fueled with biodiesel and fossil diesel. As for biodiesel engine, apparent flame can be discerned at $-4.3°$ CA. However, as for fossil diesel engine, the flame is not clear at $-3.5°$ CA, and very few changes of color can be perceived at the edge of the spray. The clear flame can not be observed until $-2°$ CA, in the relatively small ignition area with weak visible brightness. Due to the high bulk elastic modulus, biodiesel would be injected into cylinder about 0.7° CA earlier than fossil diesel, which has been interpreted previously. Coupled with the contribution of the high cetane number and excellent ignition performance, the ignition timing of biodiesel is about 1.5° CA in advance than that of fossil diesel. Besides, the stoichiometric air-fuel ratio of biodiesel and fossil diesel are 12.55 and 14.30 respectively. Assumed that the entrainment rate of spray on air is almost same, the biodiesel/air mixture has a higher oxygen concentration than fossil diesel/air mixture. Thus, there is a larger visible flame region with stronger brightness of visible light for biodiesel at the beginning stage of combustion process.

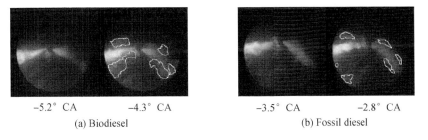

Fig. 6 Glowing flame images of biodiesel and fossil diesel

3.2 Comprehensive analysis of heat release

Combustion process and the curves of cylinder pressure and heat release rate for diesel engine fueled with biodiesel and fossil diesel are shown in Fig. 6 and Fig. 7. Here, mark ① means the time of first visible injection; mark ② represents the start of heat release; mark ③ is the initial peak of heat release rate; mark ④ stands for the end of initial heat release; mark ⑤ indicates the moment towards brightest flame; mark ⑥ depicts the cumulative heat release rate of 95%; mark ⑦ reveals the last visible light; mark ⑧ shows the end of combustion process. The marked points can be obtained on the base of combustion process analysis about flame images and heat release mentioned previously.

The start of heat release for biodiesel engine is $-7°$ CA, and the peak of initial heat release rate is reached at $-3°$ CA where the corresponding cumulative heat release rate is 22.3%. The premixed combustion phase ends at 1° CA with the corresponding cumulative heat release rate of 46.5%. The start of heat release for fossil diesel engine is $-5°$ CA, and the peak of initial heat release rate is reached at $-1°$ CA subsequently, where the corresponding cumulative heat release rate is 22.3%. The premixed combustion phase is finished at 4° CA with the corresponding cumulative heat release rate of 53.4%.

The brightest flame luminance for biodiesel engine can be observed from 4.0° CA to 8.0° CA, while that for diesel engine can appear between 3.6° CA and 10.8° CA. The flame brightness of biodiesel is a little dimmer than that of fossil diesel. It is revealed by calculation that the bulk gas temperature would decrease when the engine is fueled with biodiesel.

At 47.1° CA after TDC, the last visible light can be observed in combustion chamber both for biodiesel and fossil diesel. However, it doesn't mean the completion of combustion process. After 50° CA after TDC, there are still some non-luminous slow chemical reactions happened in combustion chamber. It is at 30° CA for biodiesel to reach the cumulative heat release rate of 95% where fossil diesel would get relatively at 33.5° CA. The last visible light of both would appear at the same crank angle of 47.1°, with the same corresponding crank angle of 73° to the complete combustion. The last heat release rate of 5% occupies about 40 degrees crank angle. Besides, the chemical reactions without any apparent flame account for 2%~3% of total heat release in the final stages of combustion process.

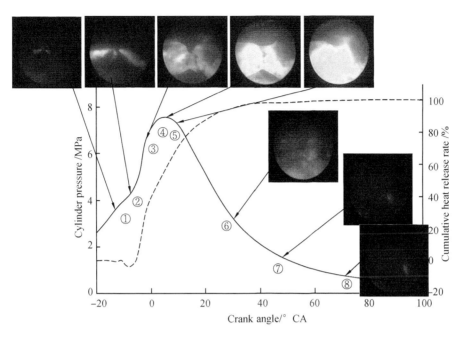

Fig. 7　Combustion process in cylinder of engine fueled with biodiesel

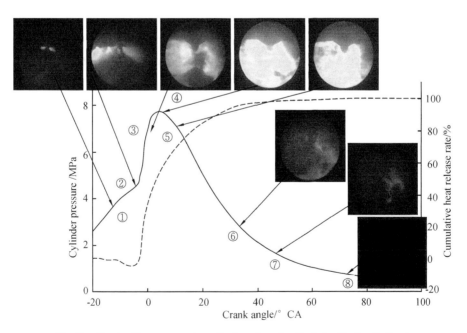

Fig. 8　Combustion process in cylinder of engine fueled with fossil diesel

4 Conclusion

(1) The ignition delay period is prolonged and then the release of heat is more concentrated when engine is fueled with ethanol-diesel, due to the excellent atomization performance and supporting combustion of self-containing oxygen. Therefore the peak pressure, the maximum pressure rise rate and the peak heat release rate of ethanol-diesel engine increase, which also means higher thermal efficiency from heat to mechanic work.

(2) Compared with diesel engine, ethanol-diesel engine can improve NO_x and smoke emission, while at small load the HC and CO emissions increase. As engine load increases, the HC and CO emissions are close to that of fossil diesel engine, or even reduced.

(3) Without any adjustment to the fuel supply system of engine, through direct observations and comprehensive analysis of heat release process, it is revealed that for biodiesel engine the injection timing advances, ignition delay period is shortened, the heat release comes earlier and cylinder temperature decreases during the later period of the combustion due to the high bulk elastic modulus, high cetane number and oxygen content of biodiesel. Although there is slight difference between biodiesel and fossil diesel, biodiesel can realize the perfect substitute for fossil diesel.

(4) The high-speed photography of engine combustion process shows that the start of injection for biodiesel is 0.7° CA earlier than that of fossil diesel. Biodiesel engine reaches 95% of its combustion heat release amount at 30° CA, while fossil diesel engine reaches the same proportion at 33.5° CA. But the last visible flame for the both are found at 47.1° CA, and the combustion is completed at 73° CA, and the last 5% of heat release occupy about 40 degrees crank angle. Near the end combustion stage, the heat released without visible flame just occupies 2%~3% of the whole.

References

[1] Wu Chengkang, Xu Jianzhong, Jin Hongguang. The strategic development of energy science[J]. World Sci-tech Research and Development, 2000, 22(4).

[2] Cao Hongquan, He Taibi, Liao Xiaoliang. The application analysis of alternative fuels and clean vehicle technology[J]. Journal of Xihua University, 2010, 29(5).

[3] Cui Xincun. Substitute fuel of internal combustion engine [M]. Beijing: Mechanical Industry Press, 1990.

[4] Liu Huili, Ma Peng, Zhang Bailiang. Present research situation and prospect of bioenergy for car[J]. Gansu Science and Technology, 2006, 22(1).

[5] Yuan Yinnan, Jiang Qingyang, Wang Zhong. Study of emission characteristics of diesel energy fueled with biodiesel[J]. Transactions of CSICE, 2003, 23(6).

[6] Canakci M, Van Gerpen J H. Comparison of engine performance and emissions for

petroleum diesel fuel, yellow grease biodiesel, and soybean oil biodiesel[J]. Transactions of the ASAE,2003,46(4).

[7] Hu Jianyue. Research on ethanol diesel microemulsions and influence on diesel engine emissions[D]. Jiangsu: Master's degree paper of Jiangsu University,2010.

[8] Xiaobing Pang, Xiaoyan Shi, Yujing Mu, et al. Characteristics of carbonyl compounds emission from a diesel-engine using biodiesel-ethanol-diesel as fuel[J]. Atmospheric Environment,2006,40(36).

[9] Zhang Zhili, Li Maode. Cost-effectiveness analysis of some new substitutive fuels for automobiles[J]. Energy Research and Information,2002,18(2).

[10] Poulopoulos S G, Samaras D P, Philippopoulps C J. Regulated and unregulated emissions from an internal combustion engine operating on ethanol-containing fuels[J]. Atmospheric Environment,2001,35(26).

[11] Huang Qifei, Song Chonglin, Zhang Tiechen. Soluble characteristics and emission properties in diesel engine of ethanol-diesel blend fuel[J]. Journal of Fuel Chemistry and Technology,2007,35(3).

[12] Hansen A C, Zhang Qin, Lyne Peter W L. Ethanol-diesel fuel blends—a review[J]. Bioresource Technology,2005,96(3).

4-Stroke Opposed-Piston-Diesel-Engine with Controlled Shift-liners for Optimized Scavenging, Low Heat Losses and Improved Thermal Efficiency[*]

Elsbett Guenter[1] Gao Zongying[2] Wang Zhong[2] Sun Ping[2] Mei Deqing[2]

(1. Guenter Elsbett Technologie, Germany; 2. Jiangsu University, China)

Abstract

Opposed Piston Engines (OPE's) are looking back to more than 100 years history and have been produced as Otto and Diesel engines, offering a promising challenge in specific output and thermal efficiency. Diesel-OPE's have been used regularly for commercial aircraft due to excellent power/weight ratio, but powering also merchant ships with big engines of several thousands of kW. Already 75 years ago a brake efficiency of more than 40% could be achieved. In recent decades these engines seems forgotten while the research and development engineers put their main focus on emission improvement. Conventional OPE-technology is known for emission problems, especially caused by scraping lubrication oil into inlet and outlet ports, as common OPE's scavenging is limited for use in 2-stroke engines only. Now some new developments in OPE-technology show their relevance to future powertrain challenges. Better thermal efficiency is attracting the development engineers, as two pistons share only one combustion chamber, thus leading to beneficial volume/surface ratio of the combustion chamber. Nevertheless, also in most today's opposed-piston-engines the scavenging is controlled by pistons. Whereas the OPE presented is operated as 4-stroke-engine by arrangement of hydraulically shifted liners undisrupted by scavenging holes or gaps so that the pistons with their rings are shielded against crossing any inlet or outlet ports. Therefore all the modern engine-technology to increase mileage, reduce oil consumption, wear and emission can be implemented in this OPE-Technology presented. So this design combines the advantages of an opposed-piston-principle with the benefits of the classic engine technology for technical and economic progress. A first prototype has been tested successfully, demonstrating also the mechanical function of shift-liners without problems and

---

[*] 本文发表于2013年在上海举行27届国际内燃机会议(the 27th CIMAC Congress 2013, May 13—16, 2013, Shanghai, China)。

showing very low friction losses for the shift liners. The wall thickness of these liners can be kept low—like conventional dry liners—as they are supported by the surrounding cylinder, leading to low oscillating liner masses during shifting. The inlet and outlet ports are located near the pistons top dead center area and are opened and closed by the upper end of the shift liners like valves, which are closed by spring forces and opened by hydraulic actuation. Different to conventional OPE's there are no distinct exhaust or intake pistons and thermal load is nearly equally distributed on both pistons. The hydraulic system shares the lubrication oil with the engine, avoiding leakage problems and providing a simple oil circuit. The presented design offers also two different modes of combustion technologies: Injection from the outer combustion chamber edge towards the chamber center (from cold to hot), or injection from above the combustion chamber center towards the chamber walls (from hot to cold). For the first mode one or more injectors are positioned around the cylinder, providing the chance for multi-nozzle injection in different time and quantities. For the second mode the cylinder inner wall must be considered as a virtual cylinder head with all same geometric dimensions as for a classic combustion chamber, but including injection completely rotated by 90°. It is providing state-of-the-art conditions like well developed common engines today in production, but requiring only one injector for 2 pistons. As no piston rings are crossing the inlet and outlet ports, the presented engine is aiming for very big gas flow sections—not interrupted by window lands or port ribs—so far much bigger than conventional multi-valve technique could allow for—with the result of better cylinder filling and less dynamic gas flow losses. As the shift liners are hydraulically actuated a variable valve timing can be easily achieved, as well as a complete cylinder cut-off in multi-cylinder engines.

1 Introduction

Opposed Piston Engines (OPEs) are looking back to 120 years of history and have been produced as Otto and Diesel engines, offering a promising challenge in specific output and thermal efficiency. Diesel-OPEs have been used regularly for commercial aircraft due to excellent power/weight ratio, but powering also merchant ships with big engines of several thousands of kW. Already 75 years ago a brake efficiency of more than 40% could be achieved. In recent decades these engines seem to be forgotten while the research and development engineers put their main focus on emission improvement. Conventional OPE-technology is known for emission problems, especially caused by scraping lubrication oil into inlet and outlet ports, as common OPEs scavenging is limited for use in 2-stroke engines only.

Now some new developments in OPE technology show their relevance to future power-train challenges. Better thermal efficiency is attracting the development engineers, as two pistons share only one combustion chamber, thus leading to beneficial volume/surface ratio of the combustion chamber. Nevertheless, also in most today's opposed-piston-engines the scavenging is still controlled by pistons.

2 Main part

The engine presented is operated as 4-stroke-opposed-piston-engine (4SOPE) by arrangement of hydraulically shifted liners undisrupted by scavenging gaps so that the pistons with their rings are shielded against crossing any inlet or outlet-ports.

Some prototypes have been tested already successfully, demonstrating the function of shift-liners without problems and showing very low friction losses for the shift-liners. The wall thickness of these liners can be kept low—like conventional dry liners—as they are guided and supported by the surrounding cylinder material, leading to low oscillating liner masses during shifting.

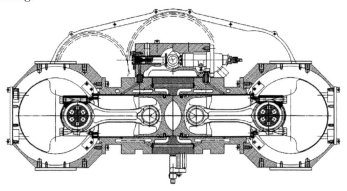

Fig. 1 Cross-section of the 4SOPE

The presented experimental-OPE was created to demonstrate the functions of the hydraulically shifted liners in a fired engine. The parts are machined from full pieces of material. This OPE is running with a mechanical fuel injection system with pintle-nozzles and a simple governor. No ECU or emission treatment is applied. Data: Single-cyl., 4-stroke, NA, bore/stroke=108/118 mm, P= 35 kW at 1 500 r/min and $BSFC$=272 g/(kW·h) (rated P, Diesel fuel).

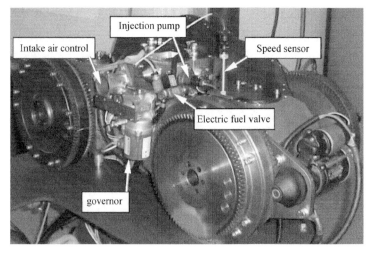

Fig. 2 Engine mounted on test bench

Fig. 3 Engine without peripheral parts

The inlet and outlet ports are located near the pistons top dead center area and are opened and closed by the upper end of the shift liners like sleeve-valves, which are closed by spring forces and opened by hydraulic actuation. Different to conventional OPEs there are no distinct exhaust or intake pistons and thermal load is nearly equally distributed on both pistons. The hydraulic system shares the lubrication oil with the engine, avoiding leakage problems and providing a simple oil circuit.

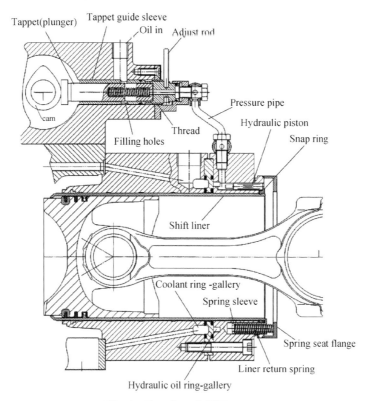

Fig. 4 Function of VVT system

Oil is filling the volume between tappet and hydraulic piston from oil—in through filling holes and pressure pipe. The rotating cam is lifting the tappet. When filling holes are closed by tappet end the trapped oil is compressed and moves the hydraulic pistons, that push on snap ring and at least shift the liner. When tappet guide sleeve is turned by the adjust rod in

469

its thread, it causes an axial travel of the filling holes, thus changing the closing point position of filling holes. Oil and liner is pushed back the same way back by springs in a spring sleeve which is forcing on the liner end.

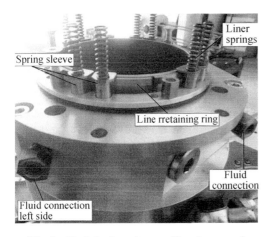

Fig. 5   Push back springs on liner lower end

Fig. 6   Push back springs tensioned

The presented design offers two different options of injection system: Injection from the outer combustion chamber edge towards the chamber center (from cold to hot), or—appropriate to common systems—injection from above the combustion chamber center towards the chamber walls (from hot to cold). For the first option one or more injectors are positioned around the cylinder, providing the chance for multi-nozzle injection in different time and quantities.

For the second option the cylinder wall must be considered as a virtual cylinder head where the classic injection layout (incl. combustion chamber) is completely rotated by 90°.

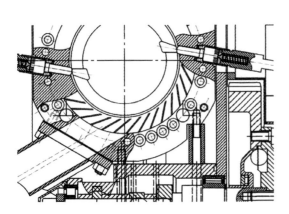

Fig. 7   Injection with 2 injectors

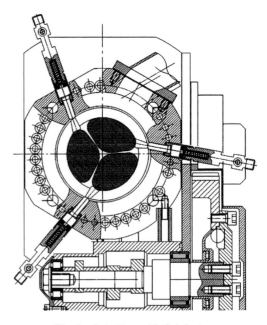

Fig. 8   Injection with 3 injectors

Fig. 9　Swirl ring for intake port

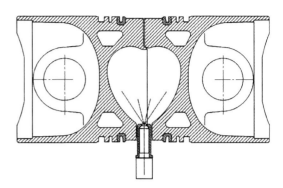

Fig. 10　Central chamber injection

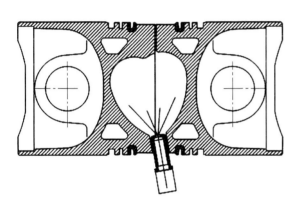

Fig. 11　Central chamber injection, option 1
(with bigger chamber-part in intake piston)

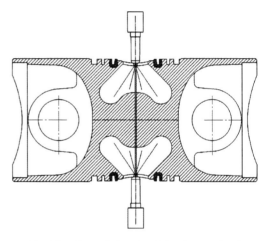

Fig. 12　Central chamber injection, option 2

The central chamber injection is providing state-of-the-art conditions like well developed common engines today in production, but requiring only one injector for 2 pistons, or several combustion chambers with own injector each.

As no piston rings are crossing the inlet and outlet ports, the presented engine is aiming for very big gas flow sections—not interrupted by window lands or port ribs. Much bigger flow square area can be achieved than conventional multi-valve technique could provide—with the result of better cylinder

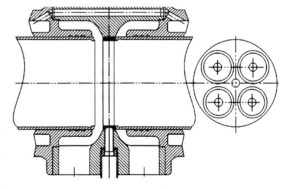

Fig. 13　Comparison of flow sections
(4SOPE versus 4-valve cylinder head)

filling and less dynamic gas flow losses. As the shift liners are hydraulically actuated a variable valve timing can be easily achieved, as well as a complete cylinder cut-off in multi-cylinder engines.

A critical point of this design is the safe sealing between shift liners and ports. A comparison between this 4SOPE and conventional valve function shows: Normal valves are kept closed by the cylinder pressure, even in case the valve seat is not 100% sealed. Already an extremely small leakage through the liner-seat is leading the gas pressure to the liner face, trying to open it against the push back spring forces.

Several measures have been tested to avoid this opening. A good method is to use the gas pressure itself to keep the liner closed on its valve seat. This can be maintained by decreasing the outer sealing diameter below the inner liner diameter, which results in forces on the liner in closing direction.

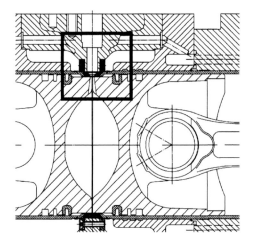

Fig. 14　Liner sealing area

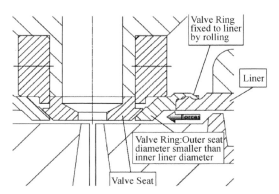

Fig. 15　Detail of liner sealing area

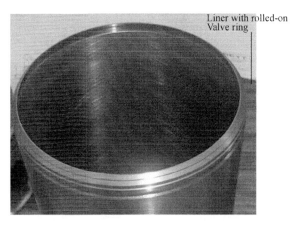

Fig. 16　Liner with rolled-on valve ring

The valve ring on the liner upper end can be fitted by rolling. A ring which was fitted to the liner by electron welding also showed a good reliability.

With this design a conical valve seat (like conventional) is not a must. A flat valve seat is less sophisticated and easier to machine. And the gas flow is straight from cylinder to the port.

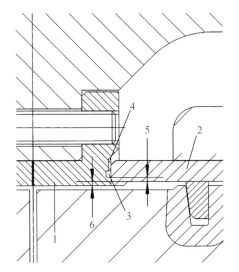

Fig. 17　Details of Flat-Valve sealing

1—valve seat
2—shift liner
3—pressure relief groove
4—pressure relief slot
5—part of sealing area bigger than inner liner dia
6—part of sealing area smaller than liner dia

The structure of the engine is optimized for light weight design. All gas forces are conducted into through-bolts across the whole engine. So all parts in between are released from stress.

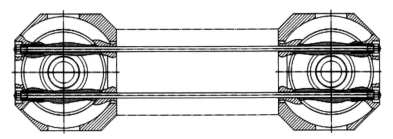

Fig. 18　Through-Bolt design

The trough-bolts fit the two crankcases and the cylinder assembly together. The two crankshafts are synchronized by five spur gears, whereas the center-gear is mounted on the camshaft. The gear ratio between crankshaft and camshaft is 1 : 2 like other four-stroke engines.

Fig. 19　Basic engine

Fig. 20　Gear Drive

A big advantage of an OPE—compared to conventional engines—is the lower heat absorbing surface area.

From the beginning the thermodynamic theories were used as a basis of research and development of combustion engines. According to these theories Rudolf Diesel designed his first engine with a compression ratio of 1 : 100, looking for a maximum of expansion—but failed due to extreme heat losses. It took him many years of experiments demonstrating the better efficiency of Diesel cycle versus Otto-cycle and he corrected his understanding of physical rules many times (Rudolf Diesel, biography).

Fig. 21　Piston with combustion chamber

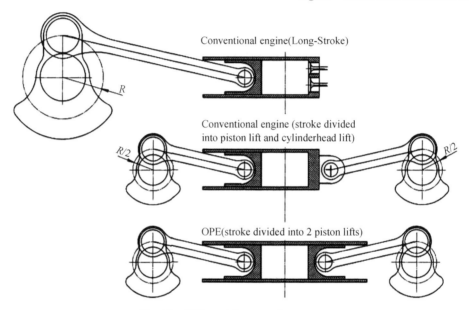

Fig. 22　Different Long-stroke systems

Regarding the inner surface area, an OPE-cylinder can be considered as 2 cylinders with 2 missing cylinder-heads. In the light of thermodynamics an OPE is nothing else than an extremely long-stroke engine: Gas is compressed and expanded in a cylinder between a top and a bottom cover plate. The locked gas does not know which of the covers is fixed and which is moving, as the only relevance for the expansion is the absolute lift between the 2 covers which only is relevant for the dynamic change of cylinder volume.

Woschni (et al.) defines reduced heat losses by increasing the wall temperature and putting the heat transfer on zero in ideal case. But since he provides no adaptation to the changed thermodynamic conditions (for example through modified valve timing, Atkinson or Miller cycle etc.), most of the enthalpy moves into the waste gas now. Due to experiments (in the 80's in Kyocera, Japan) on a full ceramic engine, also a deceleration of the flame spreading front in well isolated combustion chambers was found. However this knowledge is not applicable at the 4SOPE, because instead of increased surfaces temperatures there are reduced surface areas. There the 4SOPE makes use of many advantages of bigger engines, particularly also advantage of long-stroke engines. And—at least—expansion speed in an OPE is not related to piston speed (of only one piston).

An example of heat transfer coefficients, through the cycle, generated by the Woschni equations is shown in Fig. 23.

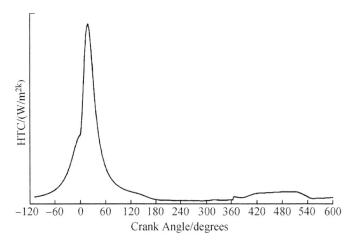

Fig. 23 Typical format of HTCs against cycle angle from Woschni Correlation

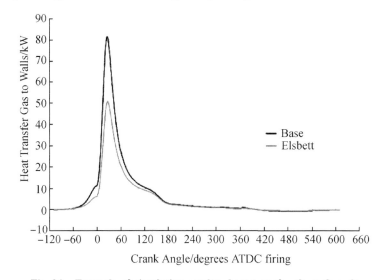

Fig. 24 Example of simulation results: heat transfer through cycle

There is little experience to what extend such simulations can be used for the development of OPEs.

The following figures show the general impact of several parameters on efficiency.

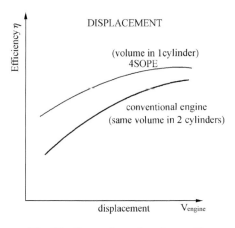

Fig. 25　Comparison of engines with same total displacement

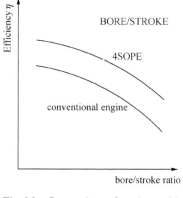

Fig. 26　Comparison of engines with same cylinder displacement

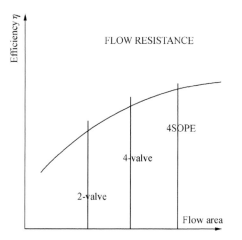

Fig. 27　Comparison of different scavenging systems

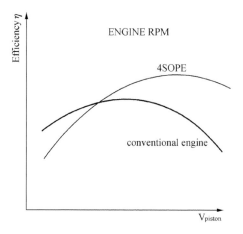

Fig. 28　Comparison of engines with same cylinder displacement

All these charts show benefits for the 4SOPE in comparison to conventional 4-stroke-engines. These advantages of course cannot be added, as they depend on each other. But they show that it is possible to improve the efficiency of combustion engines. In addition all the modern engine-technology for mileage increase, reduced oil consumption, lower wear and emissions can be implemented as well in this OPE-Technology presented.

An interesting aspect of this technology might be that the scavenging system could be applied to common engines.

The structure and function of this engine is in

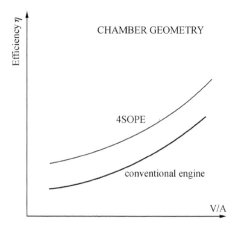

Fig. 29　Comparison of engines with same bore diameter

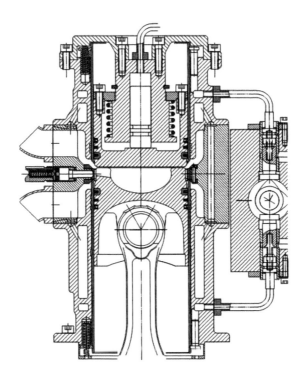

Fig. 30 Conventional engine with shift-liner scavenging system

principal the same as for the 4SOPE. But only one piston is used for powering the engine, the second piston is providing a simple variable compression ratio system (VCR) when changing its position inside the shift-liner.

Due to shift-liners no oil is scraped by the piston rings into the ports; so far conditions are the same with other conventional engines in regard to oil consumption and emissions. All known means for engine improvement (common rail, turbo-charging, exhaust after-treatment,etc.) can be applied as well. Of course a 2-stroke-OPE with shift-liners is also possible without the emission handicaps of other 2-stroke. Flexible valve timing can be achieved like in 4SOPE and no phase shifting between the pistons is necessary. Therefore 100% mass balance is maintained.

All kind of fuel can be burned: Diesel, Gasoline, Methanol, Ethanol, H2, LPG, CNG, Biogas, SVO (straight vegetable oil). With all these advantages the 4SOPE opens a wide range of applications, e. g. :

(1) Stationary: Power Stations, Gen-Sets, CHP, Water Pumps (irrigation), Mining

(2) Marine: Vessels, River Ships, Sports and Fun-boats

(3) Railway: Trams, Locomotives and other rolling stock

(4) Off Road: Forklifts, Tractors, Agriculture Machines, Construction Machines

(5) On Road: Vehicles of all kind, Passenger Car, SUV, Pickup, Truck, Bus, Motor Bike, Range Extender

(6) Military: Tanks, Jeeps and other military vehicles (on road and off road), Stationary

(7) Aviation: Propeller aircraft, Helicopter

3　Conclusion

Benefits of the engine presented:

(1) Lower heat losses, smallest possible combustion chamber surface compared to volume (2 cylinders share one combustion chamber)

(2) A/F mixture by injection from "Hot to Cold" towards combustion chamber walls, or alternatively injection from "Cold to Hot" towards combustion chamber center

(3) Large scavenging areas, due to hydraulic actuation VVT (variable valve timing) by simple means is an option

(4) Simple swirl creation, variable swirl by simple means is an option

(5) Intake and Exhaust in mid of cylinder, therefore no hot or cold piston as in conventional OPEs

(6) Ideal mass balance and no piston phase shifting required for valve timing

The presented 4SOPE combines well known common engine technology with the advantages of an opposed-piston-principle. This technology could be a base line for further research and development on the improvement of the combustion engine's efficiency.

我们的一小步
ONE SMALL STEP FOR US

继往开来篇

KEEP ON ADVANCING

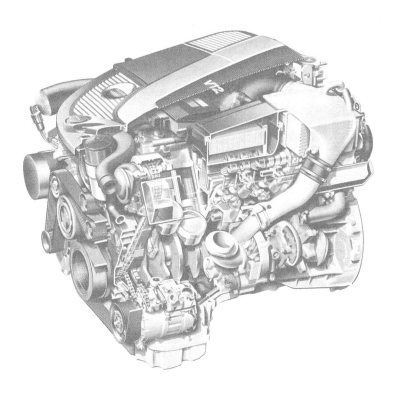

船用柴油机使用乳化燃油的 NO_x 和微粒排放研究[*]

孙 平

(江苏大学)

[摘要] 研究了乳化燃油特性对柴油机喷雾、燃烧和排放的影响。研究结果表明:在柴油机中,由于高压喷射的作用,喷射后乳化燃油中水粒子直径约为 $0.5\ \mu m$,分布均匀,与喷射前乳化燃油中水粒子大小及分布无关。乳化燃油中,随水含量增大,NO_x排放呈近似线性关系下降,燃油耗和排温也下降,但是烟度和微粒排放随水含量的增加而上升;特别是在小负荷和高水添加率时,烟度和微粒排放增加较快。此外,研究了燃烧乳化燃油时,柴油机的运转参数对柴油机性能和排放的影响。

[关键词] 乳化燃油 喷雾和燃烧 排放污染物

船用柴油机的大气污染和汽车的排气污染一样,也越来越受到各国政府的重视,一些国家制定了限制入港船舶排放的政策,国际海事组织(IMO)也制定了船舶排放法规,限制 NO_x、SO_x 和微粒的排放。

柴油机中 NO_x 的生成主要是热 NO,其产生的三要素是高温、富氧和足够的反应时间。因此,减少混合气中的 O_2 浓度、降低燃烧温度和减少高温滞留时间是控制 NO_x 排放的主要措施。

微粒排放主要由干碳烟、可溶有机物(SOF)和硫酸盐组成,其生成机理是在高温缺氧条件下,燃油脱氢碳化形成碳烟基元,炭烟基元聚合形成多元性聚合物,重馏分未燃烃、硫酸盐以及水分在碳粒上吸附,形成微粒排放。因此,欲降低碳烟和微粒排放就要避免燃烧前期高温缺氧,保证燃烧后期高温富氧,并加强缸内气流运动,加速炭烟的氧化。

SO_x 排放的控制主要通过控制燃油中的含硫量来实现。

多年来,在柴油机上应用乳化燃油减少燃油耗降低柴油机 NO_x 的研究取得了不少成果[1,2],但仍有许多细致的工作需要做。

本文在一台直喷四冲程柴油机上,研究了乳化燃油水添加率等因素对 NO_x、碳烟和微粒(PM)排放的影响,并探讨了柴油机运转参数对柴油机性能和排放的影响。

1 试验装置和方法

本试验所用柴油机的主要技术参数见表 1,试验用燃油的性质见表 2。

---

[*] 本文为天津大学内燃机燃烧学国家重点实验室访问学者基金资助项目,原载于《内燃机学报》2001 年(第 19 卷)第 6 期。

表 1 柴油机主要技术参数

型号	3 L13AHS
型式	直列四冲程直喷柴油机
缸径×行程	130 mm×160 mm
缸数	3
功率/转速	73.5 kW/1 200 r·min^{-1}
平均有效压力	1.15 MPa

表 2 A 重油特性

密度(15 ℃时)/(g·cm^{-3})	0.866 3
运动黏度(50 ℃时)/(mm^2·s^{-1})	2.417
总发热量/(kJ·kg^{-1})	45 134
闪点/℃	46
水分质量百分比/%	<0.05
灰分质量百分比/%	<0.005
含硫量质量百分比/%	0.51
含氮量质量百分比/%	0.028

乳化燃油是由 A 重油、水和乳化剂经搅拌混合而成,图 1 为乳化油制备的流程图。制取方法是在乳化油箱中放入一定量的 A 重油,开动输油泵和乳化机,使 A 重油循环乳化,水从加入口缓慢注入,在循环乳化一定时间后即制成乳化燃油。为了防止乳化油分离,一方面在 A 重油中加入少量乳化剂,另一方面用置于乳化油箱中的搅拌机不断地搅拌。所用乳化剂的型号为 TM-12614,乳化剂添加率为乳化剂与添加水量的容积比值。

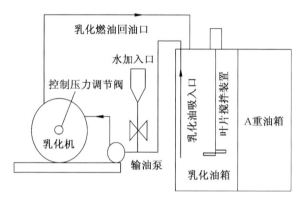

图 1 乳化油制备流程图

乳化燃油有油中水滴型(W/O)和水中油滴型(O/W)两种。作为柴油机使用的燃料,考虑到柴油机的可靠耐久性,通常采用 W/O 型乳化油。乳化油中水添加率为乳化油中水占的容积比率。

图 2 为试验台架和测试系统示意图。测量参数包括功率、燃油耗、气缸压力、油管压力、针阀升程等,排放物测量参数包括 NO$_x$ 浓度、O$_2$ 浓度、烟度及微粒浓度。使用乳化燃油时,燃油耗是由实测值减去乳化油中含水量后计算得到的。NO$_x$ 用常压型化学发光分析仪测量,O$_2$ 用顺磁式分析仪测量,烟度用 Bosch 烟度计测量。由于对 NO$_x$ 浓度已有标准限值,为了防止使用排气稀释使 NO$_x$ 浓度减少来满足标准要求,根据实测排气中 O$_2$ 浓度,利用式(1)将测量结果统一换算成 13%O$_2$ 浓度状态下的 NO$_x$ 浓度进行比较

$$C = C_s \left(\frac{21-O_n}{21-O_s} \right) \tag{1}$$

式中:C——换算后的 NO$_x$ 浓度,10^{-6};

O_n——标准残留 O$_2$ 浓度,其值为 13%;

O_s——实测排气中残留 O$_2$ 浓度,%;

C_s——实测 NO$_x$ 浓度,10^{-6}。

微粒测量系统由排气稀释风道和取样系统组成。稀释风道分为全流稀释和部分流稀释风道两种。由于成本的原因,本试验采用了部分流稀释风道。由分流管从排气管中引出一部分排气,由风机吸入空气将排气稀释后,再由真空取样泵取一定量的稀释排气,取样流量由流量

计测量,稀释排气流过滤纸后将微粒收集在滤纸上。将该滤纸在恒湿恒温(25 ℃,相对湿度50%)环境下放置 8 h 后再用电子天平称量,测得滤纸试验前后质量的变化,即微粒的质量。

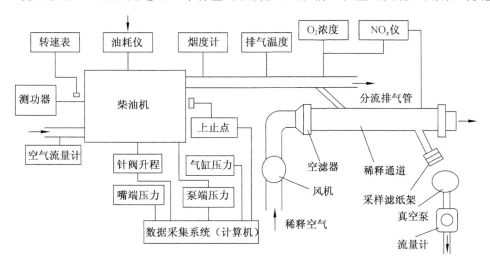

图 2　试验台架和测试系统示意图

标准状态下样气抽取量如下:

$$V_n = V_m \cdot \frac{273}{273+t} \cdot \frac{p_a}{760} \tag{2}$$

式中:V_m——实际取气量,m³;
　　　t——稀释通道出口温度,℃;
　　　p_a——大气压,kPa。

稀释率为

$$r = \frac{\text{排气管内 NO}_x \text{浓度}}{\text{稀释通道出口 NO}_x \text{浓度}} \tag{3}$$

则标准状态下排气中微粒的浓度

$$C_{PM} = r \cdot \frac{m}{V_n} \tag{4}$$

式中:m——微粒收集质量,g。

试验过程中,采用 A 重油启动,暖机后切换到乳化燃油运行。由于是船用柴油机,负荷率 L 满足螺旋桨特性

$$L = \left(\frac{n}{n_0}\right)^3 \times 100$$

式中:n——柴油机转速,r·min⁻¹;
　　　n_0——标定转速,r·min⁻¹。

由此计算得到了该柴油机的运转工况(见表3)。

表 3　柴油机运转工况计算值

负荷率/%	50	75	85	100
转速/(r·min⁻¹)	952.4	1 090.3	1 136.7	1 200.0
功率/kW	36.75	55.1	62.5	73.5

测试时,在工况稳定后记录测量值。试验结束后,将燃油从乳化油切换到 A 重油后运行一段时间再停机。

2 试验结果及分析

2.1 乳化油的稳定性及乳化油中水粒子的状态

使用乳化剂添加率分别为 0,0.5%,1%,2%,4%,水添加率为 20%,乳化时间为 30 min,观察乳化油的分离情况。当没有乳化剂时,2 h 后,大部分水产生分离。当乳化剂添加率大于 1%时,5 h 内几乎未见明显分离现象。因此,试验中所用乳化油的乳化剂添加率都为 1%。

图 3 是乳化剂添加率为 1%和 2%的两种乳化油的显微照片。由图可见:乳化剂添加率增加时,乳化油中水粒子直径较小,且分布较均匀。上述两种乳化油通过喷油压力为 32 MPa、喷孔直径为 0.38 mm 的孔式喷油器喷射后,得到喷射后的乳化燃油的显微照片如图 4 所示。喷射后,乳化油中水粒子直径减小,且分布均匀。

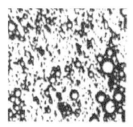

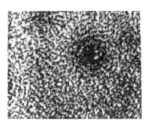
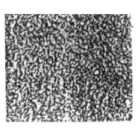

(a) 乳化剂添加率1%　　(b) 乳化剂添加率2%　　(a) 乳化剂添加率1%　　(b) 乳化剂添加率2%

图 3　喷射前乳化油的显微照片　　　　图 4　喷射后乳化油的显微照片

尽管喷射前两种乳化油中水粒子直径及分布存在差异,但喷射后的乳化油中,水粒子分布未见明显差异。由此推断,在柴油机中只要保证乳化油进入喷油器之前不产生分离,喷射后可获得水粒子直径较小且分布均匀的乳化状态。此外,提高喷射压力,则乳化油中水粒子的直径越小且越均匀。

2.2 水添加率的影响

调整柴油机的喷油定时和喷油压力到规定值(供油提前角 27° CA BTDC,喷射压力 32 MPa),改变乳化燃油中水添加率(0,10%,20%,30%,40%,50%)进行试验,测量柴油机负荷为 50%,75%,85%,100%时的性能和排放。

图 5 为不同负荷时,燃油耗和排温随水添加率而变化的关系。图 6 为不同负荷时,NO_x 排放和烟度随水添加率的变化关系。试验结果表明:随着水添加率增加,13% O_2 换算 NO_x 浓度大幅度减少,燃油耗和排温下降。但是,烟度随水添加率增加呈上升趋势,特别是水添加率大于 30%时,烟度上升较为明显。这是因为水分增加使燃烧温度下降,NO_x 浓度下降。但是,燃烧温度下降对炭烟的氧化不利,使烟度增加。使用乳化油时,一方面由于燃烧过程中水的汽化扰动促进了混合气形成,燃油中含水使局部过量空气系数增大,燃烧温度下降、冷却散热损失减少以及热裂解现象减弱等因素的作用,使燃油耗降低,炭烟生成减少;但另一方面,燃烧温度的下降不利于炭烟氧化。因此,烟度和微粒排放变化取决于这两方面因素的综合作用。

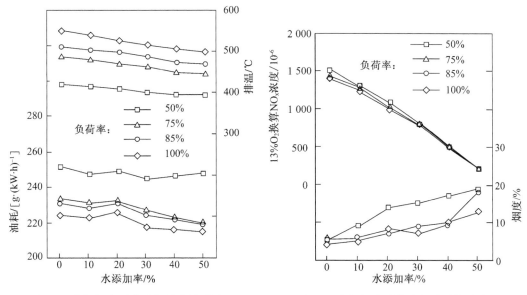

图 5 水添加率对柴油机性能的影响　　　图 6 水添加率对柴油机排放的影响

对比不同负荷下 NO_x 排放、烟度和燃油耗随乳化油中水添加率的变化曲线可见：在所有负荷下，NO_x 都随水添加率的增加呈线性下降趋势，不同负荷之间 NO_x 排放曲线的差别不明显；所有负荷下燃油耗随水添加率增加有所下降，50% 负荷的油耗较高，负荷率大于 75% 后，油耗线随负荷的增加变化不大；所有负荷下烟度随水添加率增加呈增加趋势，但高负荷率（大于 75% 时）条件下，水添加率大于 30% 时烟度才明显增加，50% 负荷时，由于燃烧温度相对较低，水添加率为 10% 时就使得烟度明显增加。因此，尽管采用乳化燃油可有效地降低燃烧温度，减少 NO_x 排放，但必须考虑到由于燃烧温度下降对烟度的负面影响。图 7 是 85% 负荷时水添加率对微粒排放的影响。随着水添加率的增加，微粒排放增加，且水添加率大于 30% 时增加速度较快，变化趋势与烟度随水添加率的变化趋势相似。

从上述结果可见，A 重油乳化燃油随着燃油中水含量的增加，燃烧温度下降，使 NO_x 排放大幅度下降。同

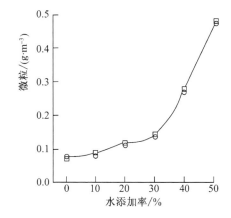

图 7 水添加率对微粒排放的影响

时由于水的汽化扰动、局部空燃比增加及冷却热损失减少等原因，使得发动机的热效率提高，比燃油耗下降。但是，燃烧温度下降对炭烟的氧化不利，特别是高水添加率、低负荷时，会引起炭烟和微粒排放明显增加。

2.3 供油提前角的影响

图 8 为负荷率为 85%、使用 A 重油时，柴油机的燃油耗、排温、烟度和 NO_x 排放随供油提前角的变化关系。推迟供油，NO_x 排放减少，但油耗和烟度上升。因此，通常在不引起油耗和烟度明显上升的情况下，尽可能用推迟供油来减少 NO_x 排放。

图 9 为负荷率 85%、采用不同水添加率的乳化油时，改变供油定时测得的 NO_x 排放和烟

度值。在使用乳化油的情况下，NO_x 排放随供油延迟而下降的规律是一致的，但在水添加率大于30%时，NO_x 排放水平较低，采用推迟供油减少 NO_x 排放的效果则明显减弱。

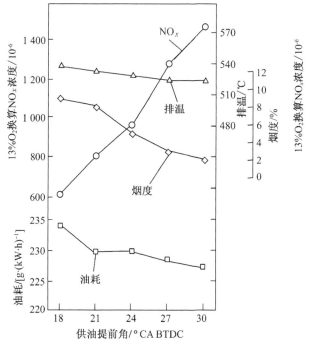

图8 供油提前角对柴油机性能及排放的影响

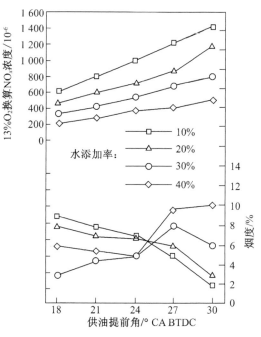

图9 燃烧乳化油时柴油机排放随供油提前角的关系

2.4 乳化燃油的燃烧过程

乳化燃油由于燃油中存在水粒子，其燃烧过程与 A 重油不同。

图10为负荷率85%时，乳化燃油中水添加率对喷油持续期、着火延迟期、最高燃烧压力和压力升高率的影响。随着水添加率的增加，喷油持续期和着火延迟期变长。水添加率增加，使单位时间内喷射的纯燃油量减少，喷射持续期延长；同时，乳化油的着火性能下降，着火延迟期延长。着火延迟期长，则预混合燃烧比例增加，最大压力升高率增加。但是当水添加率达到50%时，由于燃烧在上止点后才开始进行，尽管预混合燃烧比例大，但燃烧室容积增大，使得压力升高率反而下降。

乳化燃油燃烧时，由于水引入燃烧室，燃烧温度下降，抑制了 NO_x 排放，但引起了碳烟和微粒排放的增加。推迟喷油一般用来降低柴油机的 NO_x 排放，但会引起燃油耗、碳烟及微粒排放

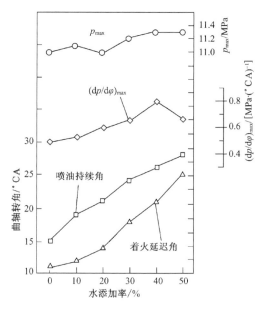

图10 水添加率对燃油喷射和燃烧过程的影响

上升。A 重油和水添加率为 10％,20％的乳化燃油的试验结果都证明了这一点。但对于水添加率为 30％和 40％的情况,尽管燃油消耗率同样是随推迟喷油而恶化,但炭烟排放呈相反的趋势,反而得到改善。这是因为水添加率大,局部燃空比小,燃烧温度低,减少了炭烟的生成;同时,后期喷油增加,后燃改善,促进了炭烟氧化。

一般认为乳化燃油改善燃油消耗率的原因有以下几点:
(1) 微爆炸促进了燃烧;
(2) 喷注动量增加促进了空气与燃油的混合;
(3) 由于燃油含水,使喷雾局部过量空气系数提高;
(4) 着火延迟期增加,预混合燃烧比例增加;
(5) 燃烧温度下降,冷却散热损失减少等。由于柴油机中喷雾油滴很细(约 30 μm)且油中水粒子也十分细小(约 0.5 μm),是否会产生通常大油滴所产生的微爆炸尚存疑问,但水的汽化确有增强扰动、促进燃烧的作用。

3 结 论

(1) 乳化燃油喷雾后油中水粒子的大小和分布不受喷雾前油中水粒子的大小及分布的影响,与喷雾之前相比,水粒子变小且分布均匀。

(2) 使用乳化燃油时,可有效地减少 NO_x 排放。随着乳化油中水添加率的增加,NO_x 排放近似呈线性下降。此外,使用乳化油可减少柴油机的燃油消耗率和排温。

(3) 使用乳化燃油会导致柴油机的烟度和微粒排放上升。特别是在小负荷和高含水量时,烟度上升较明显。因此,使用乳化燃油减少 NO_x 排放的同时,需要考虑降低柴油机烟度和微粒排放的对策。

(4) 使用乳化燃油后,喷油持续期和着火延迟期都延长,燃烧最高压力及压力升高率增加。

(5) 试验用柴油机是针对 A 重油燃料设计的,在使用乳化油时,需根据乳化油的燃烧特性,进行燃烧室和喷油系统的优化匹配,达到同时减少 NO_x 和微粒排放的目的。此外,使用乳化油对柴油机可靠性和耐久性方面的影响有待进一步研究。

致 谢

研究工作得到东京商船大学 OK ADA Hiroshi 教授的指导和内燃机实验室的支持,一并表示诚挚谢意。

参 考 文 献

[1] 傅茂林,李海林,王海等. 柴油机燃用柴油-甲醇-水复合乳化燃料的研究[J]. 内燃机学报,1995,13(2).
[2] OKADA Hiro shi,FU RUYA Ta ka shi,CHOL Choi Byo n,et al. Application of

emulsified heavy fuel to marine diesel engines [J]. Bulletion of the Marine Engineering Society in Japan,1992,20(1).

An Investigation on NO$_x$ and PM Emissions of Burning Water Emulsified Fuel in a Marine Diesel Engine

Sun Ping

(Jiangsu University)

Abstract: The characteristics of water-emulsified fuel and their effect on fuel spray, combustion and emissions in a diesel engine are investigated in this paper. The results show that the diameters of water drops in emulsions after injection are small, uniform (approximately 0.5 μm) and irrelative to the size of water drops before injection. The NO$_x$ emission, specific fuel consumption and exhaust temperature decrease with the increase of water in emulsions, but the soot and PM emissions increase when emulsions contain excessive water and on low engine load. The effects on engine performance and emissions of running parameters are also discussed.

Key words: Water emulsion fuel   Spray and combustion   Exhaust emissions

生物柴油燃烧过程内窥镜高速摄影试验研究*

王 忠　袁银男　梅德清　孙 平　历宝录

（江苏大学）

[摘要]　采用内窥镜直接高速摄影的方法，对燃烧柴油和生物柴油发动机的燃烧过程进行了试验研究，分析了柴油、生物柴油、不同比例的生物柴油/柴油混合燃料的着火延迟期、着火点位置、燃烧温度和燃烧速度的变化规律。研究结果表明：燃油喷射过程中，柴油的喷雾锥角大于生物柴油的喷雾锥角；生物柴油在预混燃烧阶段的燃烧速度大于柴油，其最高燃烧温度小于柴油。在相同工况下，生物柴油的燃烧终点早于柴油，燃烧持续期也小于柴油。燃烧生物柴油时，高转速工况下的燃烧终点对应的曲轴转角较低转速时有所增加，燃烧持续期对应的角度有所延长。

[关键词]　燃烧　高速摄影　生物柴油

生物柴油的主要成分为油酸二甲酯，来源于可再生的动、植物生物资源。植物油可以通过脂化反应生成二甲酯，动物类油脂也可以生产油酸甲酯，这类燃料的转换能耗低，来源广泛，是优良的环保型能源。

生物柴油的十六烷值和闪点较高，着火性能优于常规柴油。生物柴油是一种含氧燃料，含氧量高于常规柴油约11%，几乎不含硫，燃烧中所需的氧气量较常规柴油少，燃烧所排出的CO_2远低于植物生长过程中所吸收的CO_2，有助于降低环境中的CO_2排放和减少温室气体效应。目前，针对各种代用燃料开展的燃烧过程研究比较多，对生物柴油开展的研究工作主要集中在：生物柴油及其添加剂对柴油机性能的影响[1]；生物柴油降低排气污染物的机理研究[2,3]；生物柴油的制取工艺与应用等问题[4]。对生物柴油燃烧过程的研究还不够完善，尤其对燃料的着火、燃烧过程、燃烧温度的分布及各种因素对生物柴油燃烧过程的影响还未进行深入研究。因此，利用高速摄影的技术，开展生物柴油燃烧过程的可视化研究，对不同配比的生物柴油着火过程、燃烧过程进行分析很有必要。

1　试验设备和试验方案

试验用高速摄影机为AVL 513，使用直径为4 mm的内窥镜进行图像拍摄。为了拍摄到喷油油束和燃烧区域的图像，在缸盖上布置了两个内窥镜，一个引入光源，另一个接收光源。在内窥镜的尖部，装有导光装置，作为感光的光源。高速摄影光路如图1所示。

试验时高速摄影系统的主要参数为：曝光速率为40 kHz；图像分辨率为640×480像

---

* 本文为国家自然科学基金（503760215，50276026）和镇江市社会发展基金（SH2003045）资助项目，原载于《内燃机学报》2007年（第25卷）第2期。

素；最小曝光时间为 30 μs；闪光时间为 30 μs。

试验用柴油机型号为 490Q，标定转速为 2 200 r/min，功率为 39.7 kW。试验拍摄了 1 500 r/min 和 2 200 r/min 燃烧不同燃料时，喷油过程和燃烧过程高速照片。燃用的燃料分为 3 种：B0 为 0#柴油；B50 的燃料是由体积比例为 50% 的 0#柴油与 50% 的生物柴油混合而成的燃料；B100 为生物柴油。

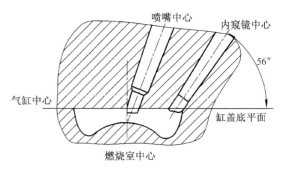

图 1　高速摄影光路图

2　试验结果分析

2.1　着火过程分析

燃料的着火延迟期对燃烧过程有很大的影响。图 2 为拍摄的 3 种燃料从喷油至着火时刻的照片。可以看出：$n=1\ 500$ r/min 时，在基本相同的曲轴转角下，B0(0#柴油)的油束雾化角度大于 B50 和 B100；生物柴油的喷雾油束的贯穿距离大于柴油。其主要原因是：生物柴油的动力黏度大于柴油，生物柴油的喷雾油束锥角小，油滴的惯性大。

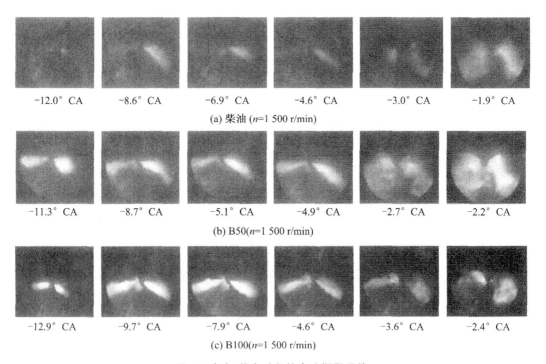

图 2　喷油、着火过程的高速摄影照片

从图 2 还可以看出：B50 燃料在上止点前 3.6°CA 时的燃烧区域的明亮程度与柴油在上止点前 1.9°CA 时的相近。燃料着火时刻比柴油有所提前，且燃烧速度比柴油快。我们认为：主要是生物柴油含氧易于着火燃烧。对应不同转速时，各种燃料的滞燃期和喷油、着火时刻见表 1。

由表 1 知:生物柴油的滞燃期比柴油的滞燃期短。转速为 1 500 r/min 时,B100 燃料的滞燃期缩短了 1.2°CA,相应的着火时刻提前了约 1.5°CA;当转速为 2 200 r/min 时,B100 燃料的滞燃期缩短了 0.5°CA,对应的着火时刻也提前了相应的角度。

表 1 不同转速下各种燃料的喷油、着火时刻、滞燃期等参数

转速/(r/min)	燃料	喷油时刻/°CA	着火时刻/°CA	滞燃期/°CA
1 500	B0	−15	−3.0	12.0
	B50	−15	−3.8	11.2
	B100	−15	−4.2	10.8
2 200	B0	−15	−3.0	12.0
	B50	−15	−3.3	11.7
	B100	−15	−3.5	11.5

2.2 着火点位置

图 3 是 3 种燃料着火时刻的高速摄影照片。可以看出 3 种燃料的着火时刻、着火点的数目和着火点的位置均有所不同。柴油的着火点比较少,且大量的着火点出现在燃油喷注的周围和靠近缸盖的位置;生物柴油的着火点则较多,主要分布在燃油喷注周围和上、下两侧,且在燃油喷注的内部也有着火点。从图 3 中还可以看出:在整个燃烧室中,右侧的着火点较多。这是因为,右侧为柴油机的进气门,进气涡流的速度较大,使得右侧燃料和空气的混合较充分,容易达到着火条件。此外,柴油燃烧的燃烧边界形状比较规则,而 B50 和 B100 生物柴油的燃烧边界面形状不规则。

生物柴油是含氧燃料,在相对于柴油缺氧的局部区域,生物柴油却可以达到着火的条件。生物柴油的十六烷值大于柴油,生物柴油含烷烃、特别是正烷烃较多,而正烷烃具有长键、单键结构,化学键能较低,易于断裂,自燃性能较好;生物柴油中氧的存在,起到了助燃的作用,可以形成以氧原子为中心的含氧活性中心,生物柴油易于着火。

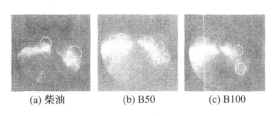

(a) 柴油　　(b) B50　　(c) B100

图 3 着火点位置

2.3 燃烧速度分析

对生物柴油燃烧速度的研究,国内外相关的资料较少。通过对不同曲轴转角的燃烧过程照片分析,可以研究燃料的燃烧速度。在上止点时,各种燃油的燃烧区域都没有完全充满整个燃烧室,柴油的燃烧没有到达燃烧室壁面,但 B50 和 B100 生物柴油的燃烧已经部分到达了燃烧室壁面。相同转速时,生物柴油的燃烧区域的面积大于柴油的燃烧区域的面积;相同燃料时,高转速工况时的燃烧区域的面积大于低转速的燃烧区域的面积。这说明了生物燃料的十六烷值提高,使得生物柴油在早期预混燃烧阶段的燃烧速度大于 0#柴油。由表 2 可以看出,生物柴油的平均燃烧速度大于柴油。当转速为 1 500 r/min 时,约高于

9.7%；当转速为 2 200 r/min 时，约高于 15.1%。

表 2　平均燃烧速度

转速/(r/min)	燃　料	平均燃烧速度/(m/s)
1 500	B0	44.5
	B50	48.8
	B100	50.7
2 200	B0	55.5
	B50	63.9
	B100	65.6

2.4　燃烧结束时刻的分析

从图 4 中可以看出：在上止点后 13°CA 左右，燃烧区域的明亮程度和面积均有所减小，3 种燃料的燃烧结束所对应的曲轴转角不同。

随着燃料中生物柴油含量的增加，燃烧开始熄灭的时刻推迟；转速升高，开始熄灭的时刻也推迟。主要因为在扩散燃烧阶段，生物柴油与空气反应的速度较慢，生物柴油的扩散燃烧速度小于柴油的扩散燃烧速度。转速升高，必然使燃烧过程经历的曲轴转角增大，因此熄火时刻对应的曲轴转角也必然增大。另外，从图中可以看出，3 种燃料熄灭的位置均从右侧开始，且右侧的燃烧较为激烈，其亮度大于左侧。主要因为：右侧为进气门侧，进气涡流的速度较大，使得右侧燃料和空气较容易混合，燃烧情况较左侧好，急剧燃烧由右侧向左侧进行。试验 3 种燃料的燃烧结束过程基本一样，右侧燃烧首先开始熄灭，随后熄灭的面积渐渐增大，并向左侧扩展，直到气缸内的燃烧全部结束。表 3 中列出了不同转速、不同燃料的一些燃烧过程的参数。从表 3 中可以看出：生物柴油的燃烧持续期小于柴油；高速时以曲轴转角计算的燃烧持续期有所延长。

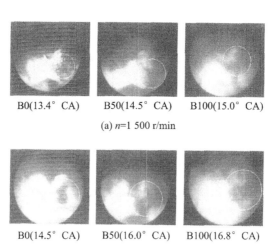

B0(13.4°CA)　B50(14.5°CA)　B100(15.0°CA)

(a) n=1 500 r/min

B0(14.5°CA)　B50(16.0°CA)　B100(16.8°CA)

(b) n=2 200 r/min

图 4　燃烧熄灭过程的高速摄影照片

表3 不同转速下的燃烧参数

转速/(r/min)	燃料	着火点/°CA	燃烧终点/°CA	燃烧持续期/°CA
1 500	B0	−3.0	40.4	43.4
	B50	−3.8	38.8	42.6
	B100	−4.2	37.2	41.4
2 200	B0	−3.0	47.1	50.1
	B50	−4.3	42.8	47.1
	B100	−3.5	45.3	48.8

3 燃烧温度分布分析

通过对不同燃料的示功图测量,计算得到气缸内的平均燃烧温度随曲轴转角的变化规律[5],按照对应的曲轴转角计算该时刻气缸内的平均燃烧温度。根据对应的曲轴转角的照片,运用 Photoshop 软件,采用双色法对图片进行处理,得到了该时刻燃烧室内温度的云图,如图5所示。由图5可以看出:3种试验燃料在燃烧室中心区燃烧的温度都比较高,随着燃烧的进行,中心区的温度进一步提高,在11°CA左右,已经达到了1 800 ℃左右。燃烧的温度从中心向外迅速降低,在气缸壁处降到了200 ℃左右,温度梯度较大。高转速时最高燃烧温度稍高,高温燃烧的区域(1 500 ℃以上)面积在相同曲轴转角下时较大。比较在相同曲轴转角下,生物柴油高温燃烧(1 500 ℃以上)的面积都明显大于柴油的,最高燃烧温度也大于柴油。在对应的曲轴转角下,生物柴油燃烧的温度梯度大于柴油燃烧的温度梯度,其中B100的燃烧温度大于B50的燃烧温度。

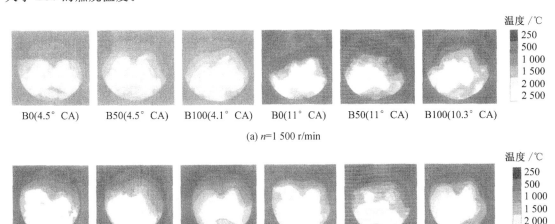

图5 燃烧温度分布

4 结 论

(1) 柴油的喷雾油束锥角大于 B50 和 B100 生物柴油,生物柴油的喷雾油束贯穿距离大于柴油。

(2) 生物柴油为含氧燃料,氧的存在促进了燃烧,使得生物柴油在预混燃烧阶段的燃烧速度大于柴油。

(3) 在相同的工况下,生物柴油的燃烧速度要大于柴油,生物柴油的燃烧终点早于柴油,燃烧持续期也小于柴油。燃烧生物柴油,高转速工况下的燃烧终点较低转速燃烧终点延迟,燃烧持续期有所延长。

参 考 文 献

[1] Serdari A, Fragioudakis K, Kalligeros S, et al. Impact of using biodiesels of different origin and additives on the performance of a stationary diesel engine[J]. Journal of engineering for gas turbines and power, 2000, 122(4).

[2] 袁银男,江清阳. 柴油机燃用生物柴油的排放特性研究[J]. 内燃机学报,2003,21(6).

[3] 王忠,袁银男,厉宝录,等. 生物柴油的排放特性试验研究[J]. 农业工程学报,2005,21(7).

[4] 葛蕴珊. 生物柴油在柴油机中的应用研究[J]. 内燃机工程,2004,25(2).

[5] 张恬. 生物柴油燃烧放热规律的研究[D]. 镇江:江苏大学,2004.

Experimental Study on Combustion Process of Bio-Diesel Fuel with End Scope High Speed Photography

Wang Zhong　Yuan Yinnan　Mei Deqing　Sun Ping　Li Baolu

(Jiangsu University)

Abstract: Combustion process of engine operating on diesel fuel and bio-diesel was studied by end scope high-speed photography. Ignition delay, position of ignition, gas temperature and combustion speed were analyzed. The study shows that the spray angle of diesel fuel is larger than that of bio-diesel fuel. Combustion temperature and speed of bio-diesel fuel in the premixed combustion period is higher than that of diesel fuel. Combustion completes early in the case of bio-diesel fuel along with shorter combustion duration. When bio-diesel fuel operates on high-speed condition, combustion duration will be extended.

Keywords: Combustion　High-speed photography　Bio-diesel fuel

基于转矩的柴油机高压共轨系统控制算法开发[*]

杭 勇　龚笑舞　王 伏　胡 川

（无锡油泵油嘴研究所）

[摘要]　利用标准的 V 型开发流程和相应开发工具，设计开发了基于转矩的柴油机高压共轨系统控制算法，重点开发了全新的以转矩为控制目标的算法架构。首先在 MATLAB/Simulink 环境下进行了详细的算法设计，完成了算法快速原型验证、代码自动生成、系统集成、发动机与整车标定试验等工作，并建立了软件数据标定流程。实车测试表明：基于转矩的柴油机高压共轨系统控制算法有利于满足发动机和整车的匹配要求，缩短标定时间，同时为整车网络化集成控制打下基础。

[关键词]　柴油机　高压共轨　转矩　算法

汽车工业日益严格的排放法规及对安全和舒适性的更高要求，整车上电控单元越来越多，如 AMT、ABS、ESP 等。这些控制节点以转矩、转速为接口对发动机提出控制需求，发动机控制单元必须协调各类转矩、转速需求，控制动力输出，以保证车辆运行的动力性、安全性及平顺性。

V 型开发模式以其开发周期短、开发成本低等优点成为当今汽车电控系统软件主流开发模式。本文首先在 MATLAB/Simulink 环境下进行了算法架构及各个功能模块的详细设计，采用以 MicroAutobox 为原型控制器的 Bypass 技术对算法进行了快速原型验证，利用 TargetLink 工具将算法从 Simulink 模型生成产品级代码，集成到我公司开发的柴油机电控高压共轨系统软件架构中，进行硬件在环测试和发动机台架测试，最后进行了整车标定试验。

1　算法设计及快速原型验证

1.1　算法架构及详细设计

基于转矩的共轨控制算法以转矩作为发动机控制系统与外部控制系统的接口变量，发动机控制系统协调各种转矩需求后，通过对进排气、燃油喷射系统的精确控制，进而精确控制发动机的输出转矩。

从驾驶员油门变化，到得出发动机喷射系统油量要求，一般需要经历以下三个逻辑计算过程：一是将油门位置转化为变速箱输出端的驱动转矩要求，同时考虑其他车身节点转矩要求；二是将变速箱输出端的转矩要求通过档位系数转化为离合器输入端的转矩或者曲轴输出端的

---

[*]　本文原载于《现代车用动力》2009 年第 2 期。

转矩，同时考虑车辆附件对发动机的转矩要求，最终得到发动机有效转矩的目标值；三是考虑发动机的机械损失转矩及供油泵的消耗转矩等，并将最终目标转矩转化为喷油量。

基于以上思路，基于转矩的共轨系统控制算法结构如图1所示。

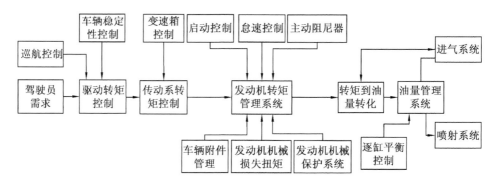

图1　基于转矩的共轨系统控制算法结构图

基于转矩的共轨控制算法的开发遵循自上而下，逐步细化的过程。基于转矩的控制算法主要功能模块包括：

（1）发动机状态控制模块。其功能是根据油门、转速等判断发动机当前所处的状态。

（2）启动控制模块。其功能是计算发动机处于启动状态下的转矩需求。

（3）怠速控制模块。其功能是对发动机处于怠速状态进行控制。

（4）驱动转矩计算模块。其功能是计算驾驶员的需求转矩。

（5）发动机摩擦损失转矩计算模块。其功能是计算发动机的摩擦损失转矩。

（6）供油泵消耗转矩模块。其功能是计算供油泵所消耗的发动机输出转矩。

（7）发动机机械系统保护模块。其功能是为防止发动机支撑件、凸轮轴、曲轴等机械实物的损伤，对发动机目标转矩进行限制。

（8）转矩管理模块。其功能是根据发动机的运行状态，综合实现其他功能模块的发动机内部转矩要求值、修正值和限制值，计算发动机指示转矩要求的目标值。

（9）主动防抖模块。其功能是软件自动调整输出转矩，消除因换挡等情况下车辆驱动系振动引起的转速变化。

（10）转矩到油量转换计算模块。将目标转矩转化为油量，以精确输出驾驶员需求转矩。

基于转矩的柴油机高压共轨系统控制算法的Simulink详细设计如图2所示。

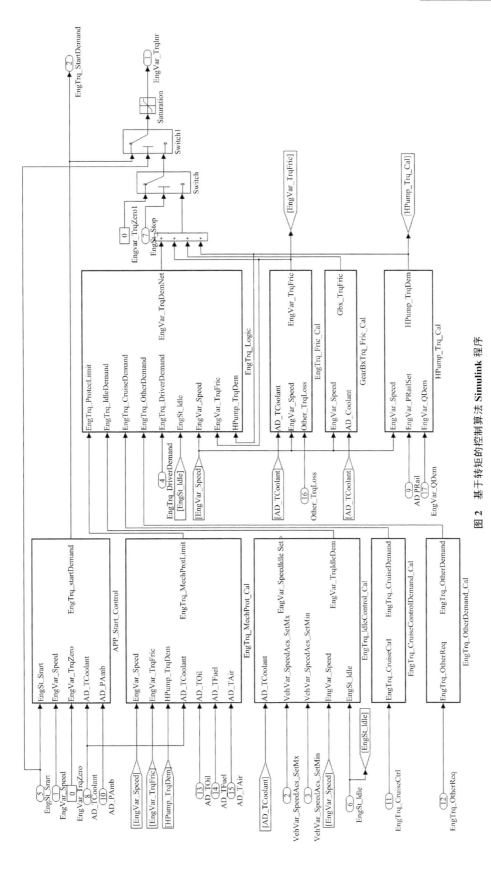

图 2 基于转矩的控制算法 Simulink 程序

1.2 快速控制原型验证

1.2.1 关键数据的标定

在进行快速控制原型验证之前,需要对关键数据进行计算及准备。

首先准备发动机净输出转矩表格,可以直接从发动机主机厂获取;其次采用等油耗线法对发动机的机械损失转矩进行测定;然后对等油耗线数据进行插值,得到柴油机在不同水温和转速工况下的机械损失转矩;最后对转矩到油量的转换表格进行标定。发动机的指示热效率为

$$\eta_{it} = \frac{3.6 \times 10^3 P_i}{B \times H_u} \quad (1)$$

每缸喷油量 $Q(\mathrm{mm}^3)$ 与指示燃油消耗率之间的关系为

$$Q = \frac{5.56 b_i P_i}{\rho n} \quad (2)$$

式中:P_i——指示功率,kW;

B——小时油耗,kg/h;

H_u——燃料的低热值,kJ/kg;

b_i——燃油消耗率,kg/(kW·h);

ρ——燃油密度,g/cm³;

n——发动机转速,r/min。

指示功率的计算公式为

$$P_i = \frac{T_{tq} n}{9\,550} \quad (3)$$

式中:T_{tq}——指示转矩,N·m。

由式(1)~(3)得

$$Q = \frac{2.1 T_{tq}}{\rho \eta_{it}} \quad (4)$$

由式(4)可知,每缸喷油量与指示转矩之间的关系只和燃油密度、指示热效率有关。根据以上原理,制订实验方案:记录不同转矩、不同转速下的油耗、功率,根据式(4)计算对应指示转矩下的油耗,从而得到转矩油量转化关系。

1.2.2 快速控制原型平台

采用以 MicroAutobox 为原型控制器的 Bypass 技术对基于转矩的控制算法进行快速控制原型验证。Bypass 技术原理图如图 3 所示。

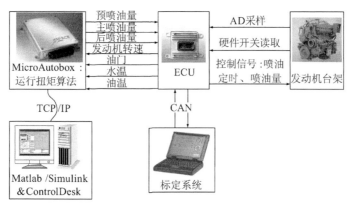

图 3 Bypass 技术原理图

将在 Matlab/Simulink 中设计的基于转矩的共轨控制算法通过 RTI 接口下载到原型控制器中运行,信号的采集及处理、喷油器及油泵驱动由现有高压共轨系统 ECU 进行,原型控制器、ECU 及上位机的标定系统通过 CAN 总线进行连接,进行数据传输。

发动机台架的快速原型试验完成了所有基于转矩的控制功能验证及控制参数的初步标定工作,为产品代码生成提供依据。

2 自动生成代码及系统集成

在完成基于转矩的控制算法快速原型验证的基础上,需要将在 Simulink 设计的控制程序针对目标控制器生成产品级代码。本项目采用 dSPACE 公司的 TargetLink 工具完成模型转化、数据定标及产品级代码生成。基于转矩的核心共轨控制算法软件模块如图 4 所示。在 Tasking IDE 中,将生成的代码和原有共轨系统控制软件进行集成,如图 5 所示。

图 4 基于转矩的控制算法体系结构

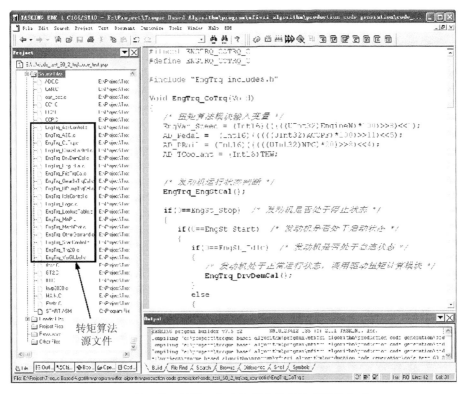

图 5 基于转矩的控制算法与原有共轨控制软件集成

3 试验及数据标定

在完成代码集成后,需要经过硬件在环测试、台架测试及整车测试对基于转矩的控制算法进行验证,对基础 MAP 表进行进一步标定,以保证此算法能满足实际应用的需要。

3.1 硬件在环测试

发动机仿真平台基于美国国家仪器公司的软硬件自主搭建,在该测试平台上进行算法的启动、怠速、油门控制、加速、转矩限制等各工况的软件功能测试试验,验证控制算法的功能,修改生成代码中存在的一些错误。在进行硬件在环测试平台的功能试验后,进入发动机台架实验阶段。

3.2 台架测试

试验用发动机为锡柴 6DF2-24 柴油发动机,加装了我公司开发的高压共轨系统,使用水力测功机,在测试过程中,使用烟度仪对排放烟度进行了测试,台架试验主要标定了发动机启动、怠速控制、动力性等。

图 6 所示为发动机启动过程,在 ECU 完成判缸识别后,在一秒钟内,转速迅速达到目标怠速 600 r/min,并能迅速稳定下来,过冲在 30 r/min 以内,启动到怠速状态的过渡很平稳,没有跳跃。图 7 为发动机转矩到油量的转化 MAP,通过此 MAP 图可以看出来,在 1 400 r/min 左右(红线标注的位置),输出相同的转矩,消耗的油量比较低,可以判断此段为经济转速点。

通过发动机台架标定试验,发现转矩算法在标定流程上相比油量算法区别比较大,首先转矩算法可以直观地得到发动机驱动转矩,试验中可直接对比此转矩与测功机显示转矩进行标定;其次,在使用油量算法进行标定过程中,单纯只能对总油量进行标定,无法区分总油量中包含的驱动油量和机器损耗油量,而在转矩算法中,清楚地将转矩分为摩擦损失转矩、泵驱动转矩及发动机输出转矩,并可以对其分别进行前期数据准备和标定;再次,可以根据发动机不同工况下的机械和燃烧效率,对转矩到油量的转化表格进行标定,提高了油量输出的精度;最后,在转矩算法中,如果需要添加外围设备或是发动机型号发生变化,需要重新标定的 MAP 表比油量算法减少很多。总结得到如图 8 所示的基于转矩的控制算法发动机标定步骤,在完成相关基础数据准备后,整机标定就相对简单了。

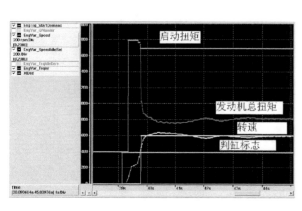

图 6 发动机启动过程

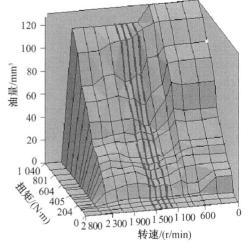

图 7 发动机转矩到油量转换 MAP 图

图8 基于转矩的控制算法标定步骤

3.3 整车实验

在进行完发动机台架试验后,利用一汽集团公司的试验用轻型卡车进行了车辆标定和道路试验,标定内容主要为起步、动态加速过程、主动防抖控制等。

主动防抖控制(Adaptive Surge Control,ASC)功能主要的功能是对由于驱动系干扰造成的转矩突变进行滤波和补偿,从而降低发动机转速的抖动,提高车辆运行的平顺性。

图9显示了基于转矩的控制算法中的ASC功能相对原基于油量的控制算法在带档加速过程中对发动机转速抖动的抑制。上半部分图为基于油量的控制算法下的转速抖动情况,下半部分为基于转矩的控制算法下的转速抖动情况,可以看出在加速过程中,使用ASC功能后明显改善了转速波动。

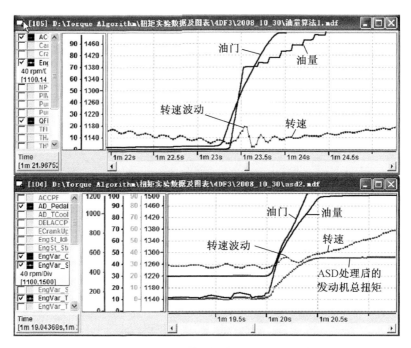

图 9　油量与扭矩算法带档急加速过程比较

经过整车路试,验证了基于转矩的控制算法在基本性能上已经达到整车控制要求,并且相对于原来的基于油量的控制算法,转矩算法在发动机型号变化的情况,修改标定数据的工作量要小很多,摩擦转矩,高压泵转矩和驱动转矩三张 MAP 表的转矩值修改相对于原基于油量的控制算法中的油量表格的修改更加直观。

4　结　论

基于转矩的柴油机高压共轨系统控制算法直接把发动机整机出厂时的外特性数据及调速特性数据作为算法的核心数据,通过电控方式实现柴油发动机的调速特性。同时将发动机运转过程中的消耗和输出都抽象成对应的需求转矩值,这样在变更发动机型号,或增加发动机的功能,以及机械老化的修正都可以通过加减一定转矩来体现。整个控制算法可以做成一个模块集成到原高压共轨系统软件架构中,发动机功能的加减,不同发动机的转矩标定只需要增加对应的模块或是修正对应的模块就可以实现,而无须去修改其他的模块,这极大地方便了此算法的标定工作以及在此算法基础上的后续开发工作。

基于转矩的柴油机高压共轨系统控制算法提供转矩作为发动机控制单元与整车各控制节点(如 ABS、EPS、AMT 等)的接口,有利于整车厂集成各节点 ECU 形成整车网络。发动机控制单元协调各类转矩需求,控制动力输出,保证了车辆运行的动力性、安全性及平顺性。

V 型汽车电控系统开发模式为基于转矩的柴油机高压共轨系统控制算法提供了完善的开发流程,缩减了开发周期,降低了开发成本。

参 考 文 献

[1] dSPACE User's Manual. dSPACE Corp. 2001
[2] Target Link Advanced Practices Guide. dSPACE Corp. 2005
[3] Andreas Greff, Torsten Günther. A new approach for a Multi-Fuel Torque-Based ECU concept using automatic code generation. SAE, 2001, Paper No. 2001-01-0267.
[4] Heintz N. Mews M, Beaumont A J. An Approach to Torque-Based Engine Management Systems. SAE, 2001, Paper No. 2001-0-0269.
[5] 杭勇,刘学瑜. 利用自动代码生成技术实现柴油机电控系统控制算法的开发. 内燃机工程,2005,26(2).

Torque-Based Control Algorithm Development for High Pressure Common Rail System of Diesel Engine

Hang Yong　Gong Xiaowu　Wang Fu　Hu Chuan

(Wuxi Fuel Injection Equipment Research Institute)

Abstract: This paper developed torque-based control algorithm for high pressure common rail system of diesel engine using V-cycle development mode, with its emphasis on the developing of torque-oriented algorithm architecture. The detailed control algorithms were first designed in MATLAB/Simulink, then through rapid control prototyping validation, code generation, system integration, and engine and vehicle calibration. Vehicle test results indicate that torque-based control algorithms make the matching and calibration between engine and vehicle easier, also make it feasible for vehicle network control.

Key words: Diesel engine　Common rail system　Torque　Control algorithm

通用小型汽油机油气混合两相流动分析与低排放研究[*]

刘胜吉[1]　田　晶[2]　王　建[1]

（1. 江苏大学；2. 徐州工程学院）

[摘要]　为降低通用小型汽油机尾气排放，满足美国 EPA 法规限值，研发低排放通用小型汽油机产品，该文以 168F 汽油机为例应用 Fluent 工程软件建立了汽油机进气系统油气混合的两相流动模型，模拟计算化油器结构参数变化对汽油机不同工况油气混合浓度的变化规律，依据欧美现行排放法规的试验方法，分析通用小型汽油机排放生成机理，得出了低排放汽油机油气混合浓度的变化特性，即随着汽油机负荷的减少，混合气浓度值需逐渐变稀，据此计算得出化油器参数匹配方案。用 168F 汽油机对优化的化油器匹配方案进行了试验，NO_x 的排放较原机下降了 35.4%；HC 的排放下降了 20.3%，样机的排放达到了美国 2012 年计划执行的排放限值。

[关键词]　两相流　发动机　排放控制　混合气浓度　匹配

随着经济的快速发展，人们对环境问题日益重视。在全球车用动力尾气排放不断严重的趋势得到有效控制的同时，非道路动力机械的排放控制日益凸显，通用小型汽油机全世界年产量有 5 000 多万台[1]，主要用于家庭、社会的移动式小型机械动力，如园林机械、小型移动电源、小型工程机械等。美国 2003 年的排放污染源调查表明，在车用及非道路用机械的总排放量中，约 21% 的 CO、16% 的 HC 排放来自通用小型汽油机动力[2]。近几年中国通用小型汽油机快速发展，已是小型汽油机生产大国[3]，通用小型汽油机年产量占世界总产量的 1/3 以上，且 80% 以上出口国外，美国、欧盟等国是主要出口国，因此产品必须满足欧美的排放法规[4]。目前中国生产的通用小型汽油机大多已通过出口国排放法规的认证[5]，但批量生产的汽油机满足美国 EPA 和欧盟第Ⅱ阶段排放法规限值目前仍存在一定的困难。美国在 2011 年开始实施更为严格的通用小型汽油机第Ⅲ阶段排放法规，因此降低小型汽油机排放是目前企业亟待解决的难题。基于机器结构及使用特点，目前 98% 以上的通用小型汽油机仍使用化油器供油[6]，中国已开展了一些试验研究工作[7,8]，但对小型汽油机油气混合过程的机理研究甚少。本文以 168F 汽油机用化油器为对象，通过模拟分析和试验验证，对通用小型汽油机进气过程油气混合中油气两相流动的相互作用进行分析，探讨不同工况时油气混合气浓度的变化规律，给出进一步降低排放的方法与措施。并试图通过计算分析来减少试验工作量。

---

[*] 本文为江苏省科技成果转化项目（BA2007086）基金资助项目，原载于《农业工程学报》2011 年（第 27 卷）第 6 期。

1 汽油机化油器的三维模型建立

图1是168F汽油机用化油器结构,它是典型四冲程通用小型汽油机用浮子式化油器,主要有主供油系和怠速供油系两部分,汽油机工作时根据负荷大小节气门有一定的开度,进入气缸的空气经过喉口时产生一定的真空度,燃油经浮子室内的主供油量孔从主喷口喷出与空气混合,主供油系工作;在低怠速工况,节气门接近全关,主喷口处真空度小而不供油,燃油通过怠速油量孔从怠速喷口处供油。

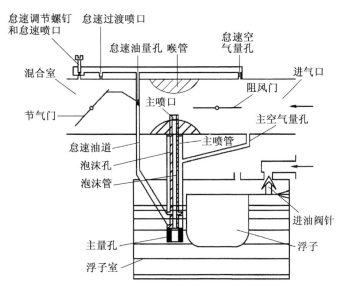

图1 168F汽油机用化油器结构示意图

油气两相流动的分析使用Fluent工程软件计算完成,在建立三维流动模型时,以化油器的进气喉管和进气流道作为空气流场的主体,主供油系流道由经主供油量孔的燃油和主空气量孔的空气混合后在气流喉口处的主喷管喷出,在建模时根据泡沫管的功能,将泡沫管与主空气量孔合并,通过调节主空气量孔的尺寸改变泡沫管露出油面高度代之。对怠速供油系,由于怠速油量孔的位置和长度对化油器油气两相流混合没有影响,将整个怠速油道的直径设为怠速油量孔的直径,流经怠速油量孔的燃油和怠速空气量孔的空气混合由怠速喷口和(或)怠速过渡喷口进入进气流道的流场中进行油气混合,形成图2所示的三维流动计算模型。

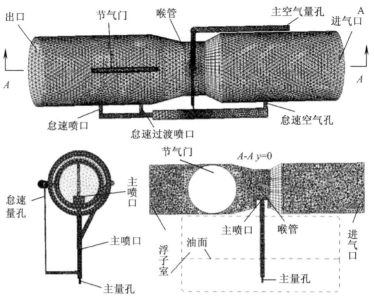

图 2　168F 汽油机用化油器三维模型

2　进气过程油气混合两相流动的计算分析

模拟计算工况确定为美国、欧盟排放法规试验循环的工况点,即为在一定转速(标定转速或最大扭矩转速)的负荷特性上的不同负荷工况;按汽油机进气过程确定初始、边界条件,模拟初始、边界条件由试验所测压力值经计算给出。试验测量了化油器进气入口、喉管、出口的压力,所测压力变化如图 3 所示。由于所测压力为发动机工作过程中进气管的平均压力,而模拟的是汽油机进气过程的油气混合,所以需要根据测量压力值、测得的过量空气系数、小时耗油量等计算充量系数[9],给出进气过程的压力值。

通用小型汽油机化油器腔内油气混合的两相流流速较低,可以看作是不可压缩流动,故模拟计算选择分离求解,湍流模型选择 k-ε 方程模型;化油器腔内模型设定为 Mixture 两相流模型,其边界条件定义

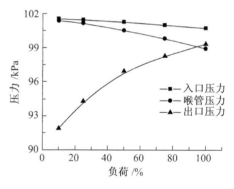

图 3　168F 汽油机化油器的进气道实测压力

为 3 个压力入口(inlet-1:进气入口;inlet-2:主供油量孔,即进油孔;inlet-3:主空气量孔)和一个压力出口(outlet:出口)。其中 inlet-1 和 inlet-3 在同一平面,所以压力值相等;inlet-2 的压力 $p_{\text{in-2}} = p_0 + \rho g h$,$h$ 为浮子室内主量孔到液面的距离,p_0 为大气压力(Pa),ρ 为汽油的密度(kg/m³),g 为当地的重力加速度($g = 9.81$ m/s²)。

计算模型中给定化油器主要参数设计尺寸方案,如主供油量孔、主空气量孔、泡沫管参数等,用三维模型就能计算得出化油器内三维流场油气混合的气液两相流动的流场变化,如速度场、压力场、浓度场等。图 4 给出了用 168F 汽油机化油器的原机参数计算得出的 100% 负荷的速度场和 50% 负荷的油气浓度场,对流场分析得出汽油流量和空气流量,从而得出该工况

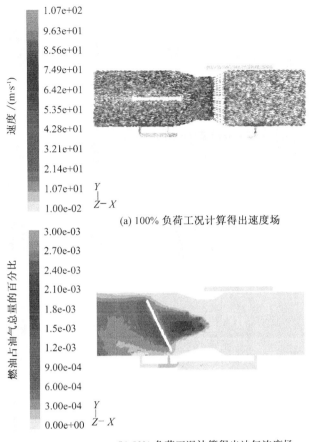

(a) 100%负荷工况计算得出速度场

(b) 50%负荷工况计算得出油气浓度场

图4 168F汽油机进气过程油气两相流场计算结果示例

的油气混合比。不同负荷工况的进气量不同,它是由节气门开度确定,所以对不同的负荷做出不同的节气门开度的模型,负荷变化的节气门开度参考文献[10]的试验结果给出。对不同化油器主要参数设计尺寸方案进行模拟能得出汽油机油气两相流的流场变化,从而通过计算得出油气混合比随不同负荷工况的变化。用168F汽油机化油器的原机参数进行计算,对计算模型完善,与汽油机台架试验结果比对,计算精度达到工程实用要求。图5是计算与试验的油气混合比结果对比,本文的图表中的油气混合比用过量空气系数表示。

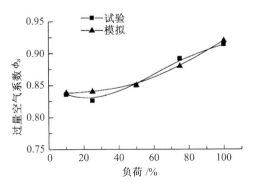

图5 过量空气系数的模拟计算与试验结果对比

3 化油器设计参数的优化与整机试验

通用小型汽油机在不同工况下对混合气的浓度有一定的要求:当节气门接近全开或全负荷时,汽油机缸内温度高,为保证较好的动力性,以及降低 NO_x 排放,应供给较浓的混合气;而当汽油机在部分负荷运行时,汽油机缸内温度较低,NO_x 的排放较少,适当增大过量空气系数,提供较稀的混合气能有效降低 HC 和 CO 排放[11]。

欧美排放法规的试验工况及试验结果计算整机排放的加权系数也影响化油器供油特性的匹配要求,表1是美国EPA的试验循环[12](美国简称A循环、B循环;欧盟用G1、G2循环[13]表示,工况点分别相同)的工况及加权系数值,表中同时给出一样机试验结果计算各工况排放对整机排放值的分担率[14]。

表 1 美国 EPA 通用小型汽油机排放试验循环

转速	工况	负荷/%	加权系数/%	CO 分担率/%	NO_x 分担率/%	HC 分担率/%
A(中间转速);B(额定转速)	1	100	9	15.5	30.4	12.2
	2	75	20	26.2	33.6	20
	3	50	29	31.3	25.5	31.3
	4	25	30	21.6	9.2	28.7
	5	10	7	3.8	1.1	5.5
怠速	6	0	5	1.7	0.2	2.3

由表1可知,低排放汽油机的理想化油器供油特性的变化趋势是大负荷工况用较浓混合气,小负荷应该用较稀混合气,这与前述的污染物生成机理对混合气浓度要求相同。化油器设计的关键是如何根据化油器的工作原理,对化油器的主要参数设计尺寸方案进行多方案模拟,量化混合气浓度随负荷的变化,寻找参数组合的变化规律。经多方案单参数和多参数组合计算寻找优化参数组合,图6给出3个典型方案的计算结果,分析说明如下:

方案1是原机化油器原始参数匹配方案;方案2是在原机化油器上增大主空气量孔孔径,同时增大主量孔孔径并改变泡沫管参数,泡沫管上部孔的面积增大,孔的位置略有下移;方案3是在方案2的基础上再增大主量孔孔径和主空气量孔孔径,增大原泡沫管上部2排孔的孔径。因为增大主空气量孔使汽油机混合气浓度变稀,同时增大了泡沫管的稀化作用,使小负荷混合气变稀,加大主供油量孔使标定点混合气浓度在合适范围,结果参数组合优化,方案3较方案1相比,空气量孔加大56%,供油主量孔加大了约12%,方案3更符合化油器理想供油特性曲线。

将模拟所选出的方案3进行试制,并与原机方案1进行汽油机排放试验对比。试验在同一台汽油机上按表1中的B循环进行,标定功率为4.0 kW,转速为3 600 r/min,过量空气系数用废气分析法求

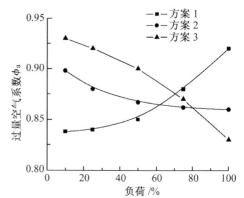

图 6 168F 汽油机各化油器参数匹配方案模拟结果对比

得,用排放测量数据在计算整机排放时得出。方案 3 与原机方案 1 的试验结果对比如图 7 和表 2 所示,图 7 给出了混合气浓度随负荷的变化,与计算结果基本一致;表 2 是排放试验结果,两种方案均满足 EPA 第Ⅱ阶段排放法规要求,但方案 3 初次试验结果已满足 EPA 第Ⅲ阶段排放法规[15]要求。方案 3 的 CO 的排放虽然比方案 1 略高,但是仍然在排放限值范围以内,且 NO_x 的排放有较明显的改善,方案 3 较原机的 NO_x 排放下降了 35.4%,HC 的排放下降了 20.3%。

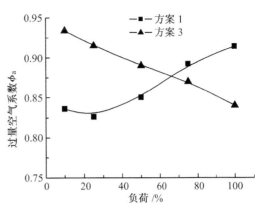

图 7 不同方案化油器的汽油机试验结果

表 2 不同方案化油器的汽油机排放试验值

方案	排放试验结果/(g·kW^{-1}·h^{-1})			
	CO	HC	NO_x	HC+NO_x
方案 1	316.1	6.36	5.43	11.79
方案 3	330.8	5.07	3.51	8.58
EPA 第Ⅲ阶段限值	610			10.0

4 结 论

(1) 应用流体工程软件建立的小型汽油机两相流动油气混合计算模型能对汽油机的过量空气系数定量计算,可用于汽油机与化油器结构参数的匹配优化,计算结果能指导通用小型汽油机的化油器匹配。

(2) 对欧美现行排放法规进行分析研究表明:低排放通用小型汽油机要求的化油器供油特性是兼顾汽油机动力性、NO_x 排放值适当来确定标定工况混合气浓度,负荷特性上随负荷减少混合气浓度需逐渐变稀。

(3) 通过计算分析,得出满足 168F 汽油机性能与低排放要求的化油器供油特性的匹配方案;用优化方案试验,168F 汽油机的 NO_x 的排放较原机下降了 35.4%,HC 的排放下降了 20.3%,样机排放达到了美国 2012 年计划执行的排放限值。

参 考 文 献

[1] 中华人民共和国商贸部.出口商品技术指南:小型汽油机和柴油机[Z].2005-11-08.

[2] U. S. Environmental Protection Agency, Reducing Air Pollution from Nonroad Engines, Air and Radiation. EPA420-F-03-011[Z], April, 2003.

[3] 王红凌,黄克非,戎象馨.通用小型汽油机 60 年回眸[J].小型内燃机与摩托车,2008, 37(5).

[4] 王召兵,倪成茂. 通用小型汽油机美国 EPA 排放法规介绍[J]. 小型内燃机与摩托车,2007,36(6).

[5] 贾滨,林漫群,孙亚琴. 通用小型汽油机 EPA 认证策略研究[J]. 摩托车技术,2005(8).

[6] U. S. Environmental Protection Agency, Control of Emissions from Marine SI and Small SI Engines, Vessels, and Equipment-Draft Regulatory Impact Analysis, EPA420-D-07-004 [EB/OL], http://nepis. epa. gov,2007-04.

[7] 徐小平. 化油器对通用小型汽油机排放的影响及质量控制[J]. 摩托车技术,2005(8).

[8] 王金磊,刘峰,王璐. 点火能量对通用小型汽油机排放性能影响的研究[J]. 小型内燃机与摩托车,2009,38(1).

[9] 胡鹏,刘胜吉,王建. 通用小型汽油机充量系数的试验方法研究[J]. 小型内燃机与摩托车,2008,37(4).

[10] H. P. 伦茨. 汽油机混合气形成,内燃机全集(新版)第 6 卷[M]. 倪计民译. 上海:同济大学出版社,1998.

[11] 刘胜吉,王建,方宝成. 满足欧美排放法规的通用小型汽油机供油系统优化匹配[J]. 小型内燃机与摩托车,2008,37(1).

[12] U. S. Environmental Protection Agency. Title 40:Protection of Environment Part 90, Control of Emissions from nonroad spark-ignition engines at or below 19 kilowatts[Z], 2004-07-22.

[13] The European Parliament and the Council of the European Union. Directive 2004/26/EC of the European Parliament and of the Council of 21 April 2004[Z],2004-07-21.

[14] 徐淑敏,刘胜吉,尹必峰等. 通用小型四冲程汽油机排放性能[J]. 农业机械学报,2006,37(5).

[15] U. S. Environmental Protection Agency. Title 40:Protection of Environment Part 1054, Control of Emissions From New, Small Nonroad Spark-Ignition Engines and Equipment[S],June 16,2011.

[16] 王福军. 计算流体动力学分析——CFD 软件原理与应用[M]. 北京:清华大学出版社,2005.

Investigation on the two-phase flow of air-fuel mixture and low emissions for small gasoline engines

Liu Shengji[1]　　Tian Jing[2]　　Wang Jian[1]

(1. Jiangsu University; 2. Xuzhou Institute of Technology)

Abstract:168F spark ignition engine was discussed to reduce the exhaust emissions for meeting the EPA emission standard in this paper. The two-phase flow model of the air-fuel mixture inside the intake system was built by FLUENT. The laws between the structure parameters of carburetor and the excess air ratio were calculated under different working conditions of the engine. According to the testing cycles of the emission standard set by EU and EPA, the formation mechanism of the exhaust emissions was discussed, the characteristic of the excess air ratio for the low-emission S. I. engine was derived, and the air-fuel mixture concentration gradually leant with the engine load reducing. The carburetor parameters for the low emissions S. I. engine were obtained based on the simulation results. The sample engine matching the optimized carburetor was tested. The testing results showed that the NO_x and HC emissions decreased by 35.4% and 20.3% respectively compared to the original engine. The optimized sample engine can meet the requirements of the emission standard of EPA which is planned to implement in 2012.

Key words: Two phase flow Engine Emission control Air-fuel mixture concentration Matching Emissions

生物柴油冷滤点与其化学组成的定量关系[*]

袁银男[1]　陈　秀[1,2]　来永斌[1,2]　吕翠英[2]　崔　勇[3]
梅德清[3]　华　平[1]　汤艳峰[1]

（1.南通大学；2.安徽理工大学；3.江苏大学）

[摘要]　生物柴油的低温流动性主要取决于化学组成。为了量化表征生物柴油组成与其冷滤点的关系，采用气相色谱-质谱与冷滤点分析技术和多元线性回归分析方法，分析了生物柴油的脂肪酸甲酯组成和冷滤点，研究了脂肪酸甲酯组成对冷滤点的影响规律。研究表明：生物柴油主要由14～24个偶数碳原子组成的长链脂肪酸甲酯组成，其中饱和脂肪酸甲酯主要为 $C_{14:0}$～$C_{24:0}$，不饱和脂肪酸甲酯主要为 $C_{16:1}$～$C_{22:1}$、$C_{18:2}$～$C_{20:2}$ 和 $C_{18:3}$。120种生物柴油油样中，乌桕梓油生物柴油的冷滤点最低，为－14℃，花生油生物柴油的冷滤点最高，为13℃。生物柴油的脂肪酸甲酯的含量与分布不同，冷滤点差异较大。冷滤点随饱和脂肪酸甲酯含量的增加呈线性升高，且碳链长的较短的增加显著；随不饱和脂肪酸甲酯含量的增加而呈线性降低，且不饱和度高的较低的降低略明显。建立了线性相关性非常显著（$R=0.971$）的基于组成的冷滤点预测模型。研究结果为不同环境下生物柴油的推广应用提供参考。

[关键词]　生物柴油　化学分析　低温流动性　回归分析　冷滤点　气相色谱-质谱

生物柴油作为柴油机比较理想的部分替代燃料，因其可再生和环境友好而备受世界各国关注。在当今石油资源紧缺的形势下，加快发展中国生物柴油产业，积极推进生物柴油车用，对于缓解石油过度依赖进口、保障国家石油安全和有效降低机动车污染物排放意义重大。但低温下生物柴油中长链饱和脂肪酸甲酯（saturated fatty acid methyl ester，SFAME）易结晶析出，堵塞柴油发动机的输油管和过滤器，甚至不能从油箱泵送到发动机，造成无法启动，严重制约其在低温下的使用[1-4]。一些学者[5-19]在试验研究的基础上，得出生物柴油低温流动性与其化学组成的定性关系：生物柴油的低温流动性主要取决于脂肪酸甲酯（fatty acid methyl ester，FAME）的含量和分布。生物柴油的冷滤点（cold filter plugging point，CFPP）随SFAME含量和链长的增加而增加；随不饱和脂肪酸甲酯（unsaturated fatty acid methyl ester，UFAME）含量和不饱和度的增加而降低。

此外，已有学者开展定量层面的研究，建立基于化学组成的CFPP回归预测模型。Camelia Echim、袁银男等[20,21]分别以11种生物柴油、40种调和生物柴油、46种生物柴油（10种生物柴油，36种调和生物柴油）油样为研究对象，建立基于SFAME含量的预测模型，其中袁银男等提出的模型考虑了 $SFAME_{C\geqslant 20}$（脂肪酸基含20个以上碳原子的SFAME）含量的影响。

---

[*]　本文为国家自然科学基金（51076069）和江苏高校优势学科建设工程资助项目（苏政办发[2011]137号）资助，原载于《农业工程学报》2013年(第29卷)第17期。

Jin-Suk Lee 等[22]以 21 种生物柴油油样(3 种生物柴油,18 种调和生物柴油)为研究对象,建立了基于 UFAME 含量的预测模型,但模型中未表达线性相关性是否显著。

Ramos M J、于海燕等[23,24]以 10 种生物柴油为研究对象,建立了基于链长饱和因子(chain length saturated factor,LCSF)的预测模型,该模型提出反映 SFAME 的指标——LCSF。Dorado M P 等[25]以 6 种生物柴油为研究对象,建立了基于链长(chain length,LC)和不饱和度(degree of unsaturation,UD)的预测模型,但线性相关性不显著,该模型提出了反映生物柴油的 FAME 碳链长度的指标——LC,反映生物柴油的单、双、叁 UFAME 含量的指标——UD。上述模型均未涉及模型检验。回归预测模型是否合理有效,取决于样本量、模型参数、模型检验和预测误差。具有代表性的样本量越大,模型参数选择越合理,模型检验越显著,模型预测越准确。现有模型尚需在增大样本量、选择主要影响因素、F 检验 3 个方面加以研究完善。

中国地域辽阔,地跨多个温度带,南北温差很大(北方最低气温 -44 ℃,南方最低气温 0 ℃),用于制备生物柴油的原料油品种多样(植物油、动物油脂、废弃油脂等),化学组成不同,低温流动性差异较大。如花生油生物柴油和乌桕梓油生物柴油的 CFPP 分别为 13 ℃ 和 -14 ℃。因生物柴油与原料油的脂肪酸基组成基本一致[26,27],研究脂肪酸基组成对 CFPP 的影响规律,建立基于脂肪酸基组成的 CFPP 预测模型,量化表征生物柴油化学组成与其低温流动性的关系,对生物柴油原料油的筛选、将若干种不同脂肪酸基的原料油调和、生物柴油调组分,具有十分重要的指导作用和现实意义。

1 材料与方法

1.1 试验材料

生物柴油油样 120 种,其中生物柴油 25 种:茶油生物柴油(camellia methyl ester,CAME)、玉米油生物柴油(corn methyl ester,CME)2 种、棉籽油生物柴油(cottonseed methyl ester,CSME)2 种、地沟油生物柴油(hogwash oil methyl ester,HME)、麻疯树油生物柴油(jatropha curcas methyl ester,JCME)、肯德基煎炸油生物柴油(Kentucky fried oil methyl ester,KFME)、黄连木油生物柴油(pistacia chinensis methyl ester,PCME)、棕榈油生物柴油(palm methyl ester,PME)3 种、花生油生物柴油(peanut methyl ester,PNME)2 种、米糠油生物柴油(rice bran methyl ester,RBME)、菜籽油生物柴油(rapeseed methyl ester,RME)2 种、橡胶籽油生物柴油(rubber seed methyl ester,RSME)、大豆油生物柴油(soybean methyl ester,SBME)2 种、葵花籽油生物柴油(sunflower methyl ester,SFME)、芝麻油生物柴油(sesame methyl ester,SME)、乌桕梓油生物柴油(sapium sebiferum methyl ester,SSME)、桐油生物柴油(tung methyl ester,TME)和餐饮废油生物柴油(waste cooking oil methyl ester,WCME);生物柴油与生物柴油调和油 95 种:CME、JCME、PME、RME 分别与 SSME 调和,CSME、HME、PME、PNME、SBME 分别与 RME 调和,PNME 与 CSME 调和,PCME 与 PME 调和。PME1-CF 为 PME1 结晶分馏液相产物,RSME、HME、KFME 和 WCME 分别为昆明盈鼎生物柴油有限公司、常州市卡特石油制品制造有限公司、香港倡威科技有限公司和南通碧路生物能源蛋白饲料有限公司的产品,其他均为本实验室制备。

1.2 化学组成分析

利用美国 Finnigan 公司 Trace MS 型气相色谱-质谱联用仪(gas chromatography-massspectrometry,GC-MS)分析生物柴油的化学组成。DB-WAX 色谱柱(30 m×0.25 mm×0.25 μm);进样量 0.1 μL;He 载气;程序升温:初始温度为 180 ℃,保持 0.5 min,以 6 ℃/min 的速率升温到 215 ℃,再以 3 ℃/min 的速率升温至 230 ℃,保持 13 min。

1.3 低温流动性能测试

利用上海博立 SYP2007-1 型冷滤点测试仪,根据 SH/T 0248—2006 标准方法测定生物柴油、生物柴油与生物柴油调和油的 CFPP。

2 结果与分析

2.1 化学组成及其分子结构

GC-MS 分析 PCME 的色谱图和分析结果分别如图 1 和表 1 所示。GC-MS 分析 25 种生物柴油的主要化学组成见表 2 和表 3。

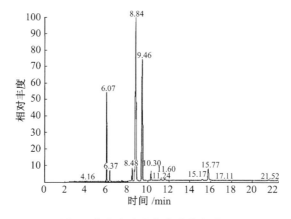

图 1 黄连木油生物柴油的色谱图

表 1 黄连木油生物柴油的 GC-MS 分析

序号	保留时间/min	脂肪酸甲酯 Fatty acid methyl ester	缩写	相对含量/%
1	4.16	豆蔻酸甲酯 Myristic methyl ester	$C_{14:0}$	0.06
2	6.07	棕榈酸甲酯 Palmitic methyl ester	$C_{16:0}$	15.56
3	6.37	棕榈油酸甲酯 Palmtoleic methyl ester	$C_{16:1}$	1.66
4	8.48	硬脂酸甲酯 Stearic methyl ester	$C_{18:0}$	2.33
5	8.84	油酸甲酯 Oleic methyl ester	$C_{18:1}$	46.16
6	9.46	亚油酸甲酯 Linoleic methyl ester	$C_{18:2}$	27.21
7	10.30	亚麻酸甲酯 Linolenic methyl ester	$C_{18:3}$	1.57
8	11.24	花生酸甲酯 Arachidic methyl ester	$C_{20:0}$	0.30
9	11.60	二十碳烯酸甲酯 Eicosenoic methyl ester	$C_{20:1}$	0.93
10	15.17	山嵛酸甲酯 Behenic methyl ester	$C_{22:0}$	0.28
11	15.77	芥酸甲酯 Erucic methyl ester	$C_{22:1}$	3.52
12	17.11	二十二碳二烯酸甲酯 Docosadienoic methyl ester	$C_{20:2}$	0.04
13	21.52	木焦油酸甲酯 Lignoceric methyl ester	$C_{24:0}$	0.15

表 2 草本植物油生物柴油的主要化学组成

%

脂肪酸甲酯 FAME	玉米油生物柴油 1 CME1	玉米油生物柴油 2 CME2	棉籽油生物柴油 1 CSME1	棉籽油生物柴油 2 CSME2	花生油生物柴油 1 PNME1	花生油生物柴油 2 PNME2	米糠油生物柴油 RBME	菜籽油生物柴油 1 RME1	菜籽油生物柴油 2 RME2	大豆油生物柴油 1 SBME1	大豆油生物柴油 2 SBME2	葵花籽油生物柴油 SFME	芝麻油生物柴油 SME
$C_{10:0}$	0	0	0.05	0	0.03	0	0	0.05	0	0	0	0	0
$C_{12:0}$	0	0	0.24	0	0	0	0	0.04	0	0	0	0	0
$C_{14:0}$	0.06	0.05	1.28	0.98	0.06	0.06	0.36	0.33	0	0.19	0.22	0.14	0.19
$C_{16:0}$	11.96	14.14	24.04	23.36	10.87	12.42	16.37	9.35	7.57	11.09	12.35	7.91	11.42
$C_{18:0}$	3.45	2.63	5.71	2.90	5.17	5.22	2.20	3.51	3.31	5.50	4.86	5.83	5.59
$C_{20:0}$	0.91	0.36	0.69	0.30	2.55	1.97	0.73	0.79	0.79	0.60	0.62	0.47	0.65
$C_{22:0}$	0.27	0.12	0.23	0.15	4.84	3.85	0.29	0.49	0.50	0.69	0.43	1.21	0.64
$C_{24:0}$	0.33	0.22	0.17	0	2.47	1.75	0.49	0.22	0.25	0.22	0.28	0.38	0.21
$C_{26:0}$	0	0	0	0	0	0	0.29	0.26	0	0	0	0	0
$C_{16:1}$	0.29	0.18	0.51	0.72	0.16	0.13	0.30	0.44	0.19	0.26	0.18	0.19	0.22
$C_{18:1}$	33.20	36.37	38.87	19.54	38.87	40.18	42.74	40.33	32.96	28.56	34.24	27.90	29.70
$C_{20:1}$	0.66	0.35	0.61	0.10	1.63	1.06	0.64	3.05	5.69	0.41	0.92	0.32	0.45
$C_{22:1}$	0.84	0	1.10	0	0.11	0.09	0	6.95	15.79	0.11	1.88	0	0
$C_{24:1}$	0	0	0	0	0	0	0	0.42	0	0	0	0	0
$C_{16:2}$	0.02	0	0.02	0	0	0	0	0.06	0	0	0	0	0
$C_{18:2}$	45.84	44.85	23.32	50.96	32.09	32.93	34.19	25.25	25.06	42.95	37.71	52.96	41.30
$C_{20:2}$	0.05	0	0.03	0	0.04	0	0	0.22	0.33	0.10	0.10	0	0.06
$C_{16:3}$	0	0	0	0	0	0	0	0.10	0	0	0	0	0
$C_{18:3}$	1.23	0.42	1.78	0.26	0.11	0.11	1.39	7.38	7.44	7.74	6.02	0.51	7.12
$C_{20:3}$	0	0	0	0.07	0	0	0	0	0	0	0	0	0
$C_{20:4}$	0	0	0	0	0	0	0	0	0	0	0	0	0.14

注：$C_{m:n}$ 为脂肪酸甲酯的速记表示。m 表示脂肪酸基的碳原子数；n 表示 $C=C$ 的数量。下同。

表 3 木本植物油生物柴油和废弃油脂生物柴油的主要化学组成 %

脂肪酸甲酯 FAME	茶油生物柴油 CAME	麻疯树油生物柴油 JCME	黄连木油生物柴油 PCME	棕榈油生物柴油 1 PME1	结晶分离棕榈油生物柴油 1 PME1-CF	棕榈油生物柴油 2 PME2	橡胶籽油生物柴油 RSME	乌桕梓油生物柴油 SSME	桐油生物柴油 TME	地沟油生物柴油 HME	肯德基煎炸油生物柴油 KFME	餐饮废油生物柴油 WCME
$C_{8:0}$	0	0	0	0	0	0	0.14	0	0	0	0.11	0
$C_{10:0}$	0	0	0	0.07	0.06	0	0	0	0	0.15	0	0
$C_{12:0}$	0.03	0	0	0.31	0.37	0	0.09	0.07	0	0.28	0.27	0.09
$C_{14:0}$	0.06	0.07	0.06	1.44	1.54	1.63	0.63	8.86	3.05	1.72	1.13	0.83
$C_{16:0}$	10.73	12.93	15.56	26.95	17.19	31.04	16.62	2.36	3.16	19.73	28.91	20.66
$C_{18:0}$	2.97	7.64	2.33	6.40	5.31	6.64	6.04	0.08	0.28	8.70	4.99	5.78
$C_{20:0}$	0.06	0.23	0.30	0.72	0.62	0.61	0.13	0	0	0.49	0.18	0.19
$C_{22:0}$	0	0.03	0.28	0.21	0.20	0.11	0	0	0	0.40	0.08	0.08
$C_{24:0}$	0.08	0	0.15	0.14	0.15	0.10	0	0.10	0	0	0	0
$C_{14:1}$	0	0	0	0	0	0	1.03	0	0	3.14	0.05	0
$C_{16:1}$	0.25	0.91	1.66	0.42	0.49	0.32	1.03	0.10	0	3.14	1.24	1.64
$C_{18:1}$	69.10	41.87	46.16	42.13	48.45	43.94	27.37	16.68	8.44	36.80	42.39	36.77
$C_{20:1}$	0.51	0.10	0.93	0.34	0.42	0.28	0.16	0.33	1.12	0.70	0.22	0.55
$C_{22:1}$	7.53	0	3.52	0.15	0	0	0	0	0	0.31	0	0.43
$C_{24:1}$	0.06	0	0	0	0	0	0	0	0	0	0	0
$C_{18:2}$	8.12	35.53	27.21	18.2	20.87	14.44	34.74	30.60	9.62	21.18	17.76	29.41
$C_{20:2}$	0.11	0	0.04	0	0.03	0	0	0	0.60	0.16	0.05	0.10
$C_{16:3}$	0	0	0	0	0	0	0	0	0.12	0	0	0
$C_{18:3}$	0.28	0.38	1.57	1.59	1.96	0.59	12.46	40.91	73.39	2.38	2.09	2.91

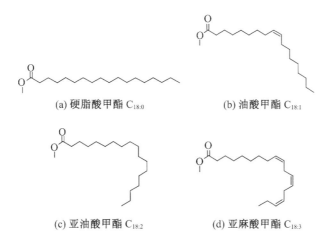

图 2 脂肪酸甲酯的分子结构

由表 2 和表 3 可见,25 种生物柴油的主要化学组成是由 14~24 个偶数碳原子组成的 FAME,其中 SFAME:$C_{14:0}$~$C_{24:0}$;UFAME:$C_{16:1}$~$C_{22:1}$、$C_{18:2}$~$C_{20:2}$ 和 $C_{18:3}$。FAME 的分子结构如图 2 所示,SFAME 中饱和脂肪酸基的碳链呈直线"之"字形,UFAME 中不饱和脂肪酸基的顺式双键使碳链的结构弯曲,顺式双键越多,碳链的弯曲度越大。

2.2 低温流动性

SYP2007-1 型冷滤点测试仪测定生物柴油的 CFPP 见表 4。

由表 4 可见,化学组成对生物柴油的低温流动性影响很大。不同原料油制备的生物柴油,化学组成不同,CFPP 差异较大。在 25 种典型原料生物柴油中,PNME1 的 $SFAME_{C\geqslant 20}$(脂肪酸基含 20 个或 20 个以上碳原子的 SFAME)和 PME2 的 SFAME 质量分数高,分别为 9.86% 和 40.13%,使其冷滤点高达 10 ℃ 左右,分别为 13 ℃ 和 10 ℃;SSME 和 RME2 的 UFAME 质量分数高,分别为 88.62% 和 87.46%,使其冷滤点低至 −10 ℃ 左右,分别为 −14 ℃ 和 −9 ℃。从而影响了生物柴油的使用范围和气候适应性。要满足生物柴油在全国不同地区不同季节的正常车用,应研究 CFPP 与生物柴油化学组成间的定量关系。

表 4　生物柴油的冷滤点　℃

草本植物油生物柴油 Herb plants oil biodiesel

玉米油生物柴油1 CME1	玉米油生物柴油2 CME2	棉籽油生物柴油1 CSME1	棉籽油生物柴油2 CSME2	花生油生物柴油1 PNME1	花生油生物柴油2 PNME2	米糠油生物柴油 RBME	菜籽油生物柴油1 RME1	菜籽油生物柴油2 RME2	大豆油生物柴油1 SBME1	大豆油生物柴油2 SBME2	葵花籽油生物柴油 SFME	芝麻油生物柴油 SME
−7	−5	6	−1	13	12	−2	−7	−9	−5	−6	−3	−3

木本植物油生物柴油 Wood plants oil biodiesel

茶油生物柴油 CAME	麻疯树油生物柴油 JCME	黄连木油生物柴油 PCME	棕榈油生物柴油1 PME1	结晶分离棕榈油生物柴油1 PME1-CF	棕榈油生物柴油2 PME2	橡胶籽油生物柴油 RSME	乌桕梓油生物柴油 SSME	桐油生物柴油 TME
−9	−3	−6	8	0	10	0	−14	−8

废弃油脂生物柴油 Waste oil biodiesel

地沟油生物柴油 HME	肯德基煎炸油生物柴油 KFME	餐饮废油生物柴油 WCME
3	5	0

2.3 化学组成对低温流动性的影响

表 5 为 JCME、KFME、SBME1 和 PNME1 的冷滤点,表 6 为 HME 和 $P_{70}SS_{30}$ 的冷滤点,表 7 为 $C2_{60}SS_{40}$ 和 $JC_{40}SS_{60}$ 的冷滤点。由表 5 可见,JCME 和 KFME 的 SFAME 质量分数分别为 20.90% 和 35.67%,CFPP 分别为 −3 ℃ 和 5 ℃,两种生物柴油的 $SFAME_{C\geqslant 20}$ 含量相同,KFME 的 $SFAME_{C\leqslant 18}$ 质量分数比 JCME 的高 14.77%,其 CFPP 高 8 ℃。SBME1 和 PNME1 的 SFAME 质量分数分别为 18.29% 和 25.99%,CFPP 分别为 −5 ℃ 和 13 ℃,两种生物柴油的 $SFAME_{C\leqslant 18}$ 含量非常接近,PNME1 的 $SFAME_{C\geqslant 20}$ 质量分数比 SBME1 的高 8.35%,其 CFPP 高 18 ℃。说明生物柴油中 SFAME 含量高,其 CFPP 高,且 $SFAME_{C\geqslant 20}$ 比 $SFAME_{C\leqslant 18}$ 对 CFPP 影响显著。

表 5 饱和脂肪酸甲酯对冷滤点的影响

油样	饱和脂肪酸甲酯 SFAME/%	$SFAME_{C\leqslant 18}$/%	$SFAME_{C\geqslant 20}$/%	冷滤点 CFPP/℃
麻疯树油生物柴油 JCME	20.9	20.64	0.26	−3
肯德基煎炸油生物柴油 KFME	35.67	35.41	0.26	5
大豆油生物柴油 1 SBME1	18.29	16.78	1.51	−5
花生油生物柴油 1 PNME1	25.99	16.31	9.86	13

注:$SFAME_{C\leqslant 18}$ 为脂肪酸基含 18 个及 18 个以下碳原子的饱和脂肪酸甲酯;$SFAME_{C\geqslant 20}$ 为脂肪酸基含 20 个及 20 个以上碳原子的饱和脂肪酸甲酯,下同。

由表 6 可见,HME 和 $P_{70}SS_{30}$ 的 SFAME 和 $SFAME_{C\geqslant 20}$ 含量非常接近,HME 的单不饱和脂肪酸甲酯(mono-unsaturated fatty acid methyl ester,MUFAME)质量分数比 $P_{70}SS_{30}$ 的高 3.64%,其 CFPP 低 2 ℃。由表 7 可见,$C2_{60}SS_{40}$ 和 $JC_{40}SS_{60}$ 的 SFAME 和 $SFAME_{C\geqslant 20}$ 含量非常接近,$C2_{60}SS_{40}$ 双不饱和脂肪酸甲酯(di-unsaturated fatty acid methyl ester,DUFAME)质量分数比 $JC_{40}SS_{60}$ 的高 6.58%,其 CFPP 低 4 ℃。说明生物柴油中 UFAME 含量高,其 CFPP 低,DUFAME 比 MUFAME 对 CFPP 影响略大。由于生物柴油可近似为由高熔点组分的 SFAME 和低熔点组分的 UFAME 组成的伪二元组分溶液。SFAME 含量越高,UFAME 含量越低,越易结晶,因此 CFPP 越高[28]。分子晶体是分子间通过分子间作用力(范德华力)结合而成的晶体,由于范德华力无方向性和饱和性,所以分子以密堆积的方式排列。对同系物即 SFAME 而言,分子结晶的难易程度取决于摩尔分子量,摩尔分子量越大,即 SFAME 分子中脂肪酸基碳链越长,范德华力越大,越易结晶。因此,脂肪酸基碳链长的 SFAME 比短的对 CFPP 的影响显著。对分子结构相似和摩尔分子量相近的有机物而言,分子结晶的难易程度还与分子的空间构型有关,结晶分子迁移时遇到的空间阻力越大,越难结晶。由脂肪酸甲酯的分子结构(图 2)可知,UFAME 分子从 $C_{18:1} \rightarrow C_{18:3}$,随着不饱和度即顺式双键的增加,碳链弯曲度的增加,SFAME 分子结晶过程中迁移时遇到的空间阻力越大。因此,不饱和度高的 UFAME 比低的对 CFPP 影响略大。

表 6 单不饱和脂肪酸甲酯对冷滤点的影响

生物柴油 Biodiesel	饱和脂肪酸甲酯 SFAME/%	$SFAME_{C\geqslant 20}$/%	单不饱和脂肪酸甲酯 MUFAME/%	冷滤点 CFPP/℃
地沟油生物柴油 HME	31.47	0.89	40.95	3
$P2_{70}SS_{30}$	31.5	0.6	36.31	5

注:$P2_{70}SS_{30}$ 为棕榈油生物柴油 2 与乌桕梓油生物柴油调和,其体积分数分别为 70% 和 30%。

表 7 双不饱和脂肪酸甲酯对冷滤点的影响

生物柴油 Biodiesel	饱和脂肪酸甲酯 SFAME/%	$SFAME_{C\geqslant 20}$/%	单不饱和脂肪酸甲酯 MUFAME/%	冷滤点 CFPP/℃
$C2_{60}SS_{40}$	15.06	0.45	39.15	−9
$JC_{40}SS_{60}$	15.18	0.15	32.57	−5

注:$C2_{60}SS_{40}$ 为玉米油生物柴油 2 与乌桕梓油生物柴油调和,其调合比例的体积分数分别为 60% 和 40%。
$JC_{40}SS_{60}$ 为麻疯树油生物柴油与乌桕梓油生物柴油调和,其调和比例的体积分数分别为 40% 和 60%。

以生物柴油中 $SFAME_{C\leqslant 18}$、$SFAME_{C\geqslant 20}$、$MUFAME$ 和 $DUFAME$ 为自变量,以生物柴油的 $CFPP$ 为因变量,利用多元线性回归分析方法,建立基于生物柴油化学组成的 $CFPP$ 预测模型

$$CFPP = -15.62 + 0.70 \times SFAME_{C\leqslant 18} + 2.43 \times SFAME_{C\geqslant 20} - 0.03 \times MUFAME - 0.07 \times DUFAME \tag{1}$$

式中:$CFPP$——生物柴油的冷滤点,℃;

$SFAME_{C\leqslant 18}$——脂肪酸基含 18 个及 18 个以下碳原子的饱和脂肪酸甲酯,%;

$SFAME_{C\geqslant 20}$——脂肪酸基含 20 个及 20 个以上碳原子的饱和脂肪酸甲酯,%;

$MUFAME$——单不饱和脂肪酸甲酯,%;

$DUFAME$——双不饱和脂肪酸甲酯,%。

回归方程的统计分析结果见表 8。

表 8 回归方程模型统计分析

样本量	相关系数 R	标准误差 S	F 检验	显著性检验
120	0.971	1.59	471.65	2.053E−70

从表 8 可见,相关系数 $R=0.971$ 远高于临界值 $R_{min}=0.281$,生物柴油的 CFPP 与 $SFAME_{C\leqslant 18}$、$SFAME_{C\geqslant 20}$、MUFAME 和 DUFAME 有非常显著的线性相关性,说明了该模型的可行性。所建模型显著性检验,$F=471.65$,Significance $F=2.53E-70<0.01$,说明回归方程在描述生物柴油 FAME 组成与其 CFPP 之间的关系时,因变量与自变量之间的线性关系是非常显著的,表明利用四元线性回归分析方法是可靠的。$SFAME_{C\leqslant 18}$ 的 $P=2.32E-57$ 和 $SFAME_{C\geqslant 20}$ 的 $P=2.30E-59$ 均远低于 0.01,说明 $SFAME_{C\leqslant 18}$ 和 $SFAME_{C\geqslant 20}$ 对 CFPP 的影响非常显著;MUFAME 的 $P=5.54E-02$ 低于 0.10,说明 MUFAME 对 CFPP 的影响显著;DUFAME 的 $P=4.13E-03$ 低于 0.05,说明 DUFAME 对 CFPP 的影响十分显著。回归方程中 $SFAME_{C\leqslant 18}$、$SFAME_{C\geqslant 20}$、MUFAME 和 DUFAME 的线性回归系数分别为 0.70、2.43、

−0.03和−0.07,说明影响CFPP升高因素是$SFAME_{C\leq18}$和$SFAME_{C\geq20}$,其主次顺序为$SFAME_{C\geq20}>SFAME_{C\leq18}$;影响CFPP降低因素是DUFAME和MUFAME,其主次顺序为DUFAME>MUFAME。

即生物柴油的CFPP随着SFAME含量的增加呈线性升高,且碳链越长增加幅度越显著;随着UFAME含量的增加而呈线性降低,且不饱和度越大降低幅度越明显。根据脂肪酸甲酯组成:$SFAME_{C\leq18}$、$SFAME_{C\geq20}$、DUFAME和MUFAME质量分数预测生物柴油油样冷滤点的预测值与试验值偏差如图3所示。

由图3可见,120个数据点基本均匀分布在对角线的两侧,对显著性水平$\alpha=0.05$,预测偏差低于3 ℃,在试验误差范围内。表明CFPP的预测值和试验值偏差很小,回归模型能够根据生物柴油的脂肪酸甲酯组成很好地预测其冷滤点。

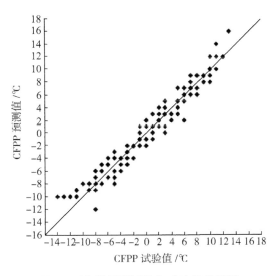

图3　回归模型预测值与试验值关系图

3　结　论

(1) 在研究的25种典型原料生物柴油中,生物柴油的主要化学组成为由14～24个偶数碳原子组成的长链脂肪酸甲酯,其中饱和脂肪酸甲酯:$C_{14:0}\sim C_{24:0}$,不饱和脂肪酸甲酯:$C_{16:1}\sim C_{22:1}$,$C_{18:2}\sim C_{20:2}$和$C_{18:3}$。

(2) 生物柴油的低温流动性主要取决于脂肪酸甲酯组成,冷滤点随饱和脂肪酸甲酯含量的增加呈线性升高,且碳链长的较短的增加显著;随不饱和脂肪酸甲酯含量的增加而呈线性降低,且不饱和度高的较低的降低略明显。120种生物柴油油样中,乌桕梓油生物柴油的冷滤点最低,为−14 ℃,花生油生物柴油的冷滤点最高,为13 ℃。

(3) 建立了线性相关性非常显著的冷滤点预测模型($R=0.971$),可根据原料油或生物柴油的化学组成直接预测生物柴油的冷滤点,为不同环境下生物柴油的推广应用提供依据。

参 考 文 献

[1] Chuang Wei Chiu. Biodiesel synthesis and impact of cold flow additives[D]. Columbia: the Faculty of the Graduate School University of Missouri-Columbia,2004,50.

[2] Ernesto C Zuleta,Luis A Rios,Pedro N Benjumea. Oxidative stability and cold flow behavior of palm,sacha-inchi,jatropha and castor oil biodiesel blends[J]. Fuel Processing Technology,2012,102(10).

[3] Hoekman S Kent,Amber Broch,et al. Review of biodiesel composition,properties,and specifications[J]. Renewable and Sustainable Energy Reviews,2012, 16(1).

[4] Evangelos G Giakoumis. A statistical investigation of biodiesel physical and chemical properties,and their correlation with the degree of unsaturation[J]. Renewable Energy,2013,50(2).

[5] Ángel Pérez,Abraham Casas,Carmen María Fernández,et al. Winterization of peanut biodiesel to improve the cold flow properties[J]. Bioresource Technology,2010,101 (19).

[6] Suzana Yusup,Modhar Khan. Basic properties of crude rubber seed oil and crude palm oil blend as a potential feedstock for biodiesel production with enhanced cold flow characteristics[J]. Biomass and Bioenergy,2010,34(10).

[7] Paul C Smith,Yung Ngothai,Nguyen Q Dzuy,et al. Improving the low-temperature properties of biodiesel methods and consequences[J]. Renewable Energy,2010,35(6).

[8] Usta N,Aydo. an B,. on AH,et al. Properties and quality verification of biodiesel produced from tobacco seed oil[J]. Energy Conversion and Management,2011,52(5).

[9] Bryan R Moser,Steven F Vaughn. Efficacy of fatty acid profile as a tool for screening feedstocks for biodiesel production[J]. Biomass and Bioenergy ,2012,37(2).

[10] Lécia MS Freire,José RC Filho,Carla VR Moura,et al. Evaluation of the oxidative stability and flow properties of quaternary mixtures of vegetable oils for biodiesel production[J]. Fuel,2012,95(5).

[11] 徐鸽,巫淼鑫,邬国英. 生物柴油低温流动性能研究[J]. 江苏工业学院学报,2004,16(4).

[12] 巫淼鑫. 生物柴油低温流动性能影响因素的研究[D]. 南京:南京理工大学,2008.

[13] 李泓,沈本贤,卡巴罗. 生物柴油低温流动性能的研究[J]. 中国油脂,2008,33(9).

[14] 孙玉秋,陈波水,孙玉丽等. 生物柴油低温凝固机理探讨[J]. 石油炼制与化工,2009,40(5).

[15] 陈秀,袁银男,王利平等. 脂肪酸甲酯结构对生物柴油低温流动性的影响[J]. 江苏大学学报(自然科学版),2010,31(1).

[16] 胡健华. 生物柴油的脂肪酸组成对其性能的影响[J].武汉工业学院学报,2010,29(4).

[17] 陈秀,来永斌. 改善棉籽油生物柴油低温流动性的研究[J]. 棉花学报,2011,23(1).

[18] 吕涯,李骏,欧阳福生. 生物柴油调和对其低温流动性能的改善[J]. 燃料化学学报,

[19] 马顺. 生物柴油制备及低温流动性改善研究[D]. 广州：暨南大学, 2011.
[20] Camelia Echim, Jeroen Maes, Wim De Greyt. Improvement of cold filter plugging point of biodiesel from alternative feedstocks[J]. Fuel, 2012, 93(3).
[21] 陈秀, 袁银男, 来永斌等. 生物柴油的组成与组分结构对其低温流动性的影响[J]. 石油学报(石油加工), 2009, 25(5).
[22] Ji-Yeon Park, Deog-Keun Kim, Joon-Pyo Lee, et al. Blending effects of biodiesels on oxidation stability and low temperature flow properties[J]. Bioresource Technology, 2008, 99(5).
[23] Ramos M J, Fernández C M, Casas A, et al. Influence of fatty acid composition of raw materials on biodiesel properties[J]. Bioresource Technology, 2009, 100(1).
[24] Wang Libing, Yu Haiyan, He Xiaohui, et al. Influence of fatty acid composition of woody biodiesel plants on the fuel properties[J]. Journal of Fuel Chemistry and Technology, 2012, 40(4).
[25] Pinz S i, Leiva D, Arzamendi G, et al. Multiple response optimization of vegetable oils fatty acid composition to improve biodiesel physical properties[J]. Bioresource Technology, 2011, 102(15).
[26] Gerhard Knothe. Dependence of biodiesel fuel properties on the structure of fatty acid alkyl esters[J]. Fuel Processing Technology, 2005, 86(10).
[27] 吴谋成. 生物柴油[M]. 北京：化学工业出版社, 2008.
[28] 陈秀, 袁银男, 来永斌. 生物柴油的低温流动特性及其改善[J]. 农业工程学报, 2010, 26(3).

Quantitative correlations between biodiesel cold filter plugging point and its chemical composition

Yuan Yinnan[1]　Chen Xiu[1,2]　Lai Yongbin[1,2]　Lü Cuiying[2]　Cui Yong[3]
Mei Deqing[3]　Hua Ping[1]　Tang Yanfeng[1]

(1. Nantong University; 2. Anhui University of Science & Technology; 3. Jiangsu University)

Abstract：Biodiesel has become one of the comparatively ideal partial alternative fuels for diesel engines because of its environmental benefits and the fact that it is a product made from renewable resources. However the less favorable cold flow properties or the low temperature operability of biodiesel fuel compared to conventional diesel is a major drawback limiting its use. The poor flow properties of biodiesel at cold temperatures are mainly due to fatty acid methyl ester composition. In order to quantify the relation between biodiesel composition and its cold filter plugging point (CFPP), fatty acid methyl ester composition, CF-

PP, and the influence of composition on CFPP were analyzed by gas chromatography-mass spectrometry and a cold filter plugging point test method. Correlation between fatty acid methyl ester composition and CFPP was studied with multivariate linear regression. The study shows that biodiesel is mainly fatty acid methyl ester (FAME) that is composed of 14~24 even number carbon atoms. Saturated fatty acid methyl esters (SFAMEs) are mainly $C_{14,0} \sim C_{24,0}$ and unsaturated fatty acid methyl ester (UFAMEs) are mainly $C_{16,1} \sim C_{22,1}$, $C_{18,2} \sim C_{20,2}$ and $C_{18,3}$. The cold flow property of biodiesel is mainly determined by the content and distribution of FAME. The CFPP increases linearly with increasing SFAME, and the longer the carbon chains are, the greater the increase will be. In addition, CFPP decreases linearly with the increasing unsaturated fatty acid methyl esters (UFAME), and the higher the degree of unsaturation, the greater the decrease. Among the 120 kinds of biodiesel we studied, the CFPP of sapium sebiferum methyl ester (SSME) was the lowest (−14 ℃) and the CFPP of peanut methyl ester (PNME) was the highest (13 ℃).

Considering $SFAME_{C \leqslant 18}$, $SFAME_{C \geqslant 20}$, mono-unsaturated fatty acid methyl ester (MUFAME) and di-unsaturated fatty acid methyl ester (DUFAME) in biodiesel as independent variables, and CFPP as dependent variable, we built a CFPP quaternary linear regression prediction model. The significance of the linear regression and deviation analysis were both analyzed. The regression correlation coefficient $R=0.971$ shows that the CFPP of biodiesel has a very significant linear dependence with $SFAME_{C \leqslant 18}$, $SFAME_{C \geqslant 20}$, MUFAME and DUFAME. The variance analysis $F=471.65$ and significance $F=2.53E-70$ show that our regression equation is very significant. The deviation analysis indicates that the regression prediction model has a high accuracy. At a significance level of $\alpha=0.05$, the deviation between the measured and predicted values of CFPP was $\leqslant 3$ ℃. The result indicated that the regression model can predict well.

Key words: Biodiesel Chemical analysis Regression analysis Cold flow properties Cold filter plugging point GC-MS

Mechanism and Method of DPF Regeneration by Oxygen Radical Generated by NTP Technology*

Shi Yunxi　Cai Yixi　Li Xiaohua　Chen Yayun　Ding Daowei　Tang Wei

(Jiangsu University)

Abstract

By using a self-designed non-thermal plasma (NTP) injection system, an experimental study of the regeneration of DPF was conducted at different temperatures, where oxygen as the gas source. The results revealed that PM can be decomposed to generate CO and CO_2 by these active substances O_3、O which was generated through the discharge reaction of NTP reactor. With the increasing of test temperature, the mass of C_1 (C in CO) shows a overall downward trend while the mass of C_2 (C in CO_2) and C_{12} (C_1 and C_2) increase firstly and then decrease. When the test temperature is 80 ℃, the back pressure of DPF decreases fastest and the regenerative effect is remarkable. DPF can be regenerated by NTP technology without any catalyst at a lower temperature. Compared with the traditional regeneration method, the NTP technology has its superiority.

key words: Diesel engine　Diesel particular filter　Non-thermal Plasma　Regeneration　Oxygen　Temperature

1 Introduction

Diesel engines are widely used in the field of industrial and agricultural production and transportation for their good economy and dynamic performance. Unfortunately, diesel engines emit high quantities of particulate matter (PM) which are a potential risk to public health and contribute to the overall amounts of suspended particulates in urban areas (Bensaid et al., 2011; Raghu et al., 2011). With emission regulation becoming gradually stricter, how to reduce diesel PM emissions effectively has become a growing concern of the people (Lee et al., 2012). The technology of diesel particular filter (DPF) is relatively mature now. DPF are considered to be the most effective means to reduce emissions of

---

* 本文原载于《国际汽车工程学报》(International Journal of Automotive Technology),2014 年第 6 期.

particulate matter (Cho et al.,2008;Ishizaki et al.,2012). With the increment of PM to capture,the (backpressure) of DPF increases. When the (backpressure) of DPF reaches a certain degree,it will affect the normal operation of the diesel engine. For the reasons given above,the key of the DPF technology lies in their regeneration (Walter,2008;Martyn,2007).

DPF regeneration is usually divided into two directly heated by external energy and the temperature is usually above 650 ℃. There are many methods of active regeneration,such as electric heating, microwave heating and combustion heating through the fuel injection. However, there are some problems of these methods of regeneration, such as energy consumption,high cost and thermal damage of the carrier structure (Shim et al.,2013;Chen et al., 2011). Passive regeneration means to achieve regeneration by improving exhaust temperature to reach the minimum combustion temperature of the regeneration without the external auxiliary. Passive regeneration mainly includes two methods. One of them is to add catalyst into fuel to reduce the minimum ignition temperature of DPF regeneration and another of them is that PM is oxidizing by NO_2 with the help of diesel oxidation catalyst (DOC). There are also some problems of passive regeneration problem, such as sulfur poisoning of the catalyst and low regeneration efficiency (Triana et al., 2003; Lee et al., 2008).

Non-thermal plasma (NTP) technology is a new type of industrial decontamination means,and the active materials produced by NTP reactor can make the chemical reactions react which are difficult to implement under routine conditions. For a wide range of application,high conversion efficiency,low energy consumption and no secondary pollution, NTP technology has the potential to be a new type of diesel engine aftertreatment technology (Cai et al.,2005;Srinivasan et al.,2007;Wang et al.,2013). NTP technology can effectively lower the DPF regeneration temperature, and there is no catalyst poisoning phenomenon which is faced by traditional regeneration. NTP technology has been one of the hot spot of DPF regeneration methods in recent years (Fushimi et al.,2008;Okubo et al.,2009).

This article has carried on an experimental research of DPF regeneration by using a self-designed NTP injection system with oxygen as gas source. Based on the analysis of chemical reaction mechanism of the DPF regeneration with the help of the NTP technology, the influence of different temperatures on the PM oxidative decomposition and the DPF regeneration are analyzed.

2 Test system and method

Test device is mainly composed of four parts:the NTP injection system,oxygen supply system,electrical parameters measurement system and DPF regeneration system,as is shown in Fig. 1.

The NTP injection system includes a NTP reactor,a water-cooled unit,an air-cooled unit and a temperature measuring device. The NTP reactor is coaxial cylinder structure. A

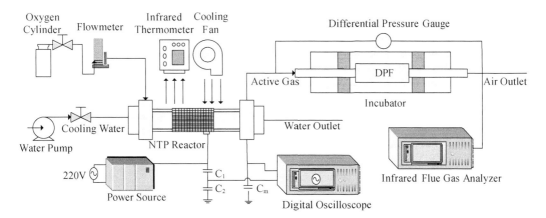

Fig. 1 Experimental system sketch

stainless seamless steel pipe with 32 mm outer diameter is adopted to be the inside electrode. Stainless steel wire with 100 mm axial length pressed on the outer wall of quartz tube is adopted to be the outside electrode. The water-cooled unit includes a water pump, transmission pipe poured with cooling water and control valves. A cooling fan is adopted to be the air-cooled unit. TASI infrared thermometer is adopted to measure the surface temperature of the NTP reactor discharge area. Oxygen supply system is composed of oxygen bomb, transmission pipe, control valve and the gas rotameter flowmeter. The electrical parameters measurement system is composed of power supplying circuit and power measuring circuit. A CTP-2000K intelligent electron impactor is adopted as NTP power source, output $1 \sim 25$ kV and $8 \sim 20$ kHz adjustable. Power measuring circuit includes a TDS3034B Tektronix digital oscilloscope with 50 MHz sampling frequency and 250 times average output; two TekP6139 sampling probes; two voltage distributing capacitors, $C_1 = 47$ pf, $C_2 = 47$ nf; and a electric quantity measuring capacitor, $C_m = 0.47$ μf. The DPF regeneration system is consisted of a incubator, a differential pressure gauge and an infrared flue gas analyzer photon. The temperature of the incubator can be controlled. The differential pressure gauge is used to measure the backpressure of DPF and photon is used to measure the concentrations CO and CO_2 decomposed of PM. The DPF uploaded by PM is placed in the incubator and its material is cordierite; its main parameters are shown in Tab. 1.

Open the control valve and keep the oxygen flow rate of 5 L/min. Open the NTP power source and adjust the discharge voltage of 20 kV and discharge frequency of 9 kHZ. The concentration of the active materials is greatly influenced by the surface temperature of NTP reactor (Li et al., 2102). Adjust the air rate of fan and the flow rate of cooling water to control surface temperature of NTP reactor and keep the surface temperature for 90 ℃. Active gas is produced after oxygen is passed through NTP reactor and the active gas is passed through DPF heated to the test temperature. The temperature of the incubator is set as the test temperature. Timer starts when the reactive gas is bubbled into the DPF and all tests keep 4 hours under different temperatures.

Tab. 1 DPF specifications

name	Parameter
Diameter/mm	76
Length/mm	152
Cell density/cpsi	100
Channel Wall thickness/mm	0.46±0.04
Chemical composition	SiO_2:50.9±1.5% Al_2O_3:35.2±1.5% MgO:13.9±1.5%

3 Chemical reaction mechanism of DPF regeneration aided by NTP technology

Oxygen is converted to the active substances O_3 and O with strong oxidability after discharge. The chemical reactions are shown as reaction (1) ~ reaction (3) (Takaki et al., 2004; Yagi et al., 1979; Kogelschatz et al., 1988).

$$e + O_2 \longrightarrow e + O_2(A^3\Sigma_u^+) \longrightarrow e + O(^3P) + O(^3P) \qquad (1)$$

$$e + O_2 \longrightarrow e + O_2(B^3\Sigma_u^-) \longrightarrow e + O(^3P) + O(^1D) \qquad (2)$$

$$O + O_2 + M \longrightarrow O_3 + M \qquad (3)$$

The generation of ozone is usually considered to be divided into two steps in the discharge process. The first step is shown by the reaction (1) and (2). Energetics is generated by the reaction of micro-discharge. O_2 is decomposed to O by electron collisions. The second step is shown by the reaction (3). O_3 is synthesized by the oxygen atoms radicals through the three-body reaction. M represents the third substance.

PM is mainly composed of three parts: soot, soluable organic fraction (SOF) and inorganic salt. Soot and SOF can be decomposed by the active materials produced by NTP reactor. The chemical reactions are shown as reaction (4) ~ reaction (9) (Okubo et al., 2008; Debora et al., 2008; Levendis et al., 1999):

$$O + HC \longrightarrow RO_2, RO, OH \qquad (4)$$

$$O_3 + SOF \longrightarrow CO(CO_2) + O_2 + H_2O \qquad (5)$$

$$C + O \longrightarrow CO \qquad (6)$$

$$C + 2O \longrightarrow CO_2 \qquad (7)$$

$$C + O_3 \longrightarrow CO + O_2 \qquad (8)$$

$$C + 2O_3 \longrightarrow CO_2 + 2O_2 \qquad (9)$$

Reaction (4) and (5) mean collision between active materials and SOF, where gaseous CO, CO_2 and H_2O are generated. SOF attached to the surface of soot is stripped. Reaction (6) ~ reaction (8) mean collision between active materials and soot at the center of PM, where CO and CO_2 are generated. As is shown by reaction (4) ~ reaction (9), the main products are CO and CO$_2$. The concentration of CO, CO$_2$ can explain the degree of oxidative decomposition of PM.

4 Test results and analysis

4.1 Influence of temperature on decomposition of PM

The DPF regeneration tests have been carried out at different test temperatures. The variation of the concentration of CO and CO$_2$ versus time is shown in Fig. 2 and Fig. 3.

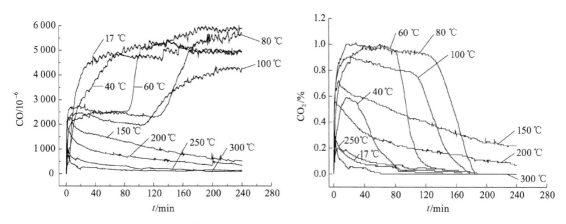

Fig. 2 The concentration of CO vs. time   Fig. 3 The concentration of CO$_2$ vs. time

Fig. 2 and Fig. 3 show that when the test temperature is 17 ℃ and 40 ℃, the volume fraction of CO rises sharply first and then remain stable as the reaction continues and the volume fraction of CO$_2$ shows a downward trend after the first rise as the reaction continues. When the test temperature is 60 ℃, 80 ℃ and 100 ℃, the volume fraction of CO shows two step upward trend on the whole. The first step appeared at the beginning of the reaction and the volume fraction of CO rises sharply and then slightly down. The second step appears during 80 min to 120 min, the volume fraction of CO shows a sharp upward trend and then keep the steady state. The volume fraction of CO$_2$ decreases slightly and then sharply after a sharp upward trend. As shown in Fig. 2 and Fig. 3, it can be concluded that the volume fractions of CO and CO$_2$ change rapidly at the same time, when the test temperature are 150 ℃, 200 ℃, 250 ℃ and 300 ℃. The volume fractions of CO and CO$_2$ both show a trend of slow decline after the first sharp rise.

4.2 Influence of temperature on DPF regeneration

Since the main decomposition products of PM are CO and CO$_2$, the more PM is decomposed, the better DPF are regenerated. The total mass of C in CO and CO$_2$ can be considered to be the mass of the PM decomposed, it can be used as evaluation index of DPF regeneration. C_1 represents the mass of C in CO and C_2 represents the mass of C in CO$_2$, C_{12} represents the total mass of C in CO and CO$_2$.

The mass of the C_1 and C_2 can be calculated by integrating the curves in Fig. 2 and Fig. 3

according to equation (10) and equation (11):

$$m(C_1) = \int c_1 \cdot t \, dt \cdot v/V_m \cdot M \qquad (10)$$

$$m(C_2) = \int c_2 \cdot t \, dt \cdot v/V_m \cdot M \qquad (11)$$

c_1 represents the volume fraction of CO, c_2 represents the volume fraction of CO_2; v represents the flow rate of gas; V_m represents the gas molar volume; M represents the molar mass of C. $v = 5$ L/min, $V_m = 22.4$ L/mol.

Fig. 4 shows the variation of the mass of C_1, C_2 and C_{12} versus temperature. As shown in the figure, when the temperature is below 80 ℃, the mass of C_1 shows a drop trend and the mass of C_2 shows a rising trend with the increasing of the temperature. The reason is that low formation heat of CO and high formation heat of CO_2 determines that reaction (6) and reaction (8) are the main reactions at lower temperature. With the increasing of temperature, reaction (7) and reaction (9) increases while reaction (6) and reaction (8) decreases, so the mass of C_1 reduces while the mass of C_2 rises. When the temperature is beyond 80 ℃, the mass of C_1 and C_2 show a continuing downward trend. This result is caused by the decomposition of O_3. As O_3 easily decomposes at high temperature, the higher the temperature is, the more O_3 will decompose. As the temperature increases, the mass of C_{12} first increases and then decreases. Because the production of CO_2 is far higher than that of CO, the mass of C_{12} has the same trend with that of C_2. When the test temperature is 80 ℃, the mass of C_{12} appears the biggest value, therefore the PM is most completely decomposed at the temperature.

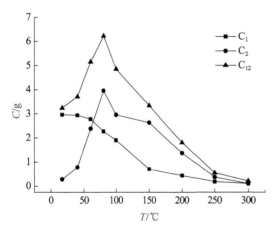

Fig. 4 The mass of CO, CO_2 and CO_x vs. temperature

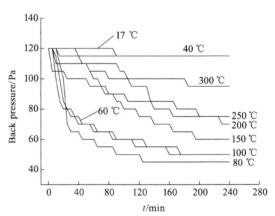

Fig. 5 The backpressure of DPF vs. time

Fig. 5 shows the variation of the backpressure of DPF versus time at different test temperatures. When the test temperature is 17 ℃ or 40 ℃, the backpressure of DPF slightly declines which suggests that oxidation rate of the PM is very slow. When the test temperature are 60 ℃、80 ℃ and 100 ℃, the backpressure of DPF drops faster and more significantly which suggests that the Oxidation reaction of PM is very intense. When the test temperature are 150 ℃、200 ℃、250 ℃ and 300℃, the downward trend of the back pressure of DPF has slowed which means the oxidation rate of PM slows down. In conclusion, when the test temperature is 80 ℃, the back pressure of DPF drops fastest. When the reaction was carried out to 120 min, the back pressure of DPF has dropped to the minimum close to the back pressure of clean DPF.

Fig. 6 shows the axial profile of the DPF before and after regeneration when the test temperature is 80 ℃. In Fig. 6, it can be seen that PM deposited in DPF has been basically removed and there are some inorganic ash particles remaining in the tunnel which is shown in Fig. 7. These non-combustible particles can be removed by air blowback. Through the analysis of Fig. 6 and Fig. 7, when the test temperature is 80 ℃, the DPF completely regenerated after 120 min reaction which consistent with the above analysis.

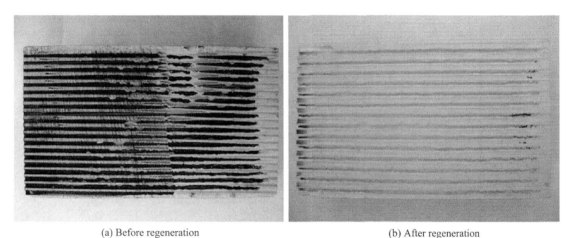

(a) Before regeneration (b) After regeneration

Fig. 6 The axial profile of DPF (test temperature:80 ℃).

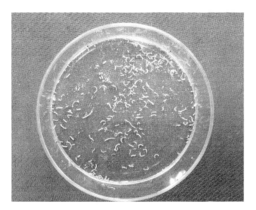

Fig. 7 The inorganic ash of DPF regeneration

5 Conclusion

This paper has presented an experimental research on the regeneration of DPF by a self-designed NTP injection system at different temperatures, where oxygen as the gas source. From the discussions above, the following conclusions can be drawn:

(1) PM can be decomposed to generate CO and CO_2 by these active substances O_3、O which was generated through the discharge reaction of NTP reactor.

(2) With the increase of the test temperature, the mass of C_1 (C in CO) shows a overall downward trend, so lower temperature is advantageous to generate CO. The mass of C_2 (C in CO_2) and C_{12} (C_1 and C_2) increase firstly and then decrease.

(3) When the test temperature are 17 ℃ and 40 ℃, the backpressure of DPF slightly declines; When the test temperature are 60 ℃、80 ℃ and 100 ℃, the backpressure of DPF drops faster and more significantly; When the test temperature are 50 ℃、200 ℃、250 ℃ and 300 ℃, the backpressure of DPF slowly declines. When the test temperature is 80 ℃, the DPF has DPF completely regenerated after 120 min reaction.

(4) DPF can be regenerated by NTP technology without any catalyst at a lower temperature, avoiding the phenomenon of thermal damage of DPF and catalyst sulfur poisoning. Consequently, compared to the traditional regeneration method, the NTP technology has its superiority.

Acknowledgment

The reserch was supported primarily by the National Natural Science Foundation of China (51176067) and the Ph. D. Programs Foundation of Ministry of Education of China (20103227110014) and A Project Funded by the Priority Academic Program Development of Jiangsu Higher Education Institutions (PAPD).

References

[1] Bensaid S, Caroca C J, Russo N, et al. Detailed investigation of non-catalytic DPF regeneration[J]. The Canadian Journal of Chemical Engineering, 2011, 89(2).

[2] Raghu B, Rajasekhar B. Emissions of particulate-bound elements from stationary diesel engine: Characterization and risk assessment [J]. Atmospheric Environment, 2011, 45(30).

[3] Lee S, Cho Y, Song M, et al. Experimental study on the characteristics of nano-particle emissions from a heavy-duty diesel engine using a urea-SCR system[J]. International Journal of Automotive Technology, 2012, 13(3).

[4] Cho Y S, Kim D S, Park Y J. Pressure drop and heat transfer of catalyzed diesel particulate filters due to changes in soot loading and flow rate[J]. International Journal of Automotive Technology, 2008, 9(4).

[5] Ishizaki K, Tanaka S, Kishimoto A, et al. Proceedings of the FISITA 2012 world automotive congress lecture, notes in electrical engineering, 2012, 189.

[6] Walter K. Diesel engine development in view of reduced emission standards[J]. Energy,2008,33(2).

[7] Martyn V T. Progress and future challenges in controlling automotive exhaust gas emissions[J]. Applied Catalysis B:Environmental,2007,70(1—4).

[8] Shim B J,Park K S,Koo J M,et al. Estimation of soot oxidation rate in DPF under carbon and non-carbon based particulate matter accumulated condition[J]. International Journal of Automotive Technology,2013,14(2).

[9] Chen K,Martirosyan K S,Luss D. Temperature gradients within a soot layer during DPF regeneration[J]. Chemical Engineering Science,2011,66(13).

[10] Triana A P,Johnson J H,Yang S L,et al. An experimental and numerical study of the performance characteristics of the diesel oxidation catalyst in a continuously regenerating particulate filter[J]. SAE,2003,Paper No. 2003-01-3176.

[11] Lee S J,Jeong S J,Kim W S,et al. Computational study on the effects of volume ratio of DOC/DPF and catalyst loading on the PM and NO_x emission control for heavy-duty diesel engines[J]. International Journal of Automotive Technology,2008,9(6).

[12] Cai Y X,Zhao W D,Wu J X,et al. Working principle experimental research on non-thermal plasma reactor[J]. Transactions of the Chinese Society for Agricultural Machinery,2005,36(10).

[13] Srinivasan A D,Rajanikanth B S. Non-thermal-plasma-promoted catalysis for the removal of NO_x from a stationary diesel-engine exhaust[J]. IEEE Transaction on industry applications 2007,43(6).

[14] Wang T,Sun B M,Xiao H P,et al. Effect of water vapor on NO removal in a DBD reactor at different temperatures[J]. Plasma Chem Plasma Process,2013,33(4).

[15] Fushimi C,Madokoro K,Yao S,et al. Influence of polarity and rise time of pulse voltage waveforms on diesel particulate matter removal using an uneven dielectric barrier discharge reactor[J]. Plasma Chem Plasma Process,2008,28(4).

[16] Okubo M,Kuroki T,Kawasaki S,et al. Continuous regeneration of ceramic particulate filter in stationary diesel engine by nonthermal-plasma-ozone injection[J]. IEEE Transaction on Industry Applications,2009,45(5).

[17] Li K H,Cai Y X,Li X H,et al. Experimental study on the performance of a water-cooled non-thermal plasma reactor[J]. Transactions of the Chinese Society of Agricultural Engineering,2012,28(22).

[18] Takaki K,Chang J S. Atmospheric pressure of nitrogen plasmas in a ferro-electric packed bed barrier discharge reactor[J]. IEEE Transactions on Dielectrics and Electrical Insulation,2004,11(3).

[19] Yagi S,Tanaka M. Mechanism of ozone generation in air-fed ozonisers[J]. Journal of Phys. D:Applied. Phys,1979,12(9).

[20] Kogelschatz U,Eliasson B,Hirth M. Ozone generation in from oxygen and air discharge physics and reaction mechanisms[J]. Ozone Science and Engineering,1988,10(4).

[21] Okubo M, Arita N, Kuroki T, et al. Innovative approach of PM removal system for a light-duty diesel vehicle using non-thermal plasma[J]. Plasma Chem Plasma Process, 2008, 28.

[22] Debora F, Vito S. Open issues in oxidative catalysis for diesel particulate abatement [J]. Powder Technology, 2008, 180(1-2).

[23] Levendis Y A, Larsen C A. Use of ozone-enriched air for diesel particulate trap regeneration[J]. SAE, 1999, Paper No. 1999-01-01.

Transient Measuring Method for Injection Rate of Each Nozzle Hole Based on Spray Momentum Flux[*]

Luo Fuqiang　Cui Huifeng　Dong Shaofeng

(Jiangsu University)

Abstract

For a diesel engine equipped with multi-hole injectors, its combustion process, pollutant formation and thermal load consistency of combustion chamber are directly influenced by the differences in injection rates among nozzle holes. However, there are few measuring methods and equipments suitable for the determination of injection rate of each nozzle hole. The aim of this paper is to evaluate a measuring method proposed based on the spray momentum measurement of each nozzle hole that could be used to determine its injection rate. For this purpose, a conventional injection system of pump-line-nozzle was utilized and a dedicated experimental rig was constructed. Under different operating conditions, the cycle fuel injection quantities of the measured injector and the transient injection rate of each nozzle hole were measured successively. Based on the experimental results, the reliability and stability of the proposed measuring method were validated, and the differences in injection rates among nozzle holes were analyzed. In order to further understand the measuring method proposed, the influence of the measurement procedure details such as the distance between the outlet and the target and the angle between the target and spray axis on the determination of the transient injection rate of each nozzle hole was experimentally studied. The experimental results show that when the distance between the outlet and the target is less than 12 mm and the angle between the target and spray axis is lower than 100°, the transient injection rate of each nozzle hole could be measured accurately using the measuring method proposed, and that with a higher injection pump speed or more cycle fuel supply quantity, the consistency of cycle fuel injection quantities among nozzle holes is improved gradually. The further increase of the distance or the angle will result in the reduction of the peak injection rate and cycle fuel injection quantity of the measured nozzle hole. Besides, the

---

[*] 本文原载于国际《燃料》(Fuel)杂志 2014 年(第 125 卷)总第 20—29 页。

injection start, injection end, and the corresponding phase of peak injection rate of the measured nozzle hole will be delayed little by little with the further increment of the distance.

1 Introduction

For a diesel engine, in order to achieve an efficient combustion process with moderate emissions, the optimization of the injection process in terms of injection rate and spray characteristics is crucial[1,2]. In fact, the injection rate directly affects the evolution of the diesel spray, fuel-air interaction, and the combustion process[3]. In other words, in a diesel engine, the injection rate has a direct influence on the combustion performance, the noise and pollutant emissions. Hence, the knowledge of the characteristics of injection rate could lead to a significant contribution to the design improvement and performance optimization of a diesel engine.

Nomenclature

A_{geo}	geometrical outlet section	
C_d	discharge coefficient	
C_n	non-uniform coefficient of cycle fuel injection quantities among nozzle holes	
F	spray impact force	
L	the distance between the outlet and the target	
$\dot{m}$	mass flow rate	
$\dot{M}$	spray momentum flux	
n	injection pump speed	
p_i	injection pressure	
q	cycle fuel injection quantity of the measured nozzle hole	
q_{max}	maximal cycle fuel injection quantity among nozzle holes	
q_{mean}	mean cycle fuel injection quantity among nozzle holes	
q_{min}	minimal cycle fuel injection quantity among nozzle holes	
Q	cycle fuel injection quantity of the measured injector	
Q_{cum}	cumulative fuel injection quantity	
Q_{mean}	mean cycle fuel injection quantity	
t	time t	
t'	delay time, in seconds or in camshaft rotation angles	
u	real velocity	
u_m	mean outlet velocity	
$\dot{V}$	injection rate in terms of volume flow rate	

Greek symbols

Δ	relative error
Δp	pressure drop
ρ	real density
ρ_f	liquid fuel density
$\rho_{f,N,T}$	liquid fuel density under normal atmosphere and fuel temperature of T

To obtain reliable cycle fuel injection quantity and injection rate measurements, many methods and techniques have been developed. The oldest as well as the most common methods are the Bosch measuring method[4-7] and the Zeuch's measuring method[8-10]. With the charge measuring method, the determination of injection rate is based on the measured charge created by the frictions, of the fuel in the nozzle and the spray against the surface of the sensor, and by the Seebeck effect[11,12]. As reported in the literature, the Laser Doppler Anemometer could also be used to determine the injection rate by measuring the axial velocity, from which the actual volume flow rate signal could be deduced[13,14].

All of the above-mentioned measuring methods can give the accurate result of injection rate of single-hole nozzle. For the multi-hole nozzle, however, they can only give its total injection rate, and provide no information about the possible differences in injection rates among nozzle holes. As reported in the literature, the injection rate diversities among nozzle holes do exist due to the inaccuracies in workmanship and the differences in hydraulic conditions among nozzle holes[15,16], which will lead to the non-uniform spatial and temporal distributions of the fuel within the combustion chamber and the induced uneven thermal loads of the combustion chamber[15,17-19].

Nowadays the direct injection diesel engines are usually equipped with multi-hole injectors. It is easy to understand the necessity of studying the measuring method, by which the injection rate of each nozzle hole of a multi-hole injector could be determined. Nevertheless, only a small number of scholars have ever carried out the above related researches. Marčič[15,19] developed a deformational measuring method, whose criterion of the fuel injected of each nozzle hole is expressed by the deformation of the membrane occurring due to the collision of the pressure wave in the measuring space against the membrane. Payri et al.[16] developed a hole to hole mass flow test rig, by which the fuel injected of each nozzle hole could be obtained from the corresponding siphon where the fuel-air mixture is carried to and the liquid fuel and the air are separated.

On the other hand, spray momentum flux is a very important parameter, with which the effective velocity at the outlet, fuel density, and the effective diameter of nozzle hole could be brought together[18,20,21]. Meanwhile, some important parameters such as spray penetration, spray cone angle, and air entrainment depend largely on spray momentum flux[22]. For these reasons, several experimental techniques have been developed to measure the spray momentum[23-26]. The spray momentum can be used not only to evaluate internal flow characteristics of nozzle, spray outflow characteristics, and the spray evolution[24,27,28], but also to validate the models established and estimate the relevant model parameters[18,20,21,29].

The objective of this work is to evaluate a transient measuring method proposed based on the spray momentum flux, with which the possible differences in injection rates among nozzle holes of a multi-hole diesel injector can be obtained. In order to achieve the proposed objective, the following three aspects have been addressed. First of all, the relationship between the injection rate of a nozzle hole and its corresponding spray momentum flux needs to be established, which is the basis of the succeeding researches. Secondly, spray momentum test rig needs to be built, which is the key to the entire study. Besides, a lot of experiments also need to be conducted in order to validate the proposed measuring method and to analyze the discrepancies in injection rates among nozzle holes.

This paper is composed of six sections. In Section 2, the transient measuring method of injection rate of each nozzle hole proposed based on spray momentum flux is introduced. In Section 3, the experimental facilities are described briefly. In the following Section 4 and Section 5, the validation of the measuring method, the analyses of the discrepancies in injection rates among nozzle holes, as well as the discussion of the measuring method are presented. Finally, in Section 6, the most important conclusions of this work are drawn.

2 Theoretical background

The internal flow of the nozzle hole is very complex in terms of the flow direction, flow velocity, as well as the cavitation phenomenon[23,24]. Under these complex flow conditions, the mass flow rate and the spray momentum flux at the outlet of nozzle hole can be defined as follows:

$$\dot{m} = \int_{A_{geo}} u \cdot \rho dA \tag{1}$$

$$\dot{M} = \int_{A_{geo}} u^2 \cdot \rho dA \tag{2}$$

Based on the mass conservation law, the above expressions can be simplified to:

$$\dot{m} = \rho_f \cdot u_m \cdot A_{geo} \tag{3}$$

$$\dot{M} = \rho_f \cdot u_m^2 \cdot A_{geo} \tag{4}$$

With the use of spray momentum flux, a non-dimensional parameter, discharge coefficient, can be obtained[26]:

$$C_d = \sqrt{\frac{\dot{M}}{2A_{geo} \cdot \Delta p}} \tag{5}$$

According to the relationship[30] between the mean velocity at the outlet and the discharge coefficient shown in Eq. (6), the mean velocity at the outlet can be derived:

$$u_m = C_d \cdot \sqrt{\frac{2\Delta p}{\rho_f}} \tag{6}$$

$$u_m = \sqrt{\frac{\dot{M}}{\rho_f \cdot A_{geo}}} \tag{7}$$

Combining Eqs. (3), (4), and (7), the injection rate of a nozzle hole in terms of the volume flow rate can be evaluated by:

$$\dot{V} = \sqrt{\frac{\dot{M} \cdot A_{geo}}{\rho_f}} \tag{8}$$

It can be clearly seen from Eq. (8) that it is possible to obtain the transient injection rate of each nozzle hole of a multi-hole diesel injector with the determination of its spray momentum flux.

In order to determine the injection rate of each nozzle hole, a special method as described by Payri et al.[24] has been used to test the transient spray momentum of each nozzle hole. Fig. 1 shows the schematic diagram of the spray momentum measuring principle. The transient spray momentum is measured by an indirect method in terms of the impact force exerted by the spray on a flat surface (named target). Within certain rang of the distance between the outlet and the target (named outlet-target distance), as long as the target perpendicular to spray axis is large enough to interact with the entire spray, the impact force measured by the sensor will be equal to the spray momentum at the outlet of nozzle hole or at any other axial position due to the conservation of momentum.

As shown in Fig. 1, the impact force measured is delayed with respect to the spray departure from the outlet. The delay time in seconds or in camshaft rotation angles can be evaluated approximately by:

$$t' = \frac{L}{\sqrt{\frac{2\Delta p(t)}{\rho_f(t)}}} \text{ or } t' = \frac{6nL}{\sqrt{\frac{2\Delta p}{\rho_f(t)}}} \tag{9}$$

The relationship between transient spray momentum and its corresponding impact force can be expressed by:

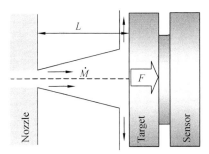

Fig. 1 Measuring principle of spray momentum flux

$$\dot{M}(t) = F(t+t') \tag{10}$$

Consequently, the injection rate of a nozzle hole shown in Eq. (8) can be modified as follows:

$$\dot{V}(t) = \sqrt{\frac{F(t+t') \cdot A_{geo}}{\rho_f(t)}} \tag{11}$$

Integrating Eq. (11) over the entire injection duration, the cycle fuel injection quantity of the measured nozzle hole and hence that of the injector used can be obtained by:

$$q = \int \sqrt{\frac{F(t+t') \cdot A_{geo}}{\rho_f(t)}} \, dt \tag{12}$$

$$Q = \sum q \tag{13}$$

3 Experimental set-up

In order to evaluate the proposed measuring method, a conventional injection system of pump-line-nozzle was utilized and a dedicated experimental rig was constructed. In the following, the fuel injection system as well as the experimental rig is first introduced briefly. Then, the determination of the fuel density, which directly affects the measuring accuracy of injection rate of each nozzle hole, is presented.

3.1 Fuel injection system

The measurement of injection rate of each nozzle hole was performed with a five-hole diesel injector, as shown in Fig. 2. It is equipped with a mini-sac nozzle with a nozzle hole diameter of 0.2 mm and a fuel starting injection pressure of 22.5 MPa. The injector is fed directly from a inline pump. The injection pump is driven by a pump test-bed, of which injection pump speed, fuel temperature and measurement times of fuel injection can be set freely.

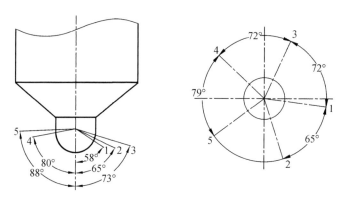

Fig. 2 Schematic diagram of injection nozzle

3.2 Spray momentum experimental rig

Fig. 3 shows the schematic diagram of spray momentum experimental rig, on which the impact force exerted by some spray on corresponding target can be determined and so can the injection rate of corresponding nozzle hole.

A calibrated piezoelectric force sensor was employed to detect the spray impact force, by means of a circular target screwed directly on the sensor head. A customized magnetic stand was equipped with a distance adjusting screw and an angle adjustment knob, which allow the target-sensor assembly to be moved for a travel range from 0 mm to 40 mm in spray axis direction and to be rotated for an angle range from 90° to the hardware-limited maximum of 120° with respect to spray axis, respectively. The magnetic stand was inserted into an oil mist dispersal chamber where the spray was injected into, and was used for the positioning of the target-sensor assembly. In order to adjust the position of the target-sensor assembly timely, the surrounding walls of the oil mist dispersal chamber were transparent and removable. A clamp-on pressure sensor clamped on the upstream of mini-sac was used to measure the injection pressure. In order to make Fig. 3 more readable, only one target-sensor assembly is shown.

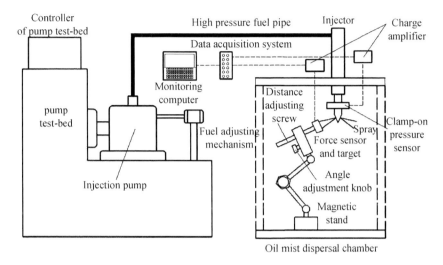

Fig. 3 Spray momentum experimental rig

3.3 Determination of fuel density

Commercially available diesel fuel (No. 0 diesel fuel) obtained from a petrol station is used in this study. As clearly shown in Eq. (11), the fuel densities under different fuel temperatures and injection pressures must be determined precisely in order to obtain the accurate result of injection rate of nozzle hole. Based on the fuel densities obtained under atmospheric pressure and different fuel temperatures[31], the ones used for the determination of injection rate of nozzle hole can be evaluated by:

$$\rho_f(t) = \rho_{f,N,T} \cdot \left(1 + \frac{0.6 \times 10^{-9} p_i(t)}{1 + 1.7 \times 10^{-9} p_i(t)}\right) \tag{14}$$

4 Experimental results

As reported in the literature[1,23,24], the target impacted by the spray must be large enough to interact with the entire spray, and at the same time it must be as small as possible to provide adequate response characteristics during the transients mainly including both the opening and closing stages of the needle. Combining the experimental results of many installation tests of 5 target-sensor assemblies conducted on the spray momentum experimental rig, the existing study on the measurement of spray momentum flux, the difficulty and the reliability of non-overlap fixing of each target-sensor assembly perpendicular to corresponding spray axis, the outlet-target distance and the target diameter were both decided to 10 mm to conduct the subsequent experiments. In order to reduce the influence of cycle-to-cycle variation of injection process, all the test results presented in this section are the mean values of 100 injection events.

4.1 Validation of measuring method

Under the operating condition with injection pump speed of 1200 r/min and cycle fuel injection quantity of 61.8 mm³/cycle, the measurements of injection rate of each nozzle hole were carried out. Fig. 4a and Fig. 4b show the obtained time histories of spray impact force and injection rate of each nozzle hole, respectively.

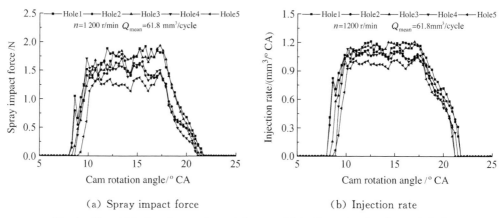

(a) Spray impact force (b) Injection rate

Fig. 4 Time histories of spray impact force and injection rate of each nozzle hole

As shown in Fig. 4a, there are some local differences in the curve profiles of spray impact force of each nozzle hole, but they all possess relatively consistent shapes resembling a hat[18,21]. In addition, the differences in the curve profiles of spray impact force of different nozzle holes during the opening and closing phases of the needle are well reproduced by the injection rate time-history of corresponding nozzle holes shown in Fig. 4b. Comparing spray impact force time-history of each nozzle hole during the main injection period with that of injection rate, it can be seen that the fluctuating range of the latter is much smaller than that of the former. Both of the above phenomena are mainly caused by the relationship between spray impact force and its corresponding injection rate shown in Eq. (11).

Combining the measurement of injection rate of each nozzle hole with Eqs. (12) and (13), the total integral fuel injection quantity at end of the injection (named cumulative fuel injection quantity, Q_{cum}), 59.53 mm³, is obtained, and is very close to the mean cycle fuel injection quantity of the measured injector obtained based on the pump test-bed (named mean cycle fuel injection quantity, Q_{cum}), 61.8 mm³. Their relative error calculated based on Eq. (15) is only 3.67%. The experimental result indicates, to some extent, that the injection rate of each nozzle hole of a multi-hole diesel injector can be measured with a comparative accuracy using the measuring method proposed and the experimental rig constructed.

$$\Delta = \frac{Q_{mean} - Q_{cum}}{Q_{mean}} \times 100\% \tag{15}$$

In order to further validate the reliability and stability of the measuring method proposed, the mean cycle fuel injection quantity Q_{mean} and the injection rate of each nozzle hole have been measured successively under different operating conditions. In more detail, the injection pump speed was set at 800 r/min, 1 000 r/min, 1 200 r/min and 1 400 r/min, respectively, and the control rack position of injection pump was set at P_{50}, P_{60}, P_{70} and P_{80}, respectively (P_x is a control rack position of injection pump at which the mean cycle fuel injection quantity Q_{mean} over 100 injection events is x mm^3 under the injection pump speed of 1 000 r/min). Under each of the combinations, the mean cycle fuel injection quantity Q_{mean} was measured on the pump test-bed first, and then the injection rate of each nozzle hole was determined on the experimental rig constructed.

Fig. 5a and Fig. 5b show the comparisons between the cumulative fuel injection quantity Q_{cum} and the mean cycle fuel injection quantity Q_{mean}, and the distribution of the relative errors under the above 16 different operating conditions, respectively. As expected, Q_{cum} and Q_{mean} are increased gradually with the increment of the injection pump speed or the cycle fuel supply quantity characterized by the control rack position of injection pump. The relative errors are not evenly distributed, but their values are not large and mainly between 2.2% and 4.6%. In general, the proposed measuring method and the constructed experimental rig have relatively higher precision and better testing stability.

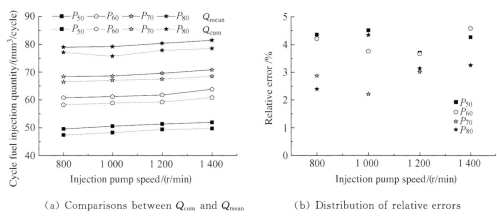

(a) Comparisons between Q_{cum} and Q_{mean} (b) Distribution of relative errors

Fig. 5 Validation results of the test method proposed

4.2 Difference analysis of injection rates among nozzle holes

Fig. 6 shows the time histories of injection rate of each nozzle hole under different injection pump speeds at P_{60}, and Fig. 7 shows the same parameter as in Fig. 6 under different control rack positions at injection pump speed of 1 000 r/min.

From Fig. 6 and Fig. 7, it can be seen that under each of the operating conditions, the global shapes of injection rate time-histories of 5 nozzle holes are very similar. Meanwhile, it is also noticed that under the same operating condition, the injection start is delayed gradually, the injection end is advanced by degrees, and the fuel injection duration is decreased little by little with the increase of nozzle hole serial number (i.e. with the increase of the angle between nozzle hole axis and needle axis, named nozzle hole angle, shown in Fig. 2). As reported in the literature[32-34], the above phenomena can be considered as a result of the comprehensive effect of the difference in pressure distribution of nozzle sac, the influence of the nozzle hole angle on entrance pressure loss of nozzle hole, and the complexity of the needle movement.

Another interesting result is that under each of the operating conditions there is a spike existing respectively in the injection rate time-histories of Hole 1 and Hole 2 during the opening phase of the needle. This is mainly attributed to the unsteady flow caused by the needle opening process and the hydraulic hammering effect produced by the sudden stop of the needle prevented by the lift limiter[35]. The reason why there is no spike existing in the injection rate time-histories of Hole 3, Hole 4 and Hole 5 could be reasonably interpreted as that the delays of their injection starts suppress the influence of the unsteady flow and the hydraulic hammering effect.

As shown in Fig. 6 and Fig. 7, there are no significant changes in injection start of each nozzle hole with the increment of injection pump speed or the cycle fuel supply quantity characterized by the control rack position of injection pump, but their injection ends are delayed gradually, and at the same time their corresponding fuel injection durations measured in camshaft rotation angle are increased little by little. With the increase of injection pump speed, the leakage of plunger and barrel assembly of injection pump is decreased gradually,

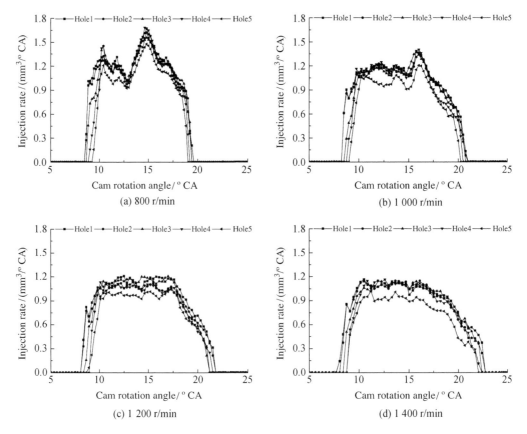

Fig. 6 Instantaneous injection rates of each nozzle hole under different injection pump speeds at P_{60}

meanwhile, the throttle effect of fuel return hole of the injection pump is enhanced little by little, which will result in a smaller falling rate of injection pressure after fuel return hole is opened by plunger and hence the later closing phase of the needle. The influence of the cycle fuel supply quantity is mainly attributed to the working principle of the injection pump used.

Under the above operating conditions, the corresponding cycle fuel injection quantities of each nozzle hole are shown in Fig. 8a and Fig. 8b, respectively. It can be seen that the cycle fuel injection quantity of each nozzle hole is increased gradually with the increment of injection pump speed or the cycle fuel supply quantity characterized by the control rack position of injection pump. Besides, under the same operating condition, the cycle fuel injection quantity of a nozzle hole is decreased little by little with the increase of nozzle hole serial number (i.e. with the increase of the named nozzle hole angle shown in Fig. 2). These results are consistent with those shown in Fig. 6 and Fig. 7.

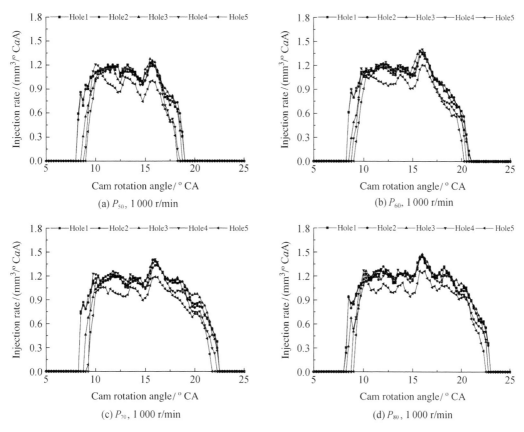

Fig. 7 Instantaneous injection rates of each nozzle hole under different control rack positions at injection pump speed of 1 000 r/min

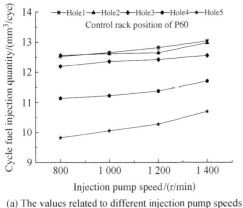 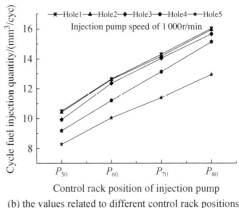

(a) The values related to different injection pump speeds   (b) the values related to different control rack positions

Fig. 8 Cycle fuel injection quantities of each nozzle hole obtained under different operating conditions

In order to study the differences among diesel nozzle holes, an evaluating parameter named relative hole mass flow is defined by Payri et al.[16], which is calculated by dividing the cycle fuel injection quantity of the analyzed nozzle hole by the mean value of all the nozzle holes. Under the present testing conditions, the relative hole mass flows of each nozzle hole are shown in Fig. 9a and Fig. 9b. As can be seen from the graphs, the relative hole mass flows of 5 nozzle holes have some difference under the same operating condition, but the relative hole mass flows of any nozzle hole obtained under different operating conditions are not evenly distributed and their variations are not significant. This is consistent with the experimental results obtained by Payri et al.[16].

In order to further understand the uniformity of injection rates among nozzle holes under different operating conditions, a new non-dimensional parameter, C_n, or non-uniform coefficient of cycle fuel injection quantities among nozzle holes is defined:

$$C_n = \frac{q_{max} - q_{min}}{q_{mean}} \times 100\% \tag{16}$$

It can be seen from Fig. 9a that the non-uniform coefficient C_n is gradually decreased with the increment of injection pump speed. The similar result is also shown by the experimental data obtained by Marčič. for different operating conditions and multi-hole diesel injectors[15,19]. To some extent, this indicates that the uniformity of injection rates among nozzle holes is improved little by little with the increase of injection pump speed. As shown in Fig. 9b, the non-uniform coefficient C_n is also decreased gradually with the increment of cycle fuel supply quantity characterized by the control rack position of injection pump. This is mainly because the cycle fuel injection quantity of each nozzle hole is increased significantly with the increase of cycle fuel supply quantity and so is the mean cycle fuel injection quantity of 5 nozzle holes (q_{mean}), but the change in the difference between cycle fuel injection quantity of Hole 1 (q_{max}) and that of Hole 5 (q_{min}) is not distinct.

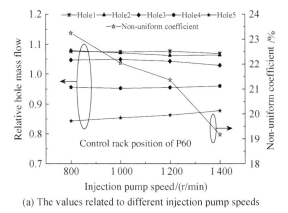
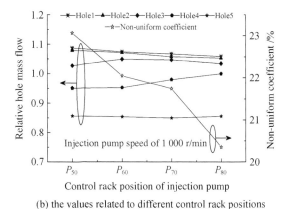

(a) The values related to different injection pump speeds

(b) the values related to different control rack positions

Fig. 9 Relative hole mass flows of each nozzle hole and non-uniform coefficients obtained under different operating conditions

The non-uniform coefficient is one of the evaluation parameters characterizing the injection consistency among nozzle holes indirectly, which characterizes the maximum difference among the relative hole mass flows of all the nozzle holes. The larger the non-uniform coefficient is, the worse the injection consistency among nozzle holes is.

5 Discussion of measuring method

As reported in the literature[1,23], it is impossible for the gaseous phase of the spray (including the ambient air exchanging momentum with the spray and the fuel vapor) to impact entirely on the target, which will result in a loss of momentum flux. The influence of the above gaseous phase is always existed and cannot be eliminated completely by adjusting the measurement procedure details, but it can be diminished to some extent by advisably decreasing the outlet-target distance[1].

Assuming that the spray geometry is an axisymmetric body, since the entire spray is surrounded by ambient air, the force measured by the sensor is the same as the spray momentum flux at the outlet of a nozzle hole due to the conservation of momentum[28]. As a matter of fact, however, spray geometry is not a normal axisymmetric body[36]. Besides, with the increase of the outlet-target distance, i.e. with the development of the spray, the spray geometry between the outlet and the target will become more and more irregular due to the air entrainment and the momentum exchange, which will inevitably affect the measurement of the transient spray momentum flux of each nozzle hole and hence the determination of corresponding injection rate.

According to the spray momentum measuring principle shown in Fig. 1, one geometry condition that the target is normal to spray axis must be satisfied in order to accurately measure the transient spray momentum flux of some nozzle hole, because otherwise there will be non-null residual velocity components in spray axis direction after spray-target impact, which will also affect the determination of spray momentum flux.

Based on the above analysis, it can be seen that both the outlet-target distance and the angle between the target and spray axis (named target-axis angle) have a direct influence on the measurement of spray momentum flux of each nozzle hole and on the subsequent determination of corresponding injection rate. Consequently, it is necessary to study the influence of the above geometry parameters carefully in order to put forward some suggestions for the design and the improvement of the spray momentum experimental rig shown in Fig. 3.

5.1 Influence of the outlet-target distance

Fig. 10 shows the time histories of injection rate of Hole 3 and its corresponding cycle fuel injection quantities concerning a 16 mm diameter target normal to spray axis, positioned at different outlet-target distances, i.e. $L=6$ mm, 12 mm, 18 mm, 24 mm and 30 mm, under the operating condition with injection pump speed of 1 000 r/min and control rack position of P_{60}.

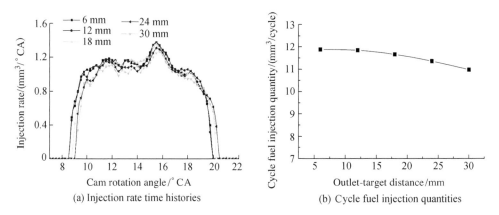

Fig. 10 Injection rate time histories of Hole 3 and its corresponding cycle fuel injection quantities measured at different outlet-target distances

With outlet-target distance smaller than 12 mm, the time histories of injection rate fit well with each other in terms of the global shape, injection start, injection end, peak injection rate and the corresponding phase of peak injection rate. Furthermore, there are not any obvious changes in the corresponding cycle fuel injection quantity. With further increase of the outlet-target distance, however, the injection start, injection end, and the corresponding phase of peak injection rate are gradually delayed, meanwhile, the peak injection rate and the corresponding cycle fuel injection quantity are decreased little by little. More specifically, the injection start and the injection end are delayed by about 0.5° CA measured at the outlet-target distance of 30 mm, the corresponding phase of 800, 1 000, 1 200, 1 400 peak injection rate is delayed by about 0.25° CA, the peak injection rate is decreased by 6.37%, and the cycle fuel injection quantity is decreased by 5.96% with respect to those measured at the outlet-target distance of 12 mm.

The above phenomena can be interpreted in terms of the respective contributions of the spray liquid phase and gaseous phase to momentum flux, and the measuring principle shown in Fig. 1. Within a certain range of outlet-target distance, the contribution of the spray liquid phase is dominant, which results in almost the same instantaneous spray momentum flux measured at different outlet-target distances[21] and hence approximately the same transient injection rate. With further increase of the outlet-target distance, the contribution of the spray liquid phase will be decreased remarkably in favor of the gaseous phase[1,21,23]. Meanwhile, the axial velocity of the spray will be decreased gradually and the spray geometry between the outlet and the target will become more and more irregular. In other words, the greater outlet-target distance will lead to a higher value of t' obtained based on Eq. (9) and a bigger possibility that more gaseous phase cannot impact on the target. It hence gives rise to the delayed injection start, injection end, corresponding phase of peak injection rate, and the lower peak injection rate and cycle fuel injection quantity.

Under the same operating condition, similar evaluations of Hole 1, Hole 2, Hole 4 and Hole 5 have been done at the above different outlet-target distances, respectively. Interestingly, almost identical results have been obtained. For brevity, they are not shown here.

5.2 Influence of the target-axis angle

Fig. 11 shows the time histories of injection rate of Hole 3 and its corresponding cycle fuel injection quantities concerning a 16 mm diameter target, positioned at an outlet-target distance of 10 mm with five different target-axis angles of 90°, 95°, 100°, 105°, and 110°, at injection pump speed of 1 000 r/min and control rack position of P_{60}.

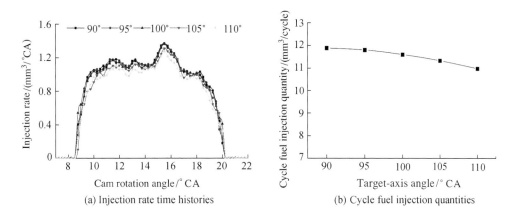

Fig. 11 Injection rate time histories of Hole3 and its corresponding cycle fuel injection quantities measured at different target-axis angles

The first interesting result shown in Fig. 11 is that the measured injection start, injection end, and the corresponding phase of peak injection rate are approximately the same under the above different target-axis angles. This is mainly because within a certain range of target-axis angle the flow patterns of the spray between the outlet and the target as well as the impact flow structures near the target have no significant changes for the same operating condition and outlet-target distance, and thus the values of t' obtained based on Eq. (9) are almost the same.

As shown in Fig. 11, while the target-axis angle is smaller than 100°, the time histories of injection rate measured at different target-axis angles agree well with each other, meanwhile, the change in the cycle fuel injection quantity is not significant. Specifically, for the target-axis angle of 100°, the cycle fuel injection quantity decreases by only 2.15% compared to that of 90° target-axis angle. With further increase of the target-axis angle, the change in the global shape of the injection rate time-history is very small, but the peak injection rate and the cycle fuel injection quantity decrease gradually. In more detail and compared to those of 90° target-axis angle, the peak injection rates measured at the target-axis angles of 105° and 110°, decrease by 4.41% and 6.97%, respectively, and the cycle fuel injection quantities decrease by 4.64% and 7.62%, respectively. The most feasible reason for these phenomena seems to be the difference, for the larger target-axis angles, in the rebound mechanism of fuel droplet colliding with the target.

Generally, the obtained experimental data seem to indicate that the target-axis angle, especially the larger ones, has deep influence on the determination of injection rate of each nozzle hole. Hence, in order to obtain the injection rate of each nozzle hole precisely, the target-axis angle has to be kept below 100°.

6 Conclusion

In this paper, a transient measuring method of injection rate of each nozzle hole of a multi-hole diesel injector is proposed. The method is based on the measurement of spray momentum flux, focusing on the impact force exerted by the spray on the target screwed directly on the force sensor head. Under different operating conditions, the mean cycle fuel injection quantities of the used injector were measured on the pump test-bed first, and then a dedicated experimental rig was constructed and employed to determine the injection rate of each nozzle hole. Combining the above experimental data, the reliability and stability of the measuring method was validated, and meanwhile, the differences in injection rates among nozzle holes were analyzed.

In order to make some suggestions for the design and the improvement of the constructed experimental rig, the influence of the distance between the outlet and the target and the angle between the target and spray axis on the determination of injection rate of each nozzle hole was experimentally studied. From this work, the major conclusions can be drawn as follows:

(1) Using the measuring method proposed, the injection rate of each nozzle hole can be tested accurately. With the distance between the outlet and the target of 10 mm and the angle between the target and spray axis of 90°, the relative errors of cycle fuel injection

quantity of the measured injector obtained based on the measurements of the injection rate of each nozzle hole are less than 4.6% under different operating conditions.

(2) For the multi-hole diesel injector, the injection start of the nozzle hole with the larger angle between nozzle hole axis and needle axis will be delayed, the injection end will be advanced, and the cycle fuel injection quantity will be decreased.

(3) In order to further understand the uniformity of the injection rates among nozzle holes, a new non-dimensional parameter named non-uniform coefficient of cycle fuel injection quantities among nozzle holes is defined. For the injection system of pump-line-nozzle, the non-uniform coefficient is decreased gradually with the increase of the injection pump speed under the same control rack position or with the increase of cycle fuel injection quantity under the same injection pump speed.

(4) When the distance between the outlet and the target and the angle between the target and spray axis are less than 12 mm and 100°, respectively, the injection rate time-histories measured at different positions of the force sensor are close to one another for the same nozzle hole. But the further increase of the distance or the angle will result in the reduction of the peak injection rate and the cycle fuel injection quantity. Besides, the measured injection start, injection end, and the corresponding phase of peak injection rate will be delayed gradually with further increase of the distance.

Acknowledgement

This research was supported by the National Natural Science Foundation of China (No. 51176068), Scientific Research Innovation Foundation for Graduate Students of Jiangsu Province (CXZZ12_0674) and a Project Funded by the Priority Academic Program Development of Jiangsu High Education Institutions.

References

[1] Postrioti L, Mariani F, Battistoni M. Experimental and numerical momentum flux evaluation of high pressure diesel spray[J]. Fuel, 2012, 98.

[2] Dernotte J, Hespel C, Foucher F, et al. Influence of physical fuel properties on the injection rate in a diesel injector[J]. Fuel, 2012, 96.

[3] Armas O, Mata C, Martinez-Martinez S. Effect of diesel injection parameters on instantaneous fuel delivery using a solenoid-operated injector with different fuels[J]. Rev Fac Ing Univ Antioquia, 2012, 64.

[4] Bosch W. The fuel rate indicator: a new instrument for display of the characteristic of individual injection[J]. SAE, 1996, Paper No. 660749.

[5] Lee J, Min K. Effects of needle response on spray characteristics in high pressure injector driven by piezo actuator for common-rail injection system[J]. Mech Sci

Technol, 2005, 19.

[6] Payri R, Garcia A, Domenech V, et al. An experimental study of gasoline effects on injection rate, momentum flux and spray characteristics using a common rail diesel injection system[J]. Fuel, 2012, 97.

[7] Catania A E, Ferrari A, Manno M, et al. Experimental investigation of dynamics effects on multiple-injection common rail system performance[J]. ASME Trans, JEng Gas Turb Power, 2008, 130(3).

[8] Zeuch W. Neue verfahren zur messung des einspritzgesetzes und einspritzregelmassigkeit von diesel-einspritzpumpen[J]. MTZ, 1961, 9.

[9] Ishikawa S, Ohmori Y, Fukushima S, et al. Measurement of Rate of Multiple-Injection in CDI Diesel engines[J]. SAE, 2000, Paper No. 2000-01-1257.

[10] Ikeda T, Ohmori Y, Takamura A, et al. Measurement of the rate of multiple fuel injection with diesel fuel and DME [J]. SAE, 2001, Paper No. 2001-01-0527.

[11] Marčič. M. A new method for measuring fuel-injection rate[J]. Flow Meas Instrum, 1999, 10(1).

[12] Marčič M. New diesel injection nozzle flow measuring device[J]. Rev Sci Instrum, 2000, 4(18).

[13] Brenn G, Durst F, Trimis D, et al. Methods and tools for advanced fuel spray production and investigations[J]. Atomization Sprays, 1997, 2.

[14] Durst F, Ismailov M, Trims D. Measurement of instantaneous flow rates in periodically operating injection systems[J]. Exp Fluids, 1996, 5(1).

[15] Marčič M. Sensor for injection rate measurements. Sensors, 2006, 6(13).

[16] Payri F, Payri R, Salvador F J, et al. Comparison between different hole to hole measurement techniques in a diesel injection nozzle[J]. SAE, 2005, Paper No. 2005-01-2094.

[17] Herfatmanesh M R, Lu P, Attar M A, et al. Experimental investigation into the effects of two-stage injection on fuel injection quantity, combustion and emissions in a high-speed optical common rail diesel engine[J]. Fuel, 2013, 109.

[18] Desantes J M, Payri R, Salvador F J, et al. Development and validation of a theoretical model for diesel spray penetration[J]. Fuel, 2006, 85(7).

[19] Marčič M. Measuring method for diesel multihole injection nozzles[J]. Sensors and Actuators A: Physical, 2003, 107(2).

[20] Desantes J M, Payri R, Garcia J M, et al. A contribution to the understanding of isothermal diesel spray dynamics[J]. Fuel, 2007, 86(7—8).

[21] Payri R, Ruiz S, Salvador F J, et al. On the dependence of spray momentum flux in spray penetration: momentum flux packets penetration model[J]. Mech Sci Technol, 2007, 21.

[22] Rajaratnam N. Turbulent jets[M]. Amsterdam: Elsevier, 1974.

[23] Postrioti L, Mariani F, Battistoni M, et al. Experimental and numerical evaluation of diesel spray momentum flux[J]. SAE, 2009, Paper No. 2009-01-2772.

[24] Payri R, García J M, Salvador F J, et al. Using spray momentum flux measurements to understand the influence of diesel nozzle geometry on spray characteristics[J]. Fuel, 2005, 84(5).

[25] Sangiah D K, Ganippa L C. Application of spray impingement technique for characterization of high pressure sprays from multi-hole diesel nozzles[J]. Int J Therm Sciences, 2010, 49(4).

[26] Payri R, Salvador F J, Gimeno J, et al. Flow regime effects on non-cavitating injection nozzles over spray behavior[J]. Int J Heat Fluid Flow, 2011, 32(2).

[27] Payri R, Salvador F J, Gimeno J, et al. Diesel nozzle geometry influence on spray liquid-phase fuel penetration in evaporative conditions[J]. Fuel, 2008, 87(11).

[28] Desantes J M, Payri R, Salvador F J, et al. Measurements of Spray Momentum for the Study of Cavitation in Diesel Injection Nozzles[J]. SAE, 2003, Paper No. 2003-01-0703.

[29] Salvador F J, Ruiz S, Gimeno J, et al. Estimation of a suitable Schmidt number range in diesel sprays at high injection pressure[J]. Int J Therm Sci, 2011, 50.

[30] Chen G. Study of fuel temperature effects on fuel injection, combustion, and emissions of direct-injection diesel engines[J]. ASME Trans. J Eng Gas Turb Power, 2009, 131(2):022802.

[31] Luo Fuqiang, Wang Ziyu, Yu Liang. Physicochemical properties and viscosity. temperature characteristic of jatropha curcas oil as fuel[J]. Trans CASE, 2010, 26(5).

[32] Miao X L, Zheng J B, Hong J H, et al. Spray characteristics of crossing hole in diesel nozzle[J]. Trans CSICE, 2012, 30(5).

[33] Wangz Q H, Zhang K W. CFD calculation of the two-phase flow inside K-factor injection nozzle[J]. Des Manufacture Diesel Eng, 2009, 4.

[34] Zheng J B, Miao X L, Hong J H, et al. Flow analysis of SAC nozzle with CR and PLN system[J]. Trans CSICE, 2011, 29(6).

[35] Ganippa L C, Andersson S, Chomiak J. Transient measurements of discharge coefficients of diesel nozzles[J]. SAE, 2000, Paper No. 2000-01-2788.

[36] Klein-Dou wel RJH, Frijters PJM, Somers LMT, et al. Macroscopic diesel fuel spray shadowgraphy using high speed digital imaging in a high pressure cell[J]. Fuel, 2007, 86(12,13).

高压条件下甘油二酯油理化特性超声波测量*

[摘要] 本文的目的是以甘油二酯（DAG）为试验样品，利用超声波方法，研究温度和压力对其液体理化特性的影响。为此测量了样品从大气压力至 0.6 GPa，以及 20 ℃ 到 50 ℃ 不同温度条件下的声速、密度和体积。

将 DAG 试样置于高压室中，使用超声波装置对其声速进行测量。利用互相关方法确定超声波脉冲在液体中的传播时间进而测得 DAG 油中的声速。用此方法测量声速快速而且可靠。在高压条件下的 DAG 油密度可以通过监测试样的体积变化来确定。绝热可压缩度和等温可压缩度可在实验数据的基础上计算得到。不同温度条件下，声速随压力变化出现的不连续性表明 DAG 油状态的变化（相变）。在本项研究中提出的超声波方法不仅适用于食用油，还可用于对其他液体物理化学参数的研究。

在化工、食品及石油工业的新产品和工艺流程的开发和设计中，需要了解液体在温度及压力作用下的理化特性方面的知识。

新型食品加工技术如高压食品加工和贮存技术使得食品在高压条件下的理化特性研究得到快速发展。为了进行高压技术过程（HPP）参数优化，必须对食品理化特性参数有精确的了解。然而，食品在高压条件及不同温度范围下的理化参数比较缺乏。另外，因现代燃油喷射系统工作压力的不断提升，燃油和生物燃料在高压条件下的理化特性也显得格外重要。

超声波方法由于其简单而精确的优点被广泛应用于液体的研究。而声速由于与液体某些理化特性相关，被认为是当前最有用的特性。对理化特性的直接测量很难获得高的精度。就这一点来讲，通过测量高压条件下液体中的声速可以提供一种相对简单而精确的方法来获得液体的等温压缩性、绝热压缩性及其他基本的热力学参数。

本文的目的是确定 DAG 液体试样在高压条件下的理化参数（如绝热压缩性、等温压缩性）。最后，可获得 DAG 油随着压力和温度变化的超声波速度及其密度。

DAG 在食品工业中无处不在，并且对所有生命体保持良好状态是必不可少的。人体内与 DAG 消耗相关的脂肪代谢比 TAG（甘油三酯）相关的代谢更有效[1-3]。植物油目前之所以非常重要，不仅因为它可以食用，而且还可以作为生物燃料的基本组分（如生物柴油）。

了解液体的热力学性能和流变性能对食品研发人员非常重要[4-10]。声速技术看来是一种测量这些液体特性的非常便捷的方法，这项技术在石油工业及高速发展的高压食品贮存工业中也很有用途。

---

* 作者为波兰科学院基础技术研究所和华沙工业大学的 P. K. Czynstki 和 A. Malanowki 等多位知名学者，原文发表于国际《超声波》（Ultrasonics）杂志 2014 年（第 54 卷）总第 2014－2034 页，该文现由江苏大学杜家益和高宗英翻译。

利用现有的经典方法(例如光学方法)进行液体在高压条件下的相变研究是困难的。因此,利用超声波方法及装置可以很方便地进行高压下的声速测量[11,12]。DAG 油中不同压力下声速随压力变化的不连续性,表明出现了液体向固体的相变,相似的相变同样出现在甘油三酯和其他食用油中。

基于实验结果(声速及密度随压力和温度的变化),可以将 DAG 油的等温绝热性和等温压缩性归结为压力的函数。这些成果可以被应用到其他液体,从而研究液体在高压条件下温度对其理化特性的影响。

本文研究成果可以用于高压食品加工和贮存等新技术中的数值模拟及优化,也同样可用于柴油机或生物柴油发动机新型燃油喷射系统的模拟计算。

据作者所知,本文的研究成果是创新的,且未见在其他科学文献中有所报道。

1 材料与方法

在本文中,我们测量了纵向超声波在发射传感器和接受传感器之间的传播时间,通过这种方法可以确定不同温度下 DAG 油中的声速随压力的变化规律。根据活塞在高压室内的位置变化可以得到样品的体积变化。在这个基础上,又根据在标准大气压下通过比重瓶测得的样品密度,可以确定不同温度下样品密度随压力的变化关系。利用已测的密度值和声速值,即可确定不同温度下绝热压缩性和等温压缩性随压力的变化,对此在第 3 小节将有详细介绍。

1.1 试样

DAG 油试样由 82% DAGs(甘油二酯,57.4% 的 sn-1,3 和 24.6% 的 sn-1,2(2,3))和 18% TAGs(甘油三酯)组成,组分可以通过 Hewlett Packard HP6890 型气相色谱仪(GC)测得,该分析依据 AOCS Cd 11b-91 方法进行。脂肪酸的组分同样可用 Hewlett Packard HP 6890 设备测得。试验按照 ISO 5508 和 ISO 5509 标准进行,而数据则用化学工作站 A 03.34 软件分析获得。

1.2 超声波测量方法

在圆柱形的高压室中进行在高压和不同温度条件下的液体中的声速测量,高压室是计算机超声波测量装置的重要组成部分(如图 1 所示)。

高压室内部的压力由锰铜电阻式传感器测量。样品中的超声波脉冲通过压电传感器装置产生和接收。压电传感器由铌酸锂($NiNbO_3$)制造,由美国波士顿压电-光学公司生产,其直径 5 mm,基本频率 5 MHz。锰铜传感器和压电传感器(已经放置在高压室内部)通过多通道的线路与外部的计算机相连。

高压室的容积为 22 cm^3,带计算机的超声波装置由波兰科学院基础技术研究所设计和搭建。使用一个量程达 600 Mpa 的标准压力计对压力传感器进行标定[22,23],标定的过程是通过测量电阻的变化来得到压力值,测量精确达到 0.1 MPa。温度传感器则用 T 型热电偶。当相变发生时,加压过程中的压力将不再增加。相变终结之后,即当热力学特性达到平衡时(DAG 油品处于高压阶段),采用与之前相同的压缩率继续进行加压过程。

测量的超声波装置产生一个附属的低电平超声波信号,发送传感器由 TB-1000(美国 Matec 公司)脉冲接收计算机卡驱动。脉冲发生器产生的无线电频率的单周期音调脉冲串的频率为 5 MHz,时间为 0.3 μs。纵向脉冲波由发送传感器产生,并在测量的试样中传播,随后

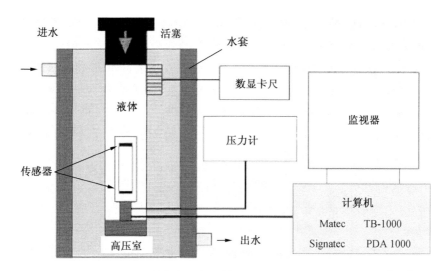

图 1 在高压及不同温度条件下与计算机连接的超声波声速测量装置[12,19]
(通过冷冻/加热循环器来保持水温稳定,图中未示出)

被接受传感器检测到。用 PDA-1000(美国 Signetec 公司)数字转换卡采样并将接收到的信号放大和数字化。为改善信-噪比,对每次测量的超声波信号进行 1 024 次平均。运动时间(TOF)是指信号从发射点到接收点的传播时间,超声波脉冲在油料试样中的 TOF 可通过互相关方法的计算得到。

1.3 用互相关法测量超声波速度

超声波在液体中的传播速度 c 由公式 $c=L/t_d$ 求出,其中:t_d 就是沿路径 L 的 TOF,假定两个传感器之间的路径 L 为直线。两个超声波传感器(发射传感器和接收传感器)浸没在被测的液体中,并处于接通传输工作模式(如图 1 所示)。由于我们测量中总是存在时间上的差异,忽略所有导线及电子信号等方面的额外误差,测量超声波在两地之间的传播时间即可根据传播距离计算出声速。

运用经典的物理方法进行声速的测量是困难且不确定的,应用互相关法[24,25]测量 TOF 可以显著提高声速测量的准确度。两个函数 $f(t)$ 和 $g(t)$ 之间的互相关函数 $h(t)$ 定义为

$$h(t) = \int_{-\infty}^{+\infty} f(\tau)g(t+\tau)\mathrm{d}\tau \tag{1}$$

第一个接收到的超声波脉冲信号(函数 $f(t)$)传播距离为发射传感器与接收传感器之间的长度 L,部分超声波脉冲能量从接收传感器反射到发射传感器,然后又被反射回接收传感器,再一次被接收传感器检测到的信号(函数 $g(t)$)传播距离为两传感器之间长度 L 的两倍,因此该信号总共传播的距离为 $3L$。互相关方法可用于分析两个参考脉冲 $f(t)$ 和 $g(t)$ 随时间变化的相似性。由于这两种脉冲形状相似,只是振幅和时间延迟不同,互相关函数在 t 时刻即 $2L$ 距离对应的时间差处达到最大值。测得的时间延迟的精度为 ±1 ns。

两个传感器之间的距离可以通过测量蒸馏水这样的参考液体进行得到。已知的在一给定温度下的水中声速精确度很高[26],通过测量超声波在水中的 TOF,可以计算出两个传感器之间的距离。在环境温度下,得到的距离 $L=10.278$ mm,其测量精度为 ±10 μm。

1.4 不确定性分析

根据 ISO 指南[27],超声波速度的扩展相对不确定度 $\Delta U_c/U_c$ 可以表示为:

$$\frac{\Delta U_{\mathrm{C}}}{U_{\mathrm{C}}} = 2\sqrt{\left(\frac{\Delta U_{\mathrm{L}}}{U_{\mathrm{L}}}\right)^2 + \left(\frac{\Delta U_{\mathrm{td}}}{U_{\mathrm{td}}}\right)^2} \qquad (2)$$

其中：$\Delta U_{\mathrm{L}}/U_{\mathrm{L}}$ 是 L 路径的相对标准不确定度；$\Delta U_{\mathrm{td}}/U_{\mathrm{td}}$ 是 TOF 延迟时间 t_{d} 的相对标准不确定度。

时间延迟的测量达到皮秒（10^{-12} s）分辨率。然而，由于额外的系统错误，例如衍射效应，TOF 延迟 t_{d} 的相对标准不确定度 $\Delta U_{\mathrm{td}}/U_{\mathrm{td}}$ 可估算为 ±0.1%。相似的，路径 L 的相对标准不确定度 $\Delta U_{\mathrm{L}}/U_{\mathrm{L}}$（从水的标定方法获得）也可估算为 ±0.1%，因此，液体中声速扩展相对不确定度在 95% 的可靠度下为 ±0.3%。

容积确定过程中的主要误差来源于活塞位移的误差，活塞位移可以通过数显卡尺测量，误差范围为 ±0.01 mm，这使得容积测量的相对标准不确定度为 ±0.03%，密度的扩展相对不确定度为 ±0.05%。

1.5 容积变化

样本容积的变化可利用精度为 0.01 mm 的数显卡尺测量高压室内的活塞位移量来得到。在数据分析中，考虑高压室的膨胀变化量，并可通过 Lame 公式得到修正，并计入数据分析的过程。所有实验工作都在 20 ℃～50 ℃ 的温度条件下进行。

1.6 密度测量

DAG 油在标准大气压下的密度可在 20 ℃～50 ℃ 的温度条件下通过 Jaulmes 比重瓶确定，测量方法依据 ISO-6883 标准（动植物脂肪和油脂—传统单位体积质量的测定）进行，按照 ISO 661 标准进行油品的准备。DAG 油在高压下（达到 600 MPa）的密度值可通过测量样品体积变化来得到。即 $\rho(p,T) = m/V(p,T)$，其中 ρ 为样品密度，m 为样品质量，$V(p,T)$ 为样品在压力 p 和温度 T 下的体积。

2 结果和讨论

2.1 声速

图 2 所示为 DAG 油中声速随压力的变化，实验表明不同温度下，声速随着压力增加单调递增，并由图可知每条曲线分三个不同阶段，即低压相阶段 1、相变阶段 2 和高压相阶段 3。图中的不连续性表明存在高压处的相变，在相变的开始阶段，尽管有一压力的下降，声速在所有的测量温度下自然增加。试验过程中，压力增加步长为 100±0.1 MPa，并且最终达到热力学平衡条件。这种相变阶段也可以从先前在相似压力条件下对 TAGs（甘油三酯）的研究中看到[18]。

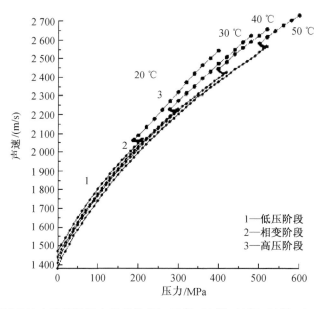

图 2　DAG 油中声速随压力的变化（$T=20\ ℃,30\ ℃,40\ ℃,50\ ℃,f=5\ \text{MHz}$）

在每个测量温度下,在压力测量变化范围内都存在相变阶段,不同温度条件下开始发生相变时的压力变化如图 3 所示。

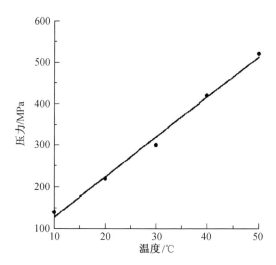

图 3　不同温度下 DAG 油开始相变对应的压力值

在压力为 600 MPa 时,声速几乎为大气压力下的 2 倍。大气条件下 DAG 油中的声速属于典型的液体状态(如在水中为 1 500 m/s),在 500 MPa 压力下经过高压的类固体相变后,声速达 2 600 m/s,这相当于固体的声速值(如硬橡胶中声速为 2 400 m/s)。结果表明,试样在高压下相变存在固体相。

2.2 密度

图 4 所示为大气压力时的起始密度随温度的变化。

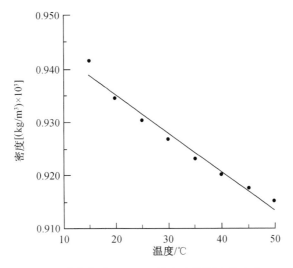

图 4 大气压力下，DAG 油密度随温度的变化

高压条件下的 DAG 油密度可通过观测试样体积变化确定，而高压条件下的高压室容积变化可从数显卡尺测量活塞在高压室中的位移量来求得。在所有考虑的温度下，体积随压力的变化规律均是相似的，特别是在相变发生后体积都有所减小。

不同温度时（大气压力下）的起始密度以及不同温度下的容积随压力的变化关系均用于计算不同温度下 DAG 油密度随压力的变化，如图 5 所示。

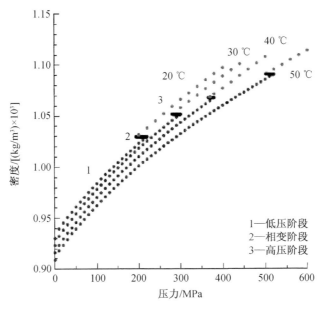

图 5 不同温度下 DAG 油密度随压力变化

2.3 等温可压缩度

基于声速及DAG油容积变化的结果进行计算的参数是等温可压缩度。通过式(3)可求得DAG油的等温可压缩度，其值随压力增加而减小，如图6所示。

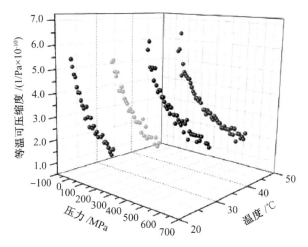

图6 DAG油等温可压缩度随压力和温度的变化

由图6可知，DAG油的等温可压缩度在不同温度下为压力的函数。等温可压缩度 β_T 可由下式求得。

$$\beta_T(p,T) = -\frac{1}{V}\left(\frac{\Delta V}{\Delta p}\right)_T \tag{3}$$

其中，V 为DAG油在压力 p 时的试样容积，T 为开氏温度。

2.4 绝热可压缩度

液体的弹性可用体积模量 K 来表示，它表示液体在受到均匀机械力作用时抵抗压缩时的变形率，作为液体的一个重要的理化参数，也对柴油机喷油系统中评价燃油性能十分重要。应用测量所得的声速和密度值，即可计算出体积模量。体积模量为绝热可压缩度 β_s 的倒数，即

$$\beta_s = \frac{1}{K} = \frac{1}{\rho c^2} \tag{4}$$

其中，ρ 为DAG油的密度，c 为DAG油中的声速。

应用式(4)，已知 ρ、c 即可求出 K，在大气压力下的DAG油的 K 值与有关文献报道的其他液体十分相似(水的 K 值为 2.2×10^9 Pa，甲醇的 K 值为 8.2×10^8 Pa)。因为依赖于压力的体积模量为绝热可压缩度的倒数，因此本文只给出绝热可压缩度。

图7所示为不同压力对绝热可压缩度 β_s 的影响，由图可知，在低压阶段，DAG油的绝热可压缩度是单调递减的，在固态化过程中，绝热压缩度出现实质性变化。相变完成后，在固态阶段绝热可压缩度比低压阶段低。

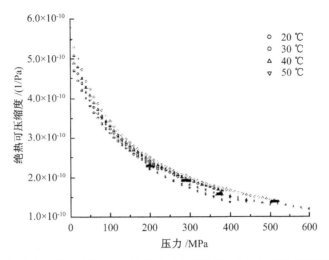

* 空心符号表示低压阶段，实心符号表示相变阶段，半实心符号表示高压阶段

图 7　不同温度下 DAG 油绝热可压缩度随压力的变化

3　结　论

本项研究的动机是由于人们缺乏液体在高压及变化温度下足够的理化参数信息，而对此类参数的认识在食品、石油、化工等高压技术过程的数学建模和与优化工作中是十分必要的[31-33]。

本文的根本目的是研究温度和高压对液体理化特性的影响，所研究的方法则是基于超声波速度测量，从而可以进行高达 600 MPa 压力及不同温度下的实验。在不同温度及压力条件下的 DAG 油的声速及密度测量结果可以用来计算许多有用的理化参数，例如绝热可压缩度和等温可压缩度，而这些参数在高压条件下的直接测量是非常困难的。

超声波方法的运用使得对 DAG 油相变的探究及动力学研究成为可能。伴随体积自然变化的相变与分子振动的降低有关[34]。声速和密度的测量证实了先前用光学方法观测到的由压力变化诱导的相变[35]。在不同温度下，DAG 油声速及密度变化曲线中的不连续性表明相变的产生，且高压阶段的形态显示出类固态介质的属性。在相变过程中，DAG 油的体积模量增加，并不断接近固体的体积模量。

本文的研究结果可应用于一些新的高压食品加工和储存技术中的数值建模与优化工作[36,37]。本文介绍的超声波方法也可以用于研究其他食用液体（如果汁）在高压条件下的组成、纯度、品质，而不仅仅限于脂肪和油脂。另一方面，这种超声波方法还可应用于石油工业中更高效的产油工艺设计[38]。另外，声速测量技术为研究柴油机喷射系统中燃油的属性提供了重要参考价值[39]。体积模量（或绝热可压缩度）随压力和温度的变化将对柴油机燃油喷射系统的工作产生重要影响[30]。液体的声学参数随着压力变化的研究在摩擦学上也同样重要[40]。声速和密度的测量还可用于其他液体在高压下的理化特性的测定，如工业溶剂[41]、钻井泥浆[42]、聚合物[33]等。相变的探测对生物燃料也十分重要[32]。

据作者所知，本文的研究成果是创新的，且未见其他科学文献中有过报道。到目前为止，类似的液体理化参数测量方法没有达到如此宽阔的压力范围。

参 考 文 献

[1] Lo S K, Tan Chin Ping, Long K, et al. Diacylglycerol Oil-Properties, Processes and Products: A Review[J]. Food and Bioprocess Technology,2008,1(3).

[2] Takase H. Metabolism of diacylglycerol in humans[J]. Asia Pac J Clin Nutr,2007, 16 (1).

[3] Nagao T, Watanabe H, Goto N. Dietary diacylgyceroi suppresses accumulation of body fat compared to triacylglycerol in men in a double-blind controlled trial[J]. The Journal of Nutrition,2000,130 (4).

[4] Awad T S, Moharram H A, Shaltout O E. Applications of ultrasound in analysis, processing and quality control of food: A review[J]. Food Research International,2012, 48(2).

[5] Aparicio C, Guignon B, Rodríguez-Antón L M, et al. Determination of rapeseed methyl ester oil volumetric properties in high pressure (0.1 to 350 MPa)[J]. Journal of Thermal Analysis and Calorimetry,2007,89,(1).

[6] Aparicio C, Guignon B, Otero L, et al. Thermal expansion coefficient and specific heat capacity from sound velocity measurements in tomato paste from 0.1 up to 350 MPa and as a function of temperature[J]. Journal of Food Engineering,2011,104(3).

[7] Aparicio C, Otero L, Sanz P D, et al. Specific volume and compressibility measurements of tomato paste at moderately high pressure as a function of temperature[J]. Journal of Food Engineering,2011,103(3).

[8] Kowalczyk W, Hartmann C, Luscher C, et al. Determination of thermophysical properties of foods under high hydrostatic pressure in combined experimental and theoretical approach[J]. Innovative Food Science & Emerging Technologies,2005,6 (3).

[9] Werner M, Baars A, Eder C, et al. Thermal conductivity and density of plant oils under high pressure[J]. Journal of Chemical & Engineering Data,2008,53(7).

[10] Min S, Sastry S K, Balasubramaniam V M. Compressibility and density of selected liquid and solid food under pressures up to 700 MPa[J]. Journal of Food Engineering, 2010,96(4).

[11] Rostocki A J, Tarakowski R, Kielczy P, et al. The ultrasonic investigation of phase transition in olive oil up to 0.7 GPa[J]. Journal of the American Oil Chemists' Society, 2013,90(6).

[12] Kielczy P, Szalewski M, Balcerzak A, et al. Application of ultrasonic wave celerity measurement for evaluation of physicochemical properties of olive oil at high pressure and various temperatures[J]. LWT-Food Science and Technology,2014,57(1).

[13] Siegoczy R M, Jedrzejewski J, Wiśniewski R. Long time relaxation effect of liquid castor oil under high pressure conditions[J]. High Pressure Research,1989,1(4).

[14] Siegoczy R M. Optical: Experiments on Phases Induced When a Particular Class of Vis-

cous Liquids is Subjected to Pressure[R]. Reports of the Institute of Physics, Warsaw Technical University, 1998.

[15] Rostocki A J, Wiśniewski R, Wilczyńska1 T. High pressure phase transition in rapeseed oil[J]. Journal of Molecular Liquids, 2007, 135(1−3).

[16] Rostockia A J, Kościeszaa R, Tefelskia D B, et al. Pressure induced phase transition in soy oil[J]. High Pressure Research, 2007, 27 (1).

[17] Kielczyński P, Szalewskia M, Balcerzak A, et al. Application of SH acoustic waves for measuring the viscosity of liquids in function of pressure and temperature[J]. Ultrasonics, 2011, 51(8).

[18] Rostocki A J, Siegoczyński R M, Kielczyński P, et al. An application of Love SH waves for the viscosity measurement of triglycerides at high pressures[J]. High Pressure Research, 2010, 30(1).

[19] Rostocki A J, Siegoczyński R M, Kielczyński P, et al. Employment of a novel ultrasonic method to investigate high pressure phase transition in oleic acid[J]. High Pressure Research, 2011, 31(2).

[20] Kielczynski P, Szalewski M, Balcerzak A, et al. Ultrasonic investigation of physicochemical properties of liquids under high pressure[C]. Prague: IEEE International Ultrasonics Symposium Proceedings, 2013.

[21] Kielczyński P, Szalewski M, Balcerzak A, et al. Investigation of high pressure phase transitions in DAG (diacylglycerol) oil using the Bleustein Gulyaev ultrasonic wave method[J]. Food Research International, 2012, 49(1).

[22] Rostocki A J, Urbański1 M K, Wiśniewski R, et al. On the improvement of the metrological properties of manganin sensors[J]. Metrologia, 2005, 42(6).

[23] Rostocki1 A J, Wiśniewski1 R. Linear unbalanced dc bridge[J]. Review of Scientific Instruments, 1997, 48(6).

[24] Sugasawa S. Time difference measurement of ultrasonic pulses using cross correlation function between analytic signal[J]. Japanese Journal of Applied Physics, 2002, 41.

[25] Viola F, Walker W F. A comparison of the performance of time delay estimators in medical ultrasound[J]. IEEE Transactions on Ultrasonics, Ferroelectrics, and Frequency Control, 2003, 50(4).

[26] Harvey A H, Peskin A P, Klein S A. NIST/ASME Standard Reference Database 10, Version 2.2[M]. National Institute of Standards and Technology, Boulder CO, 1996.

[27] Bureau International des Poids et Mesures, Commission électrotechnique internationale, Organisation internationale de normalisation. Guide to the Expression of Uncertainty in Measurement[M]. Geneva: International Organization for Standardization, 1995.

[28] Malecki I. Physical foundations of technical acoustics [M]. Oxford: Pergamon Press, 1969.

[29] Shutilov V A. Fundamental Physics of Ultrasound[M]. New York: Gordon and Breach Science Publisher, 1988.

[30] Nikolić B D, Kegl B, Marković S D, et al. Determining the speed of sound, density and bulk modulus of rapeseed oil, biodiesel and diesel fuel[J]. Thermal Science, 2012, 16(12).

[31] Kadam P S, Jadhav B A, Salve R V, et al. Review on the high pressure technology (HPT) for food preservation[J]. Journal of Food Processing & Technology, 2012, 3(1).

[32] Albo P A G, Lago S. Experimental speed-of-sound measurements of pure fatty acids methyl ester, mineral diesel and blends in a wide range of temperature and for pressures up to 300 MPa[J]. Fuel, 2014, 115.

[33] Kim J G, Kim H, Kim H S, et al. Investigation of pressure-volume-temperature relationship by ultrasonic technique and its application for the quality prediction of injection molded parts[J]. Korea-Australia Rheology Journal, 2004, 16(4).

[34] Takiwatari K, Nanao H, Mori S. Effect of high pressure on molecular interaction between oleic acid and base oils at elasthydrodynamic lubrication contact[J]. Lubrication Science, 2010, 22(3).

[35] Kościesza R, Tefelski D B, Ptasznik S, et al. A study of the high pressure phase transition of diacylglycerol oil by means of light transmission and scattering[J]. High Pressure Research, 2012, 32(2).

[36] Guignon B, Aparicio C, Sanz P D. Volumetric properties of sunflower and olive oils at temperatures between 15℃ and 55℃ under pressures up to 350 MPa[J]. High Pressure Research, 2009, 29(1).

[37] LeBail A, Boillereaux L, Davenel A, et al. Phase transition in foods: effect of pressure and methods to assess or control phase transition[J]. Innovative Food Science & Emerging Technologies, 2003, 4(1).

[38] Fazelabdolabadi B, Bahramian A. Acoustic determination of heavy oil thermophysical properties: thermodynamic consistency revisited[J]. Fuel, 2012, 102.

[39] Freitas S V D, Santos A, Moira M L C J, et al. Measurement and prediction of speeds of sound of fatty acid ethyl esters and ethylic biodiesels[J]. Fuel, 2013, 108.

[40] Oakley B A, Barber G, Worden T, et al. Ultrasonic parameters as a function of absolute hydrostatic pressure: A review of the data for organic liquids[J]. Journal of Physical and Chemical Reference Data, 2003, 32(4).

[41] López E R, Daridon J L, Plantier F, et al. Temperature and pressure dependences of thermophysical properties of some ethylene glycol dimethyl ethers from ultrasonic measurements[J]. International journal of thermophysics, 2006, 27(5).

[42] Carcione J M, Poletto F. Sound velocity of drilling mud saturated with reservoir gas[J]. Geophysics, 2000, 65(2).

我们的一小步
ONE SMALL STEP FOR US

附 录
APPENDIX

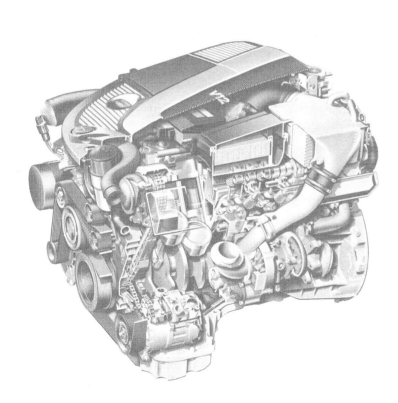

附录 A　高宗英学习、工作经历

1936 年 8 月 12 日出生于南京；

1941—1945 年抗战期间，先后在重庆南温泉小学、中正小学、启明小学读书（小学一到四年级）；

1946—1947 年抗战胜利后回南京，在南京莫愁路丁家巷小学读书（小学五到六年级）；

1947—1948 年去山东济南，先后在第五临时中学、济南中学读书（初一到初二上学期）；

1949 年去江西赣州，在正气中学读书（初二下学期）；

1949—1950 年，在南京第四中学读书（初中三年级），1949 年 10 月加入新民主主义青年团（现共青团），随后参加筹建少年儿童队（现少先队），任大队筹委和初三年级中队长，初中毕业成绩为全年级（甲、乙两个班）第三名；

1950—1953 年在南京第三中学读书（高中一到三年级），先后任班级团支部宣传委员和书记，高中毕业成绩全年级（甲、乙两个班）第一名；

1953—1957 年在南京工学院（现东南大学）机械工程系学习，四个学年考试成绩全优并在 1955 年被评为"特等优秀生"，1954 年 11 月加入中国共产党，1956 年抽调为预备教师教工程制图，1957 年按期毕业；

1957—1958 年，大学毕业后留校任助教，但先要下放农村劳动锻炼（在南京郊区燕子矶兴武营徐家村，名义一年，实则八个月即调回学校大炼钢铁和筹办新专业）；

1958 年在学校附属工厂（卫星厂）任技术负责人，为大炼钢铁制造鼓风机，其间认识本校汽 61 班同学恽璋安，即我后来的夫人，同年年底调入新成立的汽车专业任教学秘书兼发动机教学小组组长；

1959 年，前往长春吉林工业大学（现归吉林大学）内燃机教研室进修一年；

1960 年，以南京工学院农业机械和汽车、拖拉机专业为基础的农机学院成立（先定在南京，后决定迁镇江），成立内燃机专业后任内燃机教研室召集人，1962 年特批为讲师，任教研室副主任，主持工作，直至 1963 年年底；

1963 年吉林工业大学排灌机械研究室和排灌机械专业并入后，于 1964 年初调入排灌机械教研室任主任；

1966—1976 十年浩劫（文革）中，和全国大多数正直的知识分子一样受到冲击，因反对极"左"思潮和所谓的家庭出身"问题"，前期受到不公正的批判和"只专不红"的指责，曾先后在镇江东风煤矿、宜兴漏湖农场和句容陈武农场走"五七道路"、参加劳动和"斗、批、改"，一直持续到 1972 年学校恢复教学工作，首批工农兵学员入学为止；

1973—1979 年，1973 年后彻底平反并从农场上调后，又回归内燃机教研室任主任，直到 1979 年改革开放出国留学为止；

1979—1981 年，在奥地利格拉茨工业大学（TU Graz）内燃机教研室做访问学者，1981 年底获得科学技术博士称号，系新中国出国留学人员中第一位内燃机博士，这期间于 1981 年 5 月被国内评为副教授；

1982—1986 年,1982 年初从海外留学归来后,先后担任动力机械工程系副主任、主任,院学位评定委员会和学术委员会委员等职务。1984 年 8 月被国家教育委员会和国务院学位委员会特批为教授与博士生导师,同时为我校争得第二个博士点,即内燃机博士点(第一个为农业机械);

1987—1988 年,经国家批准(学术休假项目)并获奥地利政府奖学金(ÖAD)资助,再赴格拉茨工大做客座教授。为期一年,1988 年初按时回国;

1989—1990 年,回国后继续领导我校内燃机学科建设工作,仍担任动力系主任,直到 1989 年 12 月底任江苏工学院副院长;

1991—1995 年,1991 年 4 月任江苏工学院院长、直到 1994 年初学校改名为江苏理工大学续任校长到 1995 年中任期届满后退出领导岗位;

1996 年至今,1996 年不再担任行政职务后,作为我校内燃机学科带头人,仍担任教授、博士生导师,并挂名汽车学院名誉院长,继续培养研究生,直到 2006 年底退休,其间于 1996 年 7—9 月获德国政府奖学金(DAAD)资助,偕夫人恽璋安(本校退休副教授)赴德国汉诺威(Hannover)大学任客座教授三个月。退休后仍关心学校和本学科的建设,与青年教师保持一定的联系。

附录 B 高宗英在内燃机教材和图书建设方面的贡献

1976年粉碎"四人帮"实现改革开放以来，全国各项工作逐步走向正轨，1978年机械部受教育部委托在天津召开对口专业教材建设工作会议，在内燃机专业教材编审委员会上协商推荐委员会负责人时，到会学校一致推荐主任委员（单位）由史绍熙（天津大学）、副主任委员由蒋德明（西安交通大学）和高宗英（镇江农机学院）担任，以后改名为内燃机专业指导委员会，正式由机械工业部任命时，改为主任委员蒋德明（西安交通大学）、副主任委员高宗英（当时的镇江农机学院和改名后的江苏工学院、江苏理工大学）和刘书亮（天津大学）。从那时起高宗英一直协助蒋德明教授在全国内燃机教材的建设和分工、协调方面做了大量工作，先后由"专业指导委员会"组织编辑出版了《内燃机构造》、《内燃机原理》、《内燃机设计》、《内燃机测试》和《内燃机学》等多部教材，不仅满足了各校教学工作的迫切需要，也为本专业教材的普及和水平提高，做出了应有的贡献。

以下为高宗英教授参加工作以来亲自编写或参与编写的内燃机教材，以及科技译著目录：

1.《燃料供给系》，高宗英编，本校（南京工学院）油印讲义，1960；

2.《拖拉机构造、原理与计算》，翁家昌、高宗英、谭正三、刘星荣编，中国工业出版社，1963，北京；

3.《农用排灌内燃机设计》上、下，高宗英编，本校（镇江农机学院）油印讲义，1964；

4.《内燃机动力学》，高宗英编，本校（镇江农机学院）油印讲义，1974；

5.《内燃机增压》，高宗英编，本校（镇江农机学院）油印讲义，1975；

6.《高速内燃机设计》，（德）H. Mettig，高宗英等译，机械工业出版社，1981，北京；

7.《往复与旋转活塞式内燃机》，（德）O. Kraemer，G. Junbluth，高宗英译，上海科技文献出版社，1988，上海；

8.《内燃机设计总论》，（德），李斯特全集新版第1卷，H. Maass，高宗英等译，机械工业出版社，1986，北京；

9.《内燃机学》，普通高校"九五"部级重点教材、"十五"、"十一五"国家级规划教材，周龙宝主编、刘巽俊（后改刘忠长）、高宗英副主编，机械工业出版社，1999，2005，2012，北京（该书2002年获教育部颁发的全国高校优秀教材二等奖）；

10.《热能与动力机械（工程）测试技术》，普通高校机电类规划教材、"十五"国家级规划教材，严兆大主编、高宗英主审，机械工业出版社，1999，2006，北京；

11.《柴油机燃料供给与调节》，高宗英、朱剑明主编，蒋德明主审，机械工业出版社，2010，2011，北京；

12.《机械工程手册》，该书系中国机械工程方面第一部大型综合工具书，由原第一机械工业部副部长兼总工程师沈鸿主编，机械工业出版社出版，高宗英参加了其中机械产品分卷、内燃机篇的编写工作，负责机体和缸盖章节的编写（该书1982年获全国图书一等奖）。

附录 C　高宗英教授指导的研究生名单

年级	学位类别	学号	姓名	性别	专业	论文题目	备注
1978	硕士	研78117	徐家龙	男	内燃机	柴油机喷油过程的研究	与单喆筒共同指导
1981	硕士	研81114	朱建新	男	内燃机	柴油机燃油喷射过程的空穴处理方法及其变音速计算的研究	
1981	硕士	研81115	张建芳	男	内燃机	柴油机喷油系统变密度模拟计算研究	
1983	硕士	研83119	罗福强	男	内燃机	直喷式柴油机喷油规律及喷雾贯穿距离的计算研究	
1983	硕士	研83120	汤文伟	男	内燃机	内燃机充气效率的模拟计算	
1983	硕士	研83121	黄志杰	男	内燃机	柴油机燃油喷射系统能量实验分析与模拟计算的研究	
1984	硕士	研84117	罗永革	男	内燃机	使用于柴油机多种型式喷油系统统一的计算模型及实验	
1984	硕士	研84118	姜炳洲	男	内燃机	柴油机调速系统动态特性的理论计算与实测试验研究	
1984	硕士	研84119	袁银男	男	内燃机	直喷式柴油机缸内喷雾过程的研究	
1985	硕士	研85202	汪建平	男	内燃机	直喷式柴油机喷射和燃烧过程的研究	
1986	硕士	研86217	杨 雄	男	内燃机	柴油机低速不稳定工况喷油过程若干现象研究	
1988	硕士	研88108	朱玉华	男	内燃机	内燃机瞬时转速微机测试系统的设计与研究	
1990	硕士	研90208	何承至	男	内燃机	汽油机进气过程和各缸进气均匀性研究	
1992	硕士	研92119	李伯成	男	内燃机	小缸径柴油机直喷燃烧系统的实验研究	
1994	硕士	研94114	汤 东	男	内燃机	新型隔热直喷燃烧系统燃烧过程研究	与刘胜吉共同指导
1986	博士	B86108	罗福强	男	内燃机	柴油机瞬变工况的喷油及燃烧过程	
1986	博士	B86107	潘晓春	男	内燃机	涡流式镶块热负荷及热疲劳的研究	
1986	博士	研81116	季 春	男	内燃机		
1988	博士	B88102	汤文伟	男	内燃机	柴油机进气瞬态过程和循环波动的研究	
1990	博士	B90104	孙 平	男	内燃机	内燃机缸内瞬态传热及降低燃烧室壁面散热损失的研究	
1991	博士	B91101	蔡忆昔	男	内燃机	多缸汽油机进气瞬态过程研究及计算机仿真	
1991	博士	B91102	何 仁	男	内燃机	汽车动力传动系统优化匹配的研究	
1991	博士	B91103	王 忠	男	内燃机	采用轴针式喷油器的直喷式柴油机低散热燃烧模式的理论分析与实验研究	

续表

年级	学位类别	学号	姓名	性别	专业	论文题目	备注
1991	博士	B91107	刘啟华	男	内燃机	二冲程汽油机电控喷射系统的开发和扫气过程多维数值模拟	
1992	博士	B92105	蒋 勇	男	内燃机	直喷式柴油机螺旋进气道与缸内空气运动三维数值模拟及其实验研究	
1993	博士	B93102	王诗恩	男	内燃机	车辆整车性能与决策	
1995	博士	B95104	潘公宇	男	内燃机	MRダンパを用いたセミアクティブ振動制御に関する研究（基于磁流体阻尼可调减振器的半主动振动控制研究）	论文在日本京都大学工学研究科完成，指导老师是松久宽
1995	博士	B95105	袁银男	男	内燃机	柴油机双喷油器直喷燃烧系统及混合气形成数值模拟	
1998	博士	B98107	杭 勇	男	动力机械及工程	柴油发动机控制模型及控制算法的设计与仿真研究	
1999	博士	B99123	梅德清	男	动力机械及工程	柴油机燃用生物柴油的燃烧过程和排放特性研究	
2000	博士	B00122	李捷辉	男	动力机械及工程	车用发动机瞬态空燃比控制研究	
2000	博士	B00123	杜家益	男	动力机械及工程		
2000	博士	B00126	刘胜吉	男	动力机械及工程		
2002	博士	B020116	杨 雄	男	动力机械及工程		
2003	博士	B030319	尹必峰	男	动力机械及工程	内燃机关键摩擦副表面微织构润滑与摩擦机理及应用研究	

编辑后记

高宗英教授的这部文集历经十个月的编排加工,终于接近完成了。初次接触书稿之前,也就是春节前,对于高教授及其学术研究等等方面,我们作为晚辈,仅仅算是"早有耳闻"而已。只是在这十个月的书稿加工整理、编辑、校对过程中,我们似乎加入到了高先生的这个团队中,因而有了不同于其他图书编辑时的切身体验。

《我们的一小步——高宗英内燃机科研团队学术文献选编》收录了关于内燃机科学技术研究的代表性文献62篇,从20世纪60年代到21世纪的第二个十年,跨度达50多年,见证了高教授从一个青年教师到知名学者和大学校长的过程。说实在的,这一过程在许多人看来就是一个可以大书特书的事情,但高教授似乎并不在意这些,从文集的书名就可以看出,"团队""学术""科研"才是真正的主题词。

新中国成立后出国留学人员中第一个内燃机博士、国家教委与国务院学位委员会特批教授/博导、首批享受国务院政府特殊津贴、江苏工学院/江苏理工大学校长,高宗英教授的头顶从来不缺光环,但我们看到的是学者的高瞻远瞩。本书中有关内燃机的污染排放控制、双燃料动力、燃气轮机技术的研究题目在20世纪六七十年代就已提出,还包括内燃机技术的发展总结、动态趋势、甚至加入WTO的技术政策的研究分析,这样的学术眼光和方向意识恰是从事学术科研的人所需要的。从这个角度看,这部时间跨度如此之大的文集值得揣摩的似乎还有许多,我们理解这可能恰是本书出版的另一层意义所在。

这部文集的出版历经十个月,远远超出了我们的预计,这并非仅仅由于近三分之二的中外文文献是依靠手工录入的原因。这里所有文献均曾发表在国内外的期刊或学术会议上,在重新整理的过程中,高教授为每一篇文献加了注解,分类重排,并对全部文献的文字、符号、图表进行了不止一次的审核校对,甚至将厚重的纸质校样在探亲时带到奥地利亲自审校。这样严谨的治学态度令人钦佩,这样的学术精神在其团队中传承接续,因此像本文序言作者袁银男教授那样的一批学术带头人、学术骨干、教学管理者等优秀人才的"冒尖"也就不足为奇了。

需要说明的是,由于本书中的各文献出处不同,且部分文献年代已久,为保持原貌和阅读便利性,在编辑加工过程中,仍保留文中原有的量和单位符号,仅在非法定单位或已废弃单位在全书中第一次出现时,以页下注的形式予以说明,同时对大多数的图线进行了重描。量纲符号问题,还有图线重描问题,看似小问题,其实也反映了高教授的学术态度。但由此也为高教授带来了一些审核的困惑,虽然高教授表达了理解,我们仍不时为此不安。

在本书出版之际,八旬高龄的高宗英教授仍精神矍铄,带领团队活跃在学术的前沿。谨代表江苏大学出版社祝愿高宗英内燃机科研团队不断进取,再攀高峰!更祝愿高先生80岁生日愉快、身体安康、幸福长伴!

2015年10月

图书在版编目(CIP)数据

我们的一小步:高宗英内燃机科研团队学术文献选编/高宗英主编. —镇江：江苏大学出版社,2015.10
ISBN 978-7-5684-0056-5

Ⅰ.①我… Ⅱ.①高… Ⅲ.①内燃机－文集 Ⅳ.①TK4-53

中国版本图书馆CIP数据核字(2015)第243902号

我们的一小步：高宗英内燃机科研团队学术文献选编

主　　编	高宗英
责任编辑	汪再非　吴蒙蒙
责任印制	常　霞
出版发行	江苏大学出版社
地　　址	江苏省镇江市梦溪园巷30号(邮编：212003)
电　　话	0511-84446464(传真)
网　　址	http://press.ujs.edu.cn
排　　版	镇江文苑制版印刷有限责任公司
印　　刷	江苏凤凰数码印务有限公司
经　　销	江苏省新华书店
开　　本	787 mm×1 092 mm　1/16
印　　张	36.5　插页12面
字　　数	1 060千字
版　　次	2015年10月第1版　2015年10月第1次印刷
书　　号	ISBN 978-7-5684-0056-5
定　　价	120.00元

如有印装质量问题请与本社营销部联系(电话：0511-84440882)